Limann

Fernsehtechnik ohne Ballast

Otto Limann

Fernsehtechnik ohne Ballast

Einführung in die Schaltungstechnik der Schwarzweiß- und Farb-Fernsehempfänger

Mit 525 Abbildungen und 4 Farbtafeln

13., neu bearbeitete und erweiterte Auflage

Franzis-Verlag München

CIP-Kurztitelaufnahme der Deutschen Bibliothek

Limann, Otto

Fernsehtechnik ohne Ballast: Einf. in d. Schaltungstechnik d. Schwarzweiß- u. Farb-Fernsehempfänger. — 13., neu bearb. u. erw. Aufl. — München: Franzis-Verlag, 1979. ISBN 3-7723-5273-1

1979

Franzis-Verlag GmbH, München

Druck: Franzis-Druck GmbH, Karlstraße 35, 8000 München 2
Printed in Germany · Imprimé en Allemagne

ISBN 3-7723-5273-1

Vorwort zur dreizehnten Auflage

Die ständige Weiterentwicklung der Geräte der Unterhaltungs-Elektronik erforderte wiederum eine Neubearbeitung dieses Buches. Fortschritte der Schaltungstechnik finden sich besonders bei den hochwertigen Farbfernsehempfängern mit Digitalabstimmung, Schaltnetzteilen, Ultraschall- und Infrarot-Fernbedienung sowie Bildschirmeinblendungen. Um diese Neuerungen aufzunehmen und dabei den Umfang (und den Preis) des Buches nicht ansteigen zu lassen, mußten die letzten Reste der Röhrentechnik bzw. der Schaltungstechnik der „ersten Generation" von Fernsehempfängern eliminiert werden. Das ist durchaus zu vertreten, denn wenn man dem Lernenden heute noch das Studium der Röhrenschaltungen zumuten will, läuft man Gefahr, daß zum Schluß der Ausbildung die Zeit fehlt, um die aktuelle Schaltungstechnik und ihre neuesten Entwicklungen kennenzulernen. Außerdem geht die Zahl der noch im Betrieb befindlichen Röhrengeräte ständig zurück, und es gibt genügend Techniker, die diese Geräte aufgrund ihrer langjährigen Tätigkeit weiterhin betreuen können.

Das in der vorhergehenden Auflage am Schluß eingefügte Sonderkapitel über integrierte Schaltungsbausteine wurde nunmehr in den Gesamtstoff „integriert". Dadurch folgen nun innerhalb eines Kapitels auf die Abschnitte mit den Funktionsbeschreibungen von Stufen, die mit Einzelbauelementen bestückt sind logisch sogleich die Stufenbeschreibungen für Bestückung mit integrierten Schaltungen. Das leitet sehr eindringlich von den elementaren Schaltungsgrundlagen zur modernen Schaltungstechnik über. Als weitere Einführung in diese neueren Grundlagenschaltungen sei auch auf mein Buch Funktechnik ohne Ballast, 15. Auflage, verwiesen. Es wurde ebenfalls auf den neuesten Stand gebracht und ist zur gleichen Zeit erschienen.

Weiterhin beibehalten wurde das bewährte Verfahren, die komplizierten Synchronisier- und Regelschaltungen in Fernsehempfängern auf die klassischen Fundamente der Steuer- und Regeltechnik zurückzuführen. Damit lassen sich die Kapitel über Verstärkungsregelung, automatische Scharfabstimmung, Impulsabtrennung, Störaustastung und Synchronisierung zwanglos und systematisch auf den offenen Steuerkreis oder den geschlossenen Regelkreis mit ihren Meßwertaufnehmern, Regelverstärkern und Stellgliedern zurückführen. Ebenso gehen Störaustastung, getastete Regelung und manche andere Automatik zurück auf die Schalt- und Differenzierstufen, Koinzidenz- und Antikoinzidenzstufen der allgemeinen elektronischen Schaltungstechnik.

Wie bisher stand bei der Abfassung das Ziel vor Augen, dem Berufsschüler und dem Servicetechniker die Grundfunktionen möglichst verständlich darzustellen, damit er sich in neu aufkommende Spezialschaltungen hineinfinden kann. Auch in der Zeit der integrierten Schaltungen und der Modulbauweise muß man die Grundlagen beherrschen, wenn man nicht zum gedankenlosen Modulaustauscher herabsinken will.

Diese Vorstellungen über die Signalaufbereitung und Signalverarbeitung in den einzelnen Stufen und in der Gesamtschaltung wird auch den Studierenden an Ingenieurschulen eine willkommene praktische Ergänzung des wissenschaftlichen Vorlesungsstoffes sein. Zu diesem Zweck wurden die Literaturangaben jeweils gleich hinter den betreffenden Abschnitten eingefügt, um einen besseren Zugriff zum gerade behandelten Thema zu ermöglichen.

Eine Art programmiertes Lernen ergibt sich dadurch, daß in den späteren Kapiteln am Beginn eines neuen Abschnittes jeweils auf empfehlenswerten Wiederholungsstoff in den vorderen Grundlagenkapiteln zurückverwiesen wird.

Schließlich sei hier noch auf einige für wichtig gehaltene Punkte hingewiesen, die sonst vielleicht erst beim zeilenweisen Durcharbeiten zutage kommen würden:

So wird mehrfach die Empfängerindustrie angesprochen, neuartige Schaltungen und ihre Funktionen schnellstens auch in den Serviceschriften zu erläutern. Dazu auch der Brief eines Servicetechnikers selbst auf Seite 244.

Der Leser dieses Buches soll keine Schaltungen berechnen, sondern er soll die Funktion dieser Schaltungen verstehen, aber dabei auch einen Einblick in die schwierigen und vielfältigen Arbeiten des Entwicklungsingenieurs erhalten. Deswegen wird bei dem Thema Gruppenlaufzeit (Bild 15.34) auf die Entwurfsarbeit hingewiesen, die in den Filterkreisen von Fernsehempfängern steckt; oder beim Kapitel Konvergenzeinstellung auf die Gruppen von Spezialisten für Impulstechnik, die daran arbeiten, die Empfänger servicefreundlich zu machen (Seite 290).

Das gerade in der Fernsehtechnik so wichtige Gebiet der Mehrfachmodulation und ihrer Demodulation wurde eindringlich formuliert. Dabei erschien es mir wesentlich, beim Demodulieren vorzugsweise den Begriff des Herabmischens zu verwenden (Seite 198). Mit dieser Darstellung des Signalspektrums in Abhängigkeit von der Frequenz lassen sich viele Funktionen, wie multiplikative Mischung, Zwischenfrequenzbildung oder Synchrondemodulation, anschaulicher erklären als mit der konventionellen Hüllkurvendemodulation.

Bei der Pal-Decodierung wurden die verschiedenen Möglichkeiten des Zeilenumpolens, ob beim Zeilensignal oder beim Farbhilfsträger, klar gegenübergestellt.

Für die Blockschaltungen wird ein einheitliches Schema verwendet, um die Aussagekraft zu verbessern. Dabei werden nur Signaleingänge durch Pfeilspitzen gekennzeichnet und Abzweigungen so dargestellt, daß man den Signalfluß eindeutig erkennt (Seite 193).

Speziell an praktisch tätige Kundendiensttechniker richten sich die Hinweise über Kontrasteinstellung (Seite 96) und Farbton bzw. Hautfarbe (Seite 257).

In der vorliegenden 13. Auflage wurden erweitert bzw. neu hinzugefügt die Themen Digitalabstimmung, Oberflächenwellen-Filter, energiesparende Stromversorgung, Mikroprozessor-Steuerung und Video-Recorder.

Zu den Literaturangaben: Die Literaturzitate sollen nicht als Quellen gelten, aus denen der Autor geschöpft hat, sondern sie sollen eine wirkliche Hilfe sein, um sich über ein bestimmtes Thema noch gründlicher zu informieren. Deshalb wurden die Literaturangaben nicht in konventioneller Weise alphabetisch nach Verfassernamen hinten in das Buch eingefügt, sondern jeweils gleich hinter dem betreffenden Abschnitt. Sie sind dort in der Reihenfolge ihres Erscheinungstermins aufgeführt, also das Neueste stets am Schluß der Liste. Damit hat der Leser den Vorteil, gerade bei den so schnellen Fortschritten der Schaltungstechnik, sich noch zusätzlich aus Fachzeitschriften zu unterrichten und zu entscheiden, ob er auf ältere Grundlagen-Aufsätze oder auf die neuesten Entwicklungsberichte zurückgreifen will.

Obgleich einige Leser (und Kritiker) kleine Abweichungen vom streng nüchternen Text für unseriös halten, konnte ich es mir nicht versagen, hier und da den Stoff etwas aufzulockern. Unter diesem Gesichtswinkel möge auch der schwarze Hund, der das Buch seit seiner ersten Auflage begleitet, wieder mit „im Bilde" sein. Dank sei aber auch allen Lesern für die vielen Anregungen und Vorschläge zu dieser Neuauflage. Jede dieser Zuschriften wird gern entgegengenommen und berücksichtigt, doch bitte ich um Nachsicht, wenn nicht in allen Fällen ein ausführliches Antwortschreiben möglich ist.

So möge die neue Auflage wiederum ihren Weg machen und über ein Fachgebiet informieren, dessen Erzeugnisse Freude, Unterhaltung und auch Weiterbildung vermitteln sollen.

Ottobrunn bei München — Otto Limann

Wichtiger Hinweis

Die in diesem Buch wiedergegebenen Schaltungen und Verfahren werden ohne Rücksicht auf die Patentlage mitgeteilt. Sie sind ausschließlich für Amateur- und Lehrzwecke bestimmt und dürfen nicht gewerblich genutzt werden*).

Alle Schaltungen und technischen Angaben in diesem Buch wurden vom Autor mit größter Sorgfalt erarbeitet bzw. zusammengestellt und unter Einschaltung wirksamer Kontrollmaßnahmen reproduziert. Trotzdem sind Fehler nicht ganz auszuschließen. Der Verlag sieht sich deshalb gezwungen, darauf hinzuweisen, daß er weder eine Garantie noch die juristische Verantwortung oder irgendeine Haftung für Folgen, die auf fehlerhafte Angaben zurückgehen, übernehmen kann. Für die Mitteilung eventueller Fehler sind Autor und Verlag jederzeit dankbar.

*) Bei gewerblicher Nutzung ist vorher die Genehmigung des möglichen Lizenzinhabers einzuholen.

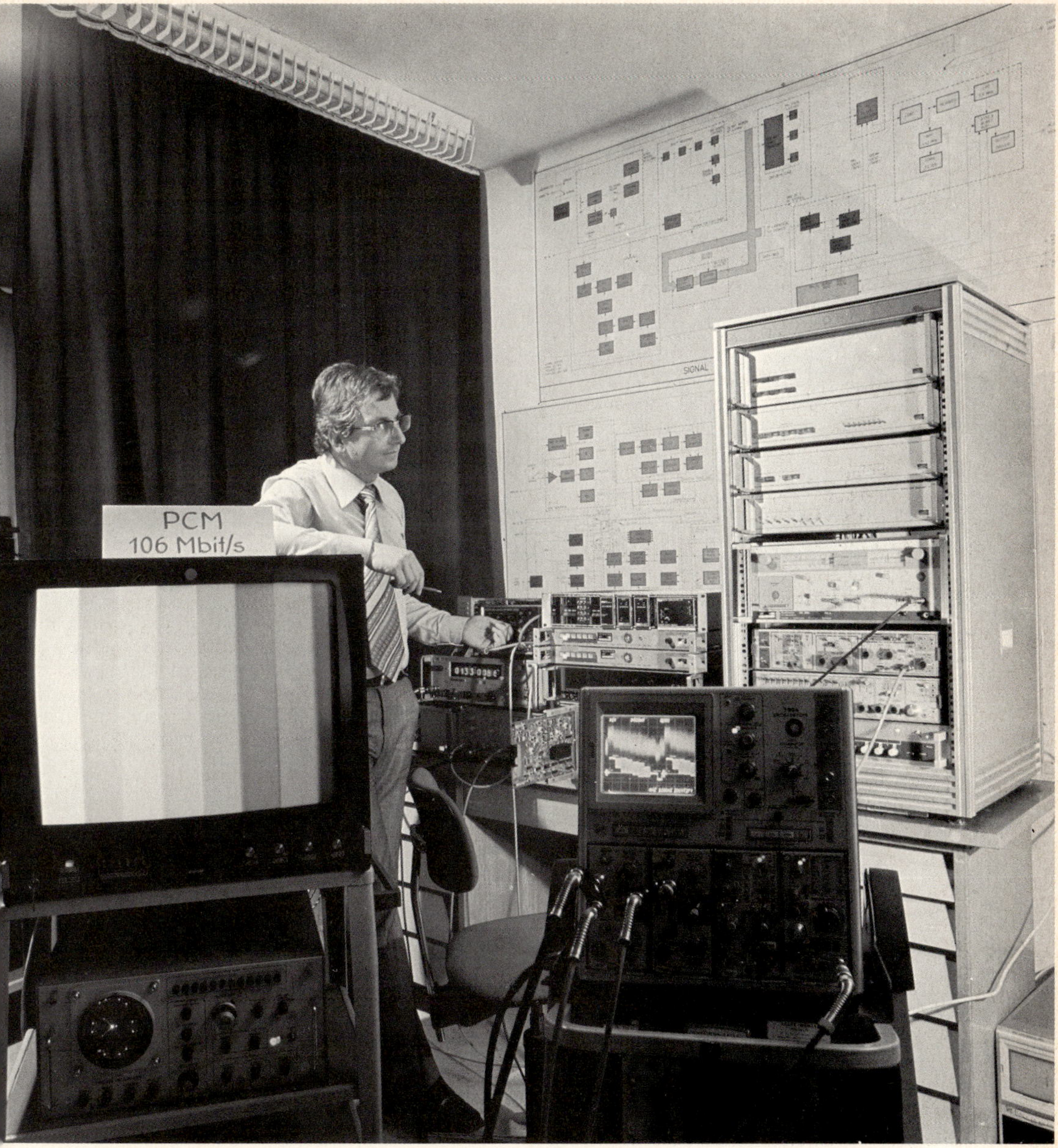

Pulscodemodulation und Digitaltechnik bieten bei der Übertragung und Verarbeitung von Fernsehsignalen bemerkenswerte Vorteile. Im Institut für Rundfunktechnik, München, wird diese Technik auf ihre Einsatzmöglichkeit untersucht. (Aufnahme: G. Scharmann)

Inhalt

1 Bildzerlegung und Bildübertragung

Prinzip der Bildzerlegung und -übertragung

Bild 1.01 Bildabtastung

Verfahren zum Übertragen von Bildern und Schriftstücken auf elektrischem Wege sind als *Bildtelegrafie* oder *Bildfunk* seit langem bekannt. Dazu wird das Bild linienweise mit einem Fotodetektor abgetastet. Er wandelt die Helligkeitswerte der einzelnen Bildpunkte in elektrische Stromwerte um. Diese Stromschwankungen gelangen nacheinander zum Empfangsort. Sie werden dort in Helligkeitswerte zurückverwandelt, indem man mit dem Strom z. B. ein Glühlämpchen speist. Das durch eine Optik gebündelte Licht dieses Lämpchens wird dann linienweise über ein Fotopapier geführt und bewirkt dort entsprechende Schwärzungen. Das Grundprinzip einer Bildübertragung besteht also darin, die Helligkeitswerte der Vorlage punktweise abzutasten und nacheinander oder sequentiell[1]) zum Wiedergabeort zu übertragen.

Die Vorlage wird dazu nach Bild 1.01a in ein Raster von parallelen Bildzeilen zerlegt, die um eine Zeilenbreite nach abwärts geneigt verlaufen. Am rechten Ende jeder Zeile muß das Abtastorgan ruckartig über die gesamte Bildbreite zurück zum nächsten Zeilenanfang springen. Um diesen Rücklauf richtig einsetzen zu lassen, wird außer den Stromschwankungen, die durch die verschieden hellen Stellen des Bildes entstehen, am Ende der Zeile ein besonderes Zeichen gegeben. Es leitet den Rücklauf ein und sorgt dafür, daß die nächste Zeile genau an der richtigen Stelle beginnt. Dieses Zeichen besteht aus einem stärkeren Stromstoß vom Sender her. Man teilt also die Stromwerte z. B. folgendermaßen ein:

Helligkeitswert	Elektrisches Signal
Weiß	10 %
Mittelgrau	40 %
Schwarz	80 %
Schlußzeichen	100 %

In Bild 1.01b sind die Helligkeitswerte der Bildzeile 12 herausgezeichnet. Das Bild 1.01c darunter stellt die zugehörigen elektrischen Signale dar. Hier sei bereits im Vorgriff auf das Farbfernsehen erwähnt, daß man die Helligkeit eines Bildpunktes auch mit *Leuchtdichte* oder *Luminanz*[2]) bezeichnet. Ein Signalverlauf nach Bild 1.01c nennt man Leuchtdichtesignal oder Luminanzsignal. Den Ausdruck *Helligkeit* benutzt man besser für den optischen Eindruck des gesamten Bildes.

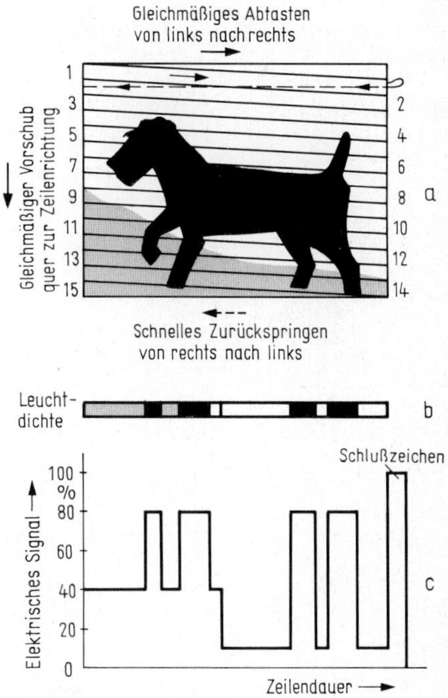

Bild 1.01 Abtasten eines Bildes zur zeilenweisen Übertragung der Helligkeitswerte; a = Vorlage, b = Helligkeitsverlauf der Zeile 12, c = zugehöriger elektrischer Signalverlauf

---

1 sequens (lateinisch) = das Folgende.

2 luminosus (lateinisch) = licht, hell.

Bild 1.02 Bildübertragung

Das Schema einer Bildübertragung umfaßt folgende Stufen:

1. Zeilenweises Abtasten der Vorlage. Beim Fernsehen dient dabei als Abtastsonde ein feiner Elektronenstrahl in der Kameraröhre.

2. Die Helligkeitswerte der einzelnen Bildpunkte werden in elektrische Signale umgewandelt.

3. Diese Signale werden nacheinander zum Wiedergabeort übertragen.

4. Die elektrischen Signale werden in Helligkeitswerte zurückverwandelt. Beim Fernsehempfänger geschieht dies in der Bildröhre.

5. Die Helligkeitswerte wirken zeilenweise auf die Bildfläche ein.

6. Zusätzliche *Gleichlaufzeichen* (Synchronisierzeichen, Synchronisierimpulse) am Ende jedes Zeilensignals bewirken, daß der Schreibstrahl schnell zum Anfang der nächsten Zeile zurückspringt.

Das zeilenweise Abtasten der Vorlage und das zeilenweise Entstehen des Bildes am Empfangsort entspricht etwa dem Lesen einer Buchseite. Man gleitet mit dem Blick stetig die Zeile entlang und springt dann nach links auf den Anfang der nächsten Zeile zurück.

Bild 1.03 Erzeugen sich bewegender Bilder im Kino

Bei der Filmwiedergabe im Kino entsteht der Bewegungseindruck durch schnell aufeinanderfolgende Einzelbilder, von denen das nächste jeweils eine weitere Bewegungsphase darstellt. Diese Bilder werden nacheinander auf die Bildwand projiziert. Jedes Bild steht kurze Zeit still und wird dann ruckartig durch das nächste ersetzt. Wird also z. B. das Abstoßen eines Fußballs wiedergegeben, so befindet er sich im ersten Bild am Fuß des Spielers, beim zweiten an der Stelle 2, beim dritten an Stelle 3 usw.

Infolge der Trägheit des Auges verschmelzen bei etwa 16 bis 25 Bildwechseln je Sekunde die Teilbilder zu einer fortlaufenden Bewegung. Beim normalen Kinofilm werden 24 Einzelbilder in einer Sekunde wiedergegeben. Während der Umschaltzeit wird die Bildfläche verdunkelt. Dieser Wechsel von 24 Bildern je Sekunde läßt zwar die Bewegungen gut ineinanderfließen, er bewirkt aber noch ein spürbares Flimmern durch den Wechsel zwischen Bildhelligkeit und Dunkelpause. Das Flimmern wird vermieden, wenn die Bildfrequenz vergrößert wird. Das Erhöhen der Bildzahl würde jedoch längere und daher teurere Filme erfordern. Man wählt deshalb den Ausweg, das im Bildfenster gezeigte Bild zwischendurch kurz zu verdunkeln, also gewissermaßen zweimal (oder dreimal) zu zeigen. Die Bildfrequenz wird dadurch ohne Mehraufwand an Film auf 48 (oder 72) Teilbilder je Sekunde heraufgesetzt; hierbei ist dann kein Flimmern mehr wahrzunehmen.

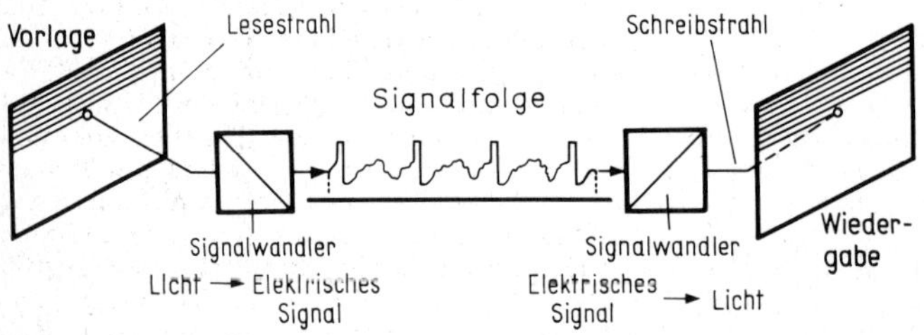

Bild 1.02 Schema einer zeilenweisen Bildübertragung vom Abtasten bis zur Bildwiedergabe

Bild 1.03 Darstellung einer Bewegung durch aufeinanderfolgende Teilbilder

Bild 1.04 Elektrische Übertragung sich bewegender Bilder

Die elektrische Übertragung sich bewegender Bilder setzt sich aus den Verfahren nach Bild 1.01 und 1.03 zusammen. Dazu werden also aufeinanderfolgende Einzelbilder mit verschiedenen Bewegungszuständen gezeigt. Jedes Einzelbild wird nochmals in Zeilen und Punkte aufgelöst, deren Helligkeitswerte in Spannungsschwankungen umgesetzt und nacheinander übertragen werden.

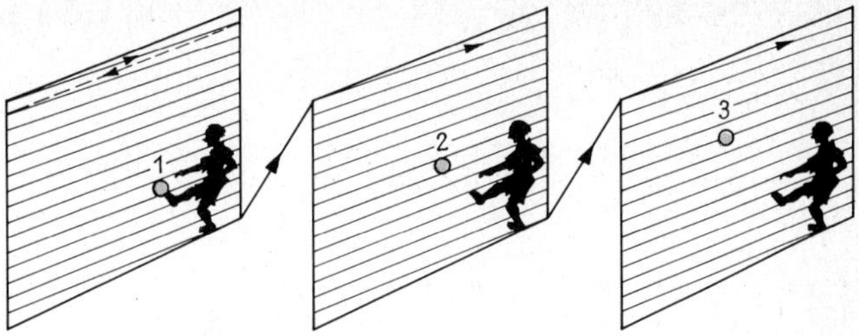

Bild 1.04 Elektrische Übertragung von aufeinanderfolgenden Teilbildern

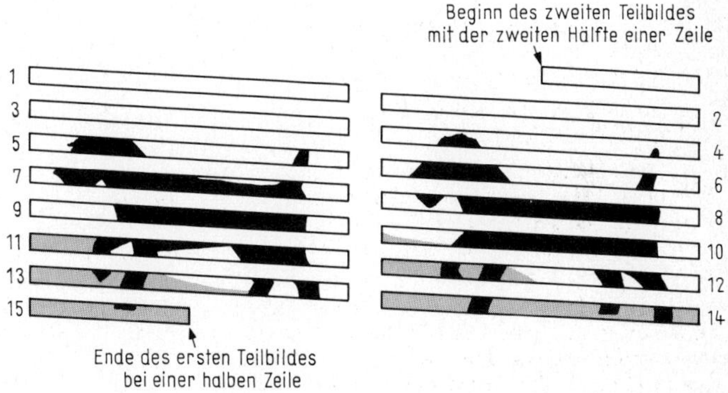

Bild 1.05 Übertragung von zwei Teilbildern mit geraden und ungeraden Zeilenzahlen (Zeilensprungverfahren)

Am Ende jeder Zeile wird ein aus einem kurzen Stromstoß bestehendes Gleichlaufzeichen gegeben. Am Schluß eines ganzen Bildes aber werden mehrere aufeinanderfolgende Stromstöße gegeben. Sie bewirken, daß ein neues Bild an der linken oberen Ecke begonnen wird. Diese Teilbilder verschmelzen dann genau wie beim Film im Auge zu einer fortlaufenden Bewegung.

Lebende Szenen sind ständig bewegt, so daß sich bereits während des Abtastens die Bildpunkte verschieben. Dies ändert aber nichts an diesen Überlegungen, denn beim nächsten Einzelbild wird an den betreffenden Stellen jeweils die nächste Bewegungsphase erfaßt.

Bild 1.05 Zeilensprungverfahren

Um das Fernsehbild flimmerfrei zu machen, sollen wie beim Kino rund 50 Bildwechsel je Sekunde erfolgen. Dies erfordert einen hohen Aufwand für Verstärker und Übertragungseinrichtungen. Man sendet daher nur 25 Bilder und wendet eine ähnliche Täuschung wie beim Film an. Zuerst werden in $^1/_{50}$ Sekunde nur die ungeradzahligen Zeilen eines Bildes und dann in der folgenden $^1/_{50}$ Sekunde die geradzahligen Zeilen übertragen, so daß in $^2/_{50} = {}^1/_{25}$ Sekunden ein vollständiges Bild entsteht. Dieses Verfahren, stets eine Zeile zu überspringen, wird *Zwischenzeilen-* oder *Zeilensprungverfahren* genannt. Für das Auge entsteht dadurch der Eindruck von 50 Bildern je Sekunde, und das Flimmern tritt zurück. Die Zahl der vollständigen Bilder je Sekunde wird *Bildwechselfrequenz* genannt. Sie beträgt beim Fernsehen 25 Hz. Die Zahl der Teilbilder, die je Sekunde abgetastet werden, ist die Teilbild- oder Rasterfrequenz, auch *Vertikalfrequenz* genannt, weil zu Beginn eines neuen Teilbildes der Schreibpunkt senkrecht (vertikal) nach oben springen muß. Da ein vollständiges Bild aus zwei Teilbildern (mit geraden und ungeraden Zeilen) besteht, beträgt die Rasterfrequenz 50 Hz. Im Sprachgebrauch haben sich jedoch die Begriffe *Bildwechselfrequenz* (25 Hz) und *Teilbildfrequenz* (50 Hz) verwischt, und man versteht unter „Bildfrequenz" meist die Rasterfrequenz von 50 Hz. Der korrekte Ausdruck „Rasterfrequenz" liegt vielen Technikern nicht. Man spricht deshalb von der Bildkippfrequenz oder im Laborjargon kurz vom „Bildkipp".

Jedes Bildraster soll stets in gleicher Höhe anfangen, denn es wäre schaltungsmäßig schwierig, den obersten Bildpunkt abwechselnd immer eine Zeile höher oder tiefer beginnen zu lassen. Deswegen endet das erste Teilbild (ungerade Zeilen) mit einer halben Zeile, und das nächste Rasterbild beginnt oben mit der zweiten Hälfte einer Zeile. Da beide Raster die gleiche Zeilenzahl plus eine halbe Zeile erhalten, so besteht ein vollständiges Fernsehbild stets aus einer ungeraden Zahl von Zeilen, und zwar bei der europäischen Fernsehnorm aus 625 Zeilen. Jedes Teilbild besteht also aus 312½ Zeilen. Bei 25 Bildern zu je 625 Zeilen werden in einer Sekunde 625 · 25 = 15 625 Zeilen abgetastet. Diese Norm wurde 1950 vom CCIR[1] empfohlen und von dem Ausschuß-Vorsitzenden Gerber ausgearbeitet. Sie wird deshalb auch als *CCIR-Norm* oder *Gerber-Norm* bezeichnet.

Man merke sich also die folgenden Begriffe:

Bildwechselfrequenz
= Zahl der vollständigen Bilder je Sekunde
= 25 Hz

Rasterfrequenz, Vertikalfrequenz oder Bildkippfrequenz
= Zahl der Teilbilder je Sekunde = 50 Hz

Zeilenzahl
= Zeilenzahl eines vollständigen Bildes
= 625 Zeilen

Zeilenfrequenz
= Gesamtzahl der Zeilen je Sekunde
= Zeilenzahl × Bildwechselfrequenz
= 625 · 25 = 15 625 Hz

Statt „Zeilenfrequenz" sagt man auch *Horizontalfrequenz,* weil die Zeilen annähernd waagerecht (horizontal) verlaufen. In den Serviceschriften der Industrie werden folgende Abkürzungen für die beiden wichtigen Frequenzen verwendet:
B oder *V* für Bildkippfrequenz oder Vertikalfrequenz
Z oder *H* für Zeilenfrequenz oder Horizontalfrequenz

Die hier genannten Zahlen und die weiteren Ausführungen gelten für die europäische CCIR-Fernsehnorm. Fernsehübertragungssysteme mit anderen Bildkipp- und Zeilenfrequenzen werden hier nicht behandelt, um den Stoff möglichst zu vereinfachen. Das Wissenswerte hierüber enthalten meist die Serviceschriften der Industriefirmen über Mehrnormenempfänger, mit denen man auch Sendungen anderer Normen aufnehmen kann.

1 CCIR = Comité Consultativ International des Radiocommunications = Internationaler beratender Ausschuß für Funkdienst.

Bild 1.06 Zeilensignal und Gleichlaufzeichen

Das Signal einer Zeile besteht aus dem Bildinhalt und dem Gleichlauf- oder Synchronisierzeichen am Ende der Zeile. Bei der Zeilenfrequenz von 15 625 Hz steht für eine Zeile eine Zeitdauer

$$T = \frac{1}{f} = \frac{1}{15\,625} = 64 \cdot 10^{-6} = 64\ \mu s$$

zur Verfügung. Davon werden 11,5 µs für das Austast- und Synchronisierzeichen in Anspruch genommen. Es besteht aus einer kleinen „Schwarzschulter", dem etwa 5 µs breiten Synchronisierimpuls und einer weiteren ebenfalls etwa 5 µs breiten Schwarzschulter.

Die Synchronisierimpulse haben eine Höhe von 75 % bis 100 % der Maximalamplitude des Zeilensignals. Das Niveau von 75 % stellt gleichzeitig den Schwarzpegel dar, der den dunkelsten Bildstellen entspricht. Die Synchronisierzeichen erscheinen also im Bild noch schwärzer als schwarz. Sie liegen im *Ultraschwarzgebiet* und bleiben ohnehin außerhalb des Bildfeldes. Die hintere Schwarzschulter verhindert, daß der Zeilenrücklauf als helle Linie erscheint. Der zurückspringende Strahl wird also dunkelgetastet oder ausgetastet. Der Weißpegel für die hellste Bildstelle liegt bei 10 % des Maximalwertes. Zwischen zwei Zeilenimpulsen baut sich der Helligkeitsverlauf einer Zeile in Form von Amplitudenschwankungen auf. Der Impuls am Ende der Zeile stellt gewissermaßen einen Paukenschlag dar, durch den der Empfänger darauf aufmerksam gemacht wird, eine neue Zeile zu beginnen.

Den Bildinhalt bezeichnet man abgekürzt mit B, das Austastsignal, also den Schwarzpegel, mit A und das Synchronisierzeichen mit S. Das gesamte elektrische Fernsehsignal wird deshalb abgekürzt BAS-Signal genannt.

Bild 1.07 Burst-Signal

Mit der Einführung des Farbfernsehens erwies es sich als notwendig, ständig noch ein weiteres

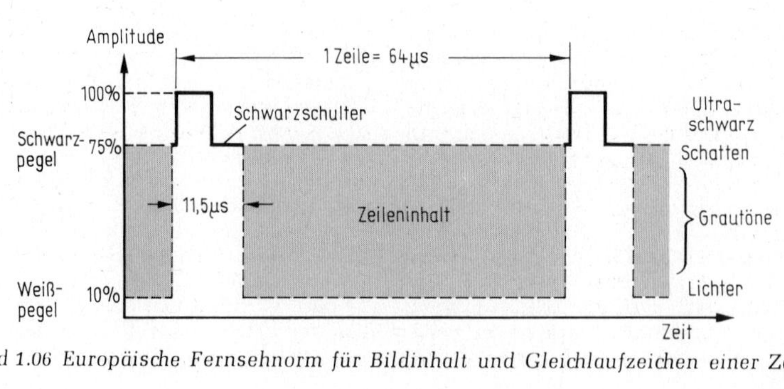

Bild 1.06 Europäische Fernsehnorm für Bildinhalt und Gleichlaufzeichen einer Zeile

Signal vom Sender zum Empfänger zu übertragen, nämlich die sogenannte Farbträgerfrequenz von rund 4,43 MHz. Dabei genügt es, innerhalb eines Zeilensignals nur wenige Perioden dieser Frequenz zu übertragen. Auch für diese Impulse fand man noch ein Plätzchen. Man fügt auf der hinteren Schwarzschulter des Synchronisierzeichens zehn bis zwölf Perioden dieser Frequenz 4,43 MHz ein. Bild 1.07 stellt den gegenüber Bild 1.06 stark vergrößerten Austast- und Synchronisierimpuls dar. Den kurzen zusätzlichen Schwingungszug nennt man in Amerika *burst* = Stoß. Burst hängt sprachgeschichtlich mit unserem Wort bersten zusammen. Die Schwingungen bersten gewissermaßen aus der flachen Schwarzschulter heraus. Gesprochen wird das Wort von den Angelsachsen wie *börst.*

Bild 1.08 Bildwechselimpulse (Rasterimpulse)

Die Bildwechselimpulse am Ende eines Teilbildes sind breiter als die Zeilenimpulse, und es werden mehrere Zeichen hintereinander gegeben. Gleicht also der Zeilenimpuls einem Paukenschlag, der den Empfänger auf den Beginn einer neuen Zeile aufmerksam macht, dann entsprechen die Rasterimpulse einem Paukenwirbel von der Dauer mehrerer Zeilenlängen, der den Anfang eines neuen Teilbildes ankündigt.

Das erste Teilbild hört mit einer halben Zeile bei (1) auf (vergleiche Bild 1.05). Dann folgen zunächst fünf schmale Vorimpulse oder Trabanten, und bei (2) setzt in der Mitte einer Zeile der erste von den fünf breiten Bildwechselimpulsen ein. Darauf folgen nochmals fünf schmale Nachimpulse, und bei (3), ebenfalls in der Zeilenmitte, beginnt dann die obere rechte Zeilenhälfte des zweiten Teilbildes. Zwischen die Nachimpulse und den Beginn des zweiten Teilbildes bei (3) schiebt man zunächst einige Takte mit Schwarzpegel ein. Während dieser Zeit kann der Schreibstrahl nach oben eilen, ohne einen Lichteindruck zu hinterlassen.

Das zweite Teilbild endet bei (4) mit einer vollständigen Zeile. Der nachfolgende erste breite Bildwechselimpuls muß also bei (5) in der Mitte einer Zeile einsetzen, damit bei (6) die volle Zeile des neuen Gesamtbildes beginnen kann. – Die Versetzung der beiden Impulsreihen um eine halbe Zeilenbreite muß im Sender sehr genau eingehalten werden, wenn die beiden Teilbilder nicht gegeneinander wackeln sollen. Die Ausgleichimpulse oder Trabanten dienen als Ein- und Ausklang der Bildimpulse. Sie tragen dazu bei, daß im Empfänger für beide Raster recht gleichförmige Synchronisierzeichen entstehen. Würden die breiten Bildwechselimpulse sofort am Zeilenende einsetzen, dann könnten im Empfänger bei der Trennung von Zeilen- und Bildimpulsen ungleich große Synchronisierzeichen entstehen, und die Zeilen der Teilbilder könnten sich paar-

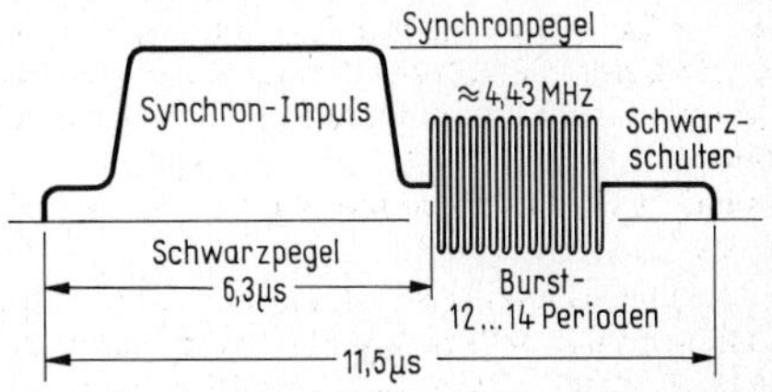

Bild 1.07 Synchronisierzeichen mit Burstsignal für Farbsendungen

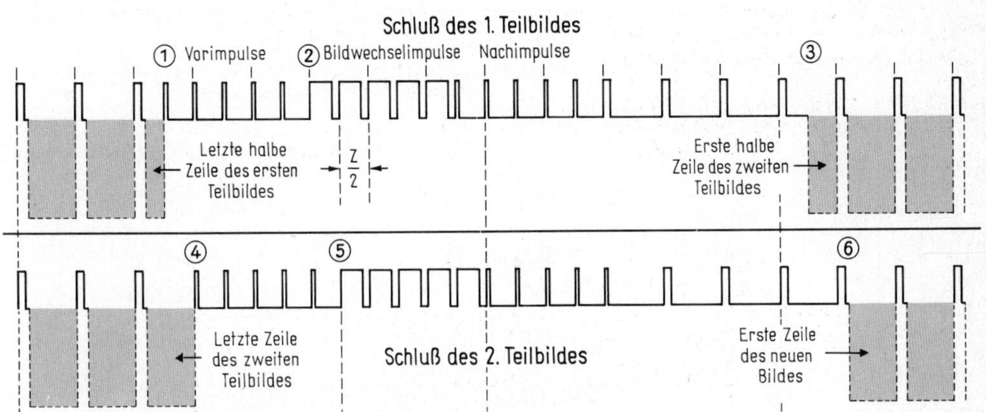

Bild 1.08 Schema der Gleichlaufzeichen für das erste und zweite Teilbild

weise zusammenschieben, das Bild wird „paarig" und verliert an Schärfe und Feinheit.

Die gesamte Impulsfolge für den Bildwechsel ist so gestaltet, daß der Rhythmus der Zeilenzeichen ständig erhalten bleibt. Bei jeder senkrechten gestrichelten Linie, die dem Zeilentakt entspricht, ist eine ansteigende Impulsflanke vorhanden. Dadurch bleibt der Zeilentakt auch während des Bildwechsels erhalten, und beim Beginn des neuen Bildes setzt der Zeilenanfang exakt ein. Während der gesamten Bildwechsel-Impulsfolge wird also eine Reihe von Zeilen unsichtbar geschrieben. Das Fernsehbild besteht also streng genommen gar nicht aus 625 Zeilen, sondern die Zeilenzahl ist um etwa 3 % geringer.

Bild 1.09 Inhalt verschiedener Bildzeilen

Das Bild mit dem Baum dient dazu, die verschiedenen Eigenschaften von Bildzeilen zu erläutern. Aus ihm werden deshalb vier charakteristische Zeilen herausgeschnitten:

Zeile *a* enthält weiße (Himmel), graue (Wolken) und schwarze (Baumkrone) Bildtöne.

Zeile *b* enthält sehr viel Weiß (Himmel) und nur eine kurze schwache Unterbrechung durch den Baumstamm.

Zeile *c* ist eine Zeile mit vielen feinen Bildeinzelheiten infolge der Zaunlatten.

Zeile *d* gibt den umgekehrten Helligkeitseindruck wie Zeile b. Sie enthält sehr viel Schwarz

Bild 1.09 Beispiel eines zu übertragenden Bildes. Die Bedeutung der einzelnen Zeilen a bis d wird in den folgenden Bildern erläutert

durch den Erdboden und nur eine geringe Weißunterbrechung durch den Graben links vom Zaun.

Bild 1.10 Bildsignal mit Grautoninhalt

Die Bildtöne der herausgeschnittenen Zeile *a* werden folgendermaßen in Spannungswerte umgesetzt: Auf den Gleichlaufimpuls und die Schwarzschulter der vorhergehenden Zeile folgt zunächst links ein Stück Weiß. Es ergibt nach der Fernsehnorm (Bild 1.06) im Bildsignal 10 % der Trägeramplitude. Darauf folgt der schwarze Streifen der Baumkrone. Er läßt die Spannung auf den vollen Schwarzpegel von 75 % ansteigen. Nach einer zweiten weißen Stelle folgt dann die graue Wolke mit einem mittleren Spannungswert von 40 %. Am Ende der Zeile steigt dann der Gleichlaufimpuls auf 100 % an.

Von dem beim Fernsehen sehr wichtigen Schwarzpegel aus betrachtet sind die Gleichlaufimpulse positiv und der Bildinhalt negativ gerichtet. Diese Phasenlage muß am Ende der Fernsehübertragung wieder hergestellt sein. Eine Phasenumkehrung würde negative Bilder, also hier einen weißen Baum vor schwarzem Himmel, ergeben oder, noch drastischer ausgedrückt, aus dem Bild eines Bäckers das eines Kaminkehrers machen.

Bild 1.11 Bildzeile mit niedrigem Gleichstromanteil

Die vorwiegend weiße Zeile *b* wird nur an einer schmalen Stelle durch den schwarzen Baumstamm unterbrochen. Das Spannungsdiagramm verläuft dann zwischen den Gleichlaufimpulsen größtenteils in der Höhe des Weißpegels bei 10 % der Maximalamplitude. Von Null aus betrachtet stellt dies einen Gleichstromanteil dar. Er ist also bei dieser hellen Bildzeile gering und beträgt nur 10 % der größten Signalhöhe.

Bild 1.12 Bildzeile mit hohem Gleichstromanteil

Zeile *d* zeigt den umgekehrten Fall. Sie enthält nur ein kurzes weißes Stück an der linken Seite.

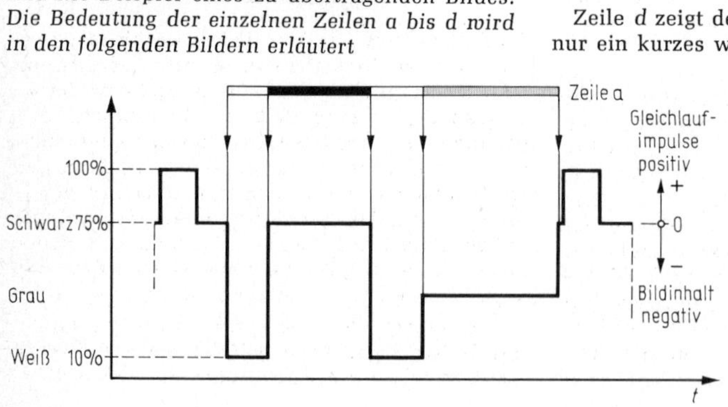

Bild 1.10 Helligkeitsverlauf der Zeile a von Bild 1.09 und Übertragung in das Fernsehsignal

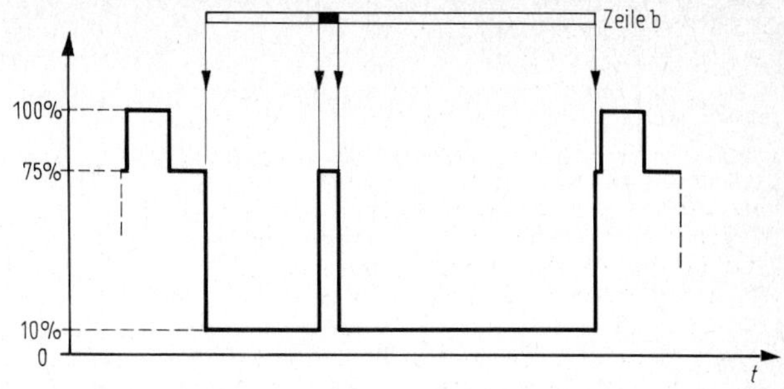

Bild 1.11 Helligkeitsverlauf und Fernsehsignal der Zeile b mit hohem Weißanteil

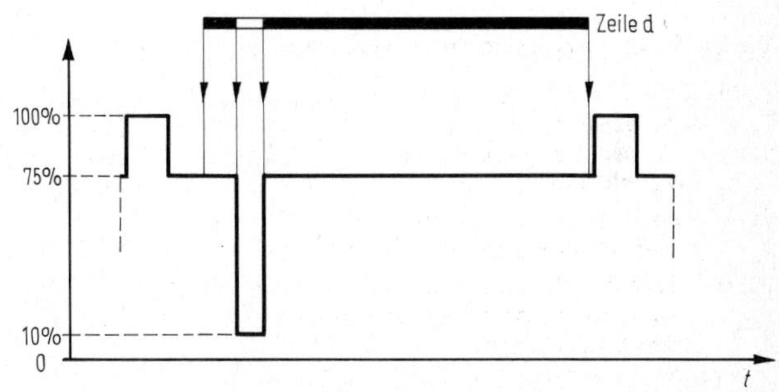

Bild 1.12 Helligkeitsverlauf und Fernsehsignal der Zeile d mit hohem Schwarzanteil

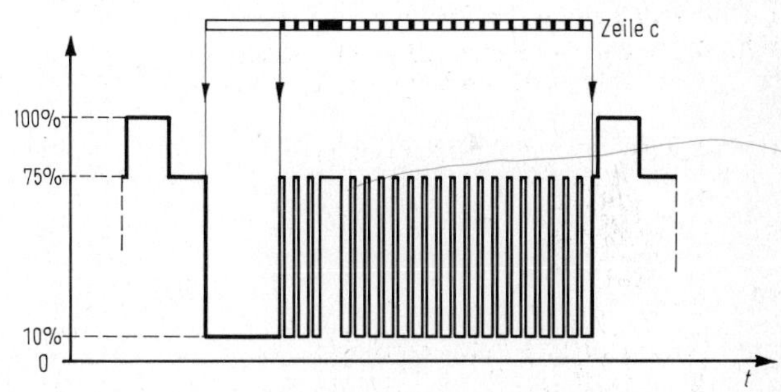

Bild 1.13 Helligkeitsverlauf und Fernsehsignal bei der Zeile c mit ihren feinen Bildeinzelheiten

Der hohe Schwarzanteil erzeugt daher eine Signalspannung, die vorwiegend in 75 % Höhe auf dem Schwarzpegel verläuft; es ist also ein hoher Gleichstromanteil vorhanden.

Diese Gleichstromunterschiede bei hellen und dunklen Bildzeilen sind für die Übertragung der Fernsehsignale von großer Bedeutung. Sie erfordern nämlich eigentlich Gleichstromverstärker oder sonstige Kunstschaltungen, damit bei der Wiedergabe im Empfänger auch tatsächlich diese Unterschiede vorhanden bleiben und die weißen und schwarzen Bildzeilen sich richtig aufbauen. Werden diese Gleichstromanteile durch Kopplungsglieder, die nur Wechselströme hindurchlassen, unterdrückt, so würden sich die Unterschiede langsam ausgleichen und Bildkontrast und Schärfe würden schlechter werden.

Bild 1.13 Wechselspannungserzeugung durch feine Bildeinzelheiten

Die Zeile c in Bild 1.09 gibt einen Schnitt durch die einzelnen Zaunlatten. Im Spannungsdiagramm entsteht dadurch über dem Weißpegel eine Wechselspannung mit rechteckiger Kurvenform, die ebenfalls übertragen werden muß. Je feinere Einzelheiten abgebildet werden sollen, desto höher ist die Frequenz der erzeugten Wechselspannung. Man verlangt dabei, daß sich in der waagerechten Zeilenrichtung ebensolche Feinheiten wiedergeben lassen, wie es in der senkrechten Richtung durch die Zeilenunterteilung möglich ist.

Das Fernsehbild ist 625 Zeilen hoch. Die Breite des Bildes verhält sich zur Höhe wie 4 : 3. Die zu übertragenden Bildpunkte sollen in beiden Rich-

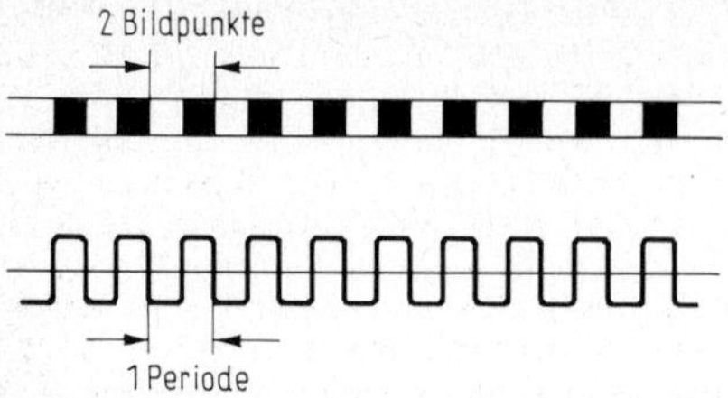

Bild 1.14 Entstehen einer Bildwechselspannung durch aufeinanderfolgende Bildpunkte wechselnder Helligkeit

tungen gleiche Abmessungen haben. Auf eine Zeilenbreite entfallen also

$$625 \cdot \frac{4}{3} = \frac{2500}{3} = 833 \text{ Bildpunkte.}$$

Ein Bild mit 625 Zeilen enthält dann

$625 \cdot 833 \approx 520\,000$ Bildpunkte.

Da während einer Sekunde 25 Bilder übertragen werden, ergibt dies

$0{,}52\,\text{Mill.} \cdot 25 = 13\,\text{Mill.}$ Bildpunkte je Sekunde.

Bild 1.14 Höchste Übertragungsfrequenz

Wenn diese 13 Millionen aufeinanderfolgenden Bildpunkte zufällig abwechselnd schwarz und weiß sind, dann wechselt auch jedesmal der Strom vom Größtwert zum Kleinstwert, d. h. aus zwei Bildpunkten entsteht eine Periode der Bildwechselspannung und damit einer Grundfrequenz von 13 : 2 = 6,5 MHz. In der Praxis ist dieser Extremfall nicht dauernd vorhanden. Bei gelegentlichem Auftreten von so feinen Bildeinzelheiten kann eine gewisse Unschärfe in Kauf genommen werden. Man beschränkt daher in der Fernsehnorm die höchste zu übertragende Frequenz auf 5 MHz. Fernsehverstärker müssen also ein Frequenzband vom Gleichstrom (siehe Bild 1.11 und 1.12) bis zu 5 MHz gleichmäßig verstärken, und darin besteht die große Schwierigkeit. Beim UKW-Rundfunk sind dagegen z. B. nur ± 75 kHz, also ein Frequenzband von 150 kHz Breite, zu übertragen.

Das 5 MHz breite Frequenzband, das die gesamte Bildinformation in Form von Amplituden- und Frequenzänderungen enthält, wird *Videofrequenzband*[1]) genannt. Abgekürzt spricht man auch von Videofrequenzen oder vom Videosignal. Den Teil des Schwarzweiß-Fernsehempfängers, der speziell dieses Frequenzgemisch verstärkt, nennt man Videoverstärker. Das Videosignal ist gleichbedeutend mit dem in Bild 1.01 behandelten Leuchtdichtesignal oder Luminanzsignal, denn es überträgt nacheinander die Helligkeitswerte der einzelnen Bildpunkte. In der Farbfernsehtechnik wird das Videosignal aus mathematischen Gründen auch als Y-Signal bezeichnet.

1 video (lateinisch) = ich sehe.

Vom Bild zum Bildsignal

Am Anfang der Fernsehübertragungskette steht der Signalwandler vom flächigen Bild zur sequentiellen elektrischen Signalfolge. Hierzu dient die Bildaufnahmeröhre oder Kameraröhre. Sie enthält ein Elektronenstrahlsystem ähnlich wie eine Oszillografenröhre, aber anstelle des Leuchtschirmes eine Fotokatodenfläche. Fällt Licht darauf, dann gibt die Katode Strom ab. Es gibt verschiedene Ausführungen von Kameraröhren wie Ikonoskop, Orthikon, Vidikon und Plumbikon. Hier sei lediglich das allgemeine Arbeitsprinzip solcher Röhren besprochen.

Bild 1.21 und 1.22 Fotokatode und Signalplatte

Fotokatoden sind seit langem bekannt bei Vakuum-Fotozellen oder gasgefüllten Fotozellen. Solche Fotozellen enthalten ein Diodensystem, dessen Anodenstrom durch die Lichthelligkeit gesteuert wird. Die Katode dieses Systems ist mit einer Silber-Cäsium- oder Silber-Antimon-Schicht überzogen. Fällt Licht darauf, so sendet sie unter dem Einfluß der Anodenspannung Elektronen aus. Je heller das auftreffende Licht, also je größer die Zahl der Lichtquanten (Photonen) ist, desto größer ist die Zahl der Elektronen und damit der Elektronenstrom.

Bei der Bildaufnahmeröhre besteht diese Fotokatode aus einer durchsichtigen Glasplatte, auf deren Innenseite die Fotoschicht aufgebracht ist. Auf dieser Platte wird die zu übertragende Szene mit Hilfe eines Objektives abgebildet. Auf der Fotoschicht entsteht also ein Bild wie auf dem Film einer gewöhnlichen Fotokamera. Die einzelnen Stellen der Schicht senden nun je nach der im Bild vorhandenen Helligkeit Elektronen aus, das Licht wird in Elektronenströme umgewandelt.

Die Signalplatte in Bild 1.21 wirkt als Anode des Diodensystems. Infolge der zwischen Fotokatode und Signalplatte angelegten Spannung von einigen hundert Volt bildet sich dazwischen ein homogenes elektrisches Feld. Die aus der Katode austretenden Elektronen fliegen daher geradlinig und parallel auf die Signalplatte zu. Diese Platte besteht nach Bild 1.22 aus einer dünnen rechteckigen Glimmerscheibe. Auf der Vorderseite befindet sich ein Mosaik von mehreren Millionen winziger voneinander isolierter Silber-Körnchen, während die Rückseite mit einem durchgehenden Metallbelag versehen ist. Jede einzelne Zelle des Mosaiks bildet mit dem Metallbelag einen kleinen Kondensator. Treffen Elektronen auf die Mosaikplatte, so laden sie diese einzelnen Kondensatoren auf. An Stelle eines optischen Bildes entsteht auf ihr ein elektrisches Ladungsbild. Helle Stellen des optischen Bildes lösen viele Elektronen aus der Fotokatode und ergeben an diesen Stellen der Mosaikplatte eine starke Aufladung, dunkle Stellen senden keine Elektronen aus, die Mosaikplatte wird nicht aufgeladen. Die Aufladestärke entspricht also Punkt für Punkt der Beleuchtungsstärke in der optischen Abbildung.

Bild 1.23 Prinzip einer Kameraröhre

Links im Röhrenkolben befinden sich die Fotokatode und die Signalplatte. Dazwischen ist bei diesem Röhrentyp noch ein feines Gitter angeordnet, das gewisse elektrische Störerscheinungen (Sekundäremission) verhindert. Rechts im Röhrenkolben sitzen eine heizbare Katode und ein Strahlsystem. Ähnlich wie bei den aus der Meßtechnik bekannten Oszillografenröhren werden die von dieser Katode austretenden Elektronen zu einem feinen Strahl konzentriert. Der Strahl wird dann durch Sägezahnablenkspannungen zeilenweise über die Signalplatte geführt. Entsprechend der Fernsehnorm werden 625 Zeilen geschrieben. Diese Strahlablenkung erfolgt magnetisch durch den außerhalb des Röhrenkolbens angeordneten Ablenkspulensatz.

Das Kameraobjektiv projiziert durch den Glasboden der Röhre hindurch ein optisches Bild auf die Fotokatode. Diese gibt es als elektrisches Ladungsbild an die Signalplatte weiter. Der Elektronenstrahl tastet die Signalplatte zeilenweise ab und entlädt dadurch die einzelnen verschieden stark aufgeladenen Kondensatorelemente. Er „wischt" die Ladungen aus, weil jedes Element soviel negative Elektronen aufnimmt, daß die durch Bildeinwirkung entstandene positive Ladung kompensiert wird. Die restlichen Elektronen des Strahles kehren zurück (im Bild gestrichelt). Die Größe dieses Rückstrahles entspricht dem an der betreffenden Bildstelle herrschenden Helligkeitswert. Der Rückstrahl prallt dann auf die erste Elektrode eines hinter der Katode angeordneten mehrstufigen Elektronenvervielfachers[1]). Dieser verstärkt die zunächst noch sehr schwachen Bildsignale um das 200...500fache. An seinem Ausgang werden die aufeinanderfolgenden Zeilensignale abgenommen.

Nachdem die Signalplatte abgetastet und „ausgewischt" ist, entsteht darauf sofort ein neues Ladungsbild für das folgende Raster.

1 Sekundärelektronen-Vervielfacher, siehe Elektronik ohne Ballast, 4. und 5. Aufl., Bild 16.34.

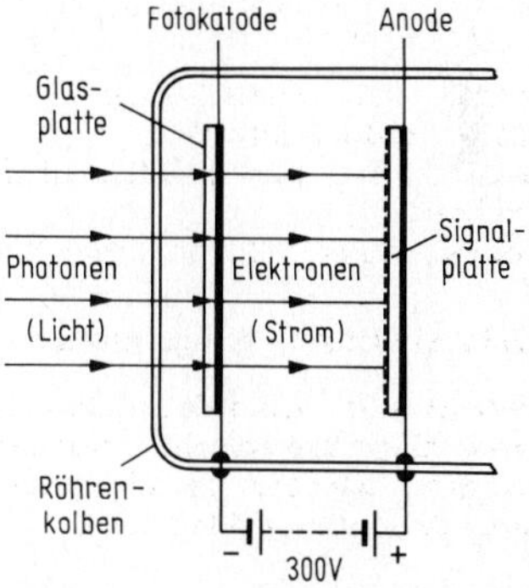

Bild 1.21 Umwandlung von Lichtstrom in Elektronenstrom an der Fotokatode einer Kameraröhre

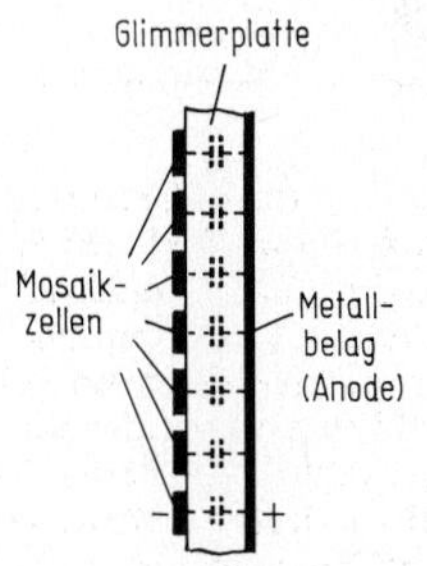

Bild 1.22 Die einzelnen Zellen der Mosaikplatte bilden mit dem Metallbelag kleine Kapazitäten

Bild 1.23 Schema einer Kameraröhre (Typ Orthikon)

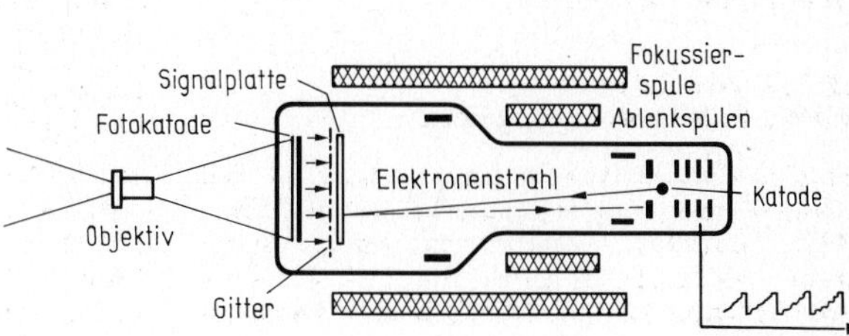

Sendermodulation

Bild 1.31 Mit einem Signalgemisch modulierte Hochfrequenz

Die in den Bildern 1.10 bis 1.13 dargestellten Videofrequenzkurven bestehen aus der Summe der eigentlichen Bildsignale und der Zeilen-, Raster- und Ausgleichsimpulse. Mit diesem von der Fernsehkamera gelieferten BAS-Signalgemisch wird die Hochfrequenz des Senders amplitudenmoduliert. Um alle Feinheiten des Bildsignals bis zur höchsten Frequenz von 5 MHz wiederzugeben, muß die Schwingungszahl des Senders bedeutend höher liegen, damit auch auf die feinsten Spitzen im Videosignal, wie z. B. auf die feinen Zacken im Bild 1.13, mehrere Hf-Schwingungen entfallen. Außerdem sind nur bei hohen Frequenzen die Schwingkreise genügend breitbandig, um das Frequenzspektrum von 5 MHz zu übertragen. Man hat sich daher beim Fernsehen für Sendefrequenzen um 60 MHz, 200 MHz und 500 bis 800 MHz, also für etwa 5 m, 1,5 m und 40 bis 60 cm Wellenlänge, entschieden.

Auch im modulierten Hf-Signal entsprechen die Schwarzwerte den größten Amplituden. Dies hat den Vorteil, daß Störspitzen, z. B. von Automobilzündfunken, die sich der Hf-Schwingung überlagern, zum überwiegenden Teil in das Dunkelgebiet fallen und im Bild als schwarze Stellen erscheinen. Diese schwarzen Flecke stören weniger als weiße Löcher, wie sie bei umgekehrter Modulation auftreten würden.

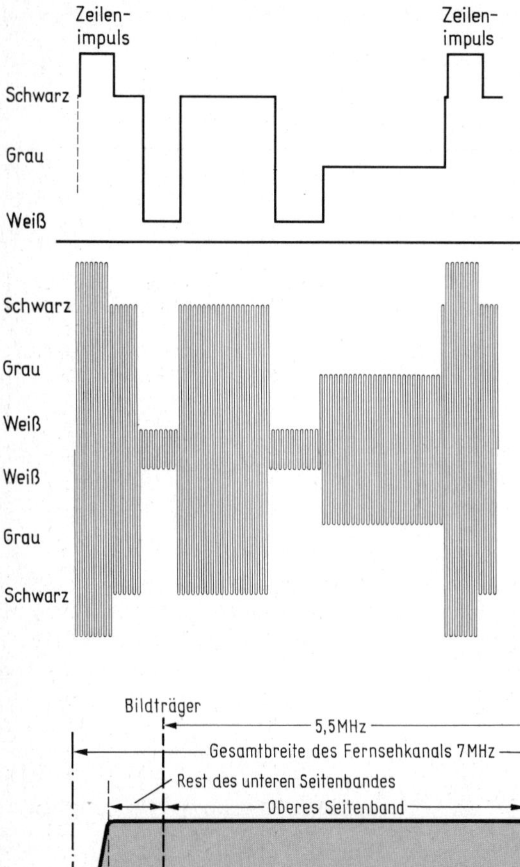

Bild 1.31 Um feinste Bildeinzelheiten zu übertragen, muß die Hf-Schwingungszahl des Senders bedeutend höher sein als die höchste im Bild vorkommende Frequenz

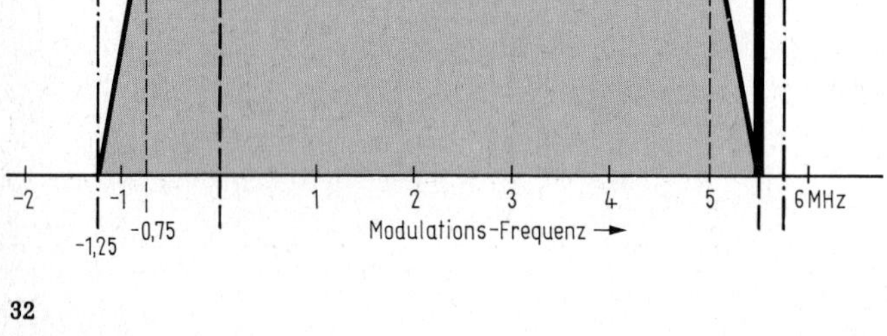

Bild 1.32 Bandabgrenzungen des Bild- und Tonsenders eines Fernsehkanals

Der Schwarzwert oder die *Schwarzschulter* ist ein wichtiger Bezugspunkt für den Bildaufbau im Fernsehempfänger. Der Schwarzwert läßt sich elektrisch im Signal stets eindeutig definieren, und durch Klemmschaltungen sorgt man dafür, daß dieser Spannungswert festgehalten (festgeklemmt) wird und später auf dem Bildschirm stets einen konstanten Schwarzton bewirkt.

Bild 1.32 Frequenzverteilung beim Bild- und Tonsender

Bei der Amplitudenmodulation entsteht rechts und links vom Träger ein Seitenband bis zur Breite der höchsten Modulationsfrequenzen. Beim Fernsehsender würde also die Gesamtbreite ± 5 MHz = 10 MHz betragen. Da aber im Emp-

Trägerfrequenzen in MHz

Bereich	Kanal	Bild	Ton
VHF I 41...68 MHz	2	48,25	53,75
	3	55,25	60,75
	4	62,25	67,75
VHF III 174...223 MHz	5	175,25	180,75
	6	182,25	187,75
	7	189,25	194,75
	8	196,25	201,75
	9	203,25	208,75
	10	210,25	215,75
	11	217,25	222,75
	12	224,25	229,75
UHF IV 470...582 MHz	21	471,25	476,75
	22	479,25	484,75
	23	487,25	492,75
	24	495,25	500,75
	25	503,25	508,75
	26	511,25	516,75
	27	519,25	524,75
	28	527,25	532,75
	29	535,25	540,75
	30	543,25	548,75
	31	551,25	556,75
	32	559,25	564,75
	33	567,25	572,75
	34	575,25	580,75
	35	583,25	588,75
	36	Radar	
	37	599,25	604,75

Bereich	Kanal	Bild	Ton
UHF V 606...790 MHz	38	Radioastronomie	
	39	615,25	620,75
	40	623,25	628,75
	41	631,25	636,75
	42	639,25	644,75
	43	647,25	652,75
	44	655,25	660,75
	45	663,25	668,75
	46	671,25	676,75
	47	679,25	684,75
	48	687,25	692,75
	49	695,25	700,75
	50	703,25	708,75
	51	711,25	716,75
	52	719,25	724,75
	53	727,25	732,75
	54	735,25	740,75
	55	743,25	748,75
	56	751,25	756,75
	57	759,25	764,75
	58	767,25	772,75
	59	775,25	780,75
	60	783,25	788,75
	61	791,25	796,75
	62	799,25	804,75
	63	807,25	812,75
	64	815,25	820,75
	65	823,25	828,75
	66	831,25	836,75
	67	839,25	844,75
	68	847,25	852,75

Die Bezeichnungen VHF und UHF sind Abkürzungen aus dem Englischen und bedeuten:
VHF = **V**ery **H**igh **F**requencies = Sehr hohe Frequenzen
UHF = **U**ltra **H**igh **F**requencies = Ultrahohe Frequenzen

Der Kanal 1 ist nur 6 MHz breit und wird nicht für den Fernsehfunk verwendet. Die Kanäle 36 und 38 sind für Radar und Radioastronomie vorbehalten.

Damit sich Sender, die im gleichen Kanal arbeiten, weniger stören, werden die Bildträgerfrequenzen gegenüber den in der Tabelle angegebenen Werten um + 10,5 kHz oder − 10,5 kHz gegeneinander versetzt. Man nennt dies *Offset-Betrieb*. Die Kanalbezeichnung 23 lautet dann beispielsweise 23_+ bei Versatz um + 10,5 kHz und 23_- bei Versatz um − 10,5 kHz. Für den Nennwert ist auch der Index 0 üblich, also 23_0.

fänger *ein* Seitenband genügt, um nach der Gleichrichtung das ursprüngliche Signal zu erhalten, wird das untere Seitenband im Sender teilweise unterdrückt und gar nicht erst ausgestrahlt. Es verbleibt nur ein sogenanntes *Restseitenband*. Infolge dieser Einengung ist es möglich, mehr Sender in den zugewiesenen Bereichen unterzubringen.

Außer dem Bildsender ist noch ein zweiter Sender für den zugehörigen Ton erforderlich. Er arbeitet jeweils auf einer um 5,5 MHz höheren Frequenz mit der vom UKW-Rundfunk bekannten Frequenzmodulation. Der Frequenzhub für 100 % Modulation beträgt hierbei ± 50 kHz. Er nimmt also gegenüber der breiten Bildmodulation ein relativ schmales Band ein. Infolge der unterschiedlichen Modulationsarten ergeben sich im Empfänger weniger Störmöglichkeiten zwischen Ton- und Bildfrequenzen. Die Kanalbreite für Bild- und Tonsender beträgt nach der europäischen Fernsehnorm in den Bereichen I und III je 7 MHz. In den Dezimeterwellenbereichen IV und V wurde die Kanalbreite mit Rücksicht auf andere Fernseh-Normen zu 8 MHz festgelegt. Die einzelnen Frequenzen für die vier verschiedenen Bereiche sind in der *Tabelle* auf Seite 33 aufgeführt.

Bild 1.33 Die Nachbarsender

Die Frequenzangaben im vorigen Bild beziehen sich auf die Modulationsfrequenzen eines Senders rechts und links von der Bildträgerfrequenz. Für das Verständnis der Durchlaßkurven und für Abgleicharbeiten an Fernsehempfängern macht man sich die Verhältnisse zweckmäßig am Modulationsspektrum eines Senderkanals in Verbindung mit den Trägerfrequenzen der Nachbarsender klar. Betrachtet sei ein Sender im Kanal 10 des Bereiches III. Dessen Bildträger BT liegt bei 210,25 MHz, der Tonträger TT bei 215,75 MHz. Im Kanalabstand 7 MHz vom Bildträger erscheint dann rechts der Nachbarbildträger NBT des Kanals 11 mit 217,25 MHz. Sein Restseitenband reicht bis rund 1 MHz an den Tonträger TT heran.

Ebenfalls in 7 MHz Abstand von eigenen Tonträger nach links erscheint der Nachbartonträger NTT des Kanals 9 mit 208,75 MHz. Nachbarbildträger und Nachbartonträger können den Empfang des gewünschten Senders stören und müssen deshalb durch Schwingkreise mit guter Selektion oder durch Fallen und Sperrkreise unterdrückt werden. Ferner wird das Restseitenband des gewünschten Senders im Empfänger durch eine speziell geformte Filterflanke beeinflußt.

Im Bereich V mit 8 MHz Kanalbreite haben die Nachbarbildträger und -tonträger einen größeren Abstand vom eigenen Ton- und Bildträger, nämlich 2,5 MHz statt 1,5 MHz. Sie können daher den Empfang weniger stören. Außerdem bemüht man sich bei der Planung der Sendernetze darum, Sender, deren Frequenzen nebeneinanderliegen, räumlich möglichst weit entfernt voneinander anzuordnen, damit sie sich nicht stören können.

Bild 1.34 Blockschaltung eines Schwarzweiß-Fernsehsenders

Drei verschiedene Signalgruppen müssen miteinander kombiniert werden, um ein komplettes Fernsehsignal auszustrahlen:

1. Das vom Mikrofon kommende Tonfrequenzspektrum wird verstärkt, und damit wird der Tonsender frequenzmoduliert.

2. Die Fernsehkamera liefert das Bildsignal B. Sie wird dazu mit Horizontal- und Vertikalablenkspannungen aus der Impulszentrale gesteuert.

3. Die gleiche Impulszentrale liefert die Austast- und Synchronisierimpulse, d. h. das AS-Signal.

Bildsignal und AS-Signal werden in einem *Coder* zu einem kompletten BAS-Signal addiert und dem Bildsender in Amplitudenmodulation aufgeprägt. Die hochfrequenten Schwingungen von Tonsender und Bildsender werden über die gemeinsame Antenne ausgestrahlt. Im Bild rechts ist nochmals das gesamte hochfrequente Modulationsspektrum mit Bildträger und Tonträger angedeutet. Das zeilenfrequente BAS-Signal mit 64 µs Dauer für eine Zeile und das Modulationsspektrum mit 5,5 MHz Bandbreite sind sehr wichtig, um die Funktion eines Fernsehempfängers zu verstehen. Diese Diagramme spielen auch für die Fehlersuche und beim Abgleichen eine große Rolle. Die Bedeutung dieser Diagramme muß man daher gut kennen. Das Diagramm für das BAS-Signal stellt einen zeitlichen Ablauf dar. Beim Modulationsspektrum sind dagegen Frequenzwerte auf der waagerechten Achse aufgetragen.

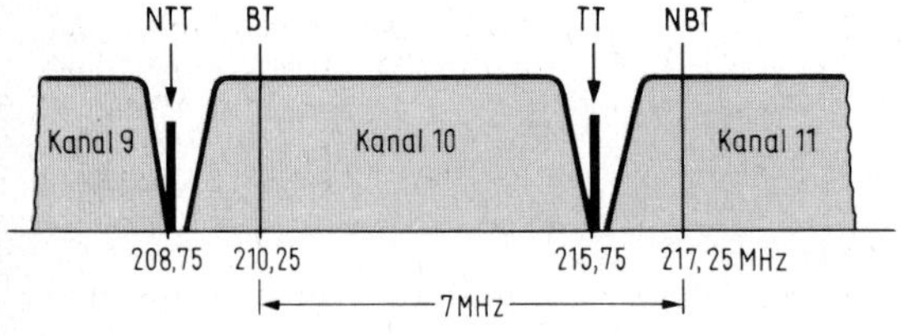

Bild 1.33 Trägerfrequenzen und Frequenzbänder bei benachbarten Sendern im VHF-Bereich

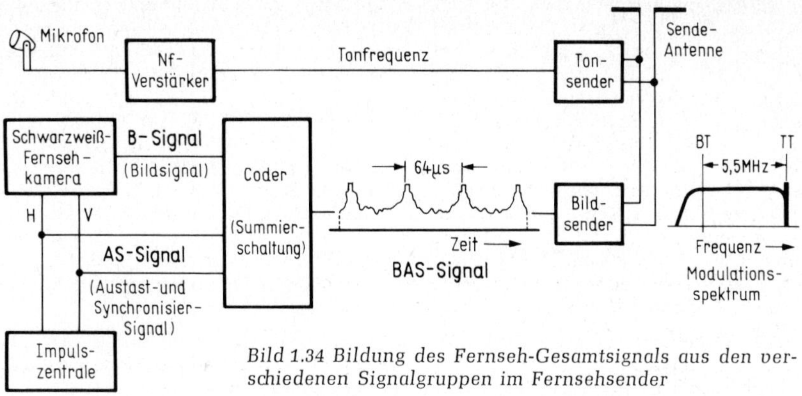

Bild 1.34 Bildung des Fernseh-Gesamtsignals aus den verschiedenen Signalgruppen im Fernsehsender

Im Empfänger verlaufen die Vorgänge in umgekehrter Reihenfolge wie beim Sender. Das Modulationsspektrum muß dort zunächst verstärkt werden, dann zweigt man daraus das Tonfrequenzband für den Lautsprecher und die B-Signale für die Fernsehbildröhre ab. Das AS-Signal wird in H- und V-Impulse aufgelöst. Sie synchronisieren die Ablenkspannungen für den Elektronenstrahl der Fernsehbildröhre.

Literatur

Deutsche Normen: Fernsehen, Begriffe DIN 45 060.

Funktechnische Arbeitsblätter

Fs 01 Normen für Schwarzweiß- und Farb-Fernsehen, 2. Ausgabe. Erschienen in Funkschau 1975, H. 7, S. 75 und H. 9, S. 55.

Neue Kameraröhren

Kunze: Die EIC-Röhre XQ 1330, eine neue Fernsehkameraröhre. Siemens-Bauteile-Informationen 1972, H. 3, S. 59.

Bechteler: Farbvidikon XQ 1365, eine Aufnahmeröhre für Einröhren-Farbfernsehkameras. Siemens-Zeitschrift 1975, H. 7, S. 457.

Konbeck: INTERPLEX, ein Einröhren-Farbfernsehkamerasystem mit hoher Auflösung. Siemens-Zeitschrift 1975, H. 7, S. 451.

Rumland: Das Farbkamerasystem FAC 71. Grundig Technische Informationen 1977, H. 6, S. 285.

Mäusl: Grundlagen der Fernsehtechnik für den Praktiker. Der Elektromeister + Deutsches Elektrohandwerk 1978, H. 8, S. 642; H. 11, S. 890 und H. 13, S. 1010.

2 Die Farbbild-Übertragung

Nicht Farben, sondern Signale werden übertragen

Viele Veröffentlichungen über das Farbfernsehen stellen die Farbphysik in den Vordergrund. Diese Dinge sind jedoch nur am Anfang und am Ende einer Farbfernsehübertragung von Bedeutung. Was dazwischen liegt, sind ausschließlich elektrische Schwingungen, Frequenzen, Spannungen und Impulse. Den Servicetechniker, der später sorgenvoll vor einem nicht funktionierenden Farbfernsehempfänger sitzt, interessiert es dann herzlich wenig, welche Lichtwellenlänge die rote Farbe hat und was der Unterschied zwischen additiver und subtraktiver Farbmischung ist.

Nicht Farben, sondern elektrische Signale werden übertragen und im Empfänger verarbeitet, und dies sei hier hauptsächlich behandelt. Was man vorerst wissen muß, ist, wieviel verschiedene Informationen für eine Farbfernsehübertragung notwendig sind. Zunächst müssen die vom Schwarzweißfernsehen bekannten Signale weiterhin ausgestrahlt werden, denn die bisherigen Fernsehempfänger sollen die Sendungen ebenfalls, wenn auch nur in Schwarzweiß, empfangen können. Diese Signale sind:

1. die Schwarzweiß-Bildmodulation, bisher als Videosignal, nunmehr als Leuchtdichte- oder Y-Signal bezeichnet,

2. die Tonmodulation, also Sprache und Musik,

3. die Synchronisierzeichen für die Bildkippfrequenz (50 Hz),

4. die Synchronisierzeichen für die Zeilenfrequenz (15 625 Hz),

5. die eigentliche Sendewelle, die Bildträgerfrequenz,

6. die Tonträgerfrequenz (= Bildträger + 5,5 MHz).

Bildträger- und Tonträgerfrequenz werden hier gesondert aufgeführt. Sie sind wirklich die *Träger* der Information, so wie das Zeitungspapier der Träger einer Zeitungsmeldung ist. Ohne das Papier kann die eigentliche Meldung nicht überbracht werden. Zu diesen sechs Signalen kommen nun beim Farbfernsehen noch drei weitere:

7. das Farbtonsignal (grün, blau, rot),

8. das Farbsättigungssignal (blasse oder kräftige Farbe),

9. die Farbträgerfrequenz FT, auf welche die Signale 7 und 8 „aufgedruckt" sind. Diese Frequenz ist auch im Farbsynchronsignal, im Burst (vgl. Bild 1.07), enthalten.

Die Schaltungstechnik eines Farbfernsehempfängers verstehen, heißt, diese neun Signalarten auf ihren verschlungenen Wegen im Schaltbild verfolgen zu können und zu wissen, wie die Weichen und Stufen arbeiten, die diese neun verschiedenen Nachrichten auseinandersortieren und an die entsprechende Stelle bringen. So gibt es bei der Fernsehübertragung keine getrennten Farbtonsignale 7 und Farbsättigungssignale 8, sondern der Farbträger 9 wird mit Differenzsignalen moduliert, *V* und *U* genannt, in denen die beiden Informationen 7 und 8 enthalten sind. Diesen speziell modulierten Farbträger bezeichnet man als Farbartsignal *F*. Aus dem BAS-Signal des Schwarzweißempfängers wird das FBAS-Signal des Farbfernsehempfängers.

Licht und Farbe

Die Bilder 2.01 bis 2.04 befinden sich auf den Farbtafeln hinter Seite 48.

Bild 2.01 Lichtmischung

Früher, als es noch keine Waschmaschinen gab, konnte man bei der „Großen Wäsche" einen eigenartigen Vorgang beobachten: Die Hausfrau steckte die gespülte Wäsche zum Schluß in einen Bottich mit leuchtend blau gefärbtem Wasser. Aus diesem Bad kamen die Wäschestücke so strahlend weiß heraus, wie es heute die Waschmittelfabrikanten behaupten. Bei genauerem Prüfen ergab sich, daß die Wäsche vorher einen schwachen Gelbstich hatte, vielleicht von der gelben Schmierseife, die man damals zum Waschen nahm. Gelb und Waschblau ergaben jedoch ein reines Weiß[1]). Einen ähnlichen Effekt kann man nach Bild 2.01 links mit zwei farbigen Lichtbündeln zeigen. Wo sich beide Lichtflecke überschneiden, ist es heller, weil mehr Licht hinfällt. Außerdem ist diese Stelle nicht farbig, sondern weiß. Mit Lichtbündeln anderer Farbe lassen sich auf diese Weise weitere Farbeindrücke erzeugen, auch läßt sich Weiß aus drei oder mehreren farbigen Lichtbündeln (Farbreizen) zusammenmischen. Damit ergeben sich zwei wichtige Erkenntnisse:

1. Ein *Farbstich* läßt sich durch eine geeignete andere farbige Lichtstrahlung kompensieren.

2. Aus farbigen Lichtstrahlen lassen sich andere Farben oder Weiß zusammenmischen.

Bild 2.02 Farbe und Licht sind zweierlei

Farbe auf Gegenständen ist kein Licht.

Sichtbares Licht besteht aus elektromagnetischen Schwingungen mit Wellenlängen von 780 nm bis 390 nm.

380...450 nm Violett	575...580 nm Gelb
450...482 nm Blau	585...595 nm Orange
497...540 nm Grün	600...780 nm Rot

nm = Nanometer = 10^{-9} m

Licht *leuchtet,* dazu muß stets eine Lichtquelle vorhanden sein (Bild 2.02 oben). Auch die Farbbildröhre besteht eigentlich aus vielen kleinen Lichtquellen.

---

1 Diese *Aufheller* sind auch heute noch in den Waschmitteln enthalten; die Blautönung ist allerdings ins Ultraviolette verschoben, hat jedoch die gleiche Wirkung.

Bild 2.03 Weißes Licht

Weißes Licht ist eine Mischung von farbigem Licht. Das zeigt sich, wenn man Sonnenstrahlen nach Bild 2.03 durch ein Prisma zerlegt. Aus farbigen *Lichtstrahlen* kann man wieder weißes Licht zusammenmischen (Bild 2.01). Mit „Farben" aus dem Malkasten geht das nicht. Dort ergibt sich durch Mischen mehrerer Farben niemals Weiß, sondern ein schmutziges Graubraun. Diese *Körperfarben* im Gegensatz zum Licht stellen gewissermaßen selektive Reflektoren für Lichtwellen dar. Ein Farbeindruck ist nur beim Anstrahlen mit Licht vorhanden (in der Nacht sind alle Katzen grau). Ist in der Lichtstrahlung eine Wellenlänge vorhanden, die von der auf den Körper gepinselten Farbe gut reflektiert wird, dann entsteht ein Farbeindruck. Alle anderen Lichtwellen werden gedämpft oder verschluckt.

In die Fernsehkamera gelangen keine Farben, sondern Licht. Sie muß es in elektrische Signale umsetzen, die nach vielen Umformungen dann auf dem Bildschirm wieder in Licht zurückverwandelt werden. Der *Schirm leuchtet farbig auf,* er hat jedoch keine Eigenfarbe. Im ausgeschalteten Zustand sieht die Schirmfläche dunkelgrau aus. Auch im gesamten Übertragungsweg gibt es nirgends „Farben". Farbige Darstellungen in der Literatur über Farbfernsehen, auch die Bilder in diesem Buch, sind nur unzulängliche Vergleiche.

Bild 2.04 Y-Signal und Farbsignale

Das Entstehen des farbigen Bildes beim Fernsehen ähnelt dem Prinzip der Kindermalbücher. In ihnen ist ein schwarzweißes Bild vorgedruckt (Bild 2.04a). Malt das Kind mit Farbstiften nach Teilbild b die Flächen aus, dann erhält man Bild 2.04c. Daraus ergibt sich:

1. Das Schwarzweißbild (Y-Signal) soll alle feinen Bildeinzelheiten enthalten; es muß also eine große Bandbreite haben.

2. Die Farbsignale können gröber, also schmalbandiger sein. Trotzdem erhält man aus dem Zusammenwirken aller Signale ein ansprechendes Bild.

Beim Farbfernsehen werden drei Farbsignale, nämlich Blau, Rot und Grün verwendet. Durch Mischen der drei Grundfarben lassen sich alle anderen Farben erzeugen. Umgekehrt kann man farbiges Licht in Anteile dieser drei Grundfarben zerlegen. Für das Farbfernsehen wählte man als Grundfarben:

Farbe	Rot	Grün	Blau	
Lichtwellenlänge	600	540	450	nm

Farben und ihre Abstufungen

Die Bilder 2.05 bis 2.07 befinden sich auf den Farbtafeln hinter Seite 48.

Bild 2.05 und 2.06 Farbart (Chrominanz)

Ein *Farbkoordinatensystem* nach DIN 5033 (Bild 2.05) besteht aus einer Art Dreieck. Jeder Ecke ist eine der Farben Blau, Grün und Rot zugeordnet. Längs der Dreieckseiten geht eine Farbe allmählich in die andere über. Zwischen Grün und Rot wechselt also die Farbenfolge wie beim Regenbogen von Grün über Gelb und Orange auf Rot. Diese *Farben,* wie sie landläufig bezeichnet werden, spricht jeder, der nicht farbenblind ist, richtig an. Er wird z. B., ohne zu zögern, die Farben Orange und Rot unterscheiden. Der Techniker gewöhne sich jedoch daran, statt Farben nunmehr Farbart zu sagen.

Zur Mitte dieses Dreiecks hin werden die Farben immer blasser. Bei den Koordinaten x = 0,3 und y = 0,3 liegt der *Weißpunkt.* Hier sei gleich vorweggenommen, daß die Farben bei R, G und B den drei Leuchtstoffen der Farbbildröhre entsprechen. Durch Mischen der Farbstrahlung dieser drei Leuchtquellen lassen sich alle Farbarten innerhalb des schwarzen Dreiecks erzeugen.

Das dreieckige Farbkoordinatennetz wird beim Farbfernsehen zu einem Kreis umgeformt. Man stelle sich vor, daß das Dreieck R – G – B in Bild 2.05 aus einer farbig getönten Schnur besteht, die um drei Nägel gespannt ist. Zieht man die Nägel heraus und legt die Schnur zu einem Kreis aus, dann kann man nach Bild 2.06 Farbtöne durch einen Winkel α angeben. $\alpha = 100°$ würde dem Farbton Rot entsprechen, $\alpha = 240°$ etwa dem Farbton Grün. Für die Farbtöne Purpur und Blaugrün findet man in der Farbliteratur auch die Bezeichnungen Magenta und Cyan. Im Farbkreis gegenüberliegende Farbpaare, also Gelb und Blau oder Rot und Blaugrün, nennt man Komplementärfarben.

In diesem Kreis, Bild 2.06, legt man die Koordinatenachsen durch den Mittelpunkt und bezeichnet sie vorerst mit *U* und *V*, damit sie nicht mit den Koordinaten x und y des vorigen Bildes verwechselt werden können.

Bild 2.07 Farbsättigung

Der gleiche Farbton kann entweder satt und kräftig oder zart und pastellartig erscheinen. Eine Flasche mit roter Tinte entspricht einer sattroten Farbart. Gießt man Wasser dazu, dann bleibt der Farbton erhalten. Er wird weder violett noch gelblich, aber er wird um so blasser, je mehr Wasser man hineingießt. Die Abstufung des gleichen Farbtones nennt man seine Sättigung bzw. Entsättigung. Im Farbkreis stellt man nach Bild 2.07 an der Peripherie die gesättigten Farben dar und läßt sie zur Mitte hin blasser werden. Der Mittelpunkt des Kreises ist dann weiß, er ist *entsättigt.* Den Sättigungsgrad stellt man durch die Amplitude des Farbzeigers dar. Bei halber Amplitude ist die Farbe nur zu 50 % gesättigt. Ein Farbton kann also durch den Phasenwinkel α und der Sättigungsgrad durch die Zeigerlänge ausgedrückt werden.

Farbart = Farbton + Farbsättigung

Benutzt man die Koordinatenachsen *U* und *V*, dann läßt sich ein solcher Farbanzeiger auch durch die entsprechenden Achsenabschnitte definieren. Zu dem im Bild angegebenen purpurfarbigen Punkt gehören z. B. die Werte $U = +0{,}6$ und $V = 0{,}5$.

Helligkeit, Leuchtdichte (Luminanz)

Man ist leicht geneigt, Farbsättigung mit Farbhelligkeit gleichzusetzen. Das stimmt jedoch nicht. Den Begriff *Helligkeit* macht man sich besser durch folgendes Beispiel klar: Verkleinert man die Blende in einem Fotoobjektiv, dann wird die Helligkeit in der Bildebene verringert. Man kann sich leicht davon bei einer Spiegelreflexkamera überzeugen. Diese Helligkeitsänderung verschiebt aber keinesfalls den Farbton oder die Farbsättigung. Rot bleibt Rot, Blaßrot bleibt ebenfalls Blaßrot und Weiß bleibt Weiß. Farbfilmaufnahmen ergeben bei sonst richtigen Bedingungen stets die gleichen Farben, gleichgültig ob man sie mit kleiner oder großer Blende, also geringer oder großer Helligkeit in der Bildebene aufgenommen hat. Beim Farbfernsehen bewirkt das Y-Signal, also das bisherige Bildsignal, den Helligkeitseindruck des gesamten Bildes. Verändert man die Amplituden dieses Signals, dann wird das Bild im ganzen heller oder dunkler, ohne daß Farbton oder Farbsättigung sich ändern. (Stellt man am Empfänger das Bild dunkler, dann entsteht allerdings subjektiv der Eindruck, daß die Farben satter werden.)

Wie bei Bild 1.01 erwähnt, bezeichnet man den meßbaren Helligkeitswert eines einzelnen Bildpunktes mit Leuchtdichte oder Luminanz. Aus diesem Grund nennt man das bisherige Bildsignal oder Videosignal beim Farbfernsehen auch Luminanzsignal, weil damit nacheinander die Leuchtdichtewerte der einzelnen Bildpunkte übertragen werden.

Die Farbfernsehkamera und ihre Signale

Die Grundlagen des heutigen Farbfernsehsystems wurden in den Jahren 1951 bis 1953 von der NTSC[1] in den USA erarbeitet. Dabei war zur Bedingung gemacht worden, daß dieses Farbfernsehen *kompatibel*, d. h. verträglich mit dem bereits bestehenden Schwarzweiß-Fernsehsystem sein müsse. Das bedeutet, jeder Schwarzweißempfänger muß Farbsendungen in Schwarzweiß wiedergeben, und jeder Farbempfänger muß auch für schwarzweiß ausgestrahlte Sendungen geeignet sein. Ferner sollten beim Farbfernsehen die zusätzlichen Farbinformationen im gleichen Frequenzkanal bzw. im gleichen Modulationsspektrum untergebracht werden.

Diese Bedingungen wurden durch geistreiche, aber verwickelte Verfahren erfüllt. Das Farbfernsehsystem erscheint deshalb in manchen Teilen ziemlich umständlich. Hätte man beim Fernsehen gleich mit der Farbe begonnen, dann wäre vielleicht manches einfacher geworden.

So wird beim Farbfernsehen die Schwarzweißinformation nicht direkt in einer Kameraröhre gewonnen, sondern auf dem Umweg über drei Farbsignale. Eines dieser Farbsignale wird dann aber weggelassen. Die beiden anderen werden umgeformt und gemeinsam einer einzigen Trägerfrequenz aufmoduliert. Dieses Modulationsspektrum wird in das Schwarzweißspektrum hineingeschachtelt. Im Empfänger sind dann ähnlich komplizierte Umwandlungen erforderlich, um die Schwarzweiß- und Farbsignale wieder voneinander zu trennen und die fehlende Farbinformation zu ergänzen. Dieses amerikanische NTSC-System besaß noch einen kleinen Mangel. Die Farbtönung konnte durch ungünstige Übertragungsbedingungen verfälscht werden. In Deutschland entwickelte deshalb Professor Bruch bei Telefunken das Pal-Verfahren. Es kompensiert diese Fehler selbsttätig, brachte jedoch eine weitere Komplikation in dieses System der vielfältigen Signalumwandlungen hinein. Die gesamte Technik ist aber ausgereift und wird beherrscht, und man kann sich systematisch in diese Dinge einarbeiten.

1 *N T S C* = National Television System Committee.

Wie gewinnt man nun aus einer farbigen Szene die elektrischen Signale für die Farbübertragung? Zunächst müssen Teilsignale aus den drei Farbarten Rot, Grün und Blau erzeugt werden. Man benötigt dazu drei künstlich „farbenblind" gemachte Kameraröhren. Jede von ihnen liefert eine Zeilenimpulsfolge ähnlich wie bei einer Schwarzweiß-Kameraröhre nach Bild 1.23, aber diese Signale gelten jeweils nur für eine Grundfarbe. Die drei Kameraröhren müssen vom gleichen Typ sein (Ikonoskop, Orthikon, Vidikon oder Plumbikon) und genau gleiche Eigenschaften besitzen, um Farbfehler und unterschiedliche Fremdeinflüsse zu vermeiden und damit die Bilder sich später wieder zur Deckung bringen lassen. Die drei Röhren sind in einem gemeinsamen Kameragehäuse untergebracht und werden mit den gleichen Ablenkspannungen betrieben.

Es gibt allerdings auch Kameras mit *vier* Aufnahmeröhren, von denen eine unmittelbar das Y-Signal erzeugt. Hier sei jedoch das Verfahren mit nur drei Kameraröhren behandelt, weil sich damit die rechnerische Zusammensetzung des Y-Signals für Weiß im späteren Bild 2.12 besser erläutern läßt.

Bild 2.11 Prinzip einer Farbfernsehkamera

Das von der aufzunehmenden Szene kommende Licht fällt durch eine Optik auf verschiedene Umlenkspiegel. Zwei farbzerlegende (dichroitische) Spiegel reflektieren, wie manche Sonnenbrillen, bestimmte Farbbereiche, das übrige Spektrum wird durchgelassen. Der erste Spiegel reflektiert den blauen Lichtanteil auf einen undurchlässigen Silberspiegel. Von dort wird er durch ein Blaufilter auf eine Kameraröhre geworfen. Sie erzeugt aus den Blauanteilen ein Signal U_B. Ein zweiter dichroitischer Spiegel reflektiert den roten Lichtanteil über einen Silberspiegel durch ein Rotfilter auf eine weitere Kameraröhre. Sie bildet aus den roten Strahlen die Signalspannung U_R. Der grüne Lichtanteil wird von beiden Spiegeln durchgelas-

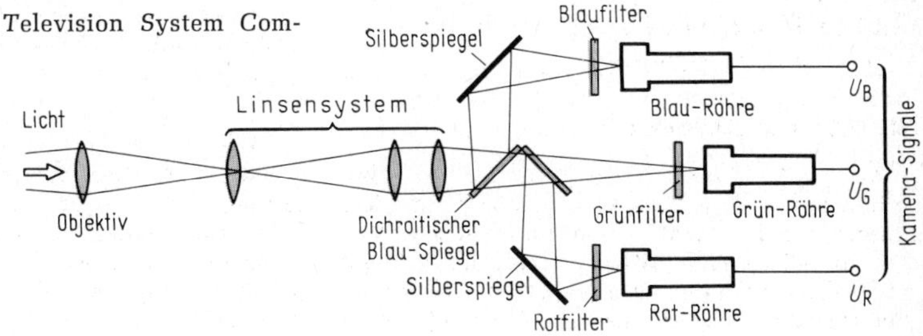

Bild 2.11 Strahlengang in einer Farbfernsehkamera

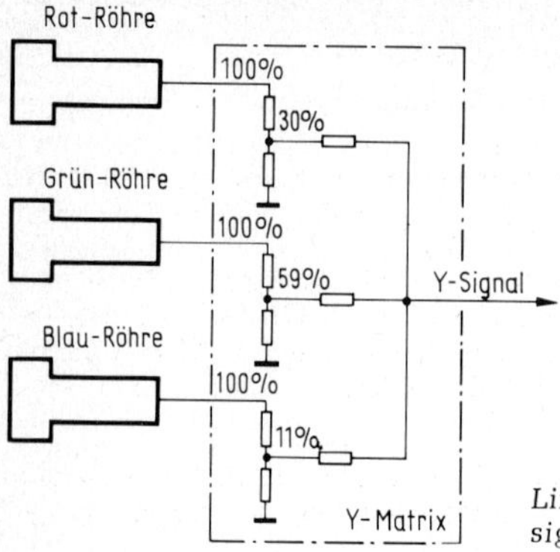

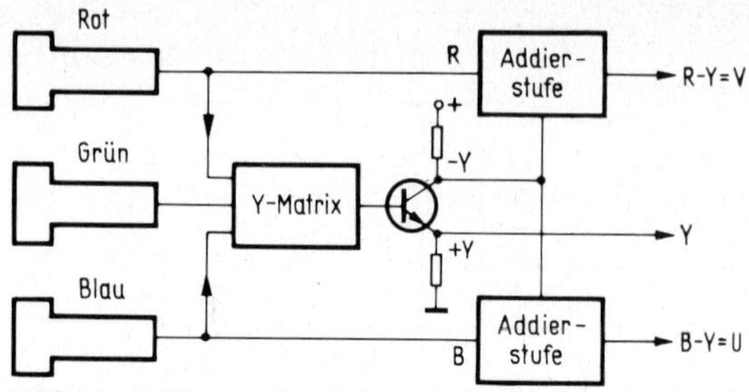

Bild 2.13 Addieren des Y-Signals zum Rot- bzw. Blausignal

Links: Bild 2.12 Prinzipschaltung zum Erzeugen des Leuchtdichtesignals Y aus den drei Spannungen der Kameraröhren

sen und fällt durch ein Grünfilter auf die dritte Kameraröhre. An den Ausgängen erhält man also dann drei getrennte Signalspannungen U_B, U_G und U_R. Eine strahlend weiße Fläche liefert über die Farbfilter zu 100 % gesättigte Grundfarben und maximale Ausgangsspannungen.

Bild 2.12 Erzeugen des Leuchtdichtesignals

Aus diesen drei Farbsignalen erzeugt man zunächst in einer Matrix[1]) das Leuchtdichtesignal Y. Es entspricht dem bisherigen Videosignal beim Schwarzweißfernsehen, also den Helligkeits- bzw. Grauwerten der einzelnen Bildpunkte. Optisch kann man sich das so vorstellen, als ob von einem farbigen Bild ein Schwarzweißfoto angefertig wird, bei dem dann die bunten Farben in entsprechende Grauwerte umgesetzt sind.

Bei der Umwandlung in der Fernsehkamera wird auch die Farbempfindlichkeit des menschlichen Auges berücksichtigt. Grünes Licht empfindet man heller als blaues und rotes. Deshalb legt man die Ausgangsspannungen der drei Kameraröhren an Spannungsteiler und zapft sie bei 30 % (rot), 59 % (grün) und 11 % (blau) an. Über Entkopplungswiderstände werden die Spannungen addiert. Damit ergibt sich das Y-Signal für eine weiße Fläche zu:

$$Y = 0{,}30\ U_R + 0{,}59\ U_G + 0{,}11\ U_B$$

Lediglich zur Schreibvereinfachung setzt man dafür:

$$Y = 0{,}30\ R + 0{,}59\ G + 0{,}11\ B$$

Wird keine helle weiße Fläche, sondern ein Bild wiedergegeben, bei dem an den einzelnen Stellen nur bestimmte Farben vorhanden sind, dann ist die Summe der Farbspannungen kleiner. Das bedeutet, daß das Y-Signal nicht mehr dem reinen Weiß, sondern einem Grauwert entspricht.

1 Matrix = mathematische Bezeichnung für lineare Umformungen mit Hilfe eines Zahlenschemas.

Bild 2.13 Die V-U-Matrix

Aus den drei Farbanteilen R, G und B bildet man also das Y-Signal. Wie mehrfach erwähnt, entspricht es dem Videosignal eines Schwarzweißempfängers und wird als normales Modulationsspektrum mit 5 MHz Bandbreite übertragen.

Von den drei Farbinformationen R, G und B überträgt man nur zwei, nämlich Rot und Blau und läßt den Grünanteil unter den Tisch fallen. Man kann ihn nämlich im Empfänger jederzeit wieder rekonstruieren, wenn nur drei Werte der Gleichung

$$Y = 0{,}30\ R + 0{,}59\ G + 0{,}11\ B$$

vorhanden sind. Den Momentanwerten der Spannungen für Rot und Blau schaltet man das Y-Signal mit umgekehrter Polung entgegen und erhält die *Farbdifferenzsignale*

$$V = R - Y \text{ und } U = B - Y$$

Diese Spannungen lassen sich nach Bild 2.13 gewinnen. Das Y-Signal wird einer Transistor-Phasenumkehrstufe zugeführt. Am Emitter erscheint das Signal + Y und wird von dort weiterverarbeitet. Am Kollektor ergibt sich das um 180° in der Phase gedrehte Signal, also − Y. In zwei Addierstufen wird es mit den Signalen R und B zusamengefügt, und man erhält $V = (R - Y)$ und $U = (B - Y)$.

(Die Bezeichnung V für $R - Y$ darf nicht mit dem Kurzzeichen V für die Vertikalfrequenz verwechselt werden.) Diese Farbdifferenzsignale V und U müssen also beim Farbfernsehen zusätzlich übertragen werden. Man moduliert aber beide Signale gemeinsam einer einzigen Trägerfrequenz, nämlich der bereits kurz erwähnten Burstfrequenz von rund 4,43 MHz auf. Zum Verständnis dieser Vorgänge sind einige ergänzende Betrachtungen über Modulationsverfahren notwendig[1]).

1 Siehe Funktechnik ohne Ballast, 14. und 15. Auflage, Kapitel 2, Modulation von Sendern.

Bild 2.14 bis 2.16 Mehrfachmodulation

Die beiden grundlegenden Modulationsarten sind Amplitudenmodulation und Frequenzmodulation. Beim Schwarzweißfernsehen wendet man bereits beide Modulationsarten an: Der *Bildträger* wird mit dem Videosignal (Leuchtdichtesignal) und den Synchronzeichen *amplitudenmoduliert*. Der *Tonträger* wird mit den Tonsignalen *frequenzmoduliert*. Für das Farbfernsehen wurde gefordert, daß die gleichen Hochfrequenzübertragungskanäle beibehalten werden und daß die Farbbilder auch als Schwarzweißbilder auf den bisherigen Empfängern erscheinen sollten. Die zusätzliche Farbinformation mußte deshalb in das bisherige Fernsehnormsignal so hineingefügt werden, daß sie den Schwarzweißempfang nicht stört. Um diese Farbinformationen zu übermitteln, erfand man eine raffinierte Doppelmodulation. Sie benötigt nur eine Trägerfrequenz FT, überträgt jedoch die beiden Farbinformationen *U* und *V* innerhalb des gleichen Frequenzgebietes. Das ist ein entscheidender Unterschied gegenüber anderen Verfahren, die mehrere Informationen übermitteln. Dort werden die verschiedenen Nachrichten in jeweils andere Modulationsfrequenzgebiete gelegt. Bei der Trägerfrequenztelefonie nach Bild 2.14 liegen die einzelnen Sprechkanäle säuberlich nebeneinander in gleichmäßigen Abständen von der Trägerfrequenz. Beim Stereorundfunk hat man nach Bild 2.15 das sogenannte Differenzsignal $L - R$ in 23 bis 53 kHz Abstand vom Träger gelegt. Beim Schwarzweißfernsehen ist der Ton nach Bild 2.16 in 5,5 MHz Abstand vom Bildträger untergebracht.

Beim Farbfernsehen werden dagegen zwei Informationen aus Frequenzmangel sowie mit Rücksicht auf die Kompabilität einer einzigen Trägerfrequenz aufmoduliert. Diese beiden Signale *R* und *B* sind verschlüsselt in den Differenzsignalen *U* und *V* enthalten und damit wird erst moduliert. Hierfür wurde eine Doppelmodulation mit unterdrücktem Träger entwickelt. Ihr Prinzip muß der Fernsehtechniker gut kennen, ehe er einen Farbfernsehempfänger untersuchen und abgleichen kann. Zunächst sei aber angenommen, daß nur eine einzige Signalfolge für die Farbinformation vorliegt.

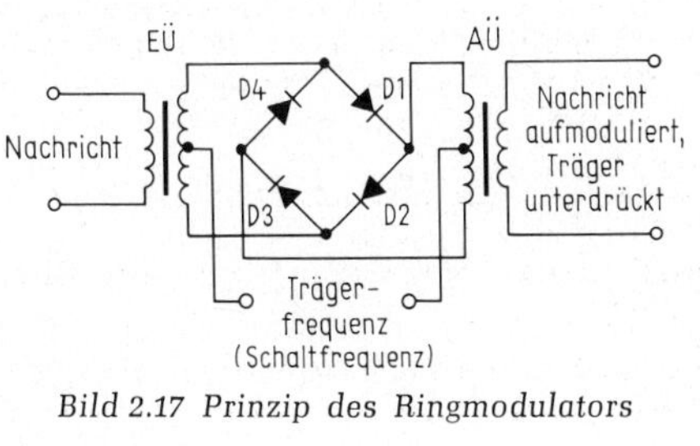

Bild 2.17 Prinzip des Ringmodulators

Bild 2.17 und 2.18 Amplitudenmodulation mit unterdrücktem Träger

Bei der normalen Amplitudenmodulation mischt man das niederfrequente Modulationsspektrum mit einer höherfrequenten Trägerfrequenz. Man erhält dadurch Seitenbänder rechts und links vom Träger. Benutzt man zum Mischen einen Ringmodulator nach Bild 2.17, dann erscheinen am Ausgang einer solchen Stufe nur die beiden Seitenbänder. Das niederfrequente Modulationsspektrum und die Trägerfrequenz fallen vollständig heraus[1]).

1 Funktechnik ohne Ballast, 14. und 15. Auflage, Kapitel 14, Ringmodulator als multiplikative Mischschaltung.

Bild 2.14 Unterbringen mehrerer Telefongespräche innerhalb eines breiten Frequenzbandes bei der Trägerfrequenztelefonie

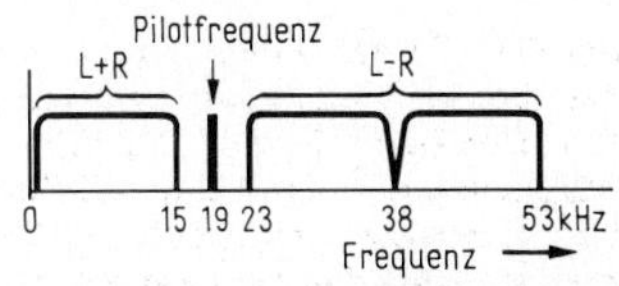

Bild 2.15 Unterbringung mehrerer Tonfrequenzsignale innerhalb eines Frequenzbandes von 53 kHz bei der Hochfrequenz-Stereofonie

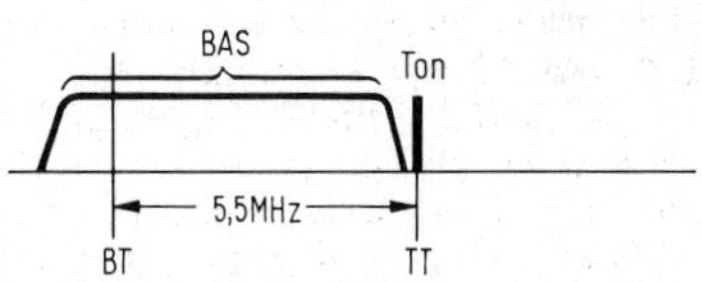

Bild 2.16 Bild- und Tonfrequenzspektrum beim Schwarzweißfernsehen

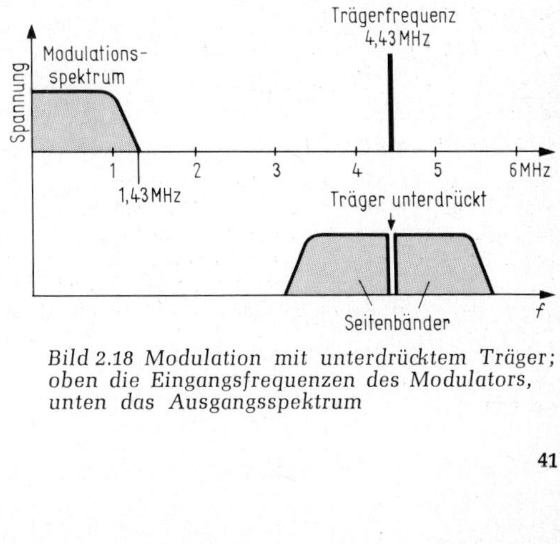

Bild 2.18 Modulation mit unterdrücktem Träger; oben die Eingangsfrequenzen des Modulators, unten das Ausgangsspektrum

Beim Farbfernsehsystem wird die Farbinformation in dieser Weise umgesetzt. Man begrenzt zunächst, wie bei Bild 2.04 erwähnt, ihre Bandbreite und zwar auf 1,3 MHz. Dieses Signal mischt man in einem Ringmodulator mit der Farbträgerfrequenz von 4,43 MHz. Am Ausgang des Modulators erhält man dann nach Bild 2.18 nur die beiden Seitenbänder. Der Träger selbst ist herausgefallen bzw. unterdrückt.

Im Prinzip entspricht dieses Verfahren der bekannten Stereo-Rundfunkmodulation Bild 2.15. Auch dort wird das eigentliche Modulationsspektrum in ein höheres Frequenzgebiet heraufgemischt und der Träger von 38 kHz unterdrückt. Um ihn später im Empfänger wieder neu zu erzeugen, schickt man die Pilotfrequenz 19 kHz mit. Sie wird im Empfänger verdoppelt und ergibt dann den Träger von 38 kHz.

Beim Farbfernsehempfänger ist die Trägerfrequenz 4,43 MHz als Burst im Austastsignal enthalten. Im Empfänger wird eine durchlaufende Trägerfrequenz neu erzeugt und mit dieser Burstfrequenz synchronisiert.

Das Unterdrücken der Trägerfrequenz in der Farbinformation hat einen großen Vorteil. Wie aus der Frequenzskala in Bild 2.18 zu erkennen ist, liegen diese heraufgemischten Farbinformationen immer noch innerhalb des 5,5 MHz breiten Schwarzweiß-Modulationsspektrums. Der Träger könnte daher ständig ein feines Muster oder Moiré mit dieser Frequenz im Band verursachen. Ist er nicht vorhanden, dann kann er auch nicht stören. Die Seitenbänder mit den Farbinformationen werden nach dem im nächsten Bild beschriebenen Verfahren in das Videoband eingefügt. Sie stören gleichfalls nicht.

Wohin mit dem zusätzlichen Frequenzspektrum

Bild 2.21 und 2.22 Grundschwingungen und Harmonische

Wie kann man nun das heraufgemischte Farbsignalspektrum zusätzlich im Videogebiet unterbringen, ohne daß die Informationen sich gegenseitig stören? Hierzu hilft folgende Überlegung: Periodische nichtsinusförmige Schwingungen bestehen nach Fourier aus sinusförmigen Grundschwingungen und deren Harmonischen. Bild 2.21 zeigt einen solchen periodischen Schwingungszug und Bild 2.22 seine Anteile an Harmonischen. Dies sind stets ganzzahlige Vielfache der Grundfrequenz, deren Amplituden mit höherer Schwingungszahl abnehmen[1]).

1 Funktechnik ohne Ballast, 14. und 15. Auflage, Bild 2.29 Funktechnische Arbeitsblätter Mth 31, Bl. 3 u. 4.

Bild 2.21
Beispiel eines periodischen Schwingungszuges

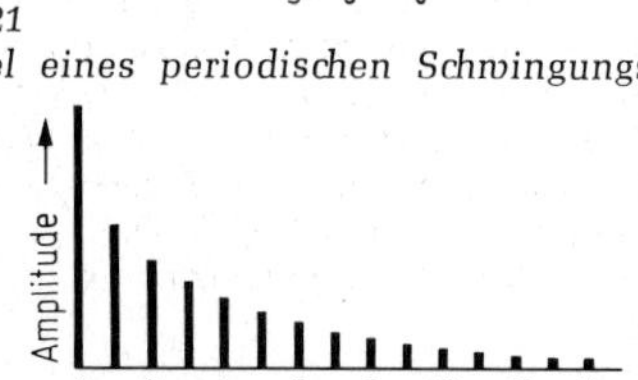

Bild 2.22 Zusammensetzung des Frequenzspektrums eines Schwingungszuges aus Harmonischen seiner Wiederholungsfrequenz

Bild 2.23 und 2.24 Harmonische des Zeilensignals

Die Zeilensignale eines Fernsehempfängers stellen nach Bild 2.23 ebenfalls einen periodischen Schwingungszug dar. Zwischen den Zeilenimpulsen herrschen zwar je nach Bildinhalt lebhafte

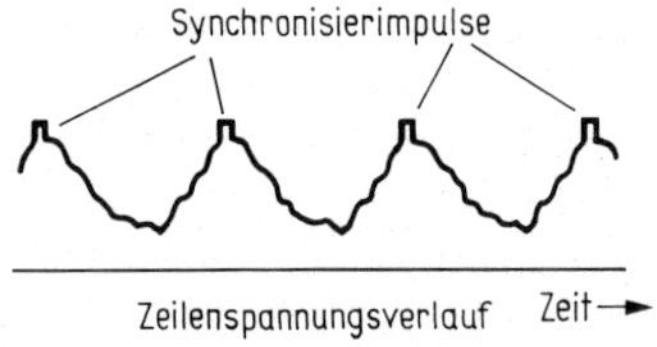

Bild 2.23 Auch die Fernseh-Zeilensignale bilden einen periodischen Schwingungszug

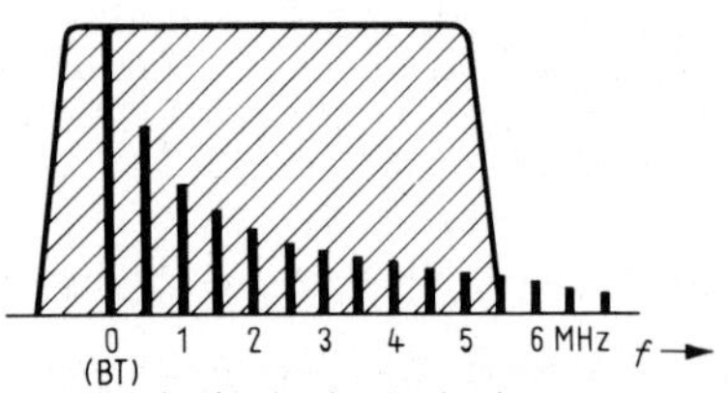

Bild 2.24 Das Frequenzspektrum des vorhergehenden Bildes besteht aus einer dichten Folge von Harmonischen der Zeilenfrequenz im Abstand 15 625 Hz. Ihre Amplitude nimmt nach hohen Frequenzen stark ab. Zusätzlich schraffiert gezeichnet ist das üblicherweise angegebene Videospektrum

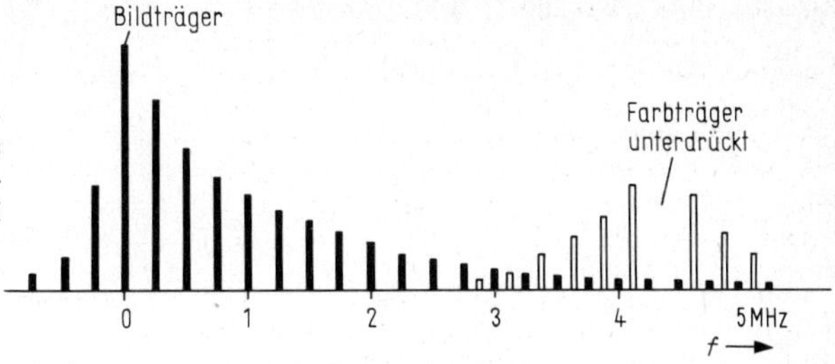

Bild 2.25 Beim Farbfernseh-Signalspektrum liegen die Harmonischen des Farbsignals zwischen denen des Helligkeitssignals. Der Farbträger wird bei der Ausstrahlung unterdrückt

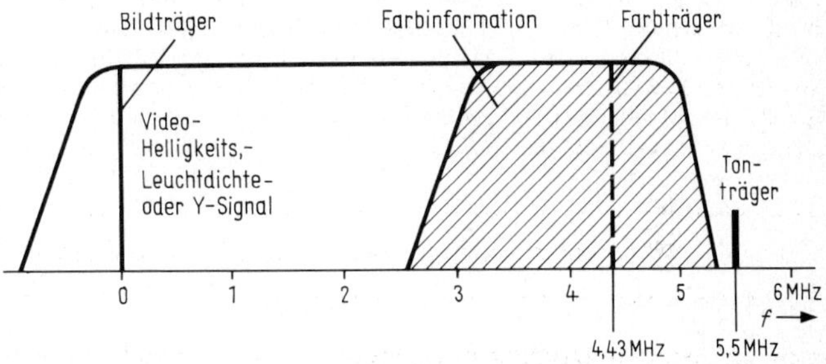

Bild 2.26 Die Farbinformation wird in das bisherige Frequenzband für das Schwarzweißfernsehen eingefügt. Infolge der Frequenzverkämmung nach Bild 2.25 stören sich die Signale gegenseitig nicht

Änderungen, aber trotzdem ergibt sich nach Bild 2.24 ein Oberwellenspektrum mit regelmäßigen Abständen. Die Harmonischen liegen jeweils im Abstand der Zeilenfrequenz. Infolge der komplizierten Form des Zeilenverlaufes reichen sie bis zu sehr hohen Ordnungszahlen. Übertragen wird noch die 350. Harmonische. Dieser Wert ergibt sich aus

Videobandbreite : Zeilenfrequenz
$= 5{,}5$ MHz : 15 625 Hz ≈ 350.

In dieses Bild 2.24 ist außerdem noch die üblicherweise angegebene Begrenzung für das Videospektrum dünn eingezeichnet. Die Darstellung der Begrenzungslinie ist nicht ganz richtig, weil die hohen Harmonischen eine bedeutend geringere Amplitude haben. Hohe Frequenzen bedeuten feine Bildeinzelheiten, und man gibt im Fernsehen nicht ständig auf der gesamten Bildfläche feingepunktete Stoffmuster wieder.

Bild 2.25 Das F-Signal wird in die Lücken gelegt

Hier sind nochmals die in der Amplitude stetig abnehmenden Harmonischen der Zeilenfrequenz 15 625 Hz vereinfacht als schwarze Balken dargestellt. In Wirklichkeit liegen diese Balken natürlich viel enger, denn das Frequenzspektrum beginnt mit

15 625 Hz	Grundfrequenz f
31 250 Hz	2. Harmonische $2\,f$
46 875 Hz	3. Harmonische $3\,f$
62 500 Hz	4. Harmonische $4\,f$

Der Farbträger wird ebenfalls mit der Zeilenfrequenz moduliert. Seitlich zum Farbträger bilden sich also gleichfalls Harmonische in Abständen von 15 625 Hz aus. Man gibt nun dem Farbträger eine Frequenz von genau 4 433 618,75 Hz, das ist 567,5mal die *halbe* Zeilenfrequenz[1]). Dadurch fallen der Farbträger und seine Harmonischen (weiße Balken in Bild 2.25) stets genau in die Lücken zwischen zwei Harmonische des Y-Signals (schwarze Balken). Infolge dieser *Frequenzverkämmung* stören sich die Signale gegenseitig nicht und können im Empfänger auseinandersortiert werden. Der Farbträger selbst ist unterdrückt und tritt deshalb hier nicht in Erscheinung.

Bild 2.26 Das Modulationsspektrum

In der üblichen Darstellung ergibt sich nun für das Modulationsspektrum schematisch ein Verlauf nach Bild 2.26. Das F-Signal darf eine Bandbreite von $\pm$ 1,3 MHz haben. Ähnlich wie beim Videosignal schneidet man jedoch die oberen Seitenbandfrequenzen noch etwas ab. Damit gelangt man zu der hier verwendeten Darstellung. Weil das F-Signal bereits die Informationen U und V enthält, ist es damit gelungen, die Farbartsignale in das Schwarzweißschema hineinzuschachteln.

1 Um den genannten Zahlenwert von 4 433 618,75 Hz nicht ständig wiederholen zu müssen, kürzt man ihn in der Literatur und in den Schaltbildern ab zu 4,43 MHz oder noch knapper mit 4,4 MHz.

QAM und PAL

Bild 2.31 bis 2.33 U und V werden phasenverschoben moduliert

Offen ist nun aber immer noch die Frage, wie kann man die beiden verschiedenen Farbdifferenzsignale

$$U = B - Y \quad \text{und} \quad V = R - Y$$

einer einzigen Trägerfrequenz aufmodulieren und sie nachher im Empfänger wieder auseinandertrennen. Durch einfaches Addieren der Spannung geht das nicht. Es gibt kein Verfahren, um solche Summenkurven wieder zu entwirren. Man fand jedoch eine Lösung. Die beiden Spannungen werden nach Bild 2.31 nicht einer, sondern zwei um 90° phasenverschobenen Trägerfrequenzen in Amplitudenmodulation aufmoduliert. Man kann auch sagen, der zweite Träger wird jeweils um 90° später gestartet. Infolgedessen geht stets die eine Trägerspannung durch Null, während die andere gerade ihren Scheitelwert hat. Diese beiden phasenverschobenen Trägerspannungen gewinnt man in einer Blockschaltung nach Bild 2.32. Der Trägerfrequenzoszillator arbeitet direkt auf den Ringmodulator 1. Die Trägerfrequenz wird darin mit dem Signal U moduliert. Der Modulator 2 für das V-Signal wird mit der gleichen Trägerfrequenz gespeist, jedoch wird sie zuvor über einen Phasenschieber geschickt und um einen 90° nacheilenden Phasenwinkel gedreht. Die Ausgangsspannungen der beiden Modulatoren werden in einem Addierglied zusammengeschaltet. Sie ergeben dort eine Summenkurve, nämlich ein mit beiden Informationen U und V amplitudenmoduliertes Signal, bei dem aber infolge der Eigenart der Ringmodulatoren die eigentliche Trägerfrequenz unterdrückt ist.

Die gleichzeitige Verwendung von zwei um 90° phasenverschobenen Wechselspannungen ist in der Oszillografentechnik seit langem bekannt zum Schreiben von Kreis- und Lissajou-Figuren. Dies sei hier erwähnt, weil auch bei dieser Doppelmodulation der Farbfernsehtechnik der Kreis eine Rolle spielt, wie dies bereits bei den Bildern 2.06 und 2.07 zum Ausdruck kam. Im Zeigerdiagramm setzen sich die beiden mit U und V modulierten Spannungen nach Bild 2.33 zu einem resultierenden Farbartsignal F_{U+V} zusammen. Alle drei Zeiger rotieren entsprechend den Wechselstromgesetzen 4,43 Millionen mal in der Sekunde (4,43 MHz) entgegen dem Uhrzeigersinn. Sie durchlaufen also ständig alle vier Quadranten des Achsenkreuzes. Deshalb nennt man diese Doppelmodulation auch Quadratur-Amplituden-Modulation, abgekürzt QAM. Zur Vereinfachung

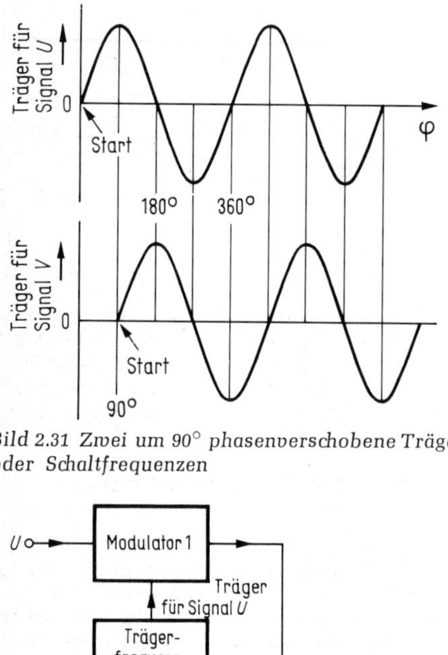

Bild 2.31 Zwei um 90° phasenverschobene Träger- oder Schaltfrequenzen

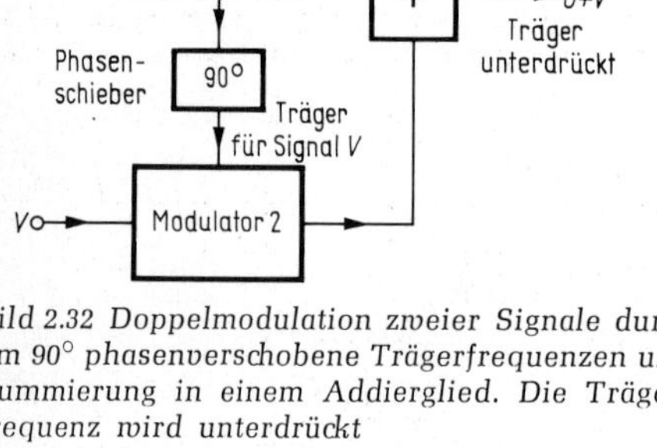

Bild 2.32 Doppelmodulation zweier Signale durch um 90° phasenverschobene Trägerfrequenzen und Summierung in einem Addierglied. Die Trägerfrequenz wird unterdrückt

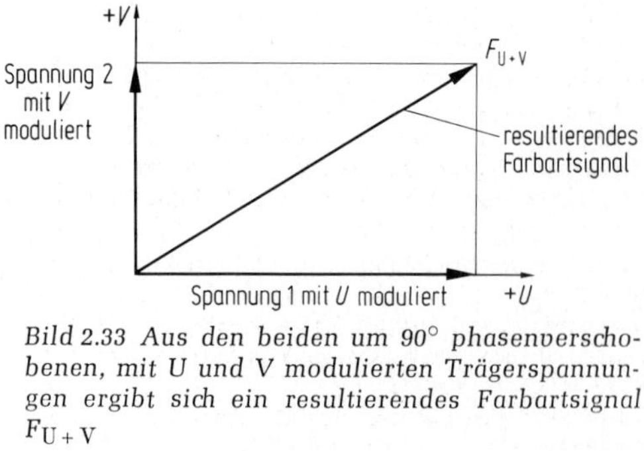

Bild 2.33 Aus den beiden um 90° phasenverschobenen, mit U und V modulierten Trägerspannungen ergibt sich ein resultierendes Farbartsignal F_{U+V}

wurden hier gleichbleibend große Signale für U und V angenommen. In Wirklichkeit ändern sich natürlich die Amplituden entsprechend den sich ändernden Farbwerten des abgetasteten Bildes. Das resultierende Farbartsignal F_{U+V} ändert dadurch ebenfalls ständig seine Amplitude und auch seine Phasenlage, weil sich, je nachdem ob der Augenblickswert von U oder V größer ist, das Quadrat von Bild 2.33 zu einem liegenden oder stehenden Rechteck verformt.

Nun ergibt sich auch die Gedankenverbindung zu dem Farbkreis Bild 2.07. Eine Farbart wurde dort bereits durch die Koordinaten U und V dargestellt. Dies bezog sich jedoch nur auf eine ruhende konstante Farbinformation, während es sich hier um ein hochfrequentes elektrisches Signal handelt.

Bild 2.34 Die Synchrondemodulation

Man möchte meinen, nun sei doch nichts gewonnen, diese komplizierte Summenspannung F_{U+V}, die als Farbartsignal ausgestrahlt wird, bekäme man nie wieder in die ursprünglichen Signale aufgelöst.

Es gibt jedoch eine Lösung, um die beiden Modulationen wieder auseinanderzufädeln, obgleich sie einer einzigen Trägerfrequenz aufmoduliert sind. Um dies zu erläutern, ist in Bild 2.34 das Zeigerdiagramm nochmals in die Sinuskurven zurückverwandelt. Bild 2.34a zeigt die Trägerfrequenzspannung 1, Bild 2.34b mit 90° Phasendrehung die Spannung 2, und darunter in Bild 2.34c ist die Summenspannung aus den beiden Einzelspannungen dargestellt. Man erkennt wie schon in Bild 2.31: Wenn Spannung 1 durch Null geht, dann hat die Spannung 2 stets gerade ihren Maximalwert. Er ist in den Kurven durch einen gestrichelten Balken markiert. Umgekehrt gilt das gleiche: Die Nullstellen der Kurve 2 fallen mit den Maximalwerten von Kurve 1 zusammen. Sie sind durch dicke Balken markiert. Betrachtet man die Summenkurve genau, dann stellt man fest, daß sie zu den Zeitpunkten 90°, 270°, (360° + 90°) tatsächlich nur die Werte der Kurve 1 aufweist. Das gleiche gilt für die Zeitpunkte 0°, 180° und 360° für die Kurve 2. Man braucht also nur im Empfänger durch zwei getrennt arbeitende elektronische Schalter jeweils nach 180° ein kurzes Stück der Summenkurve durchzulassen oder herauszutasten, dann ergeben diese Ausschnitte, aneinandergereiht, den Verlauf der Scheitelwerte der ursprünglichen Kurven.

Das gilt auch für den Fall, daß die ursprüngliche Kurve infolge der sich ändernden Farbwerte des Bildes Amplitudenschwankungen aufweist. Mit Hilfe von Glättungsgliedern erhält man aus den herausgetasteten Teilstücken eine Hüllkurve, die dem ursprünglichen Signalverlauf von U oder V entspricht.

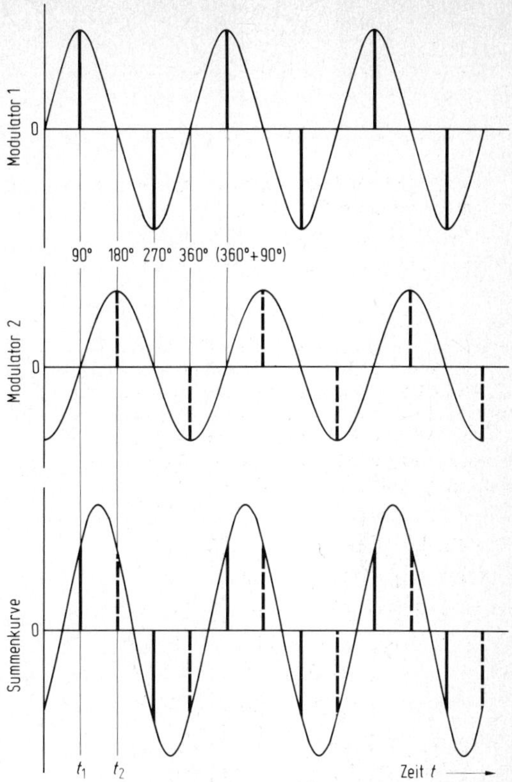

Bild 2.34 Einzelkurven und Summenkurve; a und b = Verlauf der beiden phasenverschobenen Kurvenzüge, c = resultierende Kurve; durch Heraustasten zu den Zeitpunkten t_1, t_2 usw. erhält man nur die jeweils den Teilkurven entsprechenden Werte

Bild 2.35 und 2.36 Prinzip eines Synchrondemodulators

Um hier nicht ständig nur mit abstrakten Diagrammen zu arbeiten, sei die Prinzipschaltung eines solchen Synchrondemodulators kurz besprochen. Das Farbartsignal F_{U+V} wird einer Brückenschaltung mit zwei Schaltdioden zugeführt (Bild 2.35). Als Schaltfrequenz dient die Trägerfrequenz von 4,43 MHz in einer definierten Phasenlage. Dieser Träger ist zum Demodulieren notwendig (man kennt dies von der

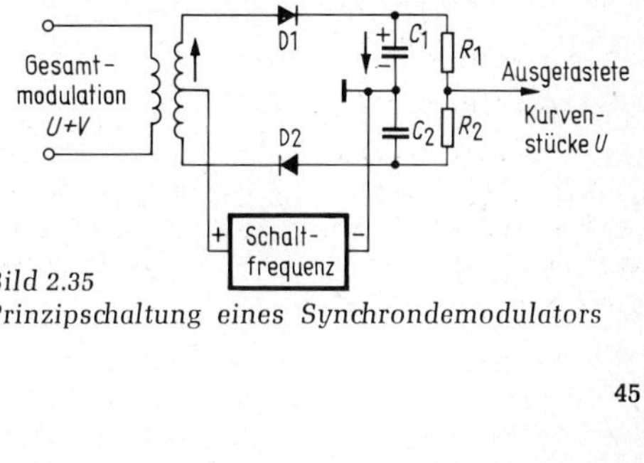

Bild 2.35
Prinzipschaltung eines Synchrondemodulators

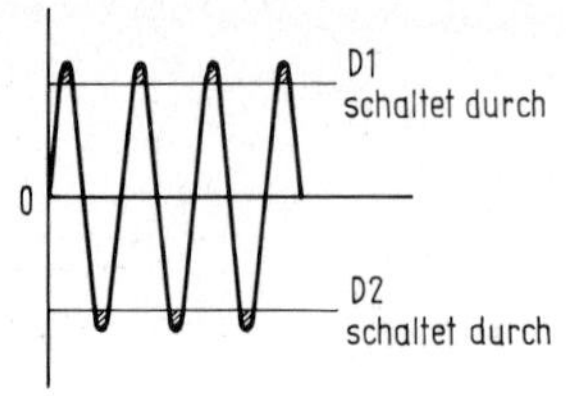

Bild 2.36 Nur die oberen und unteren Sinuskuppen der Schalt- oder Trägerfrequenz öffnen die Dioden eines Synchrondemodulators

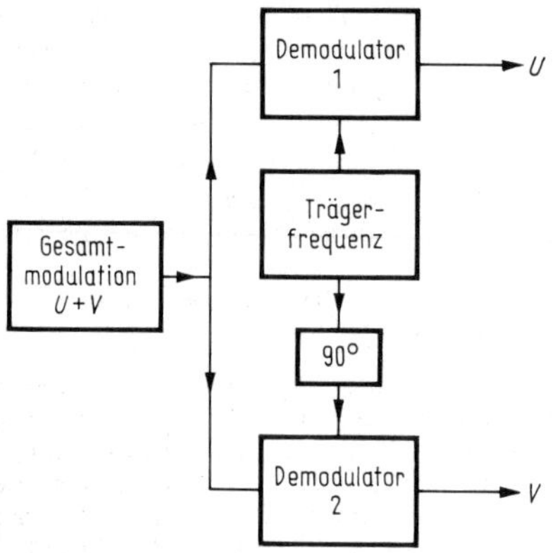

Bild 2.37 Gesamtanordnung zweier Demodulatoren zum Rückgewinnen der Einzelsignale U und V

Stereo-Rundfunkmodulation). Er wird im Fernsehempfänger neu erzeugt und mit den 4,43-MHz-Schwingungsstößen des Burstsignals auf den genauen Frequenzwert synchronisiert.

Denkt man sich in Bild 2.35 zunächst den Schaltfrequenzoszillator stillgelegt, dann wirken die beiden Dioden für die eingekoppelte Summenspannung als normale Hf-Gleichrichter. An den beiden Ladekondensatoren entstehen Richtspannungen der angedeuteten Polarität. Schaltet man die Träger- bzw. Schaltfrequenz dazu, dann werden bei der angegebenen Polung die obere Diode durchgeschaltet und die untere gesperrt. Dadurch gelangt in diesem Zeitpunkt über die Diode 1 ein kurzer Ausschnitt aus der Summenspannung zum Ausgang. Nach 180° bzw. nach einer halben Periode der Schaltfrequenz wird die untere Diode leitend und läßt nun ihrerseits einen kurzen Ausschnitt der Summenspannung hindurch. Um die Schalt- bzw. Durchlaßzeit der Dioden möglichst kurz zu machen, gibt man der Schaltfrequenz eine große Amplitude und spannt die Dioden so weit negativ vor, daß nach Bild 2.36 nur die Kuppen der Sinuskurve wirksam werden und die Dioden öffnen.

Bild 2.37 Blockschaltung für zwei Signale

Damit ist ein Teilziel erreicht. Man tastet aus der doppelt modulierten Spannung nur Teile des einen Signals jeweils in 180°-Abständen heraus. Der Ausbau für beide Signale ist nun klar. Er stellt die Umkehrung von Bild 2.32 dar. Die Trägerfrequenz schaltet den einen Demodulator direkt und den anderen wieder über einen 90°-Phasenschieber. Damit werden dann zu den Zeitpunkten 90° und 270° die Informationen des U-Signals (dicke Balken in Bild 2.34) und zu den Zeitpunkten 180° und 360° die des V-Signals (gestrichelte Balken in Bild 2.34) herausgetastet. Sie stehen dann an getrennten Ausgängen zur Verfügung.

Farbartsignale und PAL-Verfahren

Bild 2.41 Nochmals der Farbkreis

Zu dem Farbkreis in Bild 2.06 und 2.07 gehört das hier in Bild 2.41 vereinfacht dargestellte Achsenkreuz mit den Koordinaten *U* und *V*. Man kann darin ablesen, daß ein Zeiger mit der Hauptrichtung $+U$ und nur geringem *V*-Anteil etwa auf Blau und ein anderer mit positivem *V* und kleinem *U*-Anteil auf Rot zeigen würde. Dies läßt sich **sogar sichtbar machen, indem man die Komponenten** *U* und *V* eines Farbartsignals *F* an die Ablenkplattenpaare eines Oszillografen legt. Mit einem solchen *Vektorskop* werden im Sender Phasenlagen und Amplituden von Testfarben kontrolliert. Der Farbzeiger ist jedoch bei einem Fernsehbild nicht stationär, sondern je nachdem, welche Farbe gerade abgetastet wird, schwenkt der Zeiger im Kreis hin und her und ändert dabei noch seine Länge. Das erinnert an den Spruch, den man sich bei den Anfängen der Wechselspannungslehre auf den Schulbänken zutuschelte: „Die Phase schiebt sich hin und her, zum Schluß weiß es kein Mensch nicht mehr!"

Weil der Farbton durch den Phasenwinkel dargestellt wird, beeinflussen Phasenwinkelfehler des Signals den Farbton. Unerwünschte Laufzeiten- oder Phasenverschiebungen können an mehreren Stellen im Übertragungsweg auftreten: im Kabel vom Studio zum Sender, auf den Richtfunkstrecken, durch Reflexionen bei der freien

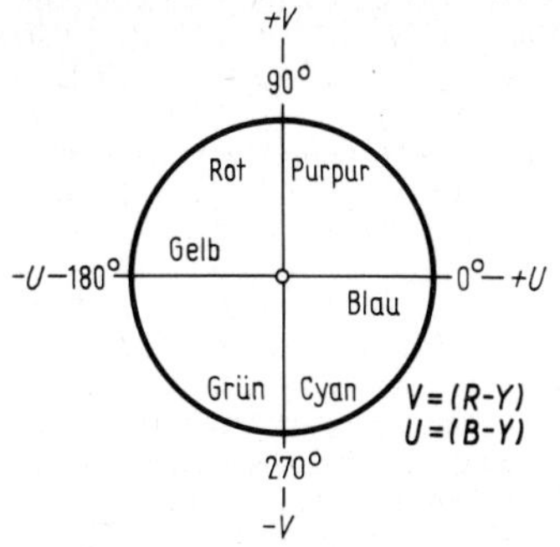

Bild 2.41 Lage der U- und V-Achse im Farbkreis

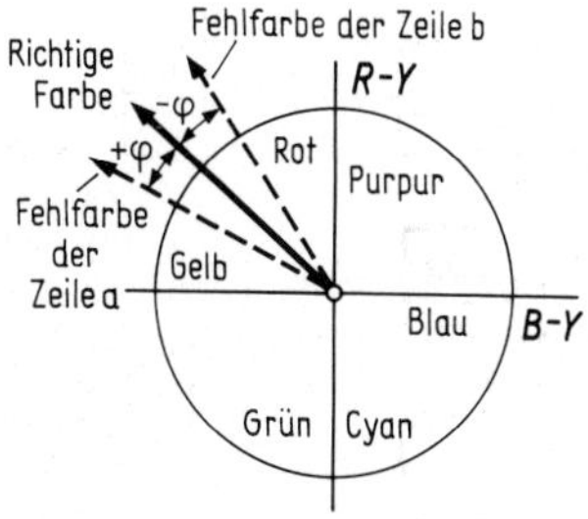

Bild 2.42 Kompensation einer Zeigerabweichung durch einen spiegelbildlich zum Sollwert liegenden Kompensationszeiger

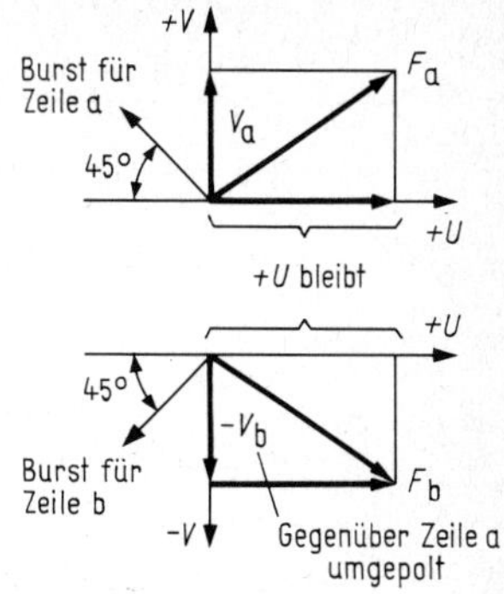

Bild 2.43 Farbartsignal und Burstphasenlage für die Zeile a beim Pal-System

Bild 2.44 Farbartsignal und Burstphasenlage für die Zeile b

Ausbreitung (die bisherigen Geisterbilder) und z. B. durch Nichtlinearitäten im Sender. Die Phasenbeziehung innerhalb des Signals wird verfälscht, und aus Rot wird bei NTSC beispielsweise Orange. Daher besitzen die amerikanischen NTSC-Empfänger einen Einstellknopf, um die aufgetretenen Phasenfehler und damit den Farbton zu korrigieren.

Bild 2.42 Prinzip des Pal-Verfahrens

In Bild 2.42 ist stark vereinfacht die Grundidee des Pal-Verfahrens dargestellt. In diesem Farbkreis sind nicht die Farbdifferenzspannungen U und V eingezeichnet, sondern ein daraus resultierender Farbartzeiger. Angenommen sei, daß gerade der Farbton Orange gesendet wird (richtige Farbe). Erleidet nun das Signal auf dem Übertragungsweg vom Sollwert aus eine Phasenverschiebung um den Winkel $+\varphi$, dann erscheint Gelb statt Orange auf dem Bildschirm.

Beim Pal-Verfahren werden nun durch einen elektronischen Schalter im Sender die V-Anteile des Farbartzeigers in der Phase abwechselnd (phase alternating) von Zeile zu Zeile (line) um 180° umgepolt[1]). Damit wird auch ein Fehlwinkel φ von einer Zeile zur nächsten umgepolt. Im Bildbeispiel erscheint dann in der folgenden Zeile b eine Fehlfarbe mit dem Winkel $-\varphi$, d. h. ein roter Farbton. Diese rasch wechselnden Farbtonabweichungen verschmelzen sich aber im menschlichen Auge zu einem Mittelwert, d. h. man sieht trotz der Abweichungen der aufeinanderfolgenden Zeilen den richtigen Farbton Orange. Das Farbbild wird hierbei zwar etwas entsättigt, aber das stört in der Praxis kaum.

---

1 „Pal" ist demnach eine Abkürzung für **P**hase **al**ternating **l**ine.

Bild 2.43 und 2.44 Pal-Umschaltung und Pal-Kennung

Da die V-Anteile des Farbsignals wegen der Quadraturmodulation um 90° gegen die U-Komponenten gedreht sein müssen, bedeutet dies, daß der V-Anteil einer Zeile a in Bild 2.43 um + 90° und bei der folgenden Zeile b um − 90° gegen die U-Achse gedreht ist (Bild 2.44). Damit der Empfänger die 180° Phasendrehung wieder rückgängig machen kann, muß er ebenfalls einen im gleichen Takt schaltenden Umschalter besitzen. Um diesen zeilenfrequenten Schalter richtig zu steuern, gibt man dem Burstsignal eine *Kennung* mit. Man verändert bei ihm gleichfalls von Zeile zu Zeile die Phasenlage. Der Burst, also die kurzen Schwingungspakete der Trägerfrequenz, erfüllt damit noch eine weitere Aufgabe. Für Zeile a startet dieser Schwingungszug mit der in Bild 2.43 dargestellten Phasenlage. Für Zeile b ist die Burstphase in Bild 2.44 eingezeichnet. Wie diese Unterschiede ausgewertet werden, wird später im Kapitel 16, Pal-Demodulation, besprochen.

Bild 2.45 Blockschaltung einer Fernsehkamera mit Pal-Coder

Aus den Kameraspannungen R, G und B formt die Y-Matrix das Y-Signal. In der Y-Leitung liegt ein Verzögerungsglied. Ein gleiches Verzögerungsglied ist später im Empfänger notwendig. Seine Funktion wird dort behandelt. Die V-U-Matrix liefert die Spannungen U und V. Mit ihnen wird in zwei Modulatoren der Farbträger moduliert. In Erweiterung von Bild 2.32 wird jedoch die Phase des V-Modulators nicht konstant um 90° versetzt, sondern abwechselnd für eine Zeile um + 90° und für die andere um − 90° von der U-Achse aus. Dazu dient ein mit der Zeilenfre-

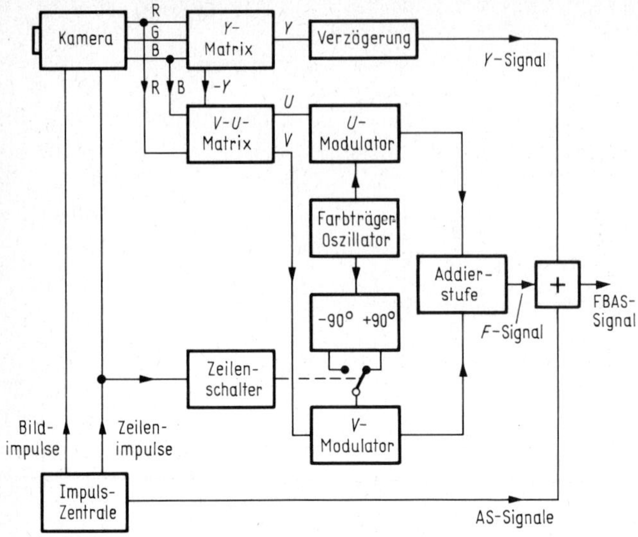

Bild 2.45 Stark vereinfachte Blockschaltung einer Fernsehkamera mit Pal-Coder

quenz betriebener elektronischer Schalter. Die Wirkung der Quadraturmodulation wird dadurch nicht verändert; man muß lediglich im Empfänger einen ähnlichen Zeilenschalter vorsehen. In der Addierstufe hinter den beiden Modulatoren ergibt sich dann das F-Signal. Eine Impulszentrale liefert sämtliche Austast- und Synchronisierimpulse. Alle Ausgangssignale werden addiert und dann der hochfrequenten Trägerwelle aufmoduliert und ausgestrahlt.

Literatur

Funktechnische Arbeitsblätter

Fs 11 Farbfernseh-Übertragung (Senderseite, Prinzip). Erschienen in Funkschau 1965, H. 1 und H. 3.

Fs 12 Licht und Farbe – Grundlagen für das Farbfernsehen. Erschienen in Funkschau 1965, H. 16 und H. 18.

Fs 14 Sende- und Empfangstechnik beim Pal-Farbfernseh-Verfahren. Erschienen in Funkschau 1967, H. 8 und H. 11.

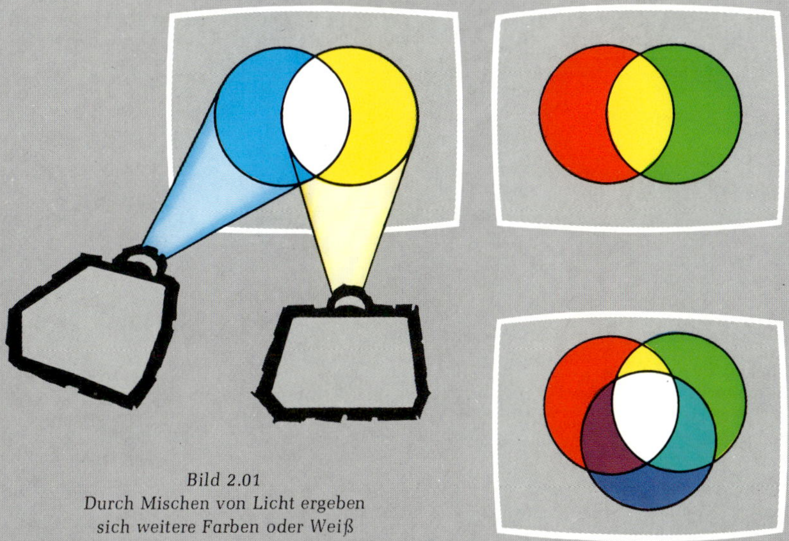

Bild 2.01
Durch Mischen von Licht ergeben sich weitere Farben oder Weiß

Bild 2.02 Licht und Körperfarbe

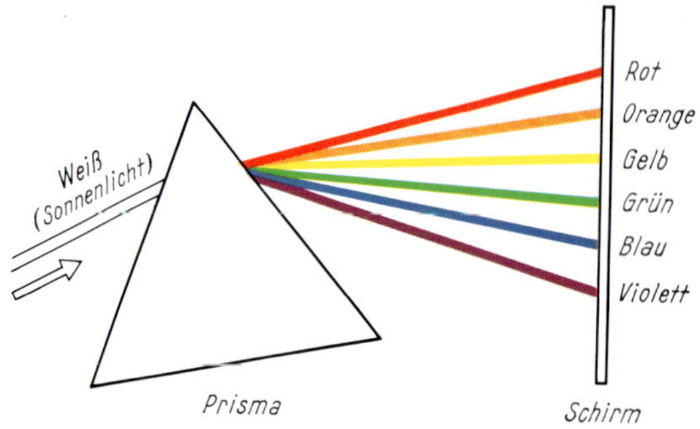

Bild 2.03
Zerlegen des weißen Sonnenlichtes durch ein Prisma in farbiges Licht

Bild 2.04
Prinzip von Kindermalbüchern. Das ziemlich viele Einzelheiten enthaltende Schwarzweißbild links wird durch verhältnismäßig grobes Ausmalen mit Farben (Mitte) zu dem wirkungsvollen Farbbild rechts

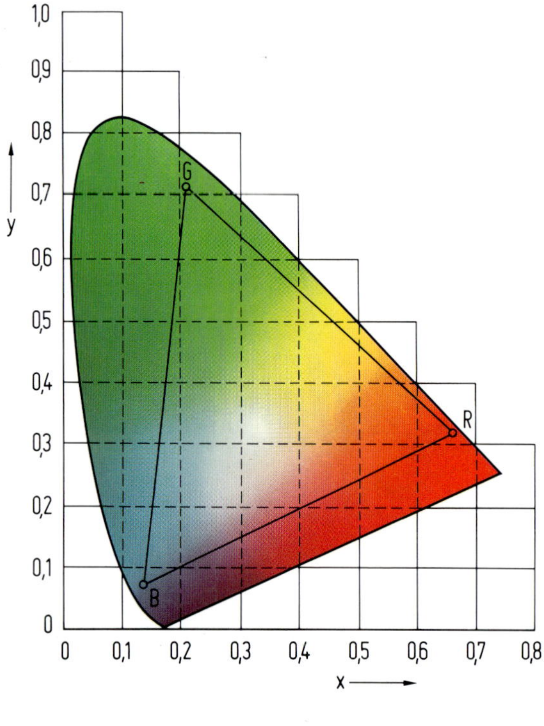

Bild 2.05
Farbarten, definiert nach dem Farbdreieck

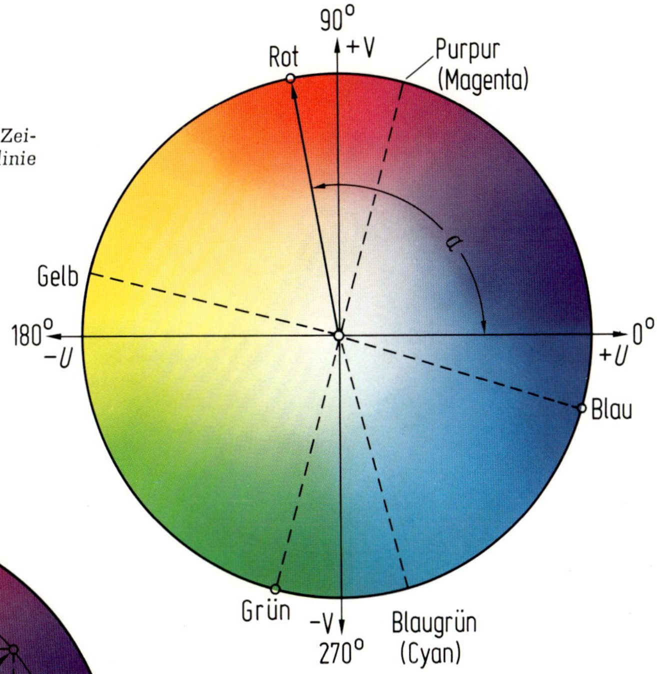

Bild 2.06
Farbkreis; ein Farbton ist durch einen Zeiger mit dem Winkel α von der Bezugslinie aus definiert

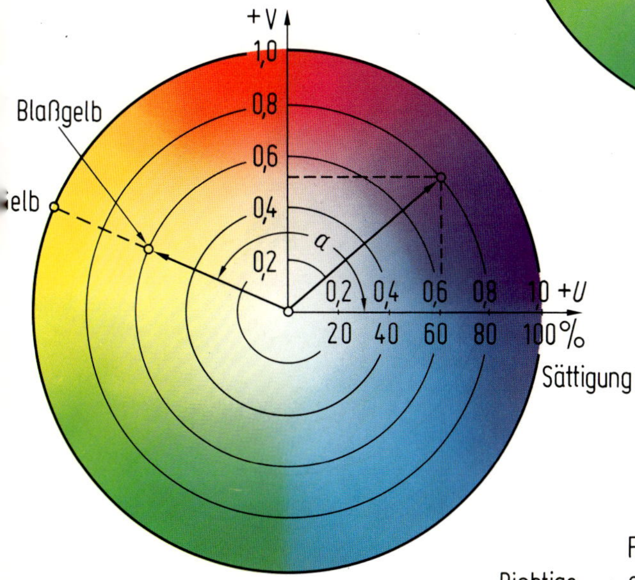

Bild 2.07
An der Peripherie des Farbkreises sind die gesättigten Farben angeordnet. Zur Mitte zu werden sie immer blasser (weniger gesättigt), das Zentrum ist weiß

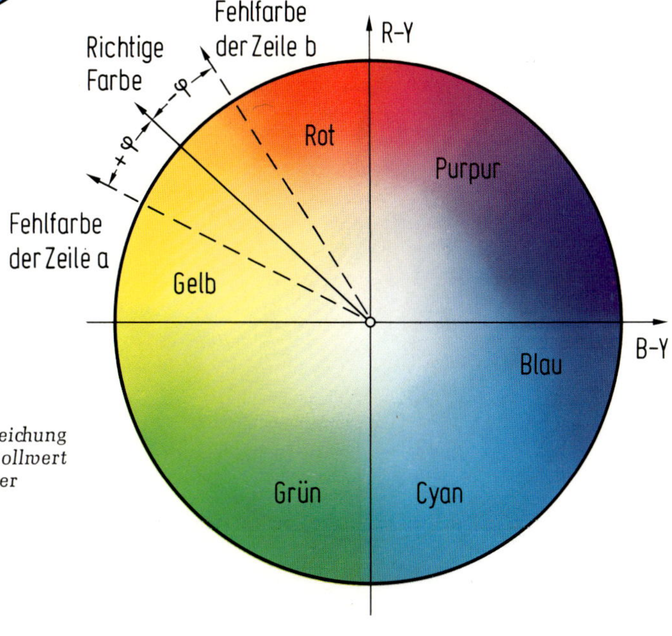

Bild 2.42b
Kompensation einer Zeigerabweichung durch einen spiegelbildlich zum Sollwert liegenden Kompensationszeiger

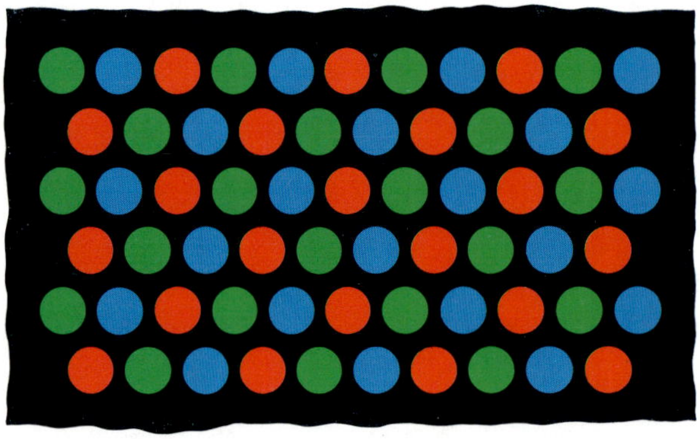

Bild 14.01 a Aufleuchten der Farbpunkte auf dem Bildschirm

Bild 14.14 Reihenfolge der Leuchtstreifen auf dem Schirm einer Schlitzmaskenröhre

3 Grundaufbau und Eingangsschaltung des Schwarzweiß-Fernsehempfängers

Bild 3.01 Blockschaltung

Beim Fernsehempfang ist nicht nur das eigentliche Bildsignal aufzunehmen und zu verstärken, sondern auch der zum Bild gehörende Ton; ferner sind im Empfänger die Spannungen für den Rasterwechsel und für die Zeilenablenkung zu erzeugen. Raster- und Zeilenzahl müssen genau mit denen des Senders übereinstimmen. Dies wird durch die Gleichlaufzeichen des Fernsehsignals bewirkt. Sie werden zu diesem Zweck mit Hilfe eines *Amplitudensiebes,* auch *Impuls-Abtrennstufe* genannt, aus dem Fernsehsignal herausgesiebt. Außerdem müssen die verschiedenen Betriebsspannungen gewonnen werden.

Schwarzweiß-Fernsehempfänger bestehen entsprechend dem Blockschaltbild aus folgenden Baugruppen:

A. Hf-Teil (Tuner) mit Hf-Vorverstärker sowie Oszillator- und Mischstufe für Bild und Ton. (Tuner, gesprochen *Tjuner,* aus dem Englischen = *Abstimmer.*)

B. Gemeinsamer Zf-Teil für Bild und Ton.

C. Zf-Demodulator oder Video-Detektor. Er erzeugt aus der modulierten Zwischenfrequenz die Videofrequenz mit den Gleichlaufzeichen und, durch Mischen von Bildträger und Tonträger, eine neue Zwischenfrequenz von 5,5 MHz. Sie ergibt sich aus der Differenz zwischen Bildträgerfrequenz und Tonträgerfrequenz und wird daher auch „Differenzfrequenz“, abgekürzt *Df* genannt.

D. Video-Verstärker.

E. Abtrennung der Gleichlaufzeichen vom Bildinhalt (Impulsabtrennstufe, Amplitudensieb).

F. Zeilenfrequenz-Oszillator und Zeilen-Endstufe.

G. Hochspannungsteil für die Bildröhre. Die bei großen Bildröhren (59 cm Schirmdiagonale) 16 bis 18 kV betragende Anodenspannung wird hierbei in einer Spezialschaltung aus der Zeilen-Endstufe gewonnen.

H. Bildkipp-Oszillator und Bildkipp-Endstufe.

I. Bildröhre.

K. Niederspannungs-Netzteil.

L. 5,5-MHz-Ton-Zf-Verstärker mit FM-Detektor, da der Tonträger bei der europäischen Fernsehnorm frequenzmoduliert ist. Die Spannung für den Ton-Zf-Verstärker wird entweder hinter dem Video-Detektor oder hinter dem Video-Verstärker entnommen (vgl. Punkt C).

M. Ton-Nf-Verstärker und Lautsprecher.

Alle diese Stufen werden auch im Farbempfänger benötigt. Er erhält jedoch zusätzlich den

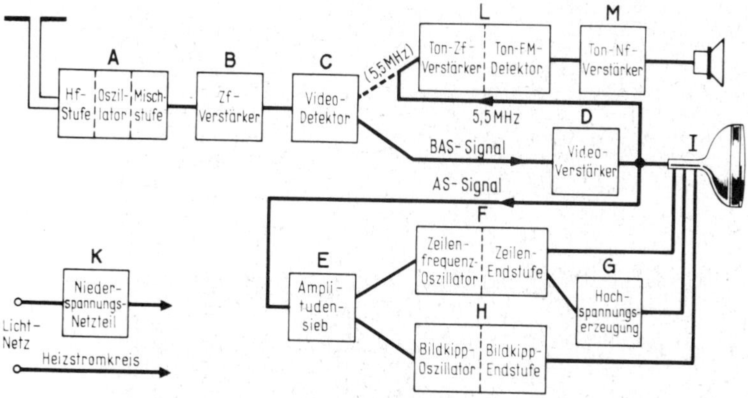

Bild 3.01 Blockschaltung eines Schwarzweiß-Fernsehempfängers

gesamten Chrominanzteil (Farbteil) und anstelle der Schwarzweiß-Bildröhre eine Dreifarben-Bildröhre. Zunächst seien jedoch die Stufen besprochen, die für beide Empfängerarten benötigt werden.

Fernsehempfänger arbeiten nach dem Überlagerungsverfahren, d. h. die verschieden hohen Eingangsfrequenzen der einzelnen Sender werden in das gleiche Zwischenfrequenzband umgesetzt oder herabgemischt. Der dazu notwendige Abstimmteil, der Tuner oder Programmwähler, wird in genau gleicher Ausführung für Schwarzweiß- und für Farbempfänger verwendet. Diese Tuner werden meist von Spezialfirmen hergestellt und an die übrigen Empfängerfirmen geliefert.

Verstärkung und Rauschen des Hf-Eingangsteiles

Vor- und Mischstufe eines Fernsehempfängers arbeiten für den Bereich III bei Frequenzen um 200 MHz. Die Bereiche IV und V (UHF) erstrecken sich von 470 MHz bis 860 MHz. Bei diesen sehr hohen Frequenzen beeinflussen die Eigenschaften der Transistoren weitaus stärker die Empfindlichkeit und das Rauschen des Eingangsteiles als beim UKW-Rundfunk mit Frequenzen um 100 MHz. Verbesserung ergab sich im UHF-Bereich durch spezielle Germanium-Transistoren. Man konnte damit das Eigenrauschen des gesamten Eingangsteiles beträchtlich gegenüber Röhrenschaltungen vermindern. Das Eigenrauschen bestimmt die Empfindlichkeit, denn Empfangsspannungen in der Größe der eigentlichen Rauschspannung oder noch kleiner gehen im Eigenrauschen unter und können nicht mehr wahrgenommen werden. Beim Fernsehempfänger heißt dies, daß das Bild in einem undeutlichen Schneegestöber zerfließt.

Das Eigenrauschen des Eingangsteiles hängt also von den Eigenschaften der Transistoren und von der Güte und Bandbreite der Kreise ab. Diese recht verwickelten Zusammenhänge sind für den Entwurf eines Empfängers im Labor äußerst wichtig, und hierüber gibt es viele ausführliche Fachveröffentlichungen. Dem Servicetechniker gibt die *Tabelle* einen Überblick über die Eigenschaften der Eingangsschaltung von Transistor-Tunern. Die Rauschzahl F bedeutet dabei ein Zahlenverhältnis. Es gibt an, wievielmal größer bei dem betreffenden Empfänger das Verhältnis von Rauschleistung zu Nutzleistung ist gegenüber einem rauschfreien Idealgerät. Je kleiner der Wert F ausfällt, desto besser (rauschärmer, empfindlicher) ist die Stufe.

Auf die Rauscheigenschaften des Tuners hat der Servicetechniker keinen Einfluß. Rauscht ein Gerät zu stark, dann bekommt es zu wenig Eingangsspannung. Das bedeutet, daß die Antennenanlage überprüft oder leistungsfähiger gemacht werden muß.

Aber zunächst noch einige Worte zu den Bezeichnungen für diesen Eingangsbaustein. Zu Beginn der Fernsehtechnik gebrauchte man gern den Ausdruck *Kanalschalter*, weil man dabei mit einem mitunter recht schwer gehenden Rastenschalter nacheinander die Kanäle 2 bis 11 im VHF-Bereich einstellen konnte. Dann führten sich die Bezeichnungen *Kanalwähler* und *Tuner* ein, besonders nachdem der UHF-Bereich hinzugekommen war. Sind VHF- und UHF-Bereich in einem Baustein vereinigt, dann spricht man vom Einblock-Tuner bzw. Kombi-Tuner. Nach DIN 45 060 ist der Ausdruck *Allbereich-Kanalwähler* hierfür vorgeschrieben. Da aber der Fernsehteilnehmer nicht in Kanalzahlen denkt, sondern in Fernsehprogrammen (erstes, zweites, drittes Programm) und seinen Kanalwähler für diese Programme einrichtet, wurde auch die Bezeichnung *Programmwähler* üblich, und man sollte sie ebenfalls akzeptieren. Vermeiden sollte man dagegen den Ausdruck *Allband*-Kanalwähler, denn die Fernsehfrequenzen sind nicht in Bänder, sondern in Bereiche unterteilt. Die richtige Gruppierung lautet demnach:

VHF-Kanalwähler	oder	VHF-Tuner
UHF-Kanalwähler		UHF-Tuner
Allbereich-Kanalwähler		Kombi-Tuner
		Einblock-Tuner

Bereich	Frequenz MHz	Rauschzahl F	Verstärkung in dB
I	60	4 ... 5	18...23
III	200	4,5... 7	18...22
IV/V	470	4 ... 5	15...20
	800	8 ...12	15...20
	860	10 ...15	15...20

Für „Kanalwähler" kann man auch Programmwähler sagen.

Die Bezeichnung Tuner = Abstimmteil hat sich auch in die Rundfunkempfängertechnik eingeführt. Dort bezeichnet man allerdings ein vollständiges Empfangsgerät damit, also einschließlich Zf-Verstärker und Nf-Vorstufe. Ein solcher Tuner liefert die Steuerspannung für einen zusätzlichen, mehr oder weniger aufwendigen Hi-Fi-Endverstärker.

Abstimmittel für Kanalwähler

Bild 3.02 und 3.03 Induktivitäten, Topfkreise

Für die Induktivitäten von Schwingkreisen im VHF-Bereich werden kleine drahtgewickelte Spulen verwendet und durch Hf-Eisenkerne abgeglichen. Bei einigen Ausführungen wurden auch Spulen nach Bild 3.02 in Art gedruckter Schaltungen verwendet. Als Abstimmkapazitäten dienten früher Drehkondensatoren, und jetzt benutzt man Kapazitätsdioden.

Für Dezimeterwellen, also für Abstimmkreise im UHF-Bereich, kann man die Spule L eines Schwingkreises nach Bild 3.03b zu einem kurzen Drahtbügel zusammenschrumpfen lassen. Schaltet man nach Bild 3.03c zwei solcher Drahtbügel parallel, dann wird der Induktivitätswert nochmals auf die Hälfte verringert. Schaltet man viele solcher Drahtbügel parallel und ordnet sie nach Bild 3.03d um die Kapazität herum an, dann erhält man einen zylindrischen Topfkreis. Elektrisches und magnetisches Feld verlaufen bei ihm nur im Innern. Ist der Topfkreis vollkommen geschlossen, so strahlt er nicht nach außen, und seine Güte wird nur durch die Verluste innerhalb des Topfes bestimmt. Durch Versilbern der Innenfläche kann man die Verluste sehr gering machen und gute elektrische Eigenschaften erzielen. Der Topf kann dabei auch andere Formen

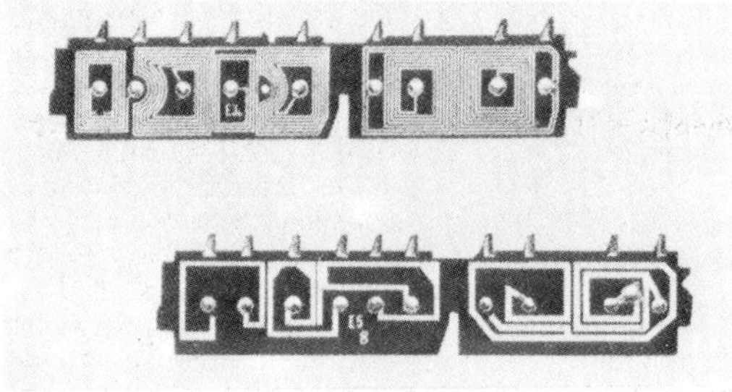

Bild 3.02 Spulenstreifen aus einem Valvo-Kanalwähler

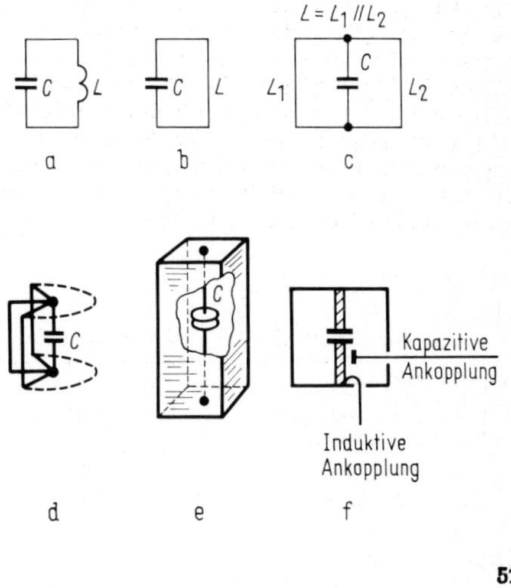

Rechts: Bild 3.03 Entwicklung eines Topfkreises

a = Normaler Schwingkreis

b = Die Induktivität L wird bei hohen Frequenzen zu einem einfachen Drahtbügel

c = Durch Parallelschalten von zwei Drahtbügeln wird die Induktivität nochmals verringert

d = Entstehung eines zylindrischen Topfkreises durch viele um den Kondensator herum angeordnete Drahtbügel

e = Der Topf kann auch als rechteckiges Gehäuse ausgebildet werden

f = Ankopplungsmöglichkeiten an einen Topfkreis

haben, z. B. als langgestreckter Quader nach Bild 3.03e. In dieser Form wurden Topfkreise lange Zeit hindurch als Abstimmelemente für UHF-Tuner angewendet. Als Kapazität C dienten zunächst Drehkondensatoren, später Kapazitätsdioden. Um Spannungen ein- oder auszukoppeln, muß man nach Bild 3.03f Sonden durch Öffnungen des Topfes hineinführen. Zwei nebeneinanderliegende Topfkreise können durch einen *Koppelschlitz* in der gemeinsamen Wand zu einem Bandfilter vereinigt werden.

Bild 3.04 und 3.05 Leitungskreise

Gibt man eine Hf-Schwingung von der Wellenlänge λ auf eine Doppelleitung von der Länge λ/4, die am anderen Ende nach Bild 3.03a kurzgeschlossen ist, dann wirkt dieses Gebilde als Parallelschwingkreis, der auf die Wellenlänge λ abgestimmt ist. Ein solcher Kreis weist bekanntlich für die Resonanzfrequenz einen hohen Widerstandswert auf, man kann ihn als Parallelresonanzkreis oder auch als Sperrkreis für diese Frequenz verwenden.

Dieses anscheinend widerspruchsvolle Verhalten – hoher Widerstandswert einer kurzgeschlossenen Leitung – beruht auf Ausbildung von

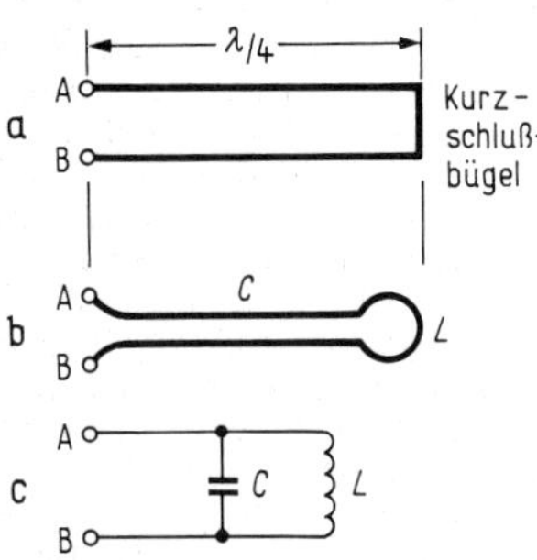

Bild 3.04 Kurzgeschlossener λ/4-Leitungskreis
a = Paralleldrahtleitung
b = Der Kurzschlußbügel läßt sich als Induktivität betrachten
c = Ersatzschaltung

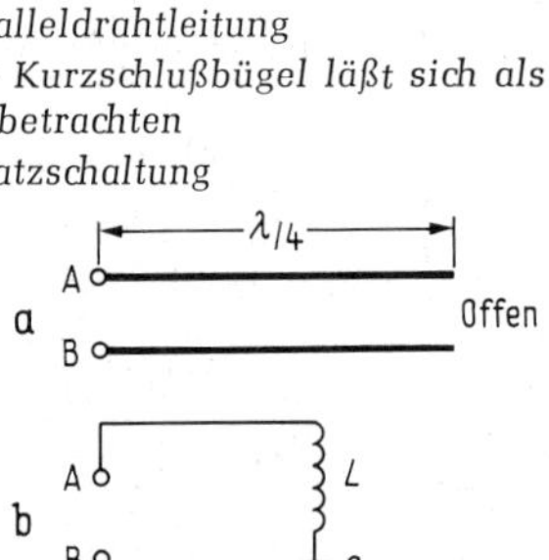

Bild 3.05 Offener λ/4-Leitungskreis
a = Paralleldrahtleitung, das offene Ende kann als Kapazität aufgefaßt werden, die Leitungen stellen Induktivitäten dar
b = Ersatzschaltung

„stehenden Wellen" auf Leitungen, die genau λ/4 oder λ/2 lang sind. Die Ableitung dieser Gesetzmäßigkeiten führt hier zu weit weg vom Thema. Eine ungefähre Vorstellung und Gedächtnisstütze kann man sich verschaffen, wenn man nach Bild 3.04b annimmt, daß die beiden parallelen Leitungsstücke einen Kondensator bilden und der Drahtbügel eine Induktivität darstellt. Daraus erhält man dann die Ersatzschaltung Bild 3.04c.

Läßt man eine λ/4-Leitung am anderen Ende offen, dann stellt sie einen Serienresonanzkreis für Schwingungen mit dieser Wellenlänge dar (Bild 3.05). Ein Serienresonanzkreis hat einen sehr geringen Widerstandswert für die Resonanzfrequenz, er wirkt als Saugkreis.

Bild 3.06 Streifenleitungen

Die Paralleldrahtleitungen in den vorhergehenden Bildern kann man auch dadurch realisieren, indem man die beiden Leitungen durch Kupferfolien auf der Oberseite und Unterseite einer Isolierplatte darstellt. Man benutzt dazu die gleiche Platine, auf der ohnehin die gedruckte Schaltung des Tuners untergebracht ist. Dabei wird die eine Seite nicht als Leitung ausgebildet, sondern durch die Massebelegung dargestellt.

Wie bei vielen technischen Entwicklungen sind auch hierfür englische Ausdrücke übernommen worden, nämlich Stripe-Line oder Micro-Stripe-Line anstelle von Streifenleitung.

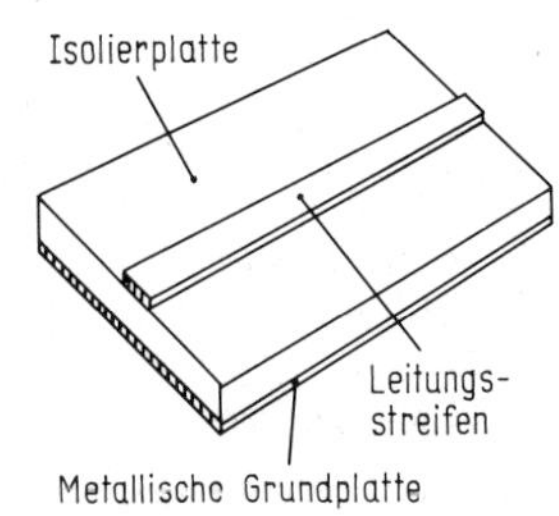

Bild 3.06 Eine Paralleldrahtleitung kann auch durch einen Leitungsstreifen und eine davon isolierte Grundplatte dargestellt werden

Bild 3.07 Verkürzte Leitungskreise

λ/4-Leitungen für eine Wellenlänge von beispielsweise 50 cm im UHF-Bereich wären 12,5 cm lang und würden sehr große Abmessungen des Tunergehäuses ergeben. Außerdem müßte man zum Durchstimmen des Bereiches ihre Länge ändern – eine unbequeme Konstruktion. Deshalb verkürzt man den Leistungskreis, läßt ihn also nur zu einer Art Drahtbügel-Induktivität zusammenschrumpfen und stimmt ihn mit einer veränderlichen Kapazität ab (Bild 3.07a).

Bei Streifenleitungen, Bild 3.07b, wird oft die Erdleitung weggelassen. Sie erscheinen dann im Schaltbild nur in der Form Bild 3.07c.

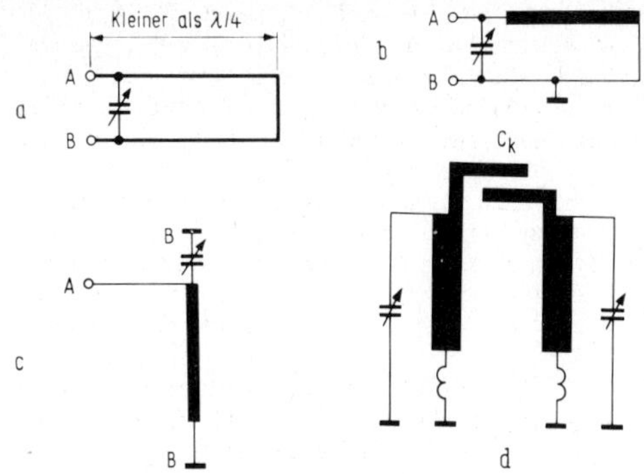

Bild 3.07 Verkürzte Leitungskreise und Streifenleitungen

a = Der kürzere Induktivitätsbügel wird durch eine Zusatzkapazität ausgeglichen
b = Verkürzte Streifenleitung
c = Anstelle von Bild 3.07b verwendetes Schaltsymbol
d = Kapazitiv gekoppeltes Bandfilter

Neuerdings verlängert man auch sehr kurze Streifenleitungen durch zwei bis drei freitragende Drahtwindungen. Bild 3.07d zeigt schematisch ein UHF-Bandfilter in dieser Ausführung. Zwei kleine zusätzliche Leiterflächen bilden die Koppelkapazität C_K.

Bei allen diesen Anordnungen von Bild 3.07 ist es eigentlich nicht korrekt von λ/4-Technik zu sprechen, wie man dies oft findet, denn die Leitergebilde sind erheblich kürzer. Sie stellen konzentrierte Schaltelemente dar, wie dies auch sonst bei Spulen der Fall ist.

Bild 3.08 Diodenabstimmung

Anstelle der früheren Drehkondensator- oder Variometerabstimmung hat sich bei Kanalwählern ganz allgemein die Diodenabstimmung durchgesetzt. Das Bild zeigt die Prinzipschaltung eines VHF-Tuners für die Bereiche I und III. Auf Schaltungseinzelheiten sei hier jedoch vorerst nicht eingegangen. Wesentlich ist, daß die beiden Kreise des durchstimmbaren Bandfilters sowie der Oszillatorkreis mit Hilfe von Kapazitätsdioden D 1 bis D 3 durchgestimmt werden. Dazu führt man den Dioden über Entkopplungswiderstände eine gemeinsame Gleichspannung aus dem Abstimmpotentiometer P zu. Die Gleichspannung muß sehr stabil sein, denn Spannungsschwankungen würden die Abstimmung verändern. Bei neueren Kanalwählern wird die Abstimmgleichspannung auch durch integrierte Schaltungen stabilisiert.

Sieht man mehrere Potentiometer vor, die durch Tasten wahlweise eingeschaltet werden, dann kann man jedes Potentiometer auf einen anderen Kanal fest einstellen und erhält einen Programmwähler mit Tastenbedienung.

Bild 3.09 Eingangsschaltungen

Die Eingänge von Kanalwählern wurden lange Zeit für symmetrische Dipolantennen mit 240 Ω Strahlungswiderstand ausgelegt. Innerhalb der Schaltung ging man aber von den symmetrischen Eingangsklemmen auf einseitig geerdete Schaltungsstufen über. Deshalb erhielten sowohl die VHF- als auch die UHF-Tuner Breitband-Eingangsübertrager, die von 240 Ω symmetrisch auf 60 Ω unsymmetrisch transformieren.

Nach Bild 3.09a besteht ein solcher Übertrager aus zwei bifilar gewickelten Spulensystemen. Dadurch ergibt sich elektrisch eine Wirkung, als wenn auf der 240-Ω-Seite zwei Wicklungen in Reihe liegen und auf der 60-Ω-Seite zwei Wicklungen parallel (Bild 3.09b). Das Übersetzungsverhältnis ü beträgt also 2 : 1, das entspricht einer Widerstandsübersetzung von

$$ü^2 : 1 = 4 : 1 \text{ bzw. von } 240\ \Omega \text{ auf } 60\ \Omega.$$

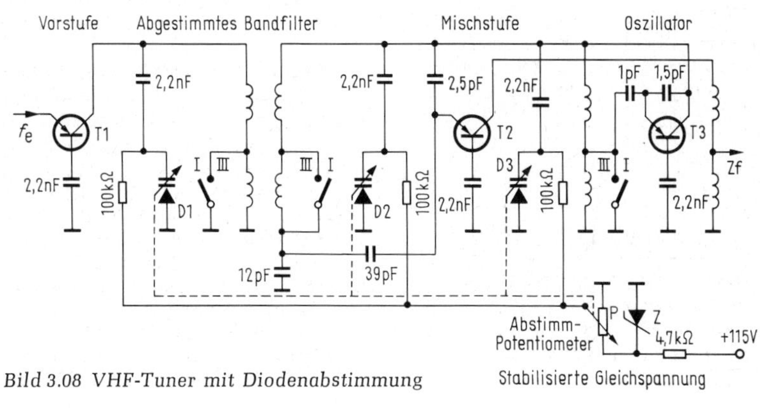

Bild 3.08 VHF-Tuner mit Diodenabstimmung

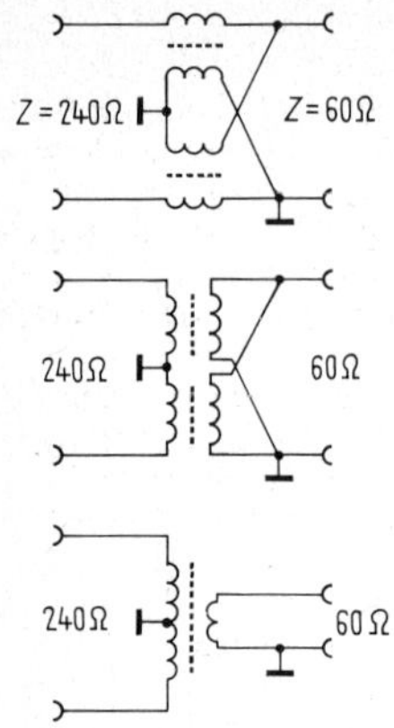

Bild 3.09 Symmetriertransformatoren
a = *Anordnung aus zwei Spulensystemen*
b = *Ersatzschaltung*
c = *Vereinfachte Ausführung*

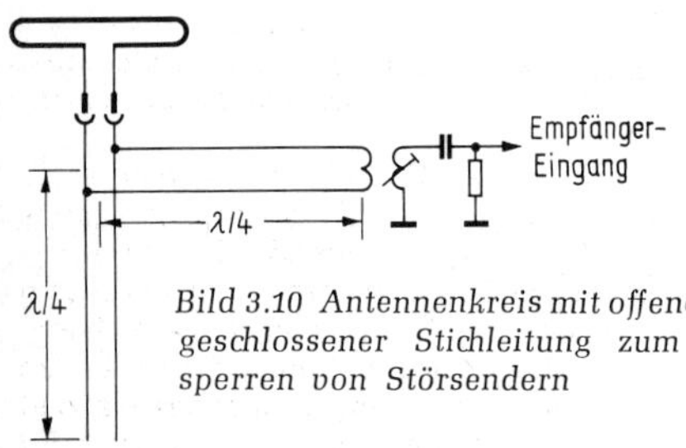

Bild 3.10 Antennenkreis mit offener und geschlossener Stichleitung zum Aussperren von Störsendern

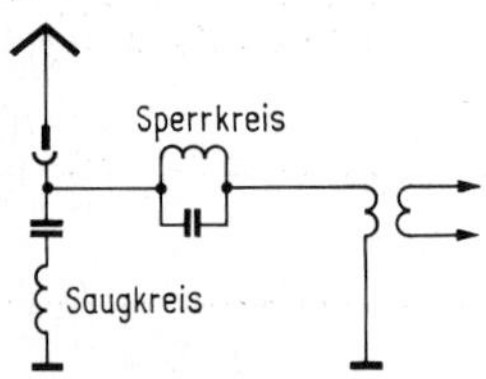

Bild 3.11 Ersatzschaltung zu Bild 3.10

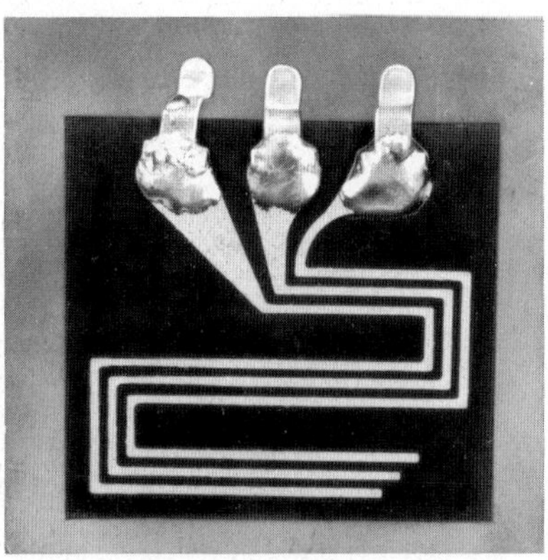

Bild 3.12 Dreiadrige Stichleitung in gedruckter Schaltung

Ein solcher Übertrager kann selbstverständlich in beiden Richtungen benutzt werden, z. B. um ein 60-Ω-Koaxialkabel an den 240-Ω-Eingang eines Empfängers anzupassen.

Im einfachsten Fall übersetzt man mit einem normalen Hochfrequenztransformator nach Bild 3.09c mit einem Übersetzungsverhältnis von 2 : 1 von 240 Ω symmetrisch auf 60 Ω unsymmetrisch.

Ferner sind für den UHF-Bereich sogenannte λ/2-Umwegleitungen gebräuchlich. Bei ihnen wird in eine der symmetrischen 240-Ω-Leitungen ein Leitungsstück von der Länge λ/2 zusätzlich eingeschaltet. Dies bewirkt ebenfalls eine Transformation auf 60 Ω unsymmetrisch.

Mit dem Aufkommen der Gemeinschaftsantennen ergab sich die skurrile Tatsache, daß man vom koaxialen unsymmetrischen Kabelnetz der Antennenanlage zunächst mit Symmetriergliedern für VHF und UHF auf 240 Ω symmetrisch herauftransformieren mußte, um den Empfänger mit seinen 240-Ω-Antennenbuchsen anschließen zu können. Innerhalb des Empfängers wurde jedoch wieder auf 60 Ω unsymmetrisch zurücktransformiert. Deshalb hat man 1972 einen neuen Antennenanschluß genormt. Danach werden die Kanalwähler unmittelbar für 75 Ω Eingangswiderstand ausgelegt. Die zweimalige Transformation entfällt, und statt der vier Einzelstecker mit dem daran baumelnden Gehäuse für die VHF- und UHF-Weiche wird nur noch ein spezieller Koaxialstecker verwendet.

Bild 3.10 bis 3.12 Stichleitungen

Aus Hf-Leitungen bestehende Schwingkreise werden auch als „Stichleitungen" bezeichnet, weil sie als langgestreckte Gebilde mit einem Ende an die übrige Schaltung angeschlossen oder angestochen werden.

Stichleitungen dienen bei UKW- und Fernsehempfängern zum Aussperren von Störsendern. Man ordnet dazu parallel zu den Antennenklemmen eine als Saugkreis wirkende Stichleitung, also eine offene λ/4-Leitung an und stimmt sie auf die Störfrequenz ab. Fernsehempfänger werden häufig durch Harmonische von UKW-Rundfunksendern oder UKW-Empfänger-Oszillatoren gestört. Für die UKW-Frequenz 91,3 MHz zum Beispiel beträgt die zweite Harmonische 182,6 MHz. Diese Frequenz liegt im Fernsehkanal 6 mit dem Bildträger 182,25 MHz und verursacht ein störendes Moiré im Bild. Eine λ/4-Stichleitung zur Abhilfe müßte also folgende Länge haben:

$$\lambda = \frac{3 \cdot 10^8}{f} = \frac{3 \cdot 10^8}{182{,}6 \cdot 10^6} = 1{,}64 \text{ m}$$

$$\lambda/4 \; \frac{1{,}64}{4} = 0{,}41 = 41 \text{ cm}$$

Solche Stichleitungen können z. B. in Antennenanlagen vorgesehen und auf örtliche Störer abgeglichen werden. Kritisch sind auch Störstrahlungen von UKW-Rundfunkempfängern. Die zweite Harmonische eines UKW-Oszillators fällt bei der üblichen Zwischenfrequenz von 10,7 MHz in den Frequenzbereich 196...222 MHz (Bereich III).

UKW-Bereich	87...100 MHz
Oszillatorbereich	
87 + 10,7...100 + 10,7	≈ 98...111 MHz
Zweite Harmonische	≈ 196...222 MHz

Der UKW-Teil eines Empfängers muß daher so ausgebildet werden, daß diese Störstrahlung bestimmte, von der Bundespost festgelegte Werte nicht überschreitet. Dies wird im Empfängerbau durch sorgfältige Abschirmung, günstige Verdrahtung und richtige Erdungspunkte des UKW-Teiles erzielt. Bei verschiedenen UKW-Rundfunkempfängern wurden außerdem folgende zusätzliche Maßnahmen ergriffen:

Parallel zu den Antennenklemmen liegt nach Bild 3.10 eine offene $\lambda/4$-Leitung, die auf Bandmitte der zu unterdrückenden Störstrahlung (196...222 MHz) abgestimmt ist. Sie wirkt für die Frequenzen als Kurzschluß. Zwischen den Antennenklemmen und der eigentlichen Antennenspule befindet sich eine weitere $\lambda/4$-Leitung für das gleiche Frequenzgebiet. Sie wirkt, vom Oszillator aus gesehen, als *kurzgeschlossene* $\lambda/4$-Leitung, wobei der Kurzschluß durch den an den Antennenklemmen befindlichen Saugkreis gebildet wird. Eine kurzgeschlossene $\lambda/4$-Leitung wirkt aber als Sperrkreis. Die vom Oszillator herrührenden Störfrequenzen werden also zunächst durch diesen Sperrkreis gehindert, bis zur Antenne vorzudringen. Etwa doch hindurchkommende Reste werden außerdem durch den Saugkreis kurzgeschlossen. In Bild 3.11 sind diese Verhältnisse auf normale Schaltzeichen übertragen. Zum besseren Verständnis ist diese Schaltung unsymmetrisch dargestellt.

Im Originalgerät besitzt die Antennenspule eine Mittelanzapfung zum Anschluß der AM-Antenne. Die zu der Mittelanzapfung führende Leitung ist gegen die beiden Außenleiter gleichfalls in der beschriebenen Weise entstört. Dies ergibt eigentlich drei Leitungspaare, die zu drei dreieckförmig angeordneten Drähten zusammengefaßt wurden. Zweckmäßig bildet man diese drei Drähte auch nach Bild 3.12 als gedruckte Schaltung aus und knickt sie dabei, um die Baulänge zu verringern. Infolge der Gleichmäßigkeit gedruckter Schaltungen ist dieses Gebilde stets exakt auf die zu unterdrückende Frequenz abgestimmt.

Auf den normalen UKW-Empfang haben die $\lambda/4$-Leitungen keinen Einfluß, da der Sperrkreis für die Empfangsfrequenz einfach ein etwas längeres Stück Antennenkabel darstellt, das nur zum Energietransport dient. Der Saugkreis bedeutet für den UKW-Bereich lediglich eine Kapazität, die in die Abstimmung des Eingangskreises eingeht.

Bild 3.10 stellt ein einleuchtendes Beispiel für die Anwendung von $\lambda/4$-Leitungen dar, während Bild 3.12 eine praktische Ausführungsform zeigt.

Eingangsstufen von Kanalwählern

Bild 3.21 Antennenkopplung

Tuner werden so aufgebaut, daß besonders in den Signalleitungen keine mechanischen Schaltkontakte erforderlich sind. Am Antenneneingang sind aber Selektionsmittel vorzusehen, um die Bereiche I und III sowie den UHF-Bereich voneinander zu trennen. Ein „Wellenschalter" im konventionellen Sinn würde bei diesen hohen Frequenzen lange, verlustreiche Leitungen oder ein empfindliches mechanisches Schaltgestänge erfordern. Bei der hier dargestellten Schaltung eines NSF-Tuners wird dies durch eine Anordnung von Frequenzweichen vermieden.

Das Antennensignal gelangt über einen Spannungstrennkondensator an drei parallele Bandpaßeingänge. Betrachten wir zunächst den unteren. Er ist als Hochpaß ausgebildet und so bemessen, daß er nur das gesamte UHF-Frequenzband zu dem Vorstufentransistor AF 279 durchläßt. Frequenzen der Bänder I und III werden durch die kleinen Serienkapazitäten und die Querinduktivitäten um etwa 40 dB unterdrückt. Für UHF-Empfang wird der zugehörige Vorstufentransistor durch Anlegen der Betriebsspannung von + 12 V in Funktion gesetzt.

Für die Bereiche III und I sind im oberen Teil der Schaltung zwei geeignet bemessene Bandpässe vorgesehen. Der für Bereich I läßt vorzugsweise die niedrigen Frequenzen von 50 bis 60 MHz durch. Der Bandpaß für Bereich III ist für 170...230 MHz durchlässig. Dazu kommt aber noch folgender Schaltungskniff: Im Längszweig des Bandpasses für den Bereich III liegt die Schaltdiode D 3. Als Querwiderstand für den Bereich I ist die Schaltdiode D 4 angeordnet. Zum Umschalten auf den Bereich B III wird eine Schaltspannung von + 12 V an den Verzweigungspunkt der beiden 3,9-kΩ-Widerstände gelegt. Die Diode D 3 schaltet dann über die Drossel Dr 2 durch und gibt den Signalweg frei. Auf der anderen

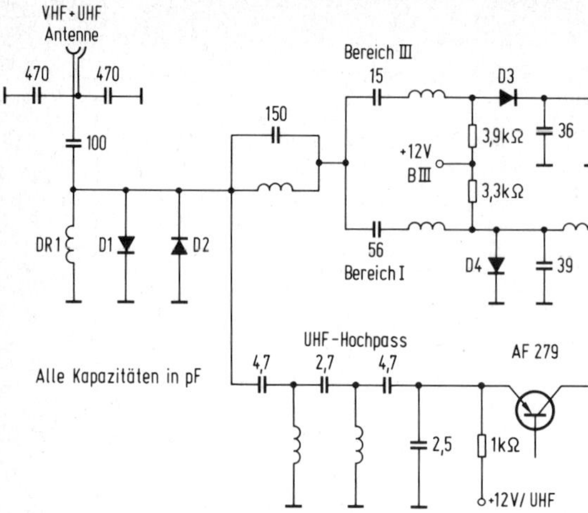

Bild 3.21 Eingangsschaltung des NSF-Varituners 176

Seite schaltet die Diode D 4 ebenfalls durch und schließt den Zweig für die Signale des Bereiches I kurz. Sie können also nicht zum Vorstufentransistor T 1 gelangen. Dieser wird nur bei VHF-Empfang durch Anlegen von + 12 V Betriebsspannung „scharf gemacht".

Bei dem Koaxial-Antennenanschluß ist die zur Abschirmung dienenende Kabelhülle über 2× 470 pF an die Bezugsleitung gelegt, damit keine direkte Lichtnetzverbindung möglich ist, um die VDE-Vorschriften einzuhalten. Die beiden antiparallelen Dioden sowie die Drossel Dr 1 dienen als Überspannungsableiter bei eventuellen statischen Aufladungen während eines Gewitters oder bei starken Störamplituden.

Bild 3.22 und 3.23 Transistorvorstufen in Basisschaltung

Wie bereits aus dem vorigen Bild zu erkennen, wird für die Eingangstransistoren von Kanalwählern die Basisschaltung angewendet, weil dadurch Eingangs- und Ausgangskreis besser entkoppelt werden. Bild 3.22 zeigt eine Transistor-Vorstufe für Bereich I und III. In der Eingangsleitung liegt ein Vorkreis in π-Schaltung mit der Induktivität L 1. Der Transistor AF 109 arbeitet in Basisschaltung. Die Betriebsspannung von + 12 V wird über den 1-kΩ-Emitterwiderstand zugeführt. Der Kollektor liegt über die Drossel Dr an Masse. Der Basisspannungsteiler aus 18 kΩ und 6,8 kΩ könnte im einfachsten Fall mit der herausgeführten Leitung ebenfalls an + 12 V gelegt werden. Diese Leitung dient jedoch hier zur automatischen Verstärkungsregelung (AVR), die in den folgenden Bildern behandelt werden wird. Der Ausgangskreis besteht aus der Spule L 2 und den in Serie liegenden Kapazitäten 8 pF und 20 pF.

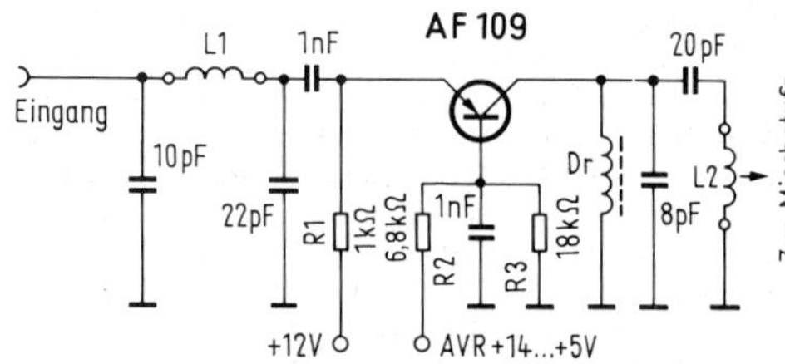

Bild 3.22 VHF-Vorstufe in Basisschaltung mit Aufwärtsregelung

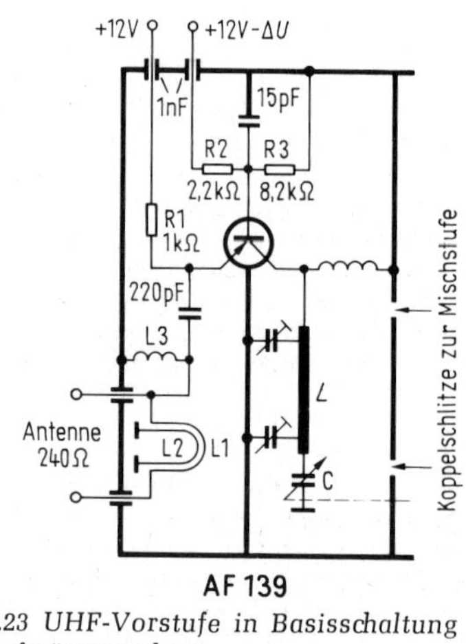

Bild 3.23 UHF-Vorstufe in Basisschaltung mit Aufwärtsregelung

In Bild 3.23 ist die Ausführung eines UHF-Tuners dargestellt. Die Antennenimpedanz von 240 Ω wird über eine $\lambda/2$-Umwegleitung an den unsymmetrischen Eingang der Schaltung angepaßt. Die Spule L 3 macht den Frequenzgang über den Bereich hinweg gleichmäßiger. Die Betriebsspannung wird wie im vorigen Bild über einen Widerstand von 1 kΩ dem Emitter zugeführt. Ebenso ist ein Basisspannungsteiler vorgesehen. Die Leitung vom Widerstand R 2 wird für volle Verstärkung ebenfalls an + 12 V angelegt. Zum Herabregeln der Verstärkung ist diese Spannung jedoch um den Betrag Δ U zu verringern. Im Kollektorkreis des Eingangstransistors liegt ein abstimmbarer Leitungskreis mit der Induktivität L. Die Kopplung zur folgenden Spule geschieht durch zwei Koppelschlitze in der Wand des Topfkreises. An die Stelle des Drehkondensators C kann auch eine Kapazitätsdiode treten.

Bild 3.24 bis 3.26 Verstärkungsregelung

Um unterschiedliche Antennenspannungen der Sender auszugleichen und Übersteuerungen der nachfolgenden Stufen zu vermeiden, sieht man für Empfängereingangsschaltungen eine automatische Verstärkungsregelung vor. Dies verringert auch die Gefahr von Kreuzmodulationen, d. h. der gegenseitigen Beeinflussung oder Mischung von zwei Stationen. Beim Fernsehempfänger bringt die automatische Verstärkungsregelung außerdem eine gleichbleibende Aussteuerung der Bildröhre. Das bedeutet, daß der Kontrast von den dunkelsten Schatten bis zu den hellen Spitzlichtern beim Umschalten auf einen anderen Sender erhalten bleibt.

Die Verstärkung von Eingangstransistoren in Basisschaltung wird meist nach dem Prinzip von Bild 3.24, der sogenannten *Aufwärts*regelung, beeinflußt. Will man die Verstärkung herabsetzen, dann erhöht man den Kollektorstrom und verringert gleichzeitig die Spannung zwischen Kollektor und Emitter. Zu diesem Zweck wird ein Emitterwiderstand R 1 eingefügt. Die Widerstände R 2 und R 3 bilden den üblichen Basisspannungsteiler, wenn man sich den Schleifer des Potentiometers P ganz nach links geschoben denkt. Der Arbeitspunkt des Transistors ist dann auf größte Verstärkung eingestellt.

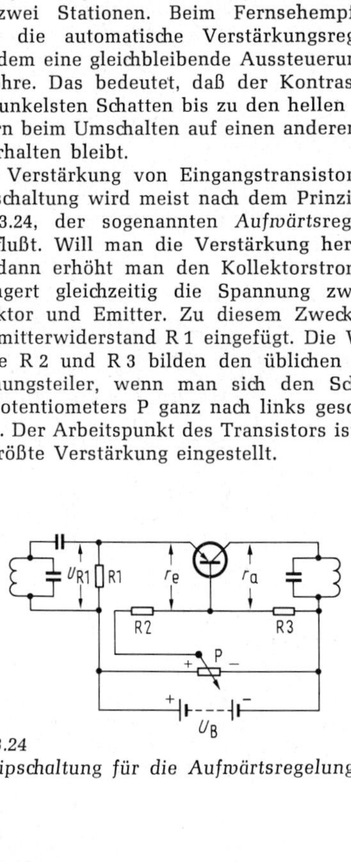

Bild 3.24
Prinzipschaltung für die Aufwärtsregelung

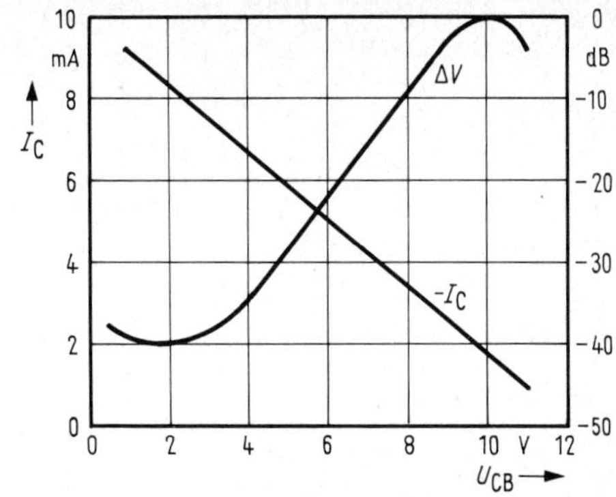

Bild 3.25 Verstärkungsänderung und Kollektorstrom in Abhängigkeit von der Spannung zwischen Basis und Kollektor

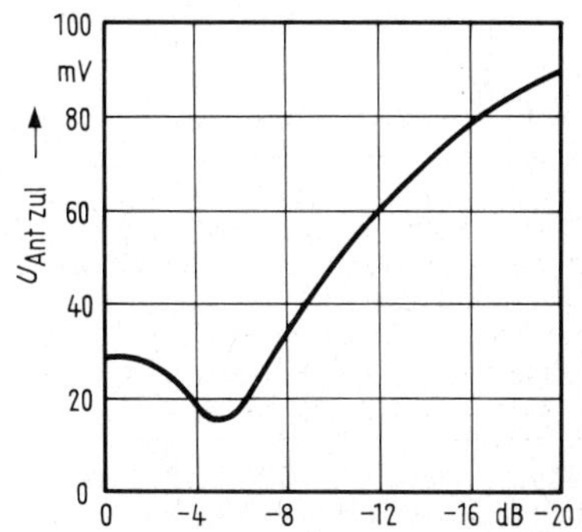

Bild 3.26 Zulässige Antennenspannung für einen Hf-Transistor mit Aufwärtsregelung

Nun schiebe man den Schleifer des Potentiometers nach rechts. Dadurch wird die Basis negativer gemacht, das bedeutet bei einem pnp-Transistor, daß er aufgesteuert wird. Sein Kollektorstrom wird größer. Dadurch vergrößert sich jedoch auch der Spannungsabfall an dem verhältnismäßig hochohmigen Emitterwiderstand R 1. Die Spannung zwischen Emitter und Kollektor des Transistors wird demnach kleiner. Im Extremfall kommt die Basis fast auf Kollektorpotential zu liegen. Das bedeutet, daß zwischen Basis und Kollektor eine kleine Spannung herrscht, aber ein großer Strom fließt. Dies entspricht aber einem kleinen Ausgangswiderstand r_a des Transistors, denn ein großer Strom bei kleiner Spannung kann nur fließen, wenn der zugehörige Widerstandswert klein ist. Ähnliches, wenn auch in verringertem Maß, gilt für den Eingangswiderstand r_e.

Dieser stark verringerte Ausgangswiderstand des Transistors bedämpft den Ausgangskreis der

Schaltung, und die Verstärkung wird dadurch herabgesetzt. Um diesen Effekt recht gleichmäßig zu gestalten, hat man besondere Regeltransistoren geschaffen. Bild 3.25 zeigt das Verhalten eines solchen Transistors in einer Schaltung mit Aufwärtsregelung. Wenn man den Kollektorstrom I_C in der beschriebenen Weise vergrößert, indem man die Spannung U_{CB} zwischen Kollektor und Basis herabsetzt, dann ändert sich die Verstärkung insgesamt um – 40 dB. Diese Aufwärtsregelung beim Transistor hat zudem den Vorteil, daß bei größeren Kollektorströmen, also im herabgeregelten Zustand, die gerade dann größeren Eingangsspannungen besser verarbeitet werden, weil sich mit zunehmender Regelung der Aussteuerbereich vergrößert. Bild 3.26 zeigt dies für eine Schaltung mit dem Transistor AF 139. Bei größter Verstärkung und beim Herabregeln bis etwa – 6 dB sind Antennenspannungen bis zu einer Größe von etwa 20 mV zulässig, ohne daß störende Verzerrungen entstehen. Beim Herabregeln auf – 16 dB bis – 20 dB kann man dagegen dem Eingang Antennenspannungen von 80 bis 90 mV zumuten.

Die zum Regeln notwendige Steuerspannung wird wie bei einem Rundfunkempfänger am Ausgang des Zf-Verstärkers gewonnen, aber nur aus den Synchronimpulsen. Sie werden zu diesem Zweck aus der genormten Signalfolge herausgetastet („Getastete Regelung", Bild 8.43).

Bild 3.27 bis 3.29 pin-Diodenregelung

Noch günstiger, als in den Verstärkungsvorgang eines Transistors einzugreifen, ist es, bereits vor der ersten Stufe zu hohe Eingangsspannungen herabzuregeln. Dies wird ermöglicht durch ein Dämpfungsglied aus pin-Dioden. Eine pin-Diode ist ein Halbleiterbauelement, bei dem sich zwischen p-Zone und n-Zone eine weitere ziemlich hochohmige Zone aus sehr reinem Germanium befindet. Man nennt sie *Intrinsic*-Zone[1]).

Bild 3.27 zeigt den Flußwiderstand r_f einer solchen Diode Typ BA 379 in Abhängigkeit vom Flußstrom I_F. Man kann die Diode als stromgesteuerten Hf-Widerstand verwenden. Listenmäßig wird angegeben:

$r_f = 6\ \Omega$ bei $I_F = 10$ mA

$r_f = 1{,}2$ kΩ bei $I_F = 10\ \mu$A

also eine Widerstandsänderung im Verhältnis von 1 : 200.

Drei solcher Dioden schaltet man zu einem Widerstandsnetzwerk oder Dämpfungsglied nach

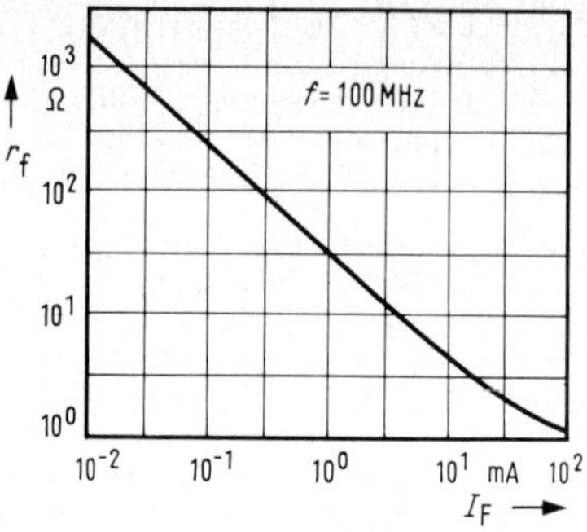

Bild 3.27 Flußwiderstand r_f einer pin-Diode in Abhängigkeit vom Flußstrom I_F

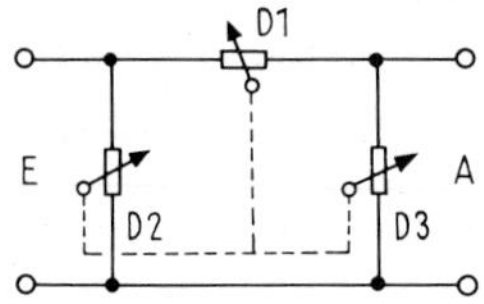

Bild 3.28 Dämpfungsglied aus drei veränderlichen Widerständen

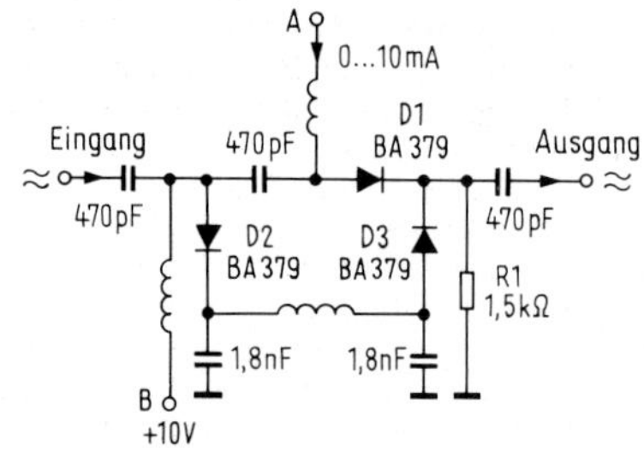

Bild 3.29 Die Widerstände sind durch pin-Dioden ersetzt worden

Bild 3.28 zusammen und steuert sie so, daß der Wert von D 1 steigt, während die Werte von D 2 und D 3 sinken und umgekehrt. Dadurch läßt sich eine am Eingang zugeführte Spannung sehr wirksam herabsetzen. Andererseits bleiben Eingangs- und Ausgangswiderstand dieses π-Gliedes annähernd konstant.

Bild 3.29 zeigt die Bemessung für den VHF- und UHF-Bereich.

Führt man dem Punkt A einen positiven Steuerstrom von 10 mA zu, dann fließt er über die Diode D 1 und den Widerstand R 1. Die Diode wird niederohmig ($r_f = 6\ \Omega$), und an R 1 entsteht eine Teilspannung

$$U = I \cdot R = 10 \cdot 10^{-3} \cdot 1{,}5 \cdot 10^3 = 15 \text{ V}$$

Die beiden anderen Dioden D 2 und D 3 sind vom Punkt B her über die Drosseln und den Widerstand R 1 mit + 10 V vorgespannt. In Serie mit dieser Spannung liegt aber die gegenpolige

1 *intrinsic* (englisch) = wahr; in diesem Fall hat es die Bedeutung von *rein*, sauber, also reines, sauberes Germanium.

Spannung von 15 V am Widerstand R 1. Die Dioden erhalten also eine Sperrspannung von 5 V. Sie sind dadurch hochohmig gesteuert, d. h. die Querwiderstände des Dämpfungsgliedes sind hochohmig, und die volle Eingangsspannung wird übertragen.

Sperrt man die Stromzufuhr bei A, dann fließt ein Strom vom Punkt B in Flußrichtung über die beiden Dioden D 2 und D 3 und macht sie niederohmig. Andererseits sperrt nun der auftretende Spannungsabfall an R 1 die Diode D 1 und macht sie hochohmig. Damit ergibt sich eine Dämpfung von mehr als 35 dB bei Frequenzen bis zu 800 MHz. Durch Variieren des Steuerstromes am Punkt A können Zwischenwerte eingestellt werden. Dieses Dämpfungsglied wird vor die Kanalwähler geschaltet und im richtigen Sinn mit Regelströmen aus dem Zf-Verstärker gesteuert. Es verarbeitet dann hochfrequente Eingangsspannungen bis zu 1 V, ohne daß störende Kreuzmodulationen oder Übersteuerungen auftreten.

Für solche pin-Diodenregler werden spezielle Bausteine geliefert, bei denen die drei Dioden in Art einer integrierten Schaltung in einem gemeinsamen Gehäuse vergossen sind.

Andere Entwicklungsrichtungen zielen dahin, die Kreuzmodulatiosfestigkeit von Kanalwählern durch Verwendung von Feldeffekttransistoren zu verbessern.

Mischstufe

Bild 3.31 Gemeinsamer Oszillator für Bild und Ton

Zu leicht wird bei der Schaltungsbetrachtung eines Fernsehgerätes übersehen, daß eigentlich zwei Sender, nämlich der Bild- und der Tonsender, gleichzeitig empfangen werden. Es müssen also auch zwei Zwischenfrequenzen im Empfänger erzeugt werden. Man verwendet aber dazu nur eine Oszillatorfrequenz. Dadurch werden Schaltmittel erspart, und es ergibt sich der große Vorteil, daß nur eine gemeinsame Abstimmung bedient zu werden braucht. Bei den schwer vermeidbaren kleinen Frequenzwanderungen der Oszillatoren wäre es sehr lästig, zwei getrennte Feineinstellungen für Bild und Ton betätigen zu müssen.

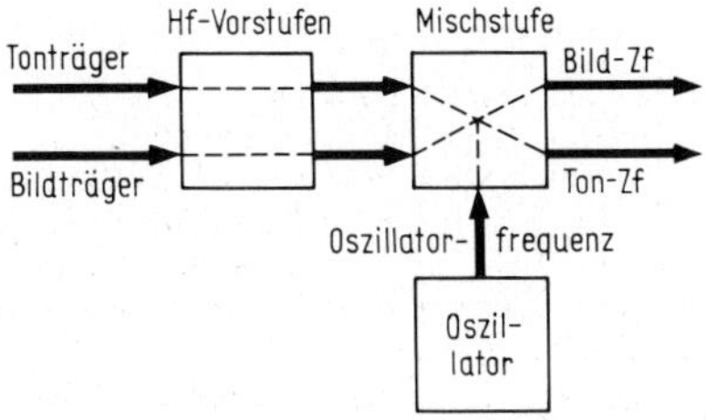

Bild 3.31 Frequenzumsetzung im Eingangsteil eines Fernsehempfängers

Bild 3.32 Lage der Trägerfrequenzen im VHF-Bereich

Ein Zahlenbeispiel zeigt, wie die beiden Zwischenfrequenzen zustandekommen. Die Oszillatorfrequenz O liegt oberhalb der Empfangsfrequenz E_{Ton} für den Ton und E_{Bild} für das Bild. Daraus ergeben sich als Zwischenfrequenzen die Differenzen

$$O - E_{Ton} = Zf_{Ton}$$

$$O - E_{Bild} = Zf_{Bild}$$

Die Oszillatorfrequenz selbst errechnet sich als Summe von Empfangsfrequenz und zugehöriger Zwischenfrequenz, z. B.

$$O = E_{Bild} + Zf_{Bild} \quad \text{oder} \quad O = E_{Ton} + Zf_{Ton}$$

Für den Fernsehkanal 9 mit $E_{Ton} = 208{,}75$ MHz und $E_{Bild} = 203{,}25$ MHz und eine Oszillatorfrequenz $O = 242{,}15$ MHz ergeben sich also:

$$242{,}15 - 208{,}75 = 33{,}4 = Zf_{Ton}$$

$$242{,}15 - 203{,}25 = 38{,}9 = Zf_{Bild}$$

Man beachte:

a) Im Hf-Teil ist die Frequenz des Tonträgers höher als die des Bildträgers;

b) die Oszillatorfrequenz ist höher als die Empfangsfrequenzen;

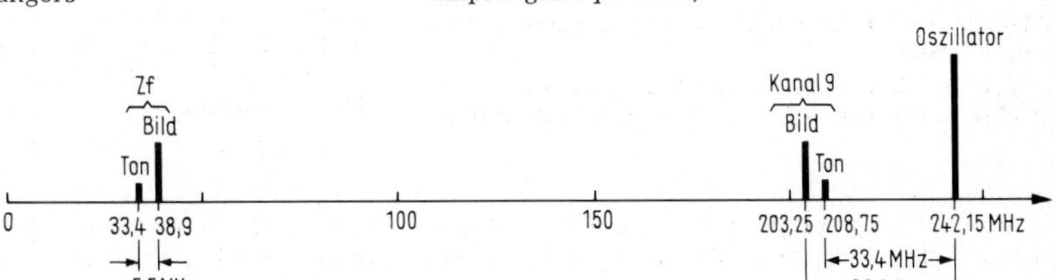

Bild 3.32 Lage der Frequenzen auf der Frequenzskala

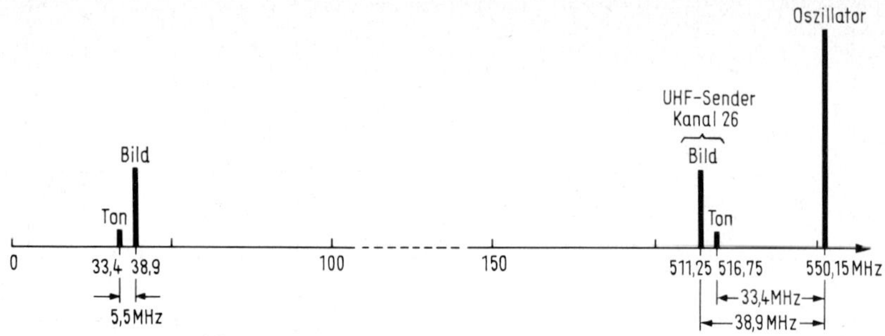

Bild 3.33 Frequenzlage beim Empfang von Kanal 26

c) im Zf-Teil ist die Frequenz des Tonträgers niedriger als die des Bildträgers.

Selbstverständlich sind nicht nur die beiden im Abstand von 5,5 MHz liegenden Frequenzen des Ton- und Bildträgers, sondern das gesamte zugehörige Modulationsband zu übertragen. Vorkreise und Zf-Verstärker müssen daher die entsprechende Durchlaßbreite besitzen.

Bild 3.33 Lage der Trägerfrequenzen im UHF-Bereich

Grundsätzlich arbeitet der UHF-Oszillator nach dem gleichen Prinzip wie der Oszillator im VHF-Bereich. Wir wählen als Beispiel den Kanal 26 mit 511,25 MHz Bildträger und 516,75 MHz Tonträger. Umgesetzt wird auf die gleichen Zwischenfrequenzen 33,4 MHz und 38,9 MHz. Daraus ergibt sich eine Oszillatorfrequenz von

$$O = 511{,}25 + 38{,}9 = 550{,}15 \text{ MHz}$$

Bild 3.33 zeigt die Frequenzlage. Die Frequenzvariation des UHF-Oszillators muß betragen:

$$\left.\begin{array}{l} 470 + 38{,}9 = 508{,}9 \\ 790 + 38{,}9 = 828{,}9 \end{array}\right\} \approx 510 : 830 = 1 : 1{,}63$$

In diesem Zusammenhang sei nochmals auf die Kanalbreiten eingegangen, wie sie sich aus der Tabelle zu Bild 1.32 und aus den Frequenzspektren der Bilder 2.25 und 2.26 entnehmen lassen.

Bild 3.34 Kanalbreiten

Nach Bild 3.34a beträgt die Bandbreite im VHF-Bereich 7 MHz. Dabei liegt bei Farbsendungen der Farbträger 4,43 MHz und der Tonträger 5,5 MHz oberhalb des Bildträgers. Nur 0,25 MHz höher muß man bereits mit dem Restseitenband des nächsthöheren Kanals rechnen.

Im UHF-Bereich haben die Kanäle eine Bandbreite von 8 MHz (Bild 3.34b). Infolge der weit höheren Trägerfrequenzen bedeutet dies jedoch prozentual keinen wesentlich größeren Selektionsabstand.

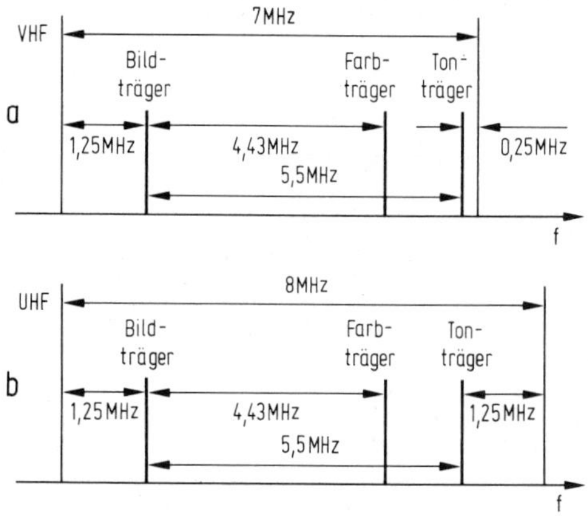

Bild 3.34 Kanalbreiten des VHF- und UHF-Bereiches

Bild 3.35 Blockschaltung eines Kombi-Tuners

Bild 3.21 brachte bereits die Eingangsschaltung eines Kombi-Tuners. Sie ist hier in etwas abgewandelter Form wiederzuerkennen, nämlich mit dem Koaxialeingang und den drei Frequenzpässen. Der Signalpegel vor dem hier gemeinsamen Vorstufentransistor wird durch ein Dämpfungsglied geregelt (vgl. Bild 3.29). Die Vorstufe dient zur Verstärkung. Sie hat aber auch die Aufgabe, die folgenden Mischstufen von der Antenne zu entkoppeln, damit keine Oszillatorfrequenzen über die Antenne abgestrahlt werden. Sie können, besonders bei Gemeinschaftsantennen-Anlagen, alle auf demselben Kanal abgestimmten Empfänger erheblich stören.

Die Aufteilung in VHF und UHF erfolgt hier durch Bandfilter hinter der Vorstufe. Für den UHF-Empfang ist eine selbstschwingende Misch- und Oszillatorstufe vorgesehen. Die VHF-Mischstufe arbeitet mit getrenntem Oszillator. Der Ausgang des Kanalwählerbausteins enthält stets auch den ersten Zf-Kreis mit Ankoppelmöglichkeit zum eigentlichen Zf-Verstärker.

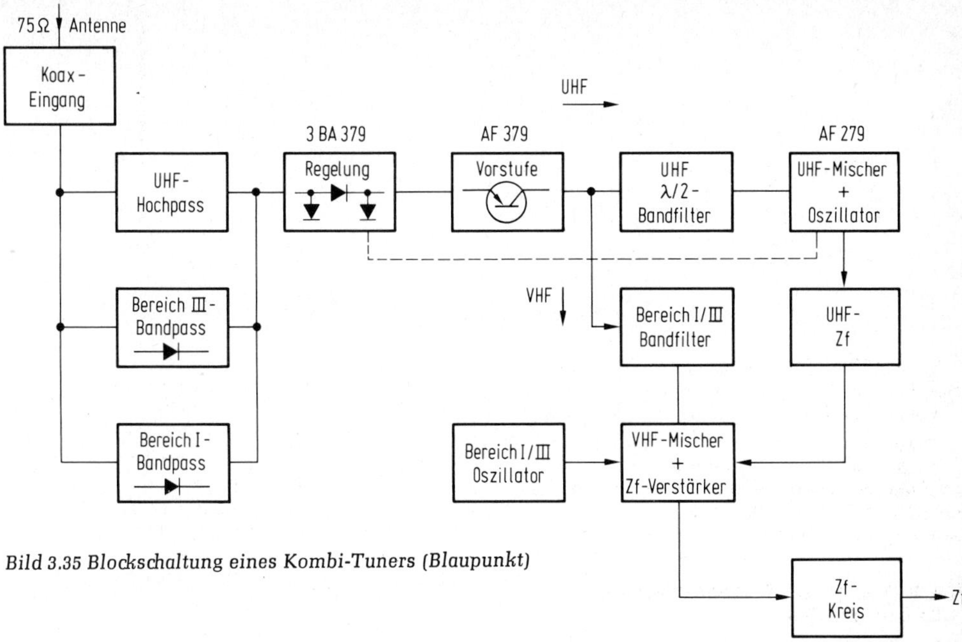

Bild 3.35 Blockschaltung eines Kombi-Tuners (Blaupunkt)

Bild 3.36 Transistor-Oszillator für hohe Frequenzen

Für das Verständnis der mit Transistoren bestückten Mischstufen sei zuvor kurz auf die Wirkungsweise von Transistor-Oszillatoren für hohe Frequenzen eingegangen.

Obgleich die Basisschaltung beim Transistor bis zu sehr hohen Frequenzen arbeitet, ist dann doch der Kollektorstrom i_2 nicht mehr in Phase mit der Basisspannung u_1. Er hinkt im allgemeinen bei hohen Frequenzen gegenüber der Phase der Steuerspannung im Basiskreis nach. Mit einer normalen Rückkopplung vom Kollektor zum Basiskreis würde man also keine Oszillatorschaltung aufbauen können, weil die Phasenbedingung

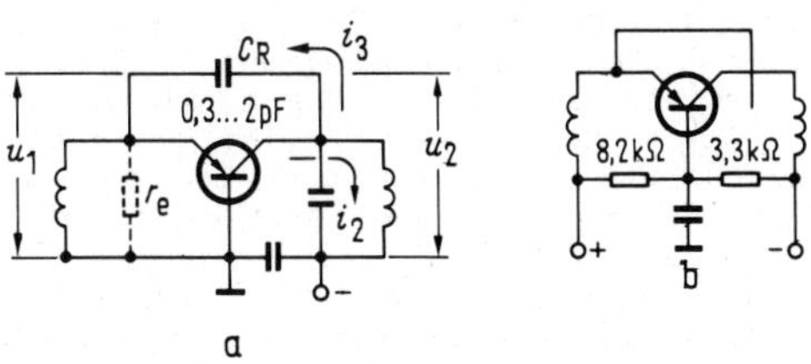

Bild 3.36 Transistor-Rückkopplungsschaltung für sehr hohe Frequenzen. a = Schaltungsprinzip; b = Die Kapazität C_R wird bisweilen nur durch ein Drahtende oder durch die Streukapazität dargestellt

nicht stimmt. Man benutzt deshalb die hier in Bild 3.36a dargestellte Prinzipschaltung. Die am Basiskreis liegende Steuerspannung u_1 bewirke einen um 90° nacheilenden Strom i_2 durch den Kollektorschwingkreis. Die Spannung u_2 am Kreis ist jedoch in Phase mit i_2, da sich ein Kreis für seine Resonanzfrequenz wie ein Wirkwiderstand verhält. Diese Spannung u_2 treibt über den sehr kleinen Rückkopplungskondensator C_R (0,3...2 pF) einen Rückkopplungsstrom i_3 zurück zum Basiskreis. Da der Eingangswiderstand r_e der Basisschaltung sehr niederohmig ist, wird der Strom i_3 vorwiegend durch den kapazitiven Blindwiderstand bestimmt. Der Blindstrom eines Kondensators eilt gegenüber der erzeugenden Spannung u_2 vor. Die Kapazität des Kondensators sei hier so bemessen, daß sich eine Voreilung von etwa 90° ergibt. Damit eilt auch die vom Strom i_3 am Eingangswiderstand r_e erzeugte Spannung um fast 90° vor, die Phasenlaufzeit im Transistor ist dadurch aufgehoben, die an der Basis eintreffende Rückkopplungsspannung ist tatsächlich etwa wieder in Phase mit der ursprünglichen Steuerspannung u_1. Sie verstärkt also diese Spannung, und der Transistor schwingt.

Bei UHF-Oszillatoren ist dieser sehr kleine Rückkopplungskondensator bisweilen nur als einseitig angelöteter Draht (Bild 3.36b) ausgeführt, manchmal genügen sogar Verdrahtungskapazitäten und die inneren Kapazitäten des Transistors zur Rückkopplung, so daß sie im

Schaltbild gar nicht dargestellt werden. Bei anderen Geräten findet man auch einen als Trimmer ausgebildeten Rückkopplungskondensator.

Bild 3.37 und 3.38 Transistor-Mischstufen

Wie bereits aus Bild 3.35 zu erkennen, hat sich bei Transistortunern herausgebildet, daß im VHF-Bereich mit getrennter Misch- und Oszillatorstufe, im UHF-Bereich dagegen mit selbstschwingender Mischstufe gearbeitet wird. Bild 3.37 zeigt die Anordnung in einem VHF-Baustein mit zwei Transistoren AF 106. Der Mischtransistor arbeitet hier in Emitterschaltung. Die Empfangsfrequenz wird der Basis, die Oszillatorfrequenz dem Emitter zugeführt, dessen Potential zu diesem Zweck durch eine Drossel „hochgelegt" worden ist. Bei anderen Firmen wird auch die Oszillatorspannung über eine kleine Kapazität zusammen mit der Empfangsfrequenz auf die Basis gegeben. Gemischt wird also additiv. Der Oszillator arbeitet wie in Bild 3.36.

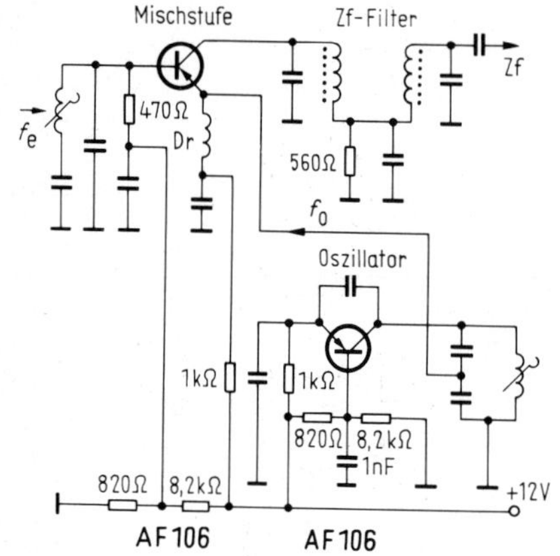

Bild 3.37 VHF-Mischer mit getrenntem Oszillator

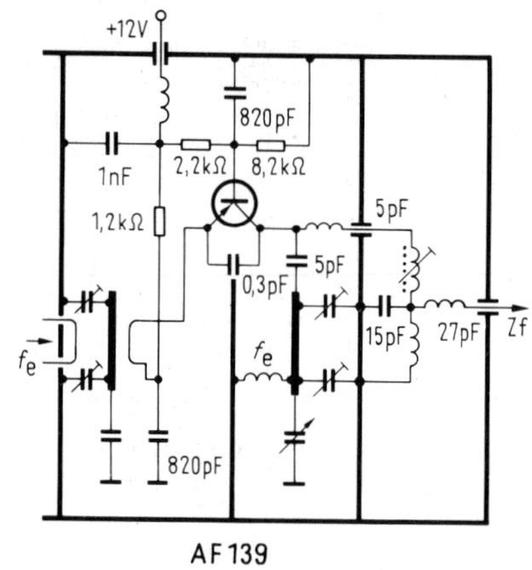

Bild 3.38 Selbstschwingende UHF-Mischstufe

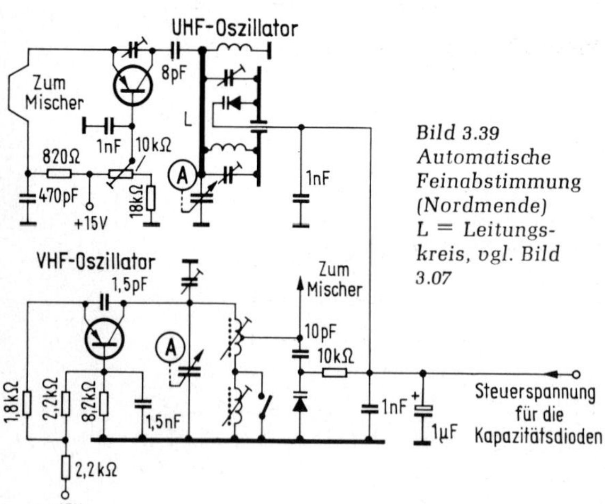

Bild 3.39 Automatische Feinabstimmung (Nordmende) L = Leitungskreis, vgl. Bild 3.07

In der UHF-Mischstufe Bild 3.38 dient der Transistor AF 139 als Mischer und Oszillator. Die Empfangsfrequenz wird über eine Koppelschleife dem Emitter zugeführt. Außerdem ist der Transistor in der üblichen Weise als Oszillator mit Rückkopplung über eine Kapazität von 0,3 pF zwischen Emitter und Kollektor geschaltet.

Im Transistor werden also beide Frequenzen gemischt, und die Zwischenfrequenz wird über eine UHF-Drossel am Kollektor ausgekoppelt.

Bild 3.39 Elektronische Scharfabstimmung

Die elektronische Scharfabstimmung oder automatische Frequenzregelung geht auf die von Rundfunkempfängern bekannten Anordnungen zurück[1]). Man legt parallel zum Oszillatorschwingkreis eine Kapazitätsdiode und steuert diese vom Zf-Demodulator so nach, daß sich automatisch die richtige Zwischenfrequenz ergibt. Das Bild stellt diese Nachstimmdioden für einen UHF- und einen VHF-Oszillator mit Drehkondensatorabstimmung dar. Bei Diodenabstimmung kann man die Scharfstimm-Regelung der eigentlichen Abstimmgleichspannung überlagern, so daß die gleiche Diode die Hauptabstimmung und die automatische Scharfabstimmung übernimmt.

1 Funktechnik ohne Ballast, Kapitel 9, Automatische Scharfabstimmung

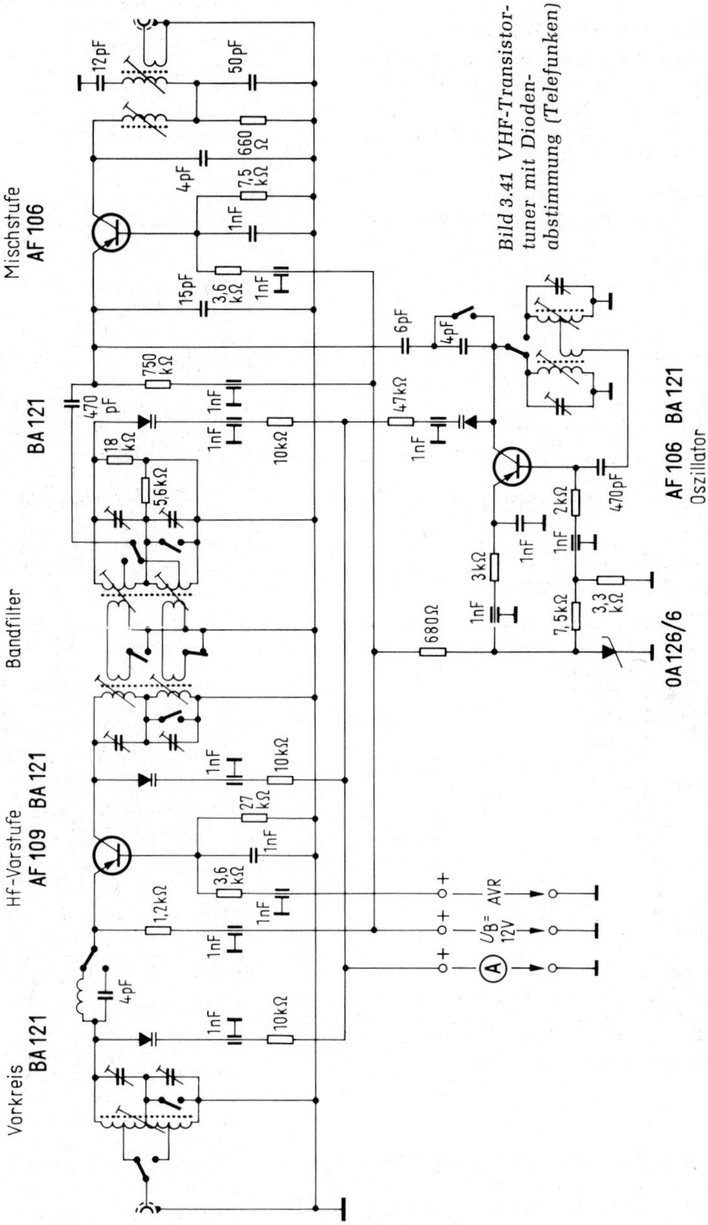

Bild 3.41 VHF-Transistortuner mit Diodenabstimmung (Telefunken)

VHF- und UHF-Tuner

Der Tuner ist diejenige Baugruppe, die vom Fernsehteilnehmer oft betätigt werden muß. Um diese Bedienung immer mehr zu vereinfachen (und auch um die Fortschritte der Halbleitertechnik auszunutzen), wurden im Laufe der Zeit die verschiedenartigsten Konstruktionen entwickelt. Bei den frühesten Ausführungen mußte jeweils von Hand auf einen anderen Sender abgestimmt werden. Dann kamen die sogenannten Speichertuner heraus, bei denen über mechanische Tastensteuerungen die Abstimmung programmiert werden konnte. Schließlich brachte die Diodenabstimmung eine Vereinfachung der Mechanik, weil dann nur noch Gleichstromleitungen zu schalten sind. Dies hat auch den sehr großen Vorteil, daß der Tunerbaustein an der elektrisch günstigsten Stelle im Gerät angeordnet werden kann. Er braucht nicht mehr unmittelbar an der Frontplatte zu sitzen.

Vom Aufbau her sind immer noch zwei Prinzipien üblich: Getrennte VHF- und UHF-Tuner, jeder mit eigener Transistorbestückung, und Kombi-Tuner, bei denen die Transistoren für beide Bereiche arbeiten. Zunächst seien Beispiele von Einzeltunern besprochen.

Bild 3.41 VHF-Transistortuner mit Diodenabstimmung

Dieses Schaltungsbeispiel auf Seite 63 läßt zwei wichtige Eigenarten erkennen:

1. Innerhalb eines VHF-Tuners muß nochmals zwischen den Bereichen I und III umgeschaltet werden. Das Bild zeigt die Schalterstellung für Bereich I.

2. Dieser Tuner arbeitet mit einem abstimmbaren Eingangskreis. Insgesamt werden also vier Kreise durchgestimmt. Andere Kanalwähler besitzen dagegen nur einen Breitbandübertrager im Eingang und drei durchstimmbare Kreise. Die Ansichten über die Vorteile der einen oder der anderen Lösung sind verschieden.

Die Schaltung besteht demnach aus Vorstufe mit automatischer Verstärkungsregelung (AVR), Mischstufe und Oszillator. Alle vier Kreise werden mit Hilfe von in Sperrichtung betriebenen Siliziumdioden BA 121 durchgestimmt. Die Kreisinduktivitäten im Eingang und im Bandfilter zwischen Vor- und Mischstufe setzen sich jeweils aus zwei Teilspulen zusammen. Für Bereich III wird die untere Teilspule zusätzlich wirksam. Im Oszillator sind zwei getrennte Kreise für die Bereiche I und III vorgesehen. Die Kapazitätsdioden werden über Entkopplungswiderstände von der Abstimmgleichspannung A gesteuert. Um Gleichlauf zwischen den Vorkreisen und dem Oszillator zu erzielen, muß dessen Abstimmdiode mit anderen Spannungswerten betrieben werden. Dazu wird die Emitterspannung durch einen Vorwiderstand von 3 kΩ stark herabgesetzt, und die Diode erhält durch Vorschalten von 47 kΩ eine geringere Steuerspannung. Das Abgleichen erfolgt wie bei einem Rundfunkempfänger jeweils mit Trimmer und Spulenkern etwa an den Bereichenden.

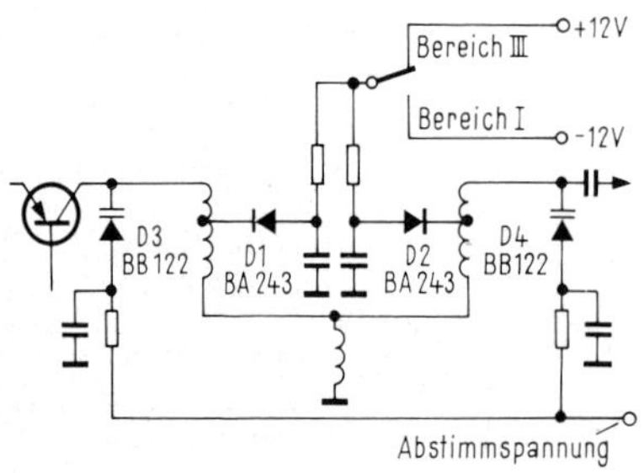

Bild 3.42 Prinzip der elektronischen Bereichumschaltung und Abstimmung

Bild 3.42 Bereichswahl durch Schaltdioden

Mechanische Umschaltkontakte innerhalb eines Tuners lassen sich durch „ruhende“ Kontakte, nämlich durch Schaltdioden ersetzen. Dadurch wird ein Schaltgestänge am Tunerbaustein vermieden, und er läßt sich an der günstigsten Stelle im Gerät anordnen. Die Schaltdioden werden über unkritische Gleichstromleitungen gesteuert. Bild 3.42 zeigt das Prinzip der elektronischen Bereichumschaltung bei einem VHF-Bandfilter. In der dargestellten Schalterstellung gelangen + 12 V an die Anoden der Dioden D 1 und D 2. Sie schalten durch und schließen die unteren Spulenteile über Kapazitäten von je 1 nF kurz, d. h. Bereich III wird empfangen.

Im Bereich I werden die Schaltdioden durch eine Spannung von − 12 V in den hochohmigen Sperrzustand gesteuert. Die Kurzschlüsse über 1 nF entfallen, die unteren Spulenteile werden wirksam. Beide Kreise werden außerdem in beiden Bereichen elektronisch mit Kapazitätsdioden D 3 und D 4 durchgestimmt.

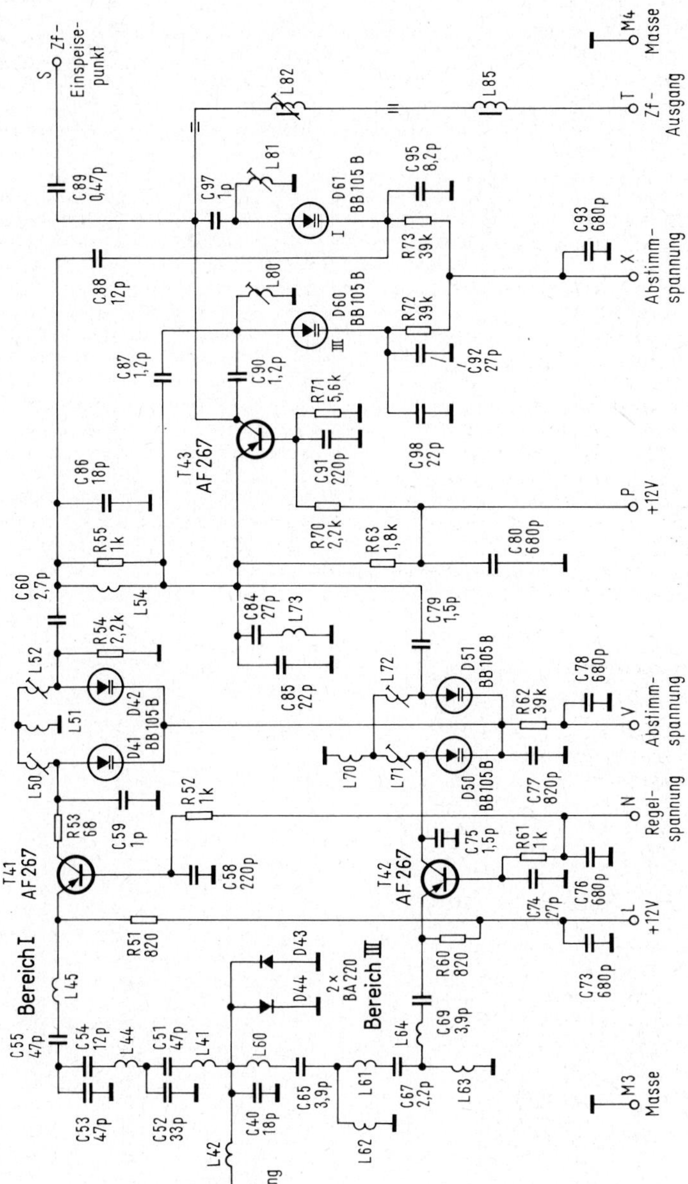

Bild 3.44 Schaltung des VHF-Tuners Typ VD 1 (Valvo)

Bild 3.43 Selbsttätige Bereichumschaltung

Beim VHF-Tuner Typ VD 1 von Valvo wird beim Durchfahren der Abstimmgleichspannung automatisch von Bereich I auf III umgeschaltet. Bild 3.43 zeigt die Oszillatorstufe. Für Bereich I ist der Schwingkreis mit der Diode D 1 und der Induktivität L 1 wirksam, für Bereich III arbeiten D 2 und L 2. Die Abstimmspannung überstreicht ein Gebiet von 1 V bis 30 V. Die Schaltung ist nun so bemessen, daß bei Spannungen von 1 V bis 4,5 V der Abstimmbereich I durchfahren wird. Dann reißen infolge einer Phasendrehung im Rückkopplungsweg C 1 – C 2 – L 3 die Schwingungen ab. Der Oszillator setzt aus und beginnt erst bei 8 V Abstimmspannung, über den Kreis D 2 – L 2 und den Rückkopplungsweg C 4 – C 3 wieder zu schwingen, weil dieser dann die richtige Phasenlage für die Rückkopplung des Schwingkreises besitzt.

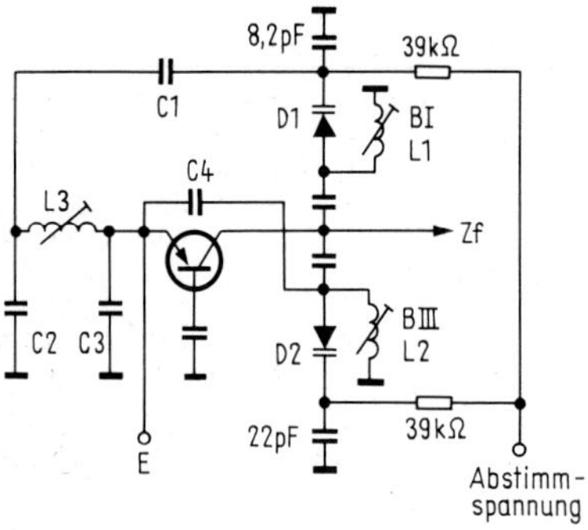

Bild 3.43 Selbstschwingende Mischstufe mit Diodenabstimmung

Bild 3.44 VHF-Tuner mit selbsttätiger Bereichumschaltung

Das Bild auf Seite 65 zeigt die Gesamtschaltung des Tuners VD 1. Er besitzt zwei getrennte Eingangskanäle für die Bereiche I und III. Jeder Kanal hat ein eigenes Bandfilter mit Diodenabstimmung. Beide Filter werden von derselben Abstimmgleichspannung so gesteuert, daß ebenfalls erst Bereich I mit 1,0...4,5 V und dann Bereich III mit 8...30 V durchgestimmt wird. Der Oszillator arbeitet, wie vorher beschrieben. Das bedeutet, daß er beim Durchstimmen gewissermaßen erst den Bereich I „scharf macht", denn nur wenn Eingangsfrequenz und Oszillatorfrequenz zusammen die richtige Zwischenfrequenz ergeben, kann das Gerät arbeiten. Beim weiteren Durchstimmen bilden dann die vom Bereich III kommenden Eingangsfrequenzen mit dem Oszillator zusammen die zum Empfang geeigneten Zwischenfrequenzen.

Trotz des Mehraufwandes an Abstimmdioden vereinfacht sich die Schaltung gegenüber Bild 3.41 durch den Wegfall der gesamten Schaltermechanik. Sonstige Einzelheiten:

Der VHF-Eingang ist für die neuen 75-Ω-Antennenbuchsen ausgelegt. Anstelle von Vorkreisen ist in jedem Bereich ein passend bemessenes Breitband-Eingangsfilter vorgesehen. Zwei antiparallel geschaltete Dioden beschneiden Überspannungen durch statische Antennenaufladun-

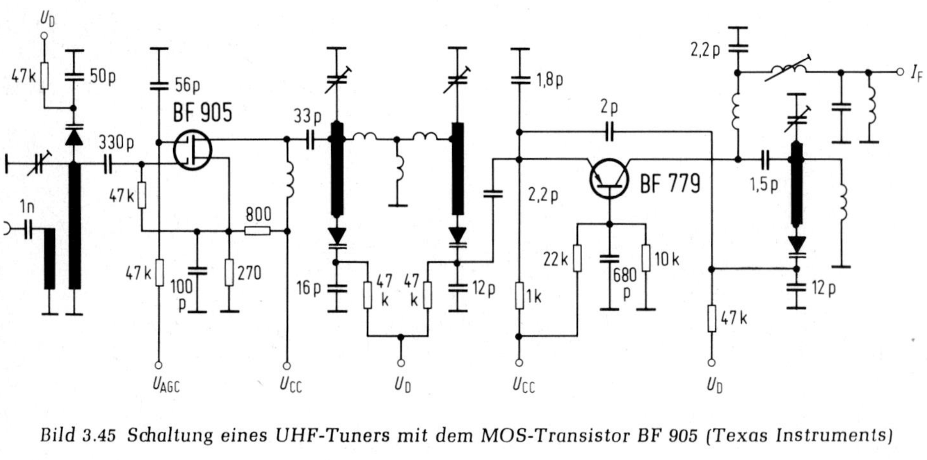

Bild 3.45 Schaltung eines UHF-Tuners mit dem MOS-Transistor BF 905 (Texas Instruments)

gen, z. B. bei Gewittern. Die Verstärkung der beiden Eingangstransistoren wird von der gleichen Regelspannung gesteuert.

Bild 3.45 UHF-Tuner mit MOS-Eingangstransistor und Diodenabstimmung

Die bisherigen Schaltungsbeispiele enthielten ausschließlich bipolare Siliziumtransistoren. Die Eigenschaften der Tuner-Eingangsstufe lassen sich aber noch verbessern durch Verwendung von MOS-Transistoren. In Bild 3.45 ist ein Doppelgate-MOS-Transistor Typ BF 905 dafür vorgesehen[1]). Dieses Bauelement setzt das Rauschen der Eingangsstufe herab. Ferner werden Störungen durch Kreuzmodulationen wesentlich verringert. Der Doppelgate-Typ kann außerdem am zweiten Gate mit einer Schwundregelspannung gesteuert werden, damit zu hohe Eingangsspannungen die folgenden Stufen nicht übersteuern.

Zum Abstimmen dieses Tuners dienen vier Streifenleitungen mit Abstimmdioden. Zwei der Kreise sind als Bandfilter zwischen Eingangstransistor und Mischstufe angeordnet.

Bild 3.46 Prinzip des Einblock-Tuners

Die Blockschaltung zeigt das Prinzip eines Kombi-Tuners oder Einblock-Tuners mit Vorkreisabstimmung und umschaltbaren getrennten Spulensätzen für verschiedene Bereiche. Die Induktivitäten im UHF-Teil bestehen aus Leitungskreisen, für die Bereiche I und III wird auf die üblichen Spulensätze umgeschaltet. Da die Abstimmkapazitäten für alle Bereiche wirken, eignet sich die Anordnung für fest einstellbare Programmwähler. Lediglich für die Bereichumschaltung ist eine geeignete Kontaktanordnung zu treffen.

1 MOS- und Doppelgate-Transistoren siehe „Funktechnik ohne Ballast", Bild 6.27 bis 6.31.

Bild 3.47 Einblock-Tuner mit Programmwähler

(Schaltung auf Seite 68)

Dargestellt ist die Schaltung des Kombi-Tuners Typ 169 von NSF-Telefunken. Die Umschaltung auf die drei Bereiche I, III und IV (bzw. UHF) erfolgt durch einen zentral angeordneten Schiebeschalter mit insgesamt sieben Kontaktstücken. Von den Antennenklemmen geht es über Breitbandfilter zum Vorstufentransistor T 1. Seine Verstärkung wird durch die Spannung U_R geregelt. Darauf folgen durchstimmbare Bandfilter, für UHF in Streifenleiterausführung. T 2 ist der Oszillatortransistor. Am Emitter des Transistors T 3 werden Empfangs- und Oszillatorspannung gemischt, und die Zf-Spannung wird am Kollektor abgenommen. Zum Überprüfen und Abgleichen sind die Meßpunkte Mp für UHF, VHF und Zf vorgesehen.

Literatur (in zeitlicher Reihenfolge)

Klein: Der Schaltdioden-Allbereich-Tuner in den neuen Farbfernsehgeräten. Grundig Technische Informationen 1970, H. 2, S. 705.

Bernstein: Kapazitätsdioden als Schaltdioden. Funkschau 1971, H. 7, S. 189.

Backwinkel: Vom Kombituner zum Streifenleitertuner. Funk-Technik 1971, H. 13, S. 489.

Bombka: Elektronischer Umschalter „Tiptronic". Funk-Technik 1971, H. 18, S. 685.

Ratheiser: Die „Sensor"-Programmwahl-Automatik im TV-Empfänger. Radio Elektronik Schau (Wien) 1972, H. 2, S. 78.

Pützer und *Haak:* Ein neues Kanalwählersystem für Fernsehempfänger. Funkschau 1972, H. 8, S. 249.

Krause und *Olk:* PIN-Dioden als regelbare Dämpfungsglieder. Funkschau 1972, H. 9, S. 305.

Voth: VHF-UHF-Tuner nur 23 mm dick. Radio-Mentor-Electronic 1973, H. 8, S. 325.

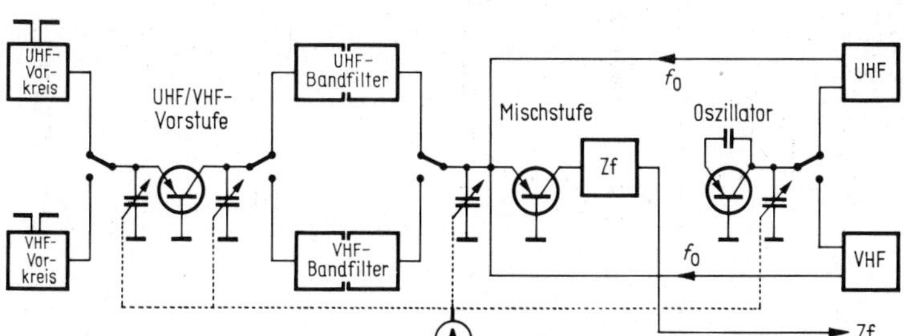

Bild 3.46 Blockschaltung eines Kombi-Tuners

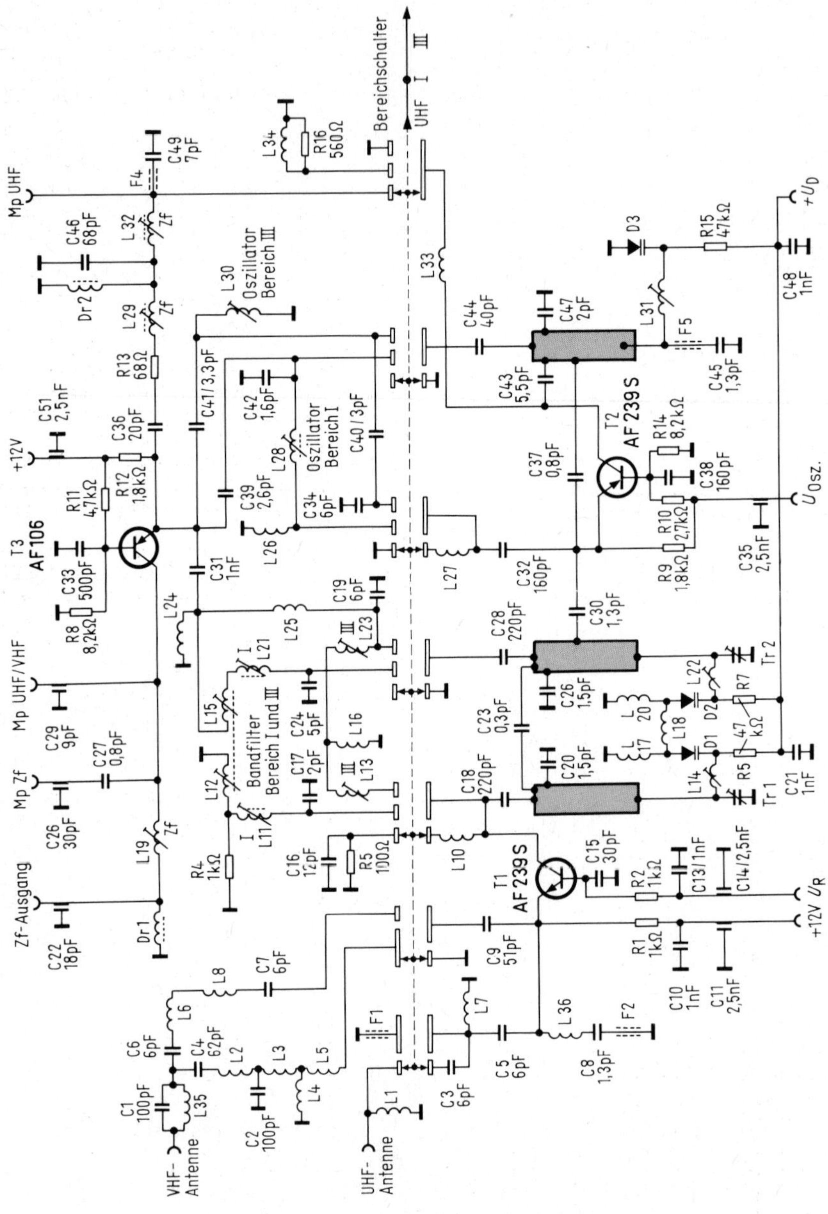

Bild 3.47 Schaltung des Kombi-Tuners Typ 169 (NSF – Telefunken)

Schurig: VHF-Tuner mit Feldeffekttransistoren. Funk-Technik 1974, H. 21, S. 743.

Kriebel: UHF-Tuner mit dem MOS-Transistor BF 905. Funkschau 1975, H. 2, S. 43 und 46.

Schurig: VHF-Breitband-Fernsehtuner von 47 MHz bis 293 MHz. Funkschau 1975, H. 18, S. 83.

Luber: Kreuzmodulationsfester Fernseh-Tuner mit FET-VHF-Mischstufe. Funk-Technik 1976, H. 3, S. 52.

Wegner: Funktion und Service des Fernseh-Kanalwählers. Der Elektromeister + Deutsches Elektrohandwerk 1976, H. 3, S. 75.

Koch: Fernseh-Tuner mit neuartigem Schaltungskonzept. Funkschau 1976, H. 7, S. 255.

Firmenveröffentlichungen

Graetz: Vollelektronische Programmwahl durch den Programm-Sensor. Graetz-Nachrichten Nr. 77, April 1971.

Telefunken: UHF-Verstärker mit Abstimmdiode und Streifenleitung. Laborbuch Bd. 5, 1971, S. 191.
VHF-Tuner mit Abstimmdiode. Dsgl. S. 195.

Valvo: Handbuch Fernsehteile und Moduln, 1975, S. 15...75.

Bild 3.48 Programmwähler-Einheit

Zum Einstellen verschiedener Kanäle bzw. Programme sind an die Abstimmdioden jeweils bestimmte Spannungen zu legen. Außerdem sind die Bereiche umzuschalten. Das Prinzip macht man sich am besten mit einem mechanischen Drucktastenwähler klar. Die Abstimmeinheit besteht aus sechs meist verdeckt angeordneten Einstellpotentiometern und zugehörigen sechs Wählschaltern. Diese Schalter müssen je nach dem gewünschten Bereich in die Stellung V = VHF oder U = UHF gebracht werden.

Drückt man nun eine Taste der Drucktasten-Einheit, dann gelangt die 12-V-Betriebsspannung je nach Programmierung des zugehörigen Wählschalters an den VHF- oder UHF-Teil des Tuners und macht ihn betriebsbereit. Nun stimmt man das entsprechende Potentiometer auf den gewünschten Kanal ab. Kleine, unter der Abdeckplatte bei jedem Potentiometer angeordnete Skalen geben Richtwerte hierfür. Dann wird die Abdeckplatte geschlossen, und nun erscheint beim Drücken dieser Taste stets das vorgewählte Programm. Die Speisespannung für die Abstimmpotentiometer ist auf + 28 V stabilisiert, so daß Netzspannungsschwankungen keinen störenden Einfluß haben.

Eine weitere Vereinfachung durch Übergang von der Mechanik zur Elektronik mit Hilfe spezieller integrierter Schaltungen erläutern die folgenden Bilder.

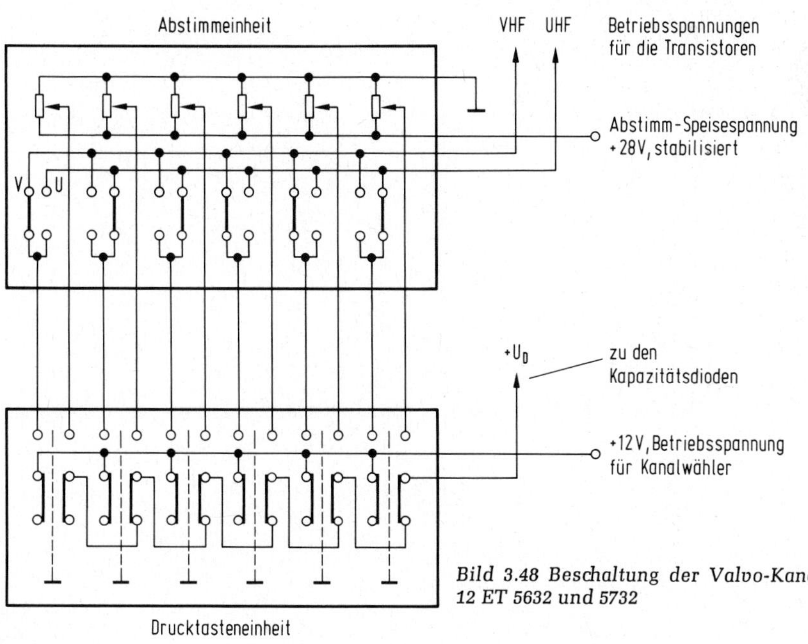

Bild 3.48 Beschaltung der Valvo-Kanalwähler 12 ET 5632 und 5732

Bild 3.49 bis 3.51 Sensor-Programmwahl mit SAS 560 und 570

Mechanische Tastensätze für die Programmwahl am Tuner erfordern eine gewisse Kraft zur Bedienung, denn dabei ist nicht nur ein Schalter zu drücken und einzurasten, sondern über ein Gestänge muß auch die vorher gedrückte Taste entriegelt werden, damit sie in die Ruhelage zurückspringt. Sehr alten Leuten fällt es mitunter schwer, solche mechanischen Tasten zu betätigen. Außerdem besteht bei jeder Mechanik die Gefahr einer vorzeitigen Abnutzung, besonders wenn sie rauh behandelt wird.

Deswegen wurden Tastenanordnungen entwickelt, die durch einfaches Berühren mit dem Finger (Bild 3.49) elektronisch arbeitende Schalter betätigen, die dann das Abstimmpotentiometer für den gewünschten Kanal an den Tuner anschließen und außerdem das vorher wirksame Potentiometer wieder abtrennen. Dies entspricht also dem mechanischen Entriegeln der vorher gedrückten Taste. Für diesen Zweck wurden die integrierten Schaltungen SAS 560 und 570 entwickelt. Sie sind gleich aufgebaut, und mit jeder lassen sich vier Kanäle wählen. Der Typ 560 besitzt lediglich eine Zusatzstufe, die beim Einschalten des Empfängers durch den Netzschalter immer den Kanal 1 hörbar macht, denn beim Ausschalten des Empfängers fällt stets der gesamte Tastensatz in die Ruhelage zurück. Man müßte also beim Wiedereinschalten des Gerätes erst den Netzschalter und dann eine Programmtaste betätigen, sonst bleibt der Empfänger stumm.

Bild 3.50 zeigt den Aufbau der Stufe 1 des Bausteins SAS 560. Am Anschluß 10 liegt der Tastschalter Ta, am Anschluß 6 das Abstimmpotentiometer P zum erstmaligen Einstellen des Kanals. An den Anschluß 9 ist ein Lämpchen angeschlossen, das beim Einschalten die betreffende Taste beleuchtet und damit signalisiert, welcher Kanal in Betrieb ist. Im Ruhezustand sind die zu diesen Anschlüssen gehörenden Transistorsysteme T 1, T 9 und T 13 stromlos.

Werden durch Berühren der Taste Ta die beiden Elektroden mit der Fingerkuppe überbrückt, dazu genügt ein Übergangswiderstand von 20 MΩ, dann schalten die Transistoren T 1 und T 2 durch. Das bis zu diesem Zeitpunkt leitende System T 5 wird über das als Diode arbeitende System T 3 gesperrt. Die Spannung am Kollektor von T 5 steigt an bis zu einem Wert, der durch das als Z-Diode wirkende System T 4 begrenzt wird.

Die ansteigende Spannung schaltet außerdem das System T 6 der Differenzstufe durch. Über diesen Transistor werden auch die Systeme T 8 und T 9 stromführend gemacht, und das Abstimmpotentiometer wird wirksam. Außerdem werden die hintereinanderliegenden Systeme T 11, T 12

Bild 3.49 Programmwähler mit Berührungstasten

und T 13 so aufgesteuert, daß über T 13 die Lampe La Strom bekommt und aufleuchtet.

Der Transistor T 8 erteilt ferner über ein ebenfalls als Z-Diode wirkendes System T 10 und den Spannungsteiler R 8, R 9 der Basis des Transistors T 7 eine bestimmte Basisspannung.

Die Sendung wird also hörbar. Nimmt man dann den Finger von der Taste, dann hält infolge dieser Basisvorspannung der Transistor T 7 den Transistor 6 durchgeschaltet. Somit bleiben auch die Transistoren T 9 und T 13 stromführend, der eingeschaltete Kanal hält sich selbst, und auch die Tastenfeldbeleuchtung bleibt bestehen. An dem für alle Stufen gemeinsamen Koppelwiderstand R_k stellt sich bei diesem Haltezustand eine Spannung von 3 V ein.

Wird eine andere Stufe durch Tasten betätigt, dann steigt die Spannung an R_k kurzzeitig auf 4,5 V an und unterbricht den vorhergehenden Haltezustand, die neu gedrückte Taste wird wirksam.

Der Transistor T 14 ist nur im Typ SAS 560 vorhanden. Liegt am Widerstand R_k beim Neueinschalten des gesamten Empfängers noch keine Spannung, dann liegt die Basis des Systems T 14 an Masse. Dies hat den gleichen Effekt, als wenn die Taste Ta gedrückt würde, d. h. über das System 3 wird Transistor 5 gesperrt, und der Kanal 1 wird eingeschaltet.

Bild 3.51 zeigt das Prinzip einer Wähleinheit für acht Kanäle mit den Bausteinen SAS 560 und SAS 570. Dabei wird jeweils mit der Signalanzeige auch der zu diesem Kanal gehörende Diodenschalter für den betreffenden Bereich im

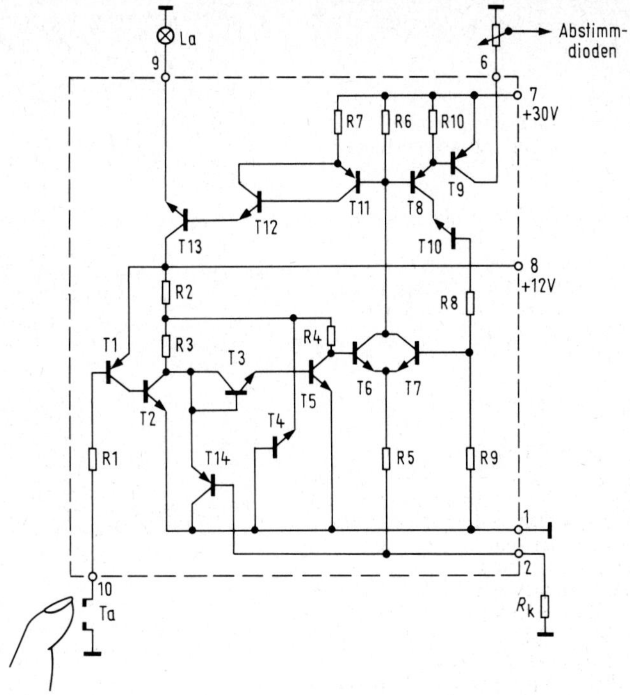

Bild 3.50 Innenschaltung der Stufe 1 des Bausteins SAS 560

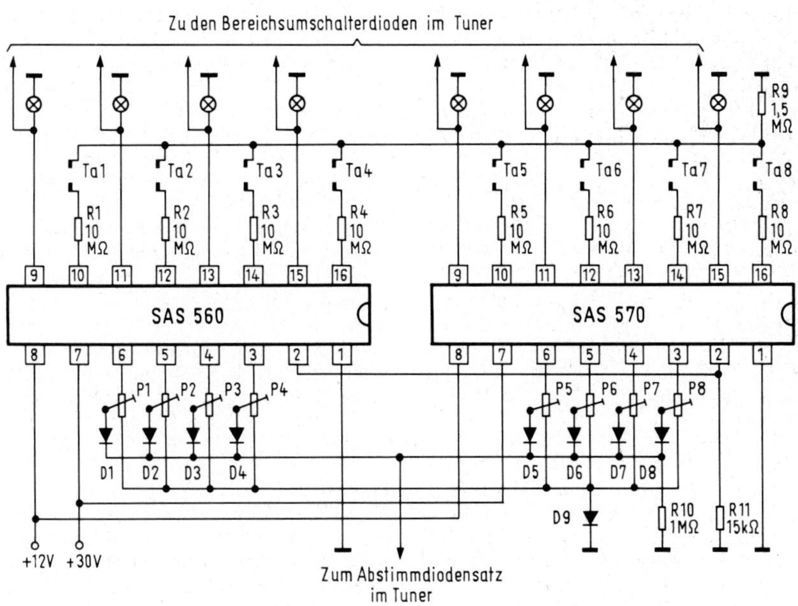

Bild 3.51 Prinzipschema einer Wähleinheit für acht Kanäle mit den Bausteinen SAS 560 und 570

Tuner durchgeschaltet. Man kann also die Tasten für beliebige Kanäle in den Bereichen I, III oder IV programmieren.

Um die Berührungsströme an den Tasten auf ein Minimum zu begrenzen und die VDE-Vorschriften einzuhalten, selbst wenn alle Tasten gleichzeitig mit den Fingern berührt werden, liegen hochohmige Vorschaltwiderstände R 1 bis R 9 in den Tastenkreisen. Die Potentiometer P 1 bis P 8 liegen über Entkopplungsdioden an der gemeinsamen Steuerleitung. Die Diode D 9 am Fußpunkt der Potentiometer kompensiert den Temperaturkoeffizienten der Entkopplungsdioden.

Die integrierten Schaltungen SAS 560 und 570 können außerdem über digitale Logikbausteine und einen Ringzähler für eine Fernbedienung erweitert werden. – Ähnliche Programmtasten-Bausteine werden von Texas Instruments unter den Bezeichnungen SN 16798 und SN 16799 geliefert. Sie reagieren sowohl in der hier beschriebenen Weise als auch als sogenannte Einscheibensensoren, d. h. es ist nur eine Tastelektrode vorhanden, die durch die Erdkapazität der berührenden Person betätigt wird.

Digitalabstimmung

Eine noch weitergehende Bedienungsvereinfachung ergibt sich mit der Digitalabstimmung. Hierbei wird die gewünschte Kanalzahl (vgl. Tabelle auf Seite 33) mit Hilfe von Tasten in das Gerät eingetippt. Ein Quarzoszillator und eine Frequenzteileranordnung bauen daraus die für den betreffenden Kanal erforderliche Oszillatorfrequenz auf. Gleichzeitig wird den Abstimmdioden des Tuners eine gleitende Suchlaufspannung zugeführt. Eine Frequenz- und Phasenvergleichsschaltung rastet ein, wenn die Oszillatorfrequenz des Tuners mit der Oszillatorfrequenz des eingetasteten Kanals übereinstimmt. Damit ist der Empfänger exakt auf den gewünschten Sender abgestimmt, selbst wenn dieser noch Sendepause haben sollte. Das Verfahren beruht auf zwei grundlegenden Prinzipien:

1. Phasengerasteter Regelkreis, im Englischen Phase-Locked-Loop (PLL) genannt.
2. Frequenzsynthese, d. h. Ableitung einer beliebigen gewünschten Frequenz über Frequenzteiler aus einem Quarzoszillator mit Festfrequenz.

Die Prinzipschaltungen hierfür sind behandelt im Buch „Funktechnik ohne Ballast", 14. und 15. Auflage, Bild 9.23 und 9.24.

Zur Digitalabstimmung werden speziell dafür entwickelte integrierte Schaltungsbausteine verwendet. Die Bilder 20.07 und 20.08 im letzten Kapitel des vorliegenden Buches bringen Beispiele hierfür. Das vorstehende Kapitel 3 bleibt jedoch weiterhin aktuell, um die grundlegenden Funktionen von Tunern zu beschreiben.

Etwa ab 1977 hat es sich sehr eingeführt, die Tuner über Ultraschall- oder Infrarot-Fernbedienungen zu betätigen. Die Grundlagen hierfür werden ebenfalls im Kapitel 20 behandelt.

Tuner-Service

Tuner-Reparaturen sind ein etwas schwieriges Gebiet. Bei der Kleinheit der Bauelemente und bei ihrer engen Anordnung in den Abschirmkammern können nur sehr geübte Kundendiensttechniker Fehler beheben. Bei neuen Geräten in Baugruppentechnik (Modultechnik) hat es sich daher eingeführt, lediglich zu überprüfen, ob der Tuner vom Gerät her die richtigen Versorgungs- und Regelspannungen bekommt und ob an den Meßpunkten die vorgesehenen Signale vorhanden sind. Liegt mit Sicherheit ein Defekt im Tuner selbst vor, dann ist er auszubauen und an das Werk einzusenden. Meist erhält man im Austauschverfahren schnell einen anderen gesunden Tuner, so daß der Kunde nicht zu lange auf die Reparatur warten muß.

Trotzdem sollte der Servicetechniker seinen Ehrgeiz darin setzen, die Funktion eines Kanalwählers in allen Einzelheiten zu verstehen, damit er richtige Fehlerdiagnosen stellen und kleinere Schäden selbst beheben kann.

Literatur

Beifuß und *Seebeck:* Sensor-Abstimmaggregate mit integrierten Schaltungen. Funkschau 1972, H. 8, S. 263.

Limann: Funktechnik ohne Ballast. 14. und 15. Auflage, Kapitel 20, Sensor-Tasten; dort auch weitere Literaturhinweise.

Spichall: Steuern durch Berühren – Integrierte Schaltungen SAS 560 und SAS 570. Siemens-Bauteile-Informationen 1972, H. 3, S. 53.

Spichall: Integrierte Schaltungen für die Sensor-Programmwahl. Funkschau 1972, H. 8, S. 262.

Viereck, Wahl und *Leuschner:* Ein Farbfernsehgerät ohne Bedienungsknöpfe. Funkschau 1972, H. 23, S. 855.

–,–: MOS-IC für Sensor-Tuner. Radio Mentor Electronic 1972, H. 10, S. 472.

Mende: Sensortechnik – elektronisches Schalten durch Berühren. Deutsches Elektrohandwerk 1974, H. 2, S. 90.

Kröner: Elektronische Programmwahlschaltung, mit integrierten Schaltungen. Valvo-Berichte, Band XIX (1974/75), H. 5, S. 204.

Schurig: VHF-Breitband-Fernsehtuner von 47 MHz bis 293 MHz. Funkschau 1955, H. 18, S. 555.

Bender und *Otten:* „Euro-Tuner" – eine neue Generation. Funk-Technik 1976, H. 24, S. 814.

Schuermann: Die Entwicklung des Fernseh-Tuners in Europa. Funk-Technik 1977, H. 5, S. 65.

4 Bild-Zf-Verstärker

Vorweg ein Hinweis: das Frequenzspektrum, das in dieser Empfängerstufe verstärkt wird, enthält auch den frequenzmodulierten Tonträger. Man müßte also korrekterweise sagen „Bild- und Ton-Zf-Verstärker". Es ist jedoch üblich die abgekürzte Form „Bild-Zf-Verstärker" zu verwenden.

Bild 4.01 Durchlaßkurven des Fernsehempfängers

In Bild 1.32 wurde erläutert, daß das untere Seitenband beim Fernsehsender teilweise unterdrückt wird, um die Kanäle enger aneinanderzurücken und mehr Sender unterzubringen. In Bild 4.01a ist der Verlauf des ausgestrahlten Bandes nochmals mit starken Linien dargestellt und rechts und links daneben gestrichelt der Verlauf der Nachbarkanäle. Da sich keine Filter mit unendlich steilen Flanken bauen lassen, kann man im Sender das untere Seitenband nicht haarscharf am Träger abschneiden, sondern läßt den Abfall erst in 0,75 MHz Abstand beginnen. Die dem Träger benachbarten Modulationsfrequenzen werden daher doppelt (auf beiden Seitenbändern) ausgestrahlt. Sie würden beim Empfang einen zu großen Anteil der tiefen Frequenzen und damit störende Bildverzerrungen ergeben. Nach einem Vorschlag von *Nyquist* bildet man daher die Durchlaßkurve des Empfängers so aus, daß nach Bild 4.01b die Trägerfrequenz auf Mitte einer schrägen Flanke zu liegen kommt. Dadurch werden von den niedrigen Modulationsfrequenzen etwa einviertel des linken Seitenbandes und dreiviertel des rechten Seitenbandes durchgelassen.

Daraus ergibt sich bei der Weiterverarbeitung für alle Frequenzen der gleiche Wert. Dieser schräge Abfall der Durchlaßkurve wird „Nyquistflanke" genannt.

In 1,5 MHz Abstand vom Bildträger liegt bereits der Tonträger des Nachbarsenders. Um ihn mit Sicherheit vom Empfang des gewünschten Senders auszusperren, gibt man der Durchlaßkurve durch Sperrkreise an dieser Stelle eine tiefe Einsattelung.

Bei der rechten Flanke der Durchlaßkurve ist die Doppelmodulation durch den Tonträger zu berücksichtigen. Er muß ebenfalls stark abgesenkt werden, damit er nicht in die Bildmodulation hineinspuckt. Das gäbe nämlich „Ton im Bild", z. B. Wellenlinien bei starkem Händeklatschen. Man schrägt deshalb die Tonträgerflanke in der Durchlaßkurve so ab, daß die Tonträgerfrequenz eine noch kleinere Amplitude als der Bildträger besitzt.

In 1,5 MHz Abstand vom eigenen Tonträger liegt bereits wieder der Bildträger des höheren Nachbarkanals. Er muß durch Sperrkreise unter-

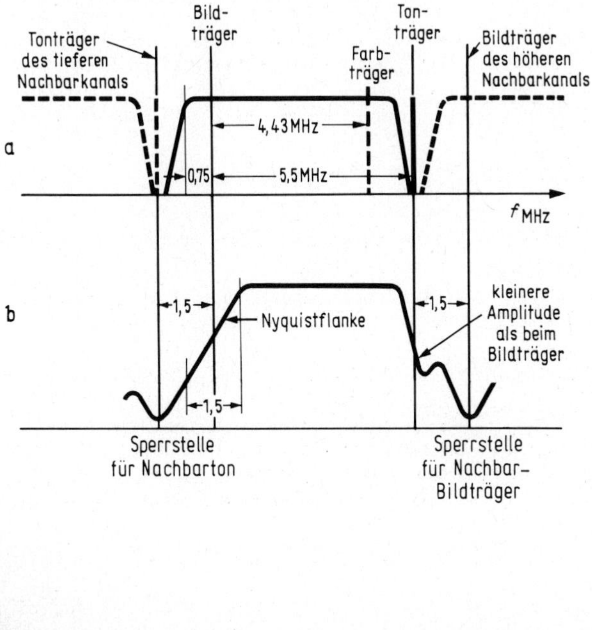

Bild 4.01 Frequenzbänder und Durchlaßkurven

a = Frequenzband eines Fernsehsenders mit der Lage der Nachbarkanäle

b = Zugehörige Durchlaßkurve des Empfängers

drückt werden. Aus diesen Forderungen heraus erhalten die Flanken der Durchlaßkurve eines Schwarzweißempfängers etwa den in Bild 4.01b dargestellten Verlauf.

Zu beachten ist außerdem bei Farbsendungen die Lage des Farbträgers im Abstand 4,43 MHz vom Bildträger. Mehr darüber in Bild 4.03 und Bild 4.04.

Bild 4.02 Form der Zf-Durchlaßkurve

Die in Bild 4.01b geforderte Form der Durchlaßkurve läßt sich durch mehrere versetzt abgestimmte Zf-Kreise oder durch breitbandige Zf-Bandfilter erzielen. In beiden Fällen sind die Kreise außerdem mit ohmschen Widerständen zu bedämpfen. Der Einfluß des VHF- oder UHF-Eingangsteiles auf die Form der Durchlaßkurve kann dagegen vernachlässigt werden. Bei den geringen Kreisgüten und dem dämpfenden Einfluß der Röhren oder Transistoren wird im Eingang ein bedeutend breiteres Band durchgelassen. Die Trennschärfe muß also wie beim Rundfunkempfänger in den Zf-Teil verlegt werden. Wie in Bild 3.32 gesagt, kehren sich die Frequenzverhältnisse im Zf-Teil um, die höhere Empfangsfrequenz ergibt die tiefere Zwischenfrequenz. Die in Bild 4.01b angestrebte Durchlaßkurve muß also im Zf-Teil spiegelbildlich liegen.

Allerdings läßt sich der geforderte Verlauf nicht mathematisch exakt einhalten. Die stark gezeichnete Linie gibt eine praktisch erreichbare Durchlaßkurve an, die sich genügend genau an den theoretischen Verlauf anschmiegt. Der flache Scheitel wird dabei durch verschiedene Resonanzlagen der Zf-Kreise erreicht. Wie bereits erwähnt, müssen die Kreise außerdem bedämpft werden, um den breiten Durchlaßbereich von 5,5 MHz zu erzielen.

Sperr- und Saugkreise im Zf-Teil unterdrücken die eigene Tonzwischenfrequenz für den Video-Gleichrichter sowie die störenden Frequenzen der Nachbarsender und bewirken damit die verschiedenen Einsattelungen in der Kurve.

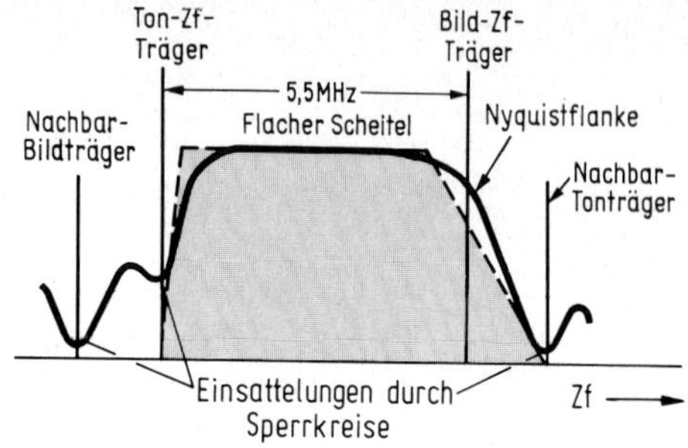

Bild 4.02 Theoretische Zf-Durchlaßkurve (gestrichelt) und praktische erzielbare Annäherung (stark gezeichnet)

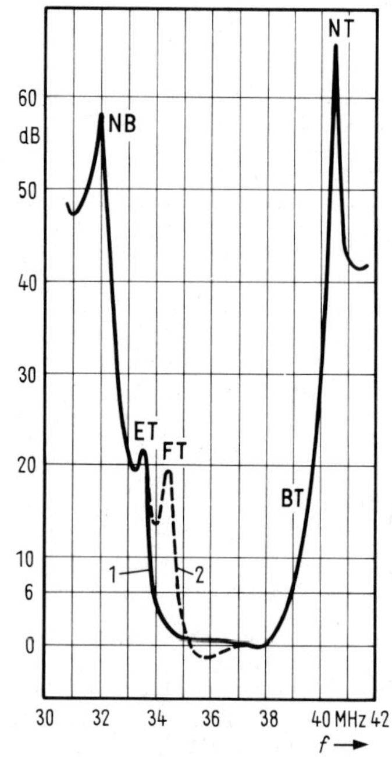

Bild 4.03 Exakt ausgemessene Zf-Durchlaßkurve mit automatischer Farbträger-Absenkung bei Farbempfang, Kurventeil 2 (Metz)

Bild 4.03 Die gemessene Durchlaßkurve

Um eine Zf-Durchlaßkurve aufzunehmen, führt man dem Eingang des Zf-Verstärkers nacheinander die einzelnen Meßfrequenzen aus einem Meßsender zu. Die verstärkte Ausgangsspannung des Zf-Teiles wird gemessen und bei jedem Meßpunkt auf den gleichen Wert eingestellt, indem man den Meßsender mehr oder weniger weit aufdreht. An den Flanken der Kurve, wo die Sperrkreise liegen, muß man also die zugeführte Meßsenderspannung stark erhöhen, um auf konstante Ausgangsspannung des Zf-Teiles zu kommen.

Man trägt nun die jeweils am Meßsender eingestellten Spannungen in Kurvenform auf. Da an den Flanken eine höhere Spannung benötigt wird, ergibt sich, daß die gemessene Durchlaßkurve gegenüber den bisher betrachteten „auf dem Kopf steht".

Wegen der großen Spannungsunterschiede wählt man einen logarithmischen Maßstab oder rechnet die Spannungsverstärkung in dB um, wie hier in Bild 4.03 geschehen. Für den Fernseh-Bild-Zf-Verstärker hat man sich auf einheitliche Trägerfrequenzen festgelegt, nämlich

Bezeichnung	Frequenz	Demoduliert
Eigener Tonträger (ET)	33,4 MHz	5,5 MHz
Eigener Farbträger (FT)	34,47 MHz	4,43 MHz
Eigener Bildträger (EB)	38,9 MHz	0,0 MHz

Zu beachten sind außerdem (vgl. Bild 1.33):

Nachbarbildträger (NB)	31,9 MHz
Nachbartonträger (NT)	40,4 MHz

Bei der hier dargestellten Zf-Durchlaßkurve eines Schwarzweißempfängers ergeben sich etwa folgende Dämpfungswerte:

NB	ET	FT	BT	NT	
58	22	20	6	65	dB

Dabei wird bei diesem Gerät der Firma Metz noch ein besonderer Schaltungstrick angewendet. Für Schwarzweißsendungen gilt die stark gezeichnete Kurve 1. Sie entspricht etwa dem Kurvenverlauf von Bild 4.02 und bringt die hohen Bild-Zwischenfrequenzen von 34...35 MHz, also im Videospektrum 4...5 MHz, noch fast mit voller Verstärkung.

Läuft aber eine Farbsendung, dann setzt man besser die Verstärkung in diesem Gebiet herab, um Kreuzmodulationen mit dem Farbträger und damit perlschnurartige Störungen des Bildes durch die Frequenzen um 4,43 MHz zu verhindern. Hier besteht vom Farbträger eine ähnliche Gefahr wie bei „Ton im Bild" durch den Bildträger.

Bei dem Schwarzweißempfänger, dessen Zf-Durchlaßkurve hier dargestellt ist, wird nun automatisch beim Empfang einer Farbsendung auf das Kurvenstück 2 umgeschaltet und der Farbträger um 20 dB abgesenkt. Wie man das macht, wird in Bild 4.21 behandelt werden.

Bild 4.04 Zf-Durchlaßkurve bei Farbempfängern

Aus dem gleichen Grund, nämlich um im Y-Kanal Störmodulationen durch die Farbsignalfrequenzen bei 4,43 MHz zu vermeiden, senkt man in Farbempfängern nach Bild 4.04a generell die Durchlaßkurve beim Farbträger um 6 dB ab, ähnlich wie für den Bildträger auf der Nyquistflanke. Durch diese schräge Flanke bei der Farbträgerfrequenz wird zwangsläufig auch der 5,5-MHz-Tonträger bis zu 25 dB reduziert.

Der Servicetechniker sieht allerdings den Vorgang nach Bild 4.04b spiegelbildlich als Zf-Kurve auf seinem Oszillografenschirm.

Bild- und Farbträger einerseits und Tonträger andererseits werden bei Farbempfängern in zwei getrennten Gleichrichtern demoduliert, damit kein Moiré durch Überlagerung von Ton- und Farbträger entsteht. Bei gemeinsamer Demodulation würde nämlich eine Störfrequenz von

$$34{,}47 - 33{,}4 = 1{,}07 \text{ MHz}$$

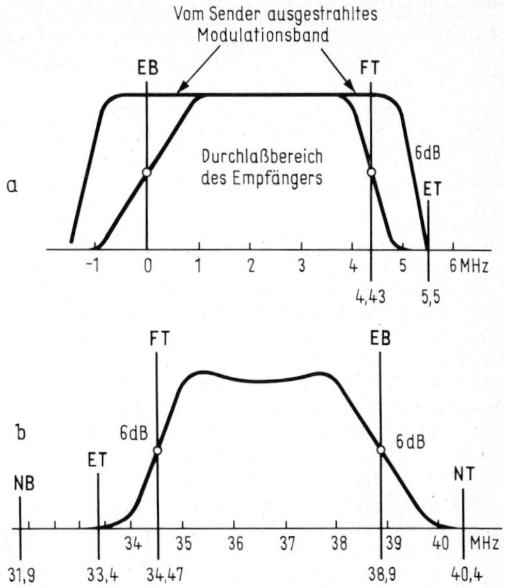

Bild 4.04 Frequenzbänder beim Farbfernsehen; a = Modulationsband des Senders und Durchlaßbereich des Empfängers; b = Spiegelbildliche Zf-Durchlaßkurve des Empfängers

gebildet werden und auf dem Bildschirm als Flimmern in Erscheinung treten. Es ist übrigens interessant, sich durch eine Überschlagsrechnung die Wirkung klar zu machen. Für 1,07 MHz ergibt sich eine Periodendauer

$$T = \frac{1}{f} = \frac{1}{1{,}07 \cdot 10^6} = 0{,}92 \cdot 10^{-6}\ \text{s} = 0{,}92\ \mu\text{s}$$

Da eine Bildzeile 64 μs dauert, treten also 64 : 0,92 $\approx$ 70 Störpunkte pro Zeile auf.

Bild 4.05 Kopplungselemente

Die notwendige Form der Zf-Durchlaßkurve – breiter flacher Scheitel und schräg abfallende Flanken – läßt sich nur mit Hilfe sinnreicher Kombinationen von künstlich bedämpften Schwingkreisen und Bandfiltern erzielen. Mindestens vier Zf-Kreise sind dazu erforderlich. Die verschiedensten Schaltungsanordnungen werden dabei benutzt. Bild 4.05a zeigt einen induktiv gekoppelten Übertrager mit einem Dämpfungswiderstand R_d, um die Bandbreite zu vergrößern. Diese Kopplungsart wird vielfach zwischen zwei Verstärkertransistoren angewendet.

Ein anderes Koppelglied ist das π-Filter nach Bild 4.05b. Hier liegt die Induktivität im Längszweig, und die Schwingkreiskapazität ist in zwei Teilkapazitäten aufgegliedert. Diese Anordnung ist von Vorteil, wenn eine längere abgeschirmte

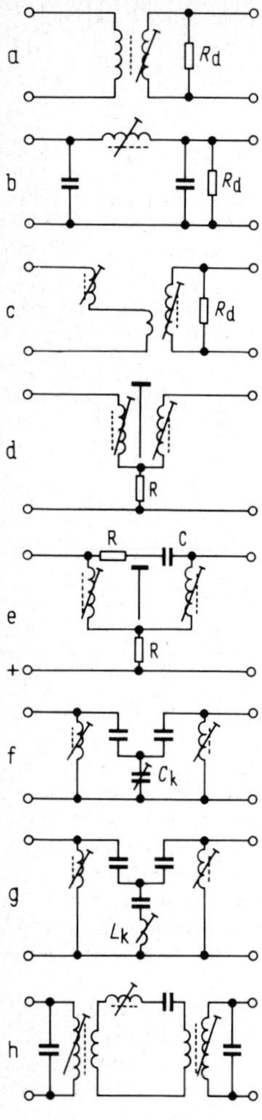

Bild 4.05 Kopplungselemente von Fernseh-Zf-Verstärkern

a = Übertrager mit Dämpfungswiderstand

b = π-Filter

c = Filter mit induktiver Fußpunktkopplung

d = Filter mit Stromkopplung

e = Filter mit Scheitel- und Fußpunktkopplung

f = Kapazitive Fußpunktkopplung

g = Filter mit Stromkopplung über einen dritten Kreis

h = Filter mit Spannungskopplung über einen dritten Kreis

Leitung erforderlich ist, z. B. vom Tuner-Ausgang zum Bild-Zf-Verstärker. Die Eigenkapazität der Abschirmleitung addiert sich dann zur jeweiligen Abstimmkapazität, und es treten keine Verluste durch kapazitive Nebenschlüsse auf.

Ferner werden die aus der Rundfunktechnik bekannten Bandfilter mit zwei abgestimmten Kreisen im Fernseh-Zf-Verstärker angewendet. Dabei sind verschiedene Kopplungsarten möglich. Ein induktiv am Fußpunkt gekoppeltes Filter zeigt Bild 4.05c. Bisweilen verwendet man auch stromgekoppelte Bandfilter nach Bild 4.05d. Die beiden Kreise sind hier über einen gemeinsamen Fußpunktwiderstand R gekoppelt. Er ergibt gleichzeitig die erforderliche Dämpfung, um den breiten Durchlaßbereich zu erzielen. Eine zusätzliche induktive Kopplung wird durch Abschirmung der Spulen verhindert.

Außerdem kann man solche Filter nach Bild 4.05e an den Scheiteln der Schwingkreise über ein RC-Glied koppeln, um einen günstigen Phasenverlauf zu erzielen.

Ein Bandfilter mit einstellbarer Fußpunktkopplung durch einen Trimmerkondensator ist in Bild 4.05f dargestellt. Die gleiche Wirkung ergibt nach Bild 4.05g ein Serienresonanzkreis als Koppelglied. Man erhält dann ein Dreikreisbandfilter.

Ebenso stellt Bild 4.05h ein Dreifachbandfilter dar, bei dem der zweite Kreis als niederohmiges Koppelglied in Serienresonanzschaltung arbeitet.

Bei Bild-Zf-Verstärkern mit integrierten Schaltungen kombiniert man bis zu vier Kreise, weil

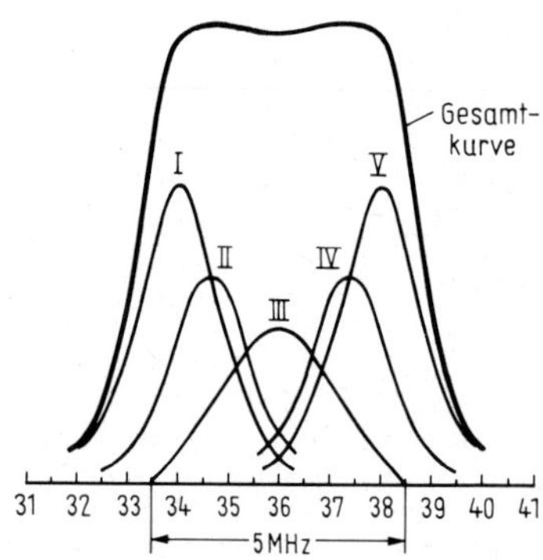

Bild 4.06 Aufbau einer annähernd rechteckigen Gesamtdurchlaßkurve aus fünf versetzt abgestimmten und verschieden bedämpften Einzelkreisen

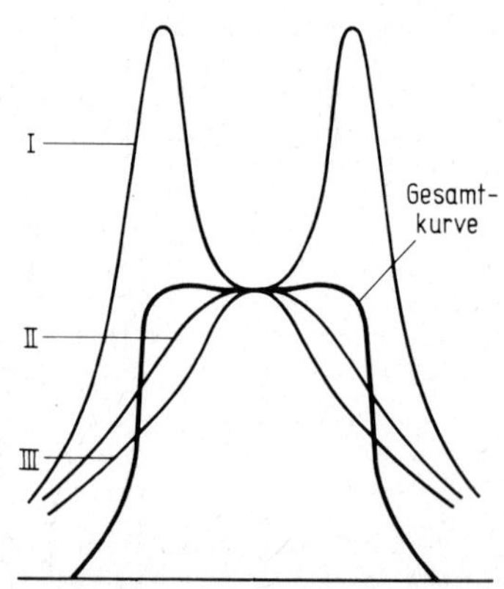

Bild 4.07 Aufbau einer annähernd rechteckigen Gesamtdurchlaßkurve aus drei auf die gleiche Frequenz abgestimmten und verschieden bedämpften Bandfiltern

man hierbei die Selektionsmittel zu „Kompaktfiltern“ vor dem Breitbandverstärker konzentrieren muß. Ferner sei auf die später in Bild 4.25 angedeutete Entwicklung hingewiesen.

Bild 4.06 und 4.07 Filterkurven

Man kann Bild-Zf-Verstärker mit versetzt abgeglichenen Einzelkreisen oder mit Bandfiltern aufbauen, um die gewünschte breite Durchlaßkurve zu erhalten. Bei Verstärkern mit versetzt abgeglichenen Einzelkreisen werden die Kreise mit den zur Bandmitte liegenden Frequenzen stärker bedämpft. Ihre Resonanzkurve verläuft daher niedriger und flacher. Die beiden außenliegenden Kreise I und V mit ihrer geringen Dämpfung ergeben die steilen Flanken der Gesamtkurve. Das Tal, das entstehen würde, wenn nur diese beiden Kreise allein vorhanden sind, wird durch die mittlere flache (stark gedämpfte) Kurve III ausgefüllt, und die Kreise II und IV bügeln die Kuppe vollständig aus. Weiter kann man die Gesamtdurchlaßkurve dadurch verformen, daß man die Kreise verschieden bedämpft. Wird beispielsweise der Kreis V stärker gedämpft, dann ergibt sich an dieser Seite eine schräge Flanke, und man erhält damit die gewünschte Nyquistkurve.

Mit versetzt aufgebauten Einzelkreisen läßt sich die gewünschte Kurvenform recht genau nachbilden. Ein so aufgebauter Zf-Verstärker ist jedoch umständlich abzugleichen, weil allein für den Durchlaßbereich bis zu fünf Abgleichfrequenzen eingestellt werden müssen. Dazu kommen dann noch die Sperrfrequenzen für Nachbarton und Nachbarbild.

Die Gesamtkurve von Bild 4.07 setzt sich aus den Einzelkurven von drei hintereinandergeschalteten Bandfiltern zusammen. Zwei von ihnen sind stark gedämpft und unterkritisch gekoppelt, so daß ihre Kurven nicht eingesattelt sind. Das dritte Bandfilter dagegen erhält eine hohe Güte und wird überkritisch gekoppelt, so daß sich zwei spitze Höcker ergeben. Diese drei Einzelkurven setzen sich dann zu der gewünschten Rechteckkurve mit flachem Scheitel und steilen Flanken zusammen. Zum Abgleichen solcher Filter genügen ein bis zwei Meßsenderfrequenzen, doch sind mitunter noch zusätzliche Arbeitsgänge („Glattziehen des Kurvendaches“) notwendig.

Bild 4.08 Die Frequenzfallen

Um der zunächst symmetrischen Durchlaßkurve eines Zf-Verstärkers den gewünschten Verlauf mit der einseitigen Nyquist-Flanke und den Sperrstellen zu geben, werden Absorptionskreise mit den eigentlichen Abstimmkreisen gekoppelt. Sie sollen bestimmte Frequenzen absorbieren, d. h.

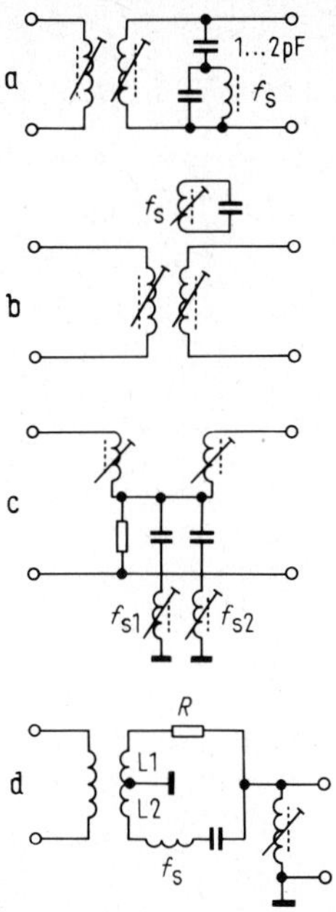

Bild 4.08 Frequenzfallen für eine zu sperrende Frequenz f_s

a = Kapazitiv angekoppelter Absorptionskreis

b = Induktiv angekoppelter Absorptionskreis

c = Saugkreis parallel zum Kopplungswiderstand

d = Brückenfilter

aufsaugen oder aufzehren. Diese Absorptionskreise werden im Englischen *Traps* = Fallen genannt. Für diese Fallen bestehen verschiedenartige Schaltungsmöglichkeiten. – In den Bildern bedeuten f_s die zu sperrenden Frequenzen.

Nach Bild 4.08a kann der als Parallelkreis ausgebildete Absorptionskreis kapazitiv an den Scheitel eines Bandfilters angeschlossen werden. Dabei ist der Kopplungsgrad durch die kleine Kapazität genau definiert.

In Bild 4.08b ist die Falle induktiv mit dem eigentlichen Resonanzkreis gekoppelt. Hierbei entfällt der Aufwand für den Koppelkondensator, aber die Spulenabstände müssen genau festliegen.

Stromgekoppelte Bandfilter geben die Möglichkeit, nach Bild 4.08c ein oder mehrere Saugkreise als Fallen parallel zum Kopplungswiderstand anzuordnen. Sie ergeben ein Filter mit „Nullstellen“, an denen die Resonanzkurve sehr tief abgesenkt ist. Eine solche Anordnung wird mitunter auch als „M-Filter“ bezeichnet. Die steilen Sperr-Resonanzen für Nachbarbild und Nachbarton in Bild 4.03 rühren von einem solchen Filter mit Nullstellen her.

Weiter sind Brückenfilter nach Bild 4.08d üblich. Die Zweige der Brücke bestehen hierbei aus den beiden symmetrischen Spulenhälften *L* 1 und *L* 2, dem Widerstand R und dem Serienresonanzkreis für die auszusperrende Frequenz f_s. Der Widerstand *R* muß dabei den gleichen Wert haben wie der Serienwiderstand *r* des abgeglichenen Saug-

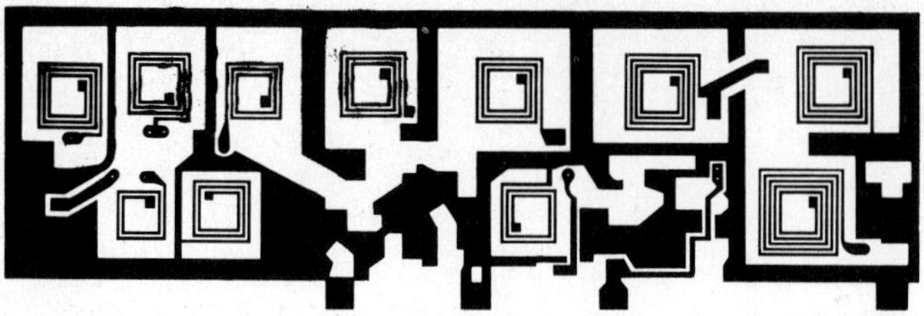

Bild 4.09 Zf-Spulenplatte mit gedruckten Spulen (Telefunken)

kreises. Bei abgeglichener Brücke liegt dann keine Spannung der Frequenz f_S mehr in der Diagonale, also auch nicht zwischen dem Eingang der folgenden Stufe und Erde. Das bedeutet, daß die zu unterdrückende Frequenz f_S ausgesperrt ist.

Bild 4.09 Spulen in Druckschaltungstechnik

Anstelle von gewickelten Spulen werden die für Bild-Zf-Verstärker erforderlichen Induktivitäten auch in Drucktechnik ausgeführt. Das Bild zeigt nach Telefunken-Unterlagen eine solche Leiterplatte mit allen Fallen- und Filterspulen für einen dreistufigen Zf-Verstärker. Die Spulen werden mit Ferritkernen abgeglichen, die senkrecht in den Mittelpunkt der Windungen eingeschraubt sind. Die Fertigungstechnik ist gegenüber dem Wickeln von Einzelspulen erheblich vereinfacht, allerdings lassen sich mit Einzelspulen kleinere Filterabmessungen erzielen.

Abgleichen des Bild-Zf-Verstärkers

Zum Abgleichen oder Nachgleichen von Bild-Zf-Verstärkern ist eine gute Werkstattausrüstung mit Meßsender, Wobbler und Oszillograf unerläßlich. Dazu gehört aber auch unbedingt die Serviceschrift mit der Abgleichanweisung für den betreffenden Gerätetyp. In diesen Anweisungen sind die Abgleichschritte Stufe für Stufe genau „programmiert", und es bedeutet fast eine Erholung, wenn man nach schwieriger Fehlersuche im Zf-Teil die verbogene Durchlaßkurve zum Schluß wieder auf Höchstleistung trimmen kann.

Bild-Zf-Demodulation

Am Ausgang des Zf-Verstärkers ist nun das immer noch trägerfrequente Bild- und Tonsignal zu demodulieren, um das 5 MHz breite BAS- bzw. FBAS-Spektrum sowie den frequenzmodulierten Tonträger von 5,5 MHz zu gewinnen. Diese Demodulation erfolgt beim Schwarzweißempfänger mit Hilfe einer einfachen Kristalldiode. Ihr werden die trägerfrequenten und nun in die Zwischenfrequenz umgesetzten Schwingungen nach Bild 1.31 angeliefert, und durch Gleichrichten an der nichtlinearen Kennlinie entsteht hinter der Diode die Folge der BAS-Zeilensignale (Bild 1.31 oben).

Für die Tondemodulation tritt ein Vorgang ein, der beim Aufbau des Fernsehsystems gründlich überlegt worden ist. Bekanntlich bilden sich beim Mischen zweier Frequenzen die Summen- und die *Differenz*frequenz der beiden ursprünglichen Schwingungen. In der Mischstufe eines jeden Überlagerungsempfängers wird auf diese Weise die Zwischenfrequenz als Differenzfrequenz von Empfangs- und Oszillatorschwingung erzeugt. Eine Demodulatordiode wirkt ebenfalls als additive Mischstufe. Deshalb mischen sich an der Bild-Zf-Diode die Bild-Zwischenfrequenz 38,9 MHz und die Ton-Zwischenfrequenz 33,4 MHz und ergeben die Differenzfrequenz

$$38{,}9 - 33{,}4 = 5{,}5 \text{ MHz.} \qquad \text{(Vgl. Bild 3.32)}$$

Das ist aber das Modulationsspektrum, in dem nach Bild 1.32 und 1.34 rechts das frequenzmodulierte Ton-Nf-Band enthalten ist. Dieses System wird als *Differenzton*-Verfahren bezeichnet. Die Frequenz 5,5 MHz stellt gewissermaßen eine zwischendurch benutzte weitere Trägerfrequenz für die FM-Tonmodulation dar. In der englischen Fachliteratur nennt man sie deshalb *Intercarrier* = Zwischenträger

Bild 4.11 Ton-Zf-Auskopplung hinter dem Bild-Zf-Demodulator

Bei Schwarzweißempfängern koppelt man vielfach die Ton-Zwischenfrequenz gleich hinter dem Demodulator über einen 5,5-MHz-Resonanzkreis aus, um sie dann weiterzuverarbeiten. Das gesamte Signalgemisch geht außerdem zum Videoverstärker und weiter zur Bildröhre. Da im Zf-Verstärker der Tonträger stark abgesenkt wurde (vgl. Bild 4.03), stört der 5,5-MHz-Anteil im

XYZ

Videokanal kaum und kann durch eine Höhenbeschneidung noch weiter unterdrückt werden.

Bild 4.12 Ton-Zf-Auskopplung im Videoteil

Der stark abgesenkte Tonträger muß erneut verstärkt werden, um auf genügende Lautsprecherleistung zu kommen. Deshalb muß der Tonverstärkerkanal (vgl. Bild 3.01) eine recht hohe Gesamtverstärkung besitzen. Um dort eine Stufe einzusparen, koppelt man bisweilen die Ton-Zf erst hinter dem Videoverstärker aus, denn dort wird sie ohnehin verstärkt. Außerdem ist dann der erste Ton-Zf-Kreis elektrisch besser vom Ausgang des Gesamt-Zf-Verstärkers getrennt.

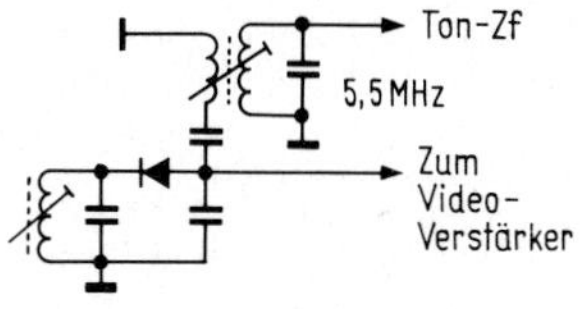

Bild 4.11 Ton-Zf-Auskopplung unmittelbar hinter dem Bild-Zf-Demodulator

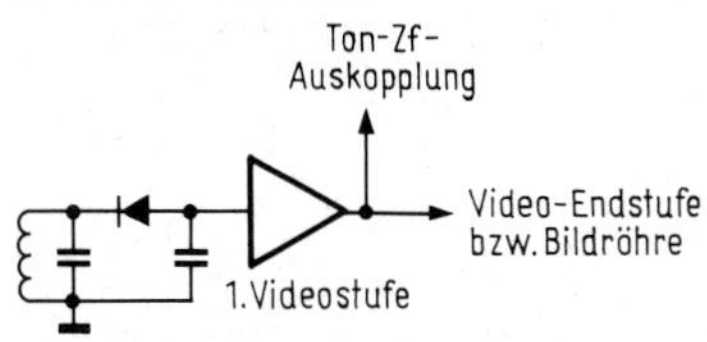

Bild 4.12 Ton-Zf-Auskopplung aus dem Videoteil

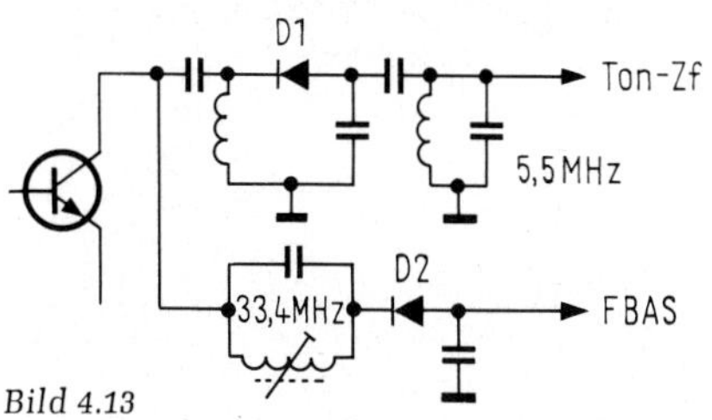

Bild 4.13
Getrennte Demodulatoren beim Farbempfänger

Bild 4.13 Bild-Zf-Demodulator beim Farbfernsehempfänger

Hinter dem Bild-Zf-Demodulator im Farbfernsehempfänger besteht die bereits bei Bild 4.04 erwähnte unerwünschte Möglichkeit, daß aus Tonträger und Farbträger eine Störfrequenz zusammengemischt wird, nämlich

$$5{,}5 - 4{,}43 = 1{,}07 \text{ MHz}.$$

Um dies zu vermeiden, sieht man bei Farbfernsehempfängern zwei getrennte Demodulatoren für die Ton-Zf und für das FBAS-Signal vor. Diode D 1 mischt aus Bildträger und Tonträger das Differenzsignal, es wird durch einen Resonanzkreis ausgesiebt und dem Ton-Zf-Verstärker zugeführt.

In einem zweiten Kanal wird zunächst der Zf-Tonträger durch einen auf 33,4 MHz abgeglichenen Sperrkreis unterdrückt. Eine zweite Diode ergibt dann das reine FBAS-Signal ohne Ton.

Bild 4.14 Multiplikative Bild-Zf-Demodulation

Wie bereits bei Bild 2.17 erwähnt, bewirkt ein Ringmodulator eine sehr saubere multiplikative Mischung. Er eignet sich damit auch gut zum „Herabmischen", also zum Demodulieren. Solche Ringmodulatoren sind im allgemeinen ziemlich aufwendig und wurden deshalb in der sehr scharf kalkulierenden Unterhaltungs-Elektronik kaum angewendet. Bei integrierten Schaltungen spielt es jedoch keine Rolle, ob in ein Silizium-Chip eine oder vier Dioden eindiffundiert werden. Man kann sogar eine Vielzahl von Transistorsystemen im gleichen Arbeitsgang erzeugen.

Davon macht man Gebrauch bei einem speziellen Video-Zf-Baustein Typ TBA 440 von Siemens. Er enthält eine symmetrische multiplikative Brückenmischschaltung mit rund einem Dutzend Transistorsystemen. Damit lassen sich die unerwünschten Mischprodukte so weit unterdrücken, daß Frequenzweichen und die zweite Demodulatordiode eingespart werden können. Dieser Demodulator liefert auch beim Farbempfänger Ton-Zf und FBAS-Signal am gleichen Ausgang.

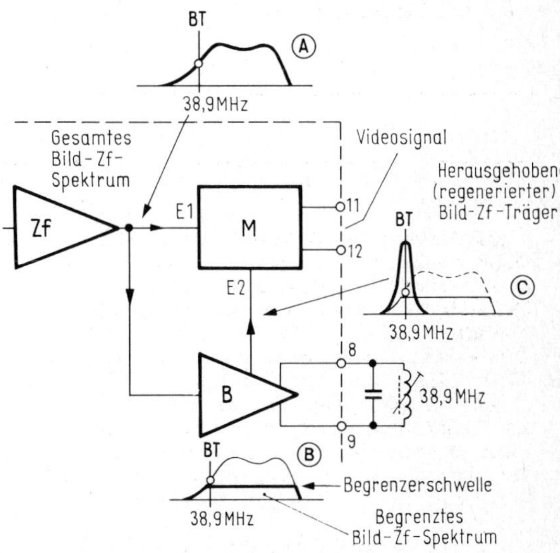

Bild 4.14 Multiplikative Demodulation in der integrierten Schaltung TBA 440 (Siemens)

Bei einem multiplikativen Demodulator oder *Produkt-Detektor*[1]) muß zum Demodulieren die reine Trägerfrequenz zugemischt werden. Beim Bild-Zf-Spektrum ist dies die Zf-Bildträgerfrequenz von 38,9 MHz. Sie bildet dann mit den anderen markanten Frequenzen des Spektrums die Differenzfrequenzen

38,9 – 38,9	= 0,0 MHz	Gleichstromanteil
38,9 – 34,47	= 4,43 MHz	Farbträger
38,9 – 33,4	= 5,5 MHz	Tonträger

und natürlich alle dazwischenliegenden Modulationsfrequenzen.

Man muß also für diese Modulationsart den Bildträger aus dem Spektrum heraussieben und dem zweiten Eingang des Ringmodulators zuführen. Im Baustein TBA 440 geschieht dies nach Bild 4.14 folgendermaßen:

Das gesamte Bild-Zf-Spektrum wird in einem dreistufigen Breitbandverstärker hoch verstärkt und dem Eingang E 1 der Mischstufe M zugeführt. Dieses Frequenzband hat die Kurvenform A, die durch das Filter-Netzwerk gegeben wurde. Der Bildträger BT liegt 6 dB unterhalb des Kurvenscheitels auf der Nyquist-Flanke.

1 Funktechnik ohne Ballast, Kapitel 10.

Dieses Spektrum wird außerdem einem Begrenzerverstärker B zugeführt. Er schneidet den oberen Teil der Durchlaßkurve weg, so daß entsprechend dem Diagramm B sämtliche Frequenzanteile auf gleiches Spannungsniveau zu liegen kommen, auch die vorher abgesenkte Bildträgerfrequenz von 39,8 MHz. Ein so radikal abgekapptes Frequenzspektrum enthält keine Amplitudenmodulation mehr. Es enthält aber noch die frequenzmodulierte Tonträgerfrequenz von 38,9 MHz.

Am Ausgang des Begrenzerverstärkers liegt ein auf 38,9 MHz abgeglichener Schwingkreis. Er hebt jetzt, wie im Diagramm C dargestellt, diese Frequenz aus dem amplitudenbegrenzten Spektrum heraus. Man sagt, der Bildträger wird *regeneriert*. Dieser aus dem übrigen Bild-Zf-Spektrum herausgelöste Bildträger wird dem Ringmischer M zugeführt. Er liefert dann das Videosignal zusammen mit dem 5,5-MHz-Tonsignal an die Klemmen 11 und 12 des TBA 440. Alle diese Umformungen gehen im Innern der integrierten Schaltung vor. Beim Service braucht man nur mit dem Oszillografen Eingangs- und Ausgangssignal abzutasten – aber wissen sollte man trotzdem, wie das funktioniert!

Gesamtschaltungen

Bild 4.21 Bild-Zf-Verstärker für einen Schwarzweißempfänger

Damit bei einem Fernseh-Zf-Verstärker von Anfang an Kreuzmodulationen zwischen Bild- und Tonträger verhindert werden, ordnet man zweckmäßig das gesamte Selektions- und Sperrkreisnetzwerk zum Formen der Resonanzkurve bereits vor der ersten Zf-Verstärkerstufe an. Bei diesem Bild-Zf-Verstärker der Firma Metz gelangt das Zf-Spektrum vom Tuner auf das Eingangsbandfilter L 5 und auf ein Kombinationsfilter mit folgenden Funktionen:

L 1 Eigentonabsenkung bei 33,5 MHz,
L 2 Nachbarbildabsenkung bei 31,9 MHz,
L 3 Nachbartonabsenkung bei 40,4 MHz,
L 4 Farbträgerabsenkung bei 34,47 MHz (nur bei Farbsendungen).

Die Farbträgerfrequenz wird also nur abgesenkt, wenn tatsächlich Farbsendungen laufen, um den Perlschnureffekt durch den Farbhilfsträger zu vermeiden. In Bild 4.03 war der Durchlaßbereich beim Empfang von Schwarzweißsendern und bei Farbsendungen dargestellt. Aber zunächst zur Funktion des Verstärkers selbst.

Nachdem durch das Schwingkreisnetzwerk am Eingang des Bild-Zf-Verstärkers Kreuzmodulationen weitgehend unterbunden werden, gelangt das Zf-Signal an die Basis des Transistors T 1. Er dient auch zur Verstärkungsregelung und erhält dazu eine Regelspannung von 2,5...7 V. Bei 2,5 V Basisspannung hat der Transistor seine volle Verstärkung, bei 7 V wird durch Stromaufwärtsregelung die Verstärkung um etwa 60 dB herabgesetzt. Der Kollektorkreis dieses Transistors hat eine sehr breite Resonanzkurve, damit sich die Gesamtdurchlaßkurve des Bild-Zf-Verstärkers beim Regeln nicht ändert.

Beim vollen Herunterregeln verschiebt sich die Spannung am Emitter dieses Transistors T 1 von 1,9 V auf 6,4 V. Diese Spannungsänderung steuert eine Gleichspannungsverstärkerstufe mit dem Transistor T 5. Diese Stufe dient als Hf-Regelspannungsgenerator und liefert ihrerseits über die Leitung D eine Regelspannung für den Tuner.

Im Kollektorkreis des zweiten Transistors liegt ein Bandfilter, das zusammen mit dem Einzelkreis der dritten Stufe ein gerades Dach der Durchlaßkurve ergibt. Auf die dritte Stufe folgt dann der Videodetektor mit der Diode OA 90.

Nun zu der Umschaltung bei Farbsendungen. Hierzu müssen einige Begriffe vorweggenommen werden, die erst in späteren Kapiteln behandelt sind, doch läßt sich dies bei den eng verzahnten Funktionen eines Fernsehempfängers nicht immer

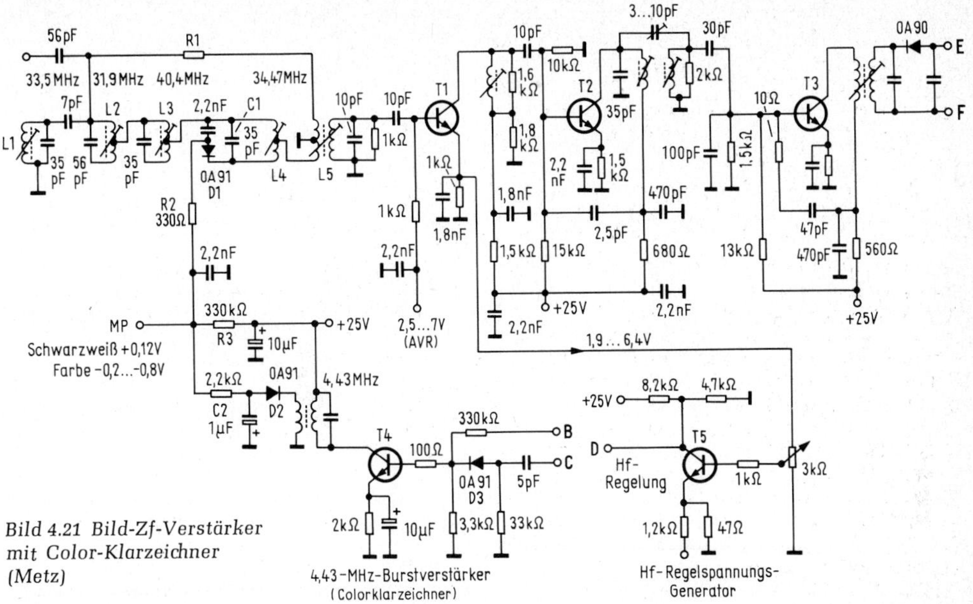

Bild 4.21 Bild-Zf-Verstärker mit Color-Klarzeichner (Metz)

umgehen. Man kann übrigens die nachfolgende Funktionsbeschreibung auch zunächst auslassen und sich nur allgemein merken, daß der nur bei Farbsendungen vorhandene Burst über den Transistor T 4 die Diode D 1 sperrt. Dadurch wird die 34,47-MHz-Farbträgerfalle wirksam und sattelt die Durchlaßkurve an dieser Stelle ein.

Im einzelnen laufen dabei folgende Vorgänge ab: Der im Bild dargestellte Burstverstärker (Colorklarzeichner) ist auf die Farbträgerhilfsfrequenz 4,43 MHz abgestimmt. Die Leitung C führt zur Videoendstufe, wo das gesamte 5 MHz breite Videofrequenzband einschließlich der eventuellen Burstfrequenz von 4,43 MHz vorhanden ist. Der Transistor T 4 im Burstverstärker arbeitet jedoch nur während des Zeilenrücklaufes. Während dieser kurzen Zeitabschnitte wird seiner Basis über die Leitung B ein positiver Impuls aus dem Zeilenablenkteil zugeführt. Nur während der Dauer eines solchen Impulses kann Kollektorstrom fließen. Der Burstverstärker stellt damit eine UND-Schaltung dar. Ein Signal erscheint nur dann am Kollektor von T 4, wenn Steuersignale an den Eingängen B und C gleichzeitig eintreffen.

Bei Schwarzweißsendungen ist während der Zeit des Zeilenrücklaufes auf der Schwarzschulter des Synchronisierzeichens kein 4,43-MHz-Burstsignal vorhanden. Also entsteht auch keine Spannung am Kollektorschwingkreis, und die Diode D 2 kann den Ladekondensator C 2 nicht aufladen.

Nun fließt außerdem in dieser Schaltung ständig vom Spannungspunkt + 25 V ein Strom von 60 µA über die Widerstände R 3, R 2, Diode D 1 und die Wicklungen L 4 – L 5 nach Masse. Am Meßpunkt MP steht eine Spannung von + 0,12 V. Sie bewirkt, daß die Diode leitet und somit einen niederohmigen Widerstand darstellt. Er dämpft den Schwingkreis bzw. die Falle für 34,47 MHz so stark, daß sie unwirksam ist. Bei Farbsendungen tritt jedoch zusätzlich das Burstsignal von 4,43 MHz während des Zeilenrücklaufes auf. Es gelangt an die Klemme C des Burstverstärkers, die UND-Schaltung wird wirksam, und am Kollektorkreis des Transistors T 4 erscheint das verstärkte Signal. Die Diode D 2 richtet es gleich und ladet den Elektrolytkondensator C 2 in der gezeichneten Polarität auf. Diese Spannung ist so groß, daß sie die vorher positive Spannung am Meßpunkt MP überwindet und nun dort eine Gleichspannung von – 0,2...0,8 V erzeugt. Infolge der Größe des Ladekondensators steht diese Spannung längere Zeit an und nicht nur während des Zeilenrücklaufes. Diese negative Spannung sperrt jetzt die Diode D 1. Damit entfällt die Dämpfung der Farbträgerfalle, sie wird nun wirksam, und die Durchlaßkurve in Bild 4.03 sattelt sich bei der Zf-Farbträgerfrequenz 34,47 MHz ein. Hierdurch wird sowohl das Feinstruktur-Moiré des Farbträgers als auch das 1,07-MHz-Differenz-Moiré zwischen Ton- und Farbträger vermieden.

Abgesehen von dieser Spezialschaltung der Firma Metz stellt Bild 4.21 die Standardausführung eines Schwarzweiß-Bild-Zf-Verstärkers dar.

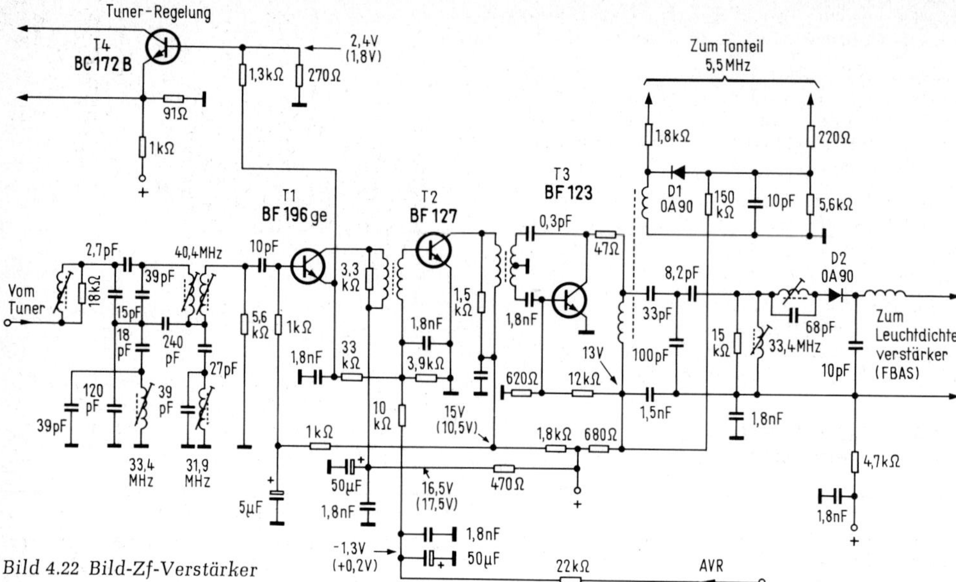

Bild 4.22 Bild-Zf-Verstärker mit zwei Kompaktfiltern (Graetz)

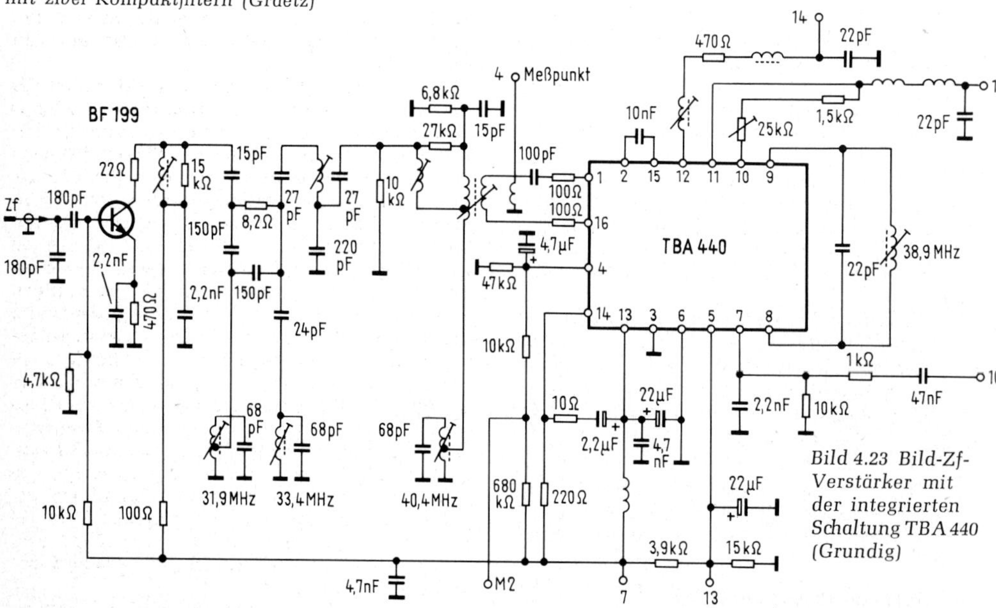

Bild 4.23 Bild-Zf-Verstärker mit der integrierten Schaltung TBA 440 (Grundig)

Bild 4.22 Bild-Zf-Verstärker für einen Farbfernsehempfänger

Bei diesem Zf-Verstärker der Firma Graetz sind die Selektionsmittel zu zwei Filtern am Eingang und Ausgang des Verstärkers zusammengefaßt. Auch dies ermöglicht den eigentlichen Verstärker so breitbandig auszulegen, daß Toleranzen der Transistoren ohne nennenswerte Auswirkung bleiben. Das Dreikreisfilter am Eingang stellt die Zusammenfassung der Eckkreise und des Mittelkreises dar. Der Primärkreis befindet sich im Tuner. Die Resonanzen wurden so verteilt, daß der Kreis 1 in Bandmitte liegt, während Kreis 2 die Nyquist-Flanke und Kreis 3 die untere Flanke bestimmen. Das Filter enthält außerdem drei Fallen zum Absenken der Nachbarträger bzw. zum Formen einer Tontreppe.

Die Einzelkreise zwischen den Transistoren dienen lediglich zur Anpassung. Sie sind sehr breitbandig und werden beim Regeln zusätzlich bedämpft, so daß sie wenig Einfluß auf die Durchlaßkurve haben.

Für die 5,5-MHz-Tonzwischenfrequenz und für das BASF-Signal sind getrennte Demodulatoren mit entsprechenden Weichen ähnlich Bild 4.13 vorgesehen.

Wie in Bild 4.21 wird auch hier am Emitter des geregelten Transistors T 1 eine gleitende Spannung abgenommen, im Transistor T 4 verstärkt und dem Tuner als Regelspannung zugeführt.

Bild 4.23 Bild-Zf-Verstärker mit integrierter Schaltung

Diese von Siemens und Grundig entwickelte Schaltung faßt den gesamten Zf-Verstärker in einem sogenannten *Steckmodul* zusammen. Dieser Baustein läßt sich leicht prüfen und bei Defekten einfach austauschen.

Die Gesamtverstärkung und die Demodulation sind in der integrierten Schaltung TBA 440 zusammengefaßt. Davor liegen die gesamten Selektionsmittel in Form eines Vierkreis-Kompaktfilters und mit den Fallen für Nachbarton, Nachbarbild sowie zum Absenken des eigenen Tonträgers.

Vor diesem Filter befindet sich ein Einzeltransistor. Er entkoppelt das Filter gegen die Tuner-Zuleitung, so daß diese abgeschirmte Leitung nicht in die Filterabstimmung eingeht und der Verstärkerbaustein beliebig ausgetauscht werden kann.

Am Ausgang des Verstärkers TBA 440 liegt ein auf 38,9 MHz abgeglichener Einzelkreis zum Regenerieren des Bildträgers für die Mischstufe, vgl. Bild 4.14. Das Videosignal steht in zwei Polaritäten für die verschiedenen weiteren Aufgaben zur Verfügung. Infolge des günstigen Verhaltens des multiplikativen Videodemodulators kann die Ton-Zwischenfrequenz ebenfalls am Punkt 15 abgenommen und anschließend ausgefiltert werden. Ein getrennter Ton-Zf-Demodulator ist nicht erforderlich.

Bild 4.24 Mechanischer Aufbau

Die Filter und Fallen eines Bild-Zf-Verstärkers müssen gegeneinander und gegen die übrige Schaltung gut abgeschirmt werden. Bei dem dargestellten Bild-Zf-Verstärkerbaustein sind insgesamt neun Abschirmbecher zu erkennen. Der Verstärker arbeitet mit einer integrierten Schaltung Typ TDA 440 der Firma SGS-Ates. Er hat die gleiche Funktion wie der bereits mehrfach erwähnte Typ TBA 440. Er dient als geregelter Zf-Verstärker und als Synchron-Demodulator und liefert außerdem eine verzögerte Regelspannung für den Tuner.

Bild 4.24 Bild-Zf-Verstärkerbaustein mit der integrierten Schaltung TDA 440 (SGS-Ates)

Bild 4.25 bis 4.27 Keramik-Zf-Filter

In Rundfunkempfängern werden seit geraumer Zeit Quarzfilter im Zf-Verstärker verwendet, um das Abgleichen von LC-Schwingkreisen zu vermeiden und eine bessere Frequenzstabilität und höhere Lebensdauer bei kleineren Abmessungen zu erreichen.

Für Fernsehempfänger bahnt sich eine ähnliche Entwicklung an. Auf der electronica '76, der Fachmesse für Bauelemente, die im November 1976 in München stattfand, zeigten die Firmen Siemens und Intermetall erste Muster von Oberflächenwellen-Filtern. Für die bedeutend breiteren Frequenzbänder im Zf-Verstärker von Fernsehempfängern können die üblichen schmalbandigen Quarzfilter nicht verwendet werden. Die neuartigen Filterbausteine arbeiten mit kammartigen Elektrodenstrukturen auf besonders porenfreiem piezokeramischen Material. Die Eingangselektrode wandelt die zugeführten elektrischen Signale in mechanische Schwingungen um. Sie laufen über die Oberfläche des Keramiksubstrats zu der ebenfalls kammartig ausgebildeten Ausgangselektrode und werden dort in elektrische Schwingungen zurückverwandelt. Im Prinzip findet also eine zweimalige Umsetzung statt, ähnlich wie bei den später im Kapitel 11 besprochenen Verzögerungsleitungen, jedoch wird das Signalband nicht zeitlich verzögert, sondern die Frequenzdurchlaßkurve wird beeinflußt.

Der Abstand der Kammzinken der Elektrode bestimmt die Mittenfrequenz der Filter. Anzahl, Länge und Anordnung der Zinken ergeben die Form der Durchlaßkurve. Die neuen Bauelemente sollen sich mit minimalen Schaltungsänderungen in die bisher üblichen Zf-Verstärker einfügen lassen. Die vielen LC-Schwingkreisanordnungen nach Bild 4.05 und 4.06 werden dann erspart. Die Filtereigenschaften bleiben während der gesamten

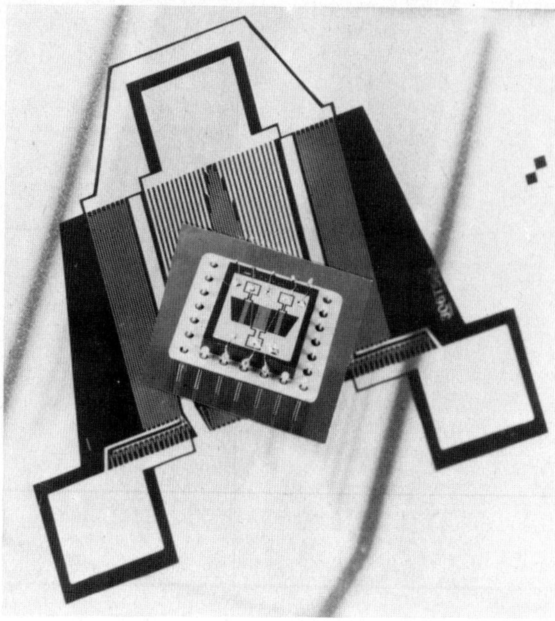

Bild 4.25 Oberflächenwellen-Filter mit kammartigen Elektroden für Zf-Stufen von Fernsehempfängern

Lebensdauer des Fernsehempfängers konstant. Die Abgleicharbeiten verringern sich ganz erheblich.

Die kammartigen Elektrodenstrukturen in Bild 4.25 werden durch Ätzen von aufgedampften feinen Metallschichten erzeugt, ähnlich wie bei der Herstellung von integrierten Schaltungen. Auch hier vollzieht sich also ein bedeutsamer Schritt von der herkömmlichen Schaltungstechnik zur Mikroelektronik.

Bild 4.26 zeigt die Durchlaßkurve eines 36-MHz-Oberflächenwellen-Filters Typ OFW 361 von Siemens. Die Kurve sinkt bei 32 MHz und bei 40 MHz um je –50 dB ab. Das bedeutet für den Durchlaßbereich eine „Resonanzüberhöhung" von rund 1 : 300. Damit läßt sich eine hervorragende Zf-Selektion erzielen. Die kleinen Nebenzacken außerhalb des eigentlichen Durchlaßbereiches haben immer noch eine Dämpfung von –40 dB und machen keine Schwierigkeiten.

Bild 4.27 läßt erkennen, wie ein solches Oberflächenwellen-Filter in einen Fernseh-Zf-Verstärker einzuschalten ist. Ein einziger abstimmbarer Kreis verbessert die Anpassung an den Tuner. Er trägt außerdem zur Unterdrückung der Nebenzacken von Bild 4.26 bei.

Literatur über Oberflächenwellen-Filter

(Im Technikerjargon führt es sich ein, das Wort Oberflächen-Wellen-Filter abzukürzen und nur „OWF" zu sagen.)

Langer: Oberflächenwellen-Filter für die Unterhaltungselektronik. Funkschau 1974, H. 24, Seite 929.

Langer: Oberflächenwellen-Filter für mehr Integration. Radio Mentor Electronic 1976, H. 12, S. 491.

Parker, Pratt, Smith und *Stevens:* Filter auf der Basis von akustischen Oberflächenwellen. Funk-Technik 1976, H. 23, S. 776; H. 24, S. 811, und 1977, H. 1, S. 4.

Bronx, Claes und *Deleers:* Oberflächenwellenfilter für Zf-Stufen in Fernsehern. Radio Mentor Electronic 1978, H. 5, S. 189, und H. 6, S. 223.

Literatur über Bild-Zf-Verstärker

Schatter und *Rehak:* Steckbarer Bild-Zf-Verstärker mit multiplikativem Videomodulator. Funkschau 1972, H. 4, S. 105.

Schatter: Monolithische Demodulatoren und Mischer. Funk-Technik 1972, H. 8, S. 273.

Freymann: 36-cm-Farbportable – Die Zf-Baugruppe. Funkschau 1976, H. 5, S. 186.

Kriedt: Integrierter Video-Zf-Baustein mit passender AFC-Schaltung. Funkschau 1973, H. 14, S. 525.

Haas: Bild-Zf-Verstärkerbaustein als Austauschteil. Funkschau 1973, H. 22, S. 849.

Weltersbach und *Rabeler:* ZF-Verstärker-Baustein für Farbfernsehempfänger. Valvo-Berichte, Band XIX (1974), H. 3, S. 67.

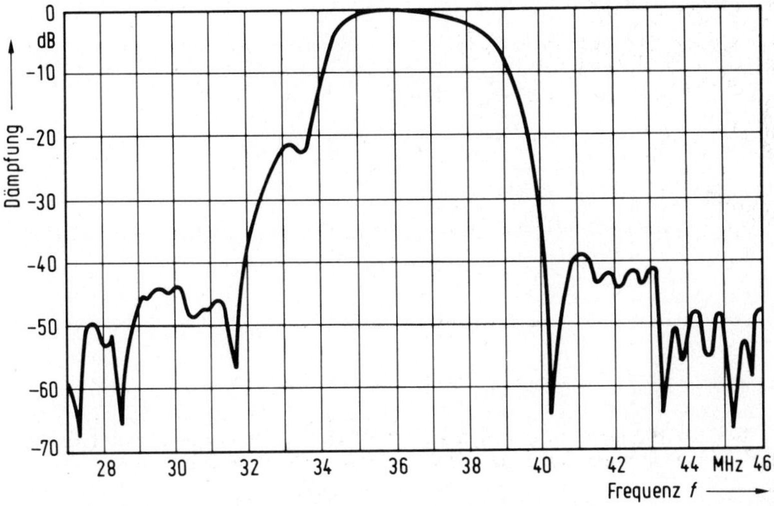

Bild 4.26 Durchlaßkurve eines Oberflächenwellen-Filters Typ OWF 361 von Siemens

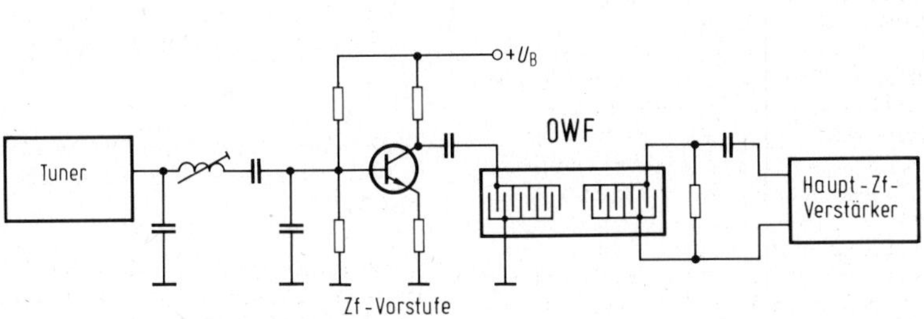

Bild 4.27 Oberflächenwellen-Filter (OWF) in einer Zf-Verstärkerschaltung

5 Tonteil

Es ist noch ein ziemlich weiter Weg bis zum vollständigen Fernsehbild, aber wir wollen jetzt wenigstens den Ton aus dem Lautsprecher hören.

Bild 5.01 Differenzträger-Verfahren

Die Schaltungstechnik des Tonteils im Fernsehgerät ist gut bekannt vom UKW-Rundfunkempfänger her. An die Stelle der dort üblichen Zwischenfrequenz von 10,7 MHz tritt hier lediglich die Frequenz 5,5 MHz. Aufbau also: selektiver Zf-Verstärker – FM-Demodulator – Nf-Verstärker – Endstufe – Lautsprecher.

Aber zuvor nochmals einige Erläuterungen zu dieser Art der Tonmodulation. Vom Sender werden Bild- und Tonsignal gemeinsam ausgestrahlt, und in den bisher besprochenen Empfängerstufen wurden sie gemeinsam verarbeitet. Nun müssen Bild- und Tonfrequenzen getrennt werden. Bei den Geräten für die europäische 625-Zeilen-Fernsehnorm bedient man sich dazu eines besonderen Verfahrens. Es wird in Amerika, wo es gleichfalls für die dortige Fernsehnorm üblich ist, *Intercarrier-Verfahren* genannt, d. h. wörtlich übersetzt: Zwischenträger-Verfahren. Man bezeichnet es bei uns auch als Differenzträger- oder Differenzfrequenz-Verfahren und benutzt als Abkürzung den Ausdruck *Df* = Differenzfrequenz. Das Verfahren arbeitet nach folgendem Prinzip:

Man nehme zur Vereinfachung zunächst an, es sei eine Sendepause und Bild und Ton seien unmoduliert; dann laufen bei richtiger Abstimmung die beiden Trägerfrequenzen für Ton = 33,4 MHz und für Bild = 38,9 MHz durch den Zf-Verstärker. Im Video-Gleichrichter werden die beiden Frequenzen gemischt. Aus den beiden Trägern für Bild und Ton bildet sich die Differenzfrequenz

Df = 38,9 – 33,4 = 5,5 MHz.

Siebt man also die Frequenz 5,5 MHz heraus und demoduliert sie, dann ergibt sich die eigentliche Ton-Niederfrequenz, die verstärkt dem Lautsprecher zugeführt werden kann. Den Differenzträger oder die zweite Zwischenfrequenz von 5,5 MHz kann man, wie bereits bei Bild 4.12 erwähnt, unmittelbar hinter dem Bildgleichrichter bei A mit Hilfe eines auf 5,5 MHz abgestimmten Kreises heraussieben. Man kann sie aber auch hinter der ersten oder zweiten Stufe des Video-Verstärkers bei B oder C heraussieben und braucht dann weniger Verstärkung im eigentlichen Tonteil. Bedingung für dieses Verfahren der Tonfrequenzgewinnung ist jedoch, daß die Tonamplitude geringer ist als die Bildamplitude. Dies ist bereits in den Fernsehnormen berücksichtigt. Der Tonsender soll stets mit nur einem Viertel der Leistung des Bildsenders arbeiten. Außerdem schwächt man, wie bereits besprochen, im Zf-Teil des Empfängers die Ton-Zf durch Sperrkreise, so daß mit Sicherheit ihre Amplitude nur $^1/_{10}$ bis $^1/_{20}$ der Bildamplitude ist.

Weiter ist Bedingung zur Bildung des Differenzträgers, daß stets beide Frequenzen vorhanden sein müssen. Bleibt die Bildfrequenz weg, dann reißt der Ton auch ab. Daher ist in der Fernsehnorm (Bild 1.06) vorgesehen, daß beim Weißpegel noch 10 % der Maximalamplitude des Bildträgers vorhanden sein müssen.

Das Verfahren ist auch nur deswegen möglich, weil bei dieser Fernsehnorm der Tonkanal frequenzmoduliert und der Bildkanal amplitudenmoduliert ist. Hinter dem Bilddemodulator ist natürlich das gesamte amplitudenmodulierte Bildsignal mit den steilen Impulsen der Synchronisierzeichen vorhanden. Sind die Amplituden genügend groß, dann lassen sie sich ähnlich wie bei UKW-FM-Empfängern durch Begrenzerstufen

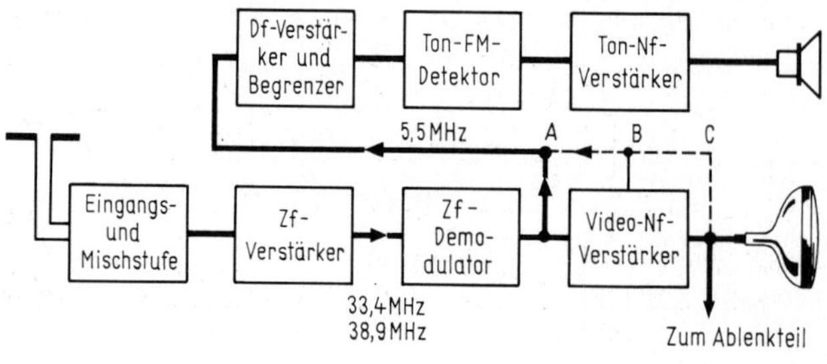

Bild 5.01 Prinzip des Differenzträgerverfahrens; A = Auskoppeln des Differenzträgers hinter dem Bildgleichrichter, B = Auskoppeln des Differenzträgers hinter dem Videoverstärker

vor dem FM-Detektor einwandfrei abschneiden, und man erhält hinter dem FM-Detektor nur die reine Tonfrequenz.

Die Vorteile des Differenzfrequenz-Verfahrens sind:

1. Der Schaltungsaufwand wird geringer, als wenn man Bild und Ton gleich hinter der Hf-Mischstufe voneinander trennen und einen besonderen Ton-Zf-Verstärker vorsehen würde.

2. Die Differenzfrequenz wird durch Mischung des Bild- und Tonträgers erzeugt und nicht durch den Empfängeroszillator. Damit wirken sich Frequenzwanderungen dieses Oszillators überhaupt nicht auf den Tonkanal aus. An die Frequenzstabilität des Oszillators im Fernsehempfänger werden nämlich bedeutend höhere Anforderungen gestellt als beim UKW-Empfänger. Würde man z. B. eine Frequenzwanderung von ± 50 kHz (gleich der Kanalbreite des Tonkanals) zulassen, dann darf eine Oszillatorfrequenz von rund 200 MHz nur um

$$\frac{50}{200\,000} \cdot 100 = 0{,}025\ \%$$

d. h. $^1/_4$ ‰ schwanken. Dies ist eine sehr scharfe Forderung, die beinahe an Quarzgenauigkeit heranreicht. Wandert der Oszillator, so ist man gezwungen, oft die Abstimmung nachzustellen.

Da aber Bild- und Tonträger im Sender normgemäß um höchstens ± 3 kHz gegeneinander schwanken dürfen, ist also auch die Differenzfrequenz von 5,5 MHz auf ± 3 kHz konstant, unabhängig von den Empfängereigenschaften. Auf die Bild-Zwischenfrequenz dagegen wirken sich Frequenzwanderungen des Oszillators weniger störend aus, da hier die Bandbreite nicht ± 50 kHz, sondern 5 MHz beträgt. Man braucht also solche Empfänger nur auf ein gutes Bild abzustimmen, dann ist der Ton automatisch einwandfrei, auch bei geringfügigen Sollwertabweichungen der Oszillatorfrequenz im Tuner.

Bild 5.02 Paralleltonverfahren

Das Differenzträger-Verfahren hat den Vorteil, daß die Tonqualität fast unabhängig von der Empfängerabstimmung ist. Man spart hierbei auch Verstärkerstufen, da der gesamte Zf-Teil und bisweilen auch der Videoverstärker mit zur Tonverstärkung beitragen. Zur Zeit der Röhrentechnik, als man mit jedem Röhrensystem geizen mußte, war das ein gewichtiges Argument. Im Zeitalter der integrierten Schaltungen ist die Mitverwendung des Videoverstärkers allerdings nicht mehr ausschlaggebend.

Um das Bild abzurunden, sei aber doch noch die andere Möglichkeit, das Paralleltonverfahren, erwähnt. Hierbei wird unmittelbar hinter dem Tuner oder aus der ersten Stufe des Bild-Zf-Verstärkers die Tonträger-Zwischenfrequenz, also z. B. 33,4 MHz, mit einem Resonanzkreis ausgekoppelt und in einem getrennten Ton-Zf-Verstärker verstärkt. Dieser Tonkanal liegt also *parallel* zum Bildkanal. Dieses Paralleltonverfahren ist bei den Mehrnormenempfängern notwendig, mit denen auch die französischen und belgischen Fernsehsender empfangen werden. Diese Stationen arbeiten mit einer anderen Norm, bei welcher auch der Tonträger amplitudenmoduliert ist. Das Differenzträger-Verfahren läßt sich hierbei nicht anwenden, denn beim Mischen von zwei Trägern mit Amplitudenmodulation würde sich ein wüstes Tongemisch ergeben.

Das Paralleltonverfahren wird auch aus einem anderen Grund propagiert. Beim Differenztonverfahren ergeben die Tonträgerfallen einen unstetigen Verlauf der Zf-Durchlaßkurve, vgl. Bild 4.02 und 4.03. Dies kann bei der FM-Demodulation den Klirrfaktor vergrößern. Wird beim Paralleltonverfahren die Ton-Zf gleich aus dem Mischer ausgekoppelt, dann braucht man keine Fallen, kann die Ton-Zf-Durchlaßkurve optimal auslegen und eine Tonqualität entsprechend der HiFi-Norm erzielen.

Auch für einen anderen Plan verspricht das Paralleltonverfahren Vorteile. Vielleicht wird man künftig ein Zweikanal-Tonverfahren einführen, um auch den Fernsehton stereofon auszustrahlen, oder um Programme gleichzeitig in zwei verschiedenen Sprachen zu senden. Der zweite Tonträger soll dann 250 kHz über dem ersten liegen. Auch dann würde beim Paralleltonverfahren die Qualität besser sein als beim Differenzverfahren.

Bild 5.03 Ton-Zf-Verstärker mit integrierter Schaltung

Die gute alte FM-Technik des Fernseh-Tonteiles war das Übungsgelände der Halbleiterherstel-

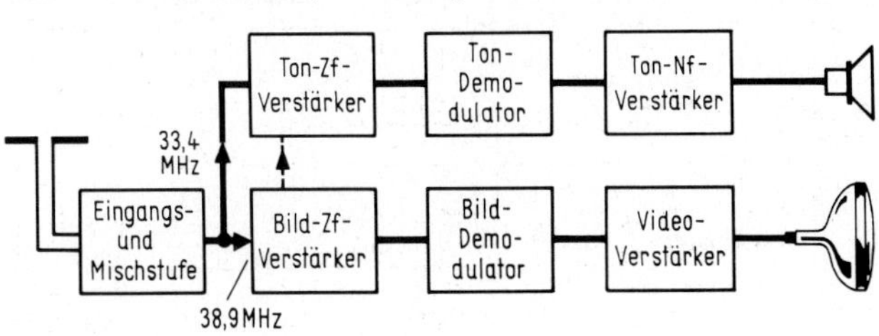

Bild 5.02 Beim Paralleltonverfahren wird die Ton-Zwischenfrequenz von 33,4 MHz gesondert verstärkt

ler. Hierfür tauchten auch die ersten integrierten Schaltungen auf. Meistens handelte es sich um einen Breitbandverstärker für die 5,5-MHz-Differenzfrequenz mit integriertem FM-Demodulator. Dabei verließ man die bis dahin übliche Ratiodetektorschaltung mit ihren diffizilen Abgleichverfahren und ging auf Koinzidenzdemodulatoren und Zähldiskriminatoren über, bei denen nur ein einziger Phasenschieberkreis auf Optimum abzugleichen ist. Hierzu sei auf das Buch Funktechnik ohne Ballast verwiesen. Von der 12. Auflage ab sind darin die Arbeitsweisen dieser Demodulatoren ausführlich beschrieben.

Die integrierte Schaltung TBA 120 hat große Verbreitung für die FM-Zf-Verstärkerstufen in Rundfunkempfängern (Zf = 10,7 MHz) und für den Ton-Zf-Teil von Fernsehempfängern (Zf = 5,5 MHz) gefunden. Der Baustein enthält einen sechsstufigen Breitbandverstärker und einen Koinzidenzdemodulator. Dem Eingang der integrierten Schaltung wird über ein Bandfilter die 5,5-MHz-Tonzwischenfrequenz vom Bild-Zf-Verstärker her zugeführt. Der Phasenschieberkreis des Demodulators mit der Induktivität L 3 ist ebenfalls auf 5,5 MHz abzugleichen. Am Anschluß 8 steht das Nf-Signal zur Verfügung und wird dem Lautstärkeeinsteller zugeführt. Die Kondensatoren C 1 und C 2 dienen zur Höhenabsenkung (Deemphasis), wie sie bei Frequenzmodulation erforderlich ist.

Man erhält somit eine sehr einfache und übersichtliche Gesamtschaltung.

Bild 5.04 Nf-Verstärker mit integrierter Schaltung

Die integrierte Schaltung TBA 800 enthält die Nf-Vorstufen sowie einen 5-W-Gegentaktleistungsverstärker. Eine spezielle Innenschaltung ergibt eine gute symmetrische Aussteuerung bei geringem Klirrfaktor. Eine Gegenkopplung vom Lautsprecheranschluß (Punkt 12) über RC-Glieder zum Punkt 6 bewirkt eine stabile Verstärkungseinstellung und bestimmt den Nf-Frequenzgang. Zusätzlich ist ein von Hand bedienbarer Höheneinsteller H vorgesehen. Die integrierte Schal-

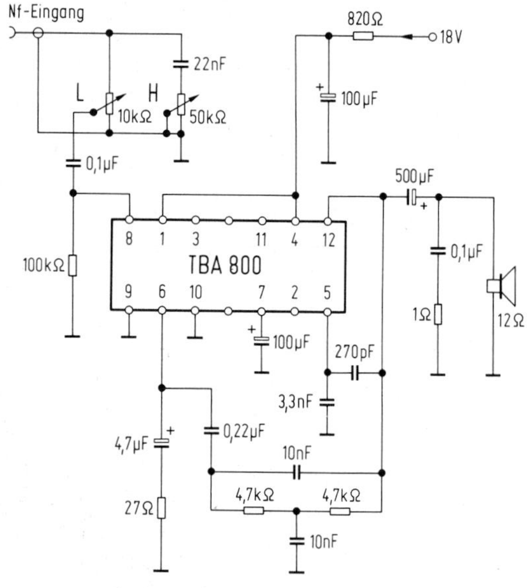

Bild 5.04 Nf-Verstärker mit TBA 800 (AEG-Telefunken)

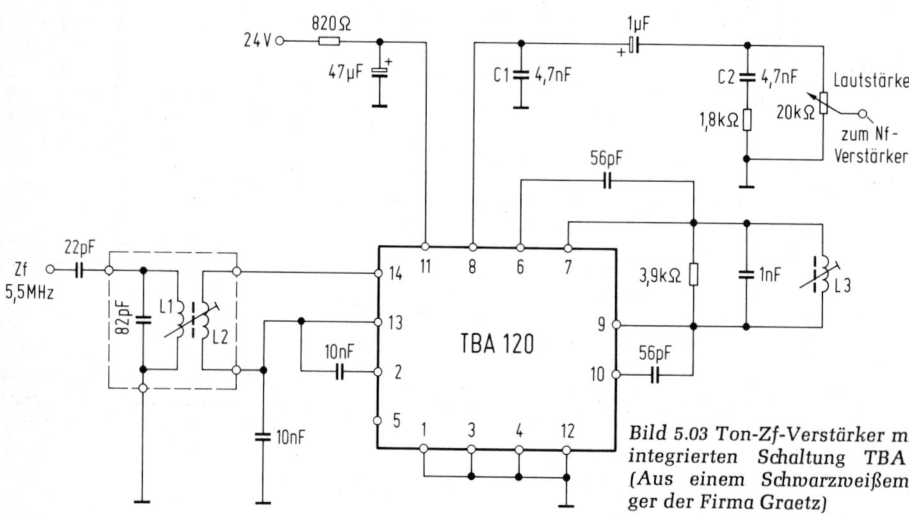

Bild 5.03 Ton-Zf-Verstärker mit der integrierten Schaltung TBA 120. (Aus einem Schwarzweißempfänger der Firma Graetz)

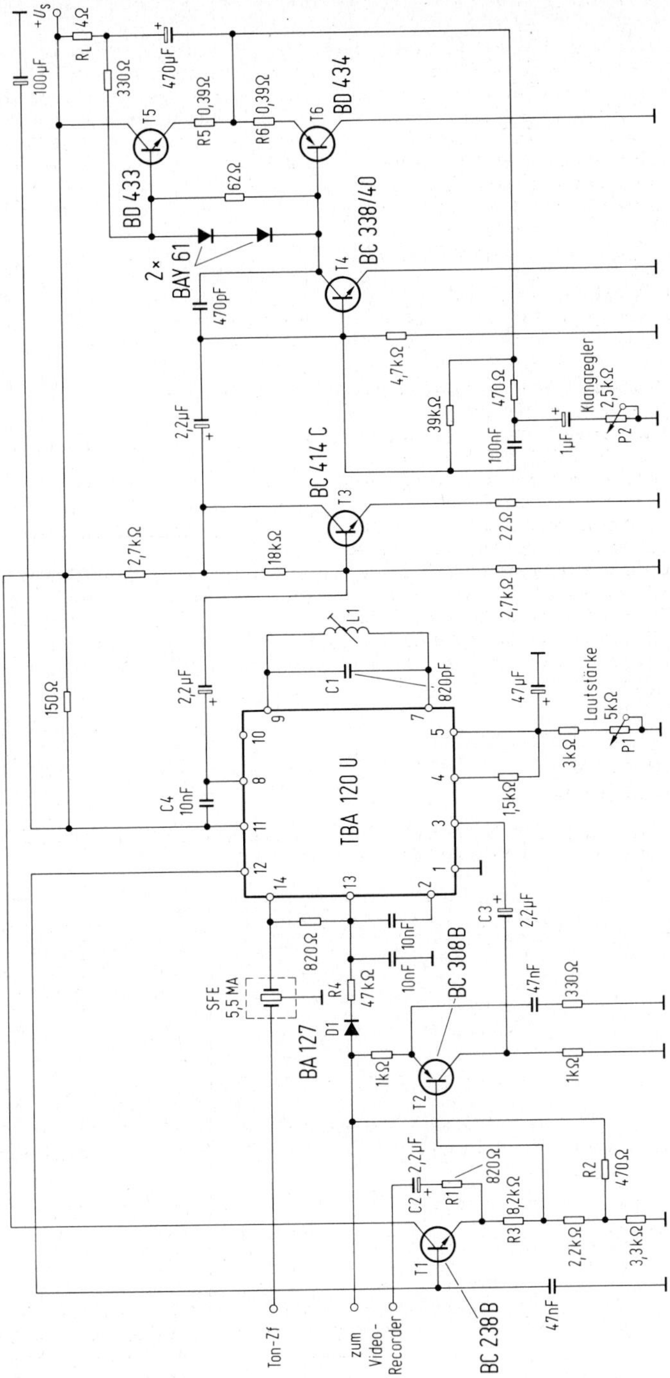

Bild 5.05 Tonteil mit integrierter Zf-Schaltung und Hochleistungsendstufe (Siemens-Schaltbeispiele)

tung besitzt zwei Kühlfahnen, um die Verlustwärme der Endstufe abzuleiten.

Auch dieser Schaltungsaufbau ist recht einfach und übersichtlich.

Bild 5.05 Ton-Zf- und Nf-Verstärker

Die Schaltung arbeitet mit einer Weiterentwicklung des in Bild 5.03 behandelten Bausteins. Die neue Typenbezeichnung lautet TBA 120 U. Diese integrierte Schaltung besitzt zusätzliche Nf-Anschlüsse, mit denen sich ein Video-Cassetten-Recorder (VCR) betreiben läßt. Diese Möglichkeit bleibe jedoch hier außer Betracht.

Gegenüber Bild 5.03 dient hier zur Eingangsselektion kein Bandfilter, sondern ein piezokeramisches Filter SFE 5,5 MA für die Tonzwischenfrequenz von 5,5 MHz. Der Demodulator wird mit der Spule L 1 abgeglichen. Die in Bild 5.03 an dieser Stelle noch vorhandenen Koppelkondensatoren von je 56 pF sind bei der Ausführung TBA 120 U bereits im Baustein selbst integriert.

Das Nf-Signal steht am Punkt 8 zur Verfügung. Die Lautstärkeeinstellung erfolgt in diesem Fall signalfrei durch das zum Anschluß 5 führende Potentiometer. Damit wird der Emitterstrom einer der inneren Verstärkerstufen geändert. Das Potentiometer selbst führt nur Gleichstrom. Seine Zuleitung ist nicht brummanfällig, das Potentiometer kann daher zur Fernbedienung verwendet werden.

Der eigentliche Nf-Verstärker ist hier mit Einzeltransistoren aufgebaut. Die Tonfrequenz wird mit den Transistoren T 3 und T 4 verstärkt. Sie gelangt einmal direkt auf die Basis des Endtransistors T 6, das andere Mal über zwei Dioden auf die Basis des Transistors T 5. Die beiden Dioden in Verbindung mit den Emitterwiderständen R 5 und R 6 dienen zur Temperaturstabilisierung der Endstufen. Eine Gegenkopplung, die zur Basis des Transistors T 4 führt, stellt den Arbeitspunkt der Endstufen symmetrisch ein. Diese Gegenkopplung ist frequenzabhängig ausgebildet, und mit dem Klangeinsteller P 2 können die Höhen bei der Wiedergabe um ± 10 dB angehoben oder abgesenkt werden.

Bild 5.06 Zf- und Nf-Tonteil auf einem Chip

Noch weiter vereinfacht wird der Aufbau eines Fernsehempfänger-Tonteils durch die integrierte Schaltung TDA 1035 der Firma Intermetall. Zur Verdeutlichung der Funktionen sind hier zusätzlich die Innenstufen dargestellt. Der Baustein enthält einen Begrenzerverstärker für das frequenzmodulierte Zf-Signal, einen Koinzidenzdemodulator und eine Schaltung zur elektronischen Lautstärkeeinstellung sowie einen kompletten Nf-

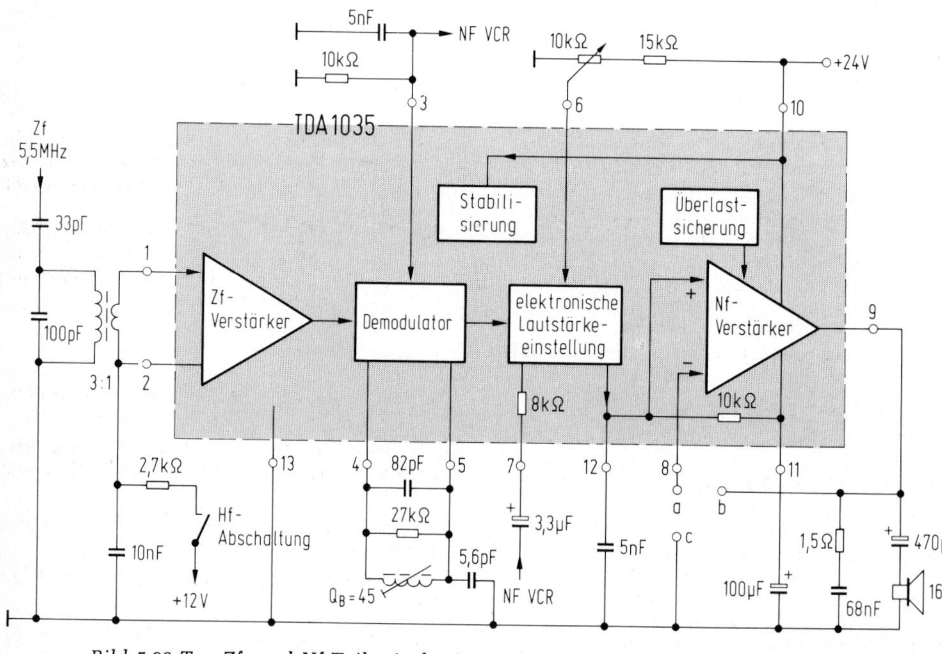

Bild 5.06 Ton-Zf- und Nf-Teil mit der integrierten Schaltung TDA 1035 (Intermetall)

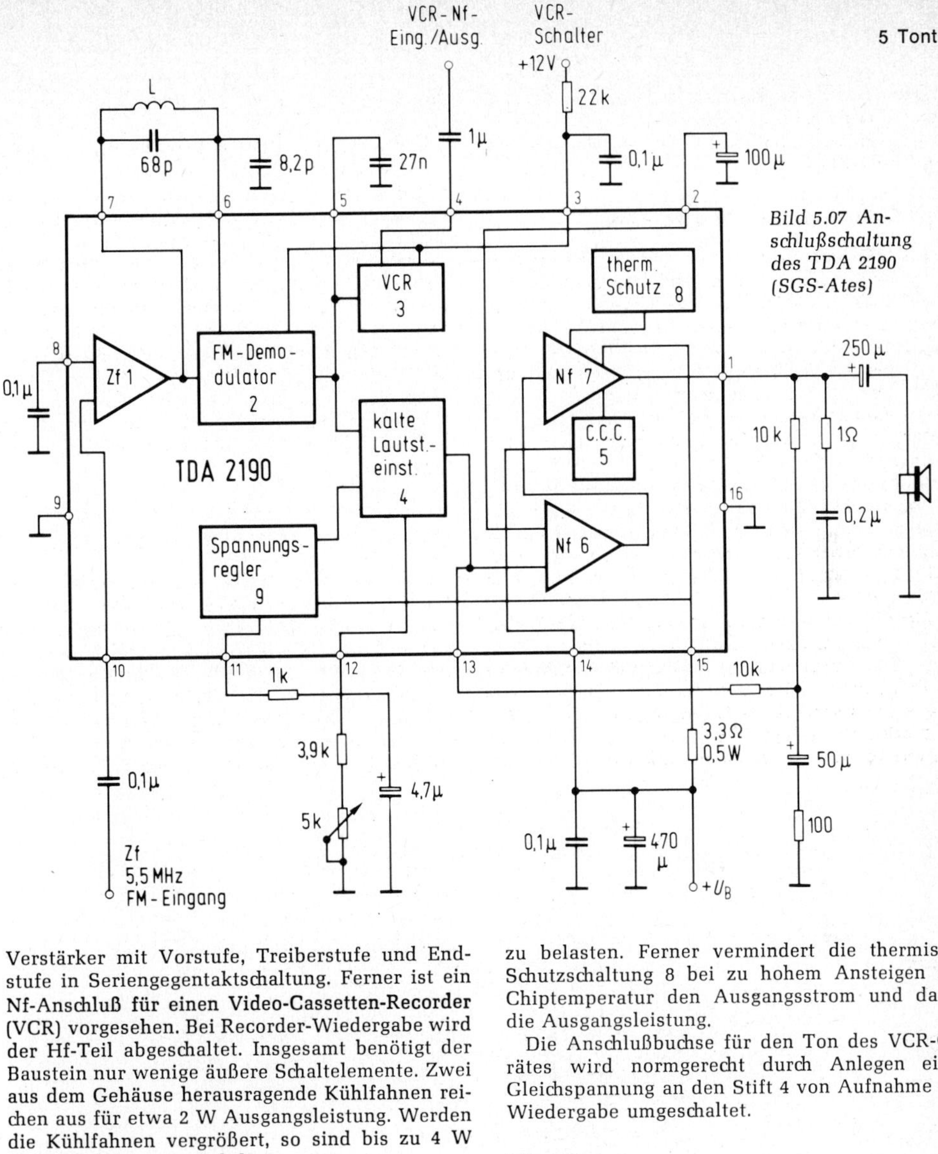

Bild 5.07 Anschlußschaltung des TDA 2190 (SGS-Ates)

Verstärker mit Vorstufe, Treiberstufe und Endstufe in Seriengegentaktschaltung. Ferner ist ein Nf-Anschluß für einen Video-Cassetten-Recorder (VCR) vorgesehen. Bei Recorder-Wiedergabe wird der Hf-Teil abgeschaltet. Insgesamt benötigt der Baustein nur wenige äußere Schaltelemente. Zwei aus dem Gehäuse herausragende Kühlfahnen reichen aus für etwa 2 W Ausgangsleistung. Werden die Kühlfahnen vergrößert, so sind bis zu 4 W Ausgangsleistung möglich.

Bild 5.07 Tonkanal-Chip mit 4 W Endleistung und normgerechter VCR-Umschaltung

Der integrierte Tonkanal-Baustein TDA 2190 enthält ebenfalls einen Zf-Begrenzerverstärker, den FM-Demodulator, eine elektronische Lautstärkeeinstellung („kalte“ Lautstärkeeinstellung) und einen Nf-Verstärker mit 4 W Ausgangsleistung. Die Stufe 5 bewirkt in der dargestellten äußeren Beschaltung einen sogenannten Konstantstrom-Betrieb, um die Versorgungsspannung auch bei maximaler Ausgangsleistung nicht zu stark zu belasten. Ferner vermindert die thermische Schutzschaltung 8 bei zu hohem Ansteigen der Chiptemperatur den Ausgangsstrom und damit die Ausgangsleistung.

Die Anschlußbuchse für den Ton des VCR-Gerätes wird normgerecht durch Anlegen einer Gleichspannung an den Stift 4 von Aufnahme auf Wiedergabe umgeschaltet.

Literatur

Schatter: TBA 120 S – ein integrierter Fernsehton-Zf-Verstärker. Funkschau 1973, H. 9, S. 307.

Kroll: Das Euro-Chassis E 1 für Schwarzweiß-Fernsehempfänger. Funkschau 1973, H. 11, S. 385, Bild 3b.

Schmidtmann: 36-cm-Farbportable-Nf-Verstärker. Funkschau 1976, H. 9, S. 114.

Siemens-Schaltbeispiele, Ausgabe 1975/76, S. 68, Bild 3.2.

Ueberreiter: Neue Tonkanal-IS für Fernsehempfänger. Funkschau 1977, H. 26, S. 1237.

6 Video-Verstärker

Nun zurück zum Bildteil. Der Video-, Luminanz- oder Y-Verstärker verstärkt das 5 MHz breite Bildsignalspektrum und steuert damit den Strahlstrom der Bildröhre. Gleichzeitig werden dabei auch die Austast- und Synchronisierimpulse und bei Farbempfängern das Burstsignal verstärkt. Diese Signale steuern dann über weitere Schaltungsstufen die Ablenkspannungen für die Bildröhre.

Helligkeitssteuerung der Bildröhre

Bild 6.01 Strahlstrom und Helligkeit

Das Strahlsystem einer Bildröhre besteht aus der geheizten Katode k, einem Steuergitter g, hier Wehnelt-Zylinder genannt, und einem Anoden- und Fokussiersystem. Der Aufbau der Bildröhre wird im Kapitel 7 beschrieben. Hier interessiert zunächst nur die Möglichkeit, die Stärke des Strahlstromes und damit die Helligkeit des Leuchtflecks zu steuern. Dafür ergibt sich ein Zusammenhang, wie wir ihn vom Gitterspannungsdiagramm einer Röhre oder vom Basisspannungsdiagramm eines Transistors kennen. Durch Ändern der Spannung zwischen Gitter und Katode werden Strahlstrom I_l und Helligkeit des Leuchtfleckes beeinflußt. Ist das Gitter stark negativ gegenüber der Katode (oder die Katode positiv gegenüber dem Gitter), dann ist der Strahlstrom klein. Dieser kleine Strom hat nicht genügend Kraft, den Bildschirm zum hellen Aufleuchten zu bringen. Unterdrückt man den Strahlstrom durch eine hohe negative Vorspannung gänzlich, dann bleibt der Bildschirm sogar vollkommen dunkel. Ein großer Strahlstrom dagegen befördert mehr Elektronen auf die Schirmfläche, und sie leuchtet an dieser Stelle hell auf.

Man kann also neben der Skala für den Strahlstrom einen Maßstab für die Helligkeit anbringen, und es gilt der Satz: *Hohe negative Spannungen am Gitter der Bildröhre (Wehnelt-Zylinder) ergeben Schwarz, geringe Spannungen Weiß.*

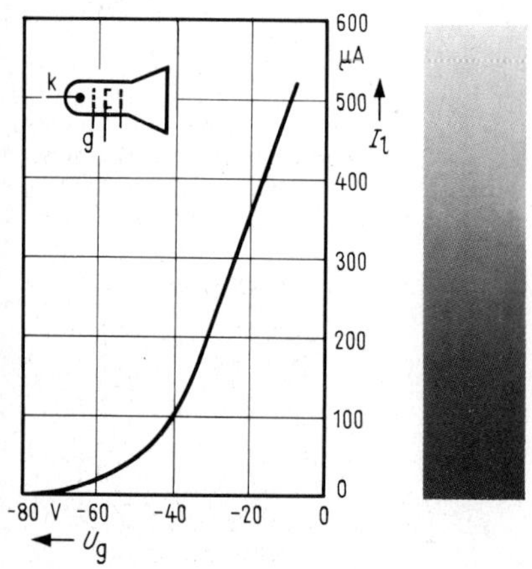

Bild 6.01 Größerer Strahlstrom einer Bildröhre ergibt eine größere Helligkeit auf dem Bildschirm

Bild 6.02 Polung des Video-Signals an der Bildröhre

Nach der europäischen Fernsehnorm liegt der Schwarzpegel bei 75 % und der Weißpegel bei 10 % des Bildsignales (vgl. Bild 1.06). Damit also der Strahlstrom beim Schwarzpegel auch wirklich

Bild 6.02 Bei der europäischen Fernsehnorm müssen der Schwarzpegel und die Gleichlaufzeichen die Gitterspannung der Bildröhre zu negativen Werten verschieben

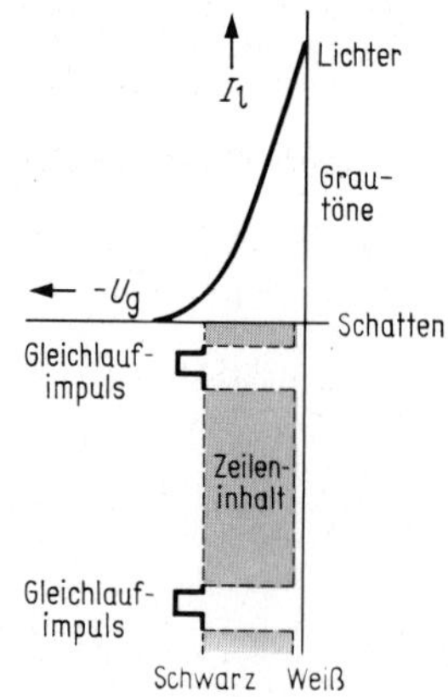

geringer wird, muß das Bildsignal am *Gitter* der Bildröhre *negativ* gerichtet sein. Grundvorspannung der Bildröhre und Verstärkung des Empfängers sind so einzustellen, daß möglichst die ganze Kennlinie der Bildröhre vom Signal ausgesteuert wird, um gute Helligkeitsunterschiede (Kontraste) zu erhalten. Die Bildröhre hat dabei im Ruhezustand nur eine geringe negative Vorspannung, so daß ihr Arbeitspunkt ziemlich hoch auf der Kennlinie liegt. Deshalb entsteht, solange der Sender noch nicht arbeitet, ein helles weißes Raster auf dem Bildschirm.

Erwähnt sei, daß die englische und französische Fernsehnorm entgegengesetzt gerichtete Modulation haben; der Schwarzpegel liegt also bei kleinen Senderamplituden. Um Verwechslungen zu vermeiden, wird in unseren Ausführungen stets nur die europäische Fernsehnorm behandelt, bei der der Schwarzpegel auf 75 % der Senderamplitude liegt.

Bild 6.03 Polarität der Videospannungen

Die Steuerwirkung von Bild 6.02 kann auf zweierlei Weise erzielt werden: durch Steuern am Gitter mit negativ gerichteten Spannungsimpulsen, Bild 6.03a, oder durch Steuern an der Katode mit positiv gerichteten Spannungsimpulsen. Je nach Art der Schaltung muß also der Videoverstärker entsprechend gerichtete Signalfolgen liefern. Normalerweise wird die Bildhelligkeit nach Bild 6.03b an der Katode gesteuert. Gleichzeitig benutzt man aber das andere Verfahren, um am Gitter den Strahlrücklauf dunkelzutasten.

Bei Farbfernsehempfängern wendet man beide Möglichkeiten für die Bilddarstellung an und steuert z. B. an den Katoden mit den Helligkeitssignalen und gleichzeitig an den Gittern mit den Farbsignalen. Die Polarität bzw. Richtung der Video-Signalspannung ist daher gut zu beachten. Durch Phasenumkehrstufen (Inverterstufen) kann man jedoch leicht die benötigte Polung der Spannung gegen die Bezugsleitung erreichen. So wirkt bekanntlich ein Transistor in Emitterschaltung als Inverterstufe[1].

1 Funktechnik ohne Ballast, Bild 8.01.

Aus dem Videoverstärker werden auch die Bild- und Austastsignale für die Ablenkteile entnommen. Meist benötigt man dazu positiv gerichtete Synchronisierimpulse. Man zweigt sie deshalb an einer Stelle im Videoverstärker ab, wo sie in dieser Richtung vorhanden sind.

Bild 6.04 Polung des Videodemodulators

Die gewünschte Polarität des Videosignals wird bereits durch die Schaltung des Videodemodulators bestimmt. Das Bild 6.04a bis f gibt eine Übersicht über die verschiedenen Schaltmöglichkeiten. Den Spulen bzw. Schwingkreisen wird das links angedeutete modulierte Bild-Zf-Signal zugeführt. Nach dem Demodulieren ergibt sich dann für die oberen drei Schaltungen die negativ gerichtete Videospannung oben rechts, während die unteren Schaltungen positiv gerichtete Videospannungen (unten rechts) bewirken. Meistens wird die Schaltung nach Bild 6.04a angewendet.

Sie hat den Vorteil, daß Zf- und Videokreis schaltungsmäßig gut getrennt und einpolig geerdet sind. Die Videospannung entsteht hierbei negativ gegen Erde.

Bei multiplikativen Demodulatoren[1]) können beide Signalformen gleichzeitig entnommen werden.

1 Vgl. Bild 4.14.

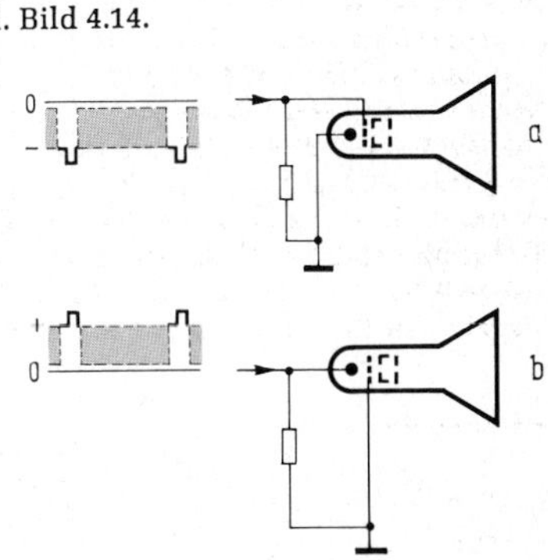

Bild 6.03 Eine negativ gerichtete Spannung am Gitter der Bildröhre hat die gleiche Wirkung wie eine positiv gerichtete Spannung an der Katode

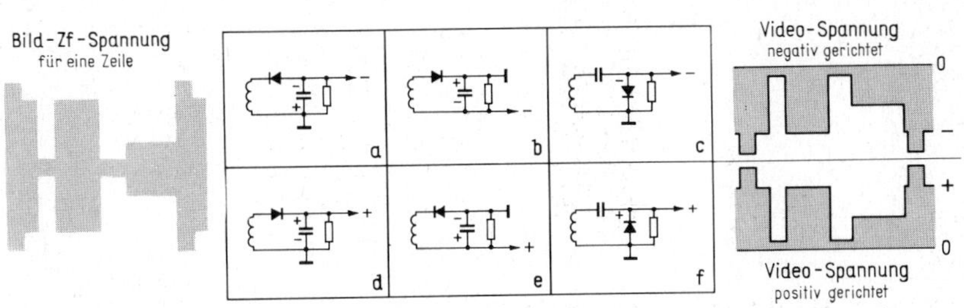

Bild 6.04 Die verschiedenen Demodulatorschaltungen zum Erzeugen negativ und positiv gerichteter Videospannungen

Bild 6.05 Video-Frequenzgang

Der Videoverstärker ist eigentlich ein schlichter Breitbandverstärker, der ein von Gleichspannung bis etwa 5 MHz reichendes Frequenzspektrum mit gleichmäßiger Verstärkung durchlassen soll, damit auch die feinen in den hohen Frequenzen enthaltenen Bildeinzelheiten klar erscheinen. Ein solcher Breitbandverstärker bietet für den Schaltungstechniker keine Schwierigkeit. Nun werden aber die hohen Frequenzen um 5 MHz im Fernsehempfänger ständig benachteiligt. Im Bild-Zf-Verstärker senkt man den Tonträger ab, das wirkt sich auf die Flanke bei den hohen Bildfrequenzen aus, und hinter dem Videodemodulator muß man durch Längsdrosseln und Querkapazitäten die höherfrequenten Zf-Reste unterdrücken. Deshalb werden im Videoverstärker Höhenanhebungen vorgesehen, um die Frequenzen um 5 MHz wieder etwas aufzufrischen.

Die gestrichelte Kurve in Bild 6.05a zeigt die sehr ungünstige, nicht korrigierte Durchlaßkurve eines Videoverstärkers. Ab 3 MHz sinkt die Verstärkung ab.

Legt man nun nach Bild 6.05b in Reihe mit einem Arbeitswiderstand im Videoverstärker eine Induktivität L, dann bildet sie mit der Schaltkapazität einen durch den Arbeitswiderstand R_L stark bedämpften Parallelschwingkreis. R_L kann dann sogar um 20 % größer gemacht werden. Stimmt man diesen Kreis auf 5 MHz ab, dann ergibt sich die Kurve 1. Die Höhen werden angehoben, und auch bei tiefen Frequenzen ergibt sich eine etwas höhere Gesamtverstärkung gegenüber der Schaltung ohne Kompensation.

Bei der *Serienkompensation* wird ein Reihenschwingkreis aus der Spule *L* und den beiden Teilkapazitäten C_s gebildet. Im Resonanzfall sind die Spannungen an den Kapazitäten dieses π-Gliedes ein Maximum, und es ergibt sich ebenfalls eine Verstärkungsanhebung. R_L kann hierbei sogar auf das 1,5fache vergrößert werden. Kurve 2 zeigt den Gewinn bei richtiger Bemessung. Die Anordnung wirkt gleichzeitig als Zf-Sperre.

Bei *gemischter Kompensation* werden beide Systeme vereinigt. Man bildet also aus der Schaltkapazität der Vorstufe und der Spule L_1 einen Parallelkreis. Daran schließt sich ein Serienkreis mit der Spule L_2 und der Streukapazität der folgenden Stufe. Arbeitswiderstand und Verstärkung können dann auf das 1,8fache vergrößert werden (Kurve 3). Allerdings sind die genaue Bemessung der Einzelteile, der Aufbau und das Abgleichen schwieriger.

Bei allen diesen Filtern sowohl im Bild-Zf-Teil als auch im Videoteil sind beim Entwurf sehr sorgfältig die Phasenbedingungen zu berücksichtigen. Innerhalb des Durchlaßgebietes sollen möglichst keine Phasendrehungen auftreten. Das gilt bei Farbempfängern besonders für den Teil, in dem die Farbsignale übertragen werden, denn dort könnten Phasendrehungen zu Farbverfälschungen führen. Die Berechnung von solchen komplizierten Filtern ist ein spezielles Arbeitsgebiet der wissenschaftlich geschulten Ingenieure. Man sieht es den Schaltbildern nicht an, welche Vorarbeit darinnen steckt.

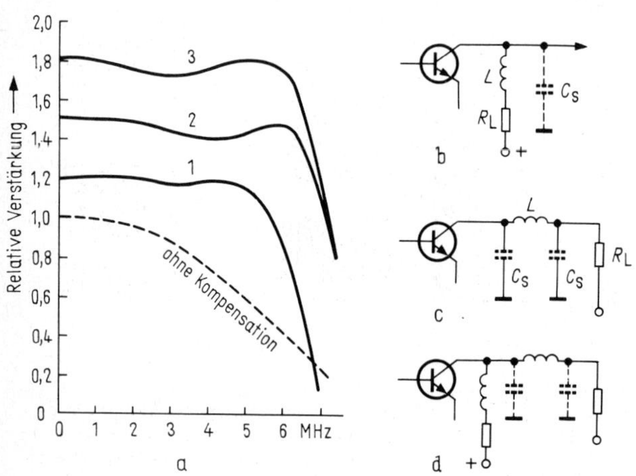

Bild 6.05 Höhenanhebung im Videoverstärker

a = Durchlaßkurven
b = Ein bedämpfter Parallelschwingkreis ergibt den Kurvenverlauf 1 im Diagramm
c = Serienkompensation durch ein π-Filter (Kurve 2)
d = Gemischte Kompensation (Kurve 3)

Helligkeits- und Kontrasteinstellung

Diese beiden unterschiedlichen Begriffe macht man sich zweckmäßig mit Hilfe der Bildröhrenkennlinie klar.

Bild 6.11 Umwandlung der Video-Spannung in Helligkeitswerte

Die zwischen Katode und Gitter der Bildröhre liegende Spannung steuert den Strahlstrom und damit die Helligkeit des Leuchtfleckes auf dem Bildschirm. Man kann also im Kennlinienfeld einer Bildröhre neben der I_l-Skala eine Helligkeitsskala anbringen. Für eine bestimmte Grundgittervorspannung und eine steuernde Gitterwechselspannung erhält man den Helligkeitsumfang des Bildes, indem man die zugehörigen Strahlstromwerte auf die Helligkeitsskala überträgt.

Ist z. B. an der Anode der Endröhre ein Signalgemisch von 15 V Scheitelwert vorhanden, dann hat nach der Fernsehnorm (Bild 1.06) der eigentliche Bildinhalt (von 10 % des Gesamtsignals = weiß bis 75 % = schwarz) eine Amplitude von etwa 10 V. Erstreckt sich das Bildsignal *A* von −10 bis −20 V Gittervorspannung, dann wird dieser Spannungsbereich in die Helligkeitswerte A in Bild 6.11 rechts umgesetzt.

Gibt man der Bildröhre eine größere negative Grundgittervorspannung, so daß das gleiche Bildsignal den Bereich *B* auf der Kennlinie aussteuert, dann ergeben sich die Helligkeitswerte B, d. h. das Bild wird im ganzen dunkler. *Die Gittervorspannung der Bildröhre beeinflußt also die Helligkeit* oder besser die „Grundhelligkeit" des Bildes. Der Drehwiderstand, der zum Einstellen der Gittervorspannung dient, wird daher als „Helligkeits-Einsteller" bezeichnet, obgleich er eigentlich *die dunklen Stellen* des Bildes festlegt. Die Helligkeit rührt vom Aufsteuern durch das Bildsignal her. Diese sprachliche Ungenauigkeit trägt leider viel dazu bei, daß Laien die Abstufungen eines Fernsehbildes falsch einstellen. Man sollte besser anstatt von Helligkeits- von *Schwarzwerteinstellung* sprechen und mit diesem Bedienungsknopf ein schönes sattes Schwarz in den Schatten des Bildes einstellen.

Bild 6.12 Einstellung am Wehnelt-Zylinder

Zum Einstellen des Arbeitspunktes und damit der Grundhelligkeit wird im einfachsten Fall dem Gitter 1 der Bildröhre eine veränderliche Spannung zugeführt. Dies ist in Bild 6.12 auf der folgenden Seite an einer röhrenbestückten Videoendstufe gezeigt. Außerdem legt man an dieses Gitter während des Zeilenrücklaufes einen hohen negativen *Austastimpuls,* der den Strahl vollständig unterdrückt, damit der Rücklauf nicht durch das Bild hindurch sichtbar wird. Ferner wird vorgesehen, die Helligkeit auch von der Ferne aus über ein Kabel einzustellen, damit man nicht während der Sendung jeweils aufstehen und zum Empfänger gehen muß, um den Helligkeitseinsteller zu bedienen. Die Rücklauf-Austastimpulse werden direkt dem Wehnelt-Zylinder der Bildröhre zugeführt. Die Helligkeits-Einstellspannung wird an dem 250-kΩ-Stellwiderstand eines Spannungsteilers abgegriffen. Die Differenz zwischen der Spannung an der Katode der Bildröhre (= Anodenspannung der Video-Endröhre) und dem Abgriff am Stellwiderstand ergibt die Vorspannung der Bildröhre. Zur Fernbedienung wird über ein Kabel ein 1-MΩ-Widerstand FB parallel zum masseseitigen Teil des eingebauten Helligkeitseinstellers gelegt. Das Bild wird am Empfänger auf größte Helligkeit gebracht, und nun kann man mit der Fernbedienung die Spannung am Wehnelt-Zylinder bis auf

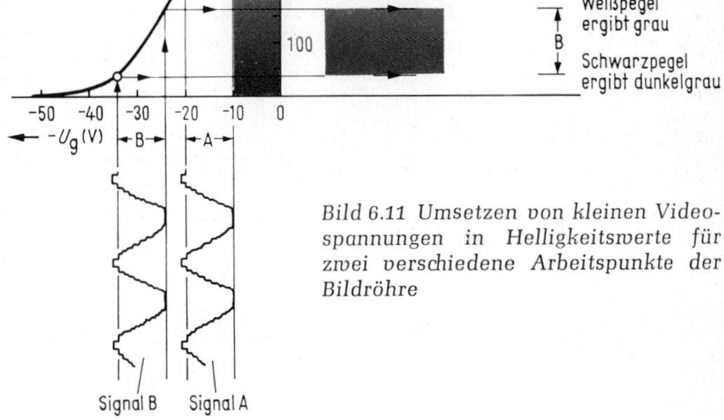

Bild 6.11 Umsetzen von kleinen Videospannungen in Helligkeitswerte für zwei verschiedene Arbeitspunkte der Bildröhre

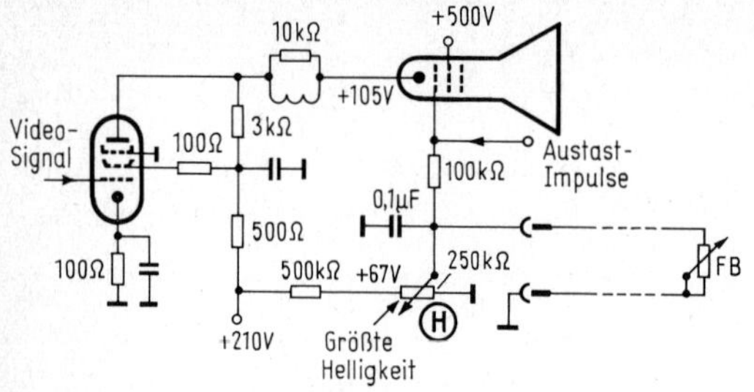

Bild 6.12 Helligkeitseinstellung durch Ändern der Spannung am Wehnelt-Zylinder

Massepotential herunterziehen und das Bild dunkler machen. Die Bildröhrenkatode führt dann die volle Spannung von + 105 V, der Wehnelt-Zylinder ist also um ebensoviel negativer, und das Bild wird dunkel.

Bild 6.13 Bildkontrast

In Bild 6.11 werden die ursprünglichen Helligkeitswerte von weiß bis schwarz auf dem Leuchtschirm gar nicht richtig wiedergegeben. Im Fall *A* gibt der Weißpegel zwar weiß, aber der Schwarzpegel nur ein helles Grau. Das Bild ist hell, aber es hat keine Kontraste, es ist flau, wie der Fotograf sagt.

Ähnlich ist es bei *B*. Dem Schwarzpegel entspricht ein sehr dunkles Grau, dagegen gibt der Weißpegel kein Weiß, sondern nur ein mittleres Grau auf dem Leuchtschirm. Dieses Bild hat ebenfalls keine Kontraste und ist dabei zu dunkel.

Eine volle Ausnutzung der *Gradation*[1]) vom hellsten Weiß bis zum tiefsten Schwarz ist offensichtlich nur zu erreichen, wenn die gesamte Kennlinie der Bildröhre ausgesteuert, also die Video-Spannung vergrößert wird. Als Beispiel wurde in Bild 6.13 wieder der Spannungsverlauf

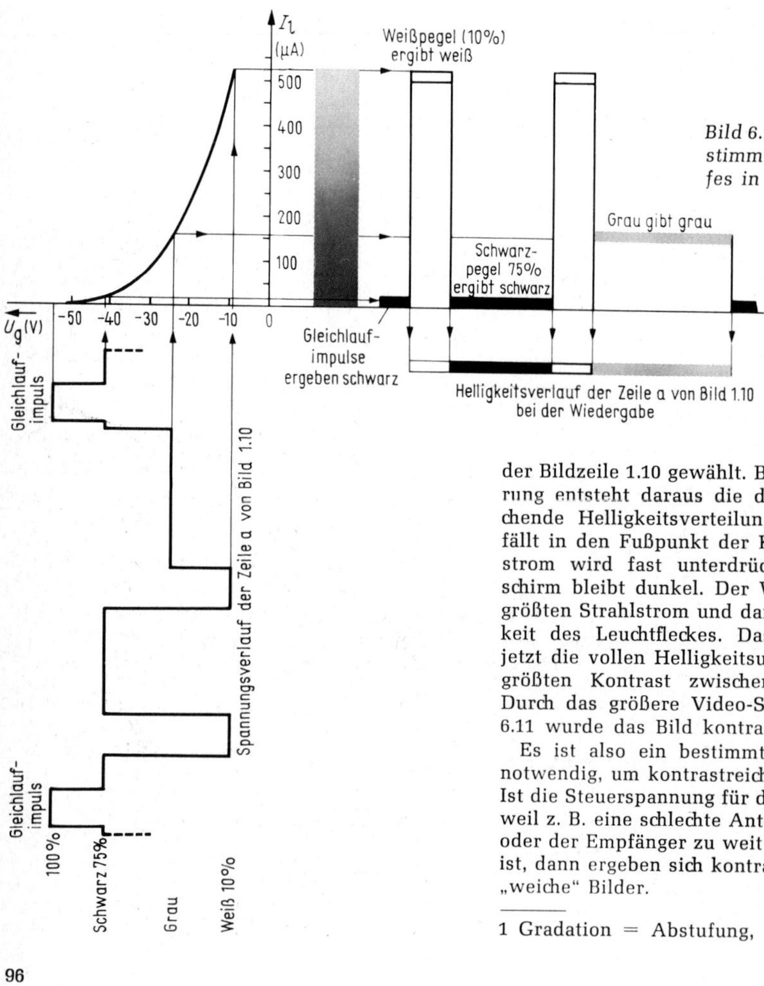

Bild 6.13 Umsetzen eines bestimmten Spannungsverlaufes in Helligkeitswerte

der Bildzeile 1.10 gewählt. Bei richtiger Aussteuerung entsteht daraus die dem Original entsprechende Helligkeitsverteilung. Der Schwarzpegel fällt in den Fußpunkt der Kennlinie, der Strahlstrom wird fast unterdrückt, und der Leuchtschirm bleibt dunkel. Der Weißpegel ergibt den größten Strahlstrom und damit die größte Helligkeit des Leuchtfleckes. Das Schirmbild enthält jetzt die vollen Helligkeitsunterschiede oder den größten Kontrast zwischen hell und dunkel. Durch das größere Video-Signal gegenüber Bild 6.11 wurde das Bild kontrastreicher.

Es ist also ein bestimmter Spannungsbereich notwendig, um kontrastreiche Bilder zu erhalten. Ist die Steuerspannung für die Bildröhre zu klein, weil z. B. eine schlechte Antenne verwendet wird oder der Empfänger zu weit vom Sender entfernt ist, dann ergeben sich kontrastlose, flaue oder zu „weiche" Bilder.

---

1 Gradation = Abstufung, Stufenfolge.

Andererseits ergibt sich eine volle Aussteuerung der Bildröhre und damit ein gleichbleibend guter Kontrast, wenn der Bildröhre stets gleich hohe Steuerspannungen zugeführt werden. Deshalb ist die automatische Verstärkungsregelung im Tuner und im Bild-Zf-Verstärker so wichtig, denn sie bringt unterschiedliche Eingangsspannungen auf gleiches Niveau zwischen Schwarzpegel und Weißpegel.

Der Kontrast eines Fernsehbildes hängt aber auch von der Modulation des Senders ab. Direktübertragungen können andere Kontraste ergeben als Bildaufzeichnungen oder als die Reproduktion alter Filme. Deshalb sieht man am Empfänger noch einen Kontrasteinsteller vor, mit dem man diese Unterschiede ausgleichen oder auch nach Wunsch ein weicheres oder kontrastreicheres Bild einstellen kann. Ein derartiger Kontrasteinsteller gleicht der Wirkung eines Lautstärkeeinstellers bei der Tonwiedergabe. Man muß damit die Größe der Videospannung ändern können.

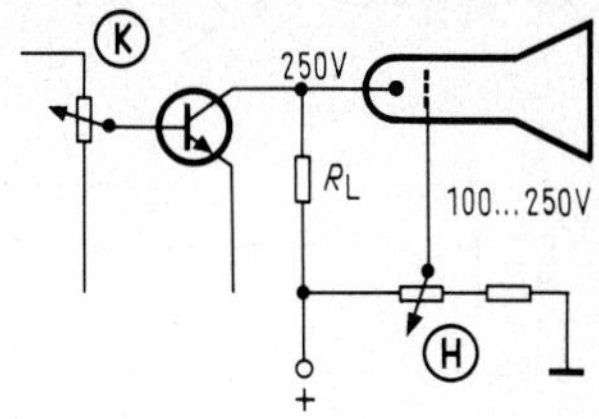

Bild 6.14 Direkte Kopplung zwischen Video-Endstufe und Bildröhre

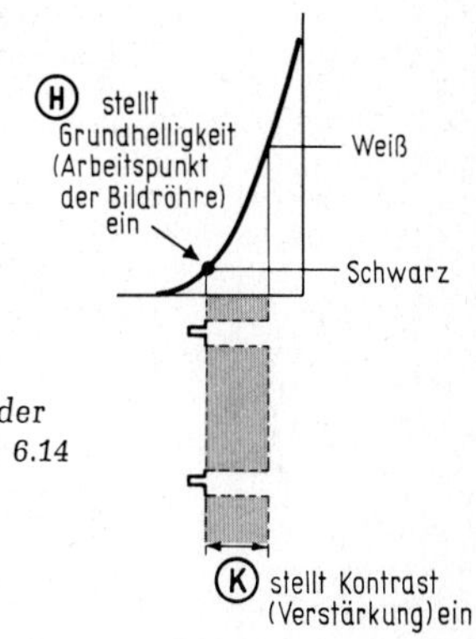

Bild 6.15 Wirkung der Einsteller von Bild 6.14

Bild 6.14 und 6.15 Kontrasteinstellung

Bild 6.14 zeigt stark vereinfacht die Anordnung eines Kontrasteinstellers K und des Helligkeitseinstellers H.

Um die Grundhelligkeit einzustellen, ändert man die Gleichspannung am Wehnelt-Zylinder und legt damit den Arbeitspunkt der Bildröhre auf den Fußpunkt ihrer Kennlinie, so daß sich ohne Signal oder mit dem Schwarzstreifen des Testbildes ein satter Schwarzwert ergibt. Die *Helligkeits*einstellung ist also eigentlich eine *Schwarz*einstellung[1]). Verschiebt man den Arbeitspunkt auf der Kennlinie nach oben, dann fließt mehr Strahlstrom, das Bild wird heller, aber schwarze Stellen sind nicht mehr schwarz, sondern grau.

Die Prinzipschaltung 6.14 enthält keine Kopplungskondensatoren. Dies hat folgenden Grund: Bei Szenen mit großer Gesamthelligkeit verläuft die Video-Spannung zum großen Teil in der Nähe des Weißpegels, also bei 10 % der Maximalamplitude, so wie wir dies in Bild 1.11 beim Helligkeitsverlauf einer viel Weiß enthaltenen Zeile klargemacht haben.

Bei einem dunklen Bild dagegen bewegt sich die Spannung ähnlich Bild 1.12 in der Nähe des Schwarzpegels bei 75 % der Maximalamplitude. Diese sich langsam ändernden mittleren Spannungswerte verschiedener Bildhelligkeiten entsprechen Wechselspannungen sehr niedrigerer Frequenz. Sie können nur von einem direkt gekoppelten Verstärker übertragen werden. Er überträgt jedoch auch Gleichspannungsänderungen von der Video-Endstufe auf die Katode der Bildröhre. Verstellt man den Kontrast, dann ändert sich auch zwangsläufig der Arbeitspunkt der Bildröhre, also die Grundhelligkeit! Der Kontrasteinsteller beeinflußt also auch die Helligkeit. Diese gegenseitige Abhängigkeit ist störend und irreführend. Man hat deshalb Schaltungen entwickelt, um das zu unterbinden und das wechselseitige Einstellen von Kontrast und Helligkeit zu ersparen. Meist hält man dabei den Schwarzwert des Bildes annähernd konstant und ordnet den Helligkeitseinsteller, der, wie vorher erwähnt, den Schwarzwert einstellen soll, verdeckt an, so daß der Laie nur noch den Kontrast einzustellen braucht.

Sind beide Einstellknöpfe bedienbar, so merke man sich besser und präge dies dem Laien ein:

Mit Helligkeitsknopf	*schöne satte Schwärzen in den Schatten einstellen!*
Mit Kontrastknopf	*leuchtend weiße Spitzlichter einstellen!*

Beide Einstellungen mehrmals wiederholen.

In Bild 6.15 ist die Funktion von Helligkeits- und Kontrasteinsteller nochmals sinnfällig dargestellt. Daraus ist auch gut zu erkennen, daß der „Helligkeitseinsteller" eigentlich den Schwarzwert einstellt, wie bereits in Bild 6.11 erwähnt.

Noch wichtiger ist die richtige Bedienung von Kontrast- und Helligkeitseinstellung beim Farbfernsehempfänger, um eine gute Bildqualität zu erzielen. Dort stelle man mit dem Helligkeitsknopf statt der „satten Schwärze" die *Farbsättigung*, also kräftige Grundfarben ein.

1 Vgl. Bild 6.11.

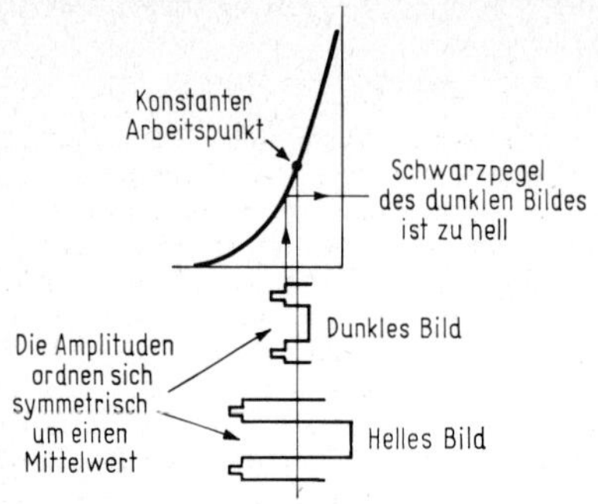

Bild 6.16 Bei kapazitiver Kopplung würde der Schwarzpegel verschoben werden

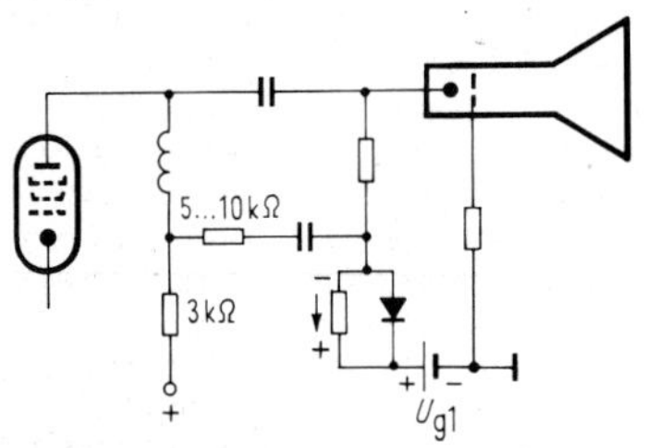

Bild 6.17 Schaltung der Schwarzwertdiode bei einem Empfänger mit Videoendröhre

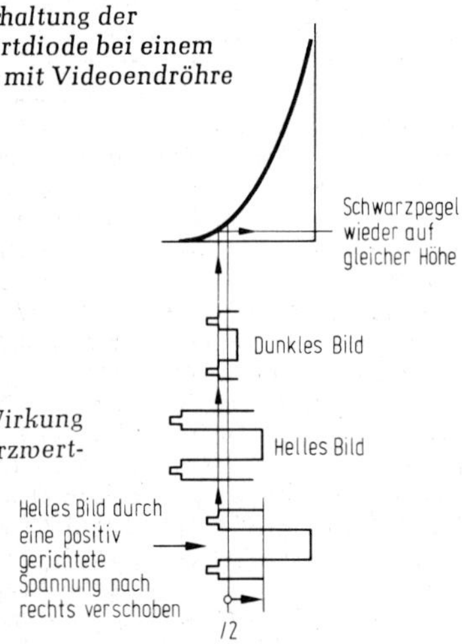

Bild 6.18 Wirkung der Schwarzwertdiode

Bild 6.16 Einfluß eines Kopplungskondensators im Video-Verstärker

Fügt man zwischen Video-Endstufe und Bildröhre einen Kopplungskondensator ein, dann ist die gegenseitige Abhängigkeit von Kontrast- und Helligkeitsregelung beseitigt. Man kann die Verstärkung der Endröhre, also den Kontrast verstellen, ohne daß der Arbeitspunkt der Bildröhre, also die Helligkeit, sich ändert und umgekehrt. Aber es tritt ein anderer Effekt auf.

Das vom Video-Gleichrichter gelieferte Signalgemisch besteht aus einer mittleren Gleichspannung mit einer überlagerten, nicht sinusförmigen Wechselspannung (Bildsignal mit Gleichlaufzeichen). Diese Erscheinung tritt bei jeder AM-Demodulation auf. Im Rundfunkempfänger z. B. liefert die AM-Diode die gewünschte Tonfrequenzwechselspannung, die über Kopplungskondensatoren zum Nf-Verstärker gegeben wird, und eine negativ gerichtete Gleichspannung, die vielfach als Regelspannung für die automatische Verstärkungsregelung verwendet wird.

Die mittlere Gleichspannung im Fernsehempfänger entspricht der Allgemein-Helligkeit der Szene. Eine Zeile oder ein Bild mit viel Weiß ergibt eine kleine mittlere Gleichspannung (10 % Maximalpegel). Bei einer Zeile oder einem Bild mit hohem Schwarzanteil dagegen verläuft der Bildinhalt nahe der Schwarzschulter, also bei 75 % Maximalpegel; das bedeutet einen großen Gleichspannungsanteil im Signalgemisch.

Bei galvanischer Kopplung von der Diode bis zur Bildröhre wird diese langsam schwankende Gleichspannung übertragen, und die Amplituden der einzelnen Zeilen behalten ihre ursprüngliche Lage zueinander, d. h. daß z. B. die Schwarzschultern auf gleicher Höhe bleiben.

Fügt man aber einen Kopplungskondensator in den Leitungszug ein, dann wird der Gleichspannungsteil zurückgehalten und nur die eigentliche Video-Spannung übertragen. Bei einem ursprünglich dunklen Bild ist nun die Amplitude der Signalspannung hinter dem Kopplungskondensator klein, denn der Bildinhalt verläuft nahe der Schwarzschulter. Für helle Bilder ergibt sich dagegen eine große Amplitude. Da aber jetzt der Arbeitspunkt der Bildröhre festliegt, ordnen sich die Spannungen symmetrisch um den Arbeitspunkt herum an. Das bedeutet, daß jetzt die mittlere Helligkeit (= Arbeitspunkt der Bildröhre) stets gleich bleibt. Ein ursprünglich dunkles Bild wird aufgehellt, denn der Schwarzpegel liegt bei ihm weniger negativ als beim hellen Bild. Die Unterschiede zwischen hellen und dunklen Bildern verwischen sich also. Bei Nachtaufnahmen, wenn nur wenige Lichter auf dem Schirm sind, wird der Hintergrund unnatürlich grau.

Der Vorteil der Unabhängigkeit der Einstellungen für Kontrast und Helligkeit wird also anscheinend durch den Nachteil erkauft, daß dunkle Bilder aufgehellt werden. Signalmäßig betrachtet, haben sich infolge des unterdrückten Gleichspannungsanteiles die Schwarzschultern gegeneinander verschoben, sie liegen also nicht mehr in einer Reihe.

Bild 6.17 und 6.18 Die Schwarzwert- oder Klemmdiode

Mitunter ist es mit Rücksicht auf die Betriebsspannungen der Bildröhre sehr schwierig, den Videoverstärker gleichstrommäßig anzukoppeln.

Das galt besonders auch für Video-Endröhren, wenn man deren hohe Anodenspannung von der Bildröhrenversorgung trennen wollte (Bild 6.17). Aber auch bei Transistorschaltungen liegt es im Ermessen des Schaltungsentwicklers, das Videosignal der Bildröhre direkt oder über einen Koppelkondensator zuzuführen.

Hat man sich zu einem Kopplungskondensator im Video-Teil entschlossen, will man aber nicht auf gleichbleibenden Schwarzpegel verzichten, so muß man den Pegel hinter diesem Kopplungskondensator künstlich wiederherstellen.

Wie kann dies geschehen? In Bild 6.18 ist der Spannungsverlauf eines dunklen und eines hellen Bildes bei verlorengegangenem Gleichspannungsanteil nochmals dargestellt. Um die Schwarzschultern wieder auf gleiche Höhe zu bringen, muß man das helle Bild nach rechts verschieben, d. h. die Gitterspannung der Bildröhre für dieses Bild positiver machen. Damit steigt gleichzeitig der mittlere Strahlstrom, und das bedeutet, daß dieses Bild im ganzen heller wird. Die ursprünglichen größeren Helligkeitsunterschiede treten also wieder in Erscheinung.

Diese von der Signalamplitude abhängige Vorspannung ist zu gewinnen, indem man die Video-Spannung durch eine Diode gleichrichtet. Man erhält dann eine Regelspannung, die ungefähr der Hälfte der Gesamtamplitude des Signalspannungsgemisches entspricht. In Bild 6.18 unten ist dargestellt, wie diese Regelspannung das helle Bildsignal so verschiebt, daß das richtige Verhältnis zu einem dunklen Bild wiederhergestellt ist und der Schwarzpegel in beiden Fällen gleich wird.

Um diese Hilfsspannung zu gewinnen, koppelt man im Prinzip nach Bild 6.17 einen Dioden-Gleichrichterkreis an die Video-Endstufe an. Ein Entkopplungswiderstand von 5 bis 10 kΩ verhindert, daß die Kapazität dieses Hilfskreises die Endstufe belastet und die Höhen beeinträchtigt. Außerdem kann man den Kreis unterhalb der Höhenresonanzdrossel anschließen. Die Diode ist so zu polen, daß der Pluspol der Gleichspannung zum Gitter der Bildröhre (Wehnelt-Zylinder) zu liegen kommt. Die von der Diode erzeugte Zusatzspannung arbeitet also der Grundgittervorspannung $-U_{g1}$ entgegen. Ladekondensator und Ableitwiderstand des Gleichrichterkreises sind so groß zu wählen, daß Spitzengleichrichtung auftritt, damit tatsächlich die Regelspannung gleich dem halben Wert der Gesamtamplitude des Bildsignales ist. Außerdem liegt dann die Grenzfrequenz so niedrig, daß sich nur die langsam verlaufenden Helligkeitsunterschiede verschiedener Bilder auswirken, nicht aber bereits die Helligkeitsschwankungen längs einer Zeile. Da mit dieser Schaltung der Schwarzpegel an seiner richtigen Stelle festgehalten wird, bezeichnet man die Diode auch als Klemmdiode.

Bild 6.19 Strahlstrombegrenzung

Um die Hochspannungsquelle der Bildröhre nicht zu überlasten und den Bildschirm gegen Zerstörung durch einen zu hellen Brennfleck zu schützen, sieht man eine Strahlstrombegrenzung vor. In Bild 6.19 wird der unzulässige Anstieg des Strahlstromes durch eine Schaltdiode verhindert. R 1 ist der Arbeitswiderstand der Video-Endstufe, R 2 ein Zusatzwiderstand von der Katode der Bildröhre gegen Erde. Bei normalem Betrieb bilden R 1, die Diode D und der Widerstand R 2 einen Spannungsteiler zwischen der Transistorbetriebsspannung U_B und Masse. Punkt A ist dann positiv gegenüber Punkt B. Die Diode leitet, und das Bildsignal kann ungehindert zur Bildröhre gelangen.

Stellt sich dauernd eine zu große Helligkeit ein, dann fließt ein größerer Anodenstrom in der Bildröhre, und zwar zwischen Masse und + 16 kV. Damit erhöht sich der Strom im Widerstand R 2, und der Spannungsabfall daran wird größer. Punkt B wird dann positiver gegenüber A, an der Katode der Diode liegt also Plusspannung gegenüber ihrer Anode, und die Diode sperrt nun den Hauptteil des von der Anode der Video-Endstufe her kommenden Strahlstromes. Der 0,2-µF-Kondensator läßt zwar weiterhin das Bild durch, aber der Schwarzwert verschiebt sich, und die Bildröhre kann nicht überlastet werden. Diese Begrenzung setzt schlagartig bei einem bestimmten Grenzwert ein.

Dieses Beispiel soll lediglich die grundsätzliche Funktion einer solchen Strahlstrombegrenzung deutlich machen. In der modernen Schaltungstechnik wendet man hierfür spezielle Transistor-Schaltstufen an, die außerdem beim Ausschalten des Empfängers sofort den Strahlstrom unterdrücken, denn beim Abschalten bleiben die Ablenkspannungen für das Raster sofort weg, dagegen glüht die Katode der Bildröhre noch nach, und ihre Hochspannung klingt nur langsam ab. Hierdurch würde nach dem Ausschalten noch ein heller Punkt in der Mitte des Bildschirmes stehen bleiben, der infolge seiner großen Intensität mit der Zeit einen Fleck einbrennt.

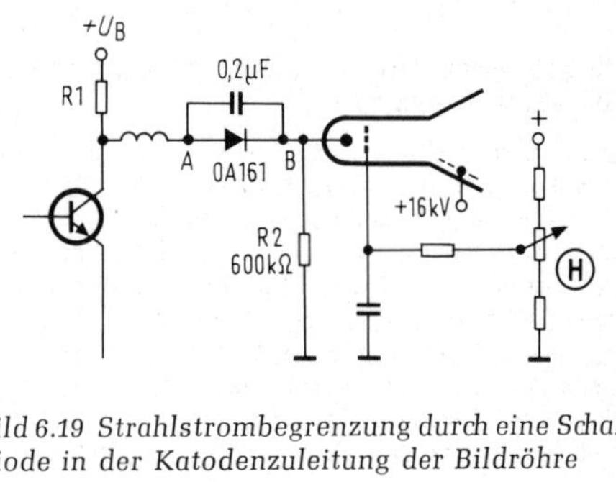

Bild 6.19 Strahlstrombegrenzung durch eine Schaltdiode in der Katodenzuleitung der Bildröhre

Schaltungstechnik

Bild 6.21 Video-Verstärker für einen Schwarzweißempfänger

Dieser transistorbestückte Videoverstärker aus einer Serie von Schwarzweißgeräten der Firma Telefunken ist zweistufig aufgebaut. Die Vorstufe mit dem Transistor BC 237 B arbeitet für die Videofrequenzen als Impedanzwandler in Kollektorschaltung. Diese Stufe paßt den hochohmigen Ausgang des Bild-Zf-Demodulators an die niederohmige Verbindungsleitung zwischen Vor- und Endstufe an.

Zwischen Demodulator und erstem Transistor liegt ein Spulentiefpaß. Er bewirkt den konstanten Frequenzgang für das Videospektrum und unterdrückt die Reste der Bild-Zwischenfrequenz und ihre Oberwellen. Am Fußpunkt dieses Kreises liegt ein Gleichspannungsteiler für die Basisspannung des ersten Transistors. Da der Videoverstärker gleichstromgekoppelt ist, um den Schwarzwert richtig zu übertragen, bestimmt dieser 10-kΩ-Trimmwiderstand den Arbeitspunkt des gesamten Verstärkers.

Hinter dem Tiefpaß zweigt die Leitung zum Ton-Zf-Verstärker ab. Dadurch konnte der Emitterkreis des ersten Videotransistors als 5,5-MHz-Ton-Zf-Falle mit hoher Sperrdämpfung ausgebildet werden. Die Widerstände R_1 bis R_6 einschließlich des Transistors T 1 bilden eine Brückenschaltung. Ihre Diagonale $R_3 - R_4$ führt keine Gleichspannung. Daher kann am Potentiometer R_4 die Videospannung zur Kontrasteinstellung abgegriffen werden, ohne daß sich der Arbeitspunkt der Endstufe verschiebt. Das Videosignal läßt sich im Verhältnis 5 : 1 bei konstantem Schwarzpegel ändern, das gibt eine sehr weitreichende Kontrasteinstellmöglichkeit.

Für den Ablenkteil bzw. für das Amplitudensieb benötigt man positiv gerichtete Synchronisierimpulse. Das hierfür erforderliche Videosignal wird am Kollektor des Vorstufentransistors abgegriffen. Er arbeitet dafür in Emitterschaltung mit einem Arbeitswiderstand von 1 kΩ und ergibt eine zweifache Verstärkung gegenüber dem Bild-Zf-Demodulatorkreis.

Die Endstufe liefert, mit 245 V Spannung betrieben, ein Videosignal von 90 V_{ss}. Der Spannungsteiler $R_7 - R_8 - R_9$ verhindert, daß die Kollektorgleichspannung bis zur Betriebsspannung von 245 V ansteigt, falls der Transistor längere Zeit gesperrt werden sollte. Die frequenzabhängige Gegenkopplung über 1,3 nF parallel zum Emitterwiderstand R_9 hebt Frequenzen ab 1 MHz an und gleicht somit Höhenverluste durch Basis- und Kollektorkapazitäten aus. In der gesamten Video-Endstufe ist daher im Gegensatz zu früheren Röhrenschaltungen keine Spule mehr zum Korrigieren des Frequenzganges notwendig und abzugleichen. Geblieben sind nur die drei Induktivitäten im Diodenfilter und die Spule der Ton-Zf-Falle.

In der Videoleitung zur Bildröhre liegt die Diode D 4, um den Strahlstrom zu begrenzen,

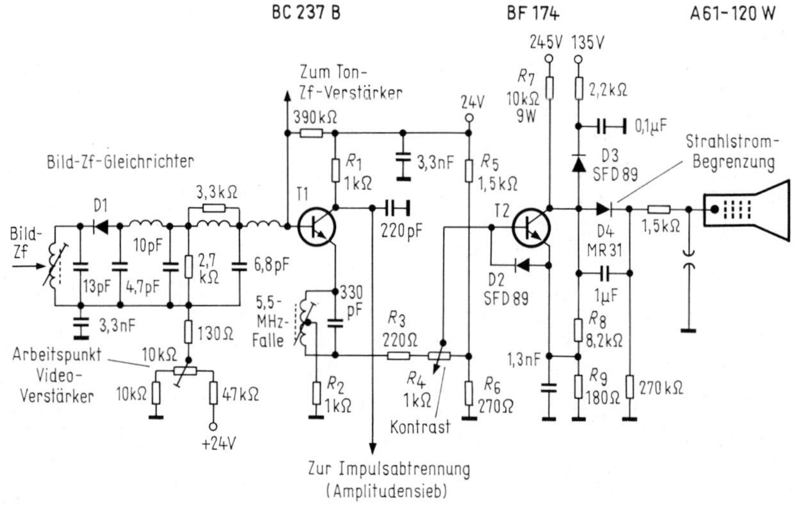

Bild 6.21 Transistorbestückter Videoverstärker für einen Schwarzweißempfänger (Telefunken)

sowie eine Funkenstrecke. Diese begrenzt etwa auftretende Bildröhrenüberschläge auf 2 kV. Selbst diese Spannung kann aber den Endtransistor gefährden. Deswegen ist eine weitere Diode D 3 vorgesehen. Sie schaltet bei Spannungen über 135 V durch und legt dann den Kollektor des Transistors an die 135-V-Leitung des Stromversorgungsteiles. Die Spannung am Kollektor kann also diesen Wert nicht übersteigen. Der 2,2-kΩ-Widerstand vor der Diode D 3 begrenzt den Strom durch diese Diode.

Schließlich soll die Diode D 2 verhindern, daß bei einem Überschlag die maximal zulässige Basis-Emitterspannung von 5 V überschritten wird. – Alle diese Maßnahmen zeigen, daß auch Hochleistungsendstufen mit Transistoren zuverlässig gegen Hochspannung geschützt werden können.

Literatur

Dathe und *Schrank:* Hochsperrende Videotransistoren. Siemens-Zeitschrift 1970, H. 11, S. 691.

Schwarz: Neue Transistoren für Video-Endstufen. Funk-Technik 1970, H. 12, S. 445.

Suhrmann: Der Einsatz von monolithischen integrierten Schaltungen im Videoteil von Farbfernsehempfängern. Valvo-Berichte, Dezember 1968, S. 169.

Suhrmann: Die Klemmschaltung. Funktechnische Arbeitsblätter Fs 66 (Oktober 1970), Franzis-Verlag, München.

Leistungssparende Video-Endstufen. Funktechnische Arbeitsblätter Fs 68. Erschienen in Funkschau 1977, H. 24, S. 1127.

Firmenveröffentlichungen

Telefunken: Zweistufiger Video-Verstärker mit Silizium-Planar-Transistoren. Telefunken-Laborbuch Band 4, S. 160.

Klemmschaltungen. Telefunken-Laborbuch Band 5, S. 128...136.

Einfluß der Spannung am Video-Demodulator auf die Gradation. Telefunken-Laborbuch Band 5, S. 176.

Novotny: Videoverstärker. Telefunken-Sprecher Heft 63/1973, S. 6.

7 Schwarzweiß-Bildröhren

Mit den Videosignalen können wir die Helligkeit des Leuchtfleckes in der Bildröhre steuern. Es ist aber an der Zeit, sich nun mit diesen Bildröhren selbst zu befassen. Videospannungen bis 70 V_{ss} wurden in den vorhergehenden Abschnitten genannt. Das ist weit mehr, als man sonst an Steuerspannungen in Empfängern benötigt. Aber der Grund ist einleuchtend: Schwarzweiß-Bildröhren arbeiten mit Anodenspannungen bis zu 18 000 V. Um einen Strahlstrom zu beeinflussen, der von einer so hohen Spannung erzeugt wird, braucht man auch bedeutend mehr Steuerspannung als für ein Bauelement, das vielleicht nur mit 100 V Betriebsspannung arbeitet.

Wegen dieser hohen notwendigen Signalspannungen blieb auch die Endstufe von Videoverstärkern noch lange Zeit mit Röhren bestückt, denn eine luftleer gepumpte Röhre verträgt höhere Spannungen als der hauchdünne pn-Übergang eines normalen Transistors. Doch nun zu den Bildröhren selbst!

Bild 7.01 Aufbau der Bildröhre

Die Elektronenstrahlröhre im Fernsehempfänger entspricht den aus der Meßtechnik bekannten Oszillografenröhren. Der Elektronenstrahl wird jedoch nicht durch elektrische, sondern durch magnetische Felder abgelenkt. Die Hauptteile der Bildröhre sind:

1. Die *Elektronenquelle,* sie strahlt ständig ein feines Elektronenbündel aus; man könnte sie deshalb „Elektronenspritze" nennen. Üblich ist jedoch der aus dem Englischen übersetzte Ausdruck „Elektronenkanone".
2. Die *Bündelungseinrichtung,* sie konzentriert den Strahl in der Bildschirmebene zu einem feinen Schnittpunkt.
3. Die rohrförmige *Anode,* sie erteilt den aus der Katode austretenden Elektronen die erforderliche Geschwindigkeit. Die Anode wird durch einen Grafitbelag innerhalb des trichterförmigen Teils des Kolbens fortgesetzt.
4. Die außen um den Röhrenhals liegenden *Ablenkspulen,* mit deren Hilfe der Elektronenstrahl horizontal und vertikal abgelenkt wird.
5. Der *Leuchtschirm* auf dem Röhrenboden.

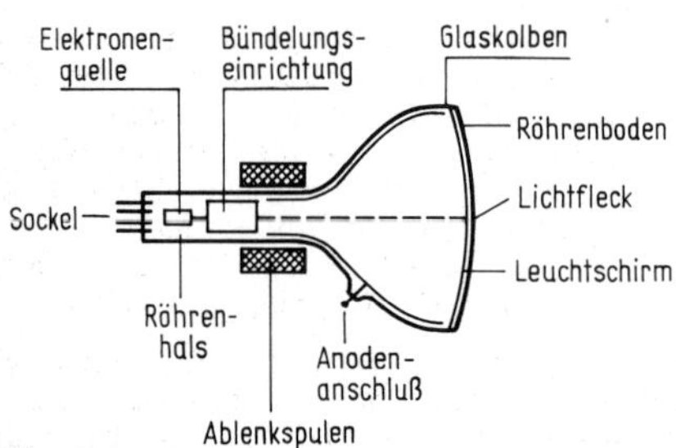

Bild 7.01
Hauptbestandteile einer Fernsehbildröhre

Bild 7.02 Die Elektronenquelle der Bildröhre

Um den Elektronenstrom in der Bildröhre zu erzeugen, wird eine punktförmige geheizte Katode mit einer emittierenden Schicht verwendet. Der Heizfaden ist von der Katode elektrisch getrennt. Er sitzt in einem vorn geschlossenen Nickelröhrchen, auf dessen Stirnfläche sich die eigentliche Emissionsschicht mit 0,3 bis 1 mm Durchmesser befindet. Durch die Heizung werden aus dieser Schicht Elektronen herausgetrieben, sie umgeben zunächst die Katode als Elektronenwolke (Raumladung).

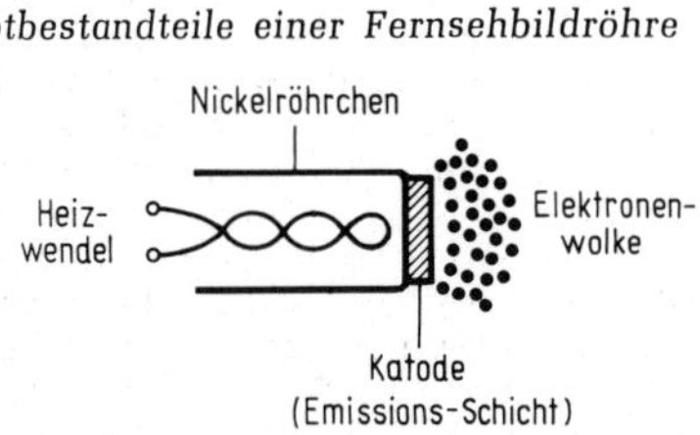

Bild 7.02 Indirekt geheizte Katode einer Oszillografen- oder Fernsehbildröhre

Bild 7.03 Die Bündelung durch den Wehnelt-Zylinder

Die Elektronenwolke soll zu einem Strahl ausgezogen werden. Man umgibt zu diesem Zweck

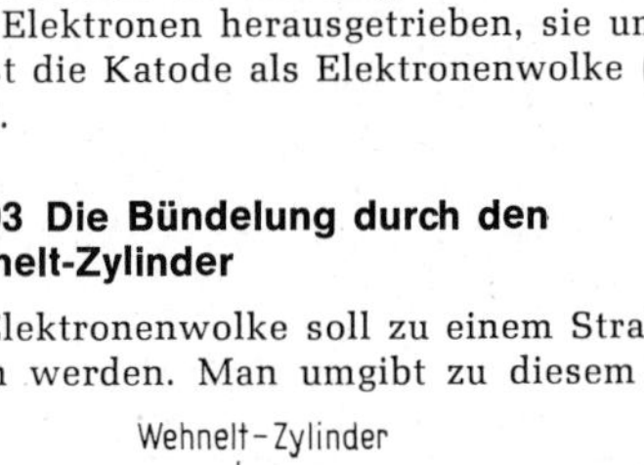

Bild 7.03 Der Wehnelt-Zylinder läßt die Elektronen nur durch eine enge Blende austreten.

die Katode im Abstand von einigen zehntel Millimetern mit einer zylinderförmigen Kappe, die an ihrer vorderen Stirnfläche eine winzige Öffnung (Lochblende) enthält. Diese nach ihrem Erfinder[1]) *Wehnelt-Zylinder* genannte Elektrode ist negativ gegenüber der Katode vorgespannt und wirkt abstoßend auf die Elektronen. Sie werden daher zur Achse hin zusammengedrängt und treten unter dem Einfluß einer Anodenspannung aus der engen Lochblende aus. Der Wehnelt-Zylinder dient aber auch als Steuerelektrode. Nähert sich die Spannung zwischen Katode und Wehnelt-Zylinder dem Wert Null, so wird der Strahlstrom größer und der Lichteffekt heller. Wird sie stark negativ, so wird der Strahl gänzlich unterdrückt, weil die Elektronen infolge der nun ebenfalls stark abstoßenden Wirkung des Wehnelt-Zylinders gar nicht mehr aus der Katode austreten können. Wegen der Verwandtschaft zum Steuergitter einer Verstärkerröhre wird der Wehnelt-Zylinder ebenfalls mit Gitter 1 (g_1) bezeichnet.

(Obgleich Verstärkerröhren in der Empfängertechnik keine Rolle mehr spielen, so sollte man doch ihre grundsätzlichen Funktionen kennen. Sie sind im Buch „Funktechnik ohne Ballast", Kapitel 7, in der heute angebrachten kurzen Form erläutert.)

Bild 7.04 Verlauf des Strahlstromes

Die Verwandtschaft zur Verstärkerröhre wird besonders deutlich bei einem Kennlinienbild, das den Strahlstrom in Abhängigkeit von der negativen Spannung am Wehnelt-Zylinder zeigt. Die Kennlinien verlaufen ähnlich wie die Gitterspannungskennlinien einer Triode oder Pentode, und sie verschieben sich annähernd parallel, wenn die Anoden- oder Schirmgitterspannung geändert wird. Die Anoden- bzw. Strahlströme einer Bildröhre sind allerdings viel kleiner, sie liegen maximal bei einigen hundert Mikroampere.

Zu jeder Strahlstromstärke gehört eine bestimmte Helligkeit oder Leuchtdichte auf dem Bildschirm. In dem Diagramm sind die Kennlinien für drei verschiedene „Schirmgitterspannungen" $U_{g\,2}$ eingezeichnet. Je kleiner $U_{g\,2}$ ist, desto niedriger werden die Strahlströme, und die Helligkeit wird geringer.

Weiterhin erkennt man aus dem Diagramm: Hat man z. B. für die Kennlinie $U_{g\,2} = 250$ V mit einem Videosignal von $U_{g\,1} = -20$ V einen Strahlstrom von 230 µA eingestellt, dann kann man durch Herabsetzen der Spannung auf – 50 V diesen Strahlstrom zu Null machen, der Leuchtfleck verschwindet. Diese Steuermöglichkeit nutzt man aus, um im Fernsehempfänger den vom Ende einer Zeile zum Anfang der nächsten Zeile zurückspringenden Strahl *schwarzzutasten.*

1 A. Wehnelt, deutscher Physiker, 1871–1944, arbeitete vorwiegend auf dem Gebiet der Röntgenphysik und der Elektronenlehre.

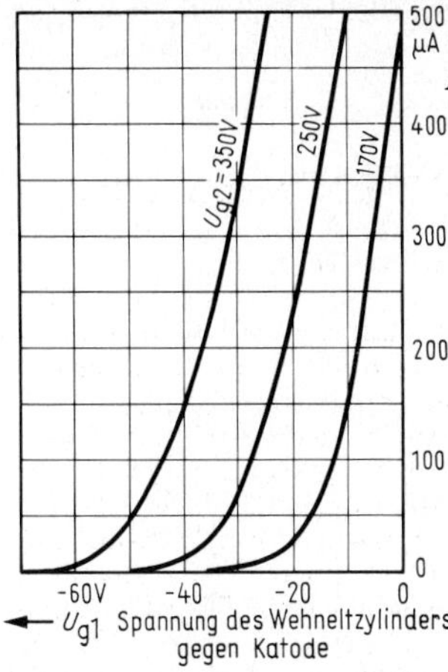

Bild 7.04 Der Strahlstrom einer Fernsehbildröhre verläuft wie der Anodenstrom einer Verstärkerröhre

Zusammenfassung

In Bild 6.12 wurde erläutert, wie sich der Arbeitspunkt einer Bildröhre durch die Spannung an Katode und Anode ergibt.

Bild 6.13 zeigte, wie an der Katode durch Aufsteuern mit vom Schwarzpegel aus positiv gerichteten Videosignalen die Helligkeit der Bildpunkte gesteuert wird.

In den Bildern 6.14 und 6.19 war dargestellt, wie durch Ändern der Spannung am Gitter 1 die Grundhelligkeit verändert werden kann.

Schließlich gibt es noch die eben in Bild 7.04 erwähnte Möglichkeit, über das Gitter 1 den rücklaufenden Strahl dunkelzutasten.

Katode und Gitter 1 werden also in dreifacher Weise zur Helligkeitssteuerung ausgenutzt.

Bisweilen wird die Frage gestellt, warum man bei Bildröhren nicht mit elektrostatischer Ablenkung arbeitet, wie dies bei Oszillografenröhren üblich ist. Der Grund liegt darin, daß man dann bei gleicher Bildschirmgröße, z. B. 50 cm Schirmdiagonale, weit längere Röhrenkolben benötigen würde, um ein verzerrungsfreies Bild zu erhalten. Mit magnetischen Ablenkspulen lassen sich dagegen auch bei kurzem Röhrenhals geschickte Entzerrungsmöglichkeiten für das Bildraster schaffen, selbst wenn der aus dem Strahlerzeugungssystem austretende Elektronenstrahl sehr steil umgelenkt werden muß. Dies wird im Abschnitt Strahlablenkung bei Bild 7.24 bis 7.28 behandelt. Besonders gilt dies auch für Farbbildröhren, wie später im Kapitel 19 beschrieben werden wird.

Elektronenoptik

Bild 7.11 Kraftfelder

Die Schwerkraft wirkt an allen Punkten der Erde stets senkrecht und läßt sich durch die zum Erdmittelpunkt M zusammenlaufenden *Schwerkraftlinien* andeuten. Ruhende oder bewegte Gegenstände werden von dieser Schwerkraft angezogen und fallen senkrecht in Richtung der Schwerkraftlinien nach unten oder werden in diese Richtung umgelenkt, selbst wenn sie zunächst eine andere Eigenbewegung haben (schräg emporgeworfene Steine, Geschosse usw.). – Man merke sich also:

1. *Schwerkraftlinien verlaufen stets senkrecht zu den Flächen mit gleichem Niveau vom Ursprungsort der Kraft aus.*

2. *In einem Kraftfeld befindliche Körper werden in die Richtung der Kraftlinien gezogen.*

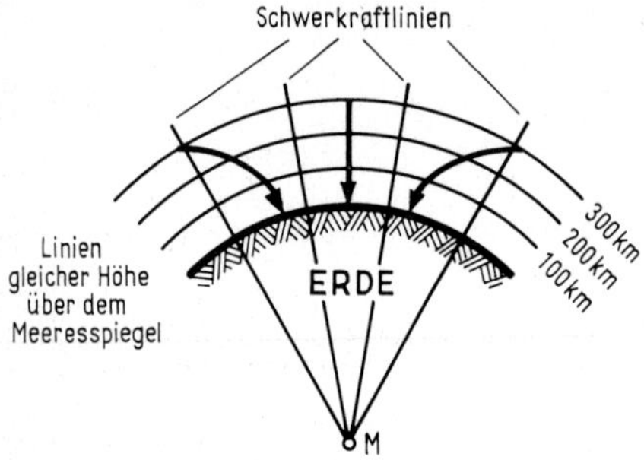

Bild 7.11 Die Schwerkraftlinien der Erde stehen senkrecht auf dem Meeresspiegel oder auf Linien gleichen Abstandes davon; im Schwerkraftfeld befindliche Gegenstände werden in Richtung der Kraftlinien angezogen

Bild 7.12 Elektrische Kraftlinien

Ein elektrisches Kraftfeld bildet sich zwischen den Platten eines Kondensators. Um die Richtung der Kraftlinien zu bestimmen, konstruiert man einige Linien *gleicher Spannungshöhe* (entsprechend den Linien gleicher Niveauhöhe beim Schwerkraftfeld). Sie werden hier *Äquipotentiallinien* genannt. Genau in der Mitte zwischen den beiden Platten wird z. B. die halbe angelegte Spannung herrschen, hier also + 300 V. An den Rändern überwiegt der Einfluß der näher liegenden Platte, die Potentiallinien werden dort herumgebogen. *Die elektrischen Kraftlinien stehen ebenfalls an allen Schnittpunkten senkrecht auf diesen Äquipotentiallinien.* An den gekrümmten Stellen stehen die kurzen, als geradlinig zu betrachtenden Kurvenstücke senkrecht aufeinander. *In ein elektrisches Kraftfeld gelangende Teilchen, z. B. negative Elektronen, werden auch hier in die Richtung dieser Kraftlinien abgedrängt.*

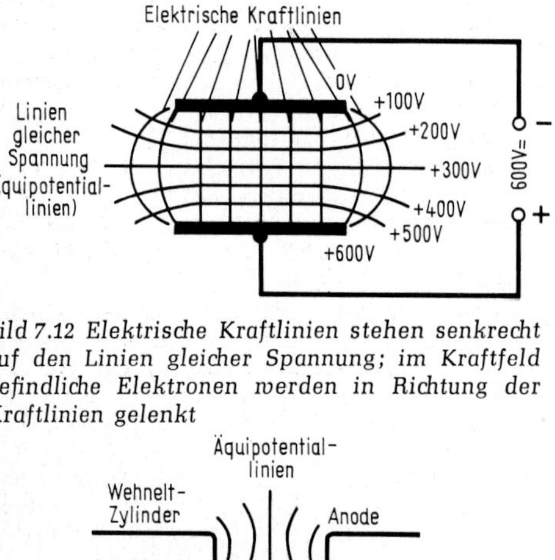

Bild 7.12 Elektrische Kraftlinien stehen senkrecht auf den Linien gleicher Spannung; im Kraftfeld befindliche Elektronen werden in Richtung der Kraftlinien gelenkt

Bild 7.13 und 7.14 Sammlung der Elektronen in einer Bildröhre

In einigem Abstand vom Wehnelt-Zylinder einer Bildröhre wird die rohrförmige Anode angeordnet. Sie erhält eine positive Spannung und bildet mit dem Wehnelt-Zylinder einen Konden-

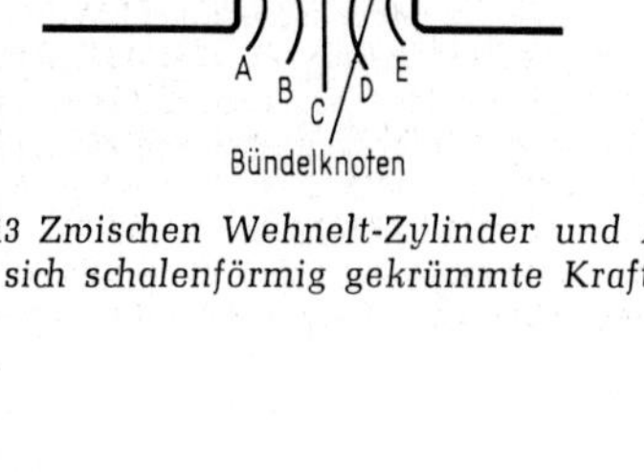

Bild 7.13 Zwischen Wehnelt-Zylinder und Anode bilden sich schalenförmig gekrümmte Kraftfelder aus

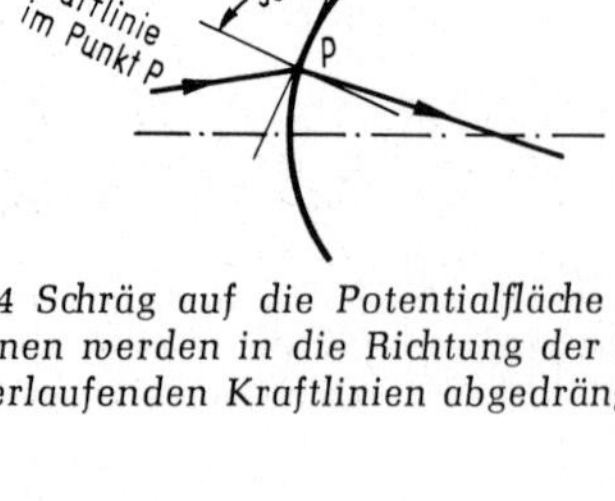

Bild 7.14 Schräg auf die Potentialfläche treffende Elektronen werden in die Richtung der senkrecht dazu verlaufenden Kraftlinien abgedrängt

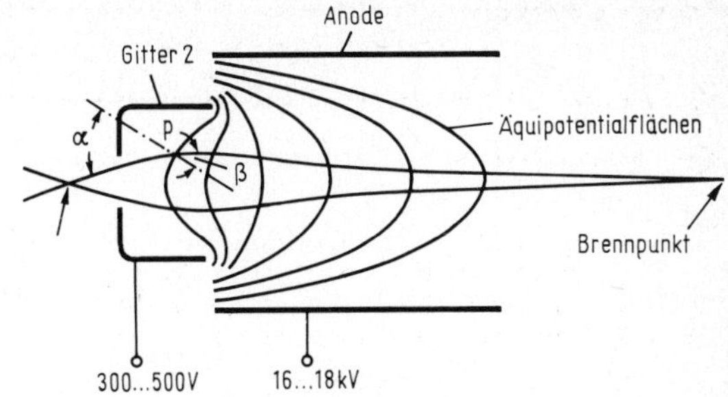

Bild 7.15 Zwischen zwei aufeinanderfolgenden rohrförmigen Anoden mit verschiedener Spannung entsteht ebenfalls ein elektrisches Feld. Es sammelt die Elektronenstrahlen zu einem scharfen Brennpunkt auf dem Bildschirm

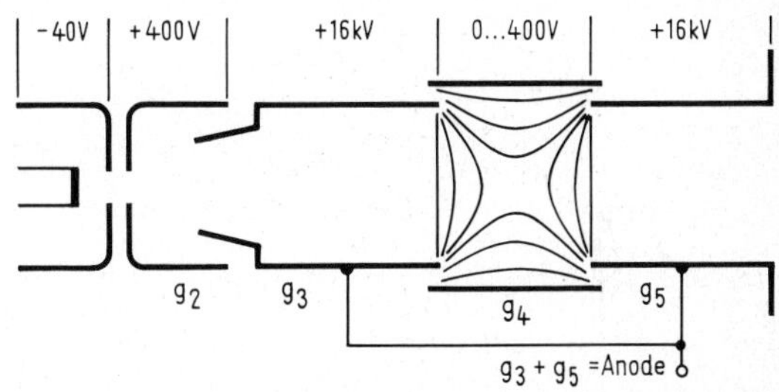

Bild 7.16 Feinfokussierung durch Unterteilen des Anodenzylinders in zwei Rohrstücke g_3 und g_5

sator. Die zwischen dessen beiden Polen entstehenden Potentiallinien krümmen sich in die Lochblenden hinein (Bild 7.13), ebenso wie sie sich in Bild 7.12 um die äußeren Kanten herumkrümmten. Da Wehnelt-Zylinder und Anode rohrförmige Körper sind, ergeben sich in Wirklichkeit nicht nur Potentiallinien, sondern schalenförmige Äquipotentialflächen. – Die aus dem Wehnelt-Zylinder austretenden Elektronen werden nun in die Richtung der elektrischen Kraftlinien gedrängt, versuchen also, möglichst senkrecht durch die Potentialflächen zu fliegen (Bild 7.14). Bereits an der vorderen Äquipotentialfläche A werden sie deshalb so stark zur Mitte hingebogen, daß sich alle Elektronen anschließend an einem Punkt (Bündelknoten) auf der Mittelachse kreuzen.

Bild 7.15 und 7.16 Elektrostatische Fokussierung

Hinter dem Kreuzungspunkt laufen die Elektronen jedoch wieder auseinander, und sie würden auf dem Leuchtschirm einen Fleck von mehreren Zentimetern Durchmesser erzeugen. Um die Elektronen auf einen Punkt zu konzentrieren, benutzt man bei modernen Bildröhren ebenfalls elektrische Felder. Um die Funktion schrittweise zu erläutern, ist in Bild 7.15 zunächst nur das Gitter 2 und eine rohrförmige Anode dargestellt. Gitter 2 erhält eine Spannung von + 300...500 V, und die Anode liegt an + 16...18 kV. Zwischen Gitter 2 und Anode bilden sich nun ebenfalls schalenförmige Potentialflächen. Wegen des größeren Durchmessers der Anode verlaufen die Flächen dort in größeren Rundungen. Trifft ein Strahl beim Punkt *P* im Winkel α schräg auf die erste stark gekrümmte Potentialfläche, so wird er zu der senkrecht auf dieser Fläche stehenden elektrischen Kraftlinie hingebogen. Der Strahl tritt daher in einem kleineren Winkel β aus der Schale heraus. Dieser Vorgang wiederholt sich an den nächsten dicht hintereinander liegenden Flächen, so daß sich alle Strahlen zu einem spindelförmigen Bündel konzentrieren. Sie laufen an den rechts liegenden entgegengesetzt gekrümmten Flächen nicht mehr auseinander, weil das Bündel hier schon so schmal ist, daß es praktisch durch den Mittelpunkt der Schalen geht und daher nicht mehr abgelenkt wird.

Diese Anordnung wirkt wie eine Sammellinse (Brennglas) für sichtbare Lichtstrahlen und wird daher *elektrische Linse* oder *Elektronenoptik* genannt. Sie sammelt die vom Bündelknoten ausgehenden Elektronenstrahlen und vereinigt sie zu einem Brennpunkt. Dem Gitter 2 und der Anode gibt man in der Praxis eine etwas andere Form und legt sie an feste Spannungen. Das Röhrensystem ist so konstruiert, daß sich mit diesen Spannungen ein Brennpunkt auf dem Bildschirm ergibt.

Um Toleranzen auszugleichen und die äußerste Schärfe einstellen zu können, sieht man noch eine *Feinfokussierung* vor. Der Anodenzylinder wird dazu nach Bild 7.16 in zwei Rohrstücke g_3 und g_5 unterteilt, und eine vierte Elektrode g_4 wird über der Lücke angeordnet. An diese Elektrode legt man eine von 0 V bis etwa + 400 V veränderliche Spannung. Diese niedrige Spannung versucht in

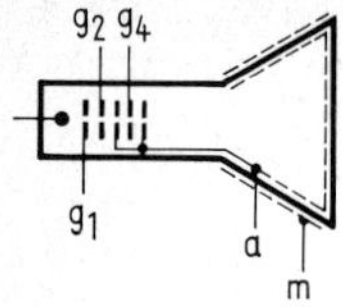

Bild 7.17 In Empfängerschaltungen verwendetes Symbol einer Schwarzweißbildröhre

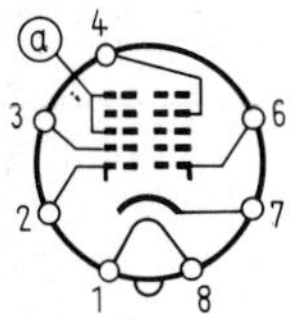

Bild 7.18 Schaltsymbol für die Sockelanschlüsse

die Lücke zwischen den beiden Rohrstücken ihr Potential hineinzuschieben. Dadurch entstehen an den auf 16 kV aufgeladenen Rohrstücken ein System aus zwei etwa plankonvexen Sammellinsen. Durch Verstellen der Spannung an g_4 ändert sich die Brennweite dieses Linsensystems. Man stellt damit erstmalig im Werk oder nach dem Auswechseln einer Bildröhre die optimale Schärfe ein. Die Fokussierelektrode g_4 dieser *Schmalbündeloptik* sowie die gesamte Systemkonstruktion ergeben zwei Vorteile:

1. Der Leuchtpunkt des nun nadelfeinen Strahls bleibt auch bei größter Ablenkung bis zum Rand des Bildschirmes scharf (obgleich der Weg bis zum Bildrand wesentlich länger als zur Bildmitte ist).

2. Die Röhreneigenschaften werden unabhängig von Spannungsschwankungen, die Schärfe bleibt konstant.

Bild 7.17 und 7.18 Schaltsymbol und Typenbezeichnung

Das vorstehend besprochene Bildröhrensystem stellt man in Schaltungen wie ein Röhrensystem mit den Gittern g_1 bis g_5 dar (Bild 7.17). Wegen der hohen Anodenspannung (14...18 kV) wird der Anodenanschluß a weit entfernt von den übrigen Elektroden an der Glaswand des Kolbens herausgeführt, während die anderen Anschlüsse zu einem Stecksockel vereinigt sind. Die Anode setzt sich vom System aus in einem leitenden, aus Grafit bestehenden Innenbelag des Kolbens fort. Der Kolben ist außen metallisiert und erhält einen Masseanschluß m. Die Heizfädenanschlüsse werden im Schaltsymbol meist weggelassen und erscheinen nur in einem Heizkreisschema an anderer Stelle der Gesamtschaltung des Empfängers.

In den Sockelschaltungen wird das Bildröhrensymbol nach Bild 7.18 dargestellt. Darin bedeuten:

Stift	1	2	3	4	6	7	8	Kappe
	f	g_1	g_2	g_4	g_1	k	f	a

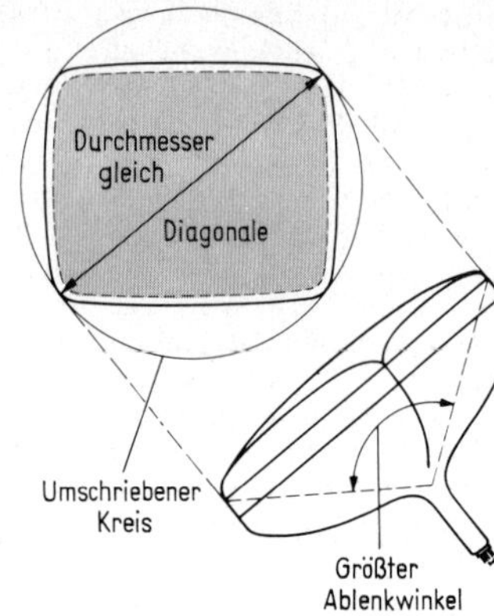

Bild 7.19
Bildröhrendiagonale und größter Ablenkwinkel

Der Wehnelt-Zylinder g_1 erhält also hier zwei Anschlüsse (nicht bei allen Röhrentypen). Der Masseanschluß für die Außenmetallisierung wird meist durch einen Federkontakt hergestellt, der sich gegen die Kolbenwand legt.

Die Typenbezeichnung der jetzigen Schwarzweiß-Bildröhren bestehen aus den Buchstaben A, zwei Zahlengruppen und dem Buchstaben W, z. B. A 50–12 W. Darin bedeuten:

A = Fernsehbildröhre

50 = Bildschirmdiagonale in Zentimeter

12 = (zweite Zahlengruppe) eine Typenbezeichnung innerhalb dieser Bildschirmgröße

W = Weiß, also eine Bildröhre für Schwarzweißempfänger

Bei Farbbildröhren tritt anstelle des W ein X. Bildröhren mit den Buchstabengruppen AW und MW an erster Stelle sind veraltet. Nur einzelne AW-Typen werden für Ersatzbestückungen noch geliefert und in den Röhrendatenblättern aufgeführt.

Bild 7.19 und 7.20 Bildröhrengrößen

Äußere Kennzeichen einer Röhre sind die Abmessungen des Leuchtschirmes. Man gibt seine Größe durch seine Diagonale oder durch den größten Durchmesser des durch die Ecken laufenden Kreises an. Der ausnutzbare Schirmdurchmesser ist jedoch geringer, da man rings um die Schirmfläche einen Rand von etwa 12 bis 15 mm Breite abdecken muß bzw. nicht ausschreiben kann.

Eine lange Röhre benötigt ein tieferes Gehäuse. Deswegen wurden im Laufe der Zeit die Baulängen der Röhren schrittweise verkürzt, indem man den Ablenkwinkel des Elektronenstrahls vergrößerte. Als Maß hierfür gibt man den maximalen Ablenkwinkel für die *Bilddiagonale* (Bild 7.19) an. Er beträgt bei den gebräuchlichen Röhren 110°. Vorher waren Röhren mit 90° und sogar 70° Ablenkwinkel im Gebrauch (Bild 7.20). Bei den Schwarzweiß-Bildröhren gibt es derzeit Ausführungen mit den Bilddiagonalen 28 cm und 31 cm für transportable Geräte und mit 44 cm, 47 cm, 50 cm und 56 bis 66 cm für Heimgeräte, Sonstige Konstruktionsunterschiede wie z. B. die Art der Halterung, Röhren für *Durchstecktechnik*, Dünnhalsausführungen haben für die grundlegende Funktion keine Bedeutung.

Bild 7.20 Verkürzung der Bildröhren bei größerem Ablenkwinkel

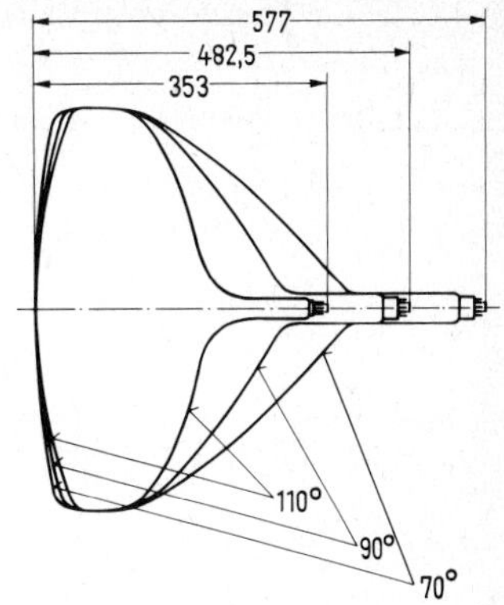

Strahlablenkung

Bild 7.21 Prinzip der Ablenkspulen

Mit den bisher besprochenen Einrichtungen wird auf der Mitte des Leuchtschirmes der Bildröhre ein Lichtfleck erzeugt, dessen Helligkeit und Schärfe sich einstellen lassen. Zum Aufbau des Fernsehbildes muß dieser Lichtfleck zeilenweise über die Bildfläche geführt werden. Zu diesem Zweck wird der Elektronenstrahl durch magnetische Wechselfelder aus seiner axialen Richtung waagerecht und senkrecht abgelenkt.

Man ordnet deshalb für eine Ablenkrichtung an zwei gegenüberliegenden Seiten des Röhrenhalses je eine Spule so an, daß die Achsen der beiden Spulen *in einer gemeinsamen Flucht* liegen. Dic Wicklungen werden so in Reihe geschaltet, daß sie als eine durchgehende Spule wirken, die lediglich in der Mitte auseinandergezogen ist.

Schickt man durch diese Anordnung einen Gleichstrom, so entsteht ein langgestreckter Elektromagnet, bei dem beispielsweise der Nordpol links liegt. Zwischen den beiden Teilspulen bildet sich quer zum Röhrenhals und zur Elektronenflugrichtung ein gleichmäßiges magnetisches Kraftfeld aus. Der Elektronenstrom e erfährt durch dieses Magnetfeld eine Ablenkung, und

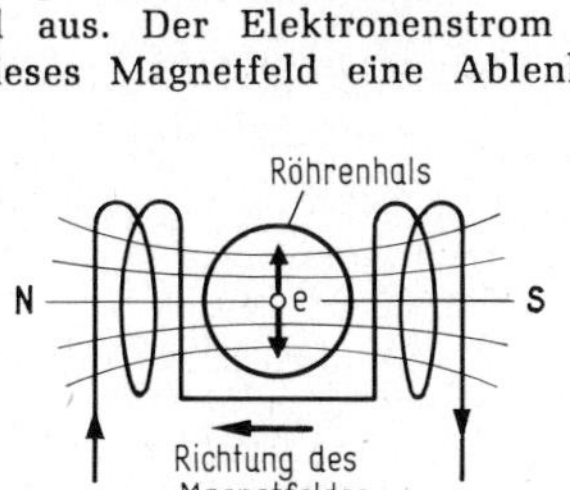

Bild 7.21 Richtung des Magnetfeldes und Ablenkung des Elektronenstrahls

zwar nach der *Dreifingerregel* des Elektrotechnikers senkrecht zum Magnetfeld und senkrecht zur Stromrichtung, d. h. der Strahl wird hier entweder nach oben oder nach unten abgelenkt. Speist man die Spulen mit Wechselstrom, so wird der Lichtfleck mit der gleichen Frequenz hin- und hergeführt und bildet eine leuchtende Linie.

Bild 7.22 und 7.23 Sattelspulen

Die Grundform eines solchen Ablenkspulenpaares ist nach Bild 7.22 etwa rechteckförmig. Je dichter die Spulen an den Röhrenhals herangebracht werden, um so kräftiger wird das

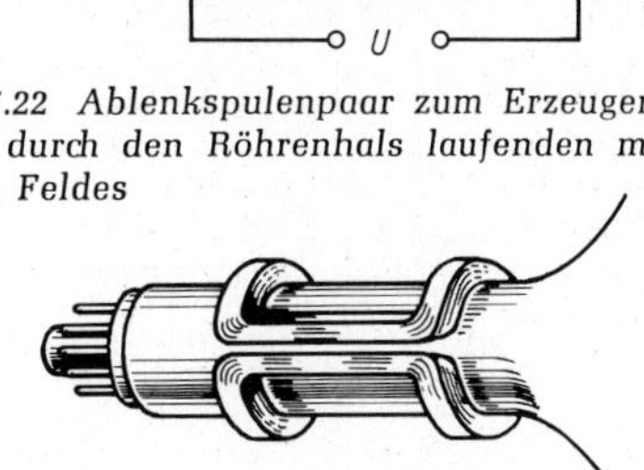

Bild 7.22 Ablenkspulenpaar zum Erzeugen eines quer durch den Röhrenhals laufenden magnetischen Feldes

Bild 7.23
Praktische Ausführung von Ablenkspulen, sie werden eng um den Röhrenhals herumgelegt

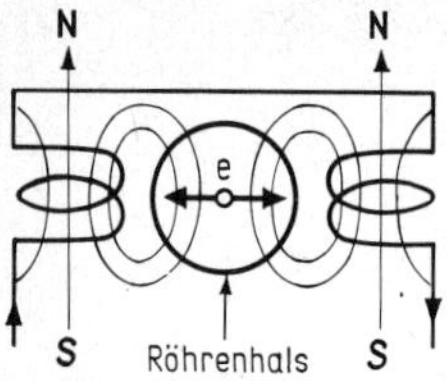

Bild 7.24 Andere Anordnung der Ablenkspulen

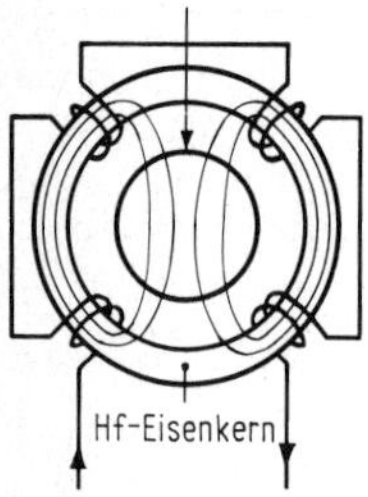

Bild 7.25 Toroid-Spulen, bestehend aus zwei Spulenpaaren auf einem Ferritring

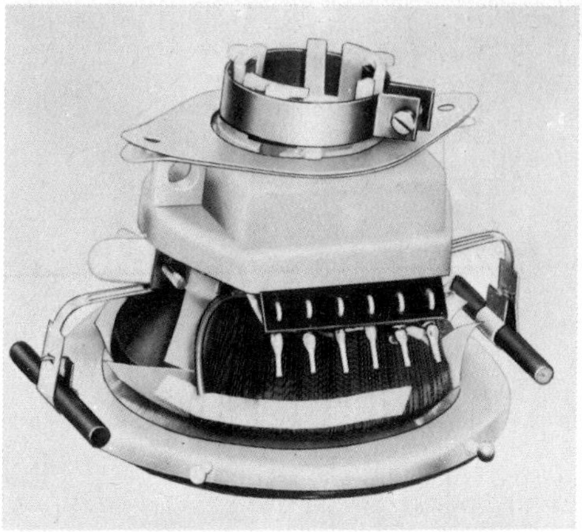

Bild 7.26 Ansicht einer Ablenkeinheit für 47- und 59-cm-Rechteckbildröhren mit 110° Ablenkwinkel (Valvo)

Magnetfeld, und die Kraftlinien verlaufen besser parallel. Man formt deshalb die rechteckigen Spulen so, daß sie nach Bild 7.23 unmittelbar am Röhrenhals anliegen. Um auch entsprechend Bild 1.01 einen Vorschub senkrecht zur Zeilenrichtung zu erhalten, wird ein zweites Spulenpaar um 90° versetzt zum ersten zusätzlich angeordnet. Das eine Paar bildet dann die Zeilenablenkspulen, das andere die Bildablenkspulen. Durch besondere Form der Wicklung wird erreicht, daß die Bildzeilen möglichst geradlinig bis zum Bildrand verlaufen und auch bis in die Ecken des Bildes scharf sind. Wegen ihrer eigenartigen Form werden die hier im Prinzip dargestellten Spulen *Sattelspulen* oder *Pantoffelspulen* genannt.

Bild 7.24 und 7.25 Toroid-Spulen

Neben der Sattelspule gibt es noch eine zweite Spulenform, mit der sich ein Magnetfeld quer durch den Röhrenhals erreichen läßt. Nach Bild 7.24 ordnet man im Prinzip zwei Spulen seitlich vom Röhrenhals so an, daß ihre Achsen *parallel zueinander* stehen. Die Wicklungen werden so verbunden, daß beim Durchschicken eines Gleichstromes z. B. bei beiden Spulen oben ein Nordpol entsteht. Die Kraftlinien beider Spulen vereinigen sich dann im Innern des Röhrenhalses wieder zu einem Magnetfeld mit in gleicher Richtung verlaufenden Kraftlinien. Dieses Feld lenkt, ebenfalls nach der Dreifingerregel, den Strahl senkrecht zur Strahlrichtung und senkrecht zu den Kraftlinien ab. Damit ergibt sich die gewünschte Bewegung des Leuchtfleckes, und zwar in diesem Fall in horizontaler Richtung.

In der Praxis unterteilt man jede Spule nochmals und ordnet insgesamt vier Teilspulen in der in Bild 7.25 dargestellten Weise auf einem Ferritring an. Diese Spulen nennt man im Gegensatz zu Sattelspulen *Toroid*-Spulen (*Torus* = Ringkörper).

Im Fernsehempfänger kommt es sehr darauf an, daß die magnetischen Feldlinien der Ablenkspulen vollkommen parallel innerhalb der Bildröhre verlaufen, andernfalls wird das Bild *kissenförmig* oder *tonnenförmig* verzeichnet. Um diese Fehler zu vermeiden, sieht man je nach den Erwägungen und Berechnungen des Entwicklungs-Ingenieurs Sattelspulen, Toroid-Spulen oder sogar eine Kombination von beiden vor, z. B. Sattelspulen für die Horizontal- und Toroid-Spulen für die Vertikalablenkung. Auch durch besonderen Verlauf des Wickelquerschnittes lassen sich bestimmte Feldverzerrungen ausgleichen. Außerdem lassen sich kissenförmige Verzeichnungen durch zusätzliche kleine Permanentmagnete am Bildröhrenkolben ausgleichen.

Bild 7.26 Ablenkeinheit

Das Bild zeigt eine Ablenkeinheit für elektrostatisch fokussierte Bildröhren mit großem Ablenkwinkel (Valvo). Zur Vertikalablenkung werden Toroidspulen verwendet. Sie sind auf einen teilweise konischen Ferritring gewickelt. Er umfaßt auch die Horizontalspulen und verlegt die Ablenkfelder weit nach vorn zum Bildkolben. Die Spulen für die Vertikalablenkung sind als weitausladende Sattelspulen ausgeführt. Die gesamte Spulenform ist so durchgebildet, daß sich ein gleichmäßig scharfes Raster über die gesamte Bildfläche hinweg ergibt. Zwei verstellbare Stabmagnete dienen zum Abgleichen der Bildgeometrie.

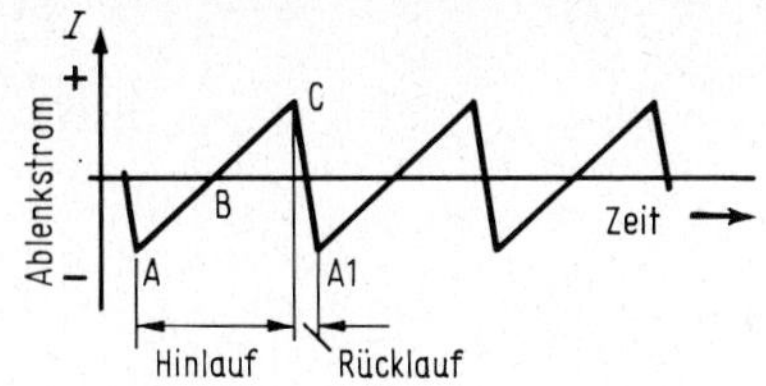

Bild 7.27 Sägezahnförmiger Verlauf des Ablenkstroms

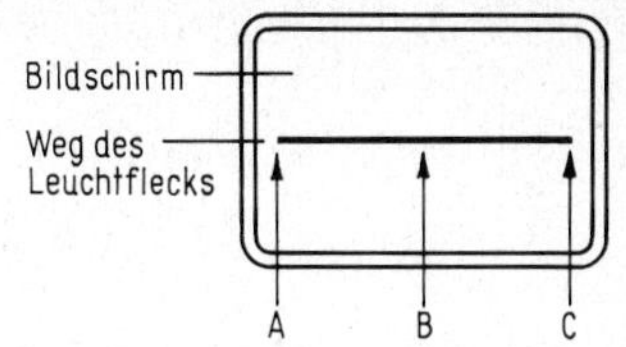

Bild 7.28 Weg des Leuchtfleckes auf dem Bildschirm mit Markierungen für die Punkte A, B und C aus Bild 7.27

In den Horizontalablenkspulen entstehen sehr hohe Spannungsspitzen, die Durchschläge zwischen den einzelnen Windungen verursachen können, wenn die Lackisolation schadhaft ist. Die Sattelspulen werden deshalb durch komplizierte Spezialmaschinen gleich in der endgültigen Form gewickelt, denn ein nachträgliches Biegen und Formen bringt die Gefahr, daß an den Biegestellen und Drahtkreuzungen feinste Risse im Lack entstehen, so daß die Hochspannung dort durchschlägt.

Bild 7.27 und 7.28 Ablenkströme für Bildröhren

Damit der Lichtfleck mit gleichmäßiger Geschwindigkeit über den Bildschirm bewegt wird, muß der Strom in den Ablenkspulen linear ansteigen und am Ende der Zeile oder des Bildes schnell zum Anfangswert zurückspringen (vgl. Bild 1.01). Dies wird durch einen sägezahnförmigen Wechselstrom erzielt. Er steigt gleichmäßig vom tiefsten negativen Wert *A* über den Stromwert Null = *B* bis zum positiven Spitzenwert *C* an (Bild 7.27). Dadurch entsteht in den Spulen ein entsprechendes Magnetfeld. Beim größten negativen Stromwert *A* wird der Lichtfleck z. B. ganz nach links abgelenkt (Bild 7.28). Beim Strom Null ist kein Magnetfeld vorhanden, das Elektronenstrahlenbündel behält also seine ursprüngliche Richtung, der Lichtfleck befindet sich auf der Mitte des Bildschirmes. Kehrt sich die Stromrichtung um, dann wandert der Lichtfleck nach rechts, um endlich bei *C* die äußerste Stellung zu erreichen. Von dort springt er in wesentlich kürzerer Zeit wieder auf den Anfangspunkt *A* 1 des nächsten Sägezahnes zurück (Rücklauf). Diese Rücklaufzeit muß innerhalb der „Schwarzschulter" des Fernsehsignales (Bild 1.06) zu liegen kommen, dann wird der Rücklauf auf dem Leuchtschirm unsichtbar.

Für die Zeilenablenkung im Fernsehempfänger muß also ein Sägezahnstrom mit einer Frequenz von 15 625 Hz verwendet werden.

Durch die um 90° gedrehten Bildablenkspulen fließt dagegen ein Sägezahnstrom mit der Rasterfrequenz von 50 Hz. Durch das gemeinsame Arbeiten beider Ablenkströme entsteht die Aufeinanderfolge der einzelnen Fernsehraster, wie es im Prinzip in den Bildern 1.01 und 1.04 gezeigt wurde.

Die in den Ablenkspulen benötigten sägezahnförmigen *Ströme* sind von recht beträchtlicher Größe. Sie müssen deshalb von einer leistungsfähigen Verstärkerstufe geliefert werden. Man erzeugt dazu in besonderen Oszillatoren sägezahnförmige *Spannungen*, die entsprechend verstärkt werden[1]). Diese Sägezahnspannungen bezeichnet man auch als „Kippspannungen", weil der Spannungswert langsam ansteigt und dann schnell wieder auf den Anfangswert zurückkippt.

Daß man eine erhebliche Ablenkleistung, also hohe Ablenkströme benötigt, kann man daraus ermessen, daß der Elektronenstrahl durch eine Anodenspannung von 16...18 kV beschleunigt wird. Er ist deswegen sehr „steif", und man braucht kräftige Magnetfelder, um ihn aus seiner Ruhelage zu bewegen.

1 Sägezahnströme lassen sich auch durch Rechteckspannungen erzeugen. Einzelheiten hierzu werden später besprochen.

Bild 7.29 Notwendige Vorverzerrung des Ablenkstroms

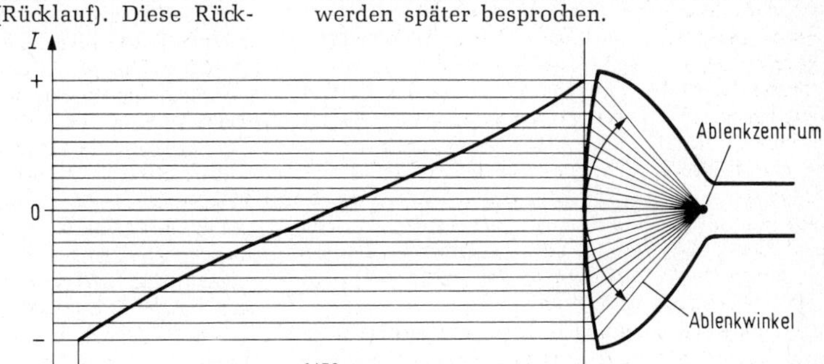

Bild 7.29 Linearität des Ablenkstromes

Beim gleichmäßigen Ansteigen des Ablenkstromes entsprechend Bild 7.27 wird der Elektronenstrahl etwa um gleiche Winkelbeträge ausgelenkt. Infolge der flachen Krümmung des Bildschirmes würden dadurch z. B. bei der Bildablenkung die Bildzeilen am oberen und unteren Rand einen weiteren Abstand erhalten als in der Mitte. Um dies auszugleichen, darf der Ablenkstrom nicht so exakt linear ansteigen, wie zunächst in Bild 7.27 gezeichnet, sondern man muß den Anstieg leicht S-förmig verzerren. Dies geschieht durch geeignete Gegenkopplungsschaltungen und andere Korrekturelemente in den Ablenk-Endstufen. Ein ziemlich erheblicher Schaltungsaufwand ist hierzu notwendig, besonders bei Farbfernsehempfängern, bei denen jeweils drei verschiedenfarbige Raster genau zur Deckung gebracht werden müssen. Bei neueren Farbbildröhren wurden diese Korrekturarbeiten wesentlich vereinfacht. Trotzdem muß man die Grundlagen beherrschen, um Fehler zu erkennen und zu beseitigen.

Der Bildschirm

Bild 7.31 Leuchtschicht und Lichthof

Der Kolben einer Bildröhre ist auf der Innenseite mit einer sehr dünnen Schicht bestimmter Chemikalien (Leuchtstoffe) überzogen, die an der von Elektronen getroffenen Stelle aufleuchten. Die Helligkeit ist um so größer, je stärker der Elektronenstrom ist. Die Farbe des Schirmbildes hängt von den Leuchtstoffen ab; so gibt z. B. Kalziumwolframat ein bläuliches, Zinksulfid ein gelblich-grünes Bild. Durch Mischen verschiedener Leuchtstoffe lassen sich die Farbtöne beeinflussen. Am angenehmsten für längere Betrachtung haben sich Schwarzweiß-Bildröhren mit leicht gelblich aufleuchtendem Schirm erwiesen.

Die vom Strahl getroffene Stelle des Bildes soll kurze Zeit nachleuchten, damit ein geschlossenes Bild aus allen Leuchtpunkten zustande kommt. Andererseits darf die Nachleuchtdauer nicht größer sein als $^1/_{50}$ Sekunde, weil nach dieser Zeit der nächste Bildpunkt eintrifft und sonst bei schnellen Bewegungen das Bild „verschmiert" wird. Die leuchtenden Stellen der Schirmfläche senden ihr Licht nach allen Seiten und nicht nur geradlinig zum Zuschauer hin aus. Lichtstrahlen, die unter einem bestimmten Grenzwinkel auf die Grenzfläche zwischen Glas und Luft treffen, werden im Glas reflektiert, zum Leuchtschirm zurückgeworfen und hellen diesen um den eigentlichen Lichtpunkt herum auf; es entsteht ein „Lichthof", der die scharfe Zeichnung verwischt. Zur Abhilfe verwendet man für den Kolbenboden kein Klarglas, sondern ein graues Filterglas. Es verschluckt zwar etwas vom gewünschten Licht, jedoch muß das unerwünschte Nebenlicht mindestens dreimal die Filterplatte durchsetzen, ehe es an die Außenluft tritt. Dadurch tritt die störende Aufhellung weniger in Erscheinung.

Auch die Raumbeleuchtung hellt den Leuchtschirm der Bildröhre an den dunklen Stellen auf. Hier wirkt sich das Filterglas ebenfalls günstig aus, denn das Raumlicht wird auf dem Hin- und Rückweg, also zweimal durch das graue Glas geschwächt. Dieses Graufilter bewirkt demnach, daß die dunklen Stellen des Bildes weder durch Lichthöfe noch durch Raumbeleuchtung unzulässig aufgehellt werden; es erhöht die Helligkeitsunterschiede, also den „Kontrast" des Fernsehbildes.

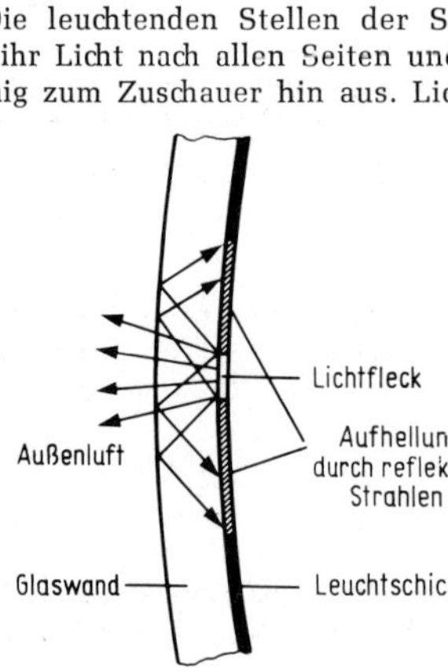

Bild 7.31 Entstehung eines Lichthofes durch die innerhalb der Glaswand reflektierten Lichtstrahlen

Bild 7.32 und 7.33 Metallisierte Leuchtschirme

Die vom Elektronenstrahl getroffene Stelle des Leuchtschirmes sendet naturgemäß Licht nach allen Seiten, also auch in das Innere der Bildröhre. 50 % des Lichtes würden dadurch für den Beschauer verlorengehen. Außerdem trifft dieses rückwärtige Licht auf die Innenwandung der Röhre und hellt das Innere auf (Bild 7.32), so daß die dunklen Stellen des Bildes von hinten durchleuchtet werden und der Kontrast herabgesetzt wird. Zur Abhilfe wird der Kolben innen mit einer mattschwarzen Grafitschicht versehen, die nur wenig Licht reflektiert. Eine weitere Verbesserung entsteht dadurch, daß nach Bild 7.33 auf die Innenseite des Leuchtschirmes eine äußerst dünne leitende Aluminiumschicht aufgedampft wird. Diese Schicht ist für Elektronen durchlässig, reflektiert aber das im Leuchtschirm entstehende Licht nach vorne. Die Leuchtdichte an den hellen Stellen steigt also, und die Kontrastminderung durch die rückwärtige Aufhellung fällt weg. Gleichzeitig bringt die Metallisierung des Leuchtschirmes einen weiteren Vorteil: Im Elektronenstrahl enthaltene, den Leuchtschirm schädigende Ionen[1]) können wegen ihrer größeren Masse eine Metallfolie nicht durchdringen und den Leuchtstoff nicht erreichen. Bildröhren mit metallisiertem Leuchtschirm benötigen keine besonderen Schutzmaßnahmen gegen Ionenstrahlen.

Bild 7.34 Mechanische Behandlung von Fernsehbildröhren

Die Bildröhre ist luftleer gepumpt, soweit dies technisch möglich ist. Da praktisch jeder Gegendruck von innen fehlt, lastet auf einem Quadratzentimeter Außenfläche bei normalem Luftdruck eine Atmosphäre, d. h. 1 kg/cm². Bei einer Bildröhre mit 59 cm Bilddiagonale lastet allein auf der Bildschirmfläche ständig ein Druck von mehr als 1,5 Tonnen, das entspricht einem vollbeladenen kleinen Lastwagen.

Springt der Glaskolben, so fliegen die Splitter unter dieser gewaltigen Belastung zwar zunächst nach innen, die Röhre implodiert (im Gegensatz zum Explodieren einer Sprengladung). Die Splitter fliegen aber geradlinig weiter oder prallen irgendwo ab, so daß sie schließlich doch im Raum umhergeschleudert werden und unangenehme Verletzungen hervorrufen können. Bildröhren werden daher vor der Auslieferung einer sorgfältigen Druckprobe unterzogen. Dabei wird in einem druckfesten Kessel der Außendruck zusätzlich stark erhöht. Bestehen sie diese Prüfung, so ist nach menschlichem Ermessen nichts zu befürchten, wenn die Röhre nicht fahrlässig unsanft behandelt wird. Es sind deshalb folgende Richtlinien streng zu beachten: Bildröhren sind nur in ihren Spezialverpackungen zu transportieren. Beim Auswechseln sollen sie auf eine weiche Unterlage gelegt werden, und zwar am besten mit der Schirmfläche auf einen der bekannten Tennisringe. Man arbeite ruhig und überlegt, um nirgends gegenzustoßen, und vermeide jeden Zwang beim Einsetzen in das Gerät. Zuschauer sind hierbei unerwünscht. Gefährliche Bildröhrenimplosionen sind allerdings bisher noch kaum gemeldet worden. Man muß schon sehr große Gewalt aufbringen, um eine Bildröhre zu zerstören. Bei Abgleicharbeiten am Empfänger braucht man daher nicht überängstlich zu sein; lediglich beim Auswechseln von Bildröhren sind die genannten Vorsichtsmaßregeln zu beachten. Neuere

---

1 Ionen = elektrisch geladene Atome.

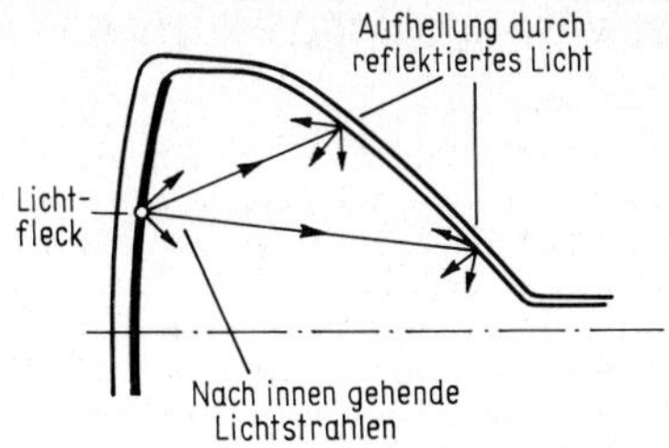

Bild 7.32 Aufhellung des Innenraums der Bildröhre durch reflektiertes Licht

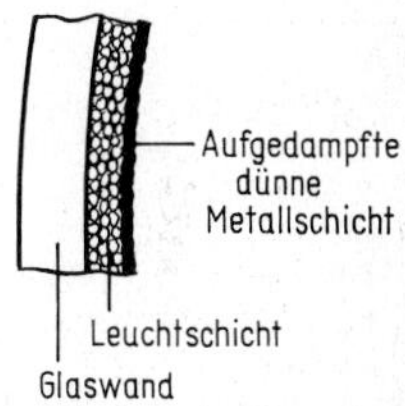

Bild 7.33 Vergrößerte schematische Darstellung eines metallisierten Leuchtschirms

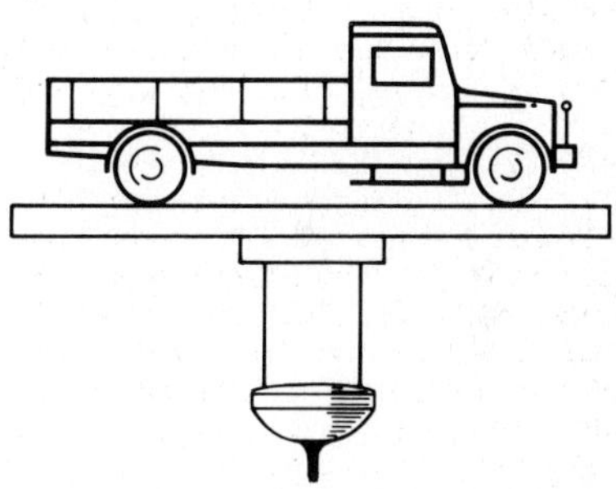

Bild 7.34 Auf dem Schirm einer 59-cm-Fernsehbildröhre lastet der äußere Luftdruck fast mit dem Gewicht eines 1½ Tonnen schweren Lastwagens

Bildröhren werden außerdem durch einen Metallring an den gefährdeten Stellen oder durch einen Polyesterüberzug gegen Implosion geschützt.

Literatur

Böke und *Reichardt:* Elektronenoptik in Fernsehbildröhren. Valvo-Berichte 1974, H 1/2, S. 95.

Kaashoek: Sattelspule oder Toroidspule? Funkschau 1974, H. 23, S. 876.

8 Etwas Regel- und Impulstechnik

Im Tuner und im Bild-Zf-Verstärker wurden bereits zwei wichtige Regelschaltungen, die automatische Verstärkungsregelung (AVR) und die automatische Scharfabstimmung oder automatische Frequenzregelung (AFR), erwähnt. Die AVR hängt als sogenannte getastete Regelung von den Impulsreihen des noch zu besprechenden Zeilenablenkteiles ab. Auch in den übrigen Stufen des Fernsehempfängers befinden sich Regelschaltungen. Deshalb wird hier zunächst ein Überblick über automatische Regelungen im Fernsehempfänger gegeben. Eine gute Vorinformation dazu bietet auch das Buch Funktechnik ohne Ballast, 14. und 15. Auflage.

Im Sprachgebrauch werden leider die Worte *Regeln* und *Regler* mehrdeutig verwendet. Typische Beispiele beim Fernsehempfänger sind die Drehknöpfe für Helligkeit und Lautstärke. Man bezeichnet sie als Regler, obgleich damit, technisch gesehen, kein echter Regelvorgang verbunden ist, der sitzt nämlich in der *automatischen* Verstärkungsregelung.

Um solche Unklarheiten zu vermeiden, wird in diesem Buch nur eine *selbsttätige* Regelung als *Regelung* bezeichnet. Eine handbediente Anordnung dagegen ist eine *Steuerung* oder *Einstellung;* ein Regelwiderstand wird demzufolge *Stellwiderstand* oder, wenn er nur einmalig abgeglichen wird, *Trimmwiderstand* genannt.

Diese Definitionen mögen alten Praktikern und auch dem Laien zunächst ungewohnt sein, man kommt jedoch bei den verwickelten Automatik-Schaltungen unserer Fernsehempfänger nicht mehr um eine exakte Begriffsbildung herum, und die jungen Fernsehtechniker und Serviceleute sollten sich diese Begriffe zu eigen machen, zumal sie im Normblatt DIN 19 226 festgelegt worden sind. Mit der Zeit prägen sich die exakten Definitionen so ein, daß man es als ausgesprochen falsch empfindet, wenn beispielsweise ein Lautstärke*einsteller* als Lautstärke*regler* bezeichnet wird.

Im technischen Englisch heißt Regeln to control, daher *automatic volume control* = AVC = automatische Verstärkungsregelung. To control bedeutet also in diesem Zusammenhang mehr als unser Wort kontrollieren = überprüfen.

Für *Einstellen* könnte man auch *Steuern* sagen, denn das Steuern eines Schiffes, woher der Ausdruck stammt, bedeutet, daß man durch Drehen des Steuerrades das Schiff auf den gewünschten Kurs bringt. Besser reserviert man jedoch den Ausdruck Steuern für das Beeinflussen von Strömen und Spannungen innerhalb einer Schaltung. Im einfachsten Fall steuert man die Stärke eines Stromes durch Verändern eines im Kreis liegenden Widerstandes. Man steuert auch die Basisspannung eines Transistors, so daß sich entsprechend große Stromänderungen im Kollektorkreis ergeben. Zum falsch angewendeten Modewort ist die Bezeichnung „Ansteuern" geworden. Die Vorsilbe „an" ist überflüssig. Es genügt zu sagen, daß ein Transistor oder Verstärker durch eine Eingangsspannung gesteuert, aber nicht „angesteuert" wird.

Grundbegriffe

Bild 8.01 Schema einer Steuerung

Eine Steuerung liegt vor, wenn durch eine Einstellung oder einen Befehl in einen Wirkungsablauf eingegriffen wird, ohne daß die erzielte Änderung den Befehl beeinflußt. Man spricht dann von einem offenen Wirkungsablauf. Eine solche Steuerung kann durchaus auch ohne menschliche Mitwirkung erfolgen. Eine Steuerung mit offenem Wirkungsablauf ist z. B. die später zu besprechende Direktsynchronisierung von Kipposzillatoren. Hierbei befehlen die Synchronimpulse des Senders dem Kipposzillator eine bestimmte Frequenz. Weicht jedoch die Kippfrequenz stark ab, dann kehrt sie nicht selbsttätig auf den Sollwert zurück.

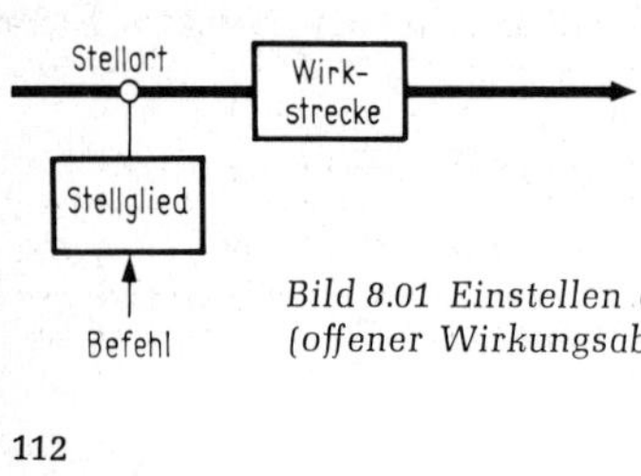

Bild 8.01 Einstellen oder Steuern (offener Wirkungsablauf)

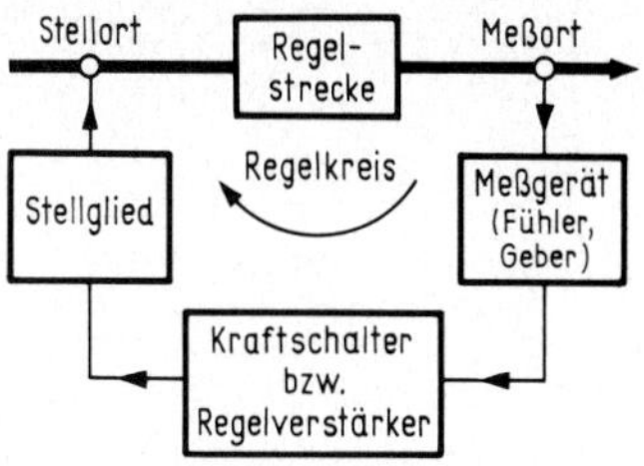

Bild 8.02 Geschlossener Regelkreis

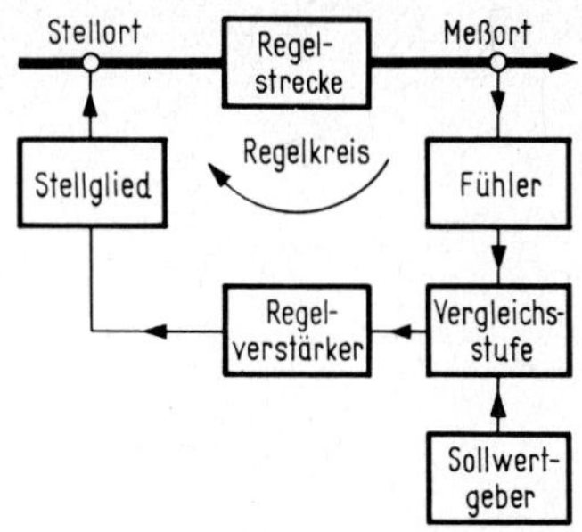

Bild 8.03 Geschlossener Regelkreis mit Vergleichsstufe und Sollwertgeber

Bild 8.02 Der Regelkreis

Eine Regelung besteht stets aus einem in sich geschlossenen Wirkungs- oder Regelkreis. Die *Regelstrecke* liegt im eigentlichen zu regelnden Medium. Dies kann ein Dampfstrom in einer Energieanlage, eine Drehzahl oder Geschwindigkeit oder im Falle des Fernsehempfängers ein elektrisches Signal irgendwelcher Art sein. Am Ausgang der Regelstrecke, am *Meßort,* ist ein *Meßgerät* oder Meßwertaufnehmer angeordnet, der laufend den Ausgangswert der Regelstrecke mißt. Dieser Meßwertaufnehmer ist stets auch ein Meßwertwandler, der den gemessenen Wert in eine andere, zum Regeln geeignete Form bringt. Üblich ist auch der Ausdruck *Fühler,* denn dieser Aufnehmer fühlt gewissermaßen den zu messenden Wert ab. Der gelieferte Wert betätigt in der allgemeinen Regeltechnik einen Kraftschalter. Der Funktechniker sagt hierzu *Regelverstärker.* Und dieser wiederum betätigt ein *Stellglied,* das im Prinzip ebenfalls ein Umformer oder Wandler ist. Dieses Stellglied greift nun am Eingang der Regelstrecke (Stellort) an und beeinflußt sie in der Weise, daß die Ausgangsgröße laufend auf den Sollwert hingezogen wird – der Regelkreis ist geschlossen.

In der Empfängerschaltungstechnik wird bisweilen auf den Regelverstärker verzichtet, z. B. bei der automatischen Verstärkungsregelung im Rundfunkgerät. Hier ist der Meßwertaufnehmer die Regeldiode am Ausgang des Zf-Verstärkers. Sie wandelt die Zf-Signalamplituden in eine proportionale Gleichspannung um. Diese Gleichspannung wird unmittelbar auf das Stellglied, nämlich als Basisspannung auf einen im Signalweg liegenden Transistor gegeben.

Bild 8.03 Regelkreis mit Sollwertgeber

Oft wird eine Regelung dadurch verfeinert, daß man einen genauen *Sollwert* für die Ausgangsgröße vorschreibt. Das Meßgerät wird dann zum Vergleichsgerät oder zur Vergleichsstufe. Der Fühler am Meßort stellt den Istwert fest, der Sollwertgeber liefert den gewünschten Sollwert, die Vergleichsstufe prüft die Abweichungen beider Werte voneinander und liefert eine entsprechende Stellgröße an das Stellglied, um die Abweichung zu Null zu machen.

Solche Regelungen mit Sollwertgeber sind alle Phasensynchronisier-Schaltungen im Fernsehempfänger. Verglichen wird die tatsächlich erzeugte Zeilenkippfrequenz am Zeilenausgangsübertrager mit der Frequenz der vom Sender kommenden Synchronisierimpulse. Aus der Abweichung wird eine Stellgröße erzeugt, die den Zeilenkipp-Oszillator soweit verstellt, daß die Abweichung verschwindet und genau die Sollfrequenz erzeugt wird.

Bild 8.04 bis 8.06 Proportional-Regler

Bild 8.02 läßt erkennen, daß bei einer solchen Art der Regelung stets eine gewisse Restabweichung bestehen bleiben muß, damit das Stellglied verschiedene Stellungen zum „Regulieren" einnehmen kann. Das gleiche ist bei einer automatischen Verstärkungsregelung in Empfängern der Fall. Um bei hoher Eingangsspannung eine größere Regelspannung zu liefern, muß am Fühler (Regeldiode oder Diskriminator) der Meßwert ebenfalls höher sein. Die Stellgröße ist also proportional der Regelgröße, und nach dem Anfangs-

Bild 8.04 Ungeregelte Signalstrecke

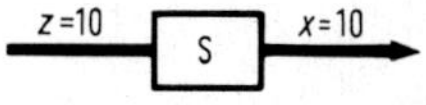

Bild 8.05 Strecke mit Proportionalregler (P-Regler)

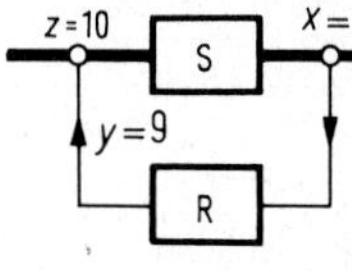

Bild 8.06 Zeitliches Verhalten des P-Reglers

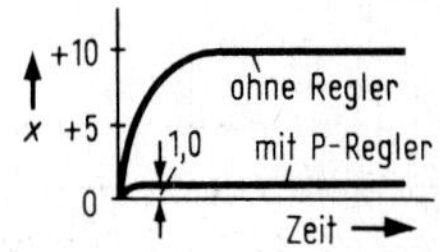

buchstaben *P* von Proportional nennt man einen solchen Regler *P-Regler*. Bild 8.04 und 8.05 sollen dies deutlichmachen. Darin bedeuten: *S* = Regelstrecke, *R* = Regler, X = Abweichung vom gewünschten Wert, Y = Stellgröße, Z = Störgröße.

Bild 8.04 arbeitet noch ohne Regler. Die Störgröße Z von zehn willkürlichen Einheiten erzeugt auch eine Abweichung von zehn Einheiten am Ausgang der Strecke. Es gilt also X = Z. In Bild 8.05 wurde ein Regler hinzugefügt, der nach der Proportion Y = 9 X als Proportional-Regler arbeitet. Dann wird

$$X = Z - Y = Z - 9\,X$$

d. h. für eine Störgröße Z = 10 ergibt sich nur noch eine Abweichung X = 1, wie dies in der unteren Kurve von Bild 8.06 dargestellt ist.

Bild 8.07 und 8.08 Integral-Regler

Bild 8.07 stellt das Verhalten eines I-Reglers dar. I-Regler ist die Abkürzung von Integral-Regler. Das lateinische Wort integer bedeutet *ganz*, wie noch zu Bild 9.21 besprochen wird. Ein Integral-Regler, kurz als I-Regler bezeichnet, soll eine Störung gänzlich ausregeln[1]). In der Blockschaltung erzeugt die Störgröße Z = 10 eine Stellgröße Y = 10. Damit wird die Abweichung X am Ausgang zu Null.

In Bild 8.08 ist das zeitliche Verhalten gegenübergestellt. Bei einer sprunghaften Änderung der Eingangsgröße kann die Ausgangsgröße nicht sofort auf ihren neuen Endwert springen, sondern nähert sich ihm allmählich. Diese *zeitliche Verzögerung* ist auch beim P-Regler vorhanden. Sie wird bei der automatischen Verstärkungsregelung z. B. durch die Zeitkonstante der Siebglieder in der Regelleitung verursacht. Die Kondensatoren müssen dabei erst auf die neue Stellgröße umgeladen werden, wenn sich die Eingangsspannung sprunghaft ändert. Diese zeitliche Verzögerung läßt sich jedoch so kurz halten, daß sie beim Empfang nicht auffällt, sie muß sogar vorhanden sein, damit nicht Eingangsspannungsänderungen durch die Modulation ausgeregelt werden.

Eine Integral-Regelung, also das vollständige Ausregeln der störenden Abweichung, ist bei der automatischen Scharfabstimmung notwendig. Man muß dort den genauen Sollwert erreichen, denn wenn die Abstimmung bereits vorher, also auf einem Seitenband stehen bliebe, ergäben sich gerade bei Fernsehempfängern unangenehme Moiré-Erscheinungen oder Farbsäume. Die Integral-Regelung ist ferner unbedingt erforderlich bei der Zeilensynchronisierung, damit der Zeilenoszillator im Fernsehempfänger genau mit der Zeilenfrequenz des Senders übereinstimmt.

Bild 8.09 Regelung mit Schwellenwert

Manche Regelungen sollen erst von einem Grenzwert an wirksam werden. Das bekannteste Beispiel einer Regelung mit Schwellenwert in der Empfängertechnik ist die automatische Verstärkungsregelung. Wenn die Hf-Eingangsspannung des Empfängers sehr klein ist, dann soll die Verstärkung noch nicht heruntergeregelt werden, sondern erst wenn sie eine bestimmte Schwelle, einen Schwellwert, überschritten hat und am Demodulator eine so hohe Spannung entsteht, daß die Endstufe voll ausgesteuert wird. Für diese Arbeitsweise hat sich in der Empfängerschaltungstechnik der Ausdruck *verzögerte Regelung* eingeführt. In der Regelungstechnik versteht man jedoch, wie vorher besprochen, unter Verzögerung das zeitliche Nachhinken einer Regelung infolge irgendwelcher Trägheiten. Es wäre daher zweckmäßig, um bei den immer mehr ineinandergreifenden verschiedenen Gebieten der Technik nicht mit verschiedenen Sprachen zu reden, der älteren Regeltechnik den Vorrang zu lassen und den Begriff der verzögerten Regelung nur für zeitliche Verzögerungen anzuwenden. Das was der Funktechniker als verzögerte Regelung bezeichnet, ist jedoch eine Regelung, die bei einem Schwellenwert, kurz auch als Schwellwert bezeichnet, einsetzt. Für die sogenannte Verzögerungsdiode wurde deshalb bisweilen auch schon der Ausdruck Schwellwertdiode benutzt.

1 Der Regeltechniker definiert den I-Regler anders, doch sei hier diese für den Funktechniker einleuchtendere Definition gestattet.

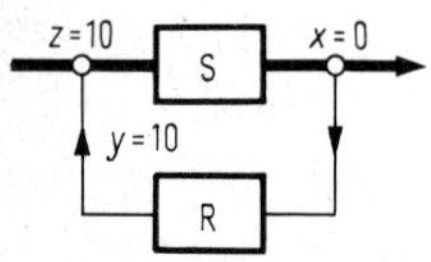

Bild 8.07 Schema des Integralreglers (I-Regler)

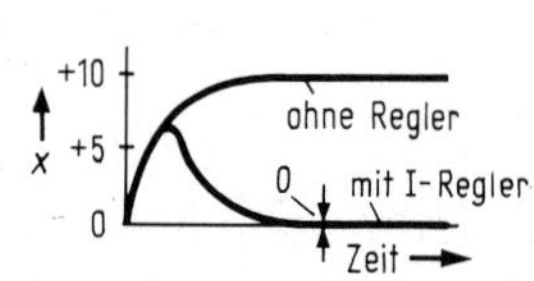

Bild 8.08 Zeitliches Verhalten des I-Reglers

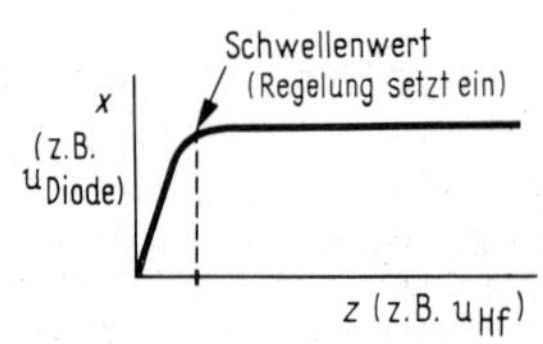

Bild 8.09 Regelung von einem Schwellenwert ab

Fühler und Meßwertwandler für Regelschaltungen

Bild 8.11 und 8.12 Diode als Meßwertwandler für Spannungsamplituden

Die Funktion ist allgemein aus der Empfängerschaltungstechnik bekannt. Die Diode *D* richtet die Zf-Spannung u_{Zf} gleich, der Richtstrom durchfließt den Widerstand *R*. Die daran abfallende Spannung wird gesiebt und dient als Regelgleichspannung U_R. Der Zusammenhang von U_R und u_{Zf}, also die Funktion als Meßwertwandler, ergibt sich aus der Diodenkennlinie Bild 8.12. Man fühlt mit der Diode die Höhe der Zf-Spannung ab und gewinnt daraus den Stellwert. Hierbei handelt es sich um einen P-Regler, eine gewisse Restabweichung am Widerstand *R* in Bild 8.11 bleibt bei unterschiedlichen Eingangsspannungen bestehen.

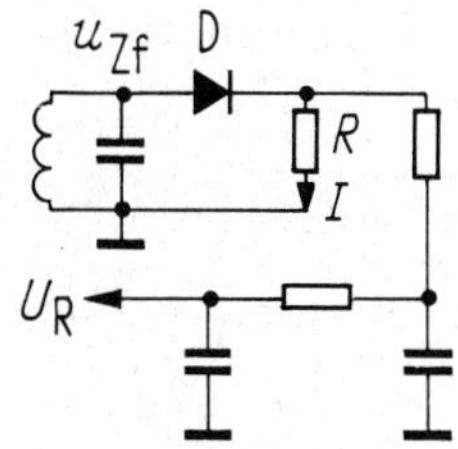

Bild 8.11 Diode als Meßwandler für Hf-Spannungen

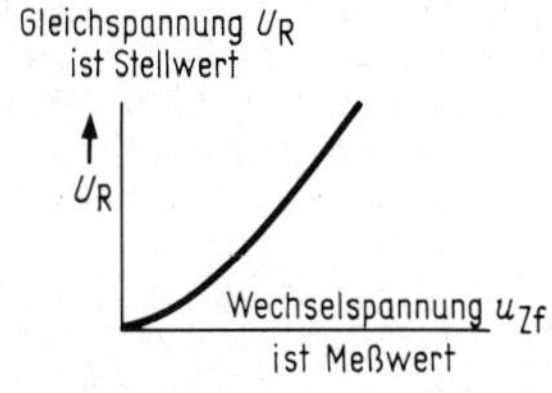

Bild 8.12 Regelspannung in Abhängigkeit vom Meßwert

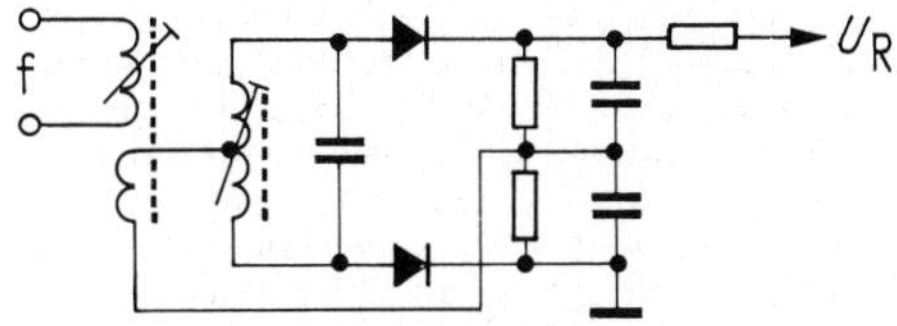

Bild 8.13 Diskriminator als Meßwandler für Frequenzwerte

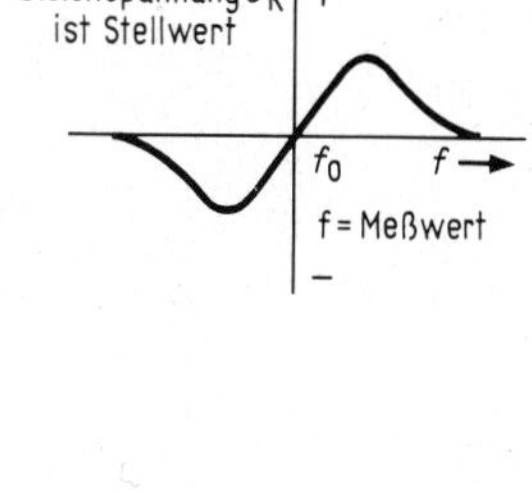

Bild 8.14 Zusammenhang zwischen Regelspannung und Meßwert bei einem Diskriminator

Bild 8.13 und 8.14 Diskriminator als Meßwertwandler für Frequenzabweichungen

Um Frequenzabweichungen zu messen, benutzt man die aus der UKW-Rundfunkempfängertechnik bekannten Demodulator-Schaltungen in ihren verschiedenen Abwandlungen. Ein solcher Diskriminator setzt Frequenzänderungen in Gleichspannungsänderungen um, und zwar in Form der vom Abgleichen mit dem Wobbler bekannten S-Kurve, Bild 8.14. Diskriminatoren dienen hauptsächlich zur automatischen Frequenzregelung (AFR), auch als automatische Feinabstimmung (AFA) bezeichnet. Diese Regler sind I-Regler, im ausgeregelten Zustand wird die Frequenzabweichung zu Null.

Bild 8.15 Koinzidenzstufen, Und-Gatter

Koinzidenz bedeutet das Zusammentreffen zweier Ereignisse, die gemeinsam einen bestimmten Effekt ergeben, einzeln dagegen wirkungslos bleiben. Schematisch ist ein Koinzidenzkreis in Bild 8.15 dargestellt. Ein Strom kann nur fließen, wenn beide Schalter geschlossen sind.

In der Technik elektronischer Datenverarbeitungsanlagen, volkstümlich als Elektronenrechner bezeichnet, finden Koinzidenzschaltungen als *Addierstufen* vielfältige Verwendung. Man nennt sie dort *Und-Gatter,* weil sie ein Tor (Gatter) darstellen, durch das nur Strom gelangen kann, wenn Schalter 1 und Schalter 2 geschlossen sind. Elektronische Koinzidenzkreise sind also ein Teilgebiet der Impulstechnik. Sie werden in diesem Buch im Kapitel Regeltechnik mit erwähnt, weil solche Koinzidenzstufen an verschiedenen Stellen im Fernsehempfänger als Fühler, Vergleichsschaltungen oder Meßwertwandler verwendet werden.

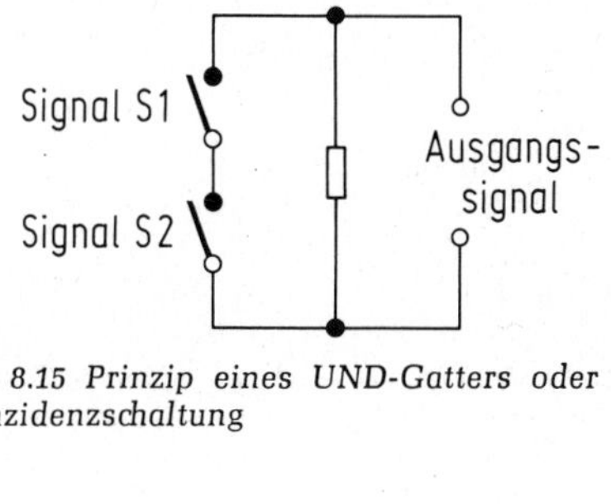

Bild 8.15 Prinzip eines UND-Gatters oder einer Koinzidenzschaltung

Bild 8.16 und 8.17 Transistor-Koinzidenzstufen

Die Schaltung Bild 8.16 arbeitet mit zwei in Reihe liegenden npn-Transistoren. Ihre Basisvorspannungen werden so bemessen, daß die Transistoren sperren. Erst beim gleichzeitigen Auftasten durch positiv gerichtete Impulse fließt ein Emitterstrom, und am Ausgang A kann ein negativ gerichteter Spannungsimpuls abgenommen werden.

In Bild 8.17 wird der npn-Transistor an der Basis und am Kollektor mit positiven Impulsen gesteuert. Die Kollektorimpulse werden einer Übertragerwicklung, z. B. dem Zeilenausgangsübertrager, entnommen. Beim gleichzeitigen Eintreffen der Impulse an Basis und Kollektor entstehen am Emitterwiderstand R Stromstöße. Der Kondensator C dient als Ladekapazität, an ihm kann eine Regelgleichspannung U_R abgegriffen werden.

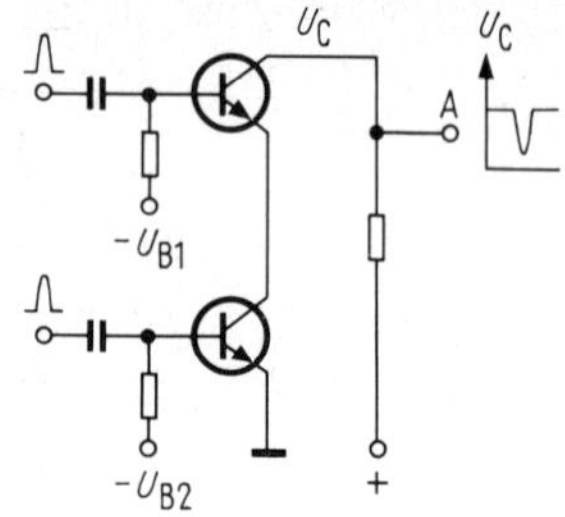

Bild 8.16 Koinzidenzschaltung aus zwei in Serie liegenden Transistoren

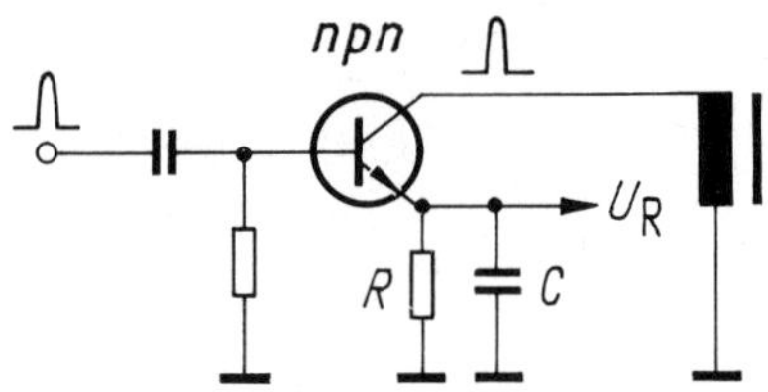

Bild 8.17 Koinzidenzschaltung durch Doppelsteuerung eines Transistors

Bild 8.18 Diodengatter

Eine UND-Schaltung mit zwei Dioden ist in Bild 8.18 gezeichnet. Liegt am Eingang E_1 oder am Eingang E_2 das Potential Null, dann schaltet die zugehörige Diode durch, verbindet den Ausgang A mit dem Nullpotential und hält ihn dort fest, auch wenn am anderen Eingang ein positiv gerichteter Impuls einläuft. Dieser wird dann gewissermaßen gegen Masse kurzgeschlossen.

Erst wenn beide Eingänge zugleich vom Zeitpunkt 1 bis zum Zeitpunkt 2 in Koinzidenz sind, also positiv aufgetastet werden, dann sperren beide Dioden. Am Ausgang wird dann die Betriebsspannung $+U_b$ wirksam und ergibt während der Koinzidenzzeit einen positiven Impuls. Natürlich müssen die Scheitelwerte der Impulsspannungen größer sein als die Betriebsspannung U_b, damit die Dioden sicher gesperrt werden.

Bei zeitlicher Verschiebung der beiden Eingangsimpulse gegeneinander ändert sich die Breite des Ausgangsimpulses. Dieser Effekt wird bei der FM-Demodulation ausgenutzt, die nach dem Koinzidenzprinzip arbeitet[1]).

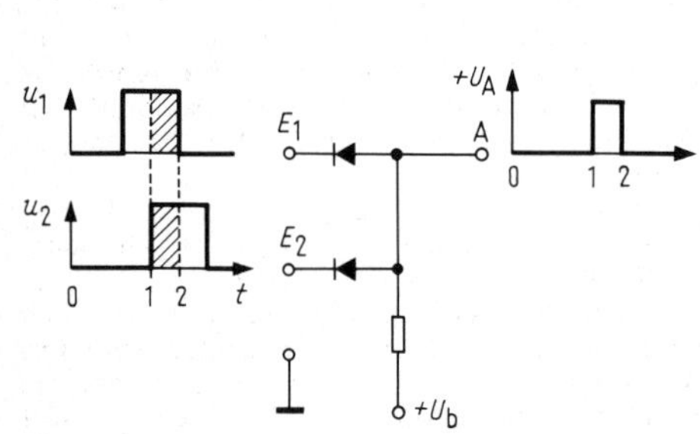

Bild 8.18 Diodengatter (UND-Schaltung) mit zwei Dioden

Bild 8.19 Antikoinzidenzgatter

Antikoinzidenz bedeutet, daß beim Zusammenfallen zweier Impulse am Eingang ein entgegengesetzt gerichtetes Signal am Ausgang erzeugt wird. Eine einfache Antikoinzidenzschaltung mit einer Diode zeigt Bild 8.19. Der Katode und der Anode der Diode werden positive Impulse zugeführt. Die Amplitude des Katodenimpulses ist größer als die an der Anode. Treffen beide Impulse gleichzeitig ein, dann ist die Katode während dieser Zeit positiver als die Anode und es kann kein Strom fließen. Verschieben sich die Impulse zeitlich gegeneinander, dann fließt Strom während der Zeit, in der die Anode positiv ist. Die Diode schaltet durch und ladet mit der Impulsenergie den Kondensator in der eingezeichneten Polarität auf.

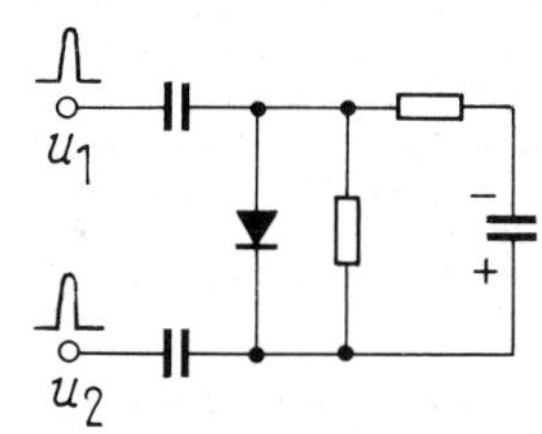

Bild 8.19 Antikoinzidenzgatter mit einer Diode

1 Funktechnik ohne Ballast, 14. und 15. Auflage, Bild 10.28 bis 10.32

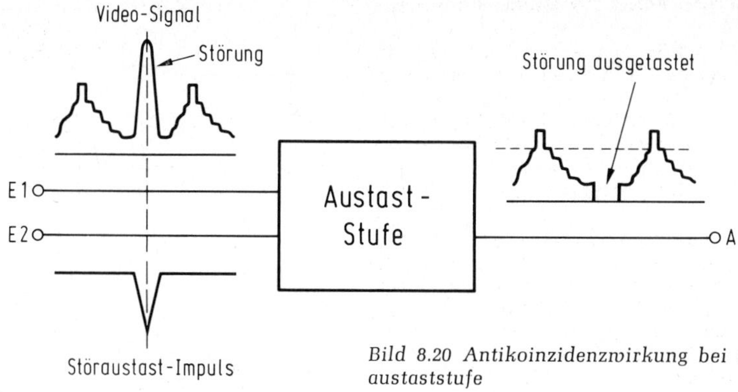

Bild 8.20 Antikoinzidenzwirkung bei einer Störaustaststufe

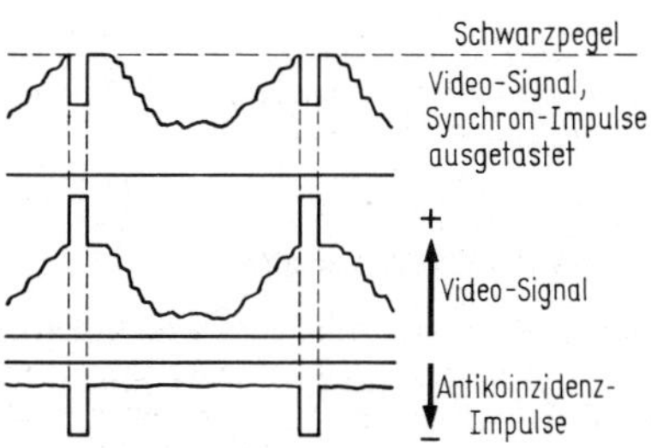

Bild 8.21 Austasten der Synchronisierimpulse aus einem Videosignal, um den Schwarzpegel als Bezugslinie zu gewinnen

Bild 8.20 und 8.21 Austaststufe

Gibt man in Bild 8.16 einem der beiden Steuerimpulse die entgegengesetzte Richtung, dann heben sie sich bei gleichzeitigem Eintreffen und passenden Amplituden in ihrer Wirkung auf den Ausgangsstrom auf. Man erhält dort keinen Impuls. Das bedeutet ebenfalls eine Antikoinzidenzwirkung. Dieser Effekt wird ausgenutzt für Störaustastschaltungen und Schwarzwertsteuerungen von Fernsehempfängern. Man benutzt dazu Schaltungsanordnungen, bei denen das Hauptsignal an einem Eingang liegt und ständig durchgelassen wird.

Gibt man auf den zweiten Eingang einen entgegengesetzt gerichteten kurzen Schaltimpuls, dann wird während der Dauer dieses Impulses ein kurzes Stück des Hauptsignals am Ausgang ausgetastet. Bild 8.20 erläutert das Prinzip einer solchen Störaustastschaltung. Das Video- oder BAS-Signal möge einen hohen Störimpuls mitten in der Bildzeile enthalten. (Lichtschalter für Leuchtstoffröhren verursachen oft solche Störungen.) Dieser Impuls könnte die Synchronisierung des Zeilenfrequenz- und des Bildkipposzillators vollständig aus dem Tritt bringen. Man würde kurzzeitig ein wüstes Liniengewirr anstelle eines Fernsehbildes erhalten.

Deshalb werden solche Störspitzen in einer besonderen Schaltungsstufe abgeschnitten und in negativ gerichtete Störaustastimpulse umgeformt. Diese gibt man auf den zweiten Eingang der Austaststufe und sperrt damit während der Dauer der Störung den Signalweg innerhalb der Stufe. In dem am Ausgang erscheinenden Hauptsignal ist dann die Störung ausgetastet, aber die eigentlichen Synchronimpulse sind erhalten geblieben. Sie steuern exakt die Ablenkstufen. In Bild 9.05 wird später eine solche Schaltung beschrieben.

Meist wird in der Austaststufe außerdem noch der Bildinhalt des Videosignals abgeschnitten, so daß, wie in Bild 8.20 rechts durch die gestrichelte Linie angedeutet, nur noch die Amplituden der Synchronimpulse übrig bleiben. Diese Anordnung wird deshalb als Amplitudensieb bezeichnet. Die Bilder 9.01 bis 9.07 bringen später Einzelheiten hierzu.

In integrierten Schaltungen erscheint die gesamte Anordnung meist unter der Bezeichnung: Amplitudensieb mit Störaustastung.

Bei den Schwarzwertsteuerungen tastet man nach Bild 8.21 mit einem sehr schmalen Antikoinzidenz-Impuls den Synchronisierimpuls heraus, so daß nur das Schwarzpegelniveau übrig bleibt und als Sollwert für die automatische Verstärkungs- bzw. Kontrastregelung verwendet werden kann.

Automatische Frequenzregelung (AFR)

Bild 8.31 und 8.32 Prinzip der automatischen Frequenzregelung oder Feinabstimmung

Die automatische Feinabstimmung beruht auf dem Zusammenwirken von Zf-Verstärker und Eingangsteil. Die Frequenz des Oszillators soll so geregelt werden, daß die in der Mischstufe gebildete Bildträgerfrequenz BT nach Bild 8.31a genau auf die Mitte der Nyquistflanke der Zf-Durchlaßkurve zu liegen kommt. Weicht die Oszillatorfrequenz ab, dann wird das Zf-Spektrum des Senders nach Bild 8.31b verschoben, und ein Teil des Bildinhaltes geht verloren. Man mißt deshalb die Abweichung von der Sollfrequenz am Ausgang des Zf-Verstärkers, bildet daraus eine Regelspannung und steuert die Frequenz des Oszillators im Eingangsteil so nach, daß sich die richtige Sollfrequenz für den Bildträger im Zf-Verstärker ergibt. Nach dem angelsächsischen Ausdruck AFC = *automatic frequency control* wendet man bei uns als Kurzzeichen für dieses Verfahren die Buchstaben AFR = automatische Frequenzregelung an.

Das Prinzip der automatischen Feinabstimmung des Oszillators ist seit über drei Jahrzehnten aus der Schaltungstechnik von Rundfunkempfängern bekannt. In Bild 8.32 ist die Blockschaltung für Fernsehempfänger dargestellt. Der Oszillator im Eingangsteil soll so schwingen, daß die richtige Zwischenfrequenz gebildet wird. Der Sollwert f_0 der Bildträgerfrequenz ist erreicht, wenn der an den Ausgang des Zf-Verstärkers lose angekoppelte sehr trennscharfe Verstärker für 38,9 MHz seine maximale Spannung erhält und bei dem nachfolgenden auf die gleiche Frequenz abgestimmten Diskriminator die erzeugte Gleichspannung nach Bild 8.14 durch Null geht. Wird der Sollwert über- oder unterschritten, dann entsteht eine positive oder negative Richtspannung. Sie wird im Regelspannungsverstärker verstärkt und steuert dann eine parallel zum Oszillatorkreis liegende Kapazitätsdiode als Stellglied. Sie zieht den Oszillator auf die richtige Frequenz hin.

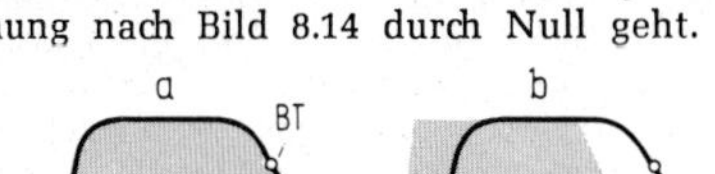

Bild 8.31 Senderspektrum und Empfängerdurchlaßkurve; a = richtig abgestimmter Empfänger, b = Senderspektrum gegen die Zf-Durchlaßkurve verschoben

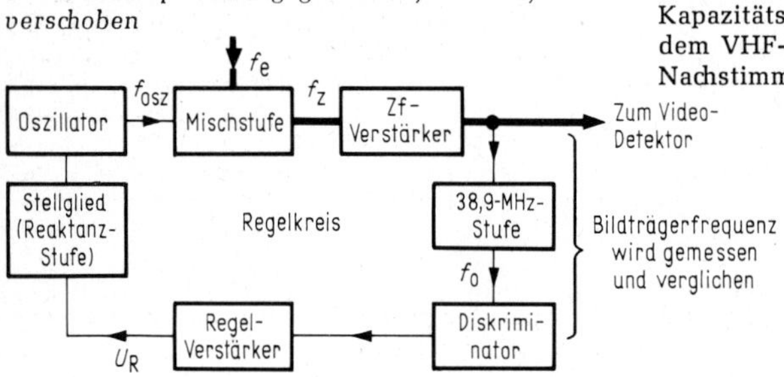

Bild 8.32 Regelkreis für die automatische Feinabstimmung

Bild 8.33 AFR mit zwei Transistoren im Regelkreis

Aus der letzten Stufe des Bild-Zf-Verstärkers wird über einen Kondensator von 2,2 nF die Bild-Zf-Spannung dem Emitter des Hf-Transistors AF 134 zugeführt. Er arbeitet in Basisschaltung, um den Kollektorschwingkreis gut gegen den Bild-Zf-Verstärker zu entkoppeln. Dieser Kreis ist auf die Bildträgerfrequenz 38,9 MHz abgeglichen. Darauf folgt der Diskriminator mit den beiden Dioden OA 81. Je nach Frequenzabweichung ergibt sich am Ausgang des Diskriminators eine verschieden große Gleichspannung. Damit wird die Basis des Transistors AC 122 gesteuert. Er arbeitet als Emitterfolger, also mit niedrigem Ausgangswiderstand. Der Arbeitspunkt ist so eingestellt, daß sich bei richtig abgestimmtem Empfänger eine Gleichspannung von + 7 V gegen Masse am Emitter dieses Transistors ergibt. Diese Spannung wird in Stellung „Automatik" des Schalters den Nachstimmdioden D 1 und D 2 im UHF- und VHF-Oszillator zugeführt.

Der UHF-Oszillator ist mit einem Transistor AF 139 in Basisschaltung bestückt und arbeitet mit Rückkopplung über 0,65 pF vom Schwingkreis zum Emitter. Zur Abstimmung dient ein Topfkreis mit dem Innenleiter L und dem Drehkondensator C. Die Kapazität der Nachstimmdiode D 1 (Siliziumdiode BA 121) liegt in Serie mit 7 pF und 0,65 pF parallel zum Kreis. Die Sperrschichtkapazität wird von der Steuerspannung der automatischen Frequenzregelung (AFR) über Hf-Drosseln beeinflußt und zieht bei Abweichungen die Oszillatorfrequenz auf den Sollwert hin. In ähnlicher Weise wird die Nachstimmspannung der Kapazitätsdiode D 2 (Siliziumdiode BA 101 B) dem VHF-Oszillator zugeführt. Die Kapazität der Nachstimmdiode liegt in Reihe mit 5 pF parallel

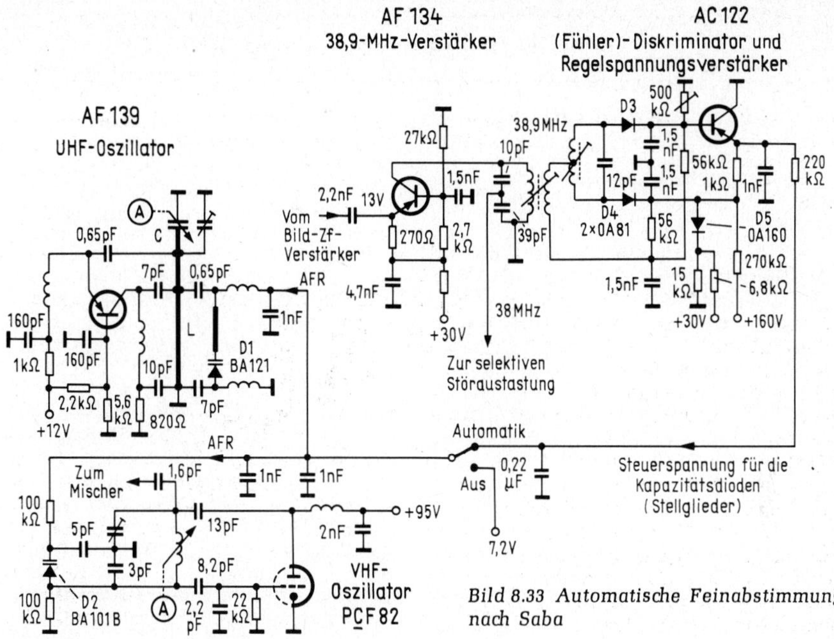

Bild 8.33 Automatische Feinabstimmung nach Saba

zu einer Teilkapazität des kapazitiven Spannungsteilers am Schwingkreis. Zur Entkopplung des Nachstimmkreises werden bei diesen Frequenzen Widerstände von 100 kΩ verwendet. Wird die Automatik abgeschaltet, dann erhalten die beiden Nachstimmdioden eine feste Sperrspannung von + 7,2 V aus einem Gleichspannungsteiler.

Eine andere Nachstimmschaltung wurde bereits in Bild 3.39 behandelt.

Automatische Verstärkungs- und Kontrastregelung

Bild 8.41 und 8.42 Prinzip

Die automatische Verstärkungsregelung (AVR) dient zum Ausgleichen verschieden hoher Antennenspannungen, und sie soll der Bildröhre eine möglichst gleichbleibende Videospannung anbieten, da hiervon der richtige Kontrast abhängt. Eine automatische Verstärkungsregelung im Hf- und Zf-Teil bedeutet deshalb gleichzeitig auch eine automatische Kontrastregelung, in die bisweilen noch die handbediente Kontrasteinstellung eingefügt wird. Außerdem soll die automatische Verstärkungsregelung Übersteuerungen im Bild-Zf-Teil vermeiden. Durch grobes Übersteuern der letzten Zf-Stufe würden die Synchronisiersignale unterdrückt oder abgekappt. Gehen sie verloren, dann fallen aber auch die Zeilen- und Bildablenk-

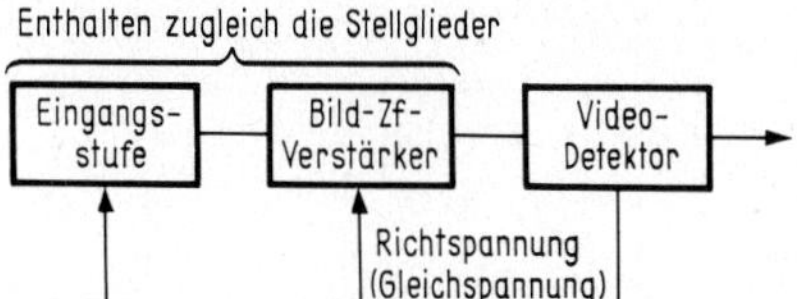

Bild 8.41 Einfache automatische Verstärkungsregelung; die Richtspannung des Video-Demodulators verstellt die Verstärkung der Eingangs- und Zf-Stufen

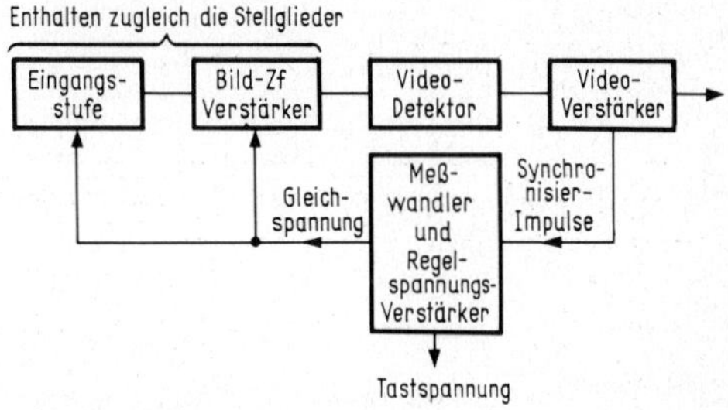

Bild 8.42 Getastete Verstärkungsregelung eines Fernsehempfängers

spannungen außer Tritt, und das Bild gerät in Unordnung.

Die automatische Verstärkungsregelung verbindet die bisher besprochenen Einheiten Hf-Teil, Bild-Zf-Verstärker und Video-Teil. Im einfachsten Fall könnte, ähnlich wie beim Rundfunk-Superhet, der Video-Demodulator als Fühler und Meßwandler dienen. Die dort gewonnene Richtspannung wird als Regelspannung auf die Eingangsröhren und eine oder mehrere Zf-Röhren gegeben. Diese Röhren wirken also zugleich als Stellglieder, um die Verstärkung im gewünschten Sinn zu ändern *(Bild 8.41)*.

In der Praxis verwendet man jedoch nicht das gesamte Video-Signal dazu, um die Regelspannung zu erzeugen, sondern nur die Synchronisierzeichen. Man tastet sie dazu mit einer Koinzidenzschaltung aus dem Signal des Video-Verstärkers heraus. Die Koinzidenzschaltung wirkt dabei zugleich als Meßwertwandler bzw. als gesteuerte Gleichrichter und somit als Regelspannungsverstärker *(Bild 8.42)*.

Bild 8.43 Warum „getastete" Regelung?

Die Regelspannung wird wie beim Rundfunkempfänger aus dem demodulierten Zf-Signal gewonnen. Dabei besteht aber ein wichtiger Unterschied. Beim AM-Rundfunkempfänger bleibt nach Bild 8.43a der Mittelwert U_m eines modulierten Trägers gleich groß, auch wenn die Amplitude der Nf-Spannung sich ändert. Die Größe der Regelspannung soll dabei etwa diesem Mittelwert U_m entsprechen, nicht aber dem Spitzenwert bis zu den äußersten Kuppen der Hüllkurve. Dieser Mittelwert U_m ist unabhängig von der Modulation. Er ändert sich nur entsprechend der Eingangsspannung. Würde man den Spitzenwert zur Regelung heranziehen, dann würde die Regelautomatik bereits durch Dynamikunterschiede der Nf-Spannung betätigt, d. h. bei einer lauten Stelle eines Musikstückes würde die Verstärkung herabgeregelt.

Eine dem Mittelwert U_m entsprechende Gleichspannung gewinnt man im Rundfunkempfänger, indem man die Regelspannung am Zf-Demodulator abnimmt; seine Richtspannung entspricht nämlich diesem Mittelwert.

Bei einem Fernsehempfänger liegen die Verhältnisse anders. Dort ändert sich der Mittelwert in Abhängigkeit von der Modulation. Eine Zeile mit hohem Weißanteil, z. B. nach Bild 1.11, ergibt ein kleines mittleres Spannungsniveau, entsprechend Bild 8.43b. Beim Regeln mit diesem Mittelwert U_m würde die Verstärkung heraufgesetzt und die Bildröhre übersteuert werden. Bei einer Zeile mit hohem Schwarzanteil dagegen stellt sich nach Bild 8.43c ein großer Mittelwert ein, der den Empfänger herabregeln würde. Gewönne man also jeweils aus den Mittelwerten die Regelspannung, dann flackert die Bildhelligkeit in unerwünschter Weise.

Streng genommen müßte man also beim Fernsehempfänger stets einen besonderen Regelgleichrichter vorsehen, der nicht auf den Mittelwert, sondern auf die Spitzenwerte der Synchronisierimpulse anspricht. Die Synchronisierimpulse eignen sich deswegen gut zur Regelspannungserzeugung, weil sie stets gleich hoch sind, auch wenn der Bildinhalt wechselt. Andererseits sind sie aber von der Eingangsspannung des Empfängers abhängig und eignen sich deshalb auch zum Ausregeln verschieden großer Eingangsspannungen.

Bild 8.44 und 8.45 Die Taststufe

Die Regelspannung wird deshalb aus den Spitzenwerten der Gleichlaufimpulse abgeleitet. Sie werden beim Senden stets auf gleicher Höhe gehalten und sind daher ein Maßstab für die Empfangsfeldstärke. Ein Spitzengleichrichter mit RC-Gliedern niedriger Grenzfrequenz würde aber kurzzeitigen Feldstärkeschwankungen nicht folgen und zu träge regeln. Da die Gleichlaufimpulse jedoch nur einen geringen Bruchteil der Bildzeit ausmachen, besteht bei kleinen Widerständen und Kapazitäten im Gleichrichterkreis die Gefahr, daß die Regelspannung sich doch aus einem Mittelwert von Bild- und Synchronisiersignalen aufbaut.

Deshalb erzeugt man nach Bild 8.44 die Regelspannung nur während der Gleichlaufimpulse.

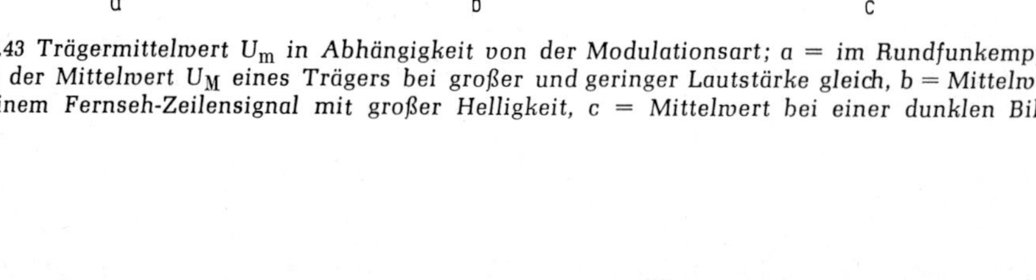

Bild 8.43 Trägermittelwert U_m in Abhängigkeit von der Modulationsart; a = im Rundfunkempfänger bleibt der Mittelwert U_M eines Trägers bei großer und geringer Lautstärke gleich, b = Mittelwert U_m bei einem Fernseh-Zeilensignal mit großer Helligkeit, c = Mittelwert bei einer dunklen Bildzeile

Man tastet dazu mit einer Koinzidenzstufe aus dem gesamten Signalgemisch nur die Impulse heraus. Schaltungen dieser Art nennt man *getastete Regelung*. An die Basis des Transistors legt man nach Bild 8.45 das positiv gerichtete Bildsignalgemisch aus dem Videoteil und eine hohe negative Vorspannung, so daß nur die Impulsspitzen in den Aussteuerbereich hineinragen. Der Transistor erhält keine Kollektorspannung. Statt dessen werden aus einer Wicklung auf dem Zeilenausgangsübertrager die positiv gerichteten *Zeilenrückschlagimpulse* angelegt. Diese Impulse werden später im Kapitel 11 ausführlich behandelt. Die Rückschlagimpulse fallen bei richtig arbeitendem Empfänger zeitlich mit den Zeilensynchronisierimpulsen zusammen. Nur während dieser sehr kurzen positiven Rückschlagimpulse erhält der Kollektor Spannung und kann Strom führen. Während der gleichen Zeit liegen jedoch die Synchronisierzeichen an der Basis und überwinden die negative Vorspannung. Von der Höhe der Impulsdächer an der Basis hängt die Größe des Kollektorstromes ab. Dagegen bleibt der Transistor gesperrt, während der Bildinhalt übertragen wird. Die Kollektorstromstöße erzeugen am Widerstand *R* eine pulsierende Gleichspannung. Sie wird durch den Kondensator C geglättet und als Regelspannung verwendet. Diese Regelspannung hängt nur von der Höhe der Synchronimpulse, nicht aber vom Bildinhalt ab. Bei kleiner Signalspannung wird der Transistor nur wenig aufgetastet, Kollektorstrom und Regelspannung bleiben klein, der Zf-Verstärker arbeitet mit großer Verstärkung.

Die Schaltung ist auch weitgehend unempfindlich gegen Störimpulse, denn diese werden ebenfalls ausgetastet, wenn sie nicht zufällig genau mit den Gleichlaufimpulsen zusammenfallen, was nur selten der Fall sein wird.

Bild 8.44 Nur aus den Gleichlaufimpulsen S wird Regelspannung gebildet

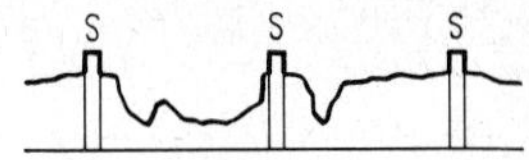

Bild 8.45 Koinzidenzanordnung zum Erzeugen der Regelspannung aus den Gleichlaufzeichen, ZA = Zeilenausgangsübertrager

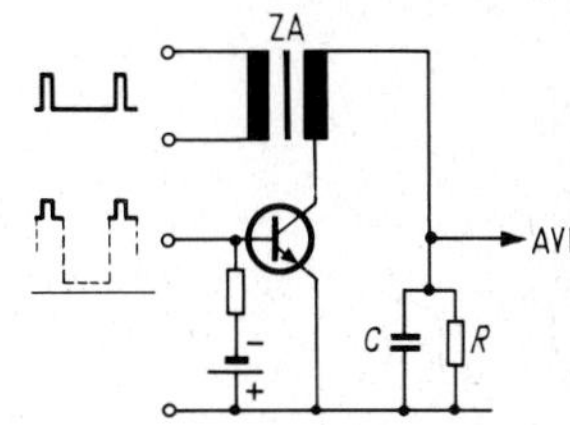

Bild 8.46 Getastete Regelung und Regelspannungsverstärker

Bei dieser Schaltung (nach Siemens-Unterlagen) werden dem Kollektor der Taststufe T 1 negativ gerichtete Zeilenrückschlagimpulse von 600 V_{SS} über eine kleine Kapazität von 47 pF zugeführt. Dieser Kondensator überträgt nur die steilen Impulsflanken. Hinter dem Kondensator bilden sich daher *Nadelimpulse* mit 70 V_{SS}. Diesen Vorgang nennt man differenzieren. Er wird im folgenden Kapitel über Impulsabtrennung ausführlicher behandelt.

Die auf den Kondensator folgende Diode läßt nur die positiv gerichteten, sehr schmalen Nadelimpulse zum Kollektor durch. Der Basis des Transistors wird wie in Bild 8.45 das gesamte Videosignal zugeführt. Der Emitter liegt an einer Spannung von + 24 V. Zwischen diesem Punkt und Masse befindet sich der Spannungsteiler 4,7 kΩ – 12 kΩ – 5 kΩ. Die Basis liegt an einem Abgriff dieses Spannungsteilers, wird also negativ gegen den Emitter vorgespannt. Mit dem 5-kΩ-Trimmwiderstand läßt sich die Vorspannung und damit die Tastschwelle einstellen.

Nadelimpuls und Synchronimpuls des Videosignals schalten den Transistor durch. Im Kollektorkreis ladet sich dadurch der 0,68-μF-Kondensator auf einen Wert auf, der proportional den Synchronamplituden des Videosignals ist. Diese Regelspannung wird direkt auf den Zf-Verstärker gegeben und außerdem über den als Impedanzwandler dienenden Transistor T 2 auf den Tuner. Die Diode D 2 dient dabei als Schwellenwertdiode. Sie läßt die Tuner-Regelung erst ab 5 mV Antennenspannung wirksam werden.

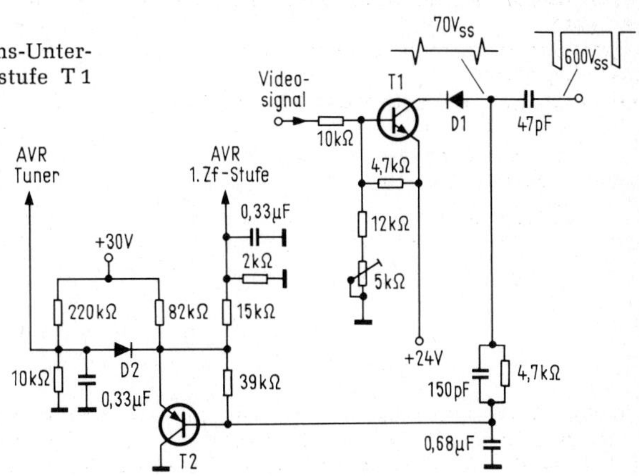

Bild 8.46 Getastete Regelung mit Verstärkerstufe (Siemens)

Phasensynchronisierung

Bild 8.51 Blockschaltung

Die Phasensynchronisierung ist eine Regelschaltung, um die Frequenz eines selbständigen Oszillators phasengenau mit der Frequenz der Zeilengleichlaufzeichen zu synchronisieren. Das Verfahren geht auf den Regelkreis mit Sollwertgeber Bild 8.03 zurück. Als Sollwert dient die Frequenz der vom Sender kommenden Zeilensynchronimpulse, also 15 625 Hz. Um die für die Zeilenablenkspule der Bildröhre benötigten Sägezahnströme zu erzeugen, benutzt man eine mehrstufige Oszillator- und Impulsformerschaltung. Die Frequenz dieses Oszillators ist in engen Grenzen veränderlich, um sie bei Toleranzen der Bauelemente oder sonstigen Störeinflüssen exakt auf den richtigen Wert einstellen zu können.

Zum Synchronisieren führt man vom Ausgang dieses Zeilenablenkteiles ebenfalls wieder Rückschlagimpulse als Istwert zurück zur *Phasenvergleichsstufe*. Diese Stufe erhält außerdem als

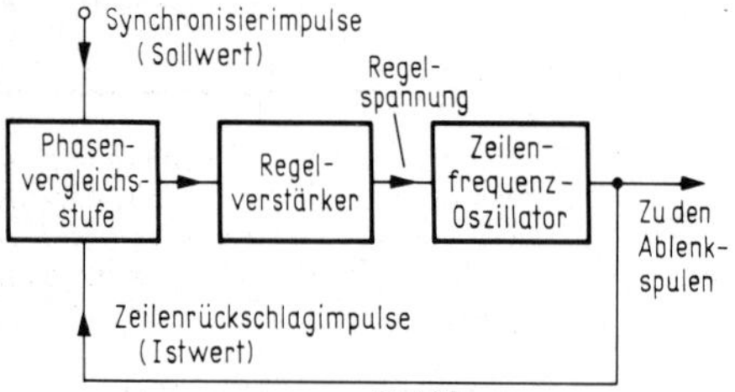

Bild 8.51 Prinzip der als Phasensynchronisierung bezeichneten Regelschaltung

Sollwert die Synchronimpulse aus dem Empfangsteil. Weichen die beiden Frequenzen voneinander ab, dann wird eine Regelspannung gebildet, die den Oszillator wieder auf den richtigen Wert hinzieht. Die Ansprechempfindlichkeit ist so hoch, daß bereits Phasenabweichungen genügen, um die Regelung in Gang zu setzen. Bei richtiger Synchronisierung sind Regelspannung und Regelabweichung gleich Null. Es handelt sich also um einen Integralregler. Die Wirkungsweise ist sehr stark mit der Funktion des Zeilenablenkteiles verzahnt und wird dort näher besprochen.

Erwähnt sei, daß diese Phasensynchronisierung eines Oszillators durch eine Steuerfrequenz heute in großem Umfang auch in anderen Schaltungsstufen von Rundfunk- und Fernsehempfängern angewendet wird. Aus den USA wurde dafür die Bezeichnung Phase-Locked Loop übernommen[1], etwa zu übersetzen mit *Phasenregelschleife*.

1 Funktechnik ohne Ballast, 14. und 15. Auflage.

Einzeltransistoren oder ICs?

Die in den jeweiligen Kapiteln besprochenen Schaltungen mit Einzeltransistoren stammen aus Industriegeräten. Mit Hilfe dieser Teilschaltungen lassen sich die Funktionen gut erläutern und überblicken. Selbst wenn solche Anordnungen aus Einzelelementen durch integrierte Schaltungen ersetzt werden, ist es zum Verständnis der Empfängerfunktionen wichtig, diese Grundprinzipien zu beherrschen.

Bei dieser Gelegenheit sei die Herkunft von zwei üblichen Fachausdrücken kurz erläutert.

integer, lateinisch, hat mehrere Bedeutungen. In der elektronischen Bausteintechnik wird es für den Begriff „vollständig“ angewendet. In einem solchen Bauelement sind vollständige Verstärkerstufen oder Umsetzerstufen mit mehreren Transistorsystemen zusammengefaßt. In der englischen Fachliteratur lautet die Bezeichnung hierfür „Integrated Circuit“, abgekürzt IC, Mehrzahl ICs. Diese Kurzzeichen haben sich auch bei uns eingeführt.

discretus, lateinisch = abgesondert. Im Umgangsdeutsch bedeutet „diskret“ verschwiegen, taktvoll. Als Elektronik-Fachwort blieb die ursprüngliche lateinische Bedeutung erhalten. „Diskrete Bauelemente“ sind demnach keine verschwiegenen Bauelemente, es sind abgesonderte, also Einzelbauelemente wie Widerstände, Kondensatoren und im weiteren Sinne auch Dioden und Transistoren in Form von Einzelstücken. Aus ihnen wird dann eine Schaltungsstufe zusammengebaut.

Literatur

Die Impulsabtrenung und Störaustastung. Funktechnische Arbeitsblätter Fs 53. Franzis-Verlag.

Soeltke: Regelschaltungen mit Feldeffekt-Transistoren. Funkschau 1969, H. 7. S. 189.

Giesel: Besonderheiten beim Schwarzweiß-Fernsehchassis der Saison 1969/70. Siemens-Werkstattpraxis Nr. 38/39, Sepetmber 1969, S. 9.

Heydel: Probleme der automatischen Verstärkungsregelung von Fernsehkanalsignalen und Transistoren. Elektronik-Anzeiger 1970, H. 3, S. 47.

Wegner: Die getastete Regelung. de (Deutsches Elektrohandwerk) 1977, H. 5, S. 282 und H. 7, S. 445.

Der Phasenregelkreis. Funktechnische Arbeitsblätter Os 86. Erschienen in Funkschau 1977, H. 3, S. 119 und H. 5, S. 204.

9 Impulsabtrennung

Wir haben bis jetzt den Weg des Fernsehsignals vom Eingang des Empfängers bis zur Bildröhre verfolgt und gesehen, wie dort die Amplitudenschwankungen des Signals wieder in Helligkeitswerte zurückverwandelt werden. Das Bildsignalgemisch enthält aber außer den Amplitudenschwankungen für den Helligkeitsverlauf die Synchronisierzeichen für die Zeilenanfänge und für den Rasterwechsel. Die weiteren Ausführungen beschäftigen sich mit dem Heraussieben dieser Zeichen aus dem Signalgemisch und mit der Sortierung in Zeilen- und Rasterimpulse. – Hierzu noch folgende Bemerkung:

Bisweilen wird auch die Bezeichnung Puls für periodisch wiederkehrende Impulse verwendet. Man vergleiche hierzu den Puls des Blutkreislaufes. Wenn der Arzt den Puls mißt, dann mißt er die Puls-Frequenz, also auch hier wird unter Puls eine periodische Reihe verstanden. Ein Impuls ist dagegen in dieser Betrachtungsweise nur ein einziger Spannungsstoß. Deshalb ist z. B. die in der Werkstatt übliche Ausdrucksweise „Der Zeilenimpuls" eigentlich unkorrekt, es muß vielmehr heißen „Die Zeilenimpulse" oder „Der Zeilenpuls", denn es handelt sich hierbei stets um eine periodische Impulsreihe, also um eine Mehrzahl von Impulsen.

Amplitudensieb

Bild 9.01 Abtrennen der Synchronisierzeichen vom Bildsignalgemisch

Bei der Besprechung der Grundlagen einer Bildübertragung wurde betont, daß die Zeilen- und Bildanfänge im Empfänger unbedingt genau im gleichen Takt wie im Sender erfolgen müssen. In dem Signalgemisch sind daher außer der Amplitudenmodulation für die Bildhelligkeitswerte noch die Frequenzen von 15 625 Hz für die Zeilenimpulse und 50 Hz für die Rasterwechselimpulse enthalten. Diese Impulse müssen herausgesiebt werden. Zweckmäßig werden nicht nur die Amplitudenschwankungen des eigentlichen Bildinhaltes auf der einen Seite des Signalgemisches, sondern auch die vielleicht verschieden hohen Impulsscheitel auf der anderen Seite abgekappt, so daß man eine gleichmäßig beschnittene Impulsreihe bekommt, die nur die Impulsfrequenzen 15 625 Hz und 50 Hz enthält. Dieses

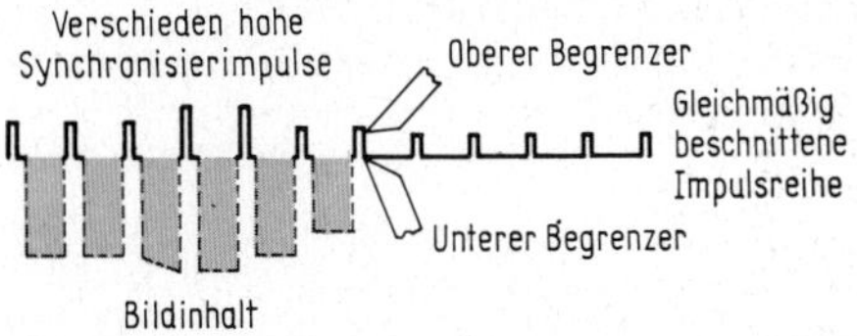

Bild 9.01 Abtrennen der Gleichlaufimpulse durch Abkappen des Bildinhaltes und ungleich hoher Impulsscheitel

Abkappen oben und unten wird zweckmäßig auf zwei Stufen verteilt. In der ersten wird der Bildinhalt weggeschnitten, und in der zweiten werden die ungleich hohen Scheitel der Impulse auf gleiche Höhe gebracht.

Bild 9.02 Abkappen der Bildamplituden durch eine Diodenschaltung

Das Abkappen kann mit vorgespannten Schaltdioden erfolgen. Man gibt einer Diode eine negative Vorspannung $-U_V$ von einigen Volt und verschiebt dadurch ihren Arbeitspunkt soweit nach links, daß der Schwarzpegel auf den Kennlinienknick fällt. Die links davon liegenden Hel-

Bild 9.02 Vorgespannte Diode als Amplitudensieb

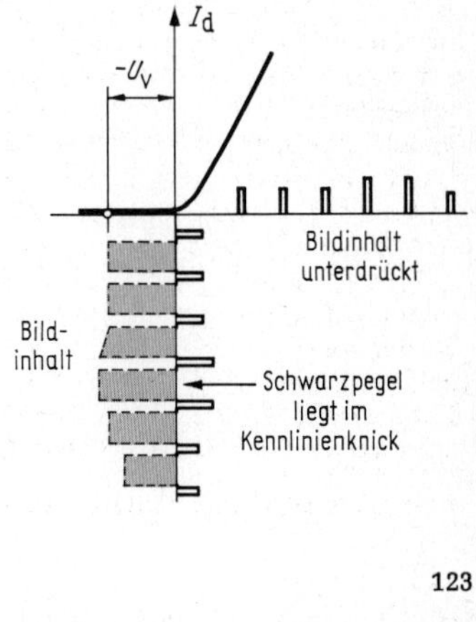

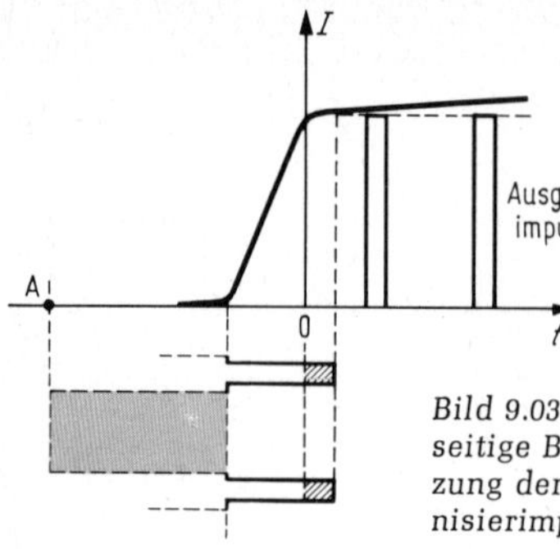

Bild 9.03 Beidseitige Begrenzung der Synchronisierimpulse

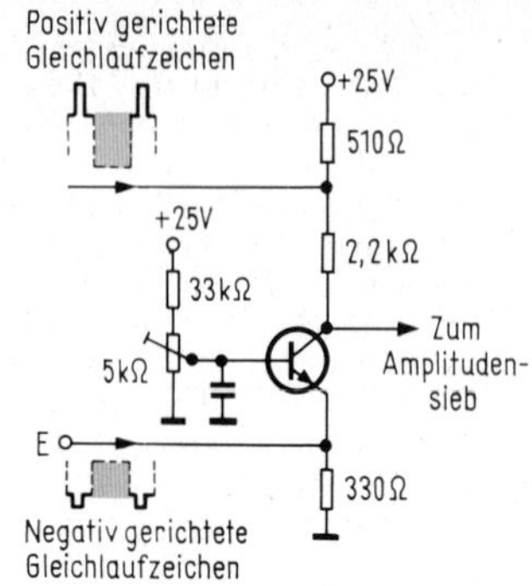

Bild 9.05 Schaltung zum Austasten von Störimpulsen

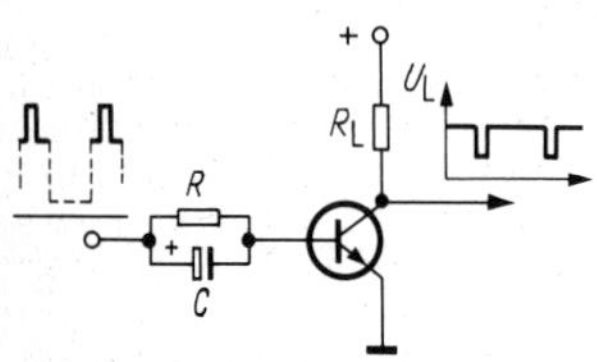

Bild 9.04 Transistor als Amplitudensieb

ligkeitsamplituden erzeugen dann noch keinen Diodenstrom, sondern nur die nach rechts herausragenden Synchronisierimpulse schalten die Diode durch. Der Diodenstrom enthält also nur die Synchronisierzeichen.

Bild 9.03 Begrenzerschaltungen

Bekanntlich werden beim Übersteuern einer Verstärkerstufe mit zu hohen Eingangsspannungen die oberen und unteren Spitzen oder Kuppen des Signals beschnitten und abgekappt. Dies benutzt man, um die Synchronimpulse vom übrigen Signal abzutrennen und außerdem noch die Amplituden der Kurvenscheitel zu begrenzen. Man legt den Arbeitspunkt A der Steuerstufe sehr weit nach links, so daß wie im Diagramm 9.02 der Bildinhalt des Signalgemisches noch keinen Strom bewirkt. Lediglich die Synchronimpulse ragen bis über das Steuergebiet hinaus. Sie werden also durchgelassen, aber am Scheitel abgekappt, und es ergeben sich die gleichmäßig hohen Ausgangsstromimpulse. Dies entspricht also dem Schema von Bild 9.01 und ergibt eine Verbesserung gegenüber Bild 9.02.

Bild 9.04 Einstufiges Amplitudensieb

Die Verschiebung des Arbeitspunktes A im vorigen Bild kann man erzielen, indem man die notwendige Vorspannung aus dem Signalgemisch selbst erzeugt. Man führt es dazu über ein RC-Glied dem Basiskreis eines Transistors zu. Dieses RC-Glied bildet zusammen mit der Emitter-Basisdiode einen Gleichrichterkreis. R stellt den Lastwiderstand und C den Ladekondensator dar. Der Kondensator lädt sich in der eingezeichneten Polung fast auf den Scheitelwert des Signalgemisches auf und verschiebt somit den Arbeitspunkt automatisch in das Sperrgebiet des Transistors. Nur die Synchronimpulse schalten den Transistor durch und bewirken Kollektorstromstöße. Sie ergeben ihrerseits Spannungsimpulse am Lastwiderstand R_L. Das Kollektorpotential sinkt dadurch ab, und man kann am Kollektor negativ gerichtete beschnittene Synchronimpulse abnehmen. Die Stufe wirkt zugleich als Inverter.

Bedingung für derartige Begrenzerschaltungen ist, daß ein ziemlich großes BAS-Signal zur Verfügung steht. Deshalb wird es in den meisten Fällen hinter dem Videoverstärker entnommen, weil es dort mit Spannungen von 50 bis 80 V vorhanden ist. Die abgetrennten und beschnittenen Synchronisierimpulse erscheinen am Ausgang der Stufe mit Spannungswerten von 2 bis 5 V.

Bild 9.05 Störaustastung

Für den exakten Einsatz der Zeilen- und Bildanfänge ist wichtig, daß die Kippgeräte nur durch die eigentlichen Synchronisierzeichen angestoßen werden. Es besteht nämlich die Gefahr, daß starke, unregelmäßig auftretende Störimpulse die Kippgeräte zur falschen Zeit auslösen und das Bild verderben. Man ist deshalb bestrebt, Störimpulse bereits im Amplitudensieb unschädlich zu machen. Die Wirkung der Störaustastung beruht auf einer Koinzidenzschaltung[1]).

Der Transistor arbeitet in Basisschaltung. Das positiv gerichtete BAS-Signal wird über den 2,2-kΩ-Kollektorwiderstand des Transistors zum Amplitudensieb geleitet. Am Emitter liegt ein BAS-Signal mit negativ gerichteten Gleichlaufzeichen. Die Basisspannung des Transistors wird mit dem Trimmwiderstand so eingestellt, daß der Transistor für die Synchronimpulse gerade eben gesperrt ist.

1 Vgl. Bild 8.15 bis 8.18.

Tritt nun ein Störimpuls auf, der negativer als der Synchronpegel am Emitter ist, dann schaltet er den Transistor durch. Infolgedessen fließt ein Strom durch den 2,2-kΩ-Kollektorwiderstand. Ähnlich wie in Bild 9.04 macht dadurch das Kollektorpotential einen Spannungssprung in negativer Richtung. Genau zum gleichen Zeitpunkt erscheint aber auch derselbe Störimpuls im oberen BAS-Signal positiv gerichtet. Die beiden Spannungssprünge heben sich auf, sie kompensieren sich, und die Störung tastet sich selbst heraus!

Da die beiden sich auslöschenden Störimpulse entgegengesetzt gerichtet, also invertiert sind, bezeichnet man die Schaltung auch als *Störinverter*.

Bild 9.06 Zweistufiges Amplitudensieb mit Transistoren

In dieser Schaltung wird das BAS-Signal mit positiv gerichteten Synchronimpulsen über das aus Bild 9.04 bekannte RC-Glied der Basis des ersten Transistors zugeführt. Die Spannung an seinem Kollektor ist durch den 15-kΩ-Widerstand sehr stark herabgesetzt, das ergibt die abschneidende und begrenzende Wirkung. Die abgetrennten Impulse erscheinen am Kollektor negativ gerichtet. Die Bildimpulse werden bereits hinter dem ersten Transistor ausgekoppelt. Der zweite Transistor verstärkt und begrenzt die Impulsreihe nochmals. An seinem Kollektor liegt ein Resonanzkreis, der durch jeden Synchronimpuls zu einer Schwingung angestoßen wird, deren Breite durch die Resonanzfrequenz des Kreises gegeben ist. Die hierzu in Reihe liegende Diode OA 161 ermöglicht dabei das freie Durchschwingen der negativen Halbwelle. Die umgeformten Impulse werden induktiv auf den anschließenden Zeilenkippteil übertragen.

Die Bezeichnung *Zeilenimpulse* und *Bildimpulse* werden hier zur Vereinfachung gebraucht. In Wirklichkeit handelt es sich vorerst noch um die gleichen Impulsfolgen. Erst durch die Aufbereitung in den danach folgenden Stufen werden daraus typische Zeilen- und Bild-Synchronimpulse.

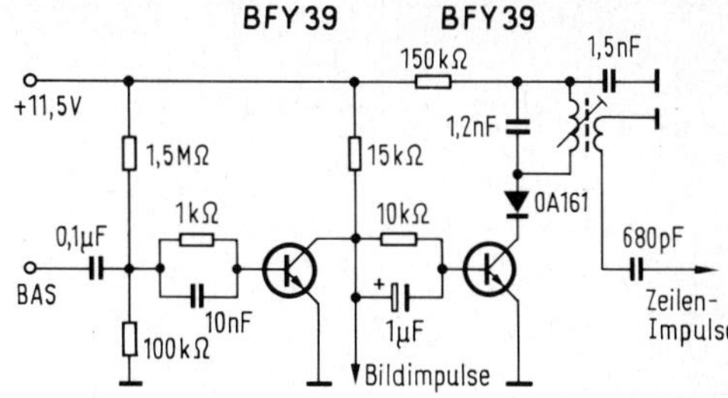

Bild 9.06 Amplitudensieb mit zwei Transistoren (Graetz)

Bild 9.07 Integrierte Schaltung als Amplitudensieb

Eine günstige Lösung für ein Amplitudensieb mit Störaustastung ermöglicht die integrierte Schaltung TAA 293 von Valvo. Die Transistorsysteme T 2 und T 3 arbeiten als zweistufiges Amplitudensieb. T 1 tastet Störspitzen aus. Das weiterzuverarbeitende BAS-Signal wird mit positiv gerichteten Synchronimpulsen der Basis des Transistors T 2 zugeführt. System 1 erhält ein Signal mit negativ gerichteten Impulsen. Der Schwellenwert für die Störaustastung wird mit dem Potentiometer P so eingestellt, daß der Transistor 1 normalerweise leitet, aber durch große Störamplituden gesperrt wird. Dadurch tritt dann ein positiver Spannungssprung an dem parallel zur Emitter-Kollektorstrecke liegenden 2,2-kΩ-Widerstand auf. Er dient aber außerdem als Emitterwiderstand des Systems T 2, und dieser Spannungsimpuls tastet nun den gleichzeitig im unteren BAS-Signal erscheinenden Störimpuls aus.

Am Ausgang der Schaltung ist bereits eine Art Weiche vorgesehen. Die zur Bildsynchronisierung dienenden Impulse werden über einen Tiefpaß aus 33 kΩ und 1 nF geführt. Mehr darüber in den folgenden Abschnitten.

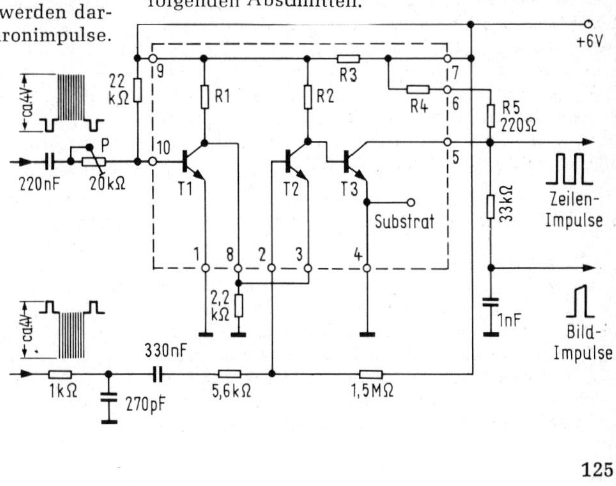

Bild 9.07 Integrierte Schaltung TAA 293 als Amplitudensieb

Gewinnung der Zeilensynchronisierzeichen

Bild 9.11 Differenzieren von Rechteckimpulsen

Nachdem im Amplitudensieb die Synchronisierzeichen von der Bildmodulation und von Amplitudenstörungen befreit worden sind, müssen die 50-Hz-Bildwechselimpulse und die 15 625-Hz-Zeilenimpulse voneinander getrennt werden. Die Schaltung eines Fernsehempfängers gabelt sich also hinter dem Amplitudensieb in zwei getrennte Kanäle für Zeilen- und Bildablenkung auf (vgl. Bild 3.01). Zunächst wird die Gewinnung der Zeilensynchronisierimpulse besprochen.

Nach der Fernsehnorm bestehen die Synchronzeichen aus rund 5 µs breiten Rechteckimpulsen. Eine Bildzeile dauert 64 µs. Ein 5 µs breites Zeichen wäre also ein zu undefinierter Startschuß für den Zeilenbeginn. Deshalb benutzt man nur die Vorderflanke des Synchronimpulses als Triggersignal für die Kippspannungsoszillatoren des Ablenkteiles. Dazu formt man zunächst die steilen Flanken durch *Differenzieren* in Nadelimpulse um. Der Begriff Differenzieren stammt aus der höheren Mathematik. Man versteht darunter das Ermitteln der Steilheit von sehr kleinen Abschnitten einer Kurve. Der Funktechniker kennt die daraus abgeleiteten Begriffe der Kennlinien*steilheit* von Dioden und Transistoren sowie des *differentiellen* Widerstandes bei nichtlinearen Widerständen[1].

Bei einem elektrischen Rechteckimpuls hat die Grundlinie und das Impulsdach die Steigung Null. Die aufsteigende und die absteigende Flanke verlaufen dagegen sehr steil. In einer sehr kleinen Zeitdifferenz ergibt sich also eine sehr große Spannungsdifferenz. Beim elektrischen Differenzieren gewinnt man aus einem solchen Spannungssprung auf folgende Weise einen *Nadelimpuls:* Man gibt die Rechteckspannung nach Bild 9.11a auf ein als Hochpaß geschaltetes *RC*-Glied. Für die Spannung Null des Kurvenstückes 1 – 2 ist natürlich die Ausgangsspannung des Gliedes ebenfalls Null. Kommt jetzt der steile Spannungssprung 2 – 3 an den Eingang, so wirkt er wie die plötzlich ansteigende Halbwelle einer Wechselspannung sehr hoher Frequenz. Für Wechselspannungen besitzt aber der Kondensator nur einen geringen Widerstand. Fast die ganze Spannung 2 – 3 erscheint daher sofort an den Enden des Widerstandes *R*, und zwar in der Richtung des Spannungsanstieges, also positiv.

Während des darauffolgenden Zustandes 3 – 4 kann sich aber die Spannung am Widerstand *R* nicht halten, denn 3 – 4 im Rechteckimpuls ist ein Gleichspannungsanteil, der von Kondensatoren nicht übertragen wird. Die Spannung an *R* bricht also wieder zusammen und fällt auf Null ab. Dagegen ladet sich nun der Kondensator *C* auf die Gesamtspannung auf.

Man kann sich den Vorgang durch einen einfachen Versuch klarmachen, dessen Verlauf jeder Praktiker im voraus übersehen kann. Ein Kondensator *C* wird nach Bild 9.11b über ein Voltmeter an eine Gleichspannungsquelle gelegt. Das Voltmeter schlägt kurz aus (Spannungsanstieg 2 – 3 in Bild 9.11a) und wird dann wieder spannungslos, während nun der Kondensator auf die Batteriespannung aufgeladen ist. Gelangt in Bild 9.11a nun die abfallende Impulsflanke 4 – 5 an das *RC*-Glied, so verläuft der Ladestoß in umgekehrter Richtung, d. h. am Widerstand tritt ein kurzer negativ gerichteter Spannungszacken 4 – 5 auf, und anschließend klingt die Ausgangsspannung wieder auf Null ab. Diese spitzen Spannungszacken eignen sich besser für die präzise Auslösung der Kippgeräte als reine Rechteckimpulse. Man wendet daher in allen Fernsehempfängern derartige Differenzierglieder an, um die eigentlichen Zeilensynchronisierungsimpulse zu erzeugen.

1 Elektronik ohne Ballast, 4. und 5. Auflage, Bild 2.01, 2.65 und 3.56 bis 3.58.

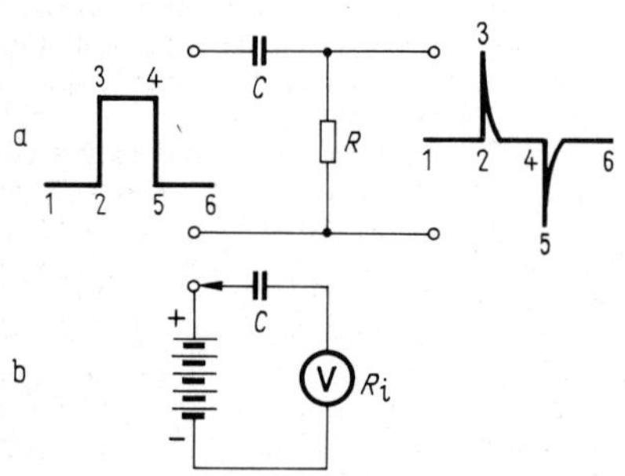

Bild 9.11 Elektrisches Differenzierglied

Bild 9.12 Bemessung des Differenziergliedes

Für die Bemessung eines solchen Differenziergliedes gelten folgende Überlegungen: Man kann die Anordnung als Kopplungskondensator und Ableitwiderstand einer Verstärkerstufe auffassen. Dieses Kopplungselement soll nur die sehr hohen Frequenzen übertragen, die in den Zeilenimpulsflanken enthalten sind. Nicht übertragen werden soll jedoch die eigentliche Zeilenimpulsfrequenz von 15 625 Hz. Die Grenzfrequenz eines solchen *RC*-Gliedes muß also weit oberhalb von

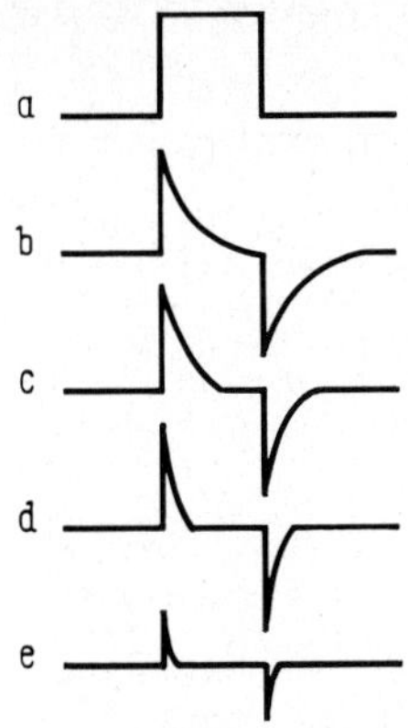

Bild 9.12 Verformen einer Rechteckkurve durch RC-Glieder mit verschieden hoher Grenzfrequenz

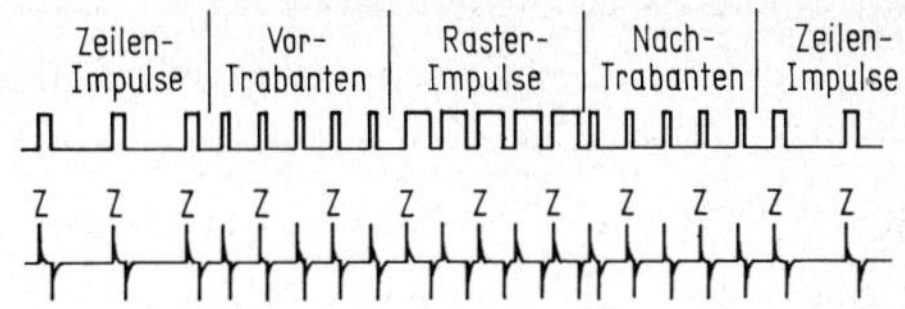

Bild 9.13 Differenzieren einer Fernseh-Impulsreihe

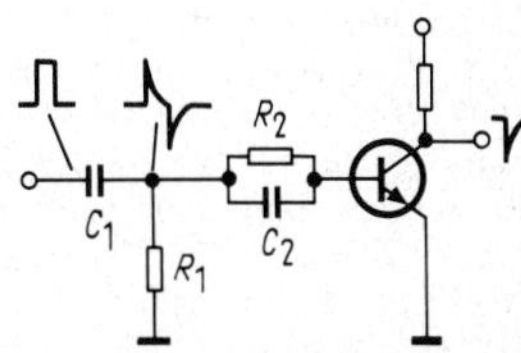

Bild 9.14 Differenzierschaltung und Abkappen der nicht benötigten Spannungsspitzen

etwa 15 kHz liegen. So ergaben sich bei der Überprüfung einiger Industrieschaltungen folgende Werte:

C pF	R Ω	f_{gr} kHz
27	100	62
10	100	160
100	10	160
50	2	1600

Wie wirkt sich nun eine zu niedrige Grenzfrequenz bzw. ein zu großes *RC*-Produkt aus? Zur gedankenmäßigen Überlegung hilft wieder der Versuch von Bild 9.11b. Macht man sowohl C als auch den Innenwiderstand R_i des Voltmeters sehr groß, so wird es beim Einschalten einer Gleichspannung eine ganze Weile dauern, bis durch den hohen Widerstand der große Kondensator auf den vollen Gleichspannungswert aufgeladen ist. Der anfängliche Spannungsstoß an R_i, also die am Instrument angezeigte Spannung, klingt daher viel langsamer auf Null ab. Es ergeben sich dann keine schmalen spitzen Zacken, sondern nur langsam in Form einer Entladekurve absinkende Scheitel (Bild 9.12b). Bei einem mittleren Wert der Grenzfrequenz fallen die Scheitel schneller ab (Bild 9.12c), und wird die Grenzfrequenz wie bei den eigentlichen Differenziergliedern sehr groß, dann bilden sich die gewünschten Zacken aus (Bild 9.12d). Bei extrem hoher Grenzfrequenz werden die Zacken sehr schmal und nicht ganz so hoch (Bild 9.12e). Man kann also durch Wahl von *R* und *C* die gewünschte Form der Zacken einstellen. Diese Vorgänge lassen sich übrigens sehr schön mit einem Elektronenstrahloszillografen nachweisen.

Bild 9.13 Differenzieren der gesamten Fernseh-Impulsreihe

In der dem Differenzierglied zugeführten Impulsreihe sind auch die breiten Rasterwechselimpulse vorhanden. Jede steile Impulsflanke löst nun entsprechend ihrer Richtung positive oder negative Nadelimpulse aus. Das Impulsschema ist so angelegt, daß auch während der Rasterwechselimpulse im Takt der Zeilenimpulse die Zacken Z ausgelöst werden. Der Zeilengenerator erhält also auch während des Rasterwechsels die richtigen Synchronisierimpulse. Die dazwischenliegenden Spannungsspitzen im Abstand einer halben Zeile stören den Vorgang nicht.

Bild 9.14 Abkappen der nicht benötigten Spannungsspitzen

Anstelle der nur einseitig gerichteten ursprünglichen Rechteckimpulse erhält man hinter dem Differenzierglied positiv und negativ gerichtete Spannungsspitzen. In den meisten Fällen sprechen die Kippgeneratoren nur auf eine Vorzeichenrichtung an, so daß hierdurch keine Schwierigkeiten entstehen.

Wird jedoch nur eine Impulsrichtung gewünscht, so lassen sich die nach der anderen Seite gerichteten Impulse durch eine Begrenzerschaltung abkappen. Man fügt dazu zwischen dem Differenzierglied $R_1 - C_1$ und dem darauf folgenden Transistor ein weiteres RC-Glied $R_2 - C_2$ mit sehr tief liegender Grenzfrequenz ein. Dadurch ergibt sich eine Wirkung wie in Bild 9.04. An C_2 entsteht eine Vorspannung. Sie verschiebt automatisch den Arbeitspunkt des Transistors nach links und sperrt ihn. Nur die positiv gerichteten Zacken schalten durch und erscheinen invertiert als negativ gerichtete Nadelimpulse am Kollektor. Sie entsprechen den Vorderflanken der ursprünglichen positiven Rechteckimpulse.

Kehrt man die Richtung der Nadelimpulse vorher an einer geeigneten Stelle durch eine Inverterstufe um, so kann man auch die den rückwärtigen entsprechenden Spannungsspitzen isolieren und allein wirksam werden lassen.

Die einfachste Methode, um Impulse einer bestimmten Richtung zu erhalten und die entgegengesetzt gerichteten abzukappen, besteht darin, eine Ventildiode in den Leitungsweg einzufügen. Je nach ihrer Polung läßt sie nur die positiv oder die negativ gerichteten Impulse hindurch.

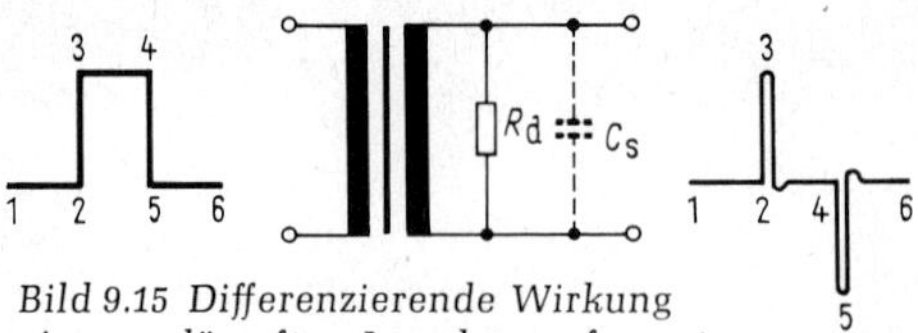

Bild 9.15 Differenzierende Wirkung eines gedämpften Impulstransformators

Bild 9.15 Elektrisches Differenzieren mit Hilfe eines Transformators

Nicht nur mit einem *RC*-Glied, sondern auch mit einem Transformator lassen sich Rechteckspannungen differenzieren. Wir legen an die Primärwicklung eines Übertragers nach Bild 9.15 einen Rechteckimpuls. Während der Zeit 1 – 2 ist die Spannung Null, auf der Sekundärseite wird also keine Spannung induziert. Der plötzliche Anstieg 2 – 3 entspricht einer Wechselspannung sehr hoher Frequenz. Sie erzeugt sekundär einen entsprechenden Spannungsstoß.

Der Zeitabschnitt 3 – 4 auf der Primärseite entspricht einem kurzen Gleichstrom, der nicht auf die Sekundärseite übertragen wird. Die Ausgangsspannung müßte also wieder Null werden, ähnlich wie hinter dem Kondensator in Bild 9.11, der ebenfalls keine Gleichspannungen durchläßt. Nun stellt aber jede Übertragerwicklung mit den Schaltkapazitäten C_s einen Schwingungskreis dar. Gibt man auf einen solchen Kreis einen Spannungsstoß, dann ladet er die Kapazität auf, und die Energie pendelt über die Spule von einer Kondensatorbelegung zur anderen hin und her, bis sie durch Verluste aufgebraucht ist. Bei jedem Spannungsstoß entsteht eine abklingende Schwingung.

Dämpft man den Schwingungskreis durch einen niederohmigen Widerstand R_d, dann wird die Energie bereits in der zweiten Halbwelle durch Dämpfung verbraucht, und jeder Sprung der Rechteckspannung löst auf der Sekundärseite nur einen schmalen Impuls aus, wie er im Bild rechts dargestellt ist. Wir erhalten also die gleiche Wirkung wie in Bild 9.11 mit einem *RC*-Glied. Ist der primäre Rechteckimpuls sehr schmal, dann folgen auf der Sekundärseite die beiden positiv und negativ gerichteten Impulse dicht aufeinander.

Eine solche Anordnung nennt man einen Impulstransformator. Er dient also nicht zum formgerechten Übertragen von Rechteckspannungen, sondern zum elektrischen Differenzieren. Jeder steile Spannungssprung auf der Primärseite löst, bei genügender Dämpfung, schmale Impulse auf der Sekundärseite aus. Die Dämpfung übernimmt dabei etwa die Aufgabe der Grenzfrequenz beim *RC*-Glied nach Bild 9.11.

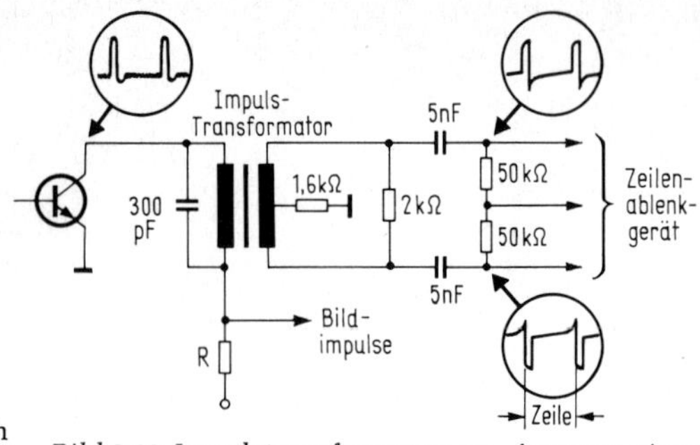

Bild 9.16 Impulstransformator am Ausgang eines Amplitudensiebes

Bild 9.16 Differenzierstufe mit Impulstransformator

Im Ausgangskreis eines Amplitudenbegrenzers liegen in Reihe ein Übertrager und ein Widerstand *R*. An diesem Widerstand werden die Gleichlaufzeichen für das Bildablenkgerät entnommen. Der Übertrager dient zum Differenzieren der Zeilenimpulse.

In vielen Fernsehempfängerschaltungen benötigt man zwei symmetrische und gegenphasige Impulsreihen zum Synchronisieren des Zeilenablenkgerätes. Deshalb ist hier die Sekundärseite des Impulstransformators symmetrisch gegen Erde geschaltet. Der Widerstand von 2 kΩ entspricht dem Dämpfungswiderstand R_L in Bild 9.15. Er verhindert, daß sich Schwingungen auf der Sekundärseite ausbilden. Hinter den beiden 50-kΩ-Widerständen folgen weitere Schaltmittel, die eine ähnliche abkappende Wirkung ausüben wie in Bild 9.14. Deshalb ist in den Oszillogrammen jeweils die nach einer Seite gerichtete Zackenreihe zur kurzen Spitzen verkümmert.

Diese symmetrische Schaltung ist für die in Kapitel 10 noch zu besprechende Phasensynchronisation erforderlich, die in den meisten Fernsehempfängern angewendet wird. RC-Differenzierschaltungen nach Bild 9.11 werden für diesen Zweck seltener benutzt.

Literatur

Die Impulsabtrennung und Störaustastung. Funktechnische Arbeitsblätter Fs 53 (Februar 1964).

Pollak: Impulsabtrennung mit Transistoren im Fernsehempfänger. Funk-Technik 1966, H. 18, S. 645.

Geprägs: Zweistufiges Amplitudensieb mit den Silizium-Planartransistoren BFY 39 und BSX 24. SEL-Mitteilungen, November 1966, S. 1.

Bendisch: Integrierte Schaltung als Amplitudensieb. Funkschau 1967, H. 9, S. 273.

Gewinnung der Vertikal-Synchronisierzeichen

Aus der Gruppe der breiten Bildwechselimpulse im BAS-Signal, vgl. Bild 1.08, werden durch *Integrieren* die Startimpulse für den Bildwechsel, d. h. die Vertikal-Synchronisierzeichen gewonnen. Der Begriff integrieren stammt ebenfalls aus der Mathematik. Man nennt so ein Rechenverfahren, bei dem viele kleine Abschnitte summiert werden, also das „Ganze" gebildet wird, denn „integer" heißt auf lateinisch „vollständig" oder „ganz". Daher auch die Bezeichnung *integrierte Schaltung*, wie dies auf Seite 122 bereits erwähnt worden ist. Bei ihr sind viele einzelne kleine Bauelemente zu einer Gesamtschaltung vereinigt. Die mathematische Bedeutung von integrieren ist: Kleine *aufeinanderfolgende* Einheiten zu einem Ganzen zu addieren.

Hierzu auch „Elektronik ohne Ballast", 4. und 5. Auflage, Bild 2.68 und 2.69.

Bild 9.21 Elektrisches Integrieren

Man versteht darunter das elektrische Addieren von kleinen Spannungsstößen. Dazu dient ein als Tiefpaß geschaltetes RC-Glied. Die Wirkungsweise sei zunächst an der einfachen Gleichstromschaltung Bild 9.21a erläutert.

Wird der Schalter S eingeschaltet, dann fließt ein Ladestrom, und die Kapazität C ladet sich auf die Batteriespannung U auf. Die Spannung an C steigt dabei nach Kurve A erst steil und dann langsamer an, weil bei teilweise geladenem Kondensator die Spannung hinter dem Widerstand sich nicht mehr sehr von der Ladespannung U unterscheidet. Der Ladestrom wird also ständig kleiner, und dadurch steigt die Spannung an C auch langsamer an. Dieser gesetzmäßige Anstieg erfolgt – ähnlich wie das Absinken der Spannung beim Entladen eines Kondensators – nach einer sogenannten Exponentialfunktion oder e-Funktion. Näheres soll hier nicht interessieren, uns genügt der grundsätzliche Verlauf der Kurve A. Wird der Schalter S nur ganz kurz ein- und sofort wieder ausgeschaltet, dann findet der Kondensator C nicht die Zeit, sich auf den vollen Spannungswert U aufzuladen. Er wird z. B. nur die Teilspannung U_1 annehmen und bei hochwertiger Isolation auf diesem Wert aufgeladen bleiben. Wird im Zeitpunkt 2 der Schalter nochmals kurz eingeschaltet und bei 3 wieder ausgeschaltet, dann ladet sich C weiter bis zum Wert U_3 auf. Dieses Stück der Aufladekurve B entspricht dabei genau dem auf gleicher Höhe liegenden Stück der Kurve A, denn es stellt nur eine Fortsetzung dieser Kurve nach der Pause 1 – 2 dar. Durch mehrmaliges kurzes Ein- und Ausschalten erhält man endlich auch in diesem Fall die volle Spannung am Kondensator.

Durch kleine aufeinanderfolgende Stromstöße wird also die Kapazität auf die Gesamtspannung U aufgeladen. Dies entspricht aber dem Begriff des Integrierens. Man kann den Versuch noch etwas abändern, indem man nach Bild 9.21b hinter dem Schalter einen hochohmigen Widerstand R_2 einfügt. Der Ladevorgang ist wieder der gleiche, denn R_2 belastet die Batterie nur wenig. Wird aber jetzt S geöffnet, dann entladet sich in der Pause 1 – 2 der Kondensator C über R und R_2, und die Spannung sinkt auf den niedrigeren Wert U_2. Beim mehrmaligen Ein- und Ausschalten erhält man dann die eigenartige Zackenkurve D.

Bild 9.22 Integrieren der Fernseh-Gleichlaufzeichen

Das Ein- und Ausschalten des Schalters S bedeutet eigentlich das Erzeugen von rechteckförmigen Spannungsstößen an den Eingangsklemmen des RC-Gliedes. Man kann deshalb auch das

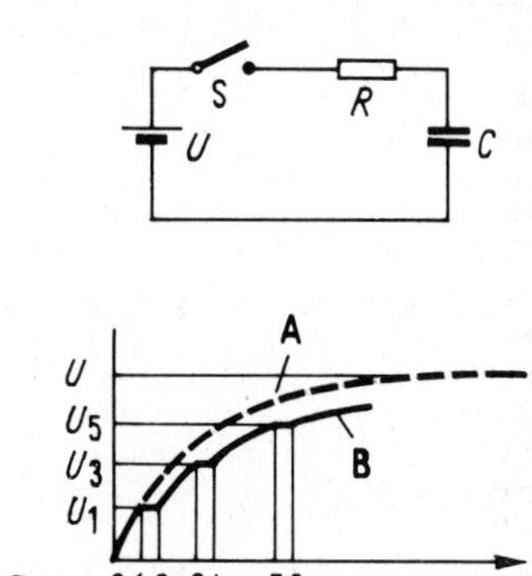

Bild 9.21 *Addieren (Integrieren) von Spannungsstößen*

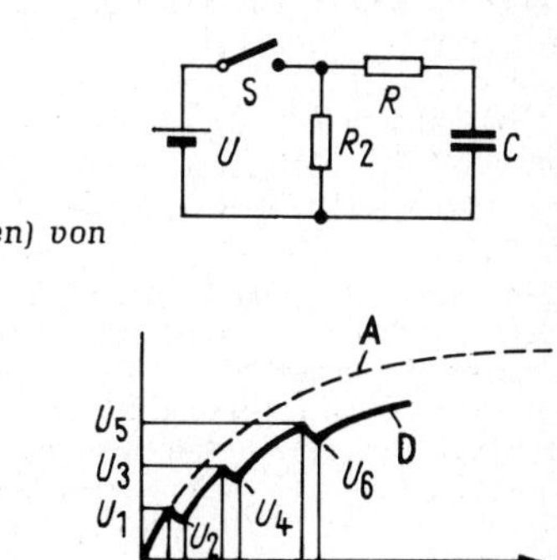

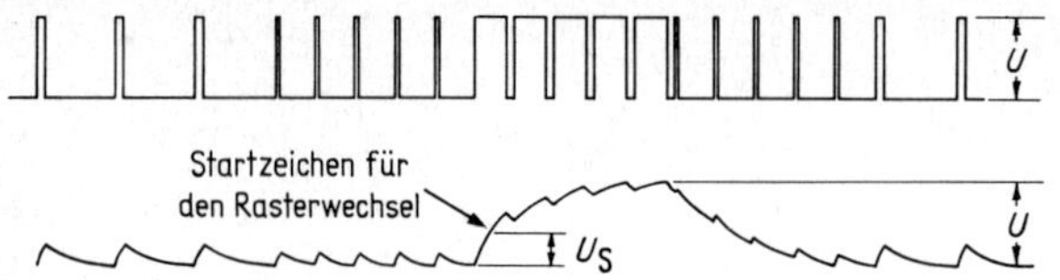

Bild 9.22 Elektrisches Integrieren der Fernseh-Synchronisierimpulse

Impulsgemisch des Fernsehsignals an den Eingang eines solchen „Integriergliedes" legen. Der Entladewiderstand R_2 aus Bild 9.21b wird in der Praxis durch Basisspannungsteilerwiderstände oder Kollektorwiderstände von Transistoren gebildet. Man gibt den Widerständen solche Werte, daß nach den kurzen Zeilenimpulsen und Trabanten der Kondensator C sich wieder vollständig entlädt. Bei länger dauernden Bildwechselimpulsen dagegen ladet er sich höher auf und kann sich in den dazwischenliegenden kurzen Pausen nur wenig entladen. An C baut sich daher während der Bildwechselimpulse wieder eine Zackenkurve ähnlich wie in Bild 9.21b auf, und sie klingt dann während der Nachtrabanten wieder ab. Aus der vorher gleichmäßigen Impulsreihe 9.22a werden also die Zeilenimpulse zu bedeutungslosen Zacken herabgedrückt, und nur zur Zeit der Rasterwechselimpulse kann die Spannung am Kondensator auf den vollen Wert *U* ansteigen.

Diese neuen durch Integration gewonnenen Zeichen können nun als Startzeichen für den Bildkippgenerator dienen. Man verwendet dazu einen Spannungswert auf der ansteigenden Flanke etwa bei U_s, um Störungen durch die restlichen Zeilenimpulse sicher zu vermeiden.

Man erkennt nun gut den bereits im ersten Kapitel bei Bild 1.08 angedeuteten Zweck der Vortrabanten. Sie geben *vor* jedem Rasterwechsel fünf gleichmäßige niedrige Zacken, über denen sich dann die Spannung U_s genau definiert aufbauen kann. Würde man einfach die Zeilenimpulse durchlaufen lassen, dann beträgt bei einem Halbbild der Abstand zwischen dem letzten Zeilenimpuls und dem ersten Bildimpuls nur eine halbe Zeile, beim anderen Halbbild jedoch eine ganze Zeile. Die Spannung U_s baut sich im ersten Fall bereits auf der Mitte des abfallenden Rückens des vorhergehenden Zeilenimpulses auf, d. h. das Niveau U_s wird zu früh erreicht, und das nächste Halbbild setzt zu früh ein. Alle Zeilen dieses Halbbildes liegen dann einseitig zu dicht bei den vorhergehenden Zeilen des anderen Halbbildes, die Zeilen stehen „paarig".

Man kann die Wirkungsweise des Integriergliedes auch aus den Eigenschaften eines Tiefpasses erklären. Die Grenzfrequenz dieses RC-Gliedes wird so niedrig gelegt, daß die der Zeilenfrequenz entsprechenden 15 625-Hz-Impulse durch den Kondensator C kurzgeschlossen werden und nur die 50-Hz-Bildwechselfrequenz eine Spannung erzeugt.

Bild 9.23 Praktische Integrierschaltung

Vielfach schaltet man zwei oder drei Integrierglieder hintereinander. Dann ladet sich während eines Impulses der erste Kondensator der Kette auf eine höhere Spannung auf als der letzte, denn die Längswiderstände wirken als Spannungsteiler für den Ladestromstoß. Während der Pause zwischen zwei Impulsen gleichen sich die Spannungen der einzelnen Kondensatoren aus. Die hohe Spannung des ersten Kondensators ladet gewissermaßen den letzten Kondensator weiter auf. Dadurch wird die Welligkeit der Kurve Bild 9.22b ausgebügelt, und man erhält ein gleichmäßig ansteigendes Signal für den Bildkipposzillator.

In der Schaltung werden die vom Amplitudensieb kommenden und verstärkten Gleichlaufzeichen mit einer Amplitude von 145 V_{ss} angeliefert. Zur Zeilensynchronisierung werden sie über den Zeilenimpulstransformator ausgekoppelt und differenziert (vgl. Bild 9.15). Der vorgeschaltete 1-nF-Kondensator hat bereits eine integrierende Wirkung. Er ladet sich nämlich wie der Ladekondensator eines Netzteiles durch die breiten Rasterimpulse etwas auf. Dadurch heben sich in dem linken Oszillogramm, das die dichtgedrängten Zeilenimpulse darstellt, die breiten Bildwechselimpulse bereits etwas heraus.

Nach der dreigliedrigen Integrierkette ist infolge der mehrfachen Spannungsteilung die Span-

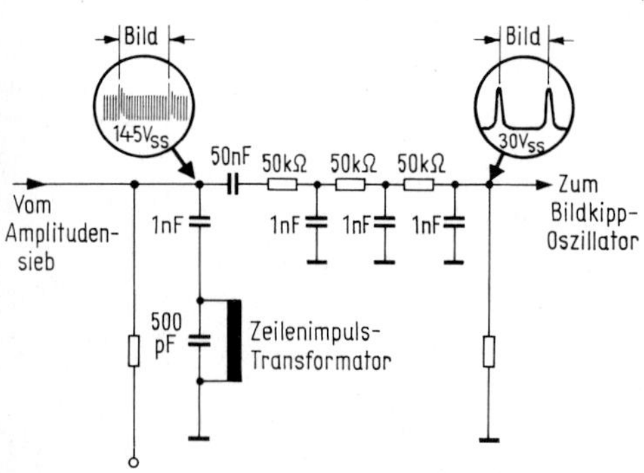

Bild 9.23 Dreistufiges Integrierglied

nung auf 30 V_{SS} abgesunken, aber die Zeilenimpulse sind nun unterdrückt, und die reinen Bildimpulse heben sich positiv gerichtet heraus.

Bild 9.24 Integrierschaltung mit Zeilenimpulssperre

Der Transistor arbeitet als Abschneidestufe. Sein Arbeitspunkt wird ähnlich Bild 9.04 durch das Signalgemisch an der Basis selbsttätig so gewonnen, daß nur die Synchronimpulse in den Aussteuerbereich des Transistors fallen. Der Bildinhalt wird unterdrückt. Am Emitter des Transistors steht also die beschnittene Impulsreihe entsprechend Bild 9.22a zur Verfügung. Diese Signalreihe wird zum Gewinnen der Zeilenimpulse an eine Differenzierschaltung weitergeleitet.

Die Bildsynchronimpulse werden durch Integrieren an dem RC-Glied aufgebaut. Wie aus Bild 9.22b zu erkennen, haben diese Zeichen hinter dem RC-Glied eine weit höhere Amplitude als die kleinen Zacken, die nur von den Zeilenimpulsen verursacht werden. Die Diode D ist nun so vorgespannt, daß sie die kleinen Signale sperrt und nur die größeren Bildwechselimpulse durchläßt. Dadurch werden die Zeilenimpulse zurückgehalten, und der folgende Bildablenkteil spricht nur exakt auf die Bildimpulse an. Man kommt dadurch gegenüber Bild 9.23 mit einem einstufigen Integrierglied aus und erhält doch saubere eindeutige Bildwechselimpulse.

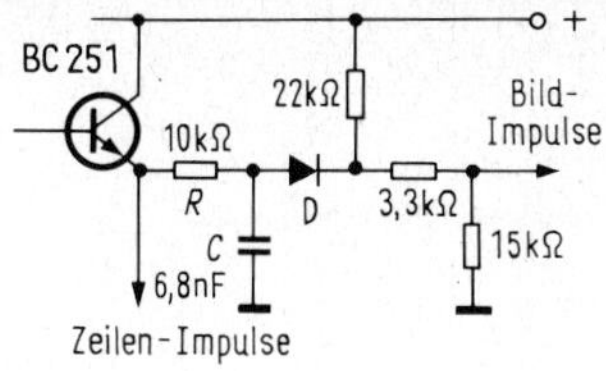

Bild 9.24 Trennung von Zeilen- und Bildimpulsen

Zusammenfassung

In Fernsehempfängern, die mit Röhren oder mit Einzeltransistoren bestückt waren, wurden auch die Impulsabtrennstufen aus Einzelelementen aufgebaut. Die integrierte Schaltungstechnik ermöglichte dann, diese Stufen mit auf dem Chip unterzubringen, der noch weitere Funktionen erfüllt. Ein Beispiel hierfür folgt in Bild 10.42. Trotz dieser Vereinfachungen muß man aber die Grundfunktionen der Impulsabtrennung kennen.

10 Steueroszillatoren für Ablenkstufen

Bild 10.01 Prinzip eines Ablenkteiles

Die zum Schreiben des Rasters auf dem Schirm der Fernsehbildröhre dienenden Ablenkstufen bestehen im Prinzip aus *Steuergenerator, Treiberstufe* und *Endstufe.* Der freischwingende Steuergenerator wird von Synchronimpulsen aus dem Amplitudensieb auf die richtige Frequenz eingerastet – 50 Hz für die Vertikalablenkung (Bildkipp) und 15 625 Hz für die Horizontal- oder Zeilenablenkung. Die Endstufe liefert den Strom für die Ablenkspulen auf dem Hals der Bildröhre. Die Treiberstufe ist nicht immer erforderlich. Der Steuergenerator treibt dann unmittelbar die Endstufe. Ferner gibt es zweistufige Generatoren (Multivibratoren), bei denen die eine Stufe zugleich die Endleistung liefert.

Die Ströme in den Ablenkspulen müssen in Form einer Sägezahnkurve verlaufen. Beim Schreiben einer Zeile soll der Strom stetig und linear ansteigen, damit der Leuchtfleck gleichmäßig über den Bildschirm geführt wird. Dann springt der Strom in sehr kurzer Zeit auf den Anfangswert zurück, um dann die nächste Zeile zu schreiben. Diese Sägezahnstromkurve verlangt spezielle impulsförmige Steuerspannungen. Der gesamte Ablenkteil ist für diese Kippspannungs- oder Impulstechnik durchgebildet. Man kann darin drei Grundformen unterscheiden: Rechteckschwingungen, Sägezahnschwingungen und Nadelimpulsreihen. Meist entstehen diese Kippspannungsreihen dadurch, daß eine Röhre oder ein Transistor periodisch in einen anderen Arbeitspunkt kippt und darin bis zum nächsten Umkippen verharrt oder durch einen langsamen Lade- oder Entladevorgang wieder in den ursprünglichen Zustand zurückkehrt. Mit Hilfe der verschiedenartigsten Schaltungen lassen sich Impulsreihen in andere Formen umwandeln. Bekannt ist, wie man durch Abkappen oder Übersteuern aus Sinusschwingungen Rechteckimpulse machen kann. In Bild 9.11 bis 9.13 lernten wir kennen, wie Rechteckimpulsreihen durch Differenzieren zu Nadelimpulsen umgeformt wurden. Später werden wir sehen, daß die Sägezahnströme in der Zeilen-Endstufe nicht durch Sägezahnspannungen, sondern durch Rechteck-Schaltspannungen erzeugt werden.

In Fernsehempfängern werden Impulsspannungen in den Ablenkteilen vorzugsweise mit Hilfe von Einzeltransistoren oder speziellen Stufen innerhalb von integrierten Schaltungen erzeugt. Jedoch sei zunächst das Prinzip der Kippspannungserzeugung mit einer Glimmröhre erläutert.

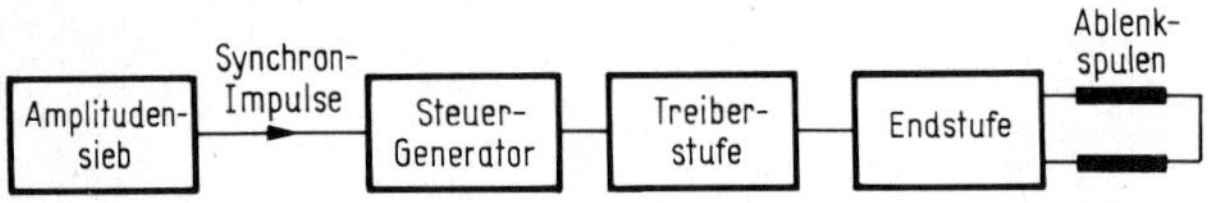

Bild 10.01 Ablenkteil mit Synchronisierung

Bild 10.02 Prinzip der Kippspannungserzeugung

Ladet man den parallel zur Glimmröhre *Gl* liegenden Kondensator *C* über den Widerstand *R* auf, so steigt die Spannung daran nach einer Kurve *A* an (vgl. Bild 9.21). Erreicht die Spannung am Kondensator den Wert der Zündspannung U_z der Glimmröhre Gl, so „zündet" die Röhre und entladet den Kondensator kurzschlußartig bis zum Wert der Löschspannung U_l. Die Glimmröhre erlischt dann, und der Spannungsanstieg am Kondensator *C* beginnt von neuem. Die Spannung an *C kippt* also periodisch zwischen Zünd- und Löschspannung der Glimmröhre hin und her und ergibt damit die Sägezahnkurve. Man erkennt leicht, daß der Spannungsanstieg um so geradliniger ist, je höher die Ladespannung U über der Zündspannung liegt, weil dann die Glimmröhre bereits im unteren steilen Teil der Kurve *A* zündet. Vergrößert man den Wert des Widerstandes *R*, dann dauert es länger, bis der Kondensator aufgeladen und die Zündspannung erreicht ist. Die Sägezähne werden also breiter, die Kippfrequenz wird niedriger. Das gleiche tritt ein, wenn man die Kapazität *C* vergrößert oder allgemein, wenn man die Zeitkonstante dieses RC-Gliedes vergrößert.

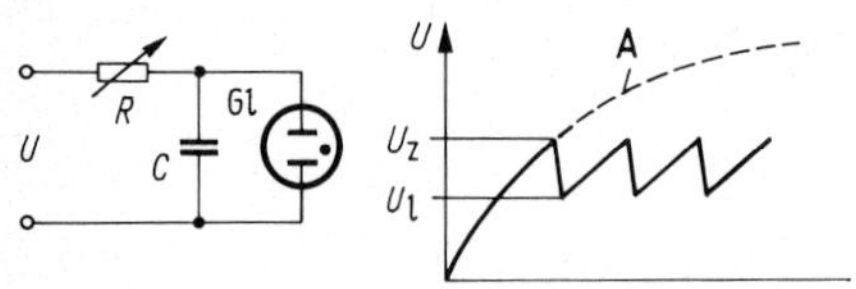

Bild 10.02 Kippspannungserzeugung mit einer Glimmröhre

Das Prinzip der Kippspannungserzeugung beruht hier also auf dem Laden und Entladen eines Kondensators. Dies kann auch in umgekehrter Reihenfolge geschehen, indem der Kondensator unmittelbar durch eine Spannungsquelle schnell aufgeladen und über einen Widerstand langsam entladen wird. Die Glimmröhre hat in beiden Fällen nur die Funktion eines automatischen Schalters. Er ist in Bild 10.02 entweder geöffnet *(Laden)* oder geschlossen *(Entladen)*.

Ein Glimmröhren-Oszillator läßt sich versuchsweise leicht aufbauen, und an einem Oszillografen kann man die Sägezahnkurve sichtbar machen. Diese Kippschaltung führt auch den hochwissenschaftlichen Namen Relaxationsoszillator. Im Lateinischen heißt *relaxatio* Erleichterung, Erholung. Anscheinend hat der Namensgeber damit ausdrücken wollen, daß die Spannung am Kondensator sich wieder erholt, nachdem sie durch den Entlade-Kurzschluß zusammengebrochen ist.

Bild 10.03 Kipposzillator mit Transistoren

Diese Schaltung für den Bildkipposzillator in einem Siemens-Fernsehempfänger arbeitet nach dem gleichen Prinzip. Die Funktion der Glimmröhre wird dabei von zwei Transistoren übernommen. Beim Einschalten der Betriebsspannung $+ U_b$ ist die Spannung am Punkt 1 zunächst geringer als die am Punkt 2, denn grob vereinfacht kann man sagen, daß über den niederohmigen Spannungsteiler die Spannung schneller zum Punkt 2 gelangt als über den hohen 390-kΩ-Widerstand zum Punkt 1. Bei dieser Spannungsverteilung im Einschaltmoment sperrt der npn-Transistor T 1. Da er keinen Kollektorstrom führt, liegt die Basis von T 2 an Masse, Transistor 2 sperrt daher ebenfalls.

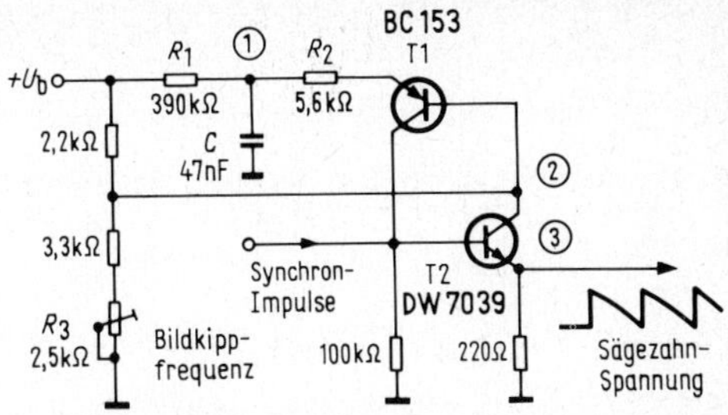

Bild 10.03 Bildkipposzillator mit zwei Transistoren (Siemens)

Nun lädt sich über den Widerstand R_1 der Kondensator C allmählich auf die volle Betriebsspannung auf. Transistor 1 wird leitend, schaltet durch und legt über seinen Kollektor die Basis des Transistors T 2 ebenfalls an $+ U_b$. Transistor 2 schaltet gleichfalls durch, Strom und Spannung an seinem Emitterwiderstand springen auf einen Höchstwert. Jetzt entlädt sich der Kondensator C über den Widerstand R_2 und über die beiden Transistorstrecken. Ihre Kollektorströme gehen langsam zurück und damit auch die Spannung am Emitter des Transistors T 2. Ist sie an diesem Punkt 1 unter einen Schwellenwert abgesunken, dann sperren die Transistoren und das Spiel beginnt von neuem.

Durch Verstellen des Widerstandes R_3 läßt sich die Spannung am Punkt 2 und damit die Entladezeit bzw. die Kippfrequenz einstellen.

Die im Amplitudensieb abgetrennten Synchronimpulse werden der Basis des Transistors T 2 als Triggersignale zugeführt. Sie zwingen dem Kipposzillator die genaue Kippfrequenz auf, ähnlich wie nachher in Bild 10.15 beschrieben werden wird.

Sperrschwinger

Bild 10.11 bis 10.13 Prinzip des Sperrschwingers

Im Prinzip ist der Sperrschwinger ein Oszillator mit sehr fester Rückkopplung, so daß eine hohe Spannung vom Kollektorkreis in den Basiskreis zurückgeführt wird. Die Basisgleichspannung $+ U_B$ ist so bemessen, daß beim Einschalten der Speisespannung $+ U_S$ ein hoher Kollektorstrom durch die Übertragerwicklung n 1 fließt. Die Wicklung n 2 ist so gepolt, daß die vom Kollektorstrom darin induzierte Spannung zur Basis hin negativ gerichtet ist. Sie verriegelt daher sofort den Transistor. Er blockiert[1]) sich selbst, und der Kollektorstrom reißt ab.

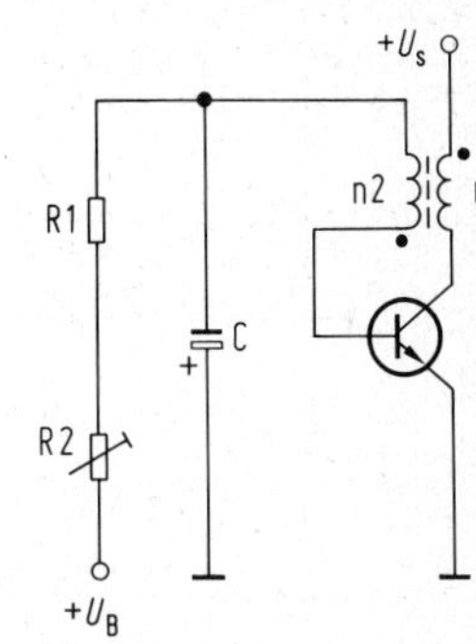

Bild 10.11 Prinzipschaltung eines Sperrschwingers

1 Daher die Bezeichnung Blocking-Oszillator im Englischen.

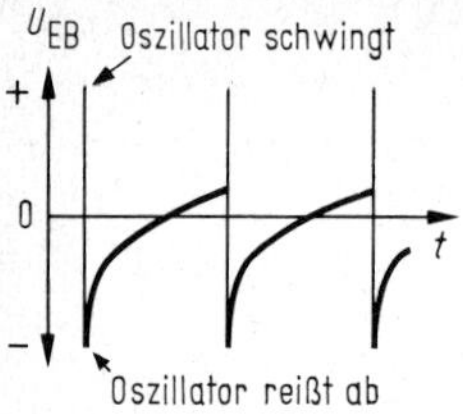

Bild 10.12 Verlauf der Spannung im Basiskreis eines Sperrschwingers

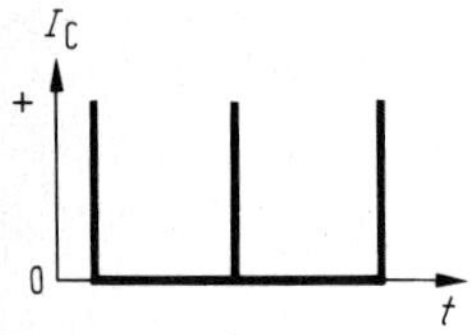

Bild 10.13 Der Kollektorstrom verläuft in Form kurzer Spannungsstöße

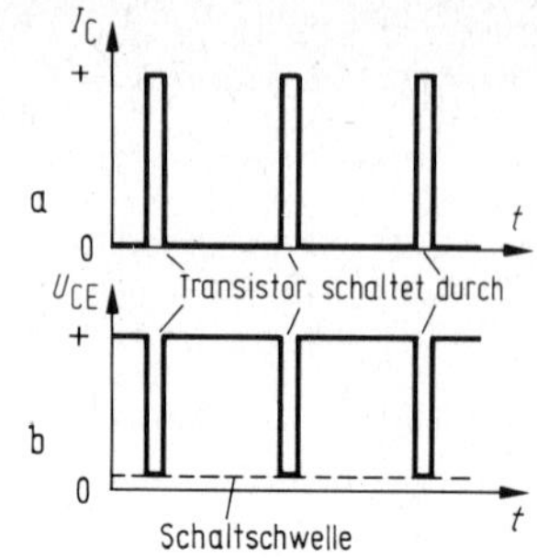

Bild 10.14 Strom- und Spannungsverlauf am Kollektor eines Sperrschwingers

Der in Wicklung n 2 induzierte hohe Spannungsstoß lädt außerdem den Kondensator C mit der eingezeichneten Polung auf. Dieser entlädt sich dann langsam über die hochohmigen Widerstände R_1 und R_2. Die negative Basisspannung klingt langsam in Form einer Entladekurve ab, bis die Emitter-Kollektorstrecke des Transistors wieder leitend wird. Sofort setzt der volle Kollektorstrom wieder ein, und der gesamte Vorgang wiederholt sich periodisch.

Durch Verstellen des Trimmwiderstandes R_2 kann man bewirken, daß sich der Kondensator C langsam oder schneller entlädt, um die Frequenz dieses Kippvorganges zu beeinflussen. Ein kleiner Widerstandswert bewirkt eine schnellere Entladung, also eine höhere Kippfrequenz.

Bild 10.12 zeigt etwa den Verlauf der Spannung an der Basis und Bild 10.13 die schmalen, aber hohen Kollektorstromspitzen. Der Transistor stellt damit einen Schalter dar, der sich automatisch jeweils für eine kurze Zeit einschaltet, so daß ein kräftiger Strom fließt. Die Frequenz der eigentlichen Hf-Schwingung, die ohne diesen Blockiervorgang infolge der Induktivität und der Eigenkapazität der Wicklung n 1 entstehen würde, ist dabei von untergeordneter Bedeutung. In der Praxis bedämpft man die Wicklung n 1 sogar durch einen Parallelwiderstand, so daß nur eine einzige Halbwelle der Hf-Schwingung entsteht. Sie erzeugt jedoch sofort auf der Sekundärwicklung n 2 eine so große negative Vorspannung, daß weitere Schwingungen abgewürgt werden.

Bild 10.14 Verlauf der Kollektorspannung eines Sperrschwingers

Nicht der Aufladevorgang am Basiskondensator, sondern die Stromimpulse nach Bild 10.13 sind maßgebend für die Verwendung des Sperrschwingers als Sägezahngenerator. Während der langen stromlosen Zeiten ist der Transistor gesperrt, und die volle Betriebsspannung liegt am Kollektor. Während der kurzen Stromimpulse bricht die Spannung bis auf einen kleinen Restwert zusammen. Der Impulstechniker sagt: „Der Transistor schaltet durch."

In Bild 10.14 ist dieser Vorgang nochmals dargestellt. Dabei wurde gegenüber Bild 10.13 die kurze Stromflußzeit etwas gedehnt. Dieses Durchschalten gleicht dem „Zünden" einer Glimmröhre und wird daher zum Entladen des Kondensators beim Erzeugen von Sägezahnspannungen ausgenutzt.

Bild 10.15 und 10.16 Sperrschwinger als Sägezahngenerator

An sich ergibt der Verlauf der Basisspannung Bild 10.12 bereits eine Art Sägezahnkurve, wie sie für Ablenkschaltungen benötigt wird. Man erweitert jedoch die Schaltung in der in Bild 10.15 dargestellten Weise, weil sich damit eine bessere Linearität des Sägezahnanstieges erreichen läßt. Der Sperrschwinger dient dabei nur als elektronischer Schalter, ähnlich der Glimmröhre in Bild 10.02. Transistor, Übertrager und Basiskreis entsprechen genau dem Bild 10.11. Die Speisespannung wird nun aber über die Widerstände R4 und R3 zum Kollektor geführt, und vom Kollektor nach Masse liegt eine Kapazität C3.

Beim Einschalten muß sich nun erst der Kondensator C3 langsam über die Widerstände R4 und R3 aufladen. Bei hohen Widerstands- und Kapazitätswerten steigt die Spannung am Ladekondensator C3 sauber geradlinig an. Solange der Transistor gesperrt ist, fließt kein Kollektorstrom und der Kondensator lädt sich ungehindert auf. Steigt die Spannung aber so weit an, daß der Transistor durchschaltet, dann schließt er praktisch den Ladekondensator kurz. Die Spannung daran bricht zusammen und ergibt die senkrecht abfallende Sägezahnflanke nach Bild 10.16. Das Spiel beginnt dann von neuem. Der Vorteil dieser Anordnung gegenüber dem einfachen Glimmröhrenkippgenerator besteht darin, daß

Frequenz und Amplitude der Sägezahnspannung unabhängig voneinander sind und getrennt eingestellt werden können. Zur Frequenzeinstellung dient der veränderliche Widerstand R2 des Sperrschwingers. Man ändert damit nur die Entladezeiten des Sperrschwingerkondensators C2 und damit die Frequenz, ganz gleich, welche Spannung der Ladekondensator C3 führt.

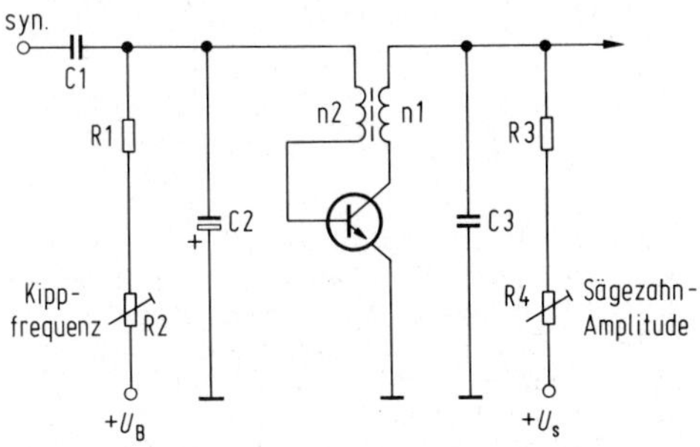

Bild 10.15 Sperrschwinger mit getrennt einstellbarer Kippfrequenz und Sägezahnamplitude

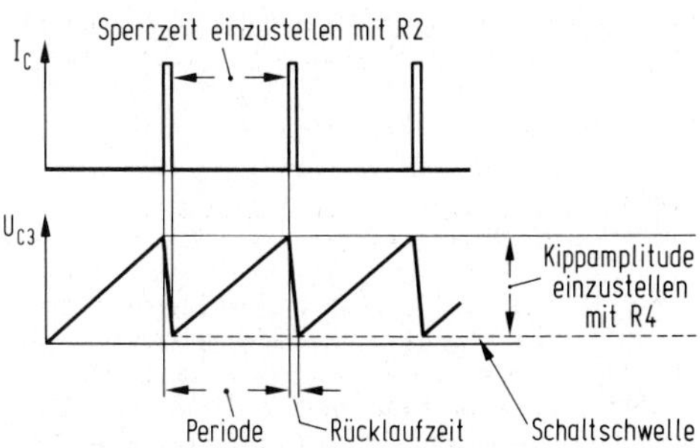

Bild 10.16 Verlauf des Kollektorstromes und der Ladespannung an C 3

Ändert man dagegen den Wert des Widerstandes R_4, dann lädt sich der Ladekondensator auf eine kleinere oder größere Spannung auf, d. h. die *Amplitude* der Kippspannung wird kleiner oder größer. Bei großer Amplitude wird aber der Strahl der Bildröhre weiter ausgelenkt. Mit einem veränderlichen Widerstand im Ladekreis läßt sich also die Bildhöhe einstellen. Dieser Widerstand wird als Trimmer ausgebildet, und er ist nur für den Service-Techniker zugänglich. Anstatt einen Vorwiderstand zu ändern, kann man die Ladespannung auch an einem Spannungsteiler abgreifen, um die Bildhöhe einzustellen.

Das Grundprinzip, einen durchgeschalteten Transistor zum Erzeugen von Sägezahnspannungen zu verwenden, kehrt bei allen Steueroszillatoren für Ablenkspannungen wieder.

Bild 10.17 Synchronisieren eines Sperrschwingers

Die Kippfrequenz eines Sperrschwingers muß durch die Synchronimpulse so gesteuert werden, daß der genaue Gleichlauf zum Fernsehsender hergestellt wird. Die Kurve Bild 10.17a stellt die Kippspannung am Eingangs-RC-Glied eines Sperrschwingers dar. Sie verläuft, wie bereits in Bild 10.12 erläutert. Nachdem sich die Ladespannung des Kondensators bis auf den Schwellenwert S verringert hat, schwingt die Schaltung an und ergibt einen hohen Stromstoß. Dadurch wird das RC-Glied erneut schlagartig aufgeladen und sperrt den Schwingungsvorgang wieder.

Bemißt man die Einzelteile so, daß die Periode der freien Kippschwingung etwas länger dauert als notwendig ist und führt man dem Eingang zusätzlich die durch Differenzieren gewonnenen Zeilengleichlaufimpulse zu (Kurve 10.17b), dann addieren sich die Spannungsreihen a und b. Die kritische Auslösespannung S wird infolge des positiv gerichteten Gleichlaufimpulses bereits

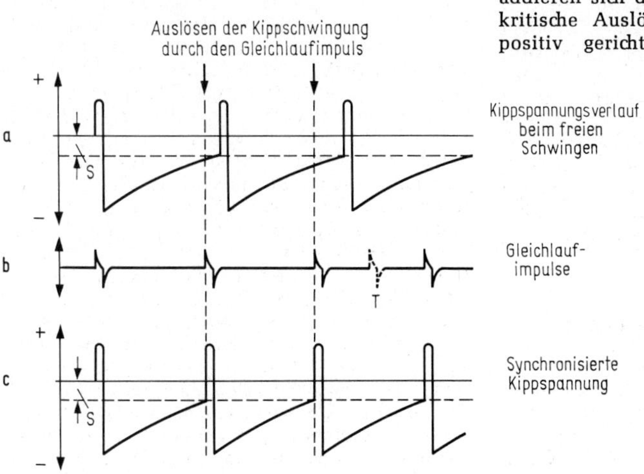

Bild 10.17 Synchronisieren eines Kippgerätes mit Gleichlauf- oder Triggerimpulsen

früher erreicht, und die Kippschwingung wird jetzt nach Kurve 10.17c stets genau im richtigen Zeitpunkt ausgelöst.

Die Trabanten T im Abstand einer halben Zeile bringen die Schaltung noch nicht zum Kippen, da sie die Auslösespannung S nicht erreichen. Die Eigenfrequenz von Kippschwingern muß also stets etwas niedriger sein als die Synchronisierfrequenz, denn es ist wohl möglich, den Kippvorgang früher auszulösen, aber man kann nicht eine vorzeitige Auslösung rückgängig machen.

Die Frequenz des Sperrschwingers wird also durch die Synchronisierimpulse auf den richtigen Wert gesteuert. Es handelt sich in diesem Fall nicht um eine Regelung (kein geschlossener Regelkreis), sondern man spricht von Direktsynchronisierung. Dieses Verfahren entspricht dem gleichen Vorgang, der auch bei Meßoszillografen angewendet wird, um bei periodischen Kurvenzügen ein stehendes Bild zu erzeugen. Auch dort führt man dem eingebauten Vertikal-Ablenkoszillator Synchronisier- oder Triggersignale zu, die den richtigen Anfang des Kurvenzuges bestimmen.

Sperrschwinger werden in neueren Empfängerschaltungen nur noch sehr selten angewendet – das Wickeln des Sperrschwinger-Transformators ist teurer als eine integrierte Schaltung, die eine spulenlose Kippstufe enthält.

Multivibratoren

Bild 10.21 und 10.22 Der Multivibrator als rückgekoppelter Verstärker

Ein Multivibrator besteht aus zwei Röhren oder aus zwei Transistorsystemen, die nach Bild 10.21 wechselseitig über Kopplungskondensatoren verbunden sind. Durch Umzeichnen entsteht daraus Bild 10.22, an dem die Wirkungsweise besser zu erkennen ist. Dieses Bild stellt zwei hintereinandergeschaltete Emitterverstärkerstufen dar, bei denen die Kollektorspannung des Transistors T 2 über die Kapazität C_2 auf die Basis des Systems 1 rückgekoppelt ist. Ein Spannungssprung an der Basis B 1 wird im Transistor 1 verstärkt, über C_1 auf den Transistor T 2 gegeben, dort nochmals verstärkt und wieder auf die Basis 1 zurückgeführt.

Eine Emitterschaltung ergibt bekanntlich 180° Phasendrehung. Zwei in Reihe geschaltete Emitterverstärker ergeben 360° bzw. 0°. Eingangsspannung und Gegenkopplungsspannung haben also die gleiche Phasenlage. Verstärkung ist bei zwei Stufen ebenfalls vorhanden, das gibt eine Mitkopplung, die Schaltung muß schwingen.

Da die volle Ausgangsspannung auf den Eingang zurückgelangt, wird die Stufe stark übersteuert. Diese Übersteuerung wirkt sich auch auf die zweite Stufe aus. Die Transistoren in einem Multivibrator kennen nur zwei Zustände: alles oder nichts, voll durchgeschaltet oder gänzlich gesperrt, und daraus ergibt sich eine Rechteck-Ausgangsspannung.

Der Vorgang läuft im einzelnen so ab: Transistor 1 werde durchgeschaltet. Seine Emitter-Kollektorstrecke stellt einen Widerstand von wenigen Ohm dar. Die Spannung am Kollektor wird daher schlagartig fast bis zum Nullpotential heruntergezogen. Dieser Spannungssprung wirkt sich über die Kapazität C_1 auf die Basis des zweiten Transistors aus. C_1 und die niederohmige Emitter-Basisstrecke von T 2 bilden nämlich ein Differenzierglied nach Bild 9.11. Das Durchschalten des Transistors T 1 bzw. der steile Span-

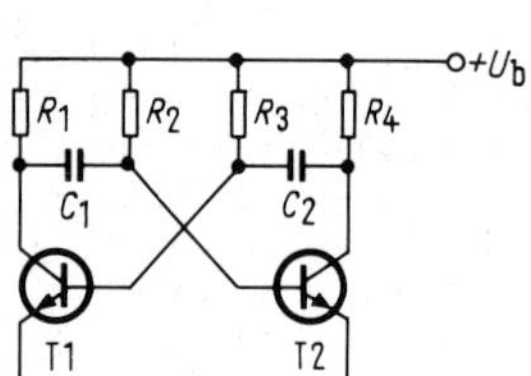

Bild 10.21 Multivibrator in symmetrischer Darstellung

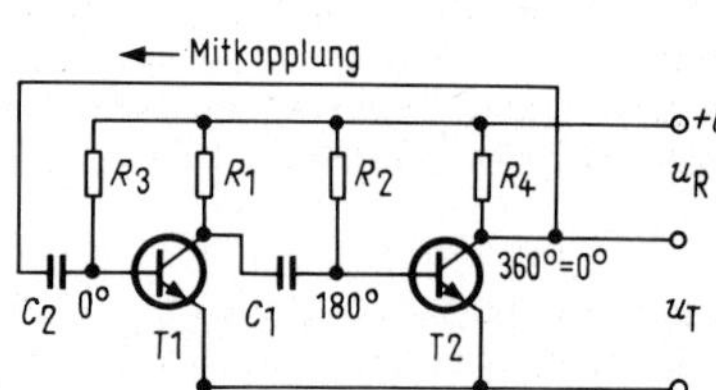

Bild 10.22 Multivibrator, als rückgekoppelter Verstärker dargestellt

nungssprung in negativer Richtung am Eingang des Differenziergliedes entspricht der abfallenden Flanke des Rechtecksprunges in Bild 9.12a. Am Ausgang des RC-Gliedes, also an der Basis des Transistors T 2, springt dann die Spannung auf einen negativen Wert (vgl. Bild 9.12b...e), und der Transistor 2 wird dadurch gesperrt. Nun lädt sich die rechte Seite des Kondensators C_1 über den Widerstand R_2 langsam wieder auf positives Potential auf, denn die linke Belegung liegt über den immer noch durchgeschalteten Transistor 1 an Masse. Ist die Spannung an der Basis bis zu dem Wert angestiegen, bei dem ein Basisstrom in den Transistor 2 fließen kann, dann schaltet dieser vom Sperr- in den Durchlaßzustand.

Nun passiert dem Transistor 1 das gleiche, was vorher dem zweiten widerfahren war: Der Stromanstieg im Widerstand R_4 schiebt die Spannung am Kollektor fast bis zum Nullpunkt herunter. Dieser Spannungssprung wirkt sich über den Kondensator C_2 auf die Basis des Transistors 1 aus. Er sperrt schlagartig, aber schon beginnt sich auch C_2 über R_3 aufzuladen, und das Spiel beginnt von neuem.

Bild 10.23 Kurvenformen

Ist $R_1 = R_4$, $R_2 = R_3$ und $C_1 = C_2$, dann erfolgt das Hin- und Herschalten in genau gleichen Zeitabschnitten. Die Spannung an der Emitter-Kollektorstrecke des Transistors 1 verläuft nach Bild 10.23a. Bild 10.23b gibt den Spannungsverlauf an der Basis des Transistors 2 wieder. Bei der Schaltschwelle springt die Spannung am Kondensator wieder auf den vollen Wert der Betriebsspannung hoch, weil der Kollektorstrom des gesperrten Transistors zu Null wird. Damit wird der Spannungsabfall am Kollektorwiderstand ebenfalls Null, und die volle Betriebsspannung liegt an der Emitter-Kollektorstrecke.

Schließlich ist in Bild 10.23c die Spannung U_R am Kollektorwiderstand des betreffenden Transistors dargestellt. Sie muß gegensinnig zur Spannung U_{CE} zwischen Emitter und Kollektor verlaufen. Die Spannungen am anderen Transistor sind jeweils genau um 180° dagegen verschoben.

Für die Schaltzeiten t eines Multivibrators gibt es Berechnungsformeln. Für einfache Überschlagsrechnungen werden folgende Gleichungen genannt:

$$t = 0{,}7\ R_B \cdot C$$

Die Schaltzeiten lassen sich beliebig wählen, vom Mikrosekundenbereich bis zu mehreren Sekunden: Ferner gilt:

$$R_B = 0{,}8\ \beta \cdot R_L$$

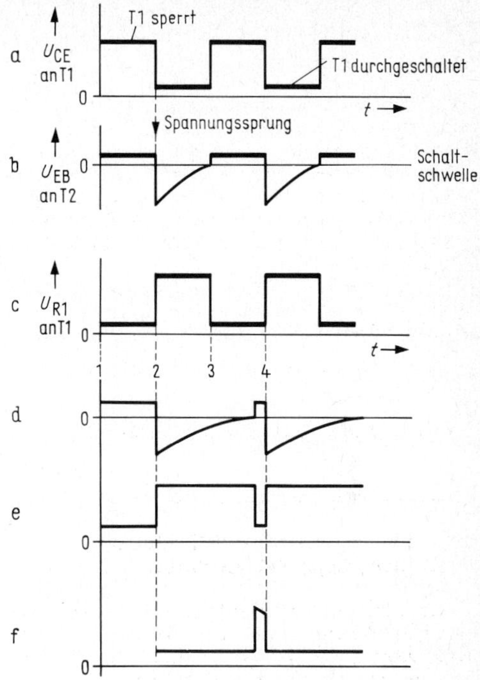

Bild 10.23 Spannungsverläufe beim Multivibrator

Darin bedeuten:
R_B = Basisableitwiderstand
β = Verstärkungsfaktor des Transistors
R_L = Lastwiderstand bzw. Kollektor-Arbeitswiderstand.

Macht man die Zeitkonstanten der RC-Glieder gleich groß, dann entstehen gleichbleibende Rechteckimpulse wie in den Kurven a und c. Macht man die Zeitkonstante an der Basis des zweiten Systems größer, dann klingt die Ladung nach Kurve d langsamer ab. Die Kollektorspannung des Systems 2 besteht dann nach Kurve e aus langen spannungsführenden Zeiten, die durch kurze negativ gerichtete Spannungsimpulse unterbrochen werden. Diese ergeben am Emitterwiderstand R_4 kurze positiv gerichtete Stromimpulse nach Kurve f. Damit erhält man auch beim Multivibrator die kurzzeitigen Schaltimpulse entsprechend Bild 10.14. Sie werden in den Fernsehempfängern für weitere Schaltungsfunktionen ausgenutzt.

Sinusgeneratoren

Bild 10.31 Prinzip des Sinusgenerators

Zum Erzeugen der Zeilenfrequenz werden vorwiegend Rückkopplungsoszillatoren mit LC-Schwingkreisen verwendet. Man bezeichnet sie als Sinusgeneratoren, denn sie liefern eine sinusförmige Spannung der Frequenz 15 625 Hz. Diese Sinusspannung wird dann durch Impulsformerstufen in die benötigten Rechteck- oder Sägezahnsignale umgewandelt. Die Frequenz eines Sinusoszillators ist gegen Spannungsschwankungen und impulsartige Störungen bedeutend stabiler als ein Sperrschwinger oder Multivibrator. Der schwingende LC-Kreis wirkt gewissermaßen wie ein Schwungrad, das sich nicht so leicht aus dem Takt bringen läßt.

Zum Synchronisieren des Oszillators wird ein ähnliches Verfahren wie bei der automatischen Feinabstimmung angewendet. Parallel zum Schwingkreis liegt ein Nachstimmglied, hier zur Vereinfachung als Kapazitätsdiode dargestellt. Sie erhält eine solche Regelspannung U_R, daß sich die exakte Zeilenfrequenz am Oszillator einstellt. Lange Zeit wurden sogenannte Reaktanzröhren als Nachstimmglieder benutzt. Dies sind Röhrensysteme, die durch Beschalten mit Phasenschiebern den Charakter von Blindwiderständen erhalten und dann als steuerbare Kapazität oder Induktivität dienen[1]). Die Halbleitertechnik hat hier eine Vereinfachung gebracht.

Bild 10.32 Phasenvergleichsschaltung

Die Regelspannung für das Nachstimmglied wird in einer Phasenvergleichsschaltung gewonnen. Ein anderer Ausdruck hierfür ist Phasenkomparator. Es handelt sich dabei um eine dem Ratiodetektor ähnelnde Brückenschaltung mit zwei Kristalldioden. Die eine der beiden zu vergleichenden Frequenzen wird in Form von zwei schmalen, positiv und negativ gerichteten Impulsen symmetrisch der Brücke zugeführt, z. B. über eine Übertragerwicklung. Die andere Frequenz soll als Sägezahnspannung vorliegen und wird in die Brückendiagonale eingegeben. Die symmetrischen Impulse laden die beiden Kapazitäten C_1 und C_2 auf die gleiche Spitzenspannung, aber mit entgegengesetzter Polarität auf. Diese Spannungen werden über Widerstände R_1 und R_2 zusammengeführt und heben sich auf, so daß am Punkt M keine Spannung vorhanden ist.

1 Ausführlich behandelt in den älteren Ausgaben der Fernsehtechnik ohne Ballast, 7. bis 9. Auflage.

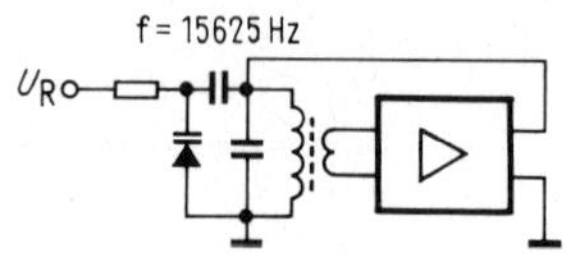

Bild 10.31 Prinzip eines Sinusgenerators mit Nachstimmdiode

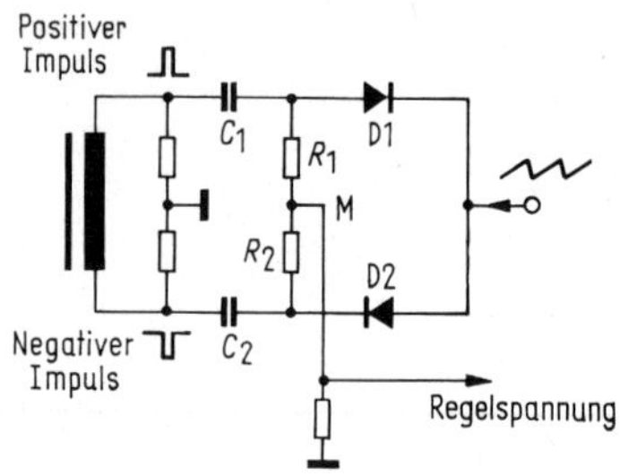

Bild 10.32 Prinzip einer Phasenvergleichsschaltung

Außerdem überlagert man diesen Teilspannungen an R_1 und R_2 die Sägezahnspannung der anderen Frequenz. Dadurch bilden sich an den Widerständen Summenspannungen aus den Impulsen und der Sägezahnspannung. Stimmen diese periodischen Schwingungszüge nach Frequenz und Phase genau überein, dann wird die Regelspannung zu Null.

Bild 10.33 und 10.34 Spannungsdiagramme der Phasenvergleichsschaltung

Im allgemeinen leitet man die schmalen symmetrischen Impulse aus den Zeilensynchronisierzeichen des Amplitudensiebes ab und entnimmt die Sägezahnspannung aus der Zeilenablenk-Endstufe. Die Synchronisierimpulse bestimmen den Zeilenrücklauf, sie liegen daher nach Bild 10.33a im eingeschwungenen Zustand zeitlich auf der Mitte der Rücklaufflanke, und zwar im Nulldurchgang. Die Ladespannungen U_{C1} und U_{C2} an den beiden Kondensatoren in Bild 10.32 sind gleich groß, aber entgegengesetzt gerichtet. Sie heben sich auf, und die Regelspannung ist Null.

Schwingt der Zeilenoszillator langsamer, verschieben sich also Sägezahn- und Impulsspannung gegeneinander, dann wandern die Impulse an der Rückflanke nach oben, Bild 10.33b. Dadurch wird die Spannung an der Kapazität C_1 um den Betrag $+ \Delta U_{C1}$ größer.

Umgekehrt: Schwingt der Oszillator schneller, dann bewegen sich die Impulse nach unten, und an C_2 entsteht entsprechend Bild 10.33c ein negativ gerichteter Spannungsüberschuß $- \Delta U_{C2}$.

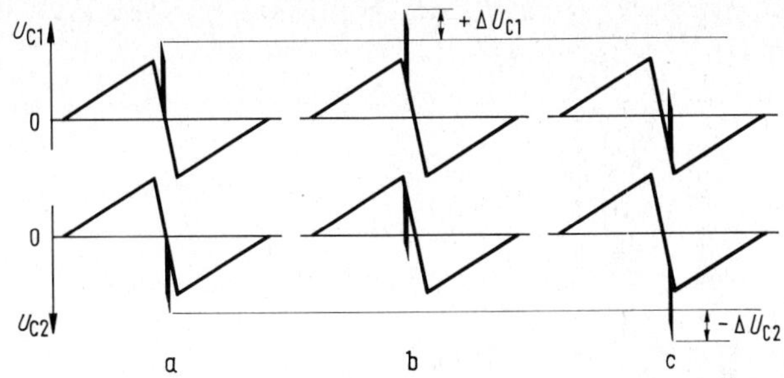

Bild 10.33 Summenspannungen einer Phasenbrücke

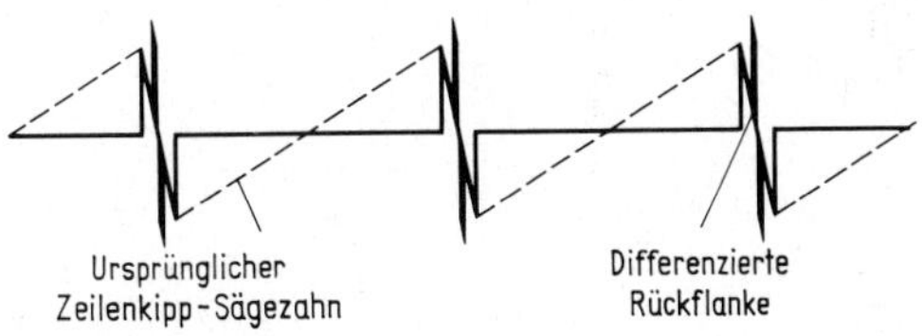

Bild 10.34 Spannungsverlauf mit unterdrücktem Sägezahnanstieg

Diese unsymmetrischen Spannungsteile bewirken eine entsprechende positiv oder negativ gerichtete Regelspannung. Sie wird dem Nachstimmglied des Zeilenfrequenzoszillators zugeführt, und dieses zieht den Oszillator wieder auf die richtige Frequenz.

In manchen Schaltungen unterdrückt man die langsam ansteigenden Sägezahnflanken und tastet durch Differenzieren nur die für die Vergleichsstufe notwendige Rückflanke heraus. Bild 10.34 zeigt, schematisch und zeitlich etwas gedehnt gegenüber Bild 10.33, den Verlauf mit den auf die Rückflanke gesetzten Synchronimpulsen. Die gestrichelten Linien geben den ursprünglichen Sägezahn an.

Die Entwicklungsingenieure für die Ablenkstufen formen also die Impuls- und Ablenkspannungen je nach Bedarf um. Man darf deswegen nicht nur geometrisch exakte Rechteck- und Sägezahnspannungen erwarten. Ein Impulsplan ist daher ein wichtiger Bestandteil der Service-Unterlagen.

Bild 10.35 Der Regelkreis

Das Prinzip der Phasensynchronisierung eines Oszillators wurde bereits in Bild 8.51 besprochen. Es handelt sich um einen geschlossenen Regelkreis mit Sollwertgeber. Sollwert ist die Frequenz der vom Sender kommenden Zeilensynchronimpulse. Der Zeilenfrequenzoszillator im Empfänger steuert zunächst die Zeilenendstufe. Von dort oder auch vom Ausgang des Oszillators wird eine Spannung mit dieser Frequenz in die Phasenvergleichsstufe zurückgeführt.

Verwirrend ist bisweilen für den Anfänger, daß sich für diese rückgeführten Zeilenoszillator-Impulse die Bezeichnung *Vergleichsimpulse* eingeführt hat. Im allgemeinen ist es in der Regeltechnik üblich, den *Sollwert* als Bezugswert, Referenzwert oder Vergleichswert zu bezeichnen. Das wären aber hier die vom Sender kommenden Synchronimpulse. Die sogenannten Vergleichsimpulse im Zeilenablenkteil stellen aber in Wirklichkeit die Frequenz des freischwingenden Zeilenoszillators dar, und diese Frequenz muß auf den richtigen Wert hingezogen werden. Dieses Regelsystem ist der Kern der Anordnung, und von außen her werden die Synchronisierzeichen vom Amplitudensieb als Sollwert (Sollfrequenz) daraufgegeben.

Bild 10.36 Sinusoszillator mit Transistoren

Bei dieser Phasenvergleichsstufe werden die entgegengesetzt gerichteten Impulse nicht aus den Synchronisierzeichen des Amplitudensiebes, sondern aus dem Zeilenausgangsübertrager entnommen. Dagegen wird die für die Schaltung erfor-

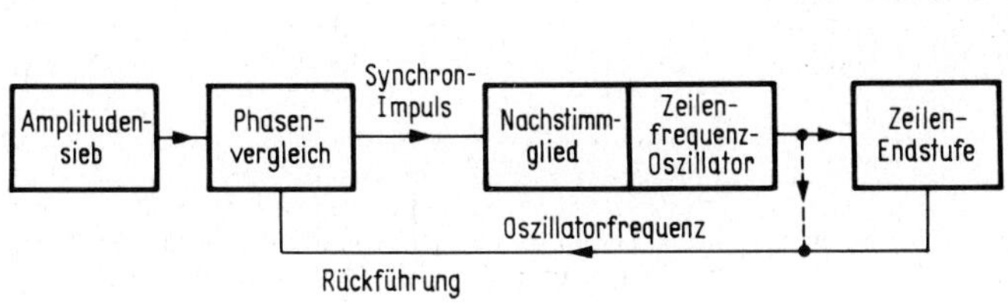

Bild 10.35 Ablenkteil mit Regelkreis über eine Phasenvergleichsschaltung

Bild 10.36 Mit Transistoren bestückter Zeilenfrequenzoszillator. A und B bedeuten entgegengesetzt gerichtete Synchronisierimpulse aus dem Zeilenausgangsübertrager

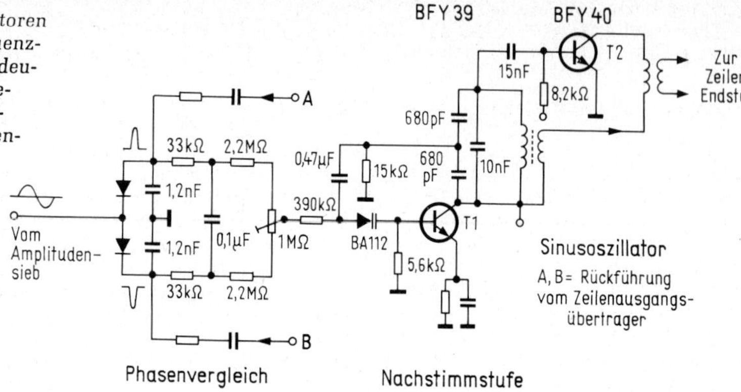

derliche schräge Flanke aus den Synchronisiersignalen des Amplitudensiebes gewonnen, indem man (hier nicht dargestellt) damit einen Schwingkreis anstößt. Er liefert eine exakt synchronisierte Schwingung mit durch Null gehenden Flanken.

Die entstehende Regelspannung steuert zunächst die Kapazität einer Siliziumdiode BA 112. Sie liegt im Basis-Kollektorkreis des Transistors BFY 39. Er arbeitet als Kapazitätswandler und vervielfacht die Kapazitätsänderungen der Diode. Damit wird dann der Schwingkreis des Sinusoszillators mit dem Transistor T 2 nachgestimmt. Transistor T 2 dient zugleich als Treiber für die Zeilenendstufe.

Etwa in gleicher Weise arbeiten auch andere mit Transistoren bestückte Sinusoszillatoren für die Zeilenablenkung.

Zeilenoszillatoren mit integrierten Schaltungen

Bild 10.41 Blockschaltung mit TAA 790

Integrierte Schaltungen vereinfachen den Aufbau von Zeilenoszillatoren und Synchronisierstufen ganz beträchtlich. Der TAA 790 von Intermetall enthält das Amplitudensieb mit Störaustastung, die Phasenvergleichsschaltung, den Zeilenoszillator sowie eine Schaltstufe zum automatischen Umschalten der Störbandbreite. Mit diesem Baustein werden die in Bild 10.41 hervorgehobenen konventionellen Stufen eines Fernsehempfängers ersetzt. Die für die Phasenvergleichsstufe notwendigen Zeilenimpulse werden innerhalb des Bausteines aus dem Zeilenoszillator und nicht der Zeilenendstufe entnommen. Dabei ergibt sich ebenfalls der geschlossene Phasenregelkreis. Gleichzeitig werden in der integrierten Schaltung alle notwendigen Impulsformungen durchgeführt. Um eine Induktivität für den Schwingkreis des Zeilenoszillators zu ersparen, ist dieser innerhalb der integrierten Schaltung als RC-Oszillator ausgebildet. Man braucht außen

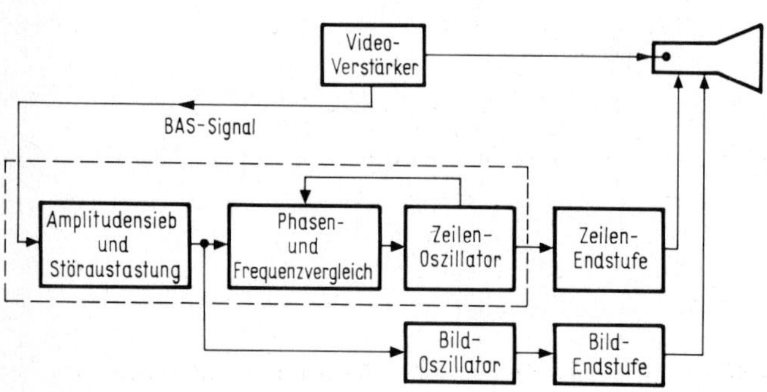

Bild 10.41 Verschiedene Stufen eines Zeilenablenkteils lassen sich in einer integrierten Schaltung zusammenfassen

nur noch einen einzigen Kondensator anzuschließen, und der Feinabgleich der Frequenz erfolgt mit Hilfe einer veränderlichen Gleichspannung.

Bild 10.42 Betriebsschaltung des TAA 790

Das BAS-Signal wird über ein RC-Glied dem Amplitudensieb innerhalb der integrierten Schaltung zugeführt. Dieses Amplitudensieb hat eine Anschlußmöglichkeit zum Austasten von Störungen. Hierzu ist dem Anschluß 8 zusätzlich ein invertiertes BAS-Signal zuzuführen, die Wirkung entspricht etwa dem Bild 8.20.

Der Ausgang des Amplitudensiebes führt über Anschluß 7 zur Vertikalablenkung und über ein Differenziernetzwerk (Koppelfilter) für die Zeilenimpulse über Anschluß 3 zum Eingang der Phasenvergleichsstufe. Ihr wird außerdem über eine interne Phasenregelschleife eine Spannung aus dem Zeilenoszillator zugeführt.

Die Regelspannung aus der Phasenvergleichsstufe gelangt über Anschluß 4 an ein Siebglied und weiter über den Spannungsteilerabgriff zum Anschluß 12 des Oszillators.

Am Anschluß 11 ist nur ein einziger Kondensator mit 10 nF ± 5 % zum Grobeinstellen der Schwingfrequenz erforderlich. Die Feineinstellung erfolgt mit dem 10-kΩ-Potentiometer und die exakte Synchronisierung über die Phasenvergleichsstufe.

Die *Schaltstufe* erhält ebenfalls Signale vom Amplitudensieb und vom Oszillator. Wenn sie synchron sind, dann wird der vorher hochohmige Anschluß 10 an Masse geschaltet. Dadurch legt sich das RC-Glied C 9 – R 7 parallel zu dem Siebkondensator C 10, erhöht die Zeitkonstante des Siebgliedes und stabilisiert die Regelspannung.

Am Anschluß 1 steht das Ausgangssignal des Oszillators in Form einer Rechteckimpulsreihe zur Verfügung und steuert über einen Einzeltransistor die Horizontal-Endstufe.

Ein solcher Baustein erspart also eine ziemliche Anzahl von Einzelteilen und erleichtert die Übersicht und den Service.

Ähnliche Anordnungen, aber mit noch weit höherem Integrationsgrad, stellen die Bausteine TBA 920 und TBA 950 dar.

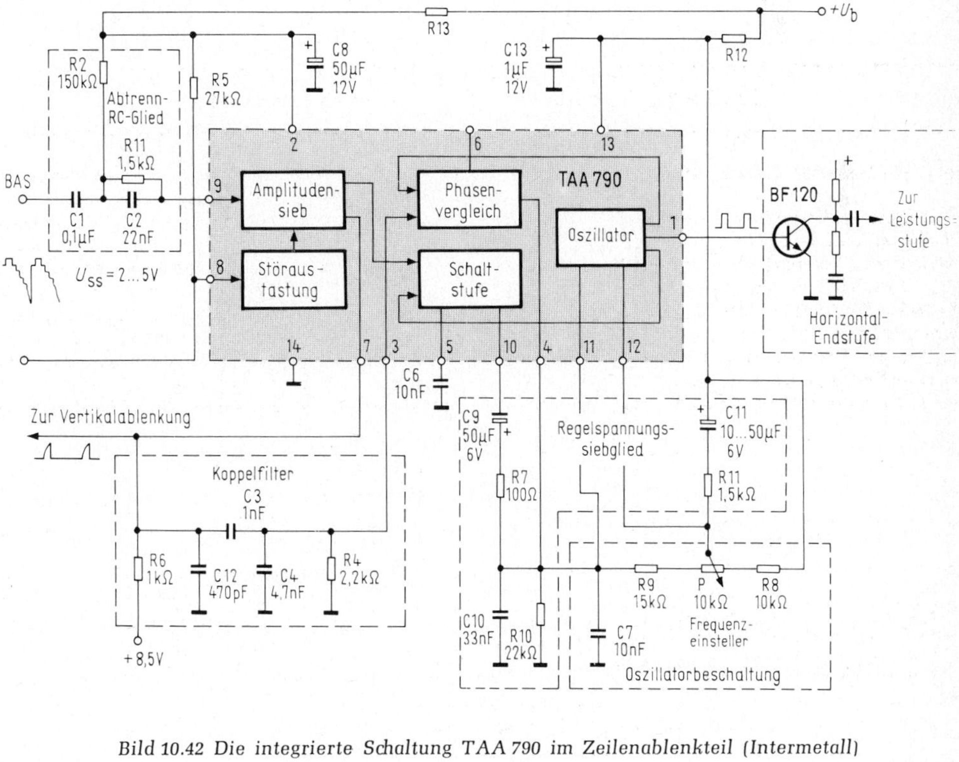

Bild 10.42 Die integrierte Schaltung TAA 790 im Zeilenablenkteil (Intermetall)

Literatur (in zeitlicher Reihenfolge)

Reiber: Transistorisiertes Horizontalablenkteil für 110°-Bildröhren. Radio Mentor 1965, H. 11, S. 490.

Breiden: Horizontal-Ablenkeinheit mit Transistoren für 59-cm-Fernsehempfänger. Funkschau 1967, H. 17, S. 529.

Phasen- und Frequenzvergleich im Phasendiskriminator. Funktechnische Arbeitsblätter Fs 54. Beilage zur Funkschau 1968, H. 13.

Horizontalablenkung und Hochspannungserzeugung im Farbfernsehempfänger. Funktechnische Arbeitsblätter Fs 61. Beilage zur Funkschau 1969, H. 3, H. 5 und H. 7.

Burth: Integrierte Schaltung für die Horizontal-Synchronisation. Funkschau 1969, H. 9, S. 277.

Funk und *Grüning*: Der Einfluß der Ausgleichsimpulse auf die Vertikalsynchronisation von Fernsehempfängern. Rundfunktechnische Mitteilungen 1969, H. 2, S. 82.

Hempel: Bildmeister FK 14 mit 31-cm-Bildröhre. Siemens-Werkstattpraxis Nr. 38/39, September 1969, S. 16.

Oloff: Das erste ausschließlich mit Halbleitern bestückte 66-cm-110°-Farbfernsehgerät. Funkschau 1970, H. 16, S. 519.

Zimmermann: Vertikalablenkung für tragbare Fernsehempfänger. Funkschau 1972, H. 7, S. 209.

Hartwich: Horizontal-Weitwinkel-Ablenkung in Fernsehempfängern. Funkschau 1975, H. 2, S. 61. In diesem Aufsatz ein sehr anschaulicher Vergleich des elektrischen Resonanzkreises mit einem mechanischen Pendel.

Firmenveröffentlichungen

Blaupunkt: Transistor-Reaktanzstufe. Informationen für den Techniker 1970, Nr. 14, S. T 17.

Telefunken: Vertikal-Ablenkschaltungen mit der PL 805. Laborbuch Band 5 (1971), S. 186.

Siemens: Trafolose Horizontalablenkung mit selbstschwingender Treiberstufe. Halbleiter-Schaltbeispiele 1972/73, S. 50.

Siemens: Einfacher Phasenvergleich zweier Impulsspannungen zur Nachsteuerung einer Schwingung auf eine Synchronfrequenz. Bauteile-Report 1974, H. 3, S. VIII.

Intermetall: TBA 950, geregelter Impulsgenerator für Transistor-Zeilenendstufen. Integrierte Schaltungen für die Konsumelektronik 1976/77, S. 84.

11 Ablenkgeräte

Bildkippteil (Vertikalablenkung)

Die Vertikal-Ablenkspulen einer Bildröhre haben für die niedrige Bildkippfrequenz von 50 Hz einen geringen Impedanzwert. Sie sind also niederohmig, ähnlich wie die Schwingspule eines Lautsprechers. Man benötigt jedoch eine erhebliche Ablenkleistung, um die mit 16...18 kV beschleunigten, also sehr energiereichen Elektronen in der Bildröhre aus ihrer Bahn abzulenken. Das bedeutet, daß hohe Ablenkströme in den niederohmigen Ablenkwicklungen erforderlich sind. Man mußte daher bei röhrenbestückten Empfängern einen Ausgangsübertrager vorsehen, um die Endröhre an die niederohmigen Ablenkspulen anzupassen.

Bei Transistorschaltungen kann man, ebenfalls wie in der Nf-Schaltungstechnik, auf niederohmige Komplementär-Gegentaktendstufen übergehen und damit direkt, d. h. ohne Übertrager, die Ablenkspulen steuern.

Bild 11.01 und 11.02 Grundschaltung eines Bildkippteiles

Betrachtet sei zunächst die Ausführung mit Übertrager. Um die sägezahnförmige Steuerspannung zu erzielen, wird in Bild 11.01 der am Eingang der Endstufe liegende Ladekondensator C über einen Widerstand R aus der Betriebsspannung aufgeladen und taktmäßig durch einen Schalter S entladen. Als Schalter dient ein gesteuertes Röhren- oder Transistorsystem in Form eines Sperrschwingers oder als Stufe eines Multivibrators. In den Bildablenkschaltungen werden vorwiegend Multivibratoren verwendet.

Bild 11.01 Prinzip eines Bildkippteils

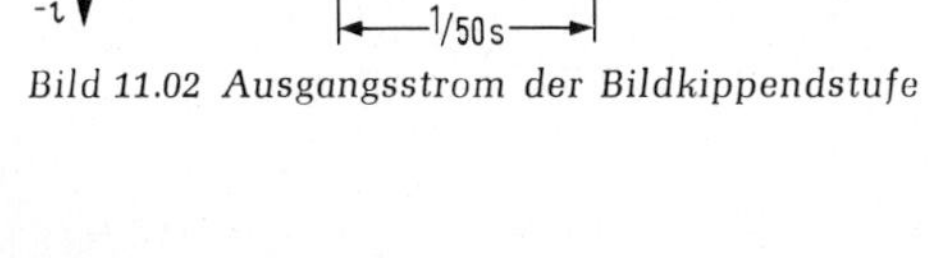

Bild 11.02 Ausgangsstrom der Bildkippendstufe

Die am Kondensator entstehende Sägezahnspannung steuert den Ausgangsstrom der Endstufe. Der Ausgangstransformator überträgt die sägezahnförmigen *Strom*kurven auf die Ablenkspulen.

Die Bildkipp-Endstufe wird mit Sägezahnspannungen gesteuert.

Hinter dem Übertrager entfällt der eventuell im Signal enthaltene Gleichspannungsanteil. Die Sägezahnstromkurve ordnet sich nach Bild 11.02 um eine Nullinie herum symmetrisch an. Dies muß auch so sein, denn der Elektronenstrahl in der Bildröhre wird von seiner größten Auslenkung am oberen Rand langsam zur Mitte geführt. Dort ist der Ablenkstrom gleich Null. Zum unteren Bildrand hin muß der Strom dann von Null aus in entgegengesetzter Richtung wieder anwachsen. Dann springt er auf den Anfangswert zurück, und das Spiel wiederholt sich.

Die Kurve in Bild 11.02 ist stark idealisiert. Tatsächlich muß sie in bestimmter Weise vorverzerrt werden, um genau parallele Zeilen zu schreiben, wie bereits in Bild 7.29 erwähnt worden ist.

Bild 11.03 Zusammensetzung einer Sägezahnkurve

Bereits von der Entstehung her droht der Sägezahnkurve eine Verformung. Sie besteht nämlich mathematisch und physikalisch aus einer Summe von Sinusschwingungen. Diese Summenkurve baut sich aus der Grundfrequenz (beim Bildkipp 50 Hz) und zahlreichen Harmonischen mit immer kleiner werdenden Amplituden auf. Die Oberschwingungen reichen bei der Bildkippspannung bis mindestens 1000 Hz. Kurve I in Bild 11.03a stellt z. B. eine Sägezahnkurve mit den zugehörigen sinusförmigen Grundschwingungen f und den Harmonischen $2f$, $3f$ und $4f$ dar. Die Nulllinie ist auf die Mitte des Sägezahns gelegt. Deutlich ist zu erkennen, wie am linken Rand durch die Addition aller Halbwellen sich die nach oben gerichtete Spitze des Sägezahns aufbaut. In dem Maße wie 4 *f*, 3 *f* und 2 *f* nach unten abbiegen, strebt auch die Sägezahnflanke nach unten. In der Mitte gehen alle Kurven, also auch die Sägezahnkurve, durch Null, und rechts wiederholt sich der Aufbau der Sägezahnspitze in umgekehrter Reihenfolge. Je mehr Harmonische berücksichtigt werden, desto schärfer sind die Spitzen und desto steiler wird der Abfall.

Der Ausgangsübertrager einer Bildkippendstufe muß dieses Gemisch von Sinusschwingungen gleichmäßig übertragen. Der induktive Widerstand der Primärwicklung müßte dazu sehr groß gegenüber dem Anpassungswiderstand der Endstufe sein, damit auch die tiefste Frequenz von 50 Hz noch nicht beeinträchtigt wird. Dies erfordert jedoch einen großen und teuren Transformator. Man verwendet daher eine kleinere Ausführung und gleicht die entstehenden Verzerrungen der Kurvenform (wie vielfach in der Verstärkertechnik üblich) durch geeignete Entzerrerglieder und Gegenkopplungen aus.

Der für 50 Hz zu gering bemessene Transformator bewirkt eine Phasenverschiebung dieser 50-Hz-Schwingung. Denkt man sich in Bild 11.03b nur *die Grundschwingung f* etwas nach links verschoben, dann ergibt sich eine neue Summenkurve II. Der Anstieg der Grundschwingung beginnt eher, dadurch steigt der Sägezahn um den Betrag A höher an. Ferner geht er jetzt nicht mehr genau in der Mitte der Periode durch Null, sondern die nach links verschobene Grundschwingung zieht auch den Nulldurchgang der Summenkurve nach links, in der Mitte ergibt sich die Absenkung B. Endlich ist die Kuppe der negativen Halbwelle von *f* ebenfalls nach links gerückt. Dadurch verringert sich der Sollwert der Sägezahnspitze um den Wert C. Aus dem ursprünglich geradlinigen gestrichelten Sägezahn ist also eine gekrümmte Kurve geworden.

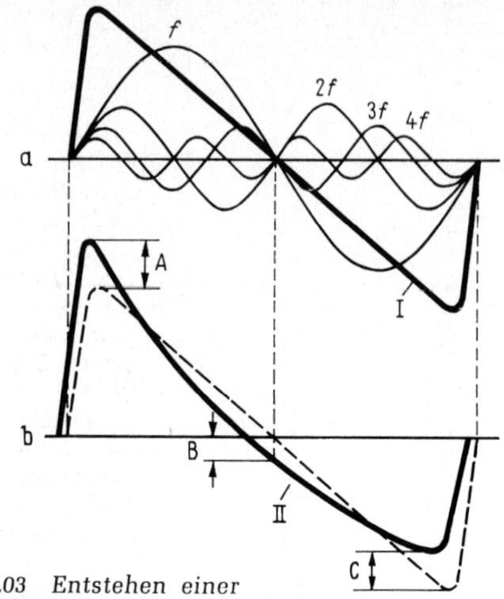

Bild 11.03 Entstehen einer Sägezahnschwingung; a = der Sägezahn setzt sich aus sinusförmigen harmonischen Einzelschwingungen zusammen, b = durch die Phasenverschiebung der Grundschwingung f nach rechts wird der geradlinige Anstieg verzerrt

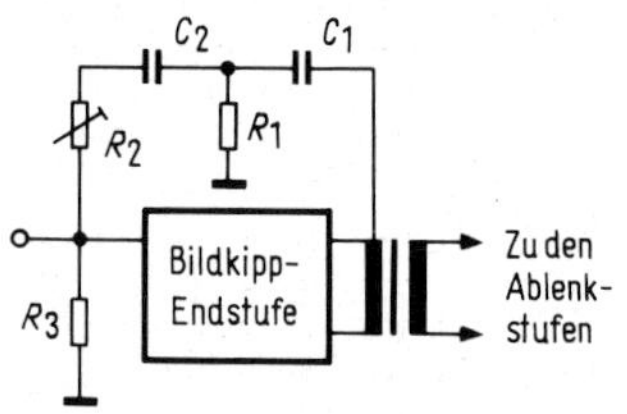

Bild 11.04 Spannungsgegenkopplung der Bildkippendstufe

Bild 11.04 Spannungsgegenkopplung zur Linearisierung des Bildkippstromes

Um die in der Kurve II von Bild 11.03b geschilderte Verzerrung des Ausgangsstromes durch Phasenverschiebung der Grundfrequenz infolge der zu niedrigen Induktivität des Ausgangsübertragers rückgängig zu machen, kann man dem Eingang der Endstufe einen Spannungsanteil zusetzen, der diese Verzerrung gerade wieder aufhebt. Hierzu wird z. B. ein Teil der Ausgangswechselspannung über ein phasendrehendes RC-Glied und einen ohmschen Spannungsteiler als Gegenkopplung zugeführt. Durch passende Bemessung von R_1 und C_1 erreicht man den gewünschten Frequenzgang, während mit dem Spannungsteiler R_2 und R_3 der richtige Gegenkopplungsgrad eingestellt wird.

Man kann sogar noch mehr erreichen. Denkt man sich in Bild 11.03 die Grundfrequenz nicht nach links, sondern nach rechts verschoben, dann wird die obere Spitze der Summenkurve abgeflacht, und man kommt beinahe zu der S-förmigen Verzeichnung, wie sie nach Bild 7.29 notwendig ist. Eine solche Vorverzerrung kann also ebenfalls durch frequenzabhängige RC-Gegenkopplungen erreicht werden.

Bild 11.05 Spannung an den Bildablenkspulen

Setzt man voraus, daß der Strom in den Bildablenkspulen den idealen, in Bild 11.05a dargestellten Verlauf hat, dann steigt auch die Spannung an den Spulen beim Hinlauf linear an, denn der Strom kann nur gleichmäßig größer werden, wenn auch die Spannung stetig anwächst. Der schnelle Rücklauf des Stromes entspricht einem Ausschaltvorgang. Hierbei macht sich die Selbstinduktion der Spulen stark bemerkbar. Das

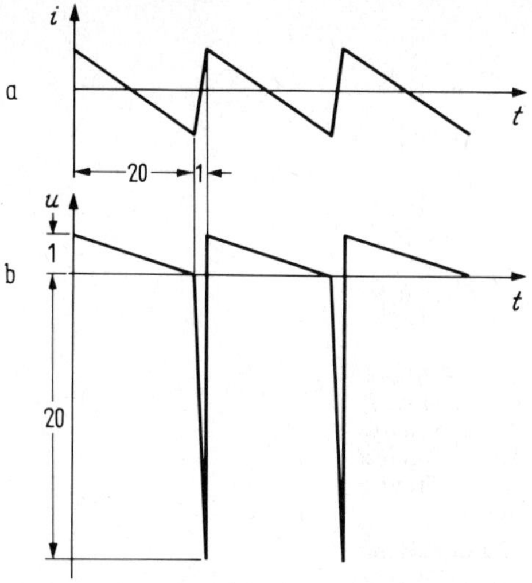

Bild 11.05 An den Bildablenkspulen entsteht während des Stromrücklaufes eine große Spannungsspitze

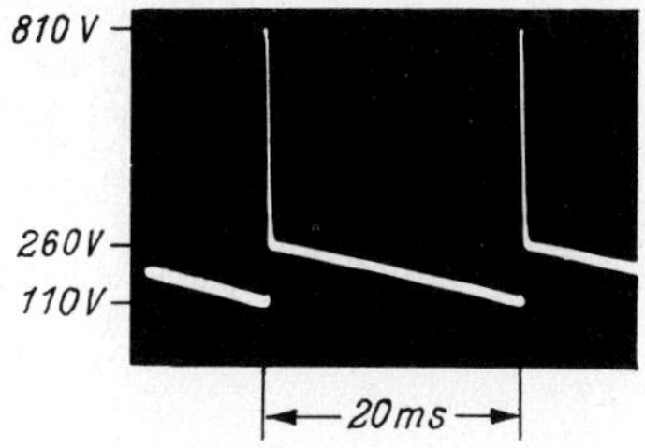

Bild 11.06 Oszillogramm der Spannung einer Bildkippendstufe

in der Spule aufgebaute Magnetfeld bricht kurzfristig zusammen. Die darin enthaltene Energie wird frei und erzeugt einen starken Spannungsstoß. Dieser Vorgang ist bekannt beim Abschalten einer Induktivität (Magnetspule, Motor, Transformator) vom Starkstromnetz. Man kann dabei am Schalter einen Funken ziehen, der viel länger ist, als es der Netzspannung entspricht. Die Größe der entstehenden Spannung kann aus dem Selbstinduktionswert, der Stromänderung und der Zeit, in der sie erfolgt, berechnet werden. Hierfür besteht die Gleichung:

$$u = L \frac{di}{dt}$$

Da das Rechnen mit den Differentialen di und dt für den Praktiker etwas undurchsichtig ist, wollen wir eine leichter zu erfassende Überlegung anstellen: Wir nehmen an, daß beim Hin- und Rücklauf nur die Selbstinduktion der Spulen wirksam sei. Die Zeit für den Hinlauf ist etwa 20mal so lang wie für den Rücklauf. Die Spule wirkt in beiden Fällen wie ein induktiver Widerstand $R_L = 2\,\pi\, f\, L$. Vereinfacht sei für den Hinlauf nur die Grundfrequenz von 50 Hz angenommen. Am Ende des Hinlaufs fließt also ein bestimmter Strom i. Die Spannung an den Enden der Spule beträgt dann

$$u = i \cdot R_L = i \cdot 2\,\pi \cdot 50 \cdot L = v$$

Dieser jetzt fließende Strom i werde dann in $^1/_{20}$ der vorherigen Zeit abgeschaltet; das bedeutet, daß eine steil abfallende Sägezahnflanke entsteht, deren Grundfrequenz 20mal größer sein muß als die für den Hinlauf. Der gleiche Strom i bei 20facher Frequenz bewirkt aber eine 20fache Spannung:

$$u_1 = i \cdot 2\,\pi \cdot 50 \cdot 20 \cdot L = 20\,v$$

Damit ergeben sich an den Ablenkspulen während des Rücklaufs die hohen Spannungsspitzen nach Bild 11.05b.

Um den Vorgang deutlich zu machen, ist das Bild nicht ganz maßstäblich gezeichnet, denn bei einem Verhältnis von 20 : 1 für Zeit und Spannung würden Rücklaufflanke und Rücklaufspannung im Bild zu schmalen senkrechten Strichen zusammenlaufen.

Diese hohe Rücklaufspitze ist gar nicht einmal so unwillkommen. Sie dient nämlich zum Dunkeltasten des Elektronenstrahls während des Bildwechsels. Man führt sie zu diesem Zweck über geeignete Kopplungsglieder der Katode oder dem Wehnelt-Zylinder der Bildröhre zu, so daß der Strahl beim Zurückspringen vom unteren Bildrand auf den Anfang der ersten Zeile am oberen Bildrand gesperrt wird.

Bild 11.06 Größe der Rücklaufspannung an der Primärseite des Übertragers

Der in den Ablenkspulen während des Rücklaufes entstehende große Spannungsimpuls überträgt sich auf die Primärseite des Ausgangsübertragers. Die Spannung wird dabei hochtransformiert und addiert sich bei einer Endröhre zur Anodengleichspannung. Im Bild ist ein Oszillogramm hierfür wiedergegeben. Die Anodengleichspannung beträgt 260 V. Steigt der Anodenstrom an (Hinlauf), dann entsteht ein Spannungsabfall am Anodenwiderstand bzw. am Ausgangsübertrager, und das Potential an der Anode der Röhre sinkt bis auf 110 V. Während des Rücklaufes entsteht die Spannungsspitze und steigt bis 810 V an.

Die Isolation der Schaltelemente und Spannungsfestigkeit der Röhre müssen diesen Belastungen gewachsen sein. Beim Typ PCL 805 beträgt die zulässige Spitzenspannung 2,0 kV. So hohe Spannungsfestigkeiten sind mit Transistoren nicht zu erzielen. Das war einer der Gründe, warum sich in den Ablenk-Endstufen die Röhren so lange gehalten haben. Beim Übergang auf eisenlose, d. h. übertragerlose Transistor-Gegentaktendstufen entfällt das Hochtransformieren der Rücklaufspannungsspitze. Es ergeben sich kleinere Scheitelwerte, für die geeignete Leistungstransistoren zur Verfügung stehen.

Bild 11.07 Tangensentzerrung und Parabelspannung

Zwei Fachausdrücke, die sehr oft in Fachaufsätzen und Serviceschriften auftauchen. Wie mehrmals erwähnt, muß die steuernde Sägezahnspannung S-förmig vorverzerrt werden, um den Einfluß der Bildschirmkrümmung auszugleichen. Statt *S-förmige Vorverzerrung* sagt man auch *Tangensentzerrung*, weil man sich zur rechnerischen Ermittlung der Schaltelemente Tangenten an die einzelnen Punkte der S-Kurve gelegt denkt.

Um einen linearen Sägezahnanstieg in dieser Weise zu verzerren, muß man eine parabelförmige Spannung überlagern. Bild 11.07a zeigt schematisch den Verlauf einer linearen Ausgangsspannung mit vergröbert dargestellten Rücklaufspitzen.

Wenn man diese Kurve durch ein geeignet bemessenes RC-Glied integriert, dann erhält man den Kurvenzug Bild 11.07b. Man erinnere sich, ein Integrierglied ist eine Art Tiefpaß. Er unterdrückt die hohen Frequenzanteile und verschleift die steilen Impulse zu stetig abfallenden bzw. ansteigenden Kurven, zu Parabelbögen.

Bildet man einen Gegenkopplungsweg vom Ausgang zum Eingang der Bildablenk-Endstufe über einen solchen Tiefpaß, dann addiert sich die dadurch geformte Parabelspannung zu der ursprünglich linearen Sägezahnspannung am Eingang, und man erhält einen Verlauf nach Bild 11.07c, also die gewünschte S-förmige Verzerrung.

Die in der Kurve c gezeichneten negativ gerichteten Rechteckimpulse rühren vom Aufladevorgang des Steueroszillators her, vgl. Bild 10.16. Sie können auch von den Rücklaufspannungsspitzen der Bildablenkspulen herrühren, die auf dem Gegenkopplungsweg nach Bild 11.04 zum Eingang zurückgelangen. Da sie in die Rücklaufzeit fallen, stören sie die eigentliche S-förmige Steuerspannung zum Erzeugen des Bildrasters nicht.

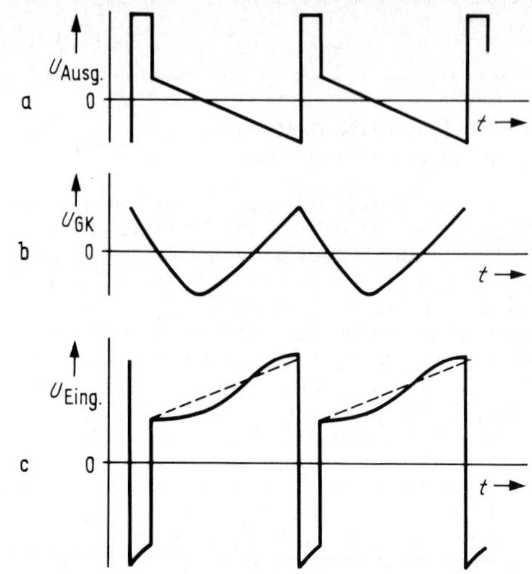

Bild 11.07 Entstehung und Überlagerung einer Parabelspannung

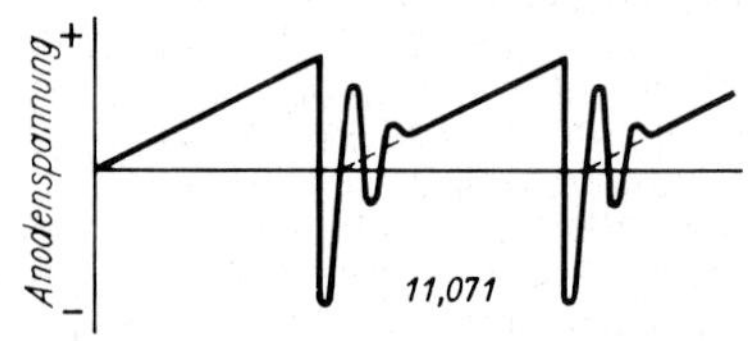

Bild 11.08 Bei zu geringer Dämpfung des Ausgangskreises treten Störschwingungen infolge der hohen Rücklaufspannung auf

Bild 11.08 Schwinggefahr beim Rücklauf

Die große Spannungsspitze beim Rücklauf bringt aber eine andere Gefahr. Der Ausgangskreis der Endstufe stellt mit seiner Induktivität und den parallelliegenden Schaltkapazitäten einen Schwingkreis dar, der durch diese Spannungsspitze zum Schwingen angestoßen wird. Die Energie klingt also nicht sofort auf Null ab, sondern pendelt einige Male hin und her, bis sie in den Verlustwiderständen des Kreises verbraucht bzw. umgesetzt wird.

Diese Schwingungen würden sich dem neuen Sägezahnanstieg überlagern und die Zeilen aus dem Tritt bringen. Um diese Schwingungen zu dämpfen, vergrößert man künstlich die Verlustwiderstände des Ausgangskreises durch Dämpfungswiderstände parallel zur Primärwicklung des Übertragers[1]) oder durch spannungsabhängige (VDR-)Widerstände bei den Ablenkspulen. Ihr Widerstandswert nimmt für höhere Spannungen stark ab, sie dämpfen daher nur die große Anschwingspitze.

1 Vgl. die Funktion des Dämpfungswiderstandes R_d in Bild 9.15.

Schaltungsbeispiele

Bild 11.11 Bildablenkstufe mit Ausgangsübertrager

Die Schaltung stellt den Übergang von der Röhren- zur Transistortechnik dar. Anstelle der früher üblichen Endröhre mit Ausgangsübertrager ist hier der Transistor T 3 vorgesehen. Er arbeitet mit 200 V Speisespannung, um eine genügende Ablenkleistung zu liefern. Die erzeugte Sägezahnspannung wird mit Hilfe des Übertragers herabtransformiert, um den notwendigen Ablenkstrom zu liefern.

Die Kippspannungserzeugung erfolgt mit Hilfe des Ladekondensators C_L. Er wird über die Widerstände R 1 und R 2 von der Kollektorspannung des Transistors T 3 her aufgeladen. R 1 dient dabei zum Einstellen der Sägezahnspannungsamplitude (vgl. Bild 10.15). Der Transistor T 1 dient als Schaltstufe und wird mit Bildsynchronimpulsen an der Basis synchronisiert. Die Funktion entspricht etwa dem im folgenden Bild 11.13 besprochenen Miller-Integrator.

Leistungsübertrager für 50 Hz erfordern einen relativ großen Eisenkern sowie Kupfer und Arbeitsaufwand für das Wickeln. Deshalb war auch hier der Schritt von der Elektrotechnik zur Elektronik sehr willkommen. Mit der nachstehend beschriebenen Gegentakt-Ablenkschaltung erzielt man unmittelbar die benötigten großen Ablenkströme und erspart den Transformator.

Bild 11.12 Bildablenkteil mit Komplementär-Endstufe

Mit einer Komplementär-Endstufe mit zwei Leistungstransistoren erspart man den Ausgangsübertrager, denn die Ablenkspulen können dann wie die Schwingspule eines Lautsprechers bei einem Nf-Verstärker unmittelbar an den Mittelpunkt der Endstufe angeschlossen werden. Damit werden die Betriebsspannungen und somit auch die Gefährdung der Endstufe durch zu hohe Spannungsbeanspruchung wesentlich herabgesetzt.

Die hier dargestellte Schaltung arbeitet mit einem Komplementär-Leistungstransistorpaar AD 161/AD 162 mit nur 11 V Versorgungsspannung. Davor befindet sich ein Treibertransistor BC 108 A. Gegenkopplungsnetzwerke zur Stabilisierung und Vorverzerrung führen vom Ausgang der Endstufe zurück auf die Basisanschlüsse der Endtransistoren und auf die Basis des Treibertransistors. Der erste Transistor gehört zu der hier nicht dargestellten Spezialschaltung des 50-Hz-Steueroszillators (nach Blaupunkt-Unterlagen).

Bild 11.13 Der Miller-Integrator

Die Aufladeschaltung bei transistorbestückten Bildkippteilen läßt sich durch einen Miller-Integrator verbessern. Das Prinzip beruht darauf, daß nach Bild 11.13a der Ladekondensator C am Eingang des Kippspannungsverstärkers durch eine Kapazität C_M im Gegenkopplungsweg ergänzt wird. Wie jede Gegenkopplung wirkt auch diese den Änderungen der Eingangsspannung entgegen. Zu Beginn des Aufladevorganges der Kapazität C, also bei „leerem" Kondensator, steigt die Spannung daran zunächst steil an, wie wir dies beim Integrierglied Bild 9.21 kennengelernt haben. Über den Gegenkopplungskondensator C_M wird dann aber dieser schnelle Spannungsanstieg gewissermaßen gebremst und verlangsamt.

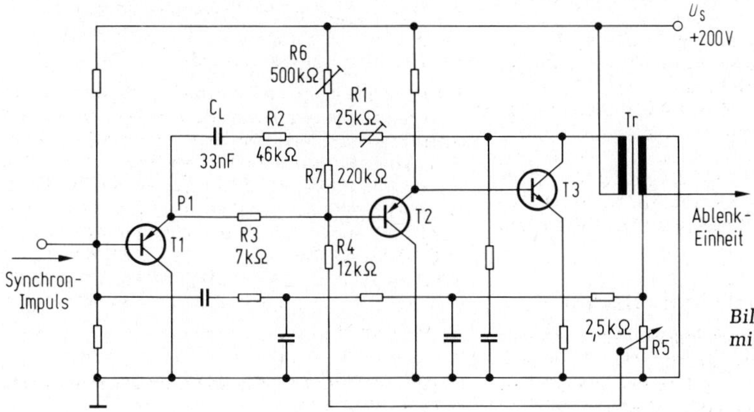

Bild 11.11 Bildablenkstufe mit Ausgangsübertrager

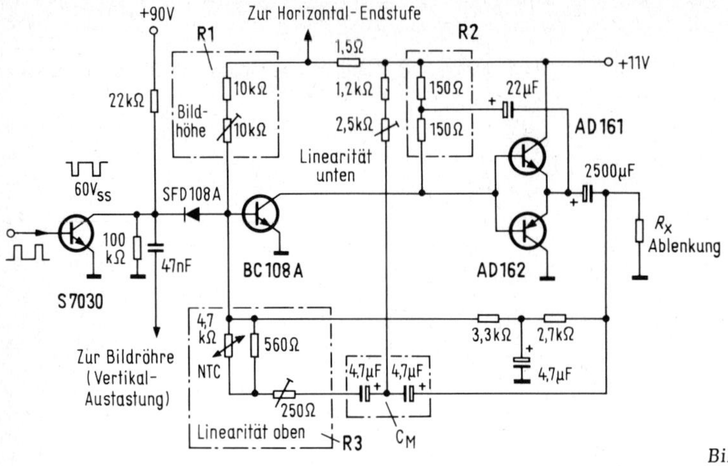

Bild 11.12 Mit Transistoren bestückte Bildablenkschaltung (Blaupunkt)

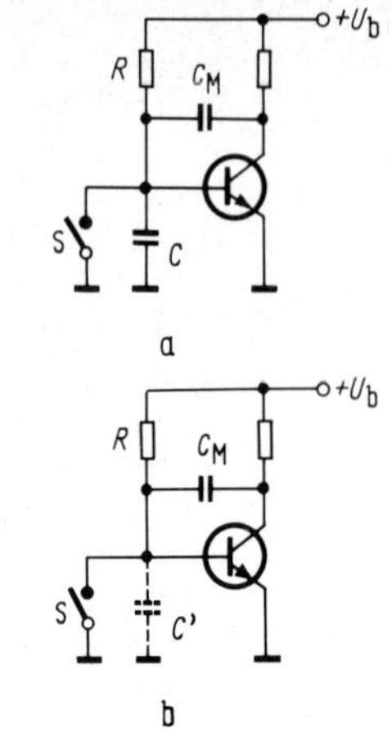

Bild 11.13 a und Bild 11.13 b Prinzip des Miller-Integrators; die Kapazität C_M im Gegenkopplungsweg vergrößert die Eingangskapazität

Im weiteren Verlauf des Ladevorganges, wenn also die Spannung ohnehin weniger steil ansteigt, ist auch die Gegenkopplungsspannung geringer und wirkt sich weniger aus. Insgesamt ergibt sich auf diese Weise ein sehr linearer Sägezahnanstieg am Kondensator C auch bei kleinen Betriebsspannungen, wie sie in Transistorschaltungen üblich sind.

Dazu kommt noch ein weiterer Effekt. Bekanntlich ändert jede Gegenkopplung auch den Wert des Eingangswiderstandes der gegengekoppelten Stufe. Die hier vorliegende Spannungsgegenkopplung mit Parallelzuführung macht den Eingangswiderstand des Verstärkers niederohmig[1]). Bei einer kapazitiven Gegenkopplung über C_M wirkt sich dies nach Bild 11.13b so aus, als wenn eine um den Verstärkungsfaktor V größere Kapazität C' am Eingang läge, denn Verringerung des Eingangswiderstandes bedeutet bei kapazitivem Eingang einen größeren Kapazitätswert. Dabei gilt

$$C' = \frac{C_M}{1 + V}$$

Man benötigt also gar keine Grundkapazität C nach Bild 11.13a am Eingang des Verstärkers, sondern der Kondensator C_M wirkt zugleich als scheinbare Kapazität C' zwischen den Eingangsklemmen. Da R und C_M ein Integrierglied bilden, wird die Anordnung nach ihrem Erfinder als *Miller-Integrator* bezeichnet. Bei Röhren-Schaltungen waren dafür auch die Benennungen Miller-Transitron oder Phantastron üblich.

Bei der Blaupunkt-Schaltung mit dem Miller-Integrator wird als elektronischer Schalter S ein Relaxations-Oszillator nach dem Prinzip von Bild 10.03 angewendet. Insgesamt ergeben sich so bei transistorbestückten Ablenkstufen sehr viele Schaltungsvarianten. Der Miller-Kondensator C_M ist auf Anhieb kaum in dem Gewirr der Gegenkopplungswege zu erkennen, die ihrerseits wieder zur Parabelbildung und zur S-förmigen Vorverzerrung der Steuerkurve dienen sollen.

Bild 11.14 Vertikalablenkstufe mit integrierter Schaltung

Die Schwierigkeit, verwickelte Schaltungsfunktionen zu analysieren, wird bei Verwendung integrierter Schaltungsbausteine in gewisser Weise erleichtert. Dies zeigt die Schaltung einer Vertikalablenkstufe mit der integrierten Schaltung Typ TCA 880. Sie enthält einen Oszillator für die Bildfrequenz sowie die Treiberstufen für die beiden Komplementär-Endtransistoren. Außen anzuschließen und abzugleichen sind lediglich Amplitudeneinsteller, Frequenzeinsteller sowie das Trimmpotentiometer R 5 für die Tangenskorrektur. Als Ladekondensator des Sägezahnoszillators dient die Kapazität C_1.

Das Einstellpotentiometer R 6 für die Bildamplitude wird nicht vom Ladestrom, sondern nur von einer Gleichspannung durchflossen. Die eingestellte Teilspannung steuert elektronisch innerhalb der integrierten Schaltung die Ladezeit.

Mit dem Trimmpotentiometer R 2 wird die Symmetrie des Arbeitspunktes der Endstufen

1 Elektronik ohne Ballast, 4. u. 5. Aufl., Bild 6.45.

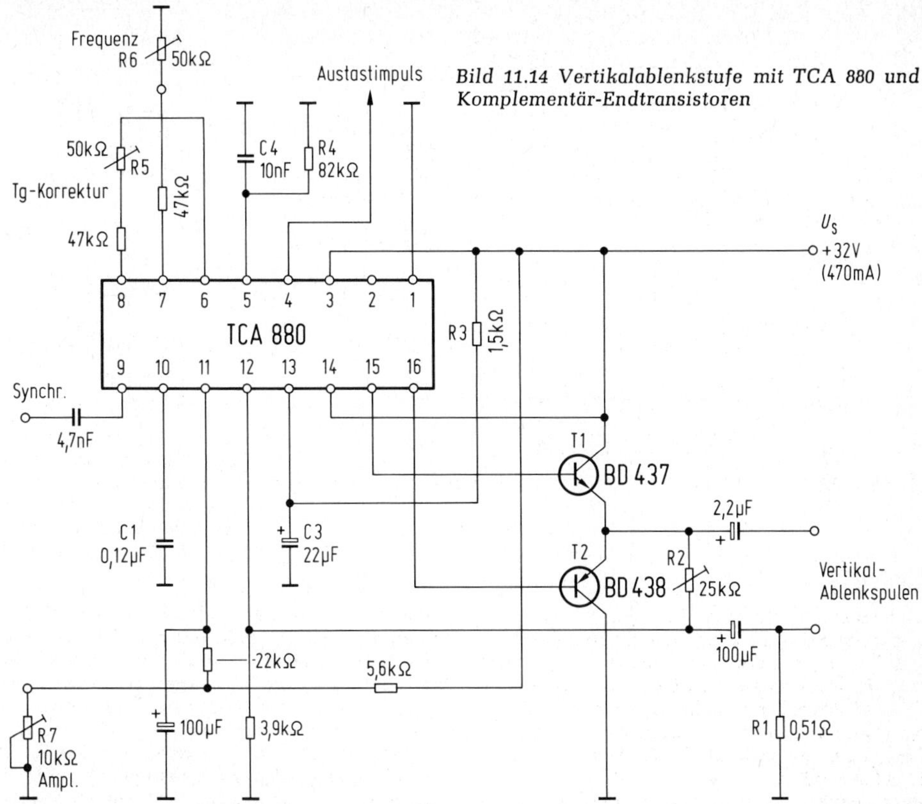

Bild 11.14 Vertikalablenkstufe mit TCA 880 und Komplementär-Endtransistoren

eingestellt. Der Ablenkspulenstrom durchfließt auch den Widerstand R 1. Die daran entstehende Teilspannung wird als Gegenkopplungsspannung auf den Anschluß 12 geführt.

Stromsparende Vertikalablenkung

Bei einer neueren Vertikalablenkschaltung entnimmt man die erforderliche hohe Leistung zum größten Teil aus dem Zeilenausgangsübertrager. Aus den dort entstehenden steilflankigen Abschaltspannungen werden ohnehin verschiedene Betriebsspannungen gewonnen, wie dies im folgenden Abschnitt „Zeilen-Endstufe“ erläutert werden wird. Der Zeilenausgangsübertrager erhält in diesem Fall noch zwei zusätzliche Wicklungen, aus denen während eines jeden Zeilenrücklaufes Rückschlagspannungen von etwa 40 V Spitzenwert ausgekoppelt werden. Diese Spannungsimpulse laden über zwei als Schalter arbeitende Thyristoren einen Kondensator auf. Wenn auch der Einzelimpuls je Zeile einen relativ geringen Energieinhalt hat, so addieren sich diese Werte 625mal für ein Teilbild. Erst dann, nach 20 ms, wird die Energie des aufgeladenen Kondensators für die Vertikalablenkung, also zum Umschalten auf das nächste Bildraster, entnommen.

Der Wirkungsgrad dieser Anordnung ist sehr gut. Man kann damit den Leistungsverbrauch aus dem Lichtnetz um etwa 20 W verringern. Das Verfahren wird mit SSVD = synchronized switched *v*ertical *d*eflection, d. h. als synchron geschaltete Vertikalablenkung, bezeichnet.

Bei einer von SEL entwickelten Vertikalablenkschaltung wird die benötigte Leistung während der *Hinlauf*zeit aus dem Horizontal- Ausgangsübertrager ausgekoppelt. SEL bezeichnet dies als SMVD-Schaltung, abgeleitet aus: switch mode *v*ertical *d*eflection.

Literatur

Macek und *Haile:* Eisenlose Vertikal-Ablenkschaltung mit Transistoren. Radio Mentor Electronic 1970, H. 9, S. 623.

Siemens: Vertikalablenkung mit Operationsverstärker. Halbleiter-Schaltbeispiele 1972/73, S. 53.
Die Vertikalablenkung. Funktechnische Arbeitsblätter Fs 55. Franzis-Verlag, 1973/74.

Daute und *Schultz:* Quasi-stromkontrollierte eisenlose Vertikalablenkschaltungen für 110°-Farbfernsehgeräte. Funk-Technik 1974, H. 1, S. 13.
Siemens: Vertikalablenkschaltung mit TCA 880. Halbleiter-Schaltbeispiele 1975/76, S. 92.
Knobloch und *Gublass:* Vertikalablenkung. Funk-Technik 1978, H. 5, S. 92.
Dobbert und *Reh:* Leistungssparende Vertikalablenkschaltung für Farbfernsehempfänger. Funkschau 1978, H. 8, S. 327, und H. 9, S. 393.

Zeilen-Endstufe

Bild 11.21 und 11.22 Einschaltstrom und Abschaltspannung einer Spule

Für die Zeilenfrequenz von 15 625 Hz wirkt sich die Selbstinduktion der Ablenkspulen viel stärker aus als für die 50-Hz-Rasterfrequenz. Schaltet man nach Bild 11.21 eine Spule über einen Widerstand R an eine Gleichspannung an, so springt der Strom nicht plötzlich auf seinen Höchstwert, sondern er steigt allmählich nach Art einer Sättigungskurve an und baut dabei das Magnetfeld um die Spule auf. Der *Einschaltstrom einer Spule* hat also grundsätzlich den gleichen Verlauf wie die *Einschaltspannung eines Kondensators* (vgl. Bild 9.21). Man benötigt daher eigentlich gar keine Sägezahnspannung, um den Sägezahnstrom für die Zeilenablenkspulen der Bildröhre zu erzeugen, sondern man braucht nur während des Zeilenhinlaufes nach Bild 11.22a eine konstante Spannung U anzulegen und sie für den Rücklauf abzuschalten. Sind R und L richtig bemessen, dann wird für die Hinlaufzeit nur der annähernd geradlinige erste Teil des Stromanstieges ausgenutzt. Vor dem Übergang in den flachen (gestrichelten) Teil der Stromkurve wird die Spannung bereits abgeschaltet (Bild 11.22b). Wir haben hier also wieder das Grundprinzip der Kippschwingungserzeugung von Bild 10.02 vor uns, jedoch wird keine Sägezahnspannung mit einem Kondensator, sondern ein Sägezahn*strom* in einer Spule erzeugt. Zum „Kippen" genügt das kurzzeitige Ausschalten der Spannung. Man spricht daher von einer „Schaltspannung".

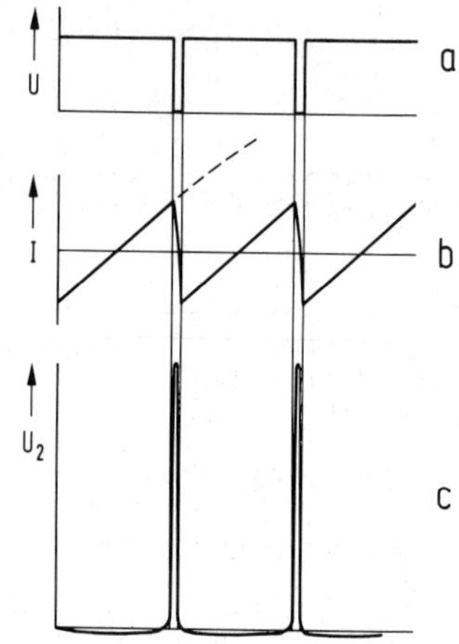

Bild 11.22 Spannungs- und Stromverlauf beim taktmäßigen Schließen und Öffnen des Schalters S in Bild 11.21 (In Teilbild 11.22a wurde die Nulllinie so gelegt, wie dies für Bildröhrenablenkströme notwendig ist)

Wie bereits bei Bild 11.05 erläutert, entsteht in der Induktivität L während des Stromrücklaufes eine hohe Spannungsspitze. Sie wird hier bewußt vergrößert, indem an die Spulenwicklung L_1 eine Hochspannungswicklung L_2 angekoppelt ist. In dieser Wicklung entstehen dann sehr hohe Spannungsimpulse nach Bild 11.22c.

Dieses Prinzip wird bei den Zeilenablenkendstufen ausgenutzt, um die hohe Anodenspannung

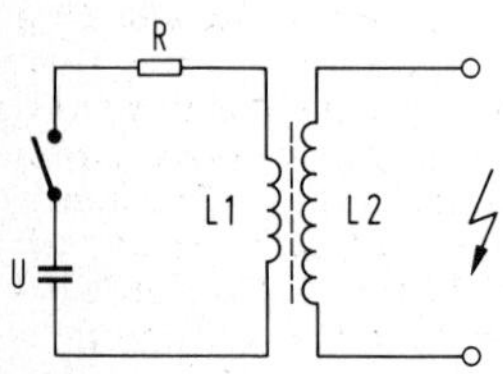

Bild 11.21 Anschalten einer Gleichspannung an einen Übertrager

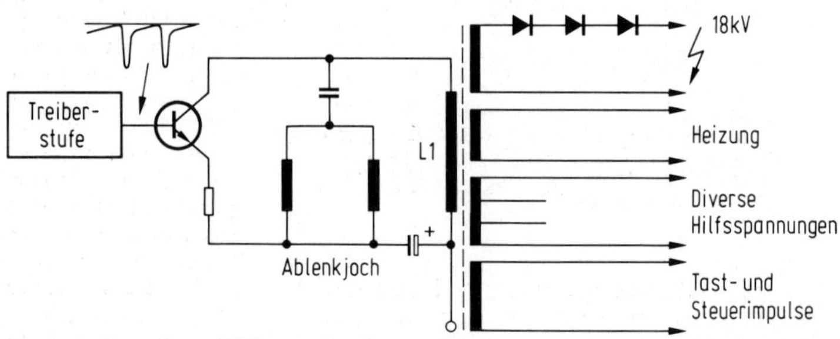

Bild 11.23 Prinzip einer Transistor-Zeilenendstufe

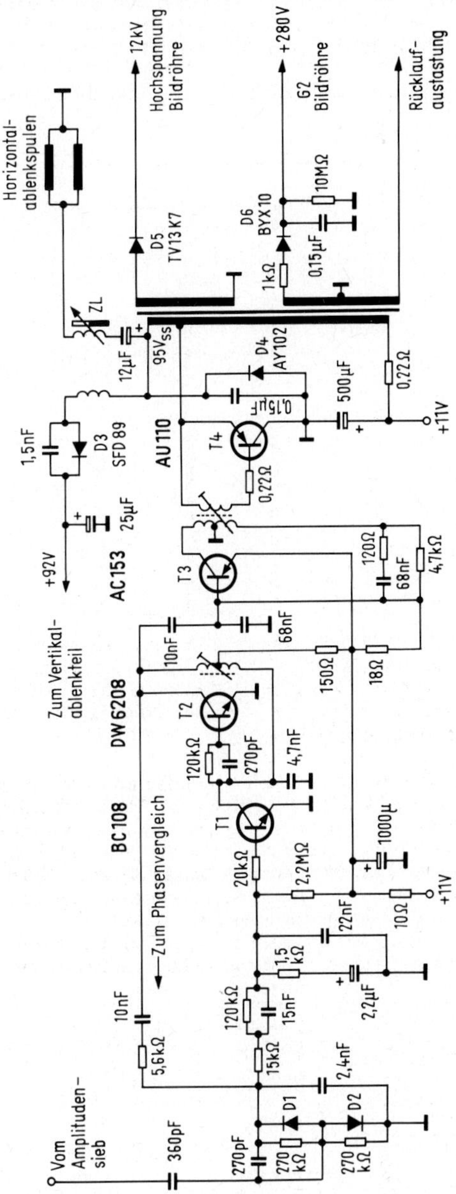

Bild 11.24 Mit Transistoren bestücktes Zeilenablenkteil in einem tragbaren Fernsehempfänger (Blaupunkt Scout)

zum Betrieb der Bildröhre und noch verschiedene andere Hilfsspannungen aus dem Zeilenrücklauf, nämlich dem Abschaltvorgang, zu gewinnen.

Bild 11.23 Prinzip der Zeilen-Endstufe

Für den Schalter S kommt bei der hohen Zeilenfrequenz von 15 625 Hz nur ein elektronisch gesteuerter Schalter in Frage. Im Bild ist dafür ein Transistor vorgesehen. Er muß einerseits sehr große Ströme liefern, denn die Bildablenkspulen sind recht niederohmig, andererseits muß er die hohen Abschaltspannungen vertragen. Dies war lange Zeit nur mit Röhren zu beherrschen. Inzwischen gibt es jedoch auch hierfür geeignete Leistungstransistoren. Bei anderen Geräten werden Thyristoren an dieser Stelle verwendet.

Der Transistor wird aus der Treiberstufe mit einer zeilenfrequenten Schaltspannung gesteuert und über die Wicklung L_1 mit Betriebsspannung versorgt. An dieser Wicklung und an den gleichspannungsfrei angekoppelten Spulen des Ablenkjoches baut sich beim Einschalten des Transistors der erforderliche Sägezahnanstieg auf und bewirkt den Zeilenlauf des Leuchtfleckes.

Die beim Abschalten auftretende hohe Impulsspannung wird auf die verschiedenen Sekundärwicklungen transformiert und ausgenutzt. Sie liefert über eine Hochspannungswicklung die Anodenspannung für die Bildröhre und über eine Niedervoltwicklung die Heizspannung. Weitere Wicklungen dienen dazu, über Gleichrichter noch andere Betriebsspannungen zwischen 100 V und 300 V zu erzeugen. Neuerdings wird auch ein Teil der Rücklaufenergie zum Betrieb der Vertikalendstufe benutzt, wie auf Seite 149 beschrieben. Schließlich werden noch zeilenfrequente Impulse für Tastzwecke und Phasenvergleichsschaltungen entnommen.

Diese verschiedenen Belastungen nutzen also in geschickter Weise die beim Rücklauf freiwerdende Energie aus. Sie dämpfen damit zugleich die Schwingungen der Wicklungsinduktivität.

Für die Zeilenendstufe bestehen sehr viele Variationsmöglichkeiten. Sehr wichtig ist die enge Verbindung zur eigentlichen Stromversorgung des Gesamtgerätes geworden. Nicht nur, daß wie in Bild 11.23 Betriebsspannungen für die Bildröhre in der Endstufe gewonnen werden, man kann den Zeilentransformator sogar für die Stromversorgung aus dem Lichtnetz herausziehen. Dabei arbeitet man mit einem sogenannten Schaltnetzteil und synchronisiert dessen Schaltfrequenz mit der Zeilenfrequenz von 15 625 Hz. Dadurch erspart man den recht aufwendigen 50-Hz-Netztransformator und isoliert trotzdem über diesen Zeilentransformator wichtige Anschlußpunkte, z. B. Antennenbuchsen und Lautsprecheranschlüsse, vom Lichtnetz. Weitere Angaben hierzu folgen in den nächsten Abschnitten.

Bild 11.24 Zeilenablenkteil mit Transistoren

Diese mit Einzelelementen aufgebaute Schaltung läßt nochmals gut die Funktion der verschiedenen Stufen übersehen. Die Schaltung gehört zu einem tragbaren Fernsehgerät von Blaupunkt. Es ist für 12-V-Betrieb an einer Autobatterie ausgelegt. Damit steht eine stabile und hochbelastbare Stromquelle für sämtliche Transistorstufen zur Verfügung. Außerdem ist Netzbetrieb über ein eingebautes Netzteil vorgesehen. Es liefert eine elektronisch stabilisierte Betriebsspannung von 12 V.

In der Schaltung werden wie üblich die vom Amplitudensieb kommenden Synchronisierimpulse einer Phasenvergleichsschaltung mit den beiden Dioden D 1 und D 2 zugeführt. Der Transistor T 2 arbeitet als Sinusoszillator für die Zeilenfrequenz. Sein Basisstrom wird über die Gleichspannungsverstärker- und Entkopplungsstufe mit dem Transistor T 1 von einer Nachstimmspannung aus der Phasenvergleichsstufe gesteuert. Die Referenzspannung wird unmittelbar am Schwingkreis des Sinusoszillators abgegriffen und über ein *RC*-Glied der Vergleichsstufe zugeführt.

Am kapazitiven Zweig des Schwingkreises wird an einem 68-nF-Kondensator ein Teil der Spannung ausgekoppelt und der Treiberstufe mit dem Transistor T 3 zugeführt. Die verstärkte und bereits impulsartig geformte Spannung mit nun 40 V_{SS} steuert den Hochleistungsschalttransistor AU 110. An der Primärwicklung des Zeilenübertragers erscheinen dadurch Zeilenimpulse mit 95 V_{SS} zum Steuern der Horizontalablenkspulen. Die Diode D 4 entspricht der Boosterdiode der Röhrentechnik. Sie gewinnt während des Zeilenrücklaufs Energie zurück.

Die Rückschlagimpulse von 95 V_{SS} dienen weiterhin dazu, eine Betriebsgleichspannung von + 92 V für den Vertikalablenkteil mit Hilfe der Gleichrichterdiode D 3 zu erzeugen.

Auf der Sekundärseite liefert die Hochspannungswicklung über den Selengleichrichter D 5 eine Anodenspannung von 12 kV für die Bildröhre. An weiteren Wicklungen werden + 280 V Gleichspannung für das Gitter 2 der Bildröhre sowie Impulse zur Rücklaufaustastung entnommen. Die Zeilenfrequenz und damit der Zeilenfang werden mit der Oszillatorspule des Transistors T 2 abgeglichen, die Zeilenlinearität mit der Spule ZL.

Bild 11.25 Zeilenablenkstufe mit Niedervolt-Netzteil

Bei transistorbestückten netzbetriebenen Fernsehempfängern liegt der günstigste Wert für die Betriebsspannung der meisten Stufen bei 24...32 V. Das erfordert einen Netzteil mit Transformator und Gleichrichter sowie eine Stabilisierungsstufe, die eine solche konstante Spannung von rund 30 V liefert. Diese Stufe ist unbedingt erforderlich, damit bei den Impulsbelastungen im Empfänger, bei den großen Strahlstromunterschieden durch helle und dunkle Bildteile sowie bei Netzspannungsschwankungen die Bildbreite und die Bildhöhe stabil bleiben. Die konstante 30-V-Spannung versorgt dann auch den Zeilenablenkteil.

Der für diese Schaltungsauslegung erforderliche Netztransformator muß eine ziemlich hohe Leistung liefern. Er ist daher teuer. Außerdem kann er 50-Hz-Brummstörungen in die Schaltung einstreuen. Deshalb vermeidet man nach Möglichkeit Netztransformatoren und erzeugt die Betriebsgleichspannungen über Einweggleichrichter direkt aus dem Lichtnetz.

Bild 11.26 Zeilenablenkteil mit Pumpstufe

Für Schaltungen ohne Netztransformator ergab sich eine interessante Lösung, nämlich die

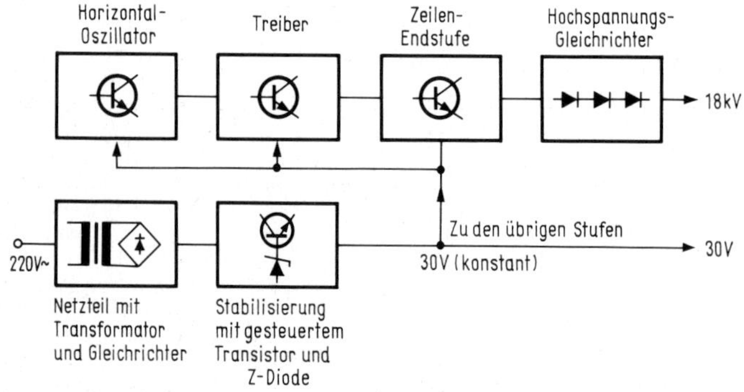

Bild 11.25 Blockschaltung eines mit Transistoren bestückten Zeilenablenkteils mit Niedervoltnetzteil

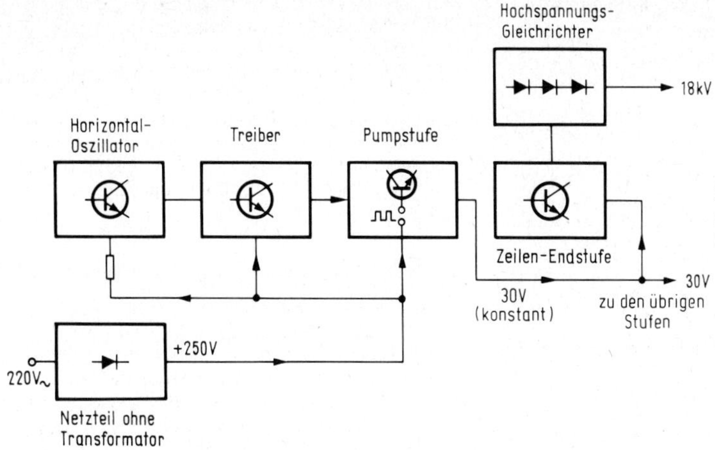

Bild 11.26 Blockschaltung eines Zeilenablenkteils mit Pumpstufe

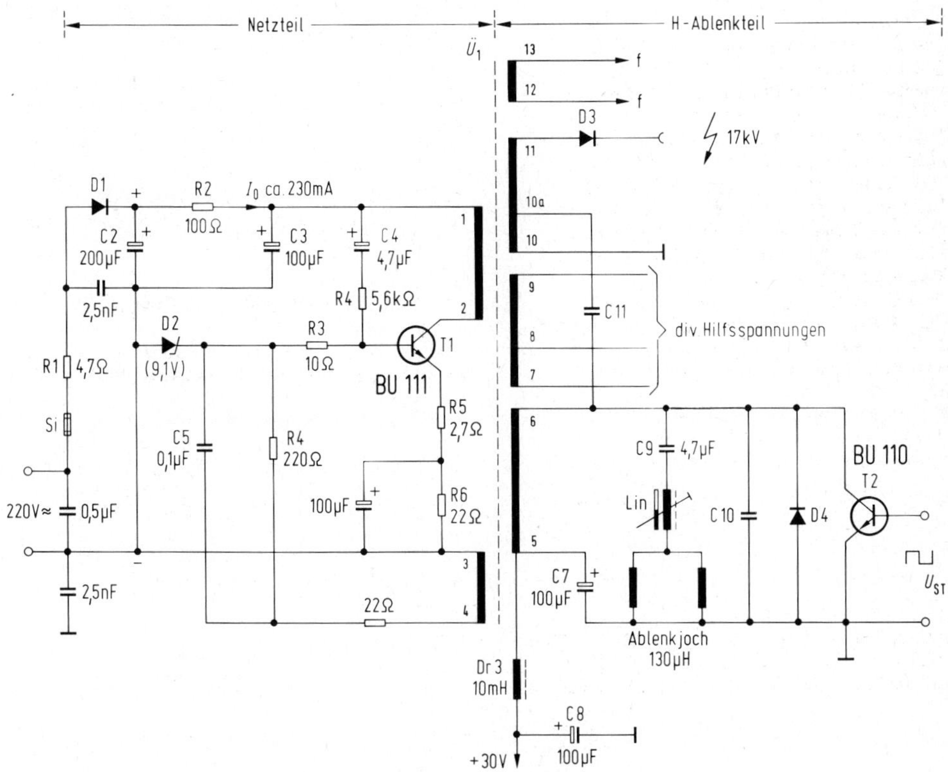

Bild 11.27 Horizontalablenkschaltung mit Netztrennung

Zeilen-Endstufe zur Niederspannungsversorgung der übrigen Empfängerstufen mit heranzuziehen.

Die Schaltung arbeitet nur mit einem Einweggleichrichter im Netzteil, der rund 250 V Gleichspannung liefert. Damit werden die ersten drei Stufen des Zeilenablenkteils direkt versorgt. Hierfür stehen geeignete Transistoren mit hoher Sperrspannung zur Verfügung. Die dritte dieser Stufen wird als *Pumpstufe* bezeichnet.

Der Transistor in der Zeilen-Endstufe läßt sich jedoch nicht mit 250 V betreiben. Wegen der vielfach höheren Rücklaufspannung müßte er dann Sperrspannungen bis zu 2000 V vertragen. Dies ist schwierig zu erfüllen. Deshalb liefert die Pumpstufe für die Endstufe eine Betriebsspannung von 30 V. Die Pumpstufe wird mit Zeilenimpulsen gesteuert und ist so in die Schaltung eingefügt, daß sie die hohe Steuerleistung für die Endstufe aufbringt, daß sie Bildhöhe und Bildbreite stabilisiert und außerdem noch die Betriebsspannung von 30 V für die übrigen Stufen liefert.

Bild 11.27 Horizontalablenkschaltung mit Netztrennung

Dies ist ein Beispiel für das vorher beschriebene Schaltungsprinzip. Zur ersten Orientierung sei darauf hingewiesen, daß T 2 der Endstufentransistor ist. Die Zeilensignalrichtung verläuft also von rechts nach links. Dieser Transistor T 2 arbeitet wie üblich auf die Ablenkspulen und einen Zeilenausgangsübertrager.

Der rechte Transistor T 1 liegt über Siebglieder und den Netzgleichrichter D 1 unmittelbar am 220-V-Lichtnetz. Er dient als Schaltstufe und wird im Basiskreis mit Impulsen aus der Wicklung 3–4 des Übertragers gesteuert. Beim Durchschalten fließt ein Strom vom Pluspol der Gleichspannung über die Wicklung 1–2 und den Transistor zum Minuspol. An der Wicklung entsteht also eine mit der Frequenz 15 625 Hz zerhackte Spannung und liefert Leistung in den Übertrager hinein. An den Wicklungen bzw. über die Drossel Dr 3 können nun netzfreie Betriebsspannungen entnommen werden. Der gesamte Steuermechanismus ist so bemessen, daß der Transformator nur während des Rücklaufes Versorgungsspannungen auf die Sekundärwicklungen überträgt. Außerdem bewirkt die Zenerdiode D 2 eine Stabilisierung der Rückkopplung und damit konstante Verhältnis bei Netzspannungsschwankungen. Welche Leistungen verarbeitet werden, zeigt die Angabe von 230 mA für den mittleren, über den Siebwiderstand R 2 fließenden Gleichstrom.

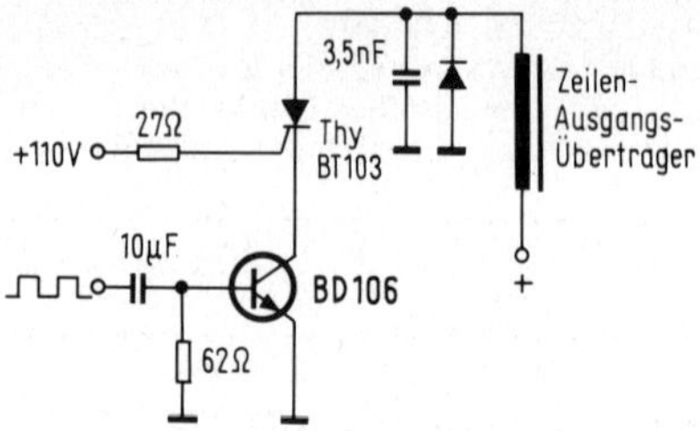

Bild 11.28 Prinzip einer Thyristor-Endstufe

Bild 11.28 Thyristor-Endstufe

Thyristoren haben eine bedeutend höhere Spannungsfestigkeit als Transistoren. Sie können daher in Geräten mit Hochvolt-Netzteilen als Zeilenstromschalter in der Endstufe dienen. Hierfür wurde von SEL ein spezieller abschaltbarer Thyristor Typ BT 103 entwickelt. Er wird leitend durch einen positiven Steuerimpuls an der Steuerelektrode und sperrt, wenn ein negativer Impuls angelegt wird. Man braucht zum Abschalten also nicht den Laststrom zu unterbrechen wie bei den in der Starkstromelektrik üblichen Thyristoren.

Der Transistor BD 106 wird mit einer Rechteckspannung aus dem Zeilenoszillator gesteuert. Die Zündelektrode des Thyristors liegt an einer positiven Gleichspannung. Wird der Transistor aufgetastet, dann fließt ein positiver Steuerstrom über den 27-Ω-Widerstand und die Zündstrecke des Thyristors und weiter durch die Kollektor-Emitterstrecke des Transistors. Dadurch schaltet dann auch der Thyristor durch und bewirkt den ansteigenden Strom durch den Zeilenausgangsübertrager.

Sperrt der Transistor, dann wird auch der Strom durch den Thyristor unterbrochen und der Zeilenablenkstrom ausgeschaltet.

Für den Treibertransistor wird nur ein Typ mit niedriger Spannungsfestigkeit benötigt. Die hohe Rücklaufspannung liegt ausschließlich am gesperrten Thyristor, denn durch geeignete Schaltungsbemessung wird sichergestellt, daß auch während der Rückschlagimpulse der Transistor relativ niederohmig bleibt, so daß keine hohe Teilspannung daran auftreten kann.

Röhren-Endstufen

Lange Zeit hielten sich noch im Horizontalablenkteil die Röhrenschaltungen, weil zunächst noch keine Transistoren und Thyristoren hoher Spannungsfestigkeit zur Verfügung standen. Zu diesen Spezialröhren zählten die Endpentoden PL 504 und PL 505 sowie die Vakuumdioden PY

88, PY 500 und GY 501. Die PY 88 diente als Spardiode oder Boosterdiode zur Energierückgewinnung aus den Zeilenablenkströmen. Die hierzu erforderliche, inzwischen hinfällig gewordene Schaltungstechnik wurde in der 10. und 11. Auflage dieses Buches behandelt. Noch vorhandene Exemplare dieser Ausgaben sollte man deshalb zu Archivzwecken aufheben!

Integrierte Schaltungen im Zeilenablenkteil

Bild 11.31 Zeilenablenkteil mit integrierter Schaltung

Zwar läßt sich die Zeilen-Endstufe mit ihrem großen Leistungsumsatz noch nicht integrieren. doch brachte Intermetall für die gesamte Vorstufe vom Amplitudensieb über die Phasenvergleichsschaltung bis zum Zeilenoszillator den integrierten Schaltungsbaustein TBA 950 heraus. Er ist speziell zum Steuern von Transistor- und Thyristorendstufen bestimmt, während der bereits in Bild 10.42 besprochene Baustein TAA 790 für röhrenbestückte Endstufen entwickelt wurde. Auch der TBA 950 benötigt nur Kondensatoren und Widerstände zum Einstellen des Phasenregelkreises.

Dem Baustein ist das BAS-Signal über Klemme 5 zuzuführen. Die im Baustein integrierte Abtrennstufe liefert über Anschluß 7 Synchronimpulse für den Bildoszillator. Die kurzschlußfeste Ausgangsstufe gibt über Anschluß 2 synchronisierte Zeilenimpulse zum Steuern des äußeren Treibertransistors ab. Dieser Treiber ist notwendig, da besonders bei Niedervoltendstufen der Endstufentransistor große Basissteuerströme erfordert.

Der Baustein gibt bei Versorgungsspannungen von 4,5 V bis 9,5 V definierte zeilenfrequente Steuerimpulse ab. Eine Schutzschaltung bewirkt, daß die Impulse beim Absinken der Versorgungsspannung unter 4 V schlagartig ausbleiben. Das Bild bleibt dann weg, es können keine verzerrten Bilder durch undefinierte Zeilenimpulse entstehen.

Bild 11.32 und 11.33 Horizontalkombination TBA 940/950

Gleichfalls für den Horizontalablenkteil bestimmt sind die integrierten Schaltungen TBA 940 und TBA 950. Die Ausführung 940 dient zum Steuern von Zeilenendstufen, die mit Thyristoren bestückt sind. TBA 950 ist zum Steuern von Transistor-Zeilenendstufen vorgesehen und wurde bereits kurz bei Bild 11.31 besprochen.

Die Blockschaltung beider Bausteine mit den erforderlichen externen Schaltelementen ist in Bild 11.32 dargestellt. Über Anschluß 5 gelangt das BAS-Signal an den Eingang des Amplitudensiebes. Die abgetrennten Synchronimpulse werden zur Bildkipp-Abtrennstufe, zur Schaltstufe und zum Phasenvergleich weitergeleitet. An Anschluß 7 erscheinen die integrierten Vertikalimpulse zum Synchronisieren des Bildoszillators.

Die in der Phasenvergleichsschaltung gebildete Regelspannung zum Nachstimmen des Zeilenoszillators wird durch die Kondensatoren am An-

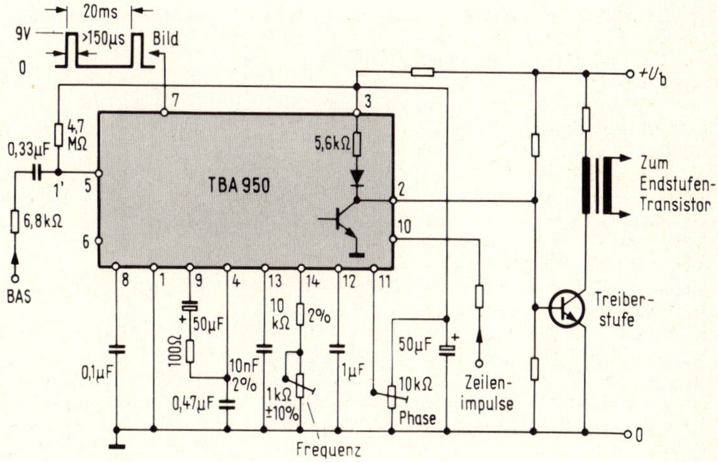

Bild 11.31 Zeilenablenkteil mit der integrierten Schaltung TBA 950

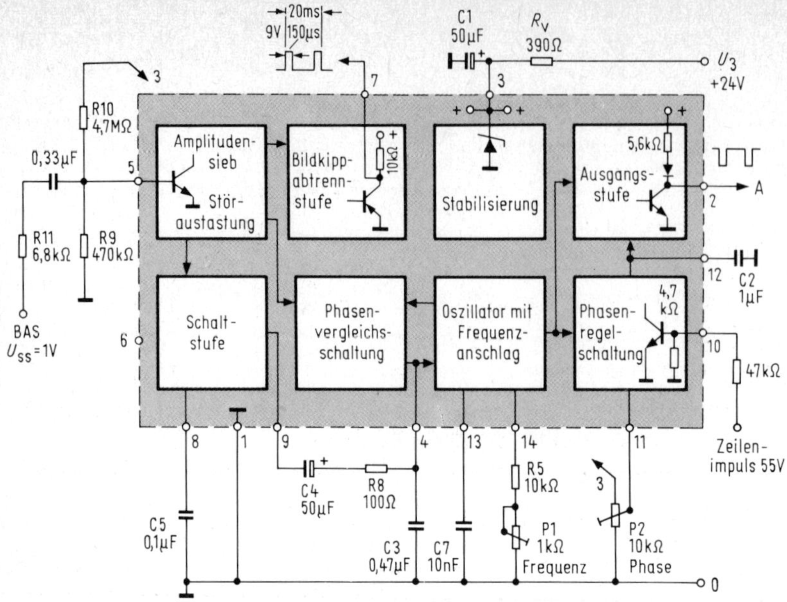

Bild 11.32 Funktionsschema und Anschlußschaltung der Horizontalkombination TBA 940 zum Steuern von thyristorbestückten Zeilenendstufen

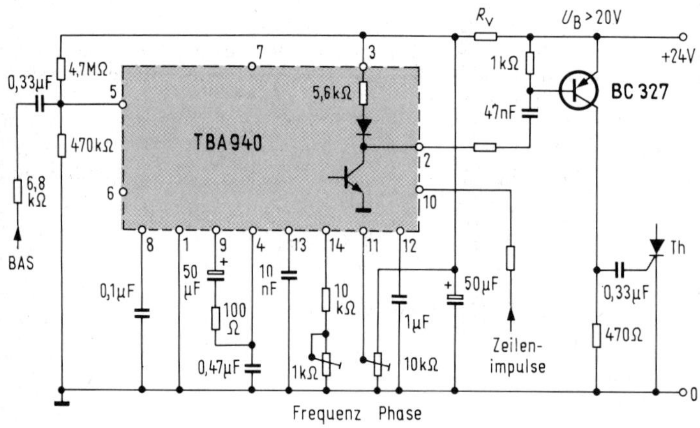

Bild 11.33 Funktionsschema und Anschlußschaltung der Horizontalkombination TBA 950 zum Steuern von Transistor-Zeilenendstufen

schluß 4 geglättet. Bei eingerasteter Phasensynchronisierung ist die große Kapazität C 4 über Anschluß 9 an Masse geschaltet. Im unsynchronisierten Zustand wird die Regelspannung nur durch die Kapazität C 3 gesiebt, um das Einfangen zu erleichtern. Das Potentiometer P 1 dient zum Grundabgleich des Zeilenfrequenzoszillators. Eine zusätzliche Phasenregelschaltung sorgt dafür, daß die bei Thyristor- und Transistorendstufen möglichen Phasenunterschiede zwischen Steuerimpuls der Endstufe und Zeilenrückschlagimpuls ausgeregelt werden. Für diesen Grundabgleich ist das Potentiometer P 2 an der Klemme 11 vorgesehen.

In der Ausgangsstufe ist ein Transistorsystem mit etwas größerer Leistung integriert, das den notwendigen Treiberstrom zu liefern vermag. Eine Stabilisierstufe hält die Betriebsspannungen der integrierten Schaltung konstant.

Zum Steuern des Rücklaufschalters einer Thyristorendstufe, vgl. Bild 18.44, sind steilflankige Steuerimpulse notwendig. Um die dafür erforderlichen Spitzenströme aufzubringen, ist nach Bild 11.33 noch ein pnp-Treibertransistor einzufügen, der über ein RC-Glied den Zündstrom für den Thyristor liefert.

(Nach Unterlagen der Firma Intermetall.)

Literatur

– –: Die Vertikalablenkung. Funktechnische Arbeitsblätter Fs 55. Franzis-Verlag, 1973.

Daute: Selbststabilisierende Horizontalablenkschaltungen mit Transistoren für Schwarzweiß-Fernsehgeräte. Applikationsbericht AEG-Telefunken, 1973.

Pollak: Impulsabtrennstufe, Horizontal-Phasenvergleich und H-Oszillator mit der integrierten Schaltung TBA 950. Telefunken-Sprecher, H. 61/1973, S. 21.

Baumgartner: Neue Chassis und Technik für Schwarzweiß-Empfänger. Grundig Technische Informationen, H. 1/1974, S. 258.

Daute und *Schultz:* Quasi-stromkontrollierte eisenlose Vertikalablenkschaltungen für 110°-Farbfernsehgeräte. Funk-Technik 1974, H. 1, S. 13.

– –: Impulsstromstabilisierte H-Ablenkschaltung mit Netztrennung für Schwarzweiß-Fernsehgeräte. Siemens-Schaltbeispiele 1974/75, S. 30.

– –: Horizontalablenkschaltungen mit Transistoren, ihre Speisung und Stabilisierung. Funktechnische Arbeitsblätter Fs 58. Franzis-Verlag, 1975.

Baumgartner: Neues Schaltungskonzept für Schwarzweiß-Fernsehgeräte. Grundig Technische Informationen H. 1/1975, S. 465.

Knobloch und *Gublass:* Horizontalablenkung. Funk-Technik 1978, H. 4, S. 67.

Vom Ablenkteil zur Bildröhre

Bild 11.41 Die Zeilen-Endstufe als Impuls- und Hochspannungslieferant

Die Zeilen-Endstufe ist ein vielseitiger Lieferant für Signal- und Versorgungsspannungen innerhalb des Fernsehempfängers. Der Hauptzweck besteht zwar darin, die Sägezahnströme für die Horizontalablenkung zu liefern, aber mit der Boosterdiodentechnik[1]) und der Auswertung der Zeilenrückschlagimpulse ergeben sich insgesamt sechs verschiedene Spannungen, die aus der Zeilen-Endstufe entnommen und an anderer Stelle verwendet werden. Dies sind, am rechten Rand von Bild 11.41 von oben nach unten betrachtet:

1. Aus einer Wicklung aus dem Zeilentransformator werden Rückschlagimpulse für die getastete Regelung nach Bild 8.44 und 8.45 entnommen. In der hier vorliegenden Schaltung (nach Saba-Unterlagen) werden dazu negativ gerichtete Rückschlagimpulse von 50 V_{ss} benötigt.

2. Rückschlagimpulse höherer Amplitude, hier 450 V_{ss}, werden für die Dunkeltastung des Elektronenstrahls während des Zeilenrücklaufes innerhalb der Bildröhre verwendet.

3. Die Rückschlagimpulse dienen ferner als „Vergleichsimpulse" für die Phasenvergleichsstufe Bild 10.35 und 10.36.

1 Vgl. den Abschnitt „Röhren-Endstufen" auf Seite 154.

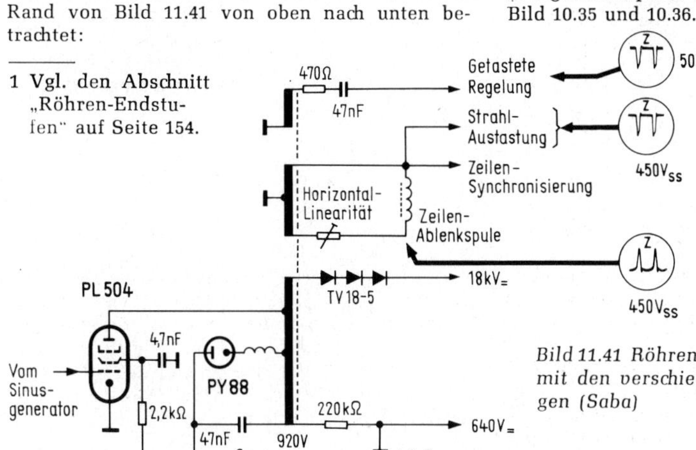

Bild 11.41 Röhrenbestückte Zeilen-Endstufe mit den verschiedenen Ausgangsspannungen (Saba)

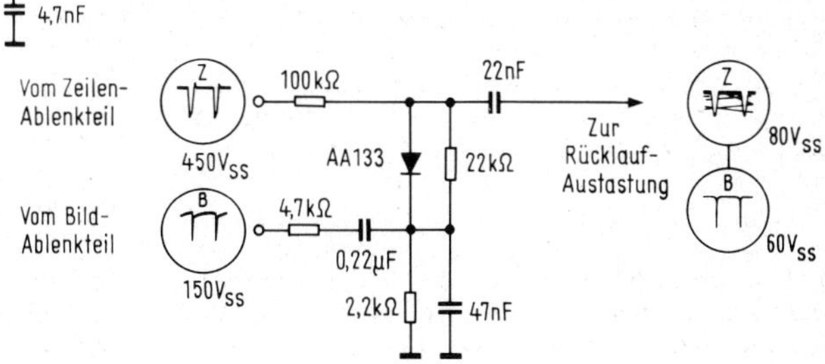

Bild 11.42 Kombination der Zeilen- und Bildsynchronisierimpulse zur Rücklaufaustastung

4. Während des eigentlichen Zeilenhinlaufes liefert die Zeilen-Endstufe den Sägezahnstrom für die Ablenkspulen. Da die Wicklung auf dem Zeilenausgangsübertrager symmetriert ist, können an den Enden der Ablenkspule entgegengesetzt gerichtete Zeilenrückschlagimpulse entnommen werden, hier je 450 V_{SS}.

5. Während des Zeilenrücklaufes liefert die Hochspannungswicklung 18 kV Anodenspannung für die Bildröhre.

6. Die Boosterschaltung erzeugt hier eine Spannung von 920 V. Sie wird über einen Vorwiderstand auf 640 V herabgesetzt und dient dann als Schirmgitterspannung am Gitter 2 der Bildröhre.

Die gleichen Spannungen werden auch aus Zeilen-Endstufen bezogen, die mit Transistoren oder Thyristoren arbeiten.

Bild 11.42 Kombinationssignal zur Horizontal- und Vertikal-Rücklaufaustastung

Die vom Sender kommenden Synchronimpulse für Zeile und Bild, die so kunstvoll mit Differenzier- und Integrierschaltungen auseinandersortiert worden sind, müssen in etwas anderer Form hinter den Ablenkstufen doch wieder zusammengebracht werden. Man benötigt sie dann nämlich zum Dunkeltasten des Elektronenstrahls in der Bildröhre während des Horizontal- und Vertikalrücklaufes. Dies geschieht jeweils durch Anlegen negativer Austastimpulse an den Wehnelt-Zylinder. Man mischt dazu die Rückschlagimpulse für Zeile und Bild zu einer kombinierten Austast-Impulsreihe zusammen.

In Bild 11.42 werden die negativ gerichteten Rücklaufimpulse mit 450 V_{SS} aus Bild 11.41 über einen Vorwiderstand an die Diodenanode gelegt. Der Katode werden aus der Vertikalablenkstufe Bildablenkimpulse mit 150 V_{SS} zugeführt. Diese relativ breiten Impulse werden durch ein Differenzierglied aus 0,22 μF und 2,2 kΩ in Nadelimpulse umgewandelt und an der Diode mit den Zeilenimpulsen gemischt.

Am Ausgang entsteht eine Impulsreihe entsprechend dem Oszillogramm rechts unten mit 60 V_{SS}. Der Oszillograf ist dazu auf die Bildablenkfrequenz von 50 Hz zu stellen, dann heben sich die Bildimpulse deutlich heraus, während die außerdem vorhandenen Zeilenimpulse (theoretisch 625 Stück) als matter Lichtsaum dazwischenliegen.

Schaltet man die Zeitablenkung des Oszillografen auf die Zeilenfrequenz um, dann ergibt sich das obere Oszillogramm. Die negativ gerichteten Zeilenimpulse erscheinen deutlich, und weit auseinandergezogen laufen die viel langsameren Bildimpulse hindurch.

Insgesamt ergibt sich wieder eine Signalfolge aus Zeilen- und Bild- bzw. Horizontal- und Vertikal-Rückschlagimpulsen, die zur Rücklaufaustastung des Elektronenstrahls in der Bildröhre dienen.

Bild 11.43 Dunkeltastung und Betriebsspannungen der Bildröhre

Das Zusammenwirken von Video-Endstufe, Rücklaufaustastung und Spannungsversorgung der Bildröhre ist hier zusammenhängend dargestellt. Die Video-Endstufe ist mit einem Transistor hoher Sperrspannung bestückt. Sie liefert das Videosignal über einen 5,5-MHz-Sperrkreis an die Katode der Bildröhre. Der Sperrkreis dient zum Zurückhalten etwa vorhandener Ton-Zf-Reste. Das Signal an der Katode hat je nach Bildkontrast eine Amplitude von 15...90 V ab Schwarzpegel (Oszillogramm oberhalb des Bildröhrensymbols).

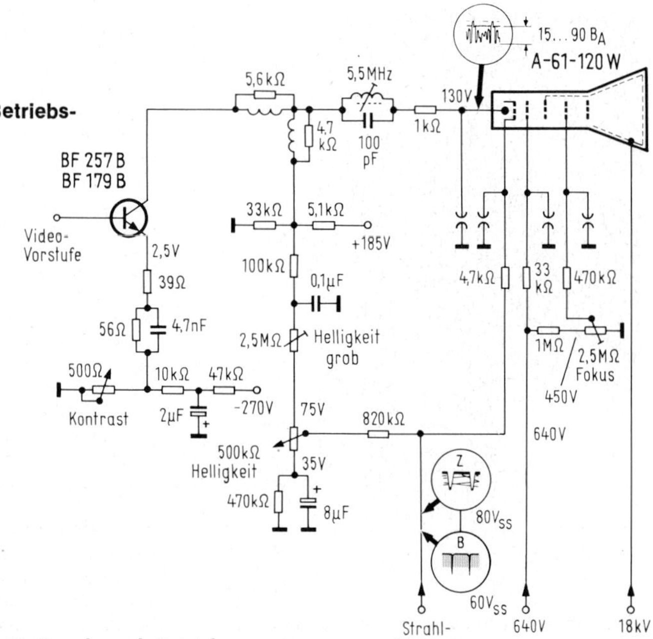

Bild 11.43 Signal- und Betriebsspannungen der Bildröhre

Kontrast und Helligkeit werden durch Einstellen der Arbeitspunkte von Video-Endstufe und Strahlstrom beeinflußt (vgl. Bild 6.14).

Der Wehnelt-Zylinder erhält außer seiner am Helligkeitspotentiometer eingestellten Grundspannung (35...75 V) die negativ gerichteten Austastimpulse aus Bild 11.42. Der Strahl wird dadurch bei jedem Horizontal- und Vertikalrücklauf dunkelgetastet.

Zur Gleichspannungsversorgung des Gitters 2 und der Anode der Bildröhre dienen die Spannungen von 640 V und 18 kV aus der Zeilenablenk-Endstufe Bild 11.41.

An den Anschlüssen der Bildröhre liegen also hohe Impuls- und Gleichspannungen. Daher besteht die Gefahr, z. B. bei hoher Raumfeuchtigkeit, daß Sprüherscheinungen oder Überschläge zwischen den einzelnen Anschlüssen auftreten. Um die Bildröhre und ihre Schaltung nach Möglichkeit davor zu schützen, sind von allen kritischen Anschlüssen Funkenstrecken gegen Masse angeschlossen, damit solche Überspannungen abgeleitet werden.

Damit ist nun der Empfänger mit allen Signalspannungen und die Bildröhre mit Hochspannung versorgt. Nun sind aber noch die anderen Betriebsspannungen zu beschaffen.

Spezialteile für die Zeilenablenk-Endstufe

Bild 11.51 Zeilentransformator

Der Zeilenausgangsübertrager erfordert wegen der hohen Betriebsfrequenz von 15 625 Hz und ihrer noch viel höheren Harmonischen sowie wegen der Hochspannung von 16...18 kV einen äußerst sorgfältigen Aufbau und sehr gute Isolationseigenschaften. Bei dem dargestellten Modell befindet sich deshalb die dicht vergossene Hochspannungswicklung getrennt von der Niederspannungswicklung auf dem anderen Schenkel des Eisenkernes. Angeschlossen ist ein Siemens-Hochspannungsgleichrichter Typ TV 18 für 18 kV. Dieser Stabgleichrichter besteht aus vielen kleinen in dem Isolierrohr aufeinandergestapelten Selen-Gleichrichterplättchen. Der eine Anschluß führt direkt zum Anodenanschluß der Bildröhre. Anstelle von Einweg-Hochspannungsgleichrichtern werden in neueren Geräten Spannungsvervielfacher mit Siliziumdioden, sog. Hochspannungskaskaden, verwendet, vgl. Bild 18.21 bis 18.24.

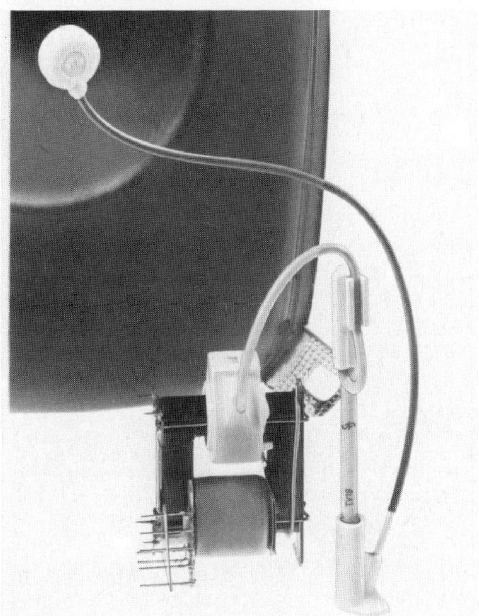

Bild 11.51 Zeilenausgangsübertrager und Hochspannungsgleichrichter für einen Schwarzweißempfänger

Bild 11.52 3-H-Abstimmung

3-H-Abstimmung bedeutet „Abstimmung auf die dritte Harmonische“. Dies ist ein Begriff, der beim Zeilentransformator eine Rolle spielt. Den hohen Rücklaufspannungsimpuls am Zeilentransformator kann man als Halbwelle einer Sinusschwingung auffassen. Man stimmt nun die Hochspannungsspule des Zeilentransformators auf die dritte Harmonische dieser Schwingung ab. Die dadurch entstehende Zusatzschwingung überlagert sich nach Bild 11.52a auf der Primärseite so mit der Rücklaufspannung, daß die Summenkurve niedriger wird. Dadurch erhält in transistorbestückten Geräten der Zeilen-Endtransistor eine geringere Rückschlagspannung und wird weniger beansprucht. Auf der Hochspannungsseite überlagert sich die Frequenz $3f$ mit entgegengesetzter Phase, so daß die Summenspannung und damit die Hochspannung größer wird, ein an dieser Stelle erwünschter Effekt. Die Versteilerung der Impulsflanken in Bild 11.52 ist ebenfalls willkommen für die Rücklaufaustastung sowie für die getastete Regelung.

Diese 3-H-Abstimmung liegt durch die Bemessung des Zeilenausgangsübertragers und des Boosterkondensators fest. Sie braucht im allgemeinen beim Service nicht abgeglichen zu werden – aber man sollte den Begriff kennen. – Bis-

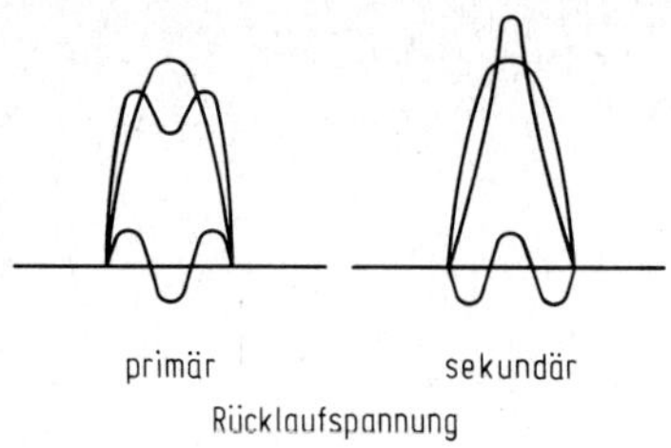

Bild 11.52 Einfluß der Abstimmung auf die dritte Harmonische der Rücklaufspannung

weilen findet man hierfür auch die Bezeichnung *Oberwellenabstimmung.* Sie ist jedoch nicht so prägnant wie die Zahlenangabe 3 H, zumal es in Fernsehempfängern auch eine 5-H-Abstimmung gibt (Abstimmung auf die fünfte Harmonische).

11.53 bis 11.55 Zeilenlinearitäts-Einsteller

Die Wirkungsweise dieser Einsteller wurde in Bild 11.41 zunächst übergangen, um erst die Hauptfunktionen der Zeilen-Endstufe zu erläutern. Dies werde nun nachgeholt.

Der Linearitätseinsteller soll, wie bei der Bildablenk-Endstufe[1]), den Stromsägezahn S-förmig verzerren, damit der Elektronenstrahl in der Bildröhre an den Rändern des Bildschirmes gleiche Wegabschnitte pro Zeiteinheit zurücklegt wie in der Mitte. In der Zeilenablenk-Endstufe verwendet man dazu nach Bild 11.53 eine Induktivität mit einem kleinen verschiebbaren Permanentmagneten.

Schickt man einen Strom durch die Spule, dann ändert sich die Vormagnetisierung entsprechend Bild 11.54. In einem bestimmten Strombereich ändert sich das μ bzw. die Induktivität sehr stark. In Verbindung mit den Induktivitäten der Ablenkspulen und dem Ablenkstrom wird die Anordnung so bemessen, daß bei den höchsten Stromwerten des Sägezahnes sich die Induktivität des Linearitäts-Einstellers gerade so ändert, daß die scharfen Spitzen des Sägezahnes nach Bild 11.55 S-förmig abgeflacht werden. Die Größe dieser Krümmung kann man durch Verschieben des Magneten einstellen. In den letzten Jahren konnten die Ablenkeinheiten so verbessert und so eng toleriert werden, daß auch der Linearitätseinsteller fest abgeglichen bleiben kann.

Wer die Wirkung bei einem älteren Gerät probieren möchte: Gittermuster vom Prüfgenerator auf die Bildröhre geben, und die kleine Spindel am Einsteller betätigen. Der Abstand der Gitterlinien am rechten und linken Rand verändert sich dann.

1 Vgl. Bild 7.29.

Bild 11.53 Linearitätseinsteller im Ablenkstromkreis

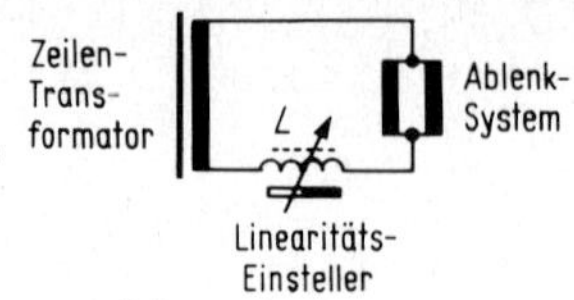

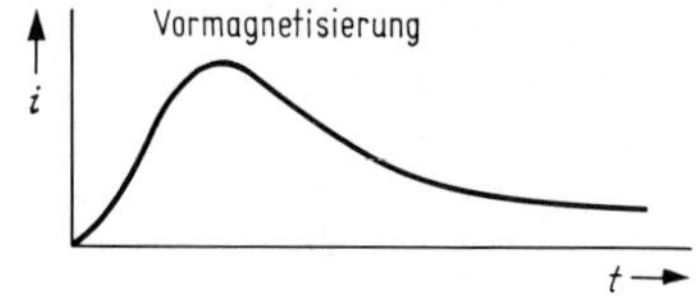

Bild 11.54 Abhängigkeit der Permeabilität vom Strom

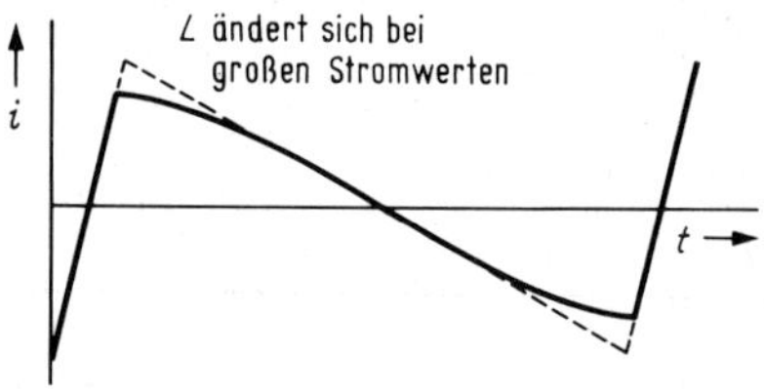

Bild 11.55 Wirkung des Linearitätseinstellers

Literatur

Breiden: Horizontal-Ablenkeinheit mit Transistoren. Funkschau 1967, H. 17, S. 529.

Schimke und *Bissinger:* Eine Zeilen-Endstufe mit Transistoren für 18 kV Hochspannung. Funk-Technik 1967, H. 18, S. 699.

Gu.: Thyristoranwendungen in Fernsehempfängern. Funk-Technik 1967, H. 23, S. 891.

Reiber: Zeilenablenkteil mit Thyristor-Endstufe für transistorisierte Fernsehempfänger. Radio Mentor Electronic 1968, H. 1, S. 31.

Hirschmann: Neuartige Zeilenablenkschaltung für Fernsehgeräte. Funkschau 1968, H. 9, S. 267.

Macek und *Söylemez:* Hochspannungsstabilisierte Pumptransistorschaltung für die Horizontalablenkung. Radio Mentor Electronic 1969, H. 11, S. 785.

Macek: Stand der Zeilenablenkschaltungen für transistorbestückte Schwarz-Weiß-Fernsehgeräte. Funk-Technik 1970, H. 20, S. 784 und H. 21, S. 838.

Bissinger: Halbleiterbestückte Zeilen-Endstufen für Fernsehgeräte. Funk-Technik 1971, H. 10, S. 369.

Siemens: Schwarz-Weiß-Horizontal-Ablenkung mit Transistoren. Halbleiter-Schaltbeispiele 1971/72, S. 98...112.

Walz: Geregelte Impulsgeneratoren für Halbleiter-Zeilen-Endstufen. Funkschau 1972, H. 8, S. 246.

12 Stromversorgung

Fernsehempfänger benötigen mehrere voneinander unabhängige Betriebsspannungen. Sie werden über Gleichrichter, Siebmittel, Spannungswandler und Stabilisierungsschaltungen aus dem Lichtnetz gewonnen. Man benötigt im allgemeinen folgende Arten von Betriebsgleichspannungen:

1. 150...250 V Gleichspannung zur Versorgung der Zeilenablenkendstufe, der Videoendstufe und des Fokussiersystems der Bildröhre. Diese Spannungen müssen alle gut stabilisiert sein, damit die Bildgröße sich nicht bei Netzspannungsschwankungen ändert.

2. 15...25 V Gleichspannung für den Nf-Verstärker. Dabei benötigt die Nf-Endstufe zum Betrieb des Lautsprechers Ströme bis zu einigen hundert Milliampere. Stabilisierung ist jedoch nicht erforderlich.

3. Etwa 12 V stabilisierte Gleichspannung für alle Stufen, die wichtige Signale verarbeiten. Auch die Steuerspannungen für die Abstimmdioden im Tuner müssen gut stabilisiert sein.

4. 18...25 kV Anodenspannung für die Bildröhre

5. 6,3 V Heizspannung für die Bildröhre.

Die beiden letzten Spannungsgruppen werden, wie bereits im vorigen Kapitel behandelt, nicht direkt aus der Netzspannung gewonnen, sondern innerhalb des Gerätes mit Hilfe des Zeilenablenkteiles erzeugt.

Werden Betriebsgleichspannungen direkt über Gleichrichter aus dem Lichtnetz entnommen, dann sind Bezugsleitung des Gerätes (Masseleitung) und Metallchassis stets mit einem Pol des Lichtnetzes verbunden. Während der Fehlersuche ist deswegen unbedingt ein Trenntransformator zwischen Netz und Empfänger zu schalten, damit das Chassis ungefährdet berührt werden kann.

Vielfach sieht der Empfängerentwickler bereits eine Netztrennung im Gerät vor, damit Antennenbuchsen, Lautsprecherbuchsen sowie Anschlüsse für Tonband- und Video-Cassetten-Recorder netzspannungsfrei ausgelegt werden können. Insgesamt ergibt sich eine ziemliche Vielfalt von Stromversorgungsschaltungen. Der folgende Abschnitt soll eine knappe Übersicht geben.

Prinzipschaltungen von Netzteilen

Bild 12.01 Netzteil mit 50-Hz-Transformator

Die Schaltung ergibt eine einwandfreie Netztrennung. Die höheren Versorgungsspannungen werden meistens über einen Einweggleichrichter,

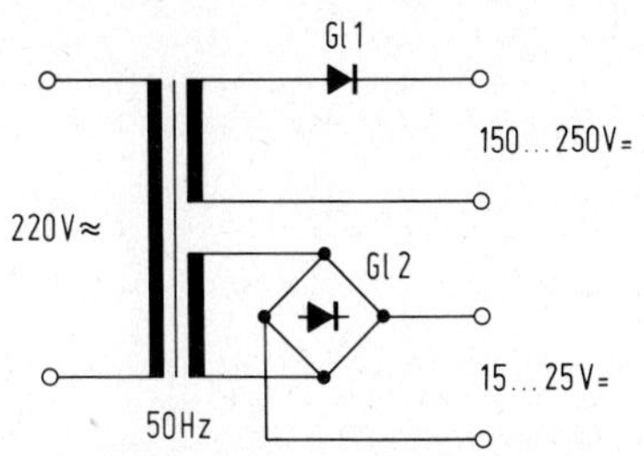

Bild 12.01 Netzteil mit Netztransformator und Diodengleichrichtern

die Niedervoltspannungen über Brückengleichrichter gewonnen.

Bei allen Schaltungen sind die eigentlichen Netzzuleitungen sorgfältig gegen Eindringen von Störspannungen abzublocken bzw. zu verdrosseln. Außerdem sind im Gerät sämtliche Versorgungsleitungen für Schwing- und Impulsstufen so zu sieben und abzublocken, daß keine Störungen in das Lichtnetz gelangen.

Bild 12.02 Hochvoltnetzteil

50-Hz-Netztransformatoren sind relativ aufwendig. Außerdem besteht immer die Gefahr, daß ihr magnetisches Streufeld Brummstörungen in Ton und Bild ergibt. Hauptsächlich aber um die Kosten für den Netztransformator zu ersparen, wurden viele Empfänger mit direkt aus dem Lichtnetz gespeisten Thyristorgleichrichtern ausgerüstet. Dabei ergibt sich die Möglichkeit, über eine Phasenanschnittsteuerung die Ausgangsgleichspannung auf gewünschte Werte einzustellen und zu stabilisieren. Im Prinzip wird dazu ein Teil der Ausgangsspannung an einem Widerstand abgegriffen und damit der Zündkreis des Thyristors gesteuert. Es liegt also ein geschlossener Regelkreis vor. Diese Schaltung ist allerdings galvanisch mit dem Lichtnetz verbunden.

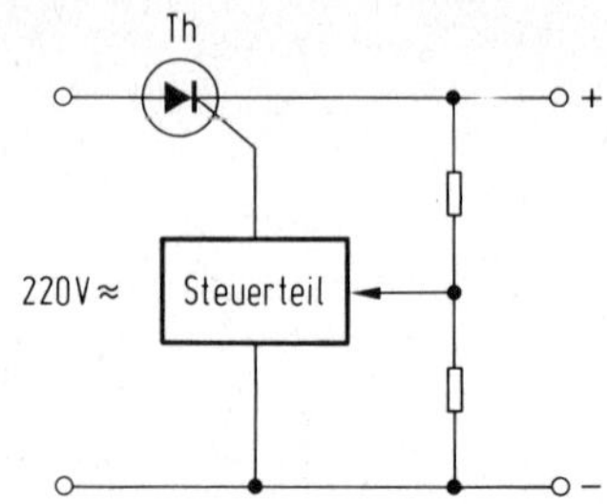

Bild 12.02 Netzteil mit Thyristorgleichrichtern und Phasenanschnittsteuerung; keine Netztrennung

Bild 12.03 Schaltnetzteil

Die Netzspannung wird direkt über einen Einweg- oder einen Brückengleichrichter in Gleichspannung umgeformt. Damit wird dann ein mit Transistoren bestückter Spannungswandler betrieben. Er liefert eine Rechteck- oder Impulsspannung mit Frequenzen um 18...25 kHz. Diese Spannung läßt sich mit Hilfe eines Ferritkerntransformators Ü auf Sekundärwicklungen übertragen, die dann über Gleichrichter die verschiedenen Spannungen liefern. Hier an diesem Übertrager erfolgt also die Netztrennung. Mit Hilfe einer aus dem Gerät entnommenen Steuerspannung, vielfach dienen die Zeilenrückschlagimpulse dazu, kann die Ausgangsspannung der Schaltstufe stabilisiert werden. Dies erfolgt zum Beispiel dadurch, daß die Impulsbreite der Rechteckspannung beeinflußt wird[1]).

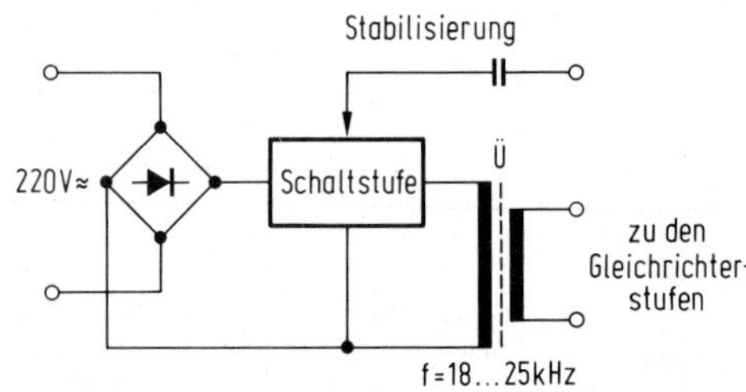

Bild 12.03 Geschaltetes Netzteil mit hoher Schaltfrequenz

Bild 12.04 Netzteil mit Pumpstufe

Dieses Prinzip wurde bereits im vorigen Kapitel behandelt. Die Pumpstufe arbeitet fast nach dem Prinzip des Schaltnetzteiles. Als Übertrager dient aber der ohnehin vorhandene Zeilenausgangsübertrager, und die Schaltfrequenz des Wandlers bzw. der Pumpstufe wird mit der Zeilenfrequenz 15 625 Hz starr synchronisiert. Auch hier ist eine Netztrennung vom Übertrager ab vorhanden.

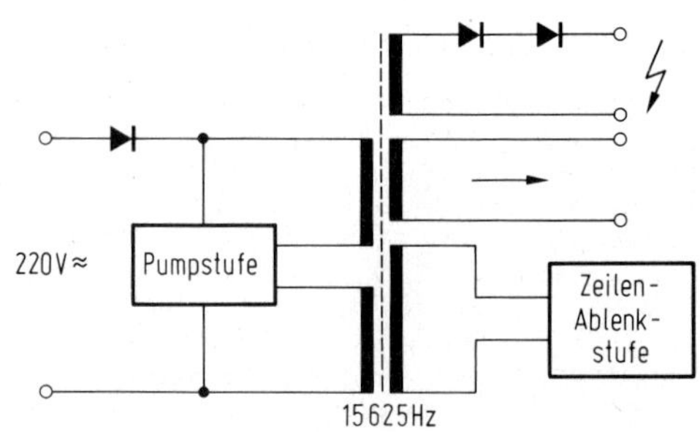

Bild 12.04 Netzteil mit Pumpstufe unter Verwendung des Zeilenausgangsübertragers

Netzteilschaltungen

Bild 12.11 Netzteil mit elektronischer Sicherung

Die Schaltung stellt eine Kombination der Prinzipschaltungen Bild 12.02 und 12.03 dar. Die Netzspannung wird durch einen Brückengleichrichter gleichgerichtet. Darauf folgt ein Schaltthyristor. Dieser wird mit Horizontalimpulsen aus der Zeilenablenkstufe gesteuert. Dies ergibt eine Regel- bzw. Stabilisierungsschaltung, so daß die gesiebte Ausgangsspannung $+U_S$ sehr konstant bleibt.

1 Elektronik ohne Ballast, Kapitel 11, Stabilisierte Netzgeräte.

Bild 12.11 Netzteil mit Gleichrichterbrücke und gesteuertem Thyristor

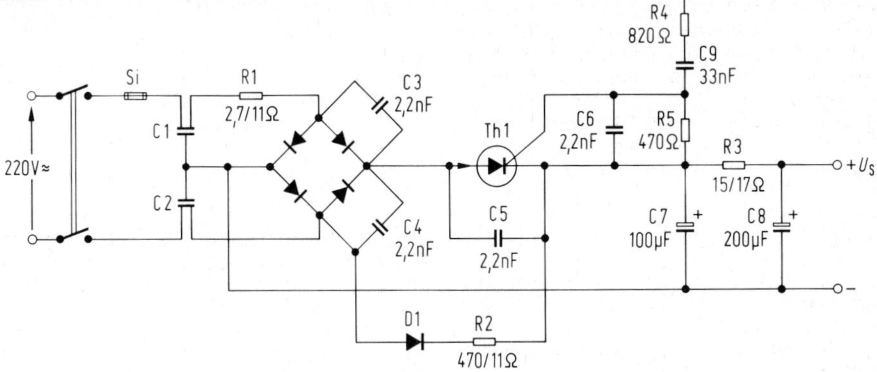

Fallen infolge einer Störung die Ansteuerimpulse weg, dann sperrt der Thyristor und unterbricht die Speisespannungszuführung, damit keine weitere Schäden auftreten.

Über die Diode D 1 und den Widerstand R 2 fließt beim Einschalten des Gerätes zunächst eine Art Starterstrom in die Siebkette. – Mann beachte die speziellen Störschutzkondensatoren in der Netzzuleitung.

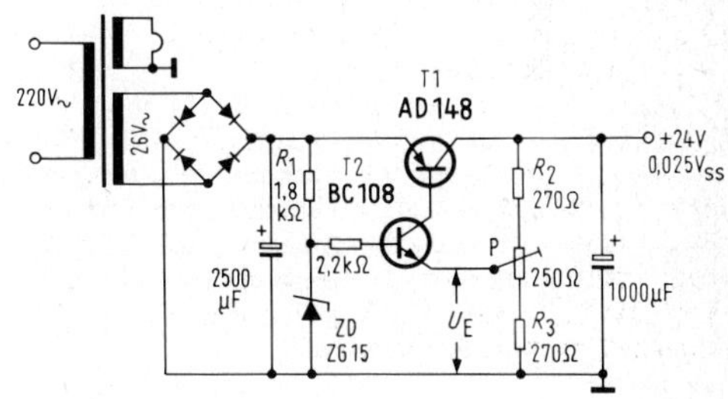

Bild 12.12 Niedervoltnetzteil mit Spannungsstabilisierung

Bild 12.12 Stabilisiertes Niedervoltnetzteil

Fernsehempfänger, die mit Diodenabstimmung arbeiten, benötigen sehr stabile Versorgungsspannungen, damit die Abstimmlage sich nicht verändert. Ferner muß bei Farbfernsehempfängern die Speisespannung der Transistoren sehr konstant sein, um trotz starker Belastungsänderungen durch unterschiedliche Helligkeiten und Farben ein gleichbleibendes Bildformat ohne farbige Säume zu erreichen.

Einen Teil dieser Stabilisierungsmaßnahmen legt man bereits in den Gleichspannungsnetzteil. Das Bild, nach Unterlagen von Schaub-Lorenz, zeigt eine Serienstabilisierung[1]) durch einen Transistor. Die Emitter-Kollektorstrecke des Transistors T 1 dient als steuerbarer Vorwiderstand in der Gleichstromversorgungsleitung. Der Basisstrom von T 1 wird von dem Transistor T 2 gesteuert. Dessen Emitter-Basisspannung setzt sich aus der konstanten Spannung der Z-Diode und der entgegengesetzt gerichteten Spannung U_E am Abgriff des Trimmpotentiometers P zusammen. Es handelt sich dabei um einen Sollwertregler. Die Diode liefert die konstante Vergleichsspannung. Steigt die Netzspannung, dann steigt die Teilspannung am Widerstand R_1. Sie liegt über

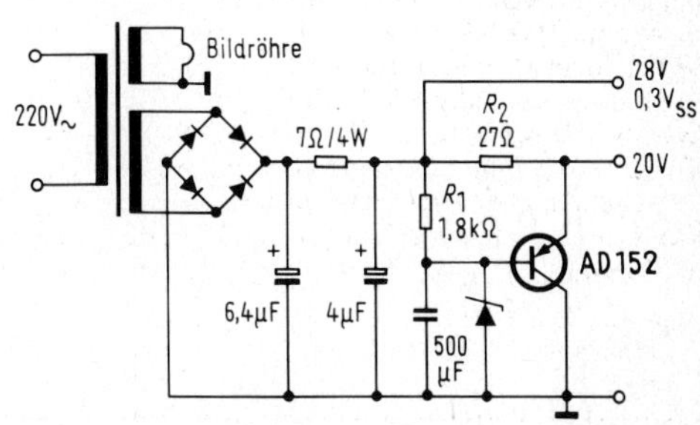

Bild 12.13 Niedervoltnetzteil mit Spannungsstabilisierung durch Steuern des Laststromes

dem Transistor T 2 im Basiskreis des Transistors 1 und steuert ihn so nach, daß sich der Widerstand seiner Emitter-Kollektorstrecke vergrößert und die Ausgangsspannung konstant bleibt.

Will die Ausgangsspannung infolge stärkerer Belastung absinken, dann sinkt prozentual die Spannung U_E. Die Summenspannung im Basis-

---

1 Elektronik ohne Ballast, Bild 11.03 bis 11.11.

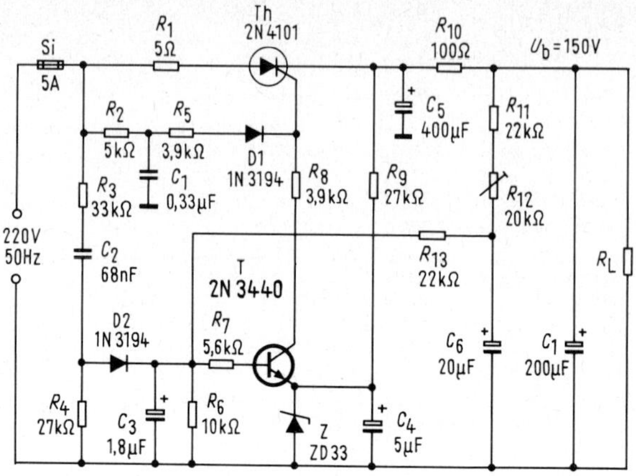

Bild 12.14 Netzteil mit einem Thyristor im Stabilisierungskreis

Emitterkreis des Transistors 2 steuert diesen Transistor und damit auch T 1 auf, so daß ein höherer Strom fließen kann, um die Belastung auszugleichen.

Die Regelung stabilisiert also gegen Versorgungs- und Lastschwankungen. In beiden Fällen dient die Z-Diodenspannung als Vergleichswert. Mit dem Potentiometer P wird die gewünschte Ausgangsspannung abgeglichen. Diese Anordnung regelt auch Brummspannungen aus, daher ergibt sich der sehr niedrige Brummspannungswert von 0,025 V_s.

Bild 12.13 Netzteil mit Parallelstabilisierung

Bei der Anordnung nach Bild 12.12 muß ein gewisser Spannungsüberschuß vorhanden sein, der im Serientransistor vernichtet werden kann. Bei der Querstabilisierung nach Bild 12.13 liegt der Regeltransistor AD 152 parallel zum Ausgang. Er wird im Basiskreis von den Teilspannungen am Widerstand R_1 und R_2 gesteuert. Die Spannung an R_1 hängt ab von der Größe der Eingangsspannung. Die Spannung an R_2 ist etwa proportional dem Laststrom. Ändern sich diese Werte, dann wird der Transistor so nachgesteuert, daß er bei Überspannung einen größeren Querstrom zieht und somit die Ausgangsspannung konstant hält, und bei starker Belastung erhöht sich sein Widerstandswert, sein Querstrom und damit die Gesamtbelastung verringern sich, so daß die Ausgangsspannung ebenfalls konstant bleibt.

Das Prinzip der „ausgleichenden" Belastung wurde früher auch bei der Hochspannungsstabilisierung von Farbfernsehempfängern angewendet. Man benutzte dazu eine Leistungsröhre und bezeichnete sie als Ballast-Triode. Um Leistung zu sparen und damit die Erwärmung der Geräte niedrig zu halten, arbeitet man jetzt vorwiegend mit gesteuerten Thyristor-Netzteilen.

Bild 12.14 Thyristor-Netzteil

Das Prinzip dieser Schaltung ähnelt dem von Bild 12.12. Anstelle des Leistungstransistors liegt ein Thyristor im Stromkreis. Er wird durch einen Transistor so gesteuert, daß Netz- und Versorgungsschwankungen ausgeregelt werden. Der Thyristor dient aber außerdem als Einweggleichrichter für die Netzspannung. Er wird so gesteuert, daß er eine Betriebsspannung $U_b = 150$ V für die Horizontal-Ablenkstufe erzeugt.

Dabei wird nach dem Phasenanschnittverfahren gearbeitet[1]). Maßgebend hierfür ist der Spannungsverlauf am Kondensator C_3. Er wird von der Gleichrichterdiode D 2 mit positiv gerichteten Halbwellen aus dem Netz gespeist. Unterschreitet die Spannung an C_3 innerhalb einer Halbwelle den Wert der Emitterspannung des Transistors, dann sperrt der Transistor schlagartig, und der Thyristor wird von der über die Diode D 1 kommenden positiven Halbwelle gezündet. Sinkt die Lichtnetzspannung, dann wird der Thyristor innerhalb der Halbwelle früher eingeschaltet und liefert wieder die gleiche Leistung.

Zum Ausgleich von Lastschwankungen wird ein Teil der Ausgangsspannung über die Widerstandskette $R_{11} - R_{12} - R_{13}$ ebenfalls auf die Basis des Steuertransistors gegeben. Diese Steuerspannung addiert sich so zu der vom Netz kommenden Halbwellenspannung, daß ebenfalls bei einem zu geringen Wert der Transistor früher innerhalb jeder Halbwelle gezündet wird, also die fehlende Leistung nachliefert.

1 Elektronik ohne Ballast, Bild 20.11 bis 20.15.

Bild 12.15 Sperrwandlernetzteil mit Netztrennung

Die Schaltung arbeitet nach dem Prinzip von Bild 12.03. „Sperrwandler" bedeutet, daß die über die Schaltstufe dem Transformator zugeführte Energie erst dann aus dem Transformator entnommen wird, wenn die Schaltstufe wieder gesperrt hat. Die primäre Spannungsquelle, also hier der Netzgleichrichter, wird nicht direkt belastet, sondern sie füllt gewissermaßen nur immer einen Speicher auf, aus dem dann gearbeitet wird. Man kann deshalb, solange die Schaltstufe in Ordnung ist, auch bei einem Kurzschluß auf der Verbraucherseite den Netzspannungsgleichrichter nicht überlasten. Das bedeutet eine Art elektronischer Sicherung[1]).

1 Elektronik ohne Ballast, Kapitel 12, Gleichspannungswandler.

Im normalen Betrieb arbeitet die Anordnung mit Schaltfrequenzen zwischen 20 und 28 kHz. Sämtliche abgegebenen Spannungen sind stabilisiert und kurzschlußsicher. Netzspannungsschwankungen von ± 20 % werden auf ± 1 % ausgeregelt.

Der Leistungstransistor BU 126 arbeitet als Schalter. Er schwingt über die Rückkopplungswicklung n–m. Die Regelinformation wird aus der Wicklung l–o gewonnen. Aus ihr wird über die Diode D 2 eine Gleichspannung erzeugt, die der Ausgangsspannung proportional ist. Ab einer bestimmten Spannungsschwelle am Kondensator C 2 (mit R 7 einstellbar) wird der Regeltransistor T 1 leitend. Er beeinflußt damit über den Spannungsteiler R 4/R 5 die Gatespannung des Thyristors und damit dessen Zündpunkt während jeder Periode. Dadurch wird die Durchlaßzeit des Schalttransistors T 2 so gesteuert, daß sich konstante Nutzspannungen ergeben.

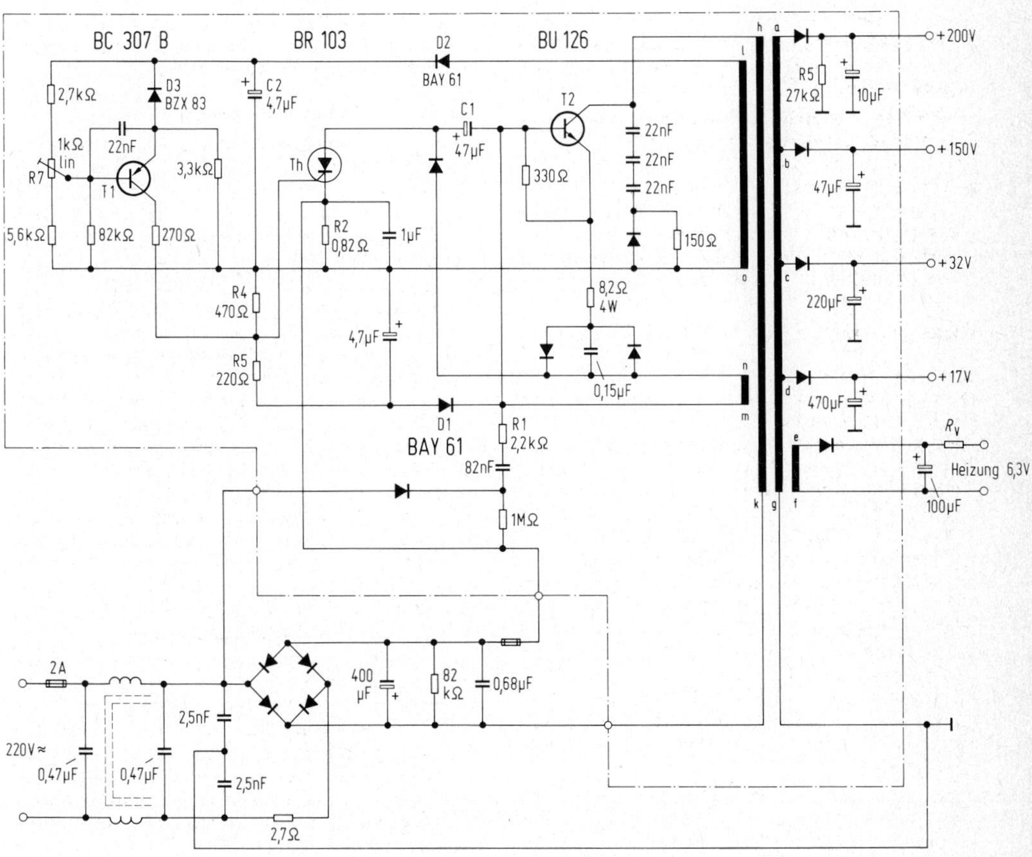

Bild 12.15 Sperrwandlernetzteil mit Netztrennung durch den Wandlertransformator (Siemens)

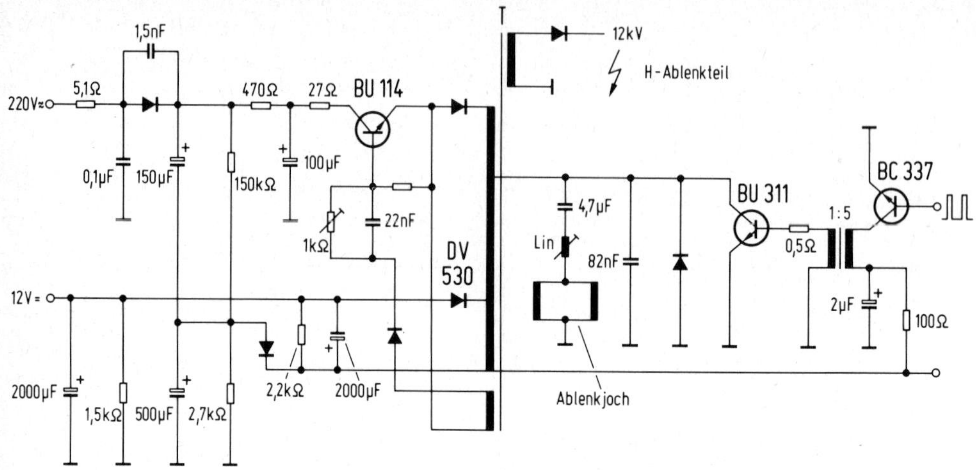

Bild 12.16 Stromversorgungsteil mit Pumpstufe für Netz- und Batteriebetrieb

Auf der Sekundärseite des Übertragers werden vier Spannungen für den Betrieb des Empfangsteils abgenommen, gleichgerichtet und gesiebt. An einer weiteren getrennten Wicklung wird die Heizspannung von 6,3 V für die Bildröhre gewonnen (also nicht aus dem Zeilenausgangsübertrager!). Die Masseleitung für die Empfangsschaltung ist am Punkt g der 200-V-Wicklung angeschlossen. Der Hauptteil der Schaltung ist also galvanisch vom Netz getrennt.

Bild 12.16 Stromversorgung für Netz- und Batteriebetrieb

Tragbare Fernsehempfänger haben erst dann einen wirklichen Wert, wenn sie unterwegs, z. B. beim Camping, auch aus der Autobatterie betrieben werden können. Diese Schaltung ist für einen tragbaren Schwarzweiß-Fernsehempfänger („Portable") mit einer 31-cm-Bildröhre vorgesehen. Der 220-V-Netzteil arbeitet nach dem in Bild 11.27 und 12.04 dargestellten Pumptransistorbetrieb und braucht nicht nochmals erläutert zu werden. Bei 12-V-Batteriebetrieb wird die Spannung auf eine niederohmige Anzapfung der Primärwicklung des Übertragers gegeben. Der Transistor Bu 114 schwingt dadurch genauso an wie bei Netzbetrieb, und an der Gesamtwicklung entsteht, gesteuert durch die Zeilenfrequenz, die benötigte Primärspannung. Zur Vereinfachung sind außer der 12-kV-Hochspannung die anderen Sekundärwicklungen weggelassen. Sie entsprechen im Prinzip der Schaltung Bild 11.27.

Bild 12.17 Integrierte Steuerschaltung

Um den Bau von Schaltnetzteilen zu vereinfachen, wurde von Valvo die integrierte Schaltung TDA 1060 entwickelt. Ihre Blockschaltung auf der folgenden Seite enthält alle Stufen, um ein Schaltnetzteil so zu steuern, daß sich konstante belastungsunabhängige Ausgangsspannungen ergeben. Ferner sind eine Strombegrenzung und ein Überspannungsschutz vorgesehen. Die Schaltfrequenz kann zwischen 50 Hz und 100 kHz und das Tastverhältnis von 0 bis 98 % eingestellt werden. Der Baustein kann sowohl aus der Speisespannung des Schaltnetzteils mit Vorwiderstand als auch aus einer 12-V-Batterie gespeist werden.

Die Gesamttendenz bei allen Stromversorgungsschaltungen geht dahin, sogenannte „kalte Chassis" zu schaffen. Das bedeutet, daß das Lichtnetz keine galvanische Verbindung mit der Empfängerschaltung und mit den Bedienungsorganen hat. Dies ergibt einen absoluten Berührungsschutz sowohl für den bedienenden Fernsehteilnehmer als auch für den Servicetechniker.

Weiterhin soll die Stromaufnahme aus dem Lichtnetz möglichst gering sein, damit der Empfänger sich nicht so stark erwärmt. Zu hohe Wärmeentwicklung ist schädlich für alle elektronischen Bauteile. Ein Verfahren zum Verringern des Stromverbrauches ist das auf Seite 149 erwähnte SSVD-Prinzip. – Im Laufe der Zeit gelang es, den Leistungsbedarf eines Farbfernsehempfängers von 200...300 W auf 95 W herabzusetzen.

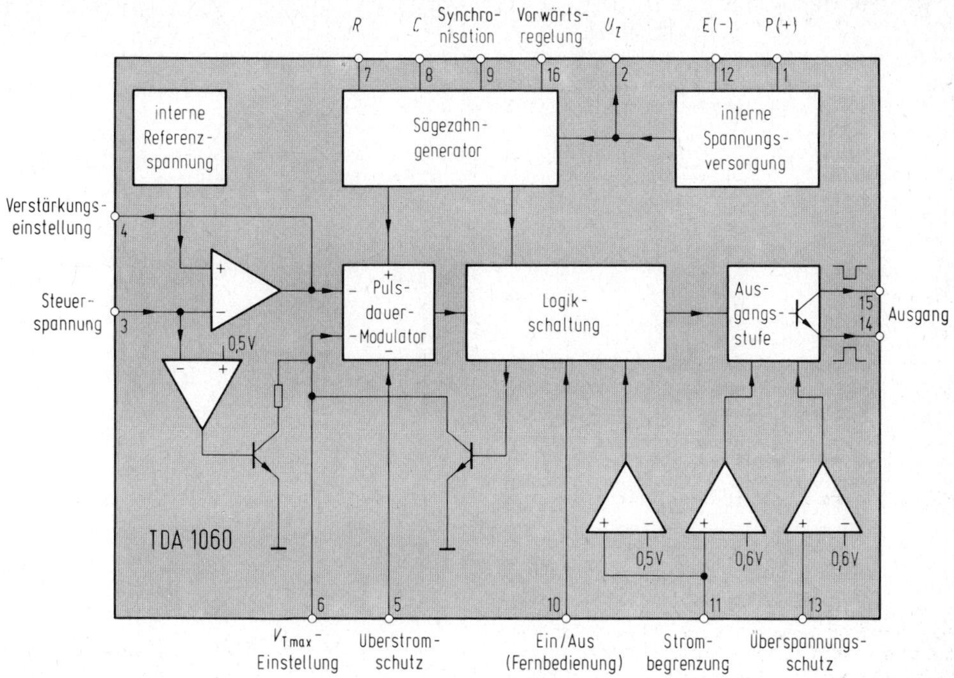

Bild 12.17 Blockschaltbild der integrierten Steuerschaltung TDA 1060 für Schaltnetzteile (Valvo)

Literatur

Rosenthal: Der geschaltete Netzteil. Funkschau 1972, H. 10, S. 339.

Höhne: Thyristornetzteile für 110°-Farbfernsehempfänger. Funk-Technik 1972, H. 11. S. 411.

Tetzner: Das interessante Schaltnetzteil (im Philips-Chassis K 9). Funkschau 1972, H. 22, S. 804.

– –: 20-kHz-Thyristorschaltnetzteil. Siemens-Halbleiter-Beispiele 1972/73, S. 65.

– –: Das Thyristor-Netzteil mit Abschaltautomatik. Blaupunkt-Informationen für den Fachhandel, H. 18/73, S. 14.

Daute: Transistorbestückte Horizontalablenkschaltungen und Netzteile in Hochvolttechnik. Funk-Technik 1973, H. 12, S. 419, und H 13, S. 457.

Magen: TV-Chassis mit Netztrennung. Radio Elektronik Schau (Wien) 1974, H. 5, S. 302.

Peruth und Schrenk: Pumpschaltung – ein fortschrittliches Transistorkonzept für Fernsehempfänger. Siemens-Bauteile-Report 1974, H. 3, S. 61.

Dobbert: Thyristorschaltungskonzept für Fernsehempfänger mit Netztrennung. Funkschau 1975, H. 17, S. 525.

Dangschat, Ammon, Grobecker: Ein Sperrwandler-Netzmodul mit Netztrennung. Funkschau 1975, H. 5, S. 40.

Schaltnetzteile. Funktechnische Arbeitsblätter Stv 71. Erschienen in Funkschau 1975, H. 19, S. 619.

Valvo-Bauelemente für Schalt-Netzteile. Valvo-Brief, 5. Mai 1976.

Hirschmann und *Söylemez:* Schaltnetzteil mit Horizontal-Ablenkendstufe und Netztrennung im Zeilentransformator. Funkschau 1976, H. 9, S. 359.

Dobbert: Einschaltstrombegrenzung für Fernsehempfänger mit Thyristor-Horizontalendstufe. Funk-Technik 1976, H. 11, S. 328.

Schmidtmann: Spannungsversorgung im 36-cm-Farbportable. Funkschau 1976, H. 11, S. 685.

Otten, Onken: Netztrennung in Fernsehempfängern. Funkschau 1976, H. 22, S. 949.

Ra.: Kompakte und energiesparende Farbfernsehgeräte. Funkschau 1977, H. 4, S. 151.

Suhrmann: Weniger Leistung-Aufnahme und Netztrennung bei Farbfernsehern. Radio Mentor Electronic 1977, H. 5, S. 194.

Schade: Netztrennung bei Farbfernsehgeräten. Grundig Technische Informationen 1977, H. 1, S. 20.

Schaltnetzteile in Modulbauweise. Valvo-Brief, 7. April 1978.

Knobloch und *Gublass:* Die Bausteine der Farbfernsehempfänger – Netzteil. Funk-Technik 1978, H. 10, S. 170.

13 Schaltungsuntersuchung

Das Verständnis für die Funktion eines Fernsehempfängers beginnt bei den Einzelstufen. Daraus ergibt sich dann das sinnvolle Zusammenarbeiten in der Gesamtschaltung. Nun sind aber Fernsehempfänger-Schaltbilder stets als Ganzes dargestellt. Deswegen werden einige Richtlinien willkommen sein, um eine Gesamtschaltung aufzugliedern und besser überblicken zu können. Wir gehen dabei von drei Festpunkten aus: Antenneneingang, Bildröhre und Lautsprecher.

Eingangsteil, Bild-Zf-Verstärker und Videoteil

Zwischen Antennen-Eingang und Katode bzw. Steuergitter der Bildröhre muß die eigentliche Empfangsschaltung liegen, im Prinzip ein Überlagerungsempfänger, wie wir ihn seit Jahrzehnten vom AM-Super kennen. Diese Schaltung besteht aus Hf-Vorstufe, Oszillator, Mischstufe, Zf-Verstärker, Signalgleichrichter und Endstufe.

Hf-Vorstufe, Oszillator und Mischstufe bilden eine Einheit, bestehend aus VHF- und UHF-Tuner. Ihre Schaltungen sind meist von gestrichelten Linien als Zeichen für eine besondere Abschirmung umgeben. Innerhalb dieser Einheit sind die einzelnen Funktionen an folgenden Merkmalen zu erkennen:

VHF-Abstimmteil

Er besteht aus Vorstufe, Mischstufe und Oszillator. Abgestimmt werden drei oder vier Kreise, entweder mit Drehkondensatoren oder Kapazitätsdioden. Die Mischstufe enthält einen fest abgeglichenen Ausgangskreis für die Zwischenfrequenz.

UHF-Abstimmteil

Er besteht meist aus einem fest eingestellten Eingangsübertrager, einer Vorstufe mit stetig durchstimmbaren Leitungskreisen in Bandfilteranordnung, einer selbstschwingenden Mischstufe mit einem gleichfalls durchstimmbaren Leitungskreis und dem Zf-Ausgangskreis. Der Eingang des UHF-Abstimmteils führt zu gesonderten Antennenklemmen zum Anschließen der UHF-Dipolantenne.

Einblock-Tuner

Er vereinigt VHF- und UHF-Teil und ist entweder bestückt mit fünf Transistoren (getrennte VHF- und UHF-Anordnung) oder drei Transistoren (gemeinsam für alle Bereiche).

Bild-Zf-Verstärker

Auf den Zf-Kreis der Mischstufe folgt der Bild-Zf-Verstärker, äußerlich kenntlich am gleichförmigen Aufbau von zwei bis vier Verstärkerstufen mit fest abgeglichenen Schwingkreisen. Am letzten Zf-Kreis liegt der Bildsignal- oder Video-Gleichrichter. Die Video-Spannung wird stets dem Eingang einer Verstärkerstufe zugeführt, entweder einer Vorstufe oder in der überwiegenden Zahl der Fälle unmittelbar der Video-Endstufe. Einige Spulen zum Anheben der hohen Frequenzen dürfen nicht darüber hinwegtäuschen, daß wir uns hier bereits im Videoteil befinden, denn vom Ausgang dieser Endstufe führt eindeutig eine Leitung zur Katode oder zum Gitter 1 der Bildröhre.

Damit liegt der Weg des Fernsehsignals fest, und bei der Fehlersuche, z. B. mit dem Oszillografen, können diese Stufen auf das charakteristische Bild der sich ständig ändernden Zeilenmodulation hin abgetastet werden.

Auch bei Verwendung integrierter Schaltungen und beim Modulaufbau versuche man, die Schaltungsfunktion im logischen Zusammenhang zu sehen und die Wirkungsweise Stufe für Stufe zu verfolgen.

Tonteil

Der Tonteil wird am besten rückwärts vom Lautsprecher aus verfolgt. Hier liegen bekannte Verhältnisse vor. Von hinten nach vorn folgen aufeinander: Endstufe – Nf-Vorstufe – FM-Demodulator (Ratiodetektor, Diskriminator) – dann eine oder zwei Ton-Zf-Stufen *außerhalb* des bereits betrachteten Bild-Zf-Kanals.

Die Fehlersuche im Tonteil entspricht der in einem normalen UKW-Super. Hierzu würde sich also ein Signalverfolger am besten bewähren.

Amplitudensieb

Von der Video-Endstufe führt stets eine Leitung über RC-Schaltelemente zu einer weiteren verstärkerähnlichen Anordnung. Sie dient als Amplitudensieb für die Synchronisierimpulse. Bei Einzelbestückung sind meist zwei Transistorstufen vorhanden. Das zweite System dient dann dazu, die andere Seite der Impulse zu beschneiden. Vielfach ergänzt eine Störaustaststufe das Amplitudensieb.

Zeilenablenkteil

Da oft recht schwer zu erkennen ist, wo hinter dem Amplitudensieb die Verzweigung in Raster- und Zeilenimpulse vorgenommen wird, verfolgt man die Schaltung des Zeilenablenkteils am besten ebenfalls von rückwärts aus, nämlich vom Zeilen-Ablenkspulensatz und vom Zeilenausgangsübertrager.

Dieser Ausgangsübertrager liegt im Ausgangskreis einer Leistungsverstärkerstufe. Die Stufe davor ist der Zeilenkippgenerator, entweder ein Sperrschwinger, ein Multivibrator oder ein Sinusgenerator. Von hier nach vorn zu dem schon identifizierten Amplitudensieb weitergehend, muß man die Zeilensynchronisier-Schaltung erfassen. Dieser Teil wird dem Anfänger zunächst die größten Schwierigkeiten machen. Hier hilft nur ausdauerndes Studium des Kapitels über Zeilensynchronisier-Schaltungen und das systematische Lesen von Schaltbildern.

Bildkippteil

Der zweite, einfacher aufgebaute Übertrager im Ausgangskreis einer Leistungsstufe (bei Röhren z. B. vom Typ PL oder PCL) bleibt nun nur noch für den Rasterablenkteil übrig. Wieder rückwärtsgehend, muß man hier auf den Rastergenerator (Sperrschwinger oder Multivibrator) treffen, der meist über ein mehrteiliges *RC*-Glied vom Amplitudensieb her synchronisiert wird. Hiermit ergibt sich dann eindeutig die Ausgangsstufe des Amplitudensiebes, denn hier führen die Synchronisierleitungen für Zeilen- und Rasterablenkteil zusammen.

Nach diesen Gesichtspunkten läßt sich bei Fleiß und Übung jedes Fernsehempfänger-Schaltbild analysieren. Sehr erleichtert wird das Verständnis durch sorgfältig ausgearbeitete Industrieschaltbilder, die nicht nur für den gut ausgebildeten Labor-Ingenieur, sondern auch für den Werkstatt-Techniker gestaltet sind. Er kann sich viel leichter in die Schaltung einarbeiten, wenn folgende Punkte beachtet werden:

1. Die einzelnen Stufen der Schaltung und vor allem die Schaltzeichen für Bedienungselemente sind mit Hinweisen auf die Wirkung zu versehen, wie: Feinabstimmung, Helligkeit, Schärfe, Rastersynchronisierung, Zeilensynchronisierung usw.

2. An wichtigen Spannungspunkten sind Hinweise für die dort vorhandenen Spannungskurven zur Kontrolle mit dem Oszillografen anzubringen. Dabei wäre künftig eine Kennzeichnung erwünscht, ob es sich um Impulse aus dem Sendesignal (BAS) oder im Gerät selbst erzeugte Impulse aus den Ablenkgeräten handelt.

3. Sehr instruktiv sind Serviceanleitungen, die außer der Gesamtschaltung zusätzliche übersichtlich gezeichnete Teilschaltungen der verschiedenen Stufen mit knappen Funktionsbestimmungen enthalten.

4. Die Schaltungstechnik der Fernsehempfänger liegt in großen Zügen fest, doch arbeitet man ständig an der Verbesserung von Einzelheiten. Die Bedeutung solcher Feinheiten kann nicht immer aus dem Schaltbild abgelesen werden. Gute Service-Anweisungen enthalten deshalb stets eine Funktionsbeschreibung, in der gerade diese Sonderfunktionen gut erläutert werden sollten. Dies stellt nicht nur eine wertvolle Hilfe beim Kundendienst dar, sondern beweist besser als schwungvolle Werbeschlagworte, daß man sich ehrlich um die Vervollkommung des Gerätes bemüht hat.

Die integrierte Schaltungstechnik und die Modultechnik erleichtern bei gut dargestellten Gesamtschaltbildern die Übersicht. Sie wird aber noch weiter verbessert, wenn Schaltungsgruppen wie Hf-Teil, Tonteil, Ablenkteile usw. durch unterschiedliche Farbraster gekennzeichnet werden.

Bild 13.01 Blockschaltung eines Schwarzweiß-Empfängers

Die Blockschaltung Bild 3.01 bot nur eine erste Orientierung über den Aufbau eines Fernsehempfängers. Die jetzige erweiterte Blockschaltung gehört zu einer Reihe von Standardchassis der Firma Saba[1]), die in den Grundzügen übereinstimmen. Einzelne Stufen davon wurden bereits in vorhergehenden Kapiteln behandelt. Die Schaltung ist durchaus maßgebend für den Aufbau anderer Schwarzweiß-Empfänger. Die folgenden Abschnitte erläutern nochmals die Funktion der einzelnen Stufen und verweisen auf die Kapitel, in denen die betreffenden Stufen ausführlicher behandelt worden sind.

1 Schauinsland P 170, P 200, T 240, T 243, T 246, T 248; Fürstenberg S 240, TS 240.

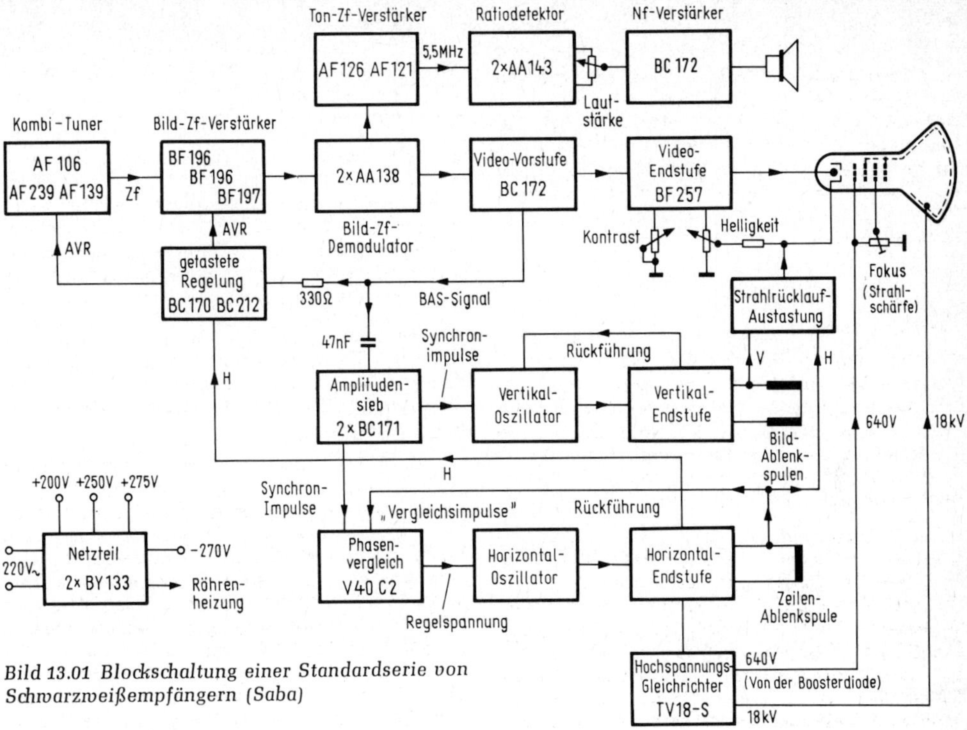

Bild 13.01 Blockschaltung einer Standardserie von Schwarzweißempfängern (Saba)

Kombi-Tuner

Er ist mit drei Germaniumtransistoren bestückt und wird je nach Typ mit einem Drehkondensator oder mit Kapazitätsdioden abgestimmt. Der Zf-Ausgang des Tuners führt zum Bild-Zf-Verstärker weiter. Dem Tuner wird eine Regelspannung zur automatischen Verstärkungsregelung zugeführt, und bei den mit Kapazitätsdioden bestückten Ausführungen gelangt außerdem eine Nachstimmspannung für die automatische Scharfabstimmung zum Tuner.

Einzelheiten: Tuner Kapitel 3
AVR, AFR Kapitel 8

Bild-Zf-Verstärker

Er ist mit drei Siliziumtransistoren bestückt und enthält die Kreise und Fallen zum Formen der Zf-Durchlaßkurve. Meistens eng damit verbunden ist der darauf folgende Bild-Zf-Demodulator mit den Dioden für den Video- und für den Ton-Zf-Kanal. Die Verstärkung des Bild-Zf-Teils wird automatisch über die getastete Regelung beeinflußt. Sie tastet mit den vom Horizontal-Ablenkteil kommenden Rücklaufimpulsen aus dem BAS-Signal eine Regelspannung heraus, die dem Schwarzpegel der Empfangsspannung proportional ist.

Einzelheiten: Bild-Zf-Verstärker,
Getastete Regelung Kapitel 4

Tonfrequenzteil

Er besteht aus einem zweistufigen Ton-Zf-Verstärker, dem Demodulator (hier einem Ratiodetektor), einer Transistor-Nf-Vorstufe und der Endstufe. Neuere Geräte sind mit integrierten Schaltungen und Komplementär-Endstufen bestückt.

Einzelheiten
über den Tonfrequenzverstärker: Kapitel 5

Videoverstärker

Das Videosignal wird verstärkt und über die Endstufe der Katode der Bildröhre zugeführt. An der Endstufe befinden sich Kontrast- und Helligkeitseinsteller. Aus der Vorstufe wird hier das BAS-Signal für die getastete Regelung und für das Amplitudensieb entnommen.

Einzelheiten: Kapitel 6

Amplitudensieb

Bestückt mit zwei Transistoren schneidet es aus dem BAS-Signal gleich hohe Synchronimpulsreihen zum Steuern des Vertikaloszillators und der Phasenvergleichsstufe heraus. Durch Differenzier- und Integrierglieder werden Zeilen- und Bildsynchronimpulse voneinander getrennt. Dabei kann man unterschiedlicher Meinung sein, ob diese Impulsformerstufen noch zum Amplitudensieb gehören oder bereits zum Vertikal- bzw. Horizontal-Ablenkteil.

Einzelheiten: Kapitel 9

Bildablenkteil (Vertikalablenkung)

Als Vertikaloszillator dient in der Mehrzahl der Fälle ein direkt synchronisierter Leistungsmultivibrator. Bei ihm ist die Endstufe auf die Treiberstufe rückgekoppelt, so daß sich damit ein schwingfähiges System ergibt. Die sägezahnförmige Steuerspannung für die Ströme in den Bildablenkspulen erhält man durch eine RC-Aufladeschaltung am Eingang der Vertikal-Endstufe.

Einzelheiten:

Multivibrator Sägezahnspannungserzeugung	} Kapitel 10
Gesamtschaltung: Kapitel 11	

Horizontalablenkung (Zeilenablenkteil)

Die Phasenvergleichsstufe erhält die vom Sender stammenden exakten Synchronimpulse als Sollwert sowie aus der Horizontal-Endstufe zurückgeführte Vergleichsimpulse als Istwert. Sie bildet daraus eine Regelspannung für den Horizontaloszillator.

Der Sägezahnstrom in den Ablenkspulen wird beim Horizontal-Ablenkteil durch eine impulsförmige Schaltspannung am Eingang der Endstufe bewirkt.

Die Horizontal-Endstufe liefert ferner aus den Rückschlagimpulsen die Horizontal-Austastimpulse für die getastete Regelung, die Vergleichsimpulse für die Phasensynchronisierung sowie die Horizontal-Austastimpulse für die Bildröhre.

Einzelheiten:

Phasenvergleichsstufe	Kapitel 8 und 10
Sinusgenerator	Kapitel 10
Rückschlagimpulse Schaltspannung Gesamtschaltung	} Kapitel 11

Hochspannungsgleichrichter

Am Zeilenausgangsübertrager werden mit Hilfe der Boosterdiode und eines Hochspannungsgleichrichters die hohen Gleichspannungen für die Zeilen-Endstufe selbst sowie für die Bildröhre gewonnen.

Einzelheiten: Kapitel 11

Strahlrücklauf-Austastung

Aus Horizontal- und Vertikal-Rücklaufimpulsen wird eine kombinierte Impulsreihe gebildet, die den Elektronenstrahl in der Bildröhre bei jedem Zeilen- und Bildrücklauf dunkeltastet.

Einzelheiten: Kapitel 11

Stromversorgung

Der Netzteil liefert die Gleichspannungen zum Betrieb der Röhren und Transistoren. Meist enthält dieser Netzteil einen Spannungskonstanthalter, um die wichtigen Spannungen zu stabilisieren, z. B. die Abstimmspannung für Kapazitätsdioden.

Einzelheiten: Kapitel 12

Die Blockschaltung ist keine Gedankenkonstruktion, sondern sie spielt besonders in der neueren Empfängertechnik mit Steckmoduln eine wichtige Rolle, um aufgetretene Fehler schnell zu ermitteln und zu beseitigen.

Bild 13.02 und 13.03 Modultechnik

In der industriellen Elektronik ist es seit langem üblich, die einzelnen Schaltungsstufen, z. B. einer Maschinensteuerung, auf Steckkarten zusammenzufassen. Diese Karten werden dann in ein Kartenmagazin eingeschoben und damit zu der Gesamtschaltung verbunden. Bei Störungen läßt sich austesten, in welcher Karte der Fehler steckt, und man schiebt dann einfach eine vorrätig gehaltene Ersatzkarte ein.

Bei Fernsehempfängern begann die Entwicklung mit einem großen Chassis, auf dem ziemlich alle Bauelemente montiert und verdrahtet wurden. Dann kam die Zeit der gedruckten Schaltungen, und aus Gründen der Rationalisierung verwendete man auch hier zunächst große Platten mit möglichst vielen darauf montierten Einzelelementen. Dadurch erhielt man mit einem Stanzvorgang, einem Ätzbad, einer Bestückungsstraße und einem Lötbad bereits die gesamte Empfangsschaltung oder die kompletten Ablenkstufen.

Die Praxis zeigte aber, daß trotz aller Erleichterungen die Fehlersuche und die Reparatur solcher Gesamtschaltungen recht mühsam und schwerfällig war. Deshalb griff man auf das Vorbild der industriellen Elektronik zurück, die Schaltung in Einzelstufen aufzulösen und diese auf austauschbaren Steckkarten anzuordnen.

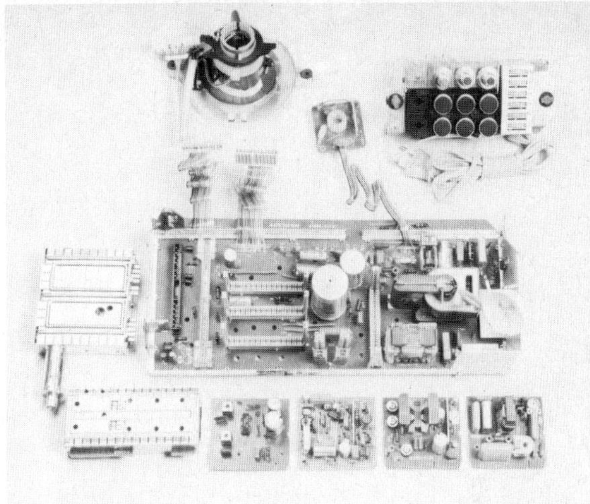

Bild 13.02 Modulaufbau eines Schwarzweißchassis. Die Grundplatte nimmt sechs Steckmodule auf: Tuner, Bild-Zf-Verstärker, Ton-Zf-Verstärker, Nf-Verstärker mit Endstufe, Videoverstärker mit Amplitudensieb und Horizontaloszillator, Vertikalablenkung, Steuerstufe für die Zeilenendstufe (Blaupunkt)

Bild 13.03 Auswechseln eines Moduls (Grundig)

Bereits im September 1968 stellte Körting ein Farbfernseh-Chassis vor, bei dem der Chrominanzteil aus fünf Einzelplatinen bestand. Für sie wurde erstmals[1]) folgender Kunstgriff angewendet: Die Kontaktstifte zur Aufnahme der Steckplatinen ragen durch die Trägerplatte hindurch auf der anderen Seite heraus. Jede Steckeinheit konnte aus ihrer Arbeitsposition herausgezogen und auf der anderen Seite wieder aufgesteckt werden. Sie war dann wieder voll in Funktion, ragte freistehend in den Raum, und sie war nun von beiden Seiten für Meß- und Abgleichzwecke zugänglich.

1970 benutzte Philips[2]) für diese steckbaren Trägerplatten den Ausdruck „Modul".

Von 1972 ab führte sich in großem Umfang diese Modultechnik für Farbfernsehgeräte ein. So zeigt Bild 13.02 den Modulaufbau eines Schwarzweißempfängers mit sechs steckbaren Moduln. Von links nach rechts: Tuner, Bild-Zf-Verstärker, Ton-Zf-Verstärker und Nf-Verstärker mit Endstufe, Videoverstärker mit Amplitudensieb und Horizontaloszillator, Steuerstufe für die Zeilenendstufe. Solche Moduln lassen sich bei Schäden einfach auswechseln (Bild 13.03) und stehen dem Fachhandel zu günstigen Austauschpreisen zur Verfügung. Auch bei diesem System können die Platinen auf der Rückseite des Chassis betriebsbereit und freistehend eingesteckt werden, damit sie beim Service leicht zugänglich sind.

Bild 13.04 Blockschaltung als Servicehilfe

Mit einer etwas anderen Lösung für die schnelle und einfache Fehlersuche kam Loewe Opta im April 1972 heraus. Das Chassis des Schwarzweißempfängers P 30 besteht aus zwei Leiterplatten. Dazu gibt es das hier dargestellte Blockschaltbild als Reparaturhilfe. Die Schaltung ist in neun übersichtliche Funktionsblöcke eingeteilt. Sie las-

---

1 Nach Ausführungen des Entwicklungsleiters Dr.-Ing. Stierhof von Körting.

2 Aufsatz des Verfassers Gublass in der Literaturübersicht zu diesem Kapitel.

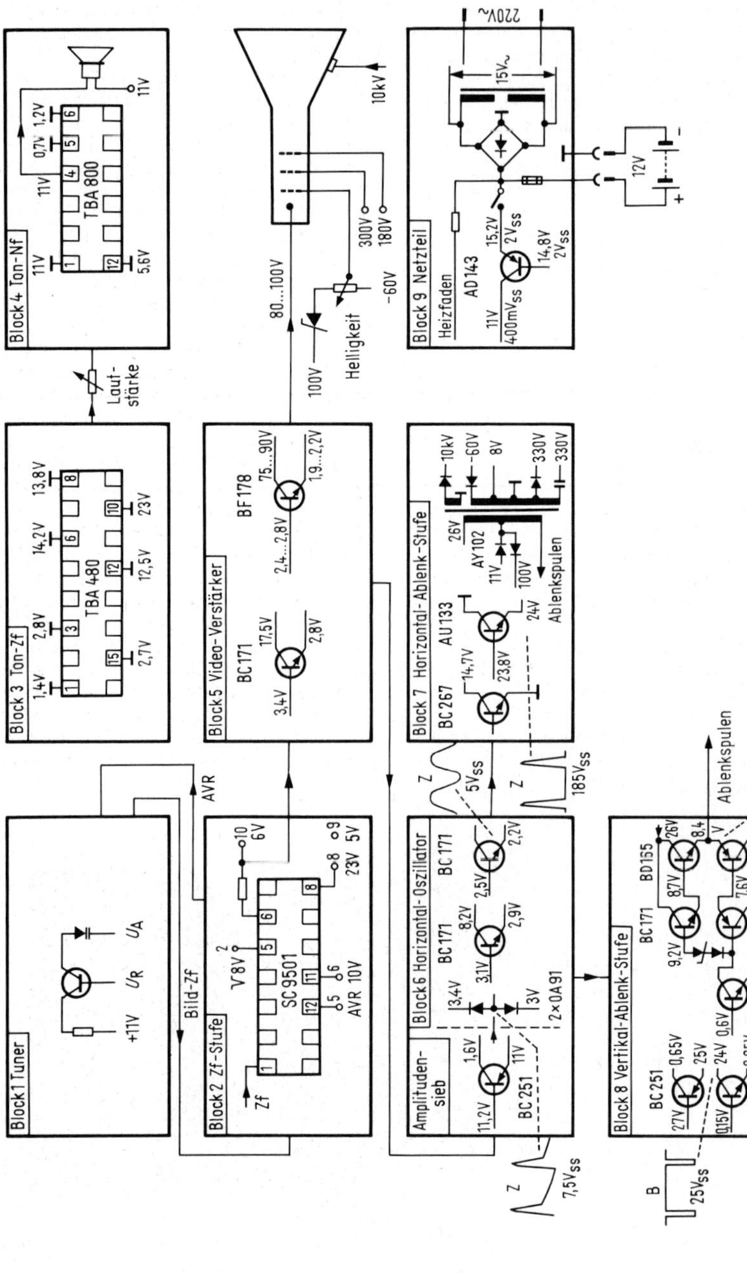

Bild 13.04 Blockschaltung in Moduldarstellung (Loewe Opta)

sen ähnlich den bisher üblichen Blockschaltungen (Bild 13.01) den Gesamtaufbau erkennen, sind aber so mit Meßpunkten und Spannungsaufgaben versehen, daß für jeden Block eine eindeutige, nur für diesen Block gültige Fehlerdiagnose möglich ist. Der Servicetechniker nimmt also zuerst diese Blockschaltung und eine zugehörige Fehlersuchtabelle zur Hand. Als Indikator dient das Fernsehgerät selbst mit der Bildröhre. Zusätzlich erforderlich sind ein hochohmiger Spannungsmesser und ein Oszillograf. Die Meßpunktbezeichnungen (in Bild 13.04 zur Vereinfachung weggelassen) kehren auf dem Gesamtschaltbild und auf den Leiterplatten wieder.

Auch der Übergang zu integrierten Schaltungen bedeutet für den Service eine Vereinfachung, wie Block 2, 3 und 4 in Bild 13.04 erkennen läßt. Trotzdem sei nochmals betont, daß der gute Fernsehtechniker die Funktion aller Einzelstufen beherrschen muß.

Bild 13.05 und 13.06 Diagnosesysteme

Die erste Aufgabe der Fachwerkstatt ist die Fehlersuche. Erst wenn der Fehler gefunden und beseitigt ist, folgt das Abgleichen und Justieren, um das Gerät wieder auf Höchstleistung zu bringen. Für die systematische Fehlersuche haben die Firmen zweckmäßige Diagnosesysteme geschaffen.

Bei Farbfernsehgeräten der Firma Metz sind nach Bild 13.05 auf der Lötseite der Grundleiterplatte und der Bildröhrenplatte alle Meßpunkte übersichtlich mit Nummern und Spannungswerten gekennzeichnet. Die Numerierung der Punkte gibt die Reihenfolge der Messung. Die Orientierung von einem Punkt zum nächsten wird durch Hinweispfeile erleichtert. Mit einem normalen Vielfachmeßgerät werden die Punkte der Reihe nach angetastet. Eine zugehörige, systematisch aufgebaute Diagnoseliste gibt dann Auskünfte, welche Bauteile bzw. Moduln zu überprüfen sind, wenn die vorgeschriebene Spannung nicht vorhanden ist.

Philips erweiterte dieses Prinzip bei seinem „Sofort-Diagnosesystem" in der Weise, daß keine besondere Servicedokumentation geliefert wird, sondern auf die beiden Printplatten des Gerätes sind nach Bild 13.06 durchsichtige Meßschablonen aufgesteckt. Diese Folien sind mit auffallenden, verschiedenfarbigen Fehlersuchanweisungen bedruckt und mit Löchern versehen, durch welche wichtige Spannungspunkte systematisch mit Prüfspitzen angetastet werden können. Die Meßpunkte sind mit den gleichen Farben gekennzeichnet wie die Verbindungslinien und Beschriftungen, die zum Eingrenzen einer bestimmten Fehlererscheinung dienen. Als Meßgerät ist ein normales Vielfachinstrument mit einem Eigenwiderstand von 20 kΩ/V zu verwenden. Der Techniker braucht sich bei der Fehlersuche nur in Richtung der Verbindungslinien auf der Printplatte weiterzutasten, um die richtigen Meßschritte wie nach einem Fahrplan zu machen.

Die gesamte Folie ist ähnlich wie ein Stadtplan mit einem gelb eingedruckten Gitterraster versehen, dessen einzelne Felder mit Buchstaben und Ziffern bezeichnet sind. Neben den Fehlerhinweisen auf bestimmte Bauteile sind außerdem noch auf einem gelben Feld jeweils die Planquadrate bezeichnet, in denen das schadhafte Teil liegen muß. So bedeutet zum Beispiel: T 350, F 3, daß der verdächtige Transistor 350 im Planquadrat F 3 zu finden ist. Selbstverständlich enthält auch die ausführliche Servicedokumentation das gleiche Gitterraster.

Bild 13.05 Die Meßpunkte auf der Grundleiterplatte werden der Reihe nach mit einem Spannungsmesser abgetastet. Mit Hilfe der zugehörigen Service-Diagnoseliste läßt sich die Fehlerstelle schnell einkreisen (Metz)

Bild 13.06 Philips-Farbfernsehempfängerchassis mit Fehlersuchschablonen auf den Printplatten

Bild 13.07 und 13.08 Diagnose-Adapter

Für Farbfernsehgeräte ab 1974 hat Grundig ein interessantes Fehlerdiagnoseverfahren eingeführt. Der Diagnoseadapter Bild 13.07 besteht aus einem handlichen Kästchen im Taschenformat mit Leuchtdiodenanzeigen. Dieser Adapter wird an einen zentralen 15poligen Stecker auf der Rückseite des Gerätechassis aufgesteckt (Bild 13.08). Über diese Prüfanschlüsse steht der Adapter dann mit 13 ausgewählten Meßpunkten der Empfängerschaltung in Verbindung, die für die richtige Funktion maßgebend sind. Die in Form eines Blockschaltbildes angeordneten Leuchtdioden lassen eindeutig erkennen, ab welcher Funktionsstufe eine Störung vorliegt bzw. welche Betriebs- oder Signalspannung ausgefallen ist. Fehlerhafte Baugruppen können bei den in Modulbauweise ausgeführten Empfängern dann meist durch Austauschen des Moduls ersetzt werden.

Im Prinzip kann man sich diese Leuchtdiodenanzeige wie eine programmierte Spannungsmessung vorstellen. Ist die Spannung mit der richtigen Höhe vorhanden, dann leuchtet die Diode auf, wenn nicht, bleibt sie dunkel.

Eine erste Diagnosehilfe ohne zusätzliche Geräte entwickelte Graetz für die Fernsehempfänger ab Baujahr 1975. Hierbei sind in jedem Gerät unmittelbar auf der Rückseite der Hauptplatine Leuchtdioden für sechs wichtige Betriebsspannungen eingebaut. Sie leuchten bei eingeschaltetem Empfänger ständig mit. Tritt eine Störung auf, dann läßt sich nach Abnehmen der Rückwand sofort mit einem Blick feststellen, welche Betriebsspannungen noch vorhanden sind oder welche fehlen. Daraus kann der Servicetechniker seine Schlüsse ziehen und den Fehler schnell einkreisen. Graetz nennt dieses System „VIDOM“, abgekürzt aus: *V*oll *i*ntegriertes *D*iagnosesystem mit *o*ptoelektronischer *M*eßanzeige.

Recht instruktiv ist auch ein Wandplakat (Poster), das die Firma Metz für ihre Farbfernsehgeräte der Generation 1978/79 herausgegeben hat. Darin ist übersichtlich die Fehlersuche im Schaltnetzteil und in der Zeilenendstufe dargestellt. Diese Funktionen wurden herausgegriffen, weil sie für den Servicetechniker neu sind. (Hierzu Bild 12.03, 12.17 und 18.32)

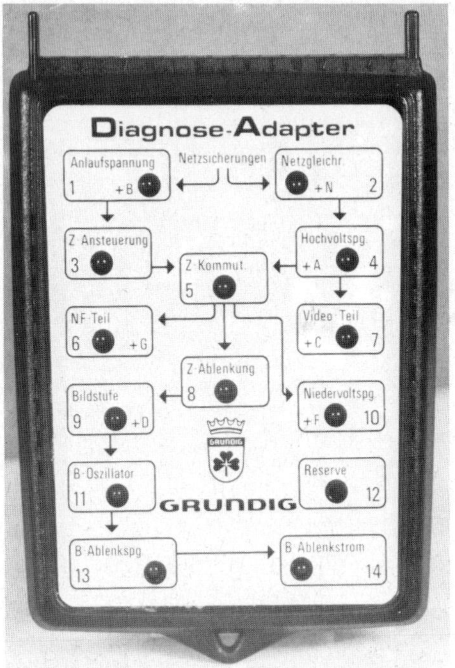

Bild 13.07 Aufsteckbarer Diagnose-Adapter für 13 wichtige Meßpunkte

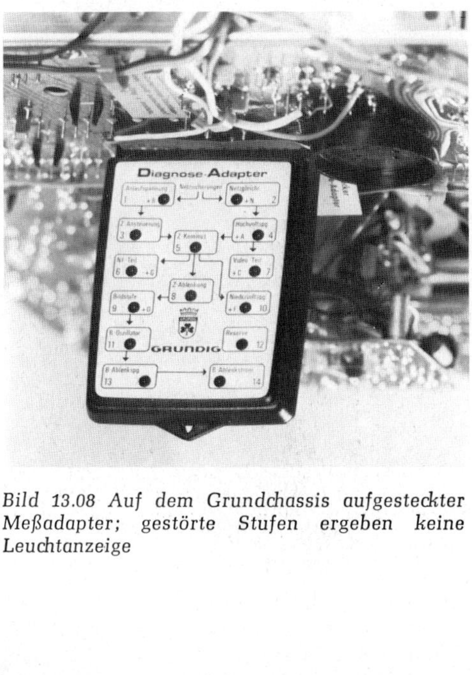

Bild 13.08 Auf dem Grundchassis aufgesteckter Meßadapter; gestörte Stufen ergeben keine Leuchtanzeige

Bildschirmdiagnose

Beim Fernsehempfänger bietet das Testbild auf dem Bildschirm jedenfalls eine gute Diagnosemöglichkeit. Hierfür bringen die Firmen systematisch aufgebaute Listen heraus. Zu den dargestellten Fehlerbildern wird jeweils sofort das Modul angegeben, das auszutauschen ist, um den Fehler zu beheben.

Über die Modultechnik ist viel Papier bedruckt worden. Trotz offensichtlicher Erleichterungen in der Reparaturpraxis muß aber der Servicetechniker die Schaltungstechnik beherrschen. Einen Affen als Modulaustauscher zu dressieren, wie es die Funkschau auf der Titelseite von Heft 10/1976 andeutete, war sehr spaßhaft gemeint.

Für die vielen in Betrieb befindlichen Fernsehgeräte, die noch mit Röhren bestückt sind, sei auf folgende Arbeit hingewiesen:

Wegner: Fehlersuche in röhrenbestückten Fernsehgeräten. Funk-Technik 1976, H. 18, S. 572.

Literatur

Baumgartner, Fuchs u. a.: Die neue Modultechnik. Grundig Technische Informationen 1972, H. 1, S. 973.

Tetzner: Quick-Service und integrierte Modultechnik – der Weg zur problemlosen Schnellreparatur. Radio-TV-Electronic-Service 1972, H. 6, S. 476.

Ziegler, Dangschat und *Pelka:* Modultechnik („Color 77"). Funk-Technik 1973, H. 12, S. 423.

Limann: Fehlerdiagnose nach Fahrplan. Funkschau 1974, H. 23, S. 884.

Riechmann: Neues Schwarzweiß-Modul-Chassis. Funkschau 1975, H. 22, S. 764.

Goseberg und *Schmidtmann:* Farbfernsehchassis mit 14 Moduln. Funkschau 1976, H. 3, S. 92.

Fehlerdiagnose-Poster für Color-Chassis 678 G. Metz-Technischer Kundendienst, Oktober 1978.

14 Bauelemente für Farbfernsehempfänger

Die Delta-Farbbildröhre

Nachdem die Einzelstufen und die Gesamtfunktion des Schwarzweißempfängers besprochen worden sind, können wir uns den Besonderheiten des Farbfernsehempfängers zuwenden.

Erinnern wir uns, das FBAS-Signal bei Farbsendungen hat den gleichen Aufbau wie das BAS-Signal bei Schwarzweißsendungen. Lediglich auf der Schwarzschulter des Synchronisierimpulses ist ein kurzer Burstschwingungszug von der Farbträgerfrequenz 4,43 MHz hinzugekommen, Bild 1.07, und in das Video- oder Helligkeitssignal ist nach Bild 2.26 die Farbinformation hineingeschachtelt worden, ohne die Gesamtdurchlaßkurve zu verändern. Geändert hat sich nur eine Bezeichnung: das frühere Schwarzweiß-Helligkeitssignal nennt man jetzt Leuchtdichtesignal oder Y-Signal.

Tuner, Bild-Zf-Verstärker und Tonteil verarbeiten dieses FBAS-Signal genau wie ein Schwarzweißempfänger. Man braucht hierfür nicht umzudenken. Beim Y-Verstärker beginnen die Unterschiede, und bei der Farbbildröhre sind sie am größten. Da die gesamte übrige Schaltung diese Farbbildröhre mit Spannungen und Strömen beliefern muß, soll die Röhre zuerst besprochen werden. **Zunächst wird die Delta-Röhre behandelt. Bei ihr sind je drei Farbleuchtpunkte im Dreieck angeordnet, daher der Vergleich mit dem großen griechischen Buchstaben Delta = Δ.**

Bild 14.01 und 14.02 Bilder aus Farbpunkten

In der Malerschule der Neoimpressionisten gab es Künstler, die die Mischfarben nicht auf der Palette zusammenrührten, sondern sie setzten auf die Leinwand dicht nebeneinander Tupfen aus reinen Farben. Diese Pünktchenmaler oder *Pointillisten* wußten, daß sich die Farbeindrücke im Auge mischen und diese Mischung aus reinen Grundfarben lebendiger wirkt als eine mit dem Pinsel zusammengerührte Mischung. Eine Farbbildröhre liefert ebenfalls ein Pünktchenbild. Der Bildschirm besteht aus etwa 1,2 Millionen Leuchtstoffpunkten. Je drei davon bilden ein Farbdreieck *(Farbtripel)* für die Farben Rot, Grün und Blau. Das Aufleuchten wird durch drei Elektronenstrahlen bewirkt. Jeder Strahl trifft beim Zeilenschreiben stets Leuchtpunkte der gleichen Farbe. Bild 14.01 a befindet sich auf der Farbtafel von Seite 49.

In Bild 14.01b sind zwei solcher Farbtrios in zwei aufeinanderfolgenden Zeilen durch die Buchstaben R, B und G gekennzeichnet. Werden beim Signal „Rot“ die beiden anderen auf B und G gerichteten Strahlen dunkelgetastet, dann leuchtet nur der rote Leuchtpunkt auf. Steuert man die drei Strahlströme im Verhältnis

0,30 R : 0,59 G : 0,11 B

aus, dann leuchten die Farbpunkte in entsprechender Farbsättigung, und für das Auge erscheint durch Lichtmischung ein reines Weiß, vgl. Bild 2.01 und 2.12.

Um diese drei Elektronenstrahlen jeweils genau auf die zugehörigen Leuchtpunkte zu lenken, befindet sich in der Röhre nach Bild 14.02 eine Loch-

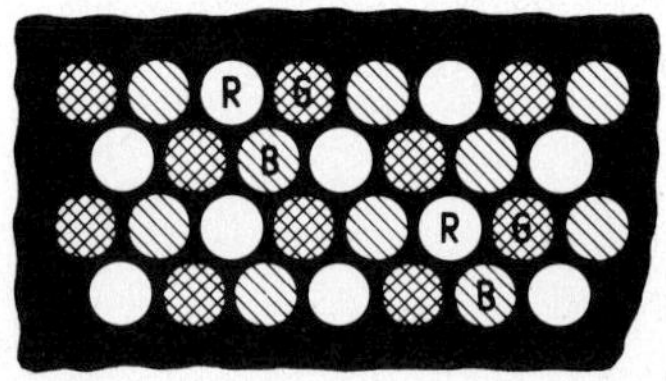

Bild 14.01b Anordnung der Leuchtpunkte auf dem Bildschirm

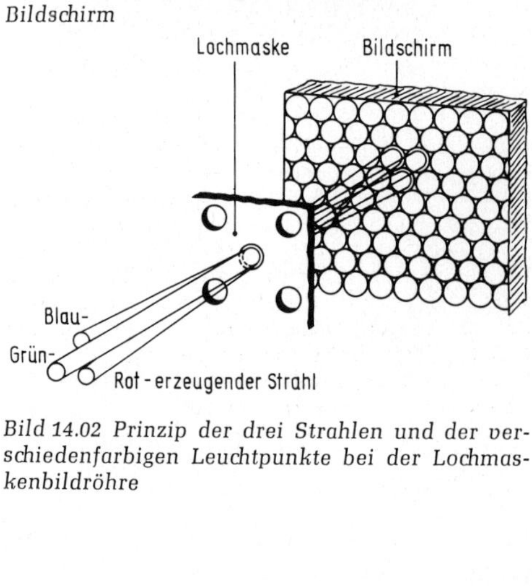

Bild 14.02 Prinzip der drei Strahlen und der verschiedenfarbigen Leuchtpunkte bei der Lochmaskenbildröhre

oder Schattenmaske aus 0,1 mm dünnem Stahlblech, in das 400 000 Löcher eingeätzt sind. Zu jedem Loch gehört ein Farbtrio auf dem Bildschirm. Jeder Strahl besitzt ein eigenes Strahlsystem. Die Strahlen werden gemeinsam horizontal und vertikal abgelenkt.

Bild 14.03 Das Steuersystem der Farbbildröhre

Bild 14.03 stellt das Schaltsymbol einer Farbbildröhre nach dem Lochmaskenprinzip dar. Die Röhre enthält drei Strahlsysteme. Jedes besteht aus Heizfaden, Katode, Gitter 1 und Gitter 2. Die Fokussierelektrode Gitter 3 und die Anode a gehören allen Systemen gemeinsam.

Für die Steuerung der Strahlsysteme bestehen zwei Möglichkeiten:

1. Man gewinnt aus dem FBAS-Signal die reinen Farbsignale für Rot, Grün und Blau zurück und steuert damit die drei Katoden der Bildröhre. Man nennt dies *RGB-Steuerung.*

2. Man gewinnt aus dem Farbartsignal die drei Farbdifferenzsignale R – Y, G – Y und B – Y (vgl. Bild 2.13) und steuert damit die Gitter g_1 und legt an die Katoden das Leuchtdichtesignal Y. Infolge dieser Doppelsteuerung ergeben sich am Leuchtschirm ebenfalls die richtigen Farbwerte. Dieses System wird als *Farbdifferenzsteuerung* bezeichnet.

In beiden Fällen sind die Farbsignalanteile an die jeweiligen drei Steuerelektroden so zu bemessen, daß die *Weißbalance* stimmt, d. h. wenn „Weiß" gesendet wird, muß die Gleichung

$$Y = 0{,}30\,R + 0{,}59\,G + 0{,}11\,B$$

auch im Steuerteil der Bildröhre erfüllt sein.

Bild 14.04 Farbreinheit und Konvergenz[1])

Das Bild zeigt schematisch die Ablenk- und Einstellsysteme auf dem Hals einer Farbbildröhre. Unmittelbar am Konus befindet sich die *Ablenkeinheit* mit den Vertikal- und Horizontal-Ablenkspulen. Sie entspricht dem Ablenksystem einer Schwarzweißbildröhre[2]).

Darauf folgt die *Radial-Konvergenzeinheit.* Mit ihr können die Elektronenstrahlen einzeln durch Magnetfelder so dirigiert und radial verschoben werden, daß sie auch tatsächlich alle drei nach Bild 14.02 durch das gleiche Maskenloch fallen.

Mit der *Lateral-Konvergenzeinheit* wird nur der blauerzeugende Elektronenstrahl nicht radial, sondern tangential zur Bildröhrenachse verschoben. Dies ergibt eine weitere Möglichkeit, die drei Strahlen durch das gleiche Maskenloch zu lenken. Eine andere Bezeichnung für dieses Einstellelement ist *Blauschiebe*magnet.

1 Konvergieren = zusammenlaufen.

2 Vgl. Bild 7.26.

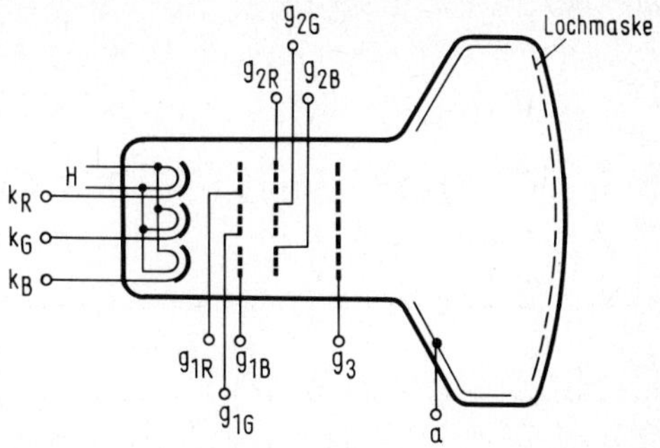

Bild 14.03 Schaltsymbol und Anschlußbezeichnungen einer Farbbildröhre nach dem Lochmaskenprinzip

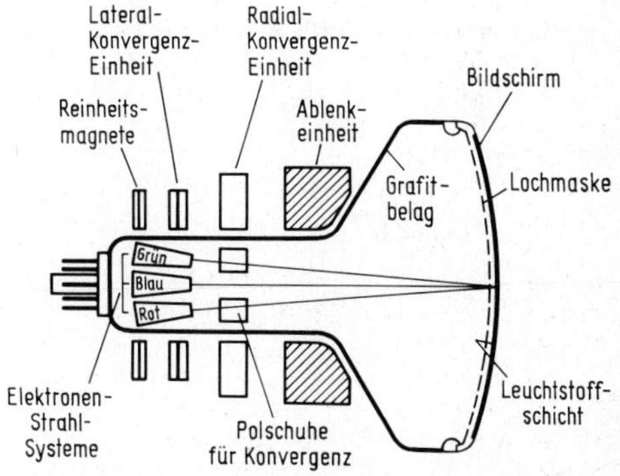

Bild 14.04 Lochmaskenröhre mit Ablenk- und Konvergenzspulen (von oben gesehen)

Jeder Elektronenstrahl soll nur seine eigenen Leuchtpunkte treffen. Streift er auch Nachbarpunkte, dann ergeben sich keine reinen Grundfarben. Diese *Farbreinheit* wird durch Verdrehen von zwei Magnetringen auf dem Hals der Bildröhre eingestellt. (Bei manchen Farbbildröhren sitzen die Reinheitsmagnete zwischen den beiden Konvergenzsystemen.) Außerdem läßt sich die Farbreinheit an den Rändern des Bildschirmes durch axiales Verschieben der gesamten Ablenkeinheit beeinflussen.

Selbst wenn im Prüffeld alle Strahljustierungen korrekt durchgeführt worden sind, könnten beim Aufstellen des Empfängers in der Wohnung das Magnetfeld der Erde oder nahe gelegene magnetisierte Eisenteile die Strahlen ein wenig ablenken, so daß sie nicht mehr genau auf die zugeordneten Leuchtpunkte fallen. Deshalb ist der Röhrenkolben magnetisch abgeschirmt. Durch eine darüber befindliche Entmagnetisierungswicklung wird beim Einschalten des Gerätes ein abklingender Wechselstrom geschickt, um Störfelder in Eisenteilen, vor allem in der Lochmaske, zu entmagnetisieren.

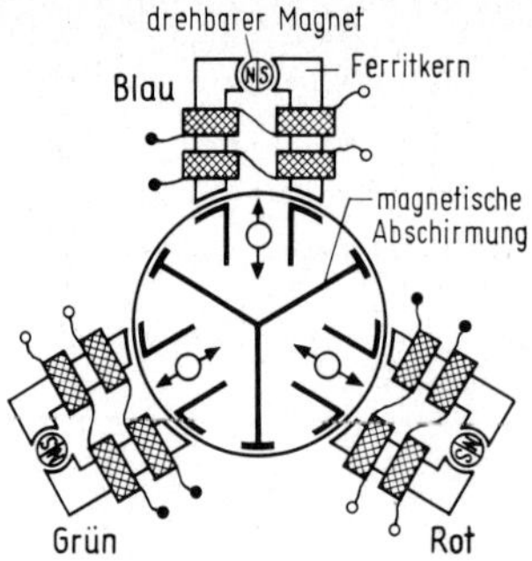

Bild 14.05 Prinzip der Radial-Konvergenzeinheit mit drehbaren Reinheitsmagneten

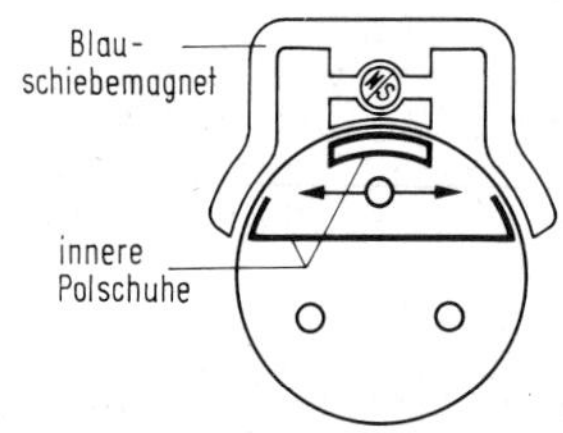

Bild 14.06
Anordnung zur tangentialen Blauverschiebung

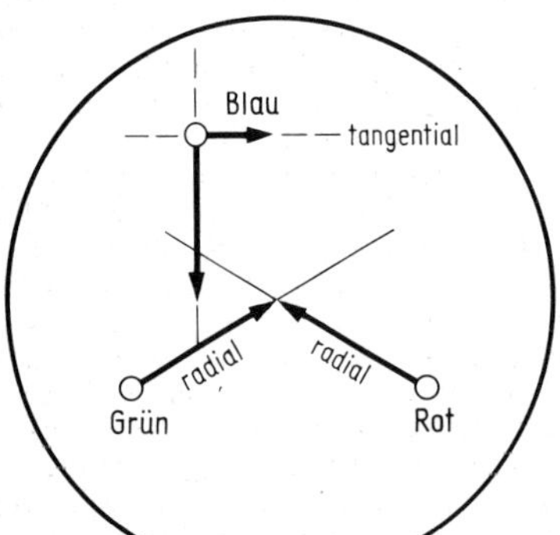

Bild 14.07 Radial- und Tangentialverschiebung der Elektronenstrahlen

Bild 14.05 Die Radial-Konvergenzeinheit

Sie besteht aus drei U-förmigen Ferritkernen mit zwei Wicklungen und einem drehbaren oder verschiebbaren Permanentmagneten auf jedem Schenkel. Die Magnete erzeugen homogene Felder zwischen den Polschuhen innerhalb des Röhrenhalses und lenken dadurch die Strahlen ab. Durch Verdrehen eines Magneten verschiebt sich der zugehörige Einzelstrahl in radialer Richtung zur Röhrenachse. Man stellt damit die „statische Konvergenz“ in der Mitte des Bildschirmes ein. An den Bildrändern treten aber trotzdem noch große Deckungsfehler, d. h. Farbsäume, auf, weil die drei Strahlen dann nach Bild 14.04 ganz verschieden „verbogen“ werden. Diese Fehler kompensiert man durch Ströme, die durch Spulenwicklungen auf den Ferritkernen geschickt werden. Diese Korrekturströme werden aus den Ablenkstufen abgeleitet. Jeder U-Kern trägt ein Spulenpaar für die Vertikalkonvergenz und eines für die Horizontalkonvergenz. Die Ströme müssen für die Vertikalkonvergenz oben und unten gesondert eingestellt werden. Man nennt dies „Nord-Süd-Korrektur“. Das Entsprechende gilt für die „Ost-West“-Einstellung, also für die Horizontalkonvergenz. Für den gesamten Abgleichvorgang sind sechs Trimmwiderstände und verschiedene Permanentmagnete abwechselnd mehrmals nacheinander einzustellen. Der Servicetechniker muß dabei sehr sorgfältig arbeiten. In Lehrgängen für Farbfernsehtechnik wird deshalb die Konvergenzeinstellung als Hauptthema behandelt.

Bild 14.06 Der Blauschiebemagnet

Dieses auch mit Lateral-Konvergenzeinheit bezeichnete Einstellelement ist einfach aufgebaut und besteht nur aus einem Magnetjoch mit einem drehbaren oder verschiebbaren Permanentmagneten. Im Zusammenwirken mit den inneren Polschuhen bildet sich ein Feld aus, mit dem der Blaustrahl sich waagerecht verschieben läßt.

Bild 14.07 Richtungskorrekturen zur Farbdeckung

Mit den drei Permanentmagneten in der Konvergenzeinheit Bild 14.05 lassen sich die Strahlen radial innerhalb des Röhrenhalses verschieben. Die Strahlen für Grün und Rot ergeben dann direkt einen Schnittpunkt im gleichen Maskenloch. Mit dem Blauschiebemagnet Bild 14.07 kann man den Blaustrahl tangential so schieben, daß er symmetrisch zu den Strahlen für Grün und Rot zu liegen kommt. Außerdem läßt er sich radial so verstellen, daß die drei Strahlen dann in der Ablenkebene auf den Ecken eines gleichseitigen Dreiecks liegen und im gleichen Maskenloch konvergieren (zusammenlaufen). Als Anhaltspunkt für die richtige Konvergenz dient die Weißeinstellung. Eine weiße Linie, die von einem Bildmustergenerator auf den Empfänger gegeben wird, muß auf dem Bildschirm tatsächlich als weiße Linie ohne farbige Ränder erscheinen.

Bild 14.08 Prinzip der Konvergenzschaltungen

Die Konvergenzeinstellung an den Rändern entspricht im Prinzip der S-förmigen Vorverzerrung der Ablenkströme beim Schwarzweißemp-

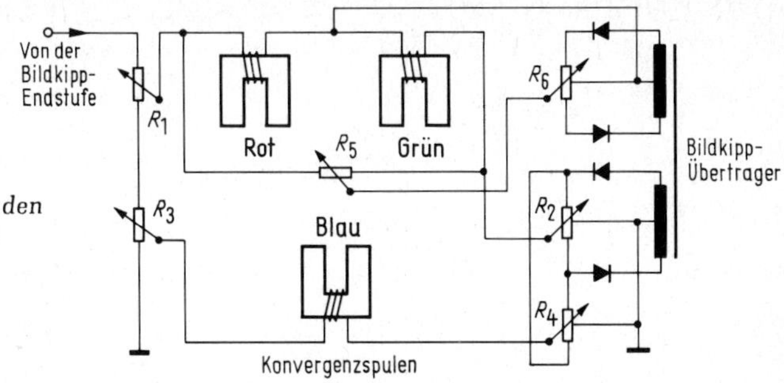

Bild 14.08 Schaltung zur zeitsparenden Einstellung der Vertikalkonvergenz (Blaupunkt)

fänger. Wenn dort der Verlauf der Ablenkströme an den Bildrändern nicht stimmt, dann erscheint der Kreis im Testbild nicht rund, sondern nimmt die Form einer unregelmäßigen Kartoffel an.

Ein weißer Kreis beim Farbfernsehempfänger besteht aber aus drei Einzelkreisen in den drei Grundfarben. Infolge der unterschiedlichen Ablenkwinkel der drei Elektronenstrahlen an den Bildrändern können die drei Einzelkreise ganz verschieden verzerrt werden. Es entsteht also nicht nur eine unregelmäßige Kartoffelform, sondern sie erhält auch noch bunte Lichtsäume. Um Linearität und Farbdeckung einzustellen, sind deshalb die Konvergenzschaltungen und die mehrfachen Konvergenzjustierungen notwendig. Die Industrie hat dafür Anordnungen entwickelt, bei denen sich die verschiedenen Einstellungen gegenseitig möglichst wenig beeinflussen.

Bild 14.08 ist ein Schaltungsbeispiel für die zeitsparende Einstellung der Vertikalkonvergenz. Die Spulenwicklungen auf den U-Kernen entsprechen den Spulenpaaren auf den Schenkeln der Ferritkerne in Bild 14.05. Diese Wicklungen werden mit Strömen aus dem Bildkippübertrager gespeist, die durch Dioden verformt und durch Spannungsteiler eingestellt werden. Außerdem überlagert man ihnen direkt aus der Endstufe entnommene Ströme. Die Einstellvorschrift für die Vertikalkonvergenz, also für die Mitten- und für die Nord-Süd-Korrektur stellt ein recht umfangreiches Programm dar.

Außerdem sind die Deckungsfehler am rechten und linken Bildrand (Ost-West-Korrektur) auszugleichen. Hierfür ist eine ähnlich umfangreiche Schaltungsanordnung an der Zeilen-Endstufe vorhanden, sie wirkt auf die Horizontalkorrekturspulen der Konvergenzeinheit. Man erkennt daraus, daß diese Arbeiten sehr sorgfältig und systematisch durchgeführt werden müssen. Bildröhrenhersteller und Empfängerindustrie haben viel Mühe aufgewendet, um diese Abgleichvorgänge zu erleichtern und zu vereinfachen. Kapitel 19 behandelt später ausführlich dessen einzelne Schritte. Obgleich bei der anschließend besprochenen Schlitzmaskenröhre diese Arbeiten ganz beträchtlich vereinfacht worden sind, müssen die Eigenarten der Deltaröhre dem Servicetechniker bekannt sein, denn nach Ansicht von Experten werden Geräte mit diesen Röhren noch jahrelang betreut werden müssen. Außerdem kann man daraus erst ermessen, welche Fortschritte der neuere Röhrentyp gebracht hat.

Bild 14.09 und 14.10 Transduktoren

Ein Transduktor ist dem Aufbau nach ein Transformator mit drei nach Bild 14.09a angeordneten Wicklungen. Die Wicklung auf dem Innenkern wird als *Steuerwicklung* w_S bezeichnet, die *Arbeitswicklungen* auf den Außenschenkeln mit w_{A1} und w_{A2}. Sie sind so in Reihe geschaltet, daß bei Stromdurchgang die von ihnen bewirkten Magnetflüsse im äußeren Eisenkreis ebenfalls in Serie verlaufen. Ihre Induktivitäten addieren sich daher. Nach Bild 14.09b kompensieren sich aber dann die Magnetflüsse im Mittelschenkel. In der Umkehrung bedeutet dies, daß die nach Teilbild a auf dem Mittelschenkel angeordnete stromdurchflossene Steuerwicklung in den in Reihe liegenden Arbeitswicklungen gegenläufige Spannungen induziert, die sich aufheben. Im Gegensatz zum normalen Transformator wird daher keine Leistung übertragen, und zwischen den Anschlüssen 1 und 3 entsteht keine Sekundärspannung.

Dagegen tritt ein anderer Effekt auf: Steuert man den Eisenkern durch einen hohen Steuerstrom in der Wicklung w_S in das Sättigungsgebiet, dann wird dadurch die Permeabilität des Eisens verringert. Nach einem (hier vereinfachten) Grundgesetz der Elektrotechnik gilt für die Induktivität einer Spule mit Eisenkern:

$$L = \mu w^2 k$$

μ = Permeabilität, w = Windungszahl, k = Konstante für die sonstigen Spulenabmessungen.

Wird nun durch den Steuerstrom die Permeabilität im Eisen herabgesetzt, dann verringert sich

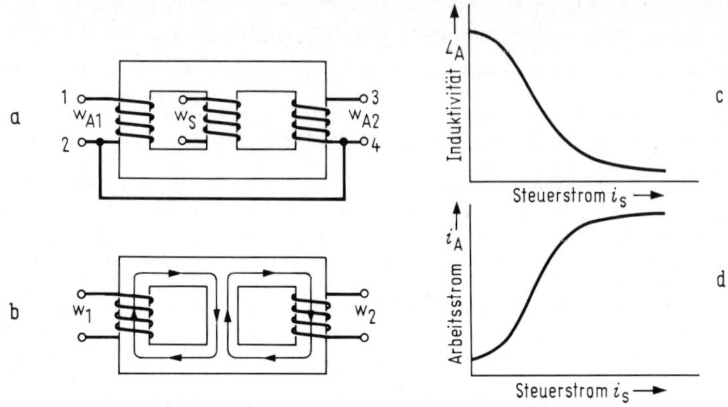

Bild 14.09 Aufbau und Wirkungsweise eines Transduktors; a = Anordnung von Steuerwicklung und Arbeitswicklungen, b = Die in Reihe geschalteten Arbeitswicklungen werden so gepolt, daß sich ihre Magnetflüsse im Mittelschenkel aufheben, c = Abhängigkeit der Induktivität der Arbeitswicklung vom Steuerstrom, d = Abhängigkeit des Arbeitsstroms vom Steuerstrom

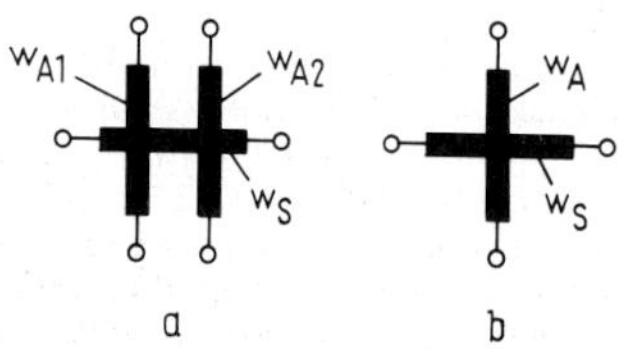

Bild 14.10 Schaltsymbole für Transduktoren

auch die Induktivität der beiden in Reihe liegenden Arbeitswicklungen. Dadurch ergibt sich der in Bild 14.09c dargestellte Zusammenhang. Der Transduktor ist also eine steuerbare Induktivität, mit größer werdenden Steuerstrom wird die Induktivität oder der induktive Widerstand der Arbeitswicklung kleiner.

Man kann auf diese Weise die Stärke eines die Arbeitswicklung durchfließenden Stroms beeinflussen. Dies ergibt ein aktives Bauelement, dessen Arbeitsstrom oder Laststrom nicht wie bei der Röhre oder beim Transistor durch Spannungen, sondern durch Ströme gesteuert wird. Bei ansteigendem Steuerstrom sinkt der induktive Widerstand, der Strom steigt also an. Dies ergibt einen Kennlinienverlauf nach Bild 14.09d.

Transduktoren eignen sich dazu, mit Strömen andere Ströme zu steuern oder zu modulieren. In dieser Weise werden Transduktoren im Ablenk- und Konvergenzteil von Fernsehempfängern benutzt. Man schickt z. B. durch die Steuerwicklung einen bildfrequenten Ablenkstrom und durch die Arbeitswicklung einen zeilenfrequenten Sägezahnstrom. Während der Zeiten, in denen der bildfrequente Strom seine Maximalwerte hat, werden auch die Amplituden des Zeilenablenkstroms in der anderen Wicklung größer, weil sich der Widerstand der Arbeitswicklung verringert. Diese Funktion wird benutzt, um Korrekturströme zum Entzerren des Bildschirmrasters zu gewinnen. Die Wirkung ist ähnlich wie für den Linearitätseinsteller in Bild 11.53 bis 11.55, aber die Induktivitätsänderung bzw. die Modulationswirkung ist größer.

Als Schaltsymbol für den Transduktor dient das in Bild 14.10a dargestellte Zeichen. Mitunter wird die Arbeitswicklung auch nach Bild 14.10b vereinfacht. Es gibt auch Transduktoren mit mehr als drei Wicklungen. Der Zweck besteht jedoch stets darin, mit dem Steuerstrom den Arbeitsstrom in einem zweiten, davon getrennten Stromkreis zu beeinflussen. Haben die beiden Ströme unterschiedliche Frequenzen, dann sind auch Rückwirkungen vom Arbeitskreis auf den Steuerkreis möglich.

Bei den im folgenden Abschnitt besprochenen Schlitzmasken-Farbbildröhren ist die Konvergenzeinstellung wesentlich vereinfacht worden. Trotzdem sind die vorhergehenden Ausführungen über Rasterkorrektur und Kissenentzerrung nicht überflüssig geworden, denn Millionen von Empfängern mit diesen Bildröhren sind noch in Betrieb und müssen gewartet werden. Aber auch für die Schlitzmaskenröhren ist das Verständnis für den Verlauf der verschiedenen Korrekturströme von Vorteil, um die Funktion der Strahlablenkung zu verstehen.

Literatur

Die Farbfernseh-Bildröhre I. Funktechnische Arbeitsblätter Rö 62. Franzis-Verlag, München, 1972.

Transduktoren. AEG-Handbuch, Band 7. Verlag AEG-Telefunken, Berlin.

Die Schlitzmasken-Farbbildröhre

Die Deltaröhre erfordert eine komplizierte Anordnung von 20 bis 30 Einstellelementen sowie umfangreiche Abgleicharbeiten. Diese Arbeiten müssen sowohl im Prüffeld der Gerätefirmen als auch später in der Servicewerkstatt durchgeführt werden. Nach langjähriger Entwicklungsarbeit gelang es, diesen Aufwand durch andere Röhrenkonstruktionen zu verringern und die Bildröhre mitsamt der Ablenkeinheit gleich im Bildröhrenwerk so zu konstruieren und zu justieren, daß später nur noch geringe Konvergenzkorrekturen notwendig sind.

Um das Prinzip dieser neueren Schlitzmaskenröhre klar herauszustellen, sind in Bild 14.11 nochmals die grundlegenden Korrekturen bei der Lochmaskenröhre erläutert. Der Blaustrahl muß dabei in zwei tangentialen Richtungen verschoben werden. Die Strahlen für Grün und für Rot sind jeweils in radialer Richtung zu korrigieren, um die drei Strahlen durch das gleiche Maskenloch zu bringen. Diese vier Einstellungen müssen für die verschiedenen Zonen des Bildschirmes (Nord-Süd-Korrektur, Ost-West-Korrektur, Eckenkorrekturen) getrennt durchgeführt werden. Dies ergibt die große Zahl von Einstellspindeln und Abgleichvorgängen.

Ordnet man nun die drei Strahlsysteme nicht im Dreieck, sondern nach Bild 14.12 nebeneinander in einer Linie an (englischer Fachausdruck: In-line), dann benötigt man jeweils nur zwei Konvergenzeinstellungen, um die beiden äußeren Strahlen durch seitliches Verschieben mit dem mittleren zur Deckung zu bringen. Man nimmt hierbei im allgemeinen Grün als Bezugsstrahl, weil das Auge für diese Farbe sehr empfindlich ist, und ordnet das Strahlsystem für Grün in der Mitte zwischen den beiden anderen Strahlsystemen an.

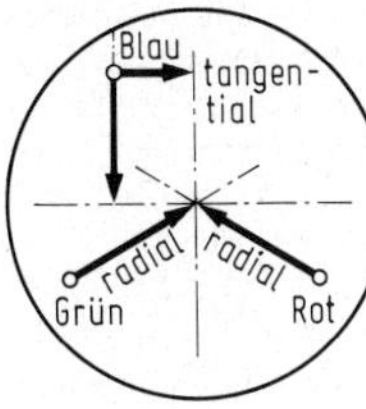

Bild 14.11 Um bei der Lochmaskenröhre (Deltaröhre) die drei Strahlen in der Mitte zur Deckung zu bringen, sind mindestens vier Einstellvorgänge erforderlich

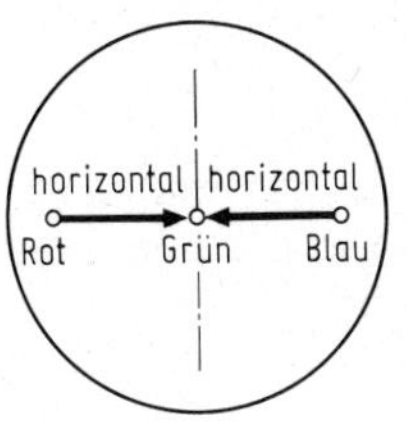

Bild 14.12 Ordnet man die drei Strahlsysteme in einer Linie nebeneinander an, dann braucht man nur noch die beiden äußeren Strahlen zur Mitte zu schieben, um Deckung bzw. Konvergenz zu erzielen

Nach verschiedenen Zwischenlösungen brachte im Juni 1972 die Firma RCA den entscheidenden Fortschritt mit diesem Inline-Bildröhrensystem. Auch bei Valvo arbeitete man seit langem an dem Prinzip der drei in einer Ebene liegenden Strahlsysteme und kam mit den auf dieser Anordnung beruhenden Bildröhren des Typs Eurocolor 10 AX heraus. Sie werden mit 110°-Ablenkwinkel und mit den Bildschirmdiagonalen 47 cm, 56 cm und 66 cm geliefert. Die Strahlsysteme sind dabei wie in Bild 14.12 nebeneinander angeordnet. Außerdem tritt an die Stelle der Lochmaske die sogenannte Schlitzmaske. Sie enthält nach Bild 14.13 senkrechte Schlitze anstelle der bisherigen runden Löcher. Ferner werden statt runder Leuchtflecke auf dem Bildschirm senkrechte Leuchtstoffstreifen aufgebracht. Bild 14.14 auf der Farbtafel vor Seite 49 gibt diese Anordnung stark vergrößert wieder.

Infolge dieser senkrechten Schlitze und Leuchtstoffstreifen ist die Anordnung von sich aus viel unkritischer gegen Nordsüdabweichungen der Strahlen. Damit entfällt bereits eine Reihe hierfür sonst notwendiger Korrektureinstellungen. Die eng nebeneinander fast parallel verlaufenden Strahlen lassen sich ohnehin optisch besser zur Deckung bringen. Außerdem hat man in den Bildröhrenfabriken die Genauigkeit der Fokussiersysteme und der Ablenkspulensätze so verbessert, daß sich dadurch eine „selbstkonvergierende“ Anordnung ergibt. Zum Einstellen der statischen Konvergenz dienen vier Paare von Permanentmagnetringen am Ablenkspulensatz. Nach dem genauen Justieren des Spulensatzes auf dem Bildröhrenhals und dem exakten Einstellen dieser Magnetringe werden Bildröhre und Spulen-

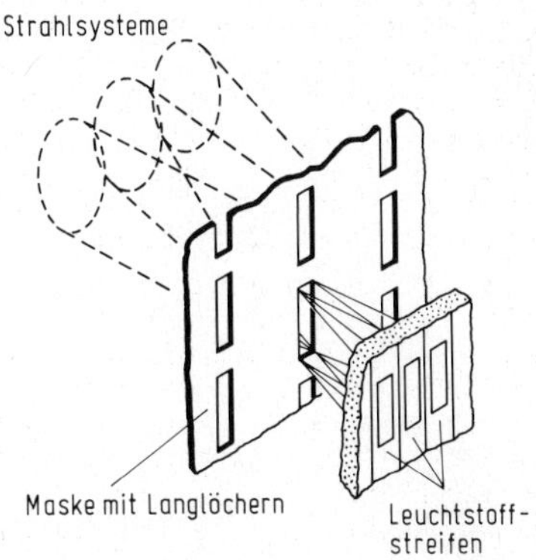

Bild 14.13 Anordnung von Langlochmaske und Streifenschirm bei der Schlitzmaskenröhre

satz mit thermoplastischem Zement miteinander verkittet. Nach dem Aushärten ist die Einheit fest fixiert. Die Röhre wird farbrein abgeglichen an die Gerätefabriken ausgeliefert. Kleine Restfehler lassen sich durch einfache Konvergenzschaltungen mit nur sechs bis sieben Einstellern ausgleichen. Hierfür ist eine zusätzliche Vierpol-Toroidwicklung auf dem Ablenksystem angebracht. Die Schaltungen zur Feinkorrektur arbeiten ausschließlich mit passiven Bauelementen.

Bild 14.15 zeigt das Prinzip der Vertikalkorrektur hinter der Bildablenkendstufe. Parallel zu den Vertikalablenkspulen liegen zwei Einstellpotentiometer. Durch in Reihe geschaltete, unterschiedlich gepolte Dioden ist jedes Potentiometer nur für eine Stromrichtung wirksam. Durch Justieren der Potentiometer können die Ströme durch die beiden Spulenhälften so bemessen werden, daß am oberen und unteren Bildrand die beste Farbreinheit erzielt wird.

Am Ausgang der Horizontalendstufe befindet sich die Korrekturschaltung Bild 14.16. In Serie mit den Zeilenablenkspulen liegt eine *Differenzeinstellspule.* Durch Ändern der Ströme in ihren Teilwicklungen können die Ströme in der Ablenkeinheit so beeinflußt werden, daß nur eine ganz geringe parabelförmige Abweichung zwischen den roten und blauen Linien am rechten und linken Bildrand verbleibt.

Der Ablenkstrom fließt außerdem durch das folgende Netzwerk mit den beiden 2,2-Ω-Widerständen. Die daran auftretende sägezahnförmige Spannung wird je nach Schleiferstellung des 6,8-Ω-Potentiometers mit der einen oder anderen Polarität in den Korrekturtransformator AT 4043/34 transformiert. Durch Verstellen des Potentiometers lassen sich die roten und blauen Linien am rechten und linken Bildrand endgültig zur Deckung bringen.

Rechts im Bild befindet sich die bereits erwähnte Vierpol-Toroidwicklung. Sie liegt an der

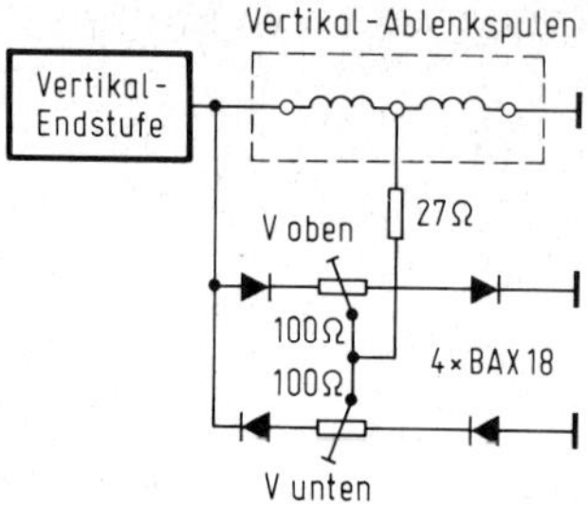

Bild 14.15 Korrekturschaltung hinter der Vertikalendstufe

Vertikalablenkendstufe, und dem von dort kommenden Sägezahnstrom wird über einen Übertrager mit einstellbarem Kopplungsgrad ein zeilenfrequenter Strom aus der eben besprochenen Korrekturschaltung überlagert.

Einen weiteren Schritt zur Vereinfachung des Abgleichs gelang der RCA mit ihrer PI-(Precision Inline)Schlitzmasken-Bildröhre. Bei ihr wird das Ablenksystem schon beim Hersteller auf dem Bildröhrenhals so justiert, abgeglichen und zementiert, daß nur noch zwei Korrektureinsteller nachträglich im Gerät justiert werden müssen. Bild 14.17 zeigt diese Anordnung bei den Siemens-Farbfernsehgeräten ab Jahrgang 1975/76. Zum Vergleich ist darüber die Konvergenzeinstellplatte einer bei den vorhergehenden Geräten verwendeten Delta-Bildröhre mit 22 Einstellorganen gezeigt.

Hi-Bri-Farbbildröhren

1978 kamen nochmals verbesserte Typen der Inline-Farbbildröhren heraus. Bei diesen Typen, A 66-501 X von SEL und A 66-510 X von Philips bzw. Valvo, wurde die Helligkeit des Schirmbildes beträchtlich erhöht. Man bezeichnet sie deshalb als Hi-Bri-Bildröhren, abgeleitet vom englischen High Brightness = hohe Helligkeit[1]).

1 Gesprochen „Hei-Brei" in Anlehnung an die englische Aussprache.

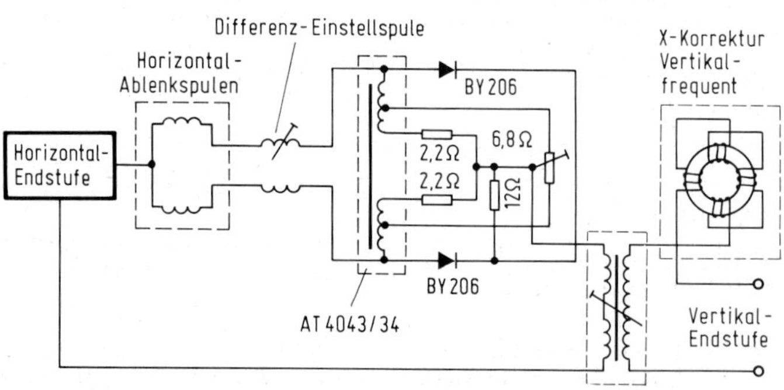

Bild 14.16 Korrekturschaltung hinter der Horizontalendstufe

Bild 14.17 Bei der PI-Schlitzmasken-Bildröhre sind nur noch zwei Korrektureinsteller am Ablenkspulensatz zu betätigen. Darüber zum Vergleich eine Konvergenzeinstellplatte mit 22 Einstellelementen für die Delta-Bildröhre (Foto: Siemens)

Diese höheren Helligkeitswerte werden erzielt durch eine schwächere Einfärbung des Filterglases (vgl. Bild 7.31) sowie durch eine neuartige Bildröhrenmaske mit größerer Lichtdurchlässigkeit. Insgesamt konnte der Helligkeitswert auf 170 Prozent gesteigert werden. Dadurch kann man auch in taghellen Räumen gut farbfernsehen und andererseits am Abend die Helligkeit verringern und somit Strom sparen. Gleichzeitig wird dadurch das Bild schärfer und farbkräftiger.

Literatur zum Abschnitt Schlitzmasken-Farbbildröhre

(In chronologischer Reihenfolge)

Schulz: In-Line-Farbbildröhre mit fest angebauter Toroid-Ablenkeinheit. Funkschau 1973, H. 9, S. 321.

Limann: Die Schlitzmasken-Farbbildröhre. Der Elektromeister + Deutsches Elektrohandwerk 1973, H. 17, S. 1209.

–,–: Valvo Eurocolor 20 AX; Das selbstkonvergierende System für Farbfernsehempfänger. Valvo-Brief, 29. August 1975.

–,–: 110°-Normhalsbildröhren in Deltaausführung und 110°-Uniline-Bildröhren. Siemens-Schaltbeispiele 1975/76, S. 77. Siemens Aktiengesellschaft, Bereich Bauelemente.

Tetzner: 20-AX: Die Einführung ist geglückt. FUNKSCHAU 1975, H. 23, S. 71.

Die Farbfernseh-Bildröhre II (In-Line-Farbbildröhre). Funktechnische Arbeitsblätter Rö 64. Franzis-Verlag, München, 1976.

Brown: Die selbstkonvergierende Ablenkmittelserie FTX. Funk-Technik 1976, H. 23, S. 764.

Friedrich und *Nill:* Die Heliochrom-Farbbildröhre A 66-501 X. Funkschau 1978, H. 8, S. 331.

20 AX Hi-Bri Farbbildröhren. Valvo-Brief (Druckschrift), 6. April 1978.

Ablenkspulen und Konvergenzsysteme

Bild 14.21 Ablenkmittel für Weithals-Bildröhren

Das Bild zeigt die Ablenkeinheit, das Konvergenzsystem und den Blauschiebemagnet für eine Deltaröhre. Man erkennt die dreiteilige Form der Konvergenzeinheit mit den Spulenwicklungen und den Anschlüssen für jedes Segment. Der Blauschiebemagnet besteht hier aus einem Magnetstab, der sich waagerecht verschieben und fixieren läßt.

Bild 14.22 und 14.23 Ablenkeinheiten für eine Dünnhalsröhre

1971 kam eine neue von der RCA entwickelte Bildröhrengeneration mit wesentlich dünnerem Hals (nur noch 29 mm Durchmesser) auf den Markt. Dadurch konnten die Ablenk- und Konvergenzmittel noch enger an die zu beeinflussenden Elektronenstrahlen herangerückt werden. Dies ergab eine Reihe von Vorteilen und Vereinfachungen. Die Vorteile wurden durch eine neue Ablenkeinheit Bild 14.22 erzielt. Sie benötigt allerdings höhere Ablenkleistung und damit stärkere Ablenk-Endstufen, ergibt aber bereits eine gute Farbdeckung ohne aufwendige Eckenkonvergenzsysteme. Das Charakteristische dieser Ablenkeinheit ist eine in Rillen auf dem Wickelkörper exakt definierte Toroidwicklung. Bild 14.23 zeigt die Seitenansicht der Röhre mit Ablenkeinheit, Entmagnetisierungsspule sowie mit den Konvergenz- und Farbreinheitselementen.

Bei den In-Line-Röhren sind die aus vertikalen Schlitzen gebildeten Leuchtfelder weit unabhängiger von eventuellen Landungsfehlern der Elektronenstrahlen.

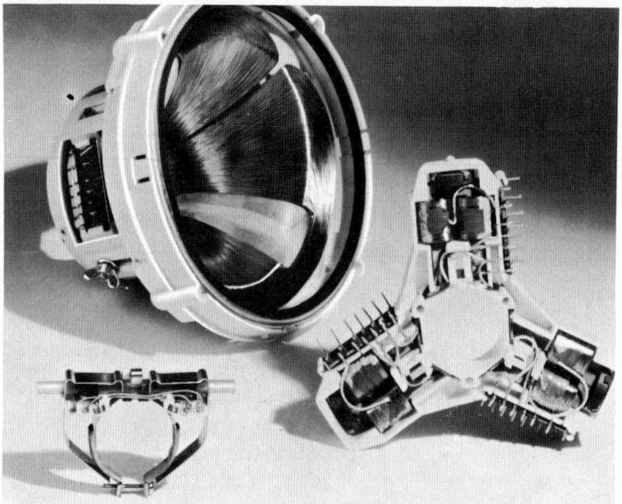

Oben: Bild 14.21 Ablenkeinheit und Konvergenzeinstellmittel für eine Normhals-Bildröhre

Rechts: Bild 14.23 Anordnung der Ablenkeinheit und der Entmagnetisierungsspule

Unten: Bild 14.22 Ablenkeinheit für eine Dünnhals-Bildröhre

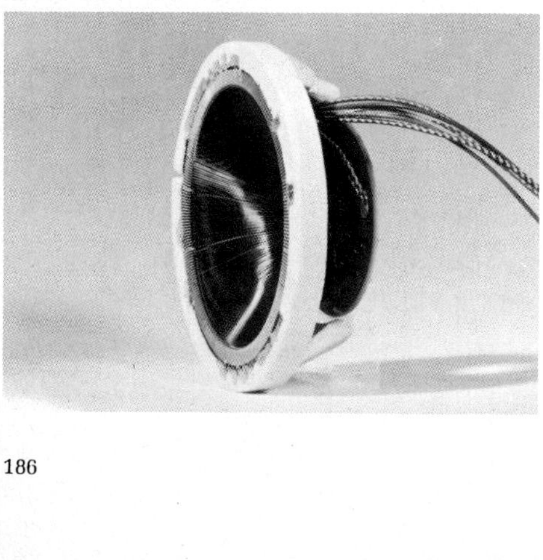

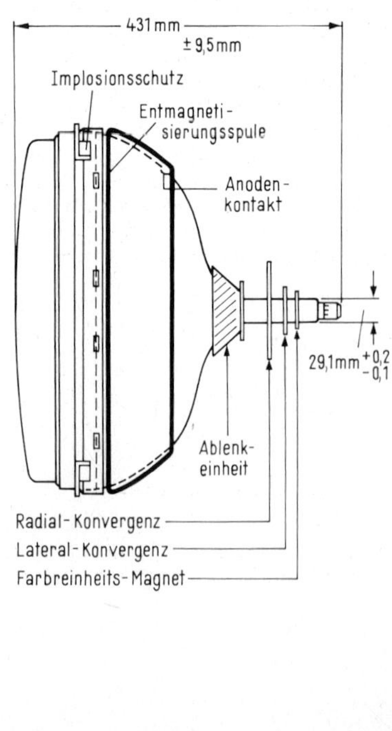

Durch neuartige Toroidablenkeinheiten erzielte man eine totale Selbstkonvergenz. Dadurch wurde es möglich, die Ablenkeinheit bereits in der Bildröhrenfabrik fest mit der Röhre zu verbinden und zu justieren, so daß automatisch alle drei Teilbilder zur Deckung kommen. Damit entfällt viel Arbeit im Prüffeld und in der Servicewerkstatt.

Literatur

Schubert und *Seifert:* Die 110°-Farbbildröhre und ihre Ablenktechnik. Funk-Technik 1970, H. 17, S. 637.

Tetzner: 110°-Dünnhalstechnik – Neue Röhre + neue Ablenkeinheit. Funkschau 1971, H. 6, S. 151.

Hohlbauch und *Baselt:* 110°-Dünnhals-Farbbildröhre A 67-150 X mit Ablenksystem FAS 110-3. Funkschau 1971, H. 10, S. 303.

– –: Eurocolor 20 AX – Das selbstkonvergierende System für Farbfernsehempfänger. Valvo-Brief, August 1975.

Brown: Die selbstkonvergierende Ablenkmittelserie FTX. Funk-Technik 1976, H. 23, S. 764.

In-Line-Farbbildröhre. Konvergenz und Konvergenzschaltungen. Funktechnische Arbeitsblätter Rö 65 und Rö 66. Franzis-Verlag, München, 1976.

Laufzeit- und Verzögerungsleitungen

Bild 14.31 Laufzeit und Bandbreite

Als es nur Schwarzweiß-Empfänger gab, kümmerte sich der Fernsehtechniker wenig um die Laufzeiten von Signalen. „Geister" im Bild, die von Laufzeitunterschieden (Mehrwegeempfang) herrühren, blendete er durch Richtantennen aus. Die Laufzeit in der $\lambda/2$-Umwegleitung zum Anpassen von Dipolantennen an Koaxialkabeln wurde lediglich als Phasenumkehrung aufgefaßt. Im allgemeinen setzte man voraus, daß die Laufzeit von elektrischen Signalen im Empfänger selbst zu vernachlässigen sei. Das ist beim Farbfernsehempfänger nicht mehr möglich. Schickt man einen Spannungssprung durch einen Verstärker, dann erscheint er nach Bild 14.31 am Ausgang erst nach der Zeit *t*. Diese Laufzeit hängt – so sonderbar dies zunächst erscheint – von der Bandbreite des Verstärkers ab und ist bei großer Bandbreite geringer als bei einem schmalbandigen Verstärker. Man kann dies mit viel Mathematik und der Wechselspannungstheorie beweisen. Hier sei jedoch eine kürzere Begründung versucht. Beim Breitbandverstärker schiebt man die obere Grenzfrequenz hinaus, indem man die Zeitkonstanten aus Arbeitswiderstand und schädlicher Parallelkapazität möglichst klein macht. In der Video-Endstufe mit 5,5 MHz Bandbreite verwendet man deshalb Arbeitswiderstände von nur 1 kΩ bis 3 kΩ. Bei $R_a = 2\,\text{k}\Omega$ und einer Schaltungskapazität $C_s = 80\,\text{pF}$ beträgt die Zeitkonstante

$$T = 2 \cdot 10^3 \cdot 80 \cdot 10^{-12} = 160 \cdot 10^{-9} = 0{,}16\,\mu\text{s}$$

Bei einem Verstärker geringerer Bandbreite, z. B. 1,3 MHz, aber gleichem Aufbau kann man mit dem Arbeitswiderstand auf 10 kΩ hinaufgehen. Dann wird

$$T = 10^4 \cdot 80 \cdot 10^{12} = 80 \cdot 10^{-8} = 0{,}8\,\mu\text{s}$$

Eine größere Zeitkonstante bedeutet aber eine größere Trägheit. Es dauert länger, bis sich die Parallelkapazität bei einem Spannungssprung auf das neue Potential umgeladen hat. Sollen Spannungssprünge, die gleichzeitig gestartet werden, aber verschiedene Verstärker parallel durchlaufen, an den Ausgängen wieder genau zusammentreffen, dann ist in den Verstärkerzug mit der kürzeren Laufzeit, also der größeren Bandbreite, eine Verzögerungsleitung einzuschalten.

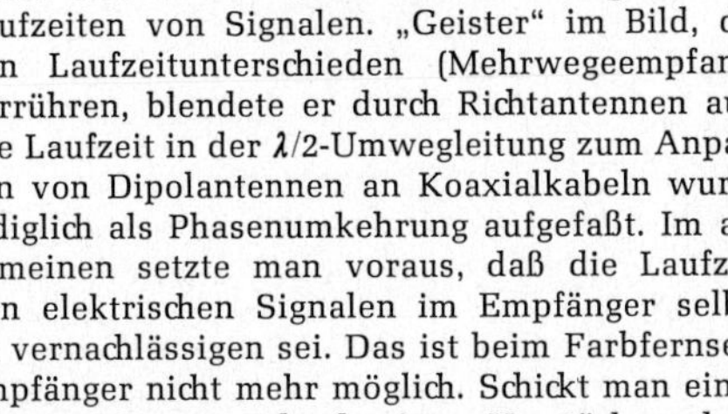

Bild 14.31 Verzögerung eines Spannungssprunges beim Durchlaufen eines Verstärkers

Bild 14.32 und 14.33 Laufzeitketten

Eine Laufzeitkette ist ein mehrgliedriger Tiefpaß nach Bild 14.32. Die Kondensatoren dieser Kette werden nacheinander durch einen Spannungssprung umgeladen. Das dauert um so länger, je größer die Kapazitäten und je mehr Kettenglieder vorhanden sind. Erst nach dieser Laufzeit kommt das Signal am Ausgang wieder zum Vorschein. Kettenleiter müssen mit ihrem Wellenwiderstand $Z = \sqrt{L/C}$ angepaßt werden. Im Farbfernsehempfänger würde man Laufzeitketten mit ziemlich vielen Kettengliedern benötigen. Das wäre recht teuer. Einfacher und billiger ist eine einlagige Zylinderspule mit einer geerdeten Metallfolie als verteilte Kapazität. Eine solche Konstruktion zeigt Bild 14.33. Durch Verdrehen des exzentrisch gelagerten inneren Hartpapierstabes verändert man den Abstand zwischen der geerdeten Folie und der Wicklung und kann dadurch die Laufzeit abgleichen.

Bild 14.34 Laufzeitkabel

Laufzeitkabel beruhen ebenfalls auf dem Prinzip der Induktivität mit verteilten Kapazitäten gegen Erde. Bild 14.34 zeigt einen Schnitt durch ein solches Kabel. Die Wicklung 2 besitzt einen biegsamen magnetischen Kern 1, um die Induktivität zu erhöhen. Über dem Dielektrikum 3 ist die Folie 4 als verteilte Kapazität und als Abschirmung angeordnet. Der Kunststoffmantel 5 dient zum Schutz. 40 cm Länge des Laufzeitkabels Typ HH 2500 der Firma *Hackethal* bewirken $\approx 0{,}8\ \mu s$ Verzögerung.

Bild 14.35 Verzögerungsleitung im Y-Verstärker

In Bild 14.35 liegt eine solche Verzögerungsleitung im Y-Verstärker eines Farbfernsehempfängers. Das Schaltzeichen deutet den geerdeten Belag an, von dem zu jeder Windung eine verteilte Kapazität besteht. Die Leitung wird durch zwei zusätzliche Spulen angepaßt. Die Laufzeitleitung ist in diesem Verstärkungszug notwendig, weil parallel zu ihm ein schmalbandiger Verstärker für das F-Signal liegt. Gleichzeitig an den Eingängen eingegebene Spannungssprünge sollen an den Ausgängen wieder genau zur gleichen Zeit erscheinen. Da aber das Sprungsignal den breitbandigen Y-Verstärker schneller durchläuft, muß eine Verzögerungsleitung als Hindernis eingebaut werden.

Bild 14.36 Ultraschall-Verzögerungsleitung

Beim Farbempfänger nach dem PAL-System muß jeweils der gesamte Signalinhalt einer Bildzeile um die Dauer einer Periode, d. h. um rund 64 µs verzögert werden. Ein Laufzeitkabel wäre hierfür zu lang und unhandlich. Man verwendet daher eine Ultraschall-Verzögerungsleitung. Das

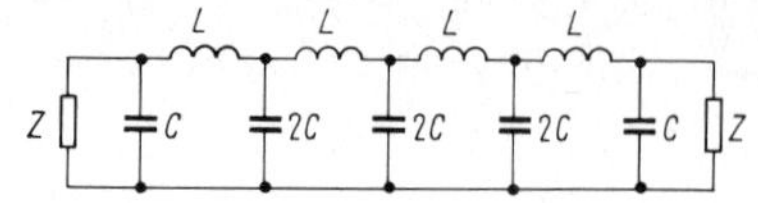

Bild 14.32 Laufzeitkette aus LC-Gliedern

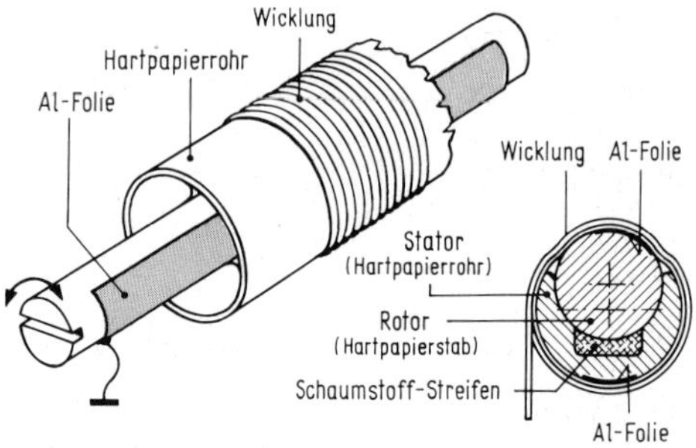

Bild 14.33 Einstellbare Verzögerungsleitung

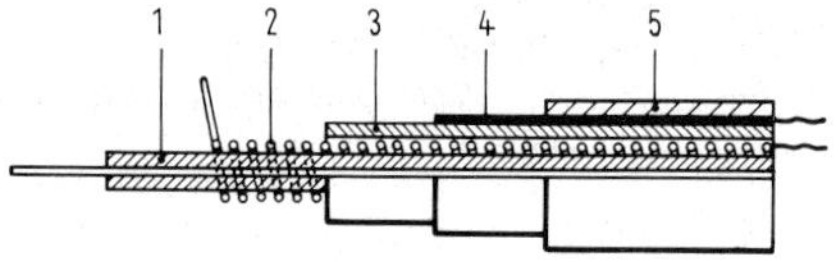

Bild 14.34 Aufbau eines Laufzeitkabels: 1 = magnetischer biegsamer Kern, 2 = gewendelter Innenleiter, 3 = Dielektrikum, 4 = Außenleiter (Schirm), 5 = Kunststoffmantel

elektrische Signal u_E wird durch einen piezoelektrischen Wandler W 1 in eine Ultraschallwelle umgewandelt, die in die schräge Stirnfläche eines Glaskörpers eindringt. Sie läuft darin viel langsamer als eine elektrische Schwingung, nämlich nur mit einer Geschwindigkeit von etwa 3 km/s. Die Ultraschallwelle spiegelt sich innen an der rechten Stirnfläche des Glaskörpers, läuft V-förmig zurück und wird an der ursprünglichen leicht abgewickelten Schmalseite durch einen gleichartig aufgebauten Wandler W 2 in das elektrische Ausgangssignal u_A zurückverwandelt. Es erscheint um rund 64 µs verzögert gegenüber dem Eingangssignal am Ausgang. Die Laufzeit läßt

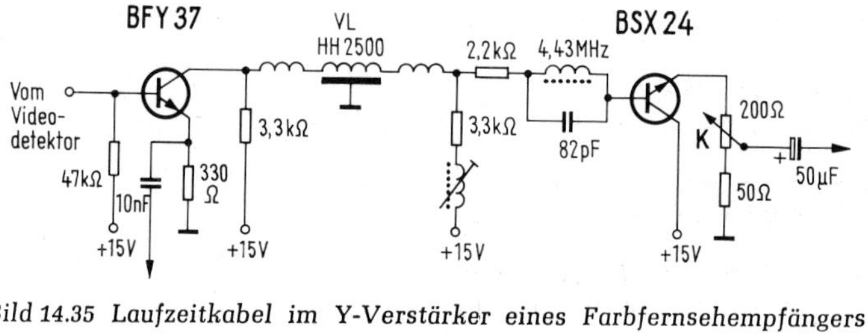

Bild 14.35 Laufzeitkabel im Y-Verstärker eines Farbfernsehempfängers

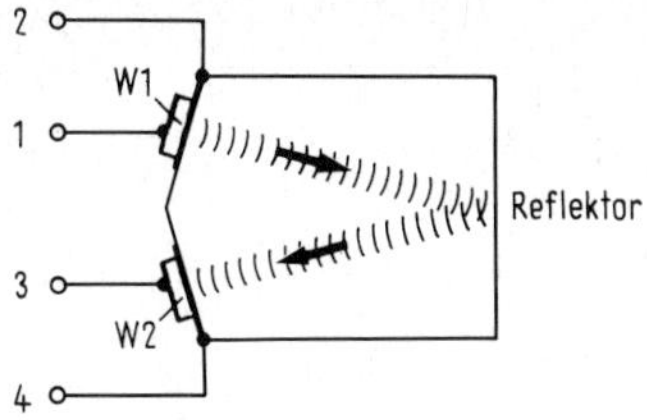

Bild 14.36 Prinzip der Ultraschall-Verzögerungsleitung

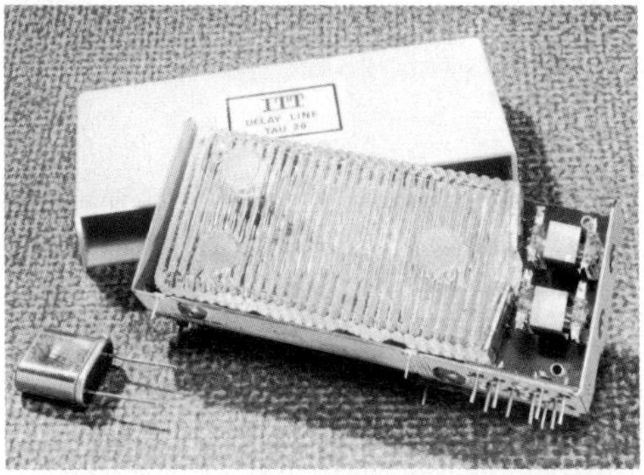

Bild 14.37 Verzögerungsleitung Typ TAU 20 (ITT)

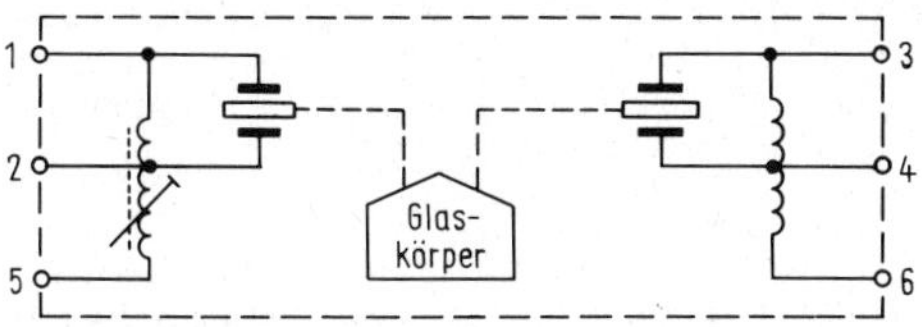

Bild 14.38 Innenschaltung der Verzögerungsleitung VL 11 (Telefunken)

sich durch Feinschleifen der Reflexionsfläche auf den genauen Wert abgleichen.

Die Wandler W 1 und W 2 bestehen aus dünnen quadratischen Keramikschwingern mit Metallbelägen. Sie werden auf die Stirnflächen der Glaskörper aufgelötet.

Bei neueren Verzögerungsleitungen läßt man das Ultraschallsignal zickzackförmig dreimal reflektieren, um kleinere Abmessungen für den Glaskörper zu erhalten.

Bild 14.37 Verzögerungsleitung mit Anpassungsübertrager

Piezoelektrische Schallwandler müssen an die Ausgangs- und Eingangswiderstände der Verstärkertransistoren angepaßt werden. Die Verzögerungsleitung Typ TAU 20 von ITT ist bereits innerhalb ihres Gehäuses mit Anpassungsübertragern ausgerüstet. Für den Gerätekonstrukteur besteht aber auch die Möglichkeit, externe Anpassungsübertrager zu benutzen. Die Oberfläche des Glaskörpers ist geriffelt mit Ausnahme der reflektierenden Stirnfläche und der Stellen, an denen die Wandler angebracht sind. Die Riffelung verringert und zerstreut ungewollte Reflexionen an anderen Stellen des Glaskörpers, sie würden sonst Echos oder Nachhall bewirken.

Die Verzögerungsleitung kann direkt in gedruckte Leiterplatten eingelötet oder mit Hilfe vorgesehener Gewindebuchsen auf dem Chassis befestigt werden. Die Leitung ist auf die Betriebsfrequenz 4,433619 MHz bzw. auf eine Phasenlaufzeit von 63,943 μs bei einer Umgebungstemperatur von 25 °C abgeglichen. Am Eingangsübertrager lassen sich die Impedanzen 100 Ω und 1600 Ω abgreifen. Der Ausgangsübertrager ist an 2 × 100 Ω oder an 400 Ω anzupassen. Die Betriebsdämpfung beträgt 11 ± 3 dB.

Bild 14.38 Innenschaltung einer Verzögerungsleitung

Das Bild zeigt die Innenschaltung der gleichfalls mit Anpassungsübertragern ausgerüsteten Verzögerungsleitung Typ VL 11 von Telefunken. Der Eingangsübertrager hat ein Übersetzungsverhältnis von 4 : 1, der Ausgangsübertrager ist symmetrisch gewickelt. Die piezokeramischen Meßwandler muß man sich auf die Stirnflächen des Glaskörpers aufgekittet vorstellen.

Für diese Leitung wird eine Phasenlaufzeit von 63,943 ± 0,05 μs und eine Betriebsdämpfung von 10 ± 3 dB angegeben. Der Echostörabstand, bezogen auf die Ausgangsspannung zwischen den Anschlüssen 3 und 4, beträgt für Echos mit dreifacher Laufzeit mindestens 22 dB und für sonstige unerwünschte Reflexionen mindestens 27 dB.

Das Gesamtprinzip einer Pal-Decoderschaltung wird in Bild 14.39 auf der folgenden Seite dargestellt.

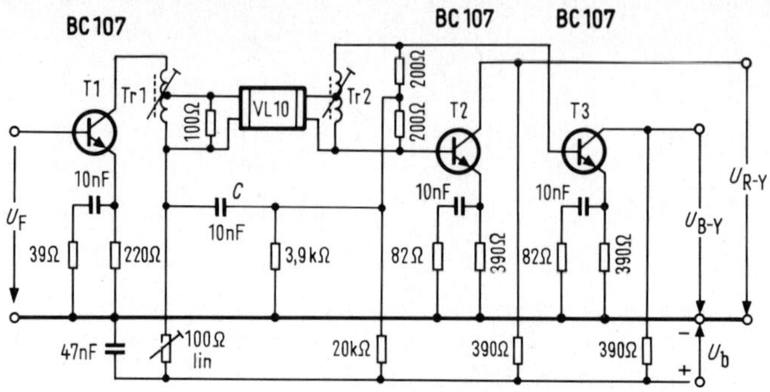

Bild 14.39 Prinzip einer Decoderschaltung

Bild 14.39 Decoderschaltung

Das Farbartsignal U_F steuert den Treibertransistor T 1. Die Verzögerungsleitung VL 10 von Telefunken ist an den Treibertransistor über den Eingangstransformator Tr 1 mit dem Übersetzungsverhältnis 4 : 1 angekoppelt. Das direkte unverzögerte Signal wird über den Kondensator C zum Mittelpunkt der Brückenschaltung mit den beiden 200-Ω-Widerständen geführt. Das verzögerte Signal gelangt über den Transformator Tr 2 an die Brücke. An den gegenphasig aus dem Übertrager Tr 2 gespeisten Transistoren T 2 und T 3 können dann die Signale U_{R-Y} und U_{B-Y} abgenommen werden.

Durchlaufendes Schwarzweiß-Zeilensignal – Farbpunkte

Ein grundlegender Unterschied zwischen Schwarzweißempfängern und Farbfernsehempfängern sei hier kurz erwähnt. Bei Schwarzweißempfängern verläuft und ändert sich der Helligkeitseindruck innerhalb einer Zeile kontinuierlich. Bei Farbempfängern werden die Zeilensignale in Farbpunkte zerhackt. Diese folgen aber sehr dicht aufeinander, so daß, ähnlich wie bei der senkrechten Unterteilung des Fernsehbildes in Zeilen, das menschliche Auge doch einen stetigen Verlauf der Bildinformation auch in waagerechter Richtung sieht. Nur mit einer Lupe kann man die Auflösung in Bildpunkte erkennen.

Literatur

Die Verzögerungsspule für Farbfernsehgeräte. Funktechnische Arbeitsblätter Be 71. Beilage zur Funkschau 1970, H. 12.

AEG-Telefunken: Reflexions-Verzögerungsleitungen für PAL und Secam. Taschenbuch für Röhren – Halbleiter – Bauteile 1970. Technischer Anhang S. 64.

Wendt: Eine sehr kleine Verzögerungsleitung (Typ SDL 141 von Sylvania). Funkschau 1971, H. 1, S. 4.

Verzögerungsleitungen für das Pal-Farbfernsehsystem. Funktechnische Arbeitsblätter Be 72. Beilage zur Funkschau 1971, H. 11.

Reuber: Integrierte MOS-Verzögerungsschaltung als Ersatz für Glasverzögerungsleitungen in Pal- und Secam-Empfängern. Radio Mentor Electronic 1972, H. 2, S. 54.

15 Blockschaltungen und Prinzipschaltungen des Farbempfängers

Bild 15.01 und 15.02 Mehrfach-Übertragungstechnik

Die recht schwierig zu durchschauende Schaltungstechnik der Farbempfänger hat ihren Grund darin, daß bei der Einführung des Farbfernsehens in den USA bereits Millionen von Schwarzweißempfängern in Betrieb waren, die weiterhin alle Sendungen aufnehmen sollten, wenn auch ohne farbige Wiedergabe. Man mußte daher die Farbinformation zusätzlich in der vorhandenen Schwarzweißnorm unterbringen, wie dies bereits in Kapitel 2 dieses Buches erläutert wurde. Die dabei verwendete Mehrfachmodulation hat eine gewisse Ähnlichkeit mit der Hochfrequenz-Stereofonie. Auch diese Technik wurde seinerzeit so durchgebildet, daß Stereosendungen mit Monoempfängern aufgenommen werden können, allerdings ohne Stereo-Effekt, d. h. sie werden nur einkanalig wiedergegeben. *H.-J. Wilhelmy* und später *M. Tuner* brachten dazu einen interessanten Vergleich.

Bild 15.01 zeigt schematisch das Prinzip der Hf-Stereofonie mit zwei Mikrofonen. Zu übertragen sind das Links- und das Rechtssignal. Man bildet daraus (durch Gegeneinanderschalten in einer Matrix) das Differenzsignal $L - R$ sowie durch Addieren das Summensignal $L + R$. Das Summensignal entspricht dem normalen einkanaligen Eindruck, wird in gewohnter Weise in Frequenzmodulation über UKW-Sender ausgestrahlt und von Monoempfängern einkanalig wiedergegeben. Das Differenzsignal wird einer Hilfsfrequenz von 38 kHz aufmoduliert. Diesen Träger unterdrückt man aber dann, und das eigentliche

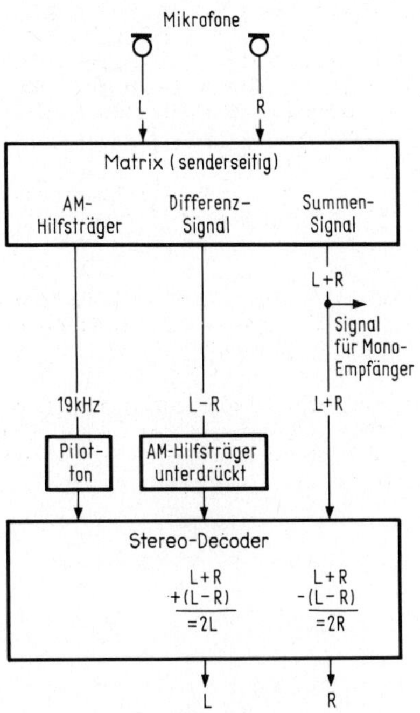

Bild 15.01 Mehrfach-Übertragungsverfahren bei der Hochfrequenz-Stereofonie

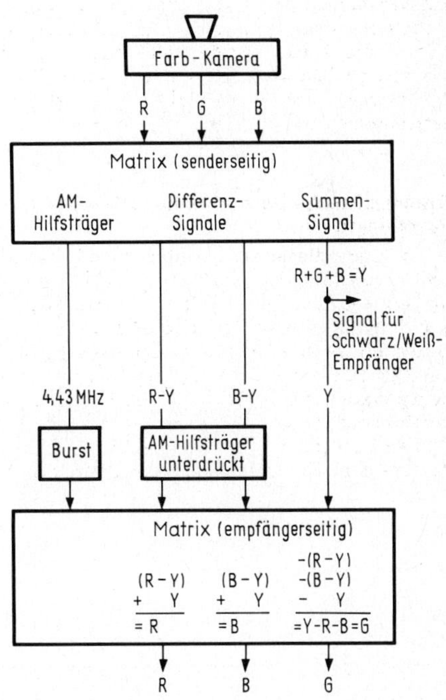

Bild 15.02 Mehrfach-Übertragungsverfahren beim Farbfernsehen

$(L-R)$-Signalspektrum wird der Hauptsendefrequenz zusätzlich aufmoduliert und mit ihr ausgestrahlt.

Anstelle der unterdrückten Trägerfrequenz von 38 kHz sendet man die Pilotfrequenz 19 kHz mit aus und erzeugt daraus durch Verdopplung im Empfänger die zur Demodulation wieder benötigte Trägerfrequenz von 38 kHz.

Im Empfänger werden die Signale $(L-R)$ und $(L+R)$ durch Weichen auseinandersortiert und dann im Stereo-Decoder einmal addiert und zweitens voneinander subtrahiert. Nach der simplen in Bild 15.01 unten aufgeführten Rechnung erhält man daraus die eindeutigen Links- und Rechtssignale.

Ähnlich ist der Ablauf beim Farbfernsehempfänger, Bild 15.02. Die Farbkamera liefert die drei Signale Rot, Grün und Blau (R, G, B). Daraus wird das Summensignal $R+G+B=Y$ gebildet. Es bewirkt im Schwarzweißempfänger ein normales Schwarzweißbild. Ferner werden zwei Differenzsignale $(R-Y)$ und $(B-Y)$ als Farbartsignale einem Hilfsträger von 4,43 MHz in Quadraturmodulation (QAM)[1] aufmoduliert. Der Träger wird anschließend unterdrückt, und das Farbartsignalspektrum wird vom Sender zusätzlich zum Helligkeitssignal Y ausgestrahlt.

Zum Wiederherstellen der im Empfänger benötigten Trägerfrequenz wird der Burst, ein kurzer Schwingungszug dieser Farbhilfsträgerfrequenz 4,43 MHz, den Synchronisierimpulsen zugesetzt und mit ausgestrahlt.

Die Farbmatrix im Empfänger macht durch einfache elektrische Rechenvorgänge aus den vier Teilsignalen $(R-Y)$, $(B-Y)$, Y und 4,43 MHz wieder die klar getrennten Farbsignale R, B und G.

Es ist allerdings ein weiter Weg von diesem Prinzipschema Bild 15.02 bis zur kompletten Schaltung eines Farbfernsehempfängers. Wir wollen diesen Weg Schritt für Schritt gehen und ihn durch Teil-Blockschaltungen und Prinzipschaltungen erläutern, denn es hat wenig Sinn, sich sogleich mit Schaltungseinzelheiten und großen Schaltplänen zu befassen. Nur wenn man den Zweck und die Grundfunktion einer Schaltungsstufe beherrscht, kann man mit Verständnis an den Aufbau und an den Service von Farbfernsehempfängern herangehen.

Literatur

Tuner: Farbfernseh-Praktikum, Band I, S. 68 und 69. Verlag F. W. Rubens, Unna (Westfalen).

Wilhelmy: Ein neuer Weg zum Verstehen des Farbfernsehens – ein Vergleich mit der Hf-Stereofonie. Funkschau 1964, H. 22, S. 583.

1 Vgl. Bild 2.31 bis 2.33.

Bild 15.03 und 15.04 Zeichen und Bezeichnungen

In den Veröffentlichungen über die Wirkungsweise von Farbfernsehempfängern werden unterschiedliche Bezeichnungen für Farbsignale und Trägerfrequenzen verwendet. Sie haben jeweils ihre Berechtigung, wenn dadurch mathematische Zusammenhänge exakt dargestellt werden sollen. In diesem Buch geht es aber hauptsächlich darum, Schaltungsfunktionen zu erläutern. Dazu genügen wenige markante Ausdrücke, die hier nochmals zusammengestellt sind.

R, G, B = Signale der Primärfarben Rot, Grün, Blau mit Bandbreiten von 0...1,3 MHz. (Anderweitige Bezeichnungen: U_R, U_G, U_B)

Y = Helligkeitssignal oder Leuchtdichtesignal mit einer Bandbreite von 0...5 MHz. (Anderweitige Bezeichnungen: U_Y, E_Y)

Y = $0{,}30\,R + 0{,}59\,G + 0{,}11\,B$
= Y-Signal für eine weiße Fläche.

Um Schaltungsfunktionen besser zu übersehen, werde diese Grundgleichung rigoros vereinfacht. Mischt man nicht nur Bruchteile der Farbsignale, sondern die vollen Werte R, G und B zusammen, dann wird die Leuchtdichte Y rund dreimal so groß, denn nun sind gewissermaßen

$$60\,\%\,R + 118\,\%\,G + 22\,\%\,B = 200\,\%$$

mehr Licht hinzugekommen. Deshalb muß man auch auf der linken Seite der Gleichung 200 %, also 2 Y addieren, d. h.

$$Y + 2Y = R + G + B$$
$$3Y = R + G + B$$

Farbdifferenz-signale	Anderweitige Bezeichnungen
$R-Y$	V-Signal, I-Signal, $(R'-Y')$
$G-Y$	$(G'-Y')$
$B-Y$	U-Signal, Q-Signal, $(B'-Y')$

$F_{(R-Y)}$, $F_{(B-Y)}$ = dem Farbträger aufmodulierte Differenzsignale; Mittenfrequenz 4,43 MHz ± 1,3 MHz Modulationsbandbreite. (Anderweitige Bezeichnungen: F_U, F_V. Diese Bezeichnungen sind zwar kürzer und schreiben sich besser, aber sie geben keine klare Gedankenverbindung zum Rot- und Blausignal. Bleiben wir also bei $F_{(B-Y)}$!)

F = gesamtes trägerfrequentes Farbartsignal, enthaltend die Informationen $(R-Y)$ und $(B-Y)$ in Quadraturmodulation (QUAM).

Bild 15.03 Symbole für Blockschaltungen

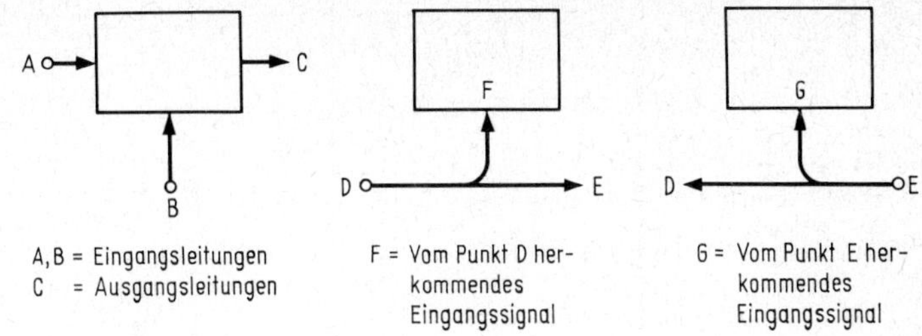

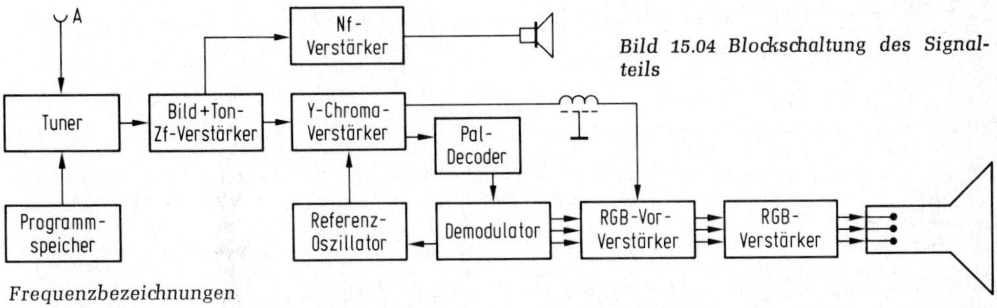

Bild 15.04 Blockschaltung des Signalteils

Frequenzbezeichnungen

Die Trägerfrequenzen der Fernsehmodulation werden bei allgemeinen Schaltungsbetrachtungen durch Großbuchstaben abgekürzt. In Gleichungen dagegen muß man korrekterweise die Bezeichnung tiefstellen.

BT = *Bildträger*, f_{BT} = Bildträgerfrequenz
Außerdem: EB = eigener Bildträger
NB = Nachbar-Bildträger

FT = *Farbträger*, f_{FT} = Farbträgerfrequenz

TT = *Tonträger*, f_{TT} = Tonträgerfrequenz
Außerdem: ET = eigener Tonträger
NT = Nachbar-Tonträger

FHT = *Farbhilfsträger*, im Empfänger wiederhergestellte durchlaufende Farbträgerschwingung, f = 4,43361875 MHz, abgekürzt 4,43 MHz.

$f_H/2$ = *Pal-Kennsignal* = halbe Horizontalablenkfrequenz, abgerundet 7,8 kHz. (Anderweitige Bezeichnung: Pal-Identifikationssignal)

Die Trägerfrequenzbezeichnungen gelten sinngemäß für das jeweils betrachtete Frequenzband, d. h. sowohl im Zf-Bereich als auch im Videogebiet, wie beispielsweise in den später folgenden Bildern 15.13 und 15.14.

Um den folgenden Blockschaltungen einen größeren Aussagewert zu geben, wird nach Bild 15.03 festgelegt:

1. Eingangsleitungen einer Stufe werden mit einer Pfeilspitze unmittelbar am Kästchensymbol gekennzeichnet. Leitungen ohne Pfeil sind daher Ausgangsleitungen (Bild 15.03a).

2. Abzweigungen werden nicht einfach rechtwinklig weggeführt, sondern mit einem Bogen, der den Signalfluß erkennen läßt (15.03b und c).

Für die folgenden Kapitel sei außerdem darauf hingewiesen, daß die Bezeichnungen

Leuchtdichteverstärker Luminanzverstärker
Helligkeitsverstärker Y-Verstärker

identisch sind und gleichberechtigt in Fachaufsätzen und Serviceschriften gebracht werden. Man muß sie daher kennen und verstehen. Gleiches gilt für

Chrominanzverstärker = Farbartverstärker

sowie für

Amplitudensieb = Impulsabtrennung.

Dagegen sind die Ausdrücke

Videoteil oder Videoverstärker

beim Farbfernsehempfänger nicht ganz eindeutig. Sie werden manchmal, in Anlehnung an den Schwarzweißempfänger, nur für den Leuchtdichteverstärker benutzt. Aber es ist auch üblich, sie für den gesamten Komplex Leuchtdichteverstärker + Farbartverstärker + Matrix anzuwenden. Der Sinn ist jedoch meistens aus dem Zusammenhang zu erkennen. In diesem Buch wird „Videoteil“ beim Farbempfänger als Sammelbegriff für alle Stufen benutzt, die videofrequente Signale verarbeiten.

Sinnfällig ist auch der Sammelbegriff „Signalteil“ für alle Stufen, die nach Bild 15.04 an der Aufbereitung der Tonfrequenzsignale und der Farbsignale beteiligt sind. Gegenstück hierzu ist der gesamte Ablenkteil.

Luminanzteil und Chrominanzteil

Bild 15.11 Vereinfachte Blockschaltung eines Farbempfängers

Die sehr vernünftigen Grundforderungen, die bei der Entwicklung des Farbfernsehens in den USA gestellt wurden, lauteten:

1. Farbsendungen müssen auch mit den normalen Schwarzweißempfängern, allerdings unbunt zu empfangen sein.

2. Farbempfänger müssen auch schwarzweiß ausgestrahlte Sendungen wiedergeben.

Die zweite Forderung bedeutet, daß in einem Farbempfänger die Stufen eines Schwarzweißempfängers enthalten sind. Für die Farbwiedergabe sind weitere Schaltungsteile erforderlich. Bild 15.11 zeigt dies in vereinfachter Form. Tuner, Bild-Zf-Teil, Tonteil und Video- bzw. Y-Verstärker entsprechen denen eines Schwarweißempfängers. Hinzugekommen gegenüber einem Schwarzweiß-Videoverstärker ist das *Laufzeitglied* mit einer Verzögerungszeit von 0,8 µs. Das Luminanz- oder Y-Signal für sich allein bewirkt in der Bildröhre eine solche Helligkeitsmodulation, daß sich ein normales Schwarzweißbild ergibt. Der Farbteil oder Chrominanzteil wird dazu nicht benötigt. Er wird bei den meisten Geräten sogar automatisch abgeschaltet, wenn Schwarzweißsendungen laufen. Das Laufzeitglied im Y-Verstärker hat keinen Einfluß auf den Schwarzweißempfang.

Hinter dem Bild-Zf-Demodulator erscheint das gesamte FBAS-Signal, also mit den Austast- und Synchronimpulsen. Dieses Gesamtsignal wird in Bild 15.11 einem 4,43-MHz-Bandpaß zugeführt. Außerdem gelangt es zur Impulsabtrennstufe im Ablenkteil. Sie schneidet davon nur die Synchro-

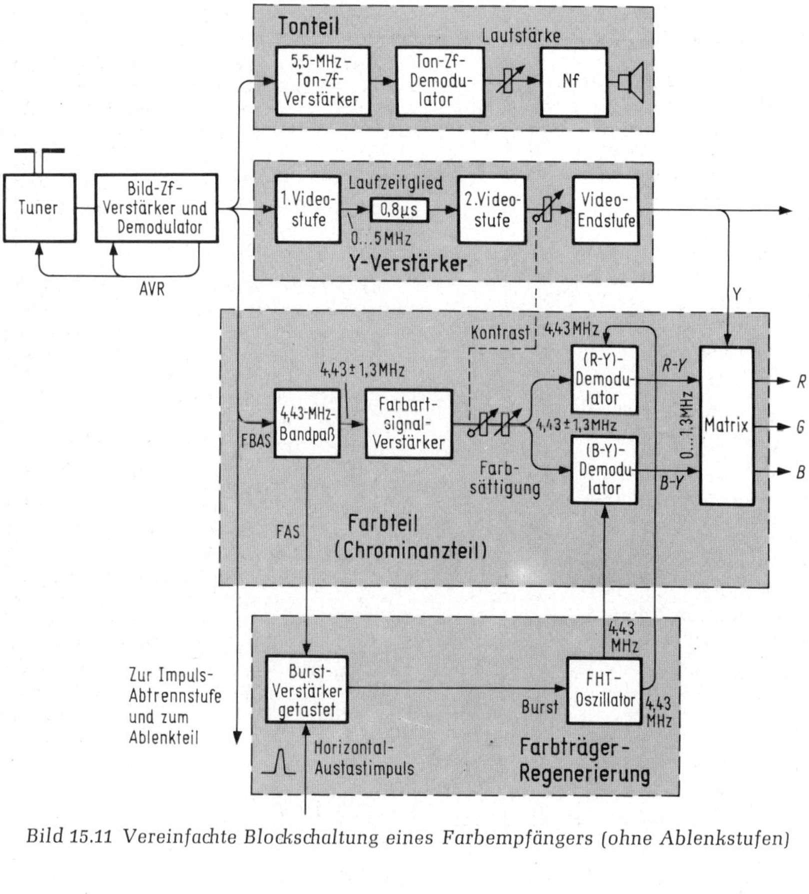

Bild 15.11 Vereinfachte Blockschaltung eines Farbempfängers (ohne Ablenkstufen)

nisierimpulse heraus und gibt sie an die Ablenkoszillatoren weiter.

Der Bandpaß im Farbteil siebt aus dem FBAS-Spektrum das Gebiet um 4,43 MHz mit einer Bandbreite von ± 1,3 MHz heraus. Das Filter unterdrückt also das ausschließlich für Helligkeitsbildsignale reservierte Gebiet von etwa 0 bis 3 MHz. Das Spektrum von 4,43 MHz ± 1,3 MHz kann man gewissermaßen als Farb-Zf-Signal auffassen, ähnlich wie das Ton-Zf-Signal mit 5,5 MHz Mittenfrequenz. Erst durch Demodulation erhält man daraus die endgültigen Farbinformationen. Aber zunächst sind wir noch bei diesem farbträgerfrequenten Signal. Es wird dem Farbartsignalverstärker in Bild 15.11 zugeführt. Er enthält an geeigneter Stelle zwei Spannungsteiler. Die erste dieser Widerstandsbahnen gehört zu einem Doppelpotentiometer, dessen zweite Schleifbahn sich als Kontrasteinsteller im Videoteil befindet. Wenn man nämlich dort den Kontrast, d. h. die Verstärkung verändert[1]), dann muß dies proportional dazu auch im Farbkanal geschehen, damit die Gleichung für eine weiße Fläche, nämlich

$$Y = 0{,}30\,R + 0{,}59\,G + 0{,}11\,B$$

erhalten bleibt. Setzt man z. B. das Y-Signal auf die Hälfte herab, dann muß man auch die Verstärkung im Farbkanal auf die Hälfte herabsetzen, damit die Gleichung für Weiß und somit die weiße Farbe im Bild erhalten bleibt. Deswegen also das Doppelpotentiometer im Y-Verstärker und im Farbteil.

Hinter dem Kontrasteinsteller liegt noch ein weiteres Spannungsteilerpotentiometer, diesmal aber nur im Farbkanal. Es beeinflußt lediglich die Amplituden der Farbsignale, d. h. den Sättigungsgrad. Man kann damit zarte oder kräftige Farbtöne einstellen[2]).

Das Farb-Zf-Signal von 4,43 MHz ± 1,3 MHz wird dann zwei getrennten Demodulatoren zugeführt. In diesen Demodulatoren wird die im Sender unterdrückte Farbträgerfrequenz von 4,43 MHz wieder hinzugefügt. Das entspricht im Prinzip dem „Herabmischen"[3]) des trägerlosen Stereo-Zusatzsignals für $L - R$ in einem Rundfunkempfänger durch Zufügen der 38-kHz-Trägerfrequenz. Dort erhält man dann das herabgemischte Tonfrequenzspektrum $L - R$ von etwa 30 Hz bis 15 kHz Bandbreite.

Im Farbempfänger ergeben sich durch Demodulieren mit Hilfe der 4,43-MHz-Farbträgerfrequenz die herabgemischten Farbdifferenzsignale $R - Y$ und $B - Y$ mit einem Frequenzspektrum von je etwa 0...1,3 MHz. Wie diese Trennung in die beiden unterschiedlichen Differenzsignale zustande kommt, wird in einem der nächsten Abschnitte behandelt werden. Hier sei vorerst nur erwähnt, daß die zum Demodulieren benötigte Farbträgerfrequenz von 4,43 MHz durch einen Farbhilfsträger-Oszillator (FHT-Oszillator) erzeugt und durch die vom Sender stammenden Burst-Schwingungszüge auf den genauen Trägerfrequenzwert synchronisiert wird.

Die zum Farbteil führende Leitung enthält das gesamte FBAS-Signal mit Austast- und Synchronisierimpulsen. Auf der hinteren Schwarzschulter der Farbsynchronisierimpulse sitzt der Burst, d. h. die wenigen Schwingungszüge der vom Sender kommenden Farbträgerfrequenz 4,43 MHz[1]). Sie gelangen selbstverständlich auch am Ende jeder Zeile in den 4,43-MHz-Bandpaß des Farbteiles hinein. Ähnlich wie man zur automatischen Verstärkungsregelung im Schwarzweißempfänger die Synchronisierimpulse mit Hilfe von Horizontal-Rückschlagimpulsen und einer Koinzidenzschaltung zeitlich aus dem gesamten Zeilensignal heraustastet, so geschieht dies hier mit dem getasteten *Burst-Verstärker* im Farbteil. Dieser Verstärker wird nur während der kurzen Zeiten geöffnet, in denen Synchronimpulse auftreten. Dann laufen also die wenigen Burst-Schwingungszüge durch diesen Verstärker hindurch und können den FHT-Oszillator synchronisieren, ähnlich wie die Zeilen- und Bildsynchronisierimpulse die Ablenkoszillatoren synchronisieren.

Mit der auf diese Weise durchlaufend wiederhergestellten oder regenerierten Farbträgerfrequenz werden dann die beiden Farbart-Demodulatoren im Chrominanzteil gesteuert. Sie liefern die herabgemischten Farbdifferenzsignale $R - Y$ und $B - Y$ mit Bandbreiten von 0...1,3 MHz.

In der darauffolgenden Matrixschaltung erzeugt man daraus die drei Farbsignale für Rot, Grün und Blau. Dabei ergeben sich für diese Matrix unterschiedliche Ausführungsformen, je nachdem ob man mit RGB-Steuerung oder Farbdifferenzsteuerung der Bildröhre arbeitet[2]), doch seien diese Feinheiten zunächst außer acht gelassen. Ebenfalls zurückgestellt werde die Besprechung des Ablenk- und Konvergenzteiles. Er wird wie beim Schwarzweißempfänger mit Synchronisierimpulsen gesteuert und liefert die Ablenkspannungen für die Bildröhre und hier in Bild 15.11 die Horizontal-Austastimpulse für den Burstverstärker.

1 Vgl. Bild 6.13 bis 6.15.

2 Vgl. Bild 2.07.

3 Vgl. Funktechnik ohne Ballast 14. und 15. Auflage, Kapitel 14.

1 Vgl. Bild 1.07.

2 Vgl. Bild 14.03.

Bild 15.12 bis 15.14 Durchlaßkurven beim Farbempfänger

Trotz der weitgehenden Übereinstimmung von Bild-Zf-Verstärker und Video-Vorverstärker mit denen eines Schwarzweißempfängers sind doch einige charakteristische Unterschiede bei Farbempfängern zu beachten. Erinnern wir uns nochmals: Das Modulationsfrequenzband eines Farbsenders besteht nach Bild 15.12 aus dem Leuchtdichte- oder Y-Signal, der hineingeschachtelten Farbinformation und dem Tonträger. Das Y-Signal hat den gleichen Umfang wie das Video- oder Helligkeitssignal eines Schwarzweißempfängers. Es besitzt vom Bildträger aus ein rund 5 MHz breites oberes Seitenband, und in 5,5 MHz Abstand liegt der frequenzmodulierte Tonträger. Das untere Seitenband ist zum größten Teil unterdrückt und fällt bei 1 MHz steil ab.

Um die Farbträgerfrequenz 4,43 MHz herum ist das Farbsignal in das Y-Signal hineingeschachtelt. Der Farbträger selbst ist unterdrückt. Das amplitudenmodulierte Farbartsignal hat ebenfalls unsymmetrische Seitenbänder, denn das obere Seitenband darf nicht in das Tonträgergebiet bei 5,5 MHz hineinragen.

Bild 15.13 zeigt nochmals das dem Sender aufmodulierte Gesamtfrequenzband und zusätzlich den im Farbempfänger dafür notwendigen Durchlaßbereich. Bereits im Schwarzweißempfänger mußte man den Eigenton-Träger ET im Bild-Zf-Verstärker stark absenken, damit er nicht die Bildmodulation stört. Das gäbe „Ton im Bild", z. B. Wellenlinien bei starkem Händeklatschen. Beim Farbempfänger droht eine ähnliche Gefahr vom Farbsignal. Seine Amplitude muß gegenüber dem durchschnittlichen Y-Signal erheblich herabgesetzt werden, um gegenseitige Beeinflussungen und damit eine perlschnurartige Modulation durch die Frequenzen um 4,43 MHz zu verhindern. Als Richtwert sieht man vor, das Frequenzgebiet bei 4,43 MHz, also beim eigenen Farbträger EF, um 6 dB, d. h. um 50 % abzusenken. Die Amplitude des Y-Signals sollte dazu von etwa 3,5 MHz an abfallen. Dadurch wird auch zwangsläufig der 5,5-MHz-Tonträger wie gewünscht reduziert, und zwar um rund 25 dB.

Auf der Seite des eigenen Bildträgers EB ist die Durchlaßkurve des Empfängers entsprechend der Nyquistflanke zu formen[1]). In Bild 15.13 ist dafür ebenfalls eine Absenkung um 6 dB beim Bildträger vorgesehen.

Der Servicetechniker sieht dies allerdings nach Bild 15.14 spiegelbildlich als Zf-Durchlaßkurve auf dem Oszillografenschirm. Wie üblich, werden die Frequenzen des zu empfangenden Kanals in der Mischstufe des Tuners so umgesetzt, daß die eigene Bildträgerfrequenz wie beim Schwarzweißempfänger auf 38,9 MHz zu liegen kommt. Neu merken muß man sich die Frequenz des eigenen Farbträgers EF im Zf-Verstärker. Sie liegt bei

$$f_{EF} = 38{,}9 - 4{,}43 = 34{,}47 \approx 34{,}5\ \text{MHz}$$

Zu achten ist auch auf eine eventuell mögliche Störfrequenz f_S durch Überlagerung von Farbträger EF und Tonträger ET im Bild-Zf-Teil. Dadurch ergäbe sich die Differenzfrequenz

$$f_S = 34{,}47 - 33{,}4 = 1{,}07\ \text{MHz}$$

Sie liegt mitten im Bildmodulationsspektrum und würde ein störendes Moiré[1]) erzeugen. Insgesamt erhält man die folgende Tabelle für die wich-

1 Vgl. Bild 4.01.

1 Moiré = schillerndes Muster (französisch;) gesprochen Moaree.

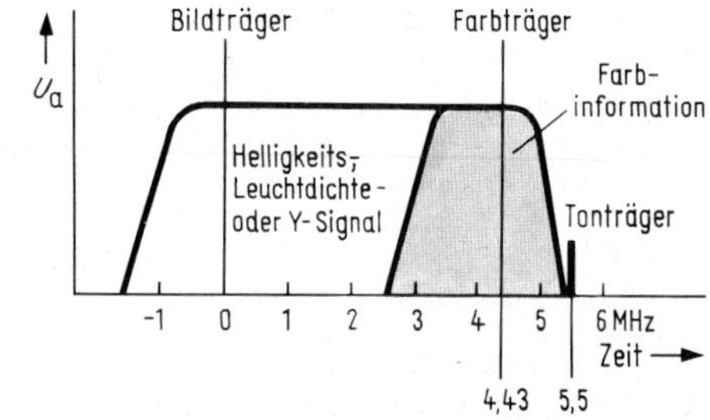

Bild 15.12 Signalspektren beim Farbfernsehsender

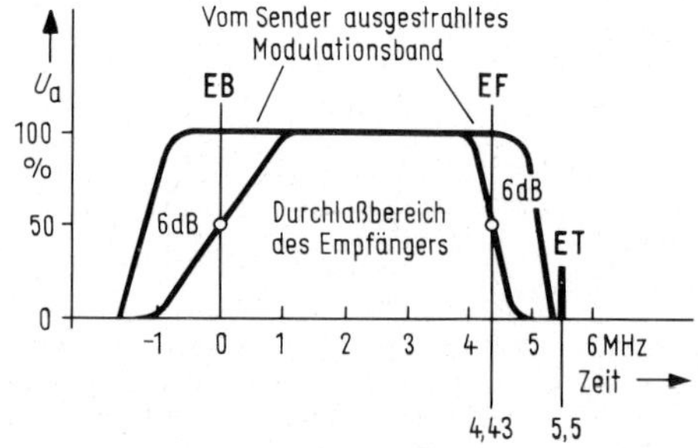

Bild 15.13 Modulationsband des Senders und Durchlaßbereich des Empfängers

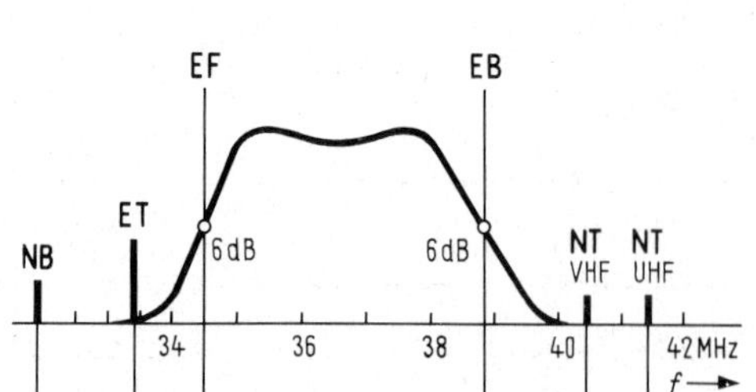

Bild 15.14 Bild-Zf-Durchlaßkurve

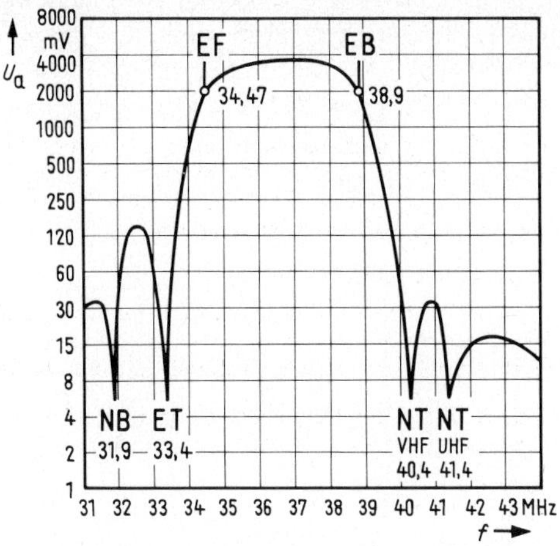

Bild 15.15 Bild-Zf-Durchlaßkurve, in logarithmischem Maßstab aufgenommen

tigsten Frequenzen des Bild-Zf-Teiles eines Farbempfängers:

Bezeichnung	Bild-Zf	Demoduliert
NB Nachbarbildträger	31,9 MHz	–
ET Eigener Tonträger	33,4 MHz	5,5 MHz
EF Eigener Farbträger	34,47 MHz	4,43 MHz
EB Eigener Bildträger	38,9 MHz	0,0 MHz
NT Nachbartonträger		
Für VHF	40,4 MHz	–
Für UHF	41,4 MHz	–

Durch Fallen bei 31,9 MHz, 33,4 MHz und 40,4 MHz wird die Zf-Durchlaßkurve in gewünschter Weise abgesenkt. Durch Abgleichen von weiteren Kreisen werden die schrägen Flanken bzw. die 6-dB-Punkte der Durchlaßkurve erzeugt, und das Kurvendach wird glattgezogen. Diese Abgleichvorgänge sind in den Serviceschriften meist sehr gründlich Punkt für Punkt vorgeschrieben und sollten gut eingehalten werden.

Interessant ist es übrigens, die Auswirkungen der möglichen Störfrequenz von 1,07 MHz rechnerisch zu überschlagen. Dividiert man ihre Schwingungszahl pro Sekunde durch die Zeilenfrequenz, so ergibt sich

$$\frac{1\,070\,000\ \text{Hz}}{15\,625\ \text{Hz}} = 68{,}5$$

Auf eine Zeilenbreite entfallen also 68,5 Störamplituden, und das ergibt ein flimmerndes, perlschnurartiges Muster über das gesamte Bild.

Bild 15.15 Zf-Durchlaßkurve in logarithmischem Maßstab

Bei der auf einem Oszillografenschirm durch Wobbeln dargestellten Kurve Bild 15.14 ist die senkrechte Achse linear geteilt. Um den Einfluß der Filter und Fallen im Bild-Zf-Teil besser zu erkennen, ist es günstiger, die Durchlaßkurve Punkt für Punkt mit Hilfe eines Meßsenders aufzunehmen und die Ausgangsspannungen nach Bild 15.15 in ein Liniennetz mit logarithmischem Maßstab einzuzeichnen. Für störungsfreien Empfang werden dabei folgende Absenkungen für die einzelnen Punkte gefordert:

Nachbarbildträger	31,9 MHz	$\geqq$ 60 dB
Eigener Tonträger	33,4 MHz	$\geqq$ 60 dB
Eigener Farbträger	34,47 MHz	6 dB
Eigener Bildträger	38,9 MHz	6 dB
Nachbarton VHF	40,4 MHz	$\geqq$ 50 dB
Nachbarton UHF	41,4 MHz	$\geqq$ 50 dB

Die weiter entfernt liegende Sperrstelle für den UHF-Nachbarton ergibt sich daraus, daß die Sender im UHF-Bereich einen Abstand von 8 MHz haben anstelle von 7 MHz am VHF-Bereich[1]). Vielfach sind die Zf-Filter aber so aufgebaut, daß die Durchlaßkurve in Richtung auf 41 MHz stark abfällt, so daß keine besondere Falle für 41,4 MHz einzustellen ist.

Bild 15.15 (nach Telefunken-Unterlagen) vermittelt zugleich eine Vorstellung von den am Ausgang eines Bild-Zf-Verstärkers auftretenden Spannungswerten. Danach beträgt die Nutzspannung im Hauptdurchlaßgebiet bis zu 4000 mV = 4,0 V. Hiermit ergeben sich relativ hohe Spannungen an den Zf-Demodulatoren. Nimmt man als Näherungswert an, daß der Scheitelwert der Signalspannung hinter dem Demodulator ebenfalls 4 V beträgt, dann würde der Weißpegel bei 0,4 V und der Schwarzpegel bei 3,0 V liegen[2]).

1 Vgl. Bild 3.34.

2 Vgl. Bild 1.06.

Signaltrennung

Bild 15.16 und 15.17 Zum Thema Demodulation

Die verschiedenen im Zf-Spektrum enthaltenen Signale müssen durch Demodulieren und durch Frequenzweichen voneinander getrennt werden. Demodulieren bedeutet das Umwandeln eines hochfrequenten oder zwischenfrequenten Signals in das ursprüngliche Nf-Band oder Videofrequenzband. Mann kann dies auf zweierlei Weise erläutern.

1. *Hüllkurvendemodulation*[1]). Sie ist dem Rundfunktechniker von der AM-Demodulation mit Hilfe einer Diode geläufig. Die Hf-Schwingungen werden gleichgerichtet, die hochfrequente Restwelligkeit wird durch Siebglieder beseitigt, und man erhält einen der ursprünglichen Modulation entsprechenden Signalverlauf. Bild 15.16 stellt dies schematisch dar. Es ist gewissermaßen die Umkehrung zu Bild 1.31. Diese Betrachtungsweise beruht auf dem *zeitlichen* Verlauf der Signale. Aus historischen Gründen spricht man dabei von *Hf-* oder *Zf-Gleichrichtung* bzw. von der Gleichrichterdiode. Treffender sind jedoch die Bezeichnungen Demodulieren, Demodulatordiode oder, kürzer, Signaldiode.

Nach Bild 15.16 erhält man den zeitlichen Verlauf des videofrequenten Zeilensignals zum Steuern des Strahlstromes. Aus diesen aufeinanderfolgenden Kurvenzügen tastet die Impulsabtrennstufe jeweils im richtigen Zeitpunkt die Gleichlaufzeichen heraus.

2. *Herabmischen.* Diese Betrachtungsweise ist bereits von der Gewinnung der Ton-Zwischenfrequenz im Fernsehempfänger bekannt[2]). Hierbei ist nicht der zeitliche Verlauf, sondern die frequenzmäßige Umwandlung der Signale maßgebend. Das in der Trägerfrequenz oder in der Zwischenfrequenz enthaltene Nutzsignal wird in ein niedrigeres Frequenzband umgesetzt oder herabgemischt.

Beim Gewinnen der 5,5-MHz-Ton-Zwischenfrequenz kann die Demodulatordiode am Ausgang des Bild-Zf-Verstärkers als additive Mischstufe oder als „Diodenmischer" aufgefaßt werden[3]). Sie mischt das bei 33,4 MHz liegende Tonsignal mit der Bildträgerfrequenz von 38,9 MHz, dies ergibt die Differenzfrequenz 5,5 MHz. In dieser Ton-Zwischenfrequenz sind auch die eigentlichen Nutzsignale enthalten.

Wie bei der Auffassung als Hüllkurvendemodulation müssen auch beim Herabmischen die nicht mehr benötigten höheren Frequenzanteile, darunter auch die Summenfrequenz, durch Siebglieder unterdrückt werden. Bei der 5,5-MHz-Ton-Zwischenfrequenz geschieht dies durch Resonanzkreise für diese Frequenz.

Bild 15.17 zeigt schematisch eine mehrfache Frequenzumsetzung am Beispiel des Farbsignals. Um die Vorgänge leichter übersehen zu können, wurde die Farbträgerfrequenz von 4,43 MHz auf 4,4 MHz abgerundet. Im Teilbild 15.17a ist das im Bild-Zf-Verstärker enthaltene Farbsignalspektrum mit 34,5 ± 1,3 MHz bei unterdrücktem Trä-

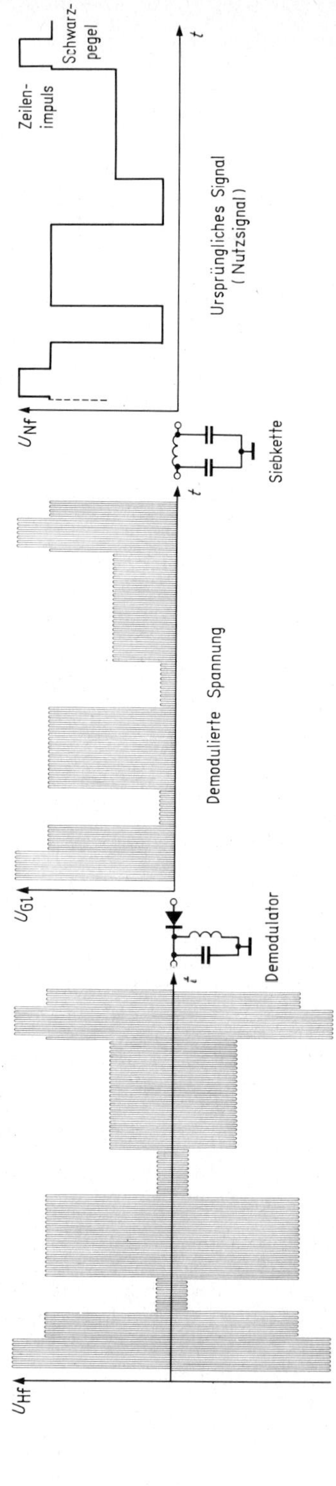

Bild 15.16 Signalverlauf in Hüllkurvendarstellung

1 Funktechnik ohne Ballast, Kapitel 10.

2 Bild 5.01.

3 Funktechnik ohne Ballast, Kapitel 14.

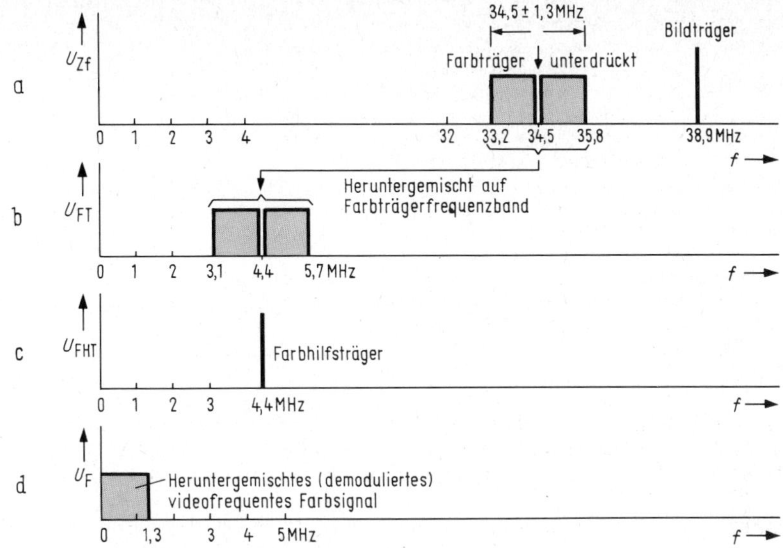

Bild 15.17 Modulationsbänder des Farbsignals vom Zf-Teil bis zum Chrominanzteil

ger angedeutet[1]). Hinter der Bild-Zf-Demodulatordiode entsteht daraus durch Mischen mit dem Bildträger das heruntergemischte Farbträgerfrequenzband nach Bild 15.17b, nämlich bei der Mittenfrequenz

$$f_{FT}\ 38{,}9 - 34{,}5 = 4{,}4\ \text{MHz}$$

Dabei ist aber der Farbträger immer noch unterdrückt. Nun wird dieses Frequenzspektrum von 4,4 ± 1,3 MHz weiter herabgemischt, indem man in einem speziellen Synchrondemodulator den Farbhilfsträger von 4,4 MHz hinzufügt (Bild 15.17c). Jede Teilfrequenz in den Seitenbändern von Bild 15.17a ergibt mit diesem Farbträger eine Differenzfrequenz, und daraus bilden sich dann die endgültigen demodulierten, videofrequenten Farbsignale von 0...1,3 MHz in Bild 15.17d.

(Man könnte einwenden, daß diese Art der Demodulation doch etwas anderes sei als die Hüllkurvendemodulation nach Bild 15.16, weil dort keine Mischung mit einem Bildträger oder Farbhilfsträger stattgefunden hat. Mathematisch läßt sich jedoch beweisen, daß dabei ebenfalls ein „Herabmischen" vorliegt, denn der Träger ist bereits im Zf-Band vorhanden, braucht also nicht künstlich hinzugefügt zu werden.

Man könnte ferner einwenden, daß beim Herabmischen nach Bild 16.17d doch links vom Nullpunkt ebenfalls ein Seitenband, also mit „negativen Frequenzen" liegen müßte. Daß dies nicht der Fall ist, läßt sich ebenfalls mathematisch über Phasenbeziehungen und Zeigerdiagramme beweisen. Die „negativen Frequenzen" werden dabei durch Zeiger mit entgegengesetzt gerichteter Phasenlage dargestellt. Diese Berechnungen sind aber für schaltungsmäßige Betrachtungen nicht erforderlich).

Hinter dem Bild-Zf-Verstärker eines Farbfernsehempfängers ergeben sich im wesentlichen die folgenden herabgemischten Frequenzbänder:

1. Die Differenzfrequenz zwischen Bildträger und Tonträger bewirkt die frequenzmodulierte Ton-Zwischenfrequenz

$$38{,}9 - 33{,}4 = 5{,}5\ \text{MHz}$$

2. Die Differenzfrequenz zwischen Bildträger und den Seitenbändern des Farbträgers ergeben das amplitudenmodulierte Farbartspektrum bei

$$38{,}9 - 34{,}47 = 4{,}43\ \text{MHz} \pm 1{,}3\ \text{MHz}$$

3. Ein höchst unerwünschtes Mischprodukt im Farbempfänger ist die Differenzfrequenz zwischen Farbträgerfrequenz $f_{FT} = 34{,}47$ MHz und Tonträgerfrequenz $f_{TT} = 33{,}4$ MHz, nämlich

$$34{,}47 - 33{,}4 = 1{,}07\ \text{MHz}$$

Diese Störfrequenz würde das bereits erwähnte flimmernde Moiré im Bild ergeben. Sie darf daher nicht zustande kommen. Man verhindert dies am einfachsten, indem man den 33,4-MHz-Tonträger durch Fallen vom Videoteil fernhält und die Ton-Zwischenfrequenz mit Hilfe einer getrennten Tonsignaldiode erzeugt.

Neben dieser 1,07-MHz-Störfrequenz bestehen bei der additiven Diodenmischung an einer nicht-

1 Vgl. Bild 2.17 und 2.18.

linearen Kennlinie weitere Möglichkeiten zu unerwünschten Kombinationsfrequenzen und Klirrverzerrungen, weil im Mischausgang auch noch die Ursprungsfrequenzen und deren Harmonische enthalten sind. Aus diesem Frequenzgemisch siebt man die Nutzsignale durch Resonanzkreise und Tiefpässe heraus und trennt sie durch Weichen voneinander.

Folgende Frequenzbänder werden für die weiteren Stufen des Farbfernsehempfängers benötigt:

Ton-Zwischenfrequenz	5,5 MHz ± 50 kHz
Leuchtdichtesignal	0...5 MHz
Farbartsignal	4,43 ± 1,3 MHz
Farbhilfsträger (aus dem Burst)	4,43 MHz
H- und V-Synchronisierimpulse	15 625 Hz, 50 Hz

Zunächst beschäftigen wir uns mit den ersten drei Signalgruppen. Um sie zu gewinnen, bestehen verschiedene Möglichkeiten. Drei typische Beispiele davon seien herausgegriffen, man vergleiche hierzu auch Bild 4.22.

Bild 15.18 Signalauftrennung mit gesonderter Tondiode

Hinter dem letzten, hier mit T 1 bezeichneten Bild-Zf-Transistor liegt ein Zf-Bandfilter mit den Spulen L 3 und L 5. Es dient dazu, der Gesamt-Zf-Kurve den letzten Schliff zu geben. An den Kreisen dieses Filters steht das gesamte Zf-Durchlaßband nach Bild 15.15 zur Verfügung. Es wird aus dem ersten Kreis ausgekoppelt und der mit *Tondiode* bezeichneten Mischdiode zugeführt. Aus dem entstehenden Mischfrequenzspektrum wird die Differenzfrequenz 5,5 MHz ausgefiltert und dem Ton-Zf-Verstärker zugeführt.

Die beiden zu einem Bandfilter gehörenden Spulen L 3 und L 5 sind über einen Sperrkreis gekoppelt, der auf die Ton-Zwischenfrequenz 33,4 MHz abgeglichen ist. Dies ist die erste Falle, um zu verhindern, daß die Trägerfrequenzen für Ton und Farbart an der nun folgenden Videodiode, die störende Mischfrequenz 1,07 MHz bilden können.

Hinter dieser Videodiode steht das gesamte Leuchtdichte- und Farbartsignal zur Verfügung. Ein Tiefpaß mit der Induktivität L 6 hält alle bildfrequenten Anteile um 34...39 MHz zurück. Zur Sicherheit folgt dann noch eine weitere Falle, diesmal für 5,5 MHz, um zu verhindern, daß sich in den folgenden Stufen doch noch aus 5,5 MHz und 4,43 MHz das unerwünschte Mischprodukt 1,07 MHz bildet.

Der nun folgende Transistor T 2 gehört bereits zum breitbandigen Leuchtdichteverstärker für das Y-Signal 0...5 MHz. Es wird an seinem Kollektor entnommen. Von dort führt auch eine Leitung zur Impulsabtrennstufe. An einer in der Emitterzuleitung liegenden Spule L 8 wird eine Teilspannung ausgekoppelt und dem Transistor T 3 des Farbartverstärkers zugeführt. Darauf folgt ein Bandfilter, das auf die Farbträgerfrequenz 4,43 MHz vorabgeglichen ist. Mit der Spule L 9 ist lediglich bei 5 MHz die eine Flanke der Durchlaßkurve auf 50 % des Scheitelwertes abzugleichen, und mit L 10 sind die Kurvenscheitel geradezuziehen. Damit erhält man dann das Farbartsignal bei 4,43 MHz mit etwa ± 1,3 MHz Bandbreite.

(Nach Telefunken-Unterlagen.)

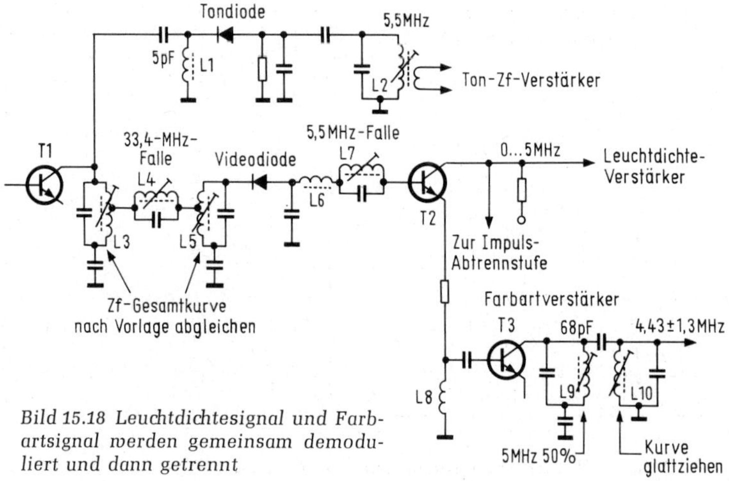

Bild 15.18 Leuchtdichtesignal und Farbartsignal werden gemeinsam demoduliert und dann getrennt

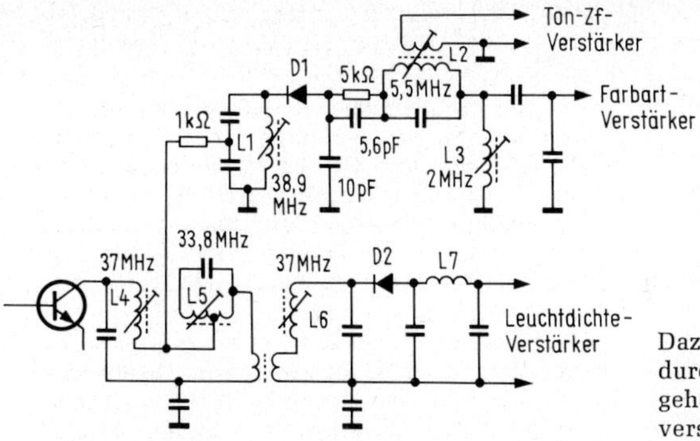

Bild 15.19 Ton-Zf-Signal und Farbartsignal werden gemeinsam demoduliert und dann getrennt

Bild 15.19 Signalauftrennung mit gesonderter Leuchtdichtediode

Diese Schaltung arbeitet ebenfalls mit zwei Demodulatordioden, doch sind ihre Aufgaben anders verteilt. Ton-Zwischenfrequenz und Farbartsignal werden an der Diode D 1 gewonnen, das Leuchtdichtesignal an der Diode D 2. Der Ausgangskreis des letzten Bild-Zf-Transistors besteht aus einem Breitbandfilter L 4 – L 6 für die Mittenfrequenz 37 MHz der Zf-Durchlaßkurve. Die beiden Kreise sind über einen Sperrkreis L 5 für die Frequenz 33,8 MHz gekoppelt. Er stellt die Tonträgerfalle für den Leuchtdichteverstärker dar, wird aber auf 33,8 MHz statt auf 33,4 MHz abgeglichen, damit auch bei einer Empfängerverstimmung von 300...400 kHz keine Tonstörungen im Bild auftreten[1]). Die Diode D 2 dient als Leuchtdichtedemodulator. Dahinter folgt ein Tiefpaß mit der Induktivität L 7, um restliche Hf-Spannungen zurückzuhalten. Die Synchronsignale für das Amplitudensieb werden in einer folgenden Stufe des Leuchtdichteverstärkers ausgekoppelt.

Vor der Ton-Zf-Falle L 5 wird die Spannung für den Farbart- und Ton-Zf-Verstärker abgezweigt.

1 Vgl. Bild 15.15.

Dazu wird erst die Bildträgerfrequenz 38,9 MHz durch einen Resonanzkreis mit der Spule L 1 angehoben, damit deren Amplitude auch bei Tunerverstimmungen in Richtung 33 MHz genügend groß bleibt, um eine einwandfreie Mischung mit dem Farbträger zu bewirken.

Das hinter der Diode D 1 folgende Filternetzwerk besteht aus einer 5,5-MHz-Falle und einem Hochpaß mit der Querinduktivität L 3. Die Falle schwächt das Ton-Zf-Signal vor dem Farbartverstärker ab. Sie verhindert, daß sich die 1,07-MHz-Interferenzstörung im Farbartverstärker bildet. Gleichzeitig dient sie dazu, die 5,5 MHz für den Ton-Zf-Verstärker auszukoppeln. Der Hochpaß, bestehend aus 5 kΩ, 5,6 pF und der Spule L 3, schließt Frequenzen unterhalb der Grenzfrequenz 2 MHz für den Farbartverstärker kurz, so daß er vorzugsweise mit dem Spektrum um f_{FT} = 4,43 MHz gespeist wird.

(Nach Valvo-Unterlagen.)

Bild 15.20 Zf-Demodulation mit Ringdemodulator

(Empfehlenswerter Wiederholungsstoff: Bild 4.14)

Bei der Hüllkurvenmodulation bzw. beim Herabmischen durch additive Diodenmischung besteht die Schwierigkeit, daß im Ausgang zahlreiche nicht erwünschte Frequenzen vorhanden sind. Bedeutend günstiger in dieser Hinsicht verhalten sich Ringmodulatoren mit multiplikativer

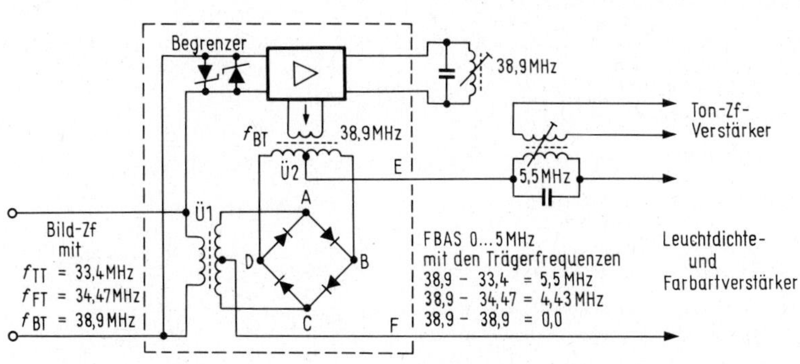

Bild 15.20 Prinzip der Demodulation durch einen Ringdemodulator

Mischung. Bei einem gut symmetrierten Ringmodulator entstehen am Ausgang nur die Summen- und die Differenzfrequenzen. Sogar die zu mischenden ursprünglichen Frequenzen fallen am Ausgang heraus[1]). Der klassische Dioden-Ringmodulator ist allerdings sehr aufwendig, doch sei damit das Prinzip der multiplikativen Videodemodulation erläutert.

Der Ringmodulator ist eine Brückenschaltung aus vier in einem Leitungsring liegenden Schaltdioden. An jede Brückendiagonale ist ein Übertrager mit Mittelanzapfung angeschlossen. Liegt nur eine Wechselspannung am Übertrager Ü 1 bzw. an den Eckpunkten A – C, dann ergibt sich bei abgeglichener Brücke keine Spannung an der Diagonale B – D. Dann ist aber auch keine Spannung an den Ausgangsklemmen E – F vorhanden, denn Punkt E liegt ebenfalls an der spannungslosen Diagonale B – D, und Punkt F ist der Nullpunkt des Übertragers Ü 1. – Die gleichen Überlegungen gelten, wenn nur der Übertrager Ü 2 Spannung führt.

Legt man jedoch gleichzeitig zwei verschiedene Frequenzen an die Übertrager Ü 1 und Ü 2 und macht die eine Spannung, z. B. die mit der Frequenz f_2, bedeutend größer als die andere, dann schalten ihre Halbwellen paarweise je zwei Dioden der Brücke in Flußrichtung durch. Nur über die gerade durchgeschalteten Dioden fließt dann Strom der Frequenz f_1. Die Ströme von f_1 und f_2 überlagern sich, und am Ausgang erscheinen die Mischprodukte $f_2 - f_1$ und $f_2 + f_1$, während die Ursprungsfrequenzen f_1 und f_2, wie vorher besprochen, nicht vorhanden, also unterdrückt sind. Die Brücke ist nur für die Mischprodukte unsymmetrisch und liefert hiervon eine Diagonalspannung.

Bei der Verwendung als Videodemodulator führt man dem Übertrager Ü 1 das gesamte Bild-Zf-Spektrum zu. Übertrager 2 wird dagegen nur mit einer sauber sinusförmigen unmodulierten Bildträgerfrequenz f_{BT} = 38,9 MHz gespeist. Dann ergeben sich am Ausgang die Differenzfrequenzen zwischen Bildträger und Bild-Zf-Spektrum, d. h. das gesamte rein videofrequente Fernsehsignal. (Die ebenfalls entstehenden Summensignale um 70 MHz sind leicht durch ein einfaches RC-Siebglied zu unterdrücken.) Hierzu einige markante Zahlenbeispiele:

f_2 f_1		Δ f	
$f_{BT} - f_{BT}$	= 38,9 – 38,9	= 0,0 MHz	Leuchtdichtesignal 0...5 MHz
$f_{BT} - f_{Zmin}$	= 38,9 – 33,9	= 5,0 MHz	
$f_{BT} - f_{TT}$	= 38,9 – 33,4	= 5,5 MHz	= Ton-Zf
$f_{BT} - f_{FT}$	= 38,9 – 34,47	= 4,43 MHz	= Farbträger

1 Funktechnik ohne Ballast, 14. und 15. Auflage, Bild 14.25 bis 14.28.

Diese Signale erscheinen sauber und ohne gegenseitige Beeinflussung am Ausgang. Dabei kann sich auch die gefährliche Störfrequenz 1,07 MHz nicht bilden.

Woher aber nun die reine Bildträgerfrequenz f_{BT} = 38,9 MHz herbekommen? In Bild 15.20 ist das Prinzip mit angedeutet. Man führt das gesamte Bild-Zf-Spektrum außerdem einer Begrenzerschaltung zu. Wir erinnern uns dabei an den zeitlichen Verlauf des amplitudenmodulierten trägerfrequenten Fernsehsignals, Bild 1.14. Die Begrenzerschwelle wird so niedrig gelegt, daß die gesamte Amplitudenmodulation oberhalb des Weißpegels radikal weggeschnitten wird. Damit verbleibt dann nur eine Rechteckspannung, deren Grundfrequenz gleich der Bildträgerfrequenz ist, denn sie stellt den eigentlichen Modulationsträger dar[1]). Diese Rechteckspannung leitet man einem Resonanzkreis zu, der auf f_{BT} = 38,9 MHz abgestimmt ist. Dieser Kreis siebt dann aus der oberschwingungsreichen Rechteckspannung die sinusförmige Grundfrequenz heraus. Sie dient nun als zweite Eingangsfrequenz für den Ringmodulator.

Die gesamte in Bild 15.20 gestrichelt umrandete Anordnung läßt sich mit den heutigen Mitteln elegant in die Form einer integrierten Schaltung bringen. Die Übertrager, der Ringmodulator und die Begrenzerstufen werden dabei durch Transistorsysteme ersetzt, die so geschaltet sind, daß sie die gleiche Wirkung ergeben. Der Prüffeld- bzw. Servicetechniker hat dann nur noch ein einziges Bauteil zu überprüfen und den außen angeschlossenen 38,9-MHz-Kreis auf Maximum der videofrequenten Ausgangsspannung abzugleichen, denn dann ergibt sich von selbst die richtige Mischfrequenz. Eine solche Anordnung ist in der integrierten Schaltung Typ TBA 440 enthalten, die bereits in Bild 4.14 behandelt wurde. Aus dem Gesamtspektrum am Ausgang läßt sich die 5,5-MHz-Ton-Zwischenfrequenz leicht mit Hilfe eines Sperrkreises auskoppeln.

Literatur

ZF-Verstärkerbaustein für Farbfernsehempfänger. Valvo-Berichte H. 3, Nov. 1974, S. 67.

1 Das Verfahren gleicht der Amplitudenbegrenzung im FM-Zf-Verstärker von Rundfunkempfängern. Dort schneidet man störende Amplitudenmodulationen ab, um eine saubere, allerdings frequenzmodulierte Trägerspannung zu erhalten, siehe Funktechnik ohne Ballast, 14. Auflage, Bild 15.05. Die Methode der Rückgewinnung der reinen Trägerfrequenz durch Abschneiden der Amplitudenmodulation ist auch sehr bildhaft dargestellt in Bild 9.27 des Buches Funktechnik ohne Ballast, 14. und 15. Auflage.

Der Leuchtdichteverstärker

Bild 15.21 Durchlaßkurven und Bandbreiten

Man erinnere sich an Bild 15.12. In das rund 5 MHz breite Helligkeitssignal wurde die Farbinformation bei 4,43 MHz hineingeschachtelt. Die Signale sind nun wieder voneinander getrennt worden. Man verstärkt sie in zwei verschiedenen Kanälen, dem Leuchtdichteverstärker und dem Farbartverstärker, führt sie aber dann in der Farbmatrix wieder zusammen, siehe Bild 15.11, um die Bildröhre zu steuern. Der Leuchtdichteverstärker muß eine größere Bandbreite haben als der Farbartverstärker, denn er soll das gesamte Helligkeitssignal bis etwa 5 MHz wiedergeben. Dieser Durchlaßbereich des Y-Verstärkers ist schematisch in Bild 15.21 als Kurve a dargestellt. Die 6-dB-Bandbreite beträgt rund 4,5 MHz.

Der Farbartverstärker hat einen Durchlaßbereich entsprechend Kurve b. Sie verläuft infolge der Bandpaßwirkung der im Verstärker enthaltenen Selektionsmittel (vgl. Bild 15.18, Spulen L 9 und L 10) etwa symmetrisch zur Farbträgerfrequenz. Die Kurve besitzt, grob angenähert, eine Bandbreite von 4,43 ± 1,3 MHz. Mit den beiden Durchlaßkurven a und b sind demnach die Farbmodulationsspektren von Bild 15.12 gut zu verarbeiten. Meistens wird die Kurve b durch Bandfilter so geformt, daß sich ein flacher Scheitel mit zwei Höckern ergibt.

Hinter den Farbartdemodulatoren erhält man ein Frequenzband mit b = 0...1,3 MHz. Der gesamte Farbteil hat also eine wesentlich geringere Bandbreite als der Leuchtdichteverstärker, nämlich 1,3 MHz gegenüber 5 MHz.

Bild 15.22 Blockschaltung eines Leuchtdichteverstärkers

Der Leuchtdichteverstärker eines Farbfernsehempfängers weist gegenüber einem Schwarzweißempfänger zwei wichtige Zusätze auf: die Verzögerungsleitung und die abschaltbare Farbträgerfalle.

Verzögerungsleitung: Wie bei Bild 14.21 erläutert, ergibt sich bei einem Breitbandverstärker eine kürzere Laufzeit für die zu verstärkenden Signale als bei einem Verstärker mit geringerer Bandbreite. Das den breitbandigen Leuchtdichteverstärker (b = 0...5 MHz) durchlaufende Helligkeitssignal würde also früher an der Bildröhre eintreffen als das Farbartsignal, das über den schmalbandigen Chrominanzteil (b = 0...1,3 MHz) geschickt wird. Sollte also z. B. bei einer Fernsehübertragung ein heller roter Blitz aufleuchten, dann käme das Helligkeitssignal über den breitbandigen Y-Verstärker schneller zur Bildröhre als das Rotsignal über den Farbteil. Auf den Bildschirm würde zuerst ein weißer Blitz erscheinen und dann, etwas versetzt, ein schwächerer roter Geisterblitz. Deswegen muß man in den Helligkeitsverstärker diese Verzögerungsleitung einschalten. Sie gibt dem Y-Signal die gleiche Laufzeit wie dem Farbartsignal, so daß beide zur gleichen Zeit an der Bildröhre eintreffen und Helligkeit und Farbe sich decken.

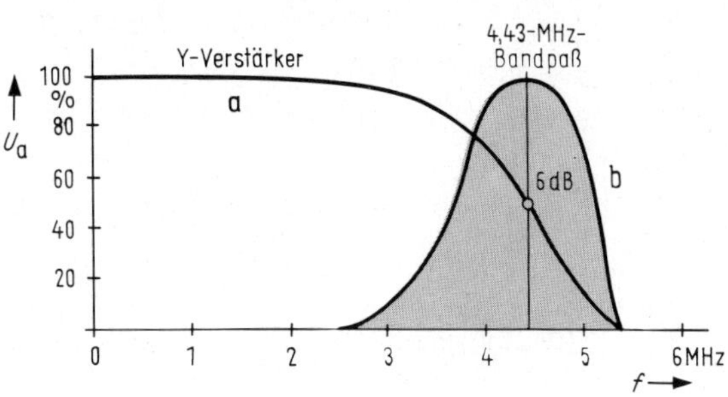

Bild 15.21 Durchlaßkurven des Helligkeitsverstärkers und des Farbartverstärkers

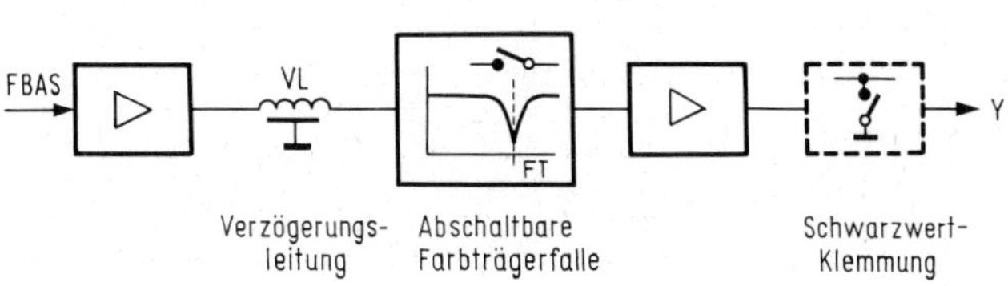

Bild 15.22 Blockschaltung eines Leuchtdichteverstärkers mit Verzögerungsleitung und Farbträgerfalle

Für diese Verzögerungsleitung sind im allgemeinen Laufzeiten von 0,8 µs erforderlich. Dazu eine kleine rechnungsmäßige Betrachtung: Bei der Horizontal-Ablenkfrequenz 15 625 Hz beträgt die Zeilendauer

$$t_Z = \frac{1}{15\,625} \approx 64 \cdot 10^{-6} = 64\ \mu s$$

Würde man die Korrektur von 0,8 µs nicht vornehmen, dann würde bei einem 400 mm breiten Bildschirm farbige Säume im Abstand a von einem Helligkeitssprung auftreten. Hierfür gilt:

$$\frac{a}{400} = \frac{0{,}8}{64}$$

$$a = 400 \cdot \frac{0{,}8}{64} = 5\ \text{mm}$$

Das wäre ein recht störender Effekt.

Farbträgerfalle: Das dem Leuchtdichteverstärker zugeführte FBAS-Signal enthält auch noch die Farbinformation. Hätte der Verstärker die volle Bandbreite von 5 MHz, dann würde dieses Farbsignal um 4,43 MHz ein leichtes Störmuster auf dem Bildschirm verursachen. Deswegen senkt man bereits die Durchlaßkurve im Zf-Teil und im Leuchtdichteverstärker bei der Farbträgerfrequenz um 6 dB ab (vgl. Bild 15.15 und 15.21). Trotzdem ist es zweckmäßig, die Farbinformation im Leuchtdichtekanal noch stärker zu unterdrükken. Man ordnet deshalb an passender Stelle eine 4,43-MHz-Falle an.

Für Schwarzweißsendungen sollen dagegen auch diese Signalfrequenzen in voller Höhe übertragen werden, um anstelle der fehlenden Farbe nun ein gutes Bild mit möglichst vielen Schwarzweißeinzelheiten zu erhalten. Deswegen wird bei Schwarzweißsendungen die Falle automatisch ausgeschaltet. Dies geschieht mit der gleichen Automatik, die auch den Farbteil abschaltet, wenn Schwarzweißsendungen laufen. Einzelheiten hierzu folgen bei der Besprechung dieses Farbabschalters.

Die eigentlichen Verstärkerstufen sind je nach Ermessen des jeweiligen Entwicklungslaboratoriums angeordnet. Bei Einzelbestückung enthält ein Leuchtdichteverstärker drei bis vier Transistoren bzw. Röhrensysteme. In neueren Geräten sind die Vorstufen zu einer integrierten Schaltung zusammengefaßt.

Bei einem Farbfernsehempfänger ist die Schwarzwerthaltung besonders wichtig, um die Signalpegel auf der richtigen Höhe zu halten, damit die Farbmischungen stimmen. Deswegen muß eine Schwarzwert-Klemmstufe vorgesehen werden, falls keine saubere Gleichspannungskopplung vom Verstärkereingang bis zur Bildröhre möglich ist.

Bild 15.23 Dreistufiger Leuchtdichteverstärker

Die erste Stufe mit dem Transistor T 1 dient vorwiegend zum Auftrennen und Auskoppeln der verschiedenen Signale. Am Emitterwiderstand werden die Signale für den Leuchtdichte- und den Farbartverstärker entnommen, und zwar für das Leuchtdichtesignal in Gleichstromkopplung und für Farbart kapazitiv über 10 pF, denn dieses Signal ist immer noch mit 4,43 MHz geträgert. Der Kondensator bildet mit dem darauf folgenden Eingangswiderstand des Farbartverstärkers einen Hochpaß, der das hier nicht benötigte Spektrum von 0...3 MHz zurückhält.

Aus dem Kollektorkreis dieses Transistors wird die für die Impulstrennstufe benötigte Signalfolge rückwirkungsfrei abgenommen.

Im eigentlichen Helligkeitsverstärker folgt nun die Verzögerungsleitung mit 0,8 µs Laufzeit. Diese Leitungen werden als komplette Bauelemente von den Einzelteilfirmen geliefert. Da sie auf dem Prinzip des Kettenleiters beruhen, siehe Bild 14.32, müssen sie mit den richtigen An-

Bild 15.23 Mit Transistoren bestückter dreistufiger Leuchtdichteverstärker

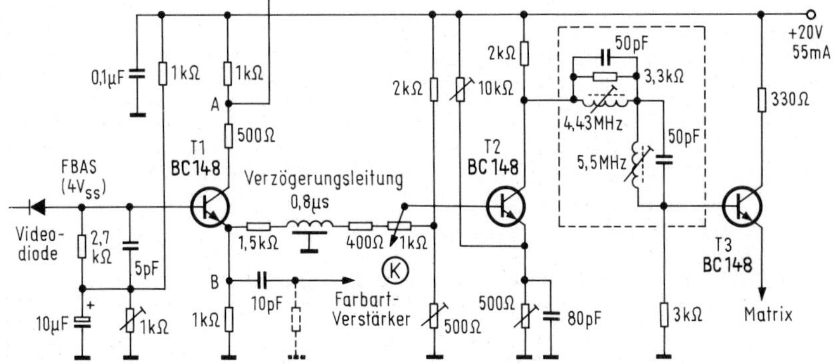

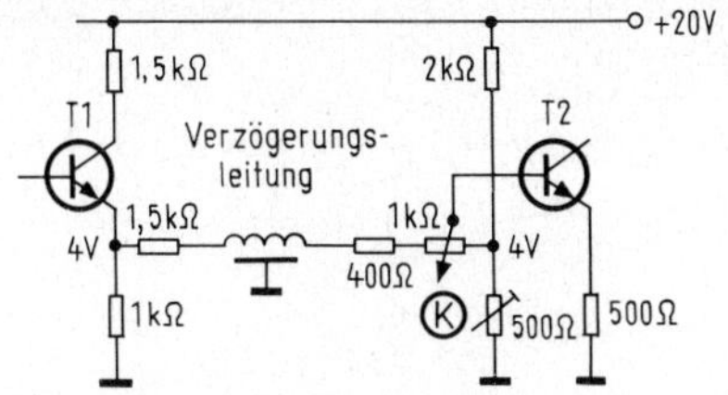

Bild 15.24 Kontrasteinstellung über eine Brückenschaltung, um den Schwarzwert zu halten

passungswiderständen abgeschlossen sein. Dazu liegen hier die Widerstände 1,4 kΩ, 400 Ω und 1 kΩ im Leitungsweg. Der 1-kΩ-Widerstand ist als Potentiometer ausgebildet und dient zur Kontrasteinstellung. Eine kleinere Signalspannung ergibt geringeren Bildkontrast, genau wie beim Schwarzweißempfänger.

Im Leitungszug vom Kollektor des Verstärkertransistors T 2 zur Basis des Transistors T 3 liegen zwei Sperrkreise, nämlich für den Farbträger mit 4,43 MHz und für die Ton-Zwischenfrequenz 5,5 MHz. Der Farbträgersperrkreis ist mit 3,3 kΩ bedämpft, damit er nicht durch steile Spannungssprünge zu Eigenschwingungen angestoßen wird. Eine Abschaltung dieser Farbträgerfalle bei Schwarzweißsendungen ist nicht vorgesehen.

Der dritte Verstärkertransistor wirkt als Emitterfolger bzw. Impedanzwandler für den niederohmigen Y-Eingang der Farbmatrix. Wie bereits erwähnt, sind jedoch Abwandlungen je nach Auslegung der Schaltung möglich.

Bild 15.24 Schwarzwerthaltung

Dies ist ein Ausschnitt aus dem vorigen Bild, um die Funktion der Schwarzwerthaltung bei Gleichspannungskopplung besser zu erkennen. Kollektorwiderstand, Transistor T 1 und dessen Emitterwiderstand bilden mit dem Spannungsteiler aus 2 kΩ und dem 500-Ω-Trimmwiderstand eine Brückenschaltung. Diese Brücke sei so abgeglichen, daß an den beiden Abzweigpunkten je 4 V Gleichspannung liegen. Die Brückendiagonale mit der Verzögerungsleitung und dem Kontrasteinsteller K ist dann stromlos bzw. gleichspannungsfrei. Sie führt jedoch die am 1-kΩ-Emitterwiderstand des Transistors T 1 abgegriffene Signalwechselspannung. Man kann also mit dem Schleifer des Kontrasteinstellers mehr oder weniger große Teile der Signalspannung abgreifen, ohne daß die Basisgleichspannung des Transistors T 1 sich ändert. Das bedeutet, daß die Gleichspannungspegel und damit auch der Schwarzwert festgehalten werden. Zum Abgleichen der Brücke bzw. zum Einstellen des Grundschwarzwertes dient das 500-Ω-Trimmpotentiometer.

(Nach Siemens-Unterlagen.)

Bild 15.25 Abschaltbare Farbträgerfalle

Bei diesem Schaltungsbeispiel liegt die Farbträgerfalle als Serienschwingkreis von der Y-Signalleitung gegen Masse. Parallel zur Spule ist eine Schaltdiode angeordnet. Ihre Anode erhält über einen an der Betriebsspannung liegenden Spannungsteiler (3,3 kΩ – 560 Ω) und über die Spulenwicklung eine Gleichspannung von + 3 V. Die Katode erhält beim Farbempfang aus einer vom Burstsignal gesteuerten Regelautomatik eine Spannung von + 11,5 V. Die Katodendiode ist also positiv gegenüber der Anode. Die Diode sperrt, die Spule der Farbträgerfalle arbeitet unbeeinträchtigt und blendet Farbsignale im Helligkeitsverstärker aus.

Wird schwarzweiß gesendet, dann ist kein Burstsignal vorhanden, und die Regelspannung bricht auf + 1,1 V zusammen. Die Diode ist dann in Flußrichtung mit 3 – 1,1 = + 1,9 V vorgespannt. Sie schaltet durch und schließt die Spule der Farbträgerfalle wechselspannungsmäßig kurz. Dadurch entfällt die Sperrwirkung, und die Bandbreite vergrößert sich, das Schwarzweißbild erhält eine feinere Auflösung.

(Nach Unterlagen der Firma Metz; man wiederhole hierzu auch die Ausführungen zu Bild 4.03 und 4.21!)

Bild 15.26 Festeingestellte Farbträgerfallen

Um möglichst beständige Empfänger zu schaffen und den Service zu vereinfachen, geht man immer mehr dazu über, auch die Schwingkreise von Filtern und Fallen mit festen, unveränderlichen Werten zu konstruieren. Ein Weg hierzu ist die Verwendung von Keramikfiltern, ein anderer der, Spulen mit gedruckten Leiterplatten, also sehr exakten und gleichbleibenden Abmessungen vorzusehen. Benutzt man außerdem dazu Ferritkerne mit definierten, eng tolerierten ma-

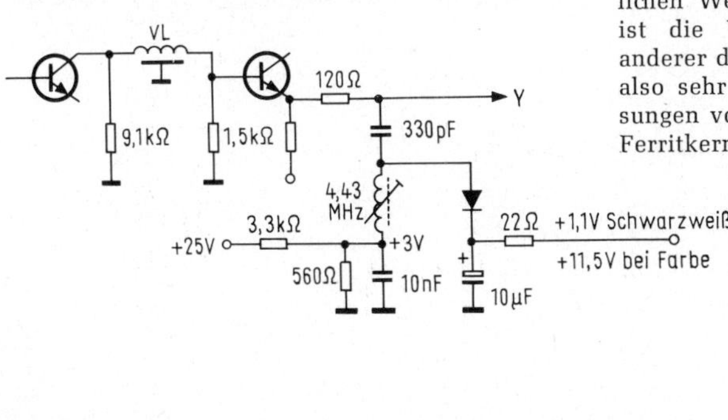

Bild 15.25 Die 4,43-MHz-Farbträgerfalle wird beim Schwarzweißempfang durch die Schaltdiode kurzgeschlossen

gnetischen Werten, dann braucht eine solche Falle nicht mehr abgeglichen zu werden. Das Bild zeigt eine solche 4,43-MHz-Sperre aus dem Leuchtdichteverstärker eines Telefunken-Empfängers. Sie besteht aus einem Doppelloch-Ferritkern, durch den eine Hartpapierplatte mit gedruckten Spulenwindungen in U-Form hindurchgesteckt ist. Die Windungen werden auf der Unterseite beim Tauchlöten durchverbunden.

Ausblick

Die bisher besprochenen Stufen des Farbfernsehempfängers und auch die noch folgenden werden vielfach in integrierten Schaltungen zusammen gefaßt. Um die Funktionen der Einzelstufen innerhalb einer Gesamtschaltung zu verstehen, werden die Stufen hier zunächst für sich anhand des Aufbaues mit Einzeltransistoren erläutert. Am Schluß des Kapitels folgt dann die Besprechung von integrierten Bausteinen, in denen mehrere dieser Stufen vereinigt sind.

Bild 15.26 Fest eingestellte 4,43-MHz-Sperre; sie besteht aus einem Doppelloch-Ferritkern, durch den eine U-förmige Hartpapierplatte mit gedruckten Leitungszügen gesteckt ist

John: Ein Farbempfänger der zweiten Generation. Funkschau 1969, H. 9, S. 252 und H. 10, S. 313.

John: Der Farbteil im PAL-Farbfernsehempfänger. Techn. Mitt. AEG-Telefunken 1970, H. 5, S. 326.

Telefunken: Zf-Verstärker in Drucktechnik für Farb-Fernsehgeräte. Laborbuch, Band 5, S. 112.

Valvo: Farbfernsehen – Empfängerschaltungen. Herausgegeben von der Valvo GmbH, Hamburg 1.

Farbartverstärker

Bild 15.31 Gesamtdurchlaßkurve des Zf-Verstärkers

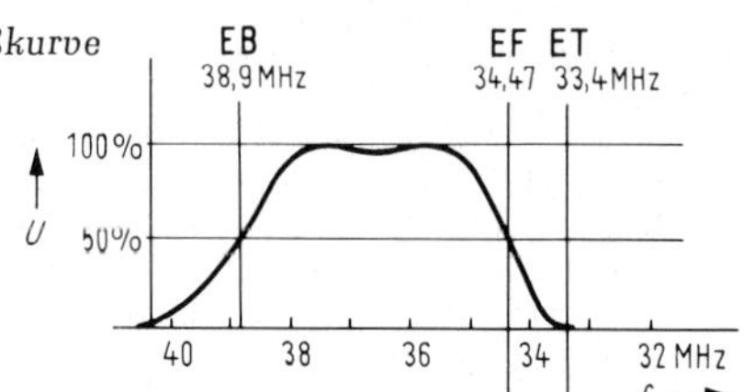

Bild 15.31 bis 15.33 ... und wieder einmal Durchlaßkurven

Die in Bild 15.21 dargestellte glockenförmige Kurve b für den Durchlaßbereich eines Farbartverstärkers ist vorerst eine Wunschkurve. Dem Eingang des Verstärkers wird nämlich das vollständige FBAS-Signal zugeführt, bei dem die Farbträgerfrequenz um 6 dB abgesenkt worden ist[1]), damit möglichst wenig Farbinformation in den Y-Kanal eindringen und Störmuster verursachen. Bild 15.31 zeigt nochmals eine Zf-Durchlaßkurve, diesmal seitenverkehrt, um den Zusammenhang zum Farbartsignalverstärker besser zu erkennen. Eingetragen sind die Zwischenfrequenzwerte.

Nach dem Videodemodulator verläuft die Kurve genauso, aber anstelle der Frequenz 34,47 MHz

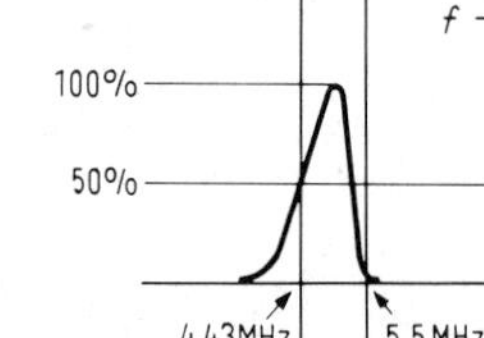

Bild 15.32 Korrekturkurve des Farbartverstärkers

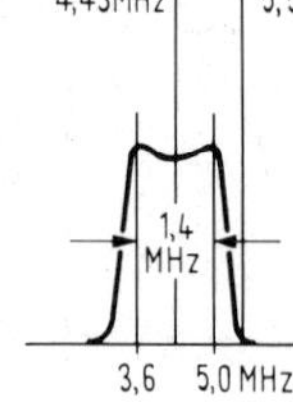

Bild 15.33 Gesamtkurve des Farbartverstärkers

1 Vgl. die Bilder 15.13, 15.14 und 15.21.

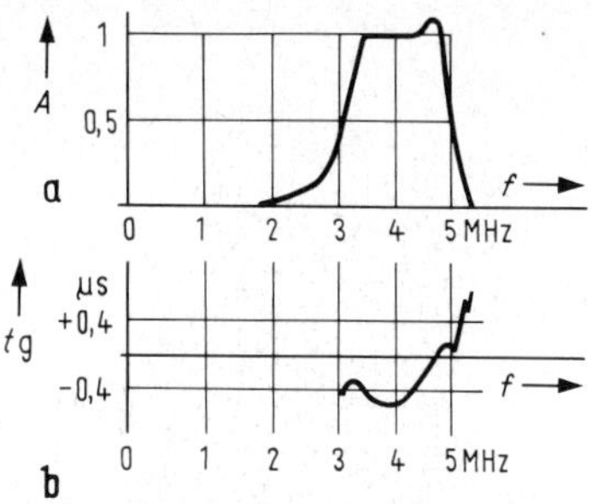

Bild 15.34 Durchlaßkurve und Laufzeitkurve eines Farbartverstärkers

steht nun der Wert 4,43 MHz für den Farbträger. Um den Flankenabfall der Durchlaßkurve des Bild-Zf-Verstärkers im Farbartverstärker auszugleichen, muß man dort einen gegenläufigen Flankenabfall hineinbringen. Dazu kann man einen Schwingkreis im Farbartverstärker so nach hohen Frequenzen zu verstimmen, daß an diesem Kreis nach Bild 15.32 bei 4,43 MHz nur 50 % der Maximalspannung vorhanden sind. Deswegen finden sich oft in den Abgleichanweisungen Vorschriften, einen Spulenkern so einzustellen, daß eine bestimmte Frequenz auf der Flanke der Durchlaßkurve bei 50 % des Scheitelwertes liegen soll.

Weitere Schwingkreise im Farbartverstärker machen dann aus den beiden sich multiplizierenden Kurventeilen von Bild 15.31 und 15.32 eine schöne symmetrische Durchlaßkurve mit einer Höckerbandbreite von vielleicht 1,4 MHz nach Bild 15.33.

Das Gebiet von 0...3 MHz wird dabei, wie bereits mehrmals erwähnt, in diesem Farbartverstärker unterdrückt. Nicht vergessen sei, daß es sich bei der Farbinformation Bild 15.33 immer noch um ein geträgertes Signal handelt. Zu beiden Seiten der an sich unterdrückten Farbträgerfrequenz 4,43 MHz ist die Farbinformation in Amplitudenmodulation angeordnet und muß erst noch demoduliert werden.

Bild 15.34 Gruppenlaufzeit

Die Farbfernsehtechnik beruht auf Phasenbeziehungen zwischen den Farbartsignalen, wie dies im Kapitel 2 behandelt worden ist[1]). Würden die Farbsignale im Empfänger unterschiedliche Laufzeiten haben, dann ergäbe dies Farbtonverfälschungen. Der große Vorteil des Pal-Systems besteht ja gerade darin, auf dem Übertragungsweg im Äther aufgetretene unvermeidliche Laufzeitunterschiede im Empfänger zu kompensieren. Deshalb dürfen im Farbartverstärker keine zusätzlichen Phasendrehungen und unterschiedliche Laufzeiten zwischen den einzelnen Farbfrequenzen neu entstehen. Ein wichtiges und nach außen hin wenig erwähntes Teilgebiet der Entwicklungsarbeit besteht darin, dem Farbartverstärker nicht nur eine saubere Amplitudendurchlaßkurve nach Bild 15.33 zu geben, sondern auch den Phasengang bzw. die Gruppenlaufzeit im Durchlaßbereich gleichmäßig zu gestalten. Bild 15.34 gibt ein Beispiel dafür. Zwischen 3 und 5 MHz bleibt die Gruppenlaufzeit t_g innerhalb enger Grenzen. Erst außerhalb der Gesamtdurchlaßkurve werden die Abweichungen größer.

Unterschiedliche Gruppenlaufzeiten im Übertragungsbereich würden sich besonders stark bei plötzlichen Farbwechseln, z. B. von Grün auf Rot, auswirken. Die aneinandergrenzenden Farbflächen erscheinen dann nicht sauber abgegrenzt, sondern es bilden sich helle und dunkle Streifen nebeneinander.

Der Prüffeld- und Servicetechniker braucht sich allerdings mit diesen Problemen nicht zu belasten. Der gleichmäßige Phasenverlauf ergibt sich von selbst, wenn die Durchlaßkurve nach Vorschrift abgeglichen ist – das wird bei der Entwicklung der Schaltung eingeplant. Man sollte aber von diesen Eigenschaften eine Vorstellung haben, um richtig würdigen zu können, welche Entwurfsarbeit in den Filterkreisen von Fernsehempfängern steckt.

Bild 15.35 Prinzipschaltung eines Farbsignalverstärkers

Der Farbsignalverstärker muß eine automatische Verstärkungsregelung erhalten. Die bereits

1 Vgl. Bild 2.33 und 2.41 bis 2.44.

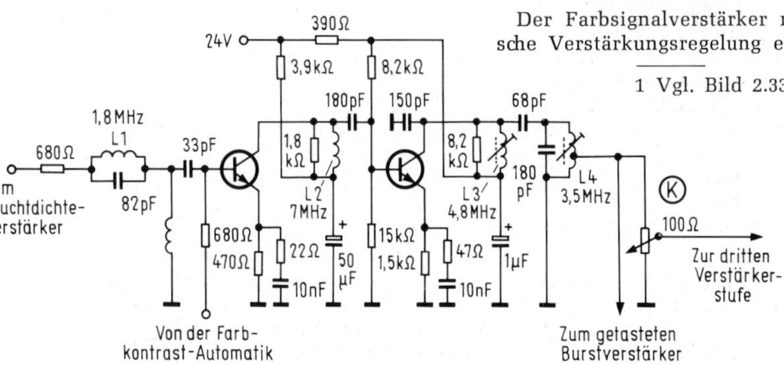

Bild 15.35 Farbsignalverstärker mit Abgleichelementen

im Tuner und im Bild-Zf-Verstärker vorhandene Regelschaltung reicht dafür nicht aus. Bei der relativ schmalen und speziell abgeglichenen Durchlaßkurve des Farbartverstärkers besteht nämlich die Gefahr, daß bei geringen Tunerverstimmungen das Farbartsignal einseitig zum Durchlaßbereich zu liegen kommt. Dadurch sinkt die Verstärkung, und das bedeutet geringeren Farbkontrast. Dieser Effekt würde bei Handabstimmung bzw. bei erstmaligem Einstellen der Programmtasten recht störend sein, wenn das Bild erst blaß ist und dann aufleuchtet. Er könnte aber auch bei der automatischen Scharfabstimmung stören, wenn sich die Abstimmlage des Tuner-Oszillators verschiebt.

Deshalb muß also die Ausgangsspannung des Farbsignalverstärkers konstant gehalten werden, auch wenn dessen Eingangsspannung sich ändert. Diese Regelung erfolgt auf die übliche Weise. Die Regelspannung wird aus der im Farbartverstärker vorhandenen Burstamplitude abgeleitet, denn sie ist auch ein Maß für die Gesamtamplitude. Da nicht nur die Verstärkung an sich, sondern der konstante Farbkontrast das Endziel ist, spricht man von „automatischer Farbkontrastregelung“. Als Kurzzeichen ist auch ACC = Automatic Chroma Control üblich. Konstanter Farbkontrast bedeutet auch, daß die Farben stets ihre richtige Farbsättigung aufweisen. Das Bild soll nicht abwechselnd blaß und kräftig gefärbt sein. Man nennt diese Automatik deshalb auch *Farbsättigungsregelung.*

In Bild 15.35 erfolgt diese Regelung in der ersten Stufe. Die Verstärkung sinkt beim Aufwärtssteuern des Kollektorstromes[1]). Gleichzeitig steigt auch die Teilspannung an dem in der Kollektorleitung liegenden 3,9-kΩ-Widerstand. Infolgedessen wird die Spannung am Kollektor niedriger, dies verbessert die Regelwirkung.

Am Eingang des Verstärkers liegt ein auf 1,8 MHz abgeglichener Sperrkreis mit der Spule L 1. Er unterdrückt bereits einen großen Teil des im Farbartverstärker nicht benötigten Frequenzgebietes unterhalb 3 MHz. Die festeingestellte Spule L 2 bildet mit den Schaltkapazitäten einen auf 7 MHz abgestimmten Parallelschwingkreis und hebt dadurch die 5-MHz-Seite des Durchlaßbereiches an. Das auf den zweiten Transistor folgende Bandfilter formt die endgültige Kurve. Die Eigenresonanz des Primärkreises mit der Spule L 3 liegt bei 4,8 MHz, die des Sekundärkreises bei 3,5 MHz. In Verbindung mit der abfallenden Flanke des Bild-Zf-Verstärkers (vgl. Bild 15.31) ergibt sich daraus – über alles gesehen – die erwünschte Bandpaßkurve.

Die Induktivität L 4, die letzte dieser Schwingkreisspulen, ist niederohmig angezapft, um den 100-Ω-Kontrasteinsteller und die folgende Verstärkerstufe anzupassen. An dieser Stelle wird auch das für den Burstverstärker benötigte Signal niederohmig abgegriffen.

(Nach Telefunken-Unterlagen.)

1 Funktechnik ohne Ballast, 14. und 15. Aufl., Kapitel 9.

Literatur

Albrecht, Kiefer und *Sand:* Der Farbfernsehempfänger. Rundfunktechnische Mitteilungen 1967. H. 3; Farbartkanal, S. 144; Farbartsignalverstärker, S. 162.

Bucksch: Farbartsignalverstärker. Telefunken-Sprecher, H. 49/1969, S. 23.

John: Der Farbteil im PAL-Farbfernsehempfänger. Techn. Mitt. AEG-Telefunken 1970, H. 5. S. 326.

Synchrondemodulation

Das Prinzip dieses Verfahrens wurde bereits kurz in Kapitel 2 mit den Bildern 2.34 bis 2.36 erläutert. Die folgende ausführliche Beschreibung behandelt auch die Verhältnisse bei unterdrückter Trägerfrequenz.

Bild 15.41 bis 15.43 AM-Modulation mit unterdrücktem Träger

Das am Ausgang des Farbartverstärkers stehende Signal muß demoduliert werden. Vereinfachen wir zunächst die Vorgänge und lassen außer acht, daß in diesem Signal eigentlich zwei phasenverschobene Informationen, nämlich für $R-Y$ und $B-Y$ enthalten sind. Wir betrachten das Farbartsignal lediglich als ein Zwischenfrequenzspektrum mit 1,3 MHz breiten Seitenbändern, bei dem die Mittenfrequenz oder Trägerfrequenz 4,43 MHz im Sender unterdrückt worden ist. Sie wurde auch in den bisher behandelten Stufen noch nicht wieder hinzugefügt. Nach Bild 15.17 läßt sich die AM-Demodulation auffassen als das Herabmischen *auf der Frequenzskala,* indem man das Zf-Signalspektrum von 4,43 ± 1,3 MHz mit einer Oszillator- oder Trägerfrequenz von 4,43 MHz mischt. Die Differenzfrequenzen ergeben dann das gewünschte Frequenzband von 0...1,3 MHz.

Zum Verständnis der Synchrondemodulation benutzt man jedoch besser die Hüllkurvendarstellung *mit der Zeitskala*. Angenommen, das zu übertragende Modulationssignal U_M habe die Form einer nach Bild 15.41 durch Null gehenden Sägezahnspannung. Bei normaler Amplitudenmodulation einer Trägerfrequenz mit diesem Signal ergibt sich der hochfrequente Schwingungsverlauf U_{Hf} nach Bild 15.42. Die Hüllkurven der Trägerfrequenzschwingungen liegen symmetrisch zur mittleren Trägeramplitude.

Um den Träger zu unterdrücken, muß man in dieser Darstellungsweise die mittleren Trägeramplituden zur Nullinie zusammenschrumpfen lassen. Das bedeutet, daß zeichnerisch von jedem Kurvenpunkt in Bild 15.42 die mittlere Trägeramplitude abzuziehen ist. Man erhält dann den Kurvenzug Bild 15.43. Die beiden Hüllkurven schieben sich zur Nullinie und überschneiden sich an der Stelle, wo auch der Sägezahn in Bild 15.41 durch Null geht. Die in Bild 15.42 rechts bei B unterhalb der mittleren Trägeramplitude liegenden Kurvenstücke wechseln dabei in das negative Gebiet B′ von Bild 15.43, weil sich durch Subtrahieren der mittleren Trägeramplitude negative Werte ergeben. Das entspricht dann dem negativen Gebiet des ursprünglichen Sägezahnverlaufes von Bild 15.41. An der Stelle, wo dort das Signal durch Null geht und das Vorzeichen wechselt, geschieht dies auch bei dem Modulationsspektrum mit unterdrücktem Träger in Bild 15.43. Vorzeichenwechsel heißt: Die Phase springt um 180° gegenüber Bild 15.42 um!

In dem stark zusammengeschrumpften Signal U'_{Hf} ist demnach die ursprüngliche Sägezahnmodulation noch vollständig erhalten. Man erkennt, daß ein solches Signal mit unterdrücktem Träger bedeutend geringere Spannungen aufweist als bei normaler Amplitudenmodulation nach Bild 15.42. Kleinere Spannungen werden aber nicht so leicht übersteuert und ergeben damit weniger Störungen und Kreuzmodulationen mit den anderen Signalen bei Mehrfachmodulation. Deswegen unterdrückt man den 19-kHz-Hilfsträger beim Stereo-Rundfunk und den 4,43-MHz-Farbträger beim Fernsehen, auch wenn dies einen zusätzlichen Aufwand erfordert, um diese Frequenzen als „Hilfsträger" im Empfänger wieder neu zu erzeugen.

Das Unterdrücken der Trägerfrequenz im Sender erfolgt durch sehr selektive und steilflankige Sperrkreise. Sie filtern gewissermaßen in Bild 15.42 die Trägerfrequenz weg, so daß nur die in den Hüllkurven steckenden Seitenbänder übrig bleiben. Aus solchen zeitlichen Modulationsverläufen wie in Bild 15.43 bestehen auch die Farbartsignale. Wird z. B. ein Farbbalken-Testbild gesendet, dann ist der Modulationsverlauf längs einer Zeile nicht sägezahnförmig, sondern treppenförmig. Jeder Farbbalken ergibt eine Treppenstufe.

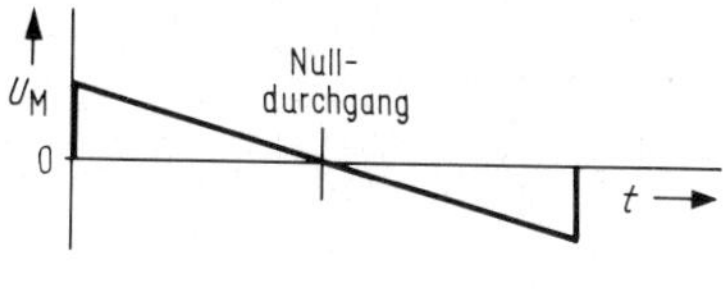

Bild 15.41 Ein in Amplitudenmodulation zu übertragendes Sägezahnsignal

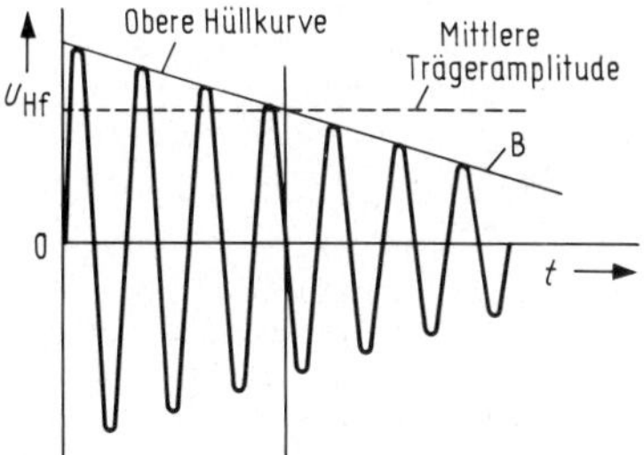

Bild 15.42 Die Trägerfrequenzspannung ist mit dem Sägezahnsignal moduliert

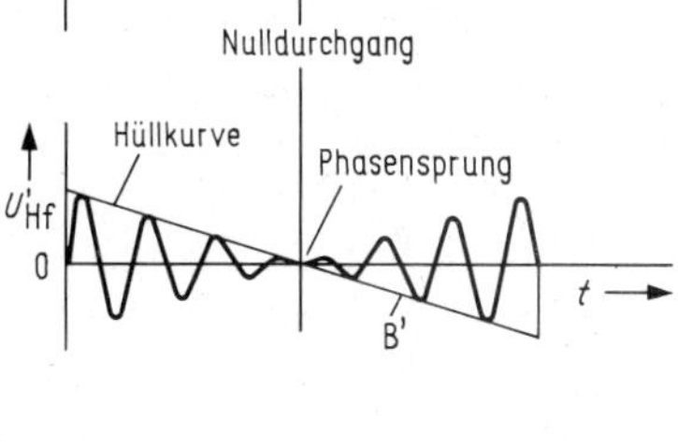

Bild 15.43 Modulationsverlauf bei unterdrücktem Träger

Bild 15.44 und 15.45 Demodulation bei unterdrücktem Träger

Um aus einem trägerfrequenten Signalverlauf U'_{Hf} von Bild 15.43 die Modulation zurückzugewinnen, tastet man nach Bild 15.44 kurze Kurvenstücke in Abständen von einer Periode aus den Halbwellen heraus. Zum Heraustasten dient ein elektronischer Schalter, der genau im Rhythmus der Trägerfrequenz gesteuert wird. Dies ist durch die gestrichelten Linien zu der darunter gezeichneten Trägerfrequenzschwingung U_T in Bild 15.45 deutlich gemacht. Die aus dem Signalverlauf Bild 15.44 herausgetasteten impulsartigen Spannungsstöße führt man einem Tiefpaß zu. Er glättet und siebt diese Impulse ähnlich wie das Siebglied hinter einem Hf-Diodendemodulator[1]). Die Hf-Anteile werden unterdrückt, und die Hüllkurve der Scheitelwerte dieser Impulsreihe stellt wieder das

1 Vgl. Bild 15.16.

ursprüngliche Modulationssignal von Bild 15.41 dar. (Um die Vorgänge deutlicher zu erkennen, wurde in diesen Bildern eine recht niedrige und daher grob wirkende Trägerfrequenz gezeichnet. In Wirklichkeit folgen die Trägerfrequenzschwingungen und damit die herausgetasteten Kurvenstücke viel dichter aufeinander.)

Die zum Heraustasten der Kurvenstücke benötigte Schaltspannung erzeugt man nach Bild 15.45 aus der künstlich wiederhergestellten Trägerfrequenzspannung U_T. Man gibt sie mit so großer Amplitude auf stark negativ vorgespannte Schaltdioden, daß nur die äußersten Kuppen der Sinuskurve die Schaltschwelle überwinden, die Diode öffnen und sie auch für andere Spannungen und Ströme durchlässig machen[1]).

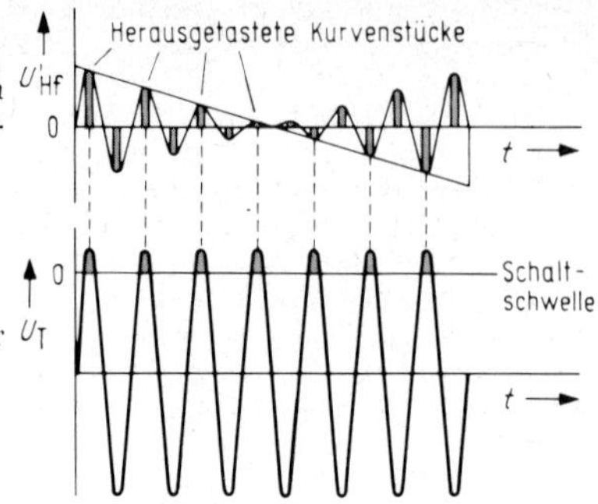

Bild 15.44 Durch Heraustasten der markierten Kurvenstücke erhält man eine Hüllkurve entsprechend dem ursprünglichen Sägezahnsignal Bild 15.41

Bild 15.45 Tastspannung zu Bild 15.44; die über die Schaltschwelle hinausragenden positiven Kuppen ergeben die Tastspannung

Die gestrichelten Verbindungslinien zwischen Bild 15.44 und 15.45 zeigen aber auch, wie wichtig neben der genauen Frequenz dieses Hilfsträgers seine Phasenlage ist. Denkt man sich die Halbwellen von Bild 15.45 im Extremfall z. B. um 180° phasenverschoben, dann erhält man keinen herausgetasteten Sägezahn mit abfallender, sondern mit ansteigender Flanke, also ein falsches Signal. Die Phasenlage eines vom Burst synchronisierten Farbhilfsträgers im Farbempfänger ist also sehr exakt einzuhalten, besonders auch deswegen, weil das Farbartsignal aus zwei um 90° phasenverschobenen Informationen besteht, vgl. Bild 2.31 bis 2.34.

Bild 15.46 und 15.47 Prinzip des Synchrondemodulators

Dic Wirkungsweise eines Synchrondemodulators ähnelt der eines Ringmodulators nach Bild 15.20. Es handelt sich um eine Art multiplikativer Mischschaltung. Dem Eingang E 1 in Bild 15.46 wird die mit dem Nutzsignal modulierte trägerfrequente Spannung U'_{Hf} zugeführt, dem anderen Eingang E 2 die reine unmodulierte Trägerfrequenz. Die Differenzfrequenz am Ausgang ergibt dann das herabgemischte Nutzsignal bzw. die ursprüngliche Modulation U_M.

Beim Synchrondemodulator dient zwar die Trägerfrequenz dazu, entsprechend Bild 15.44 und 15.45 periodisch nur einzelne Stücke aus dem modulierten Zf-Signal herauszutasten, doch ergibt sich im Endeffekt je nach Betrachtungsweise eine Hüllkurvenmodulation oder ein Herabmischen des Nutzsignals in das gewünschte Frequenzgebiet. Diese Funktion des Heraustastens wurde auch bereits kurz im Einleitungskapitel 2 beschrieben[2]). Sie sei nun ausführlicher an einer etwas anderen Grundschaltung Bild 15.47 erläutert. Als trägerfrequente Schaltspannung dient der im Empfänger erzeugte und durch die Burstschwingungszüge synchronisierte Farbhilfsträger mit $f = 4{,}43$ MHz. Diese ziemlich große Schaltspannung, sie entspricht der gesamten Sinusschwingung in Bild 15.45, wird einer Brückenschaltung zugeführt. Sie besteht aus einer symmetrischen Übertragerwicklung und zwei Dioden. Das trägerfrequente Farbartsignal mit der Quadraturmodulation $(R - Y)$ und $(B - Y)$ liegt in der Brükkendiagonale. Der Farbhilfsträger wird über einen auf 4,43 MHz abgestimmten Schwingkreis den anderen beiden Eckpunkten der Brücke zu-

1 Vgl. Bild 2.36.

2 Bild 2.35 und 2.36

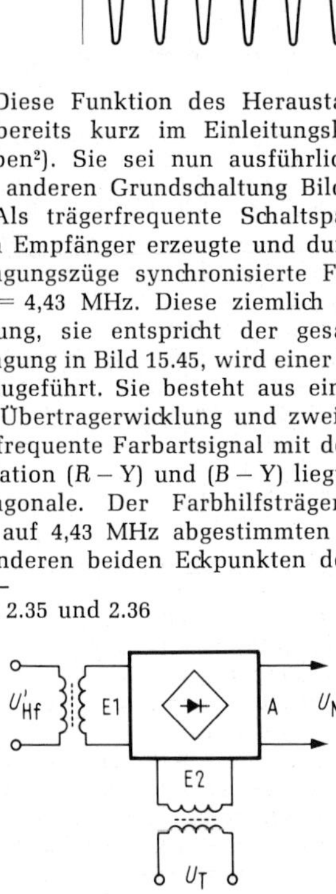

Bild 15.46 Blockschaltung eines Synchrondemodulators

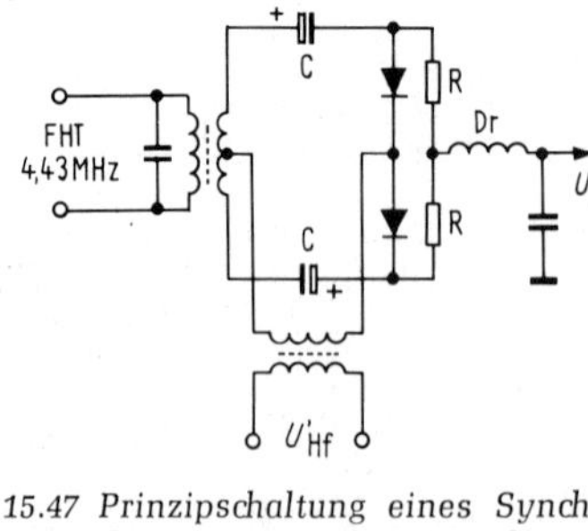

Bild 15.47 Prinzipschaltung eines Synchrondemodulators (die Eingänge für Signalfrequenz und Trägerfrequenz liegen anders als in Bild 15.46)

geführt. (In Bild 2.35 und 15.46 sind die Brückenzweige bzw. die beiden Eingänge anders angeordnet, die Wirkung ist jedoch die gleiche.)

Der Farbhilfsträger ladet über die Dioden die beiden Kapazitäten C abwechselnd fast bis auf den Scheitelwert auf. Die entstehenden Gleichspannungen sind so gepolt, daß die Dioden während des größten Teiles der Schaltfrequenzschwingung sperren (Minus an Diodenanode, Plus an Katode). Nur die Spitzen der positiven Halbwellen bewirken noch einen kurzen Stromstoß durch die Schaltdioden, wie dies bereits in Bild 15.45 angedeutet worden ist. Während dieser kurzen Zeiten, in denen die Dioden durchschalten, werden die Kapazitäten C entsprechend dem Momentanwert der Farbartsignalspannung U'_{Hf} umgeladen, und zwar in gleicher Richtung. Die von der Schaltfrequenz herrührende Aufladung der Kondensatoren C ist gegensinnig und hebt sich am Mittelpunkt der beiden Widerstände R auf. Übrig bleibt nur das gleichsinnige, jetzt demodulierte Nutzsignal ohne Farbträger. Das darauf folgende Drossel-Kondensatorglied schneidet außerdem Hf-Reste oberhalb 1,3 MHz ab.

Burst-Austaststufe

In der ersten großen Blockschaltung Bild 15.11 waren zwei Synchrondemodulatoren, nämlich für $(R-Y)$ und $(B-Y)$ vorgesehen, von denen jeder mit der Farbhilfsträgerfrequenz FHT geschaltet wurde. Auf das Zusammenarbeiten dieser beiden Stufen wird später eingegangen. Jetzt soll erst die eigentlich zum Abschnitt Signaltrennung gehörende Austastung der Burstschwingungszüge aus dem FBAS-Signal besprochen werden. Diese Burstschwingungen dienen dann zum Synchronisieren des für die Funktion der Demodulatoren notwendigen Farbhilfsträgers.

Bild 15.48 Prinzip der Burstaustastung

Die Funktion wurde bereits bei der Besprechung von Bild 15.11 erwähnt. Der Burstverstärker soll die wenigen vom Sender herkommenden und auf der hinteren Schwarzschulter des Synchronsignals befindlichen Schwingungszüge der Farbträgerfrequenz 4,43 MHz aus dem gesamten FBAS-Signal heraustrennen. Dazu benutzt man eine Koinzidenzschaltung bzw. ein UND-Gatter. Dem einen Eingang wird das vollständige FBAS-Signal aus dem Farbteil zugeführt. Der andere Toreingang wird mit dem auch im Farbempfänger benötigten und vorhandenen Zeilenrückschlagimpuls oder Horizontal-Austastimpuls gesteuert. Nur während der Dauer dieses kurzzeitigen Impulses wird das Gatter geöffnet. Der im FBAS-Signal enthaltene und genau zum gleichen Zeitpunkt eintreffende Synchronimpuls mit der Burstschwingung auf der Schwarzschulter wird dann durchgelassen und die Burstschwingung verstärkt. Der auf 4,43 MHz abgestimmte Resonanzkreis hebt diese Schwingungszüge heraus. Sie stehen dann an der Auskoppelwicklung zum Synchronisieren des Farbhilfsträgers zur Verfügung. Alle anderen im Zeilenverlauf enthaltenen Signale sind ausgeblendet.

Diese Burstschwingungszüge nach Bild 15.48 rechts unten werden auch als *Farbsynchronimpulse* bezeichnet, weil damit der im Gerät erzeugte Farbhilfsträger synchronisiert wird. Aus der Amplitude dieser Burstschwingungszüge wird außerdem die Regelspannung für die Farbkontrastautomatik des Farbartverstärkers gewonnen[1]). Dazu führt man die Burstschwingungszüge einem Gleichrichter zu und schaltet dahinter ein Siebglied mit hoher Zeitkonstante. Die gewonnene Richtspannung ist ein Maß für die maximale Farbsignalamplitude und dient als Kontrast-

1 Vgl. Bild 15.35

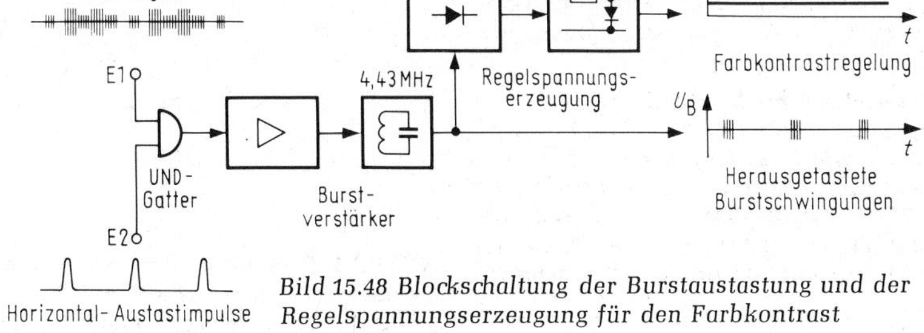

Bild 15.48 Blockschaltung der Burstaustastung und der Regelspannungserzeugung für den Farbkontrast

Regelspannung für den Farbartverstärker (Diagramm für U_R in Bild 15.48 oben rechts).

Die Burstschwingungszüge hinter dem getasteten Burstverstärker sind nur bei einer Farbsendung vorhanden. Ist dies nicht der Fall, dann wird beim Ausbleiben des Burst eine andere Torschaltung betätigt, die den gesamten Farbteil abschaltet. Das Gerät arbeitet dann ausschließlich als Schwarzweißempfänger. Einzelheiten dieses Farbabschalters oder Farbkillers werden später besprochen.

Bild 15.49 und 15.50 Burstverstärker

Die beiden folgenden Bilder sind in der Anordnung der Ein- und Ausgänge weitgehend der Blockschaltung Bild 15.48 angeglichen, so daß die Funktionen leicht zu übersehen sind (in großen Serviceschaltungen ist dies leider nicht immer möglich).

In Bild 15.49 wird das FBAS-Signal der Schaltdiode D zugeführt. Sie ist normalerweise gesperrt, denn ihre Katode liegt über eine im Farbartverstärker befindliche Spule L 1 gleichspannungsmäßig auf Masse, und die Anode ist von der negativen Speiseleitung (– 14,5 V) über den Spannungsteiler 2,7 kΩ – 820 Ω negativ vorgespannt. Auch der Eingang des Transistors T 1 ist durch diese negative Vorspannung gesperrt. Nur während der kurzen Zeit der positiv gerichteten Horizontal-Austastimpulse wird die Diodenanode positiv gegenüber ihrer Katode. Die Diode schaltet durch, und der Verstärker wird entsperrt. Der Burst aus dem Synchronsignal gelangt dann an die Basis des Transistorverstärkers. Sein Kollektorspulensatz L 2 ist auf 4,43 MHz abgestimmt. An der Zweitwicklung erscheinen dann nur die verstärkten Burstschwingungspakete ohne Synchronisier- und Austastimpulse.

Eine weitere Koppelwicklung auf diesem Spulensatz leitet außerdem die Burstspannung dem Transistor T 2 zu. An seiner Basis-Emitterdiode wird der Burst gleichgerichtet und ladet den 47-nF-Kondensator in Abhängigkeit von der Burstamplitude negativ auf. Diese Spannung wird verstärkt und als Regelspannung über ein Siebglied aus 12 kΩ und 2,2 µF dem Farbartverstärker zur Kontrastregelung zugeführt.

In Bild 15.50 liegt die Schaltdiode in der Zuleitung für den Horizontal-Austastimpuls. Die Diodenanode ist mit + 24 V über den 12-kΩ-Widerstand positiv vorgespannt, die Katode liegt über 560 Ω an Masse, die Diode ist durchgeschaltet und legt die Basis des Transistors an Masse. Er wird dadurch gesperrt, und seine Basis ist auch über die Diode wechselspannungsmäßig geerdet, so daß das Farbartsignal am Eingang E 1 keine Wirkung hat.

Trifft jetzt am Eingang E 2 der positiv gerichtete Horizontal-Austastimpuls ein, dann wird die

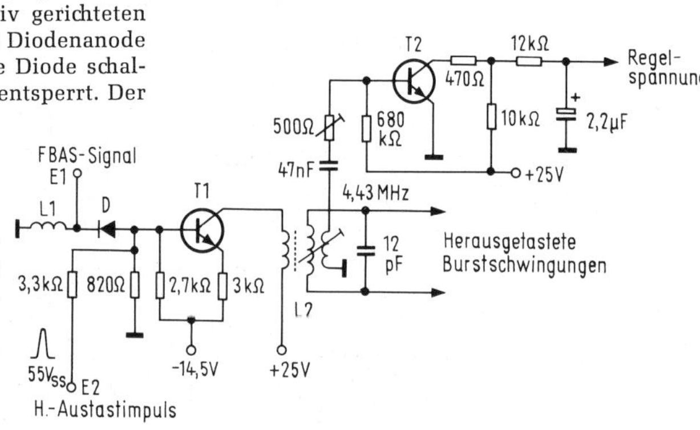

Bild 15.49 Burstaustastung und Regelspannungserzeugung bei einem Farbfernsehempfänger der Firma Metz

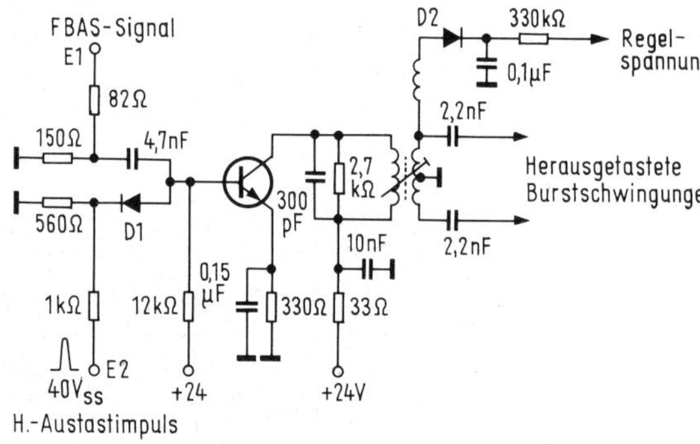

Bild 15.50 Burstaustastung und Regelspannungserzeugung bei einem Farbfernsehempfänger der Firma Blaupunkt

Katode der Schaltdiode D 1 positiv gegenüber ihrer Anode. Die Diode sperrt, die Basis wird nun von der + 24-V-Spannung über den 12-kΩ-Widerstand aufgetastet, und das am Eingang E 1 liegende Synchronsignal wird durchgelassen. Der aufgetastete und verstärkte Burstschwingungszug erscheint am Kollektorschwingkreis.

Die Regelspannung für die Kontrastautomatik wird hier mit einer Diode D 2 erzeugt und mit 0,1 μF geglättet. Eine als Vorwiderstand für D 2 dienende Drossel entkoppelt beide Ausgangsspannungen.

Literatur

John: Der Burstverstärker. Techn. Mitt. AEG-Telefunken 1970, H. 5, S. 328.

Kochsmeier: Getasteter Farbsynchronimpulsverstärker. Radio Mentor, 1969, H. 12, S. 822.

Telefunken: Burst-Verstärker mit Auftaststufe. Laborbuch, Band 4, S. 77.

Erzeugung des Farbhilfsträgers

Bild 15.51 Erweiterte Blockschaltung eines Farbfernsehempfängers

In der ersten Blockschaltung Bild 15.11 war lediglich dargestellt, daß der Burstverstärker die ausgetasteten Burstsignale an den Farbhilfsträger-Oszillator liefert und dieser die beiden Synchrondemodulatoren steuert. Diese Schaltungsstufen sollen jetzt genauer betrachtet werden. Zunächst sei die Wiederherstellung (Regenerierung) eines stetig durchschwingenden Farbhilfsträgers aus den kurzen Burstschwingungszügen besprochen. Der Ausdruck Farbhilfsträger (FHT) wird dabei zum Unterschied von dem im Sender unterdrück-

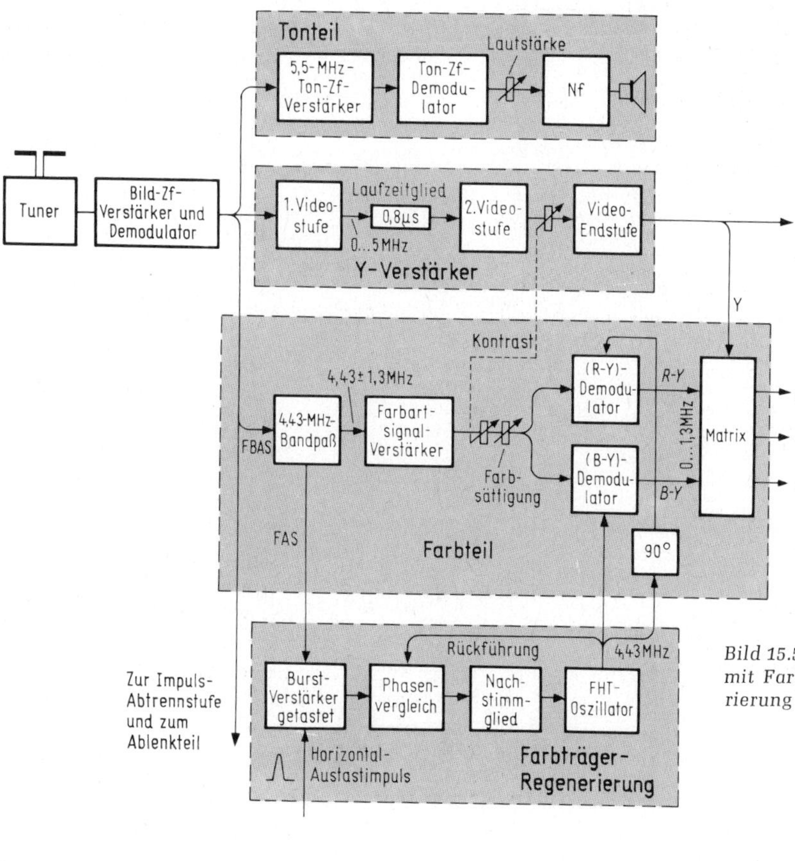

Bild 15.51 Blockschaltung mit Farbträger-Regenerierung

ten *Farbträger* benutzt, um zu kennzeichnen, daß es sich beim FHT um eine im Empfänger neu erzeugte Schwingung handelt, obgleich sie exakt die Frequenz f_T = 4,43361875 MHz des im Sender benutzten Farbträgers haben soll. Merken muß man sich auch den Ausdruck *Referenzträger*, der in manchen Funktionsbeschreibungen angewendet wird. Wie aus den unten in Bild 15.51 neu hinzugekommenen Stufen zu ersehen ist, wird nämlich der Farbhilfsträger nicht nur zum Schalten der Synchrondemodulatoren benutzt, sondern auch auf eine Phasenvergleichsstufe zurückgeführt. *Referre*, aus dem Lateinischen, heißt *zurückführen*. Deshalb also die Bezeichnung Referenzträger. Man sollte sie korrekterweise nur für diesen auf die Phasenvergleichsstufe zurückgeführten Anteil, nicht aber durchweg für den Farbhilfsträger verwenden. (Übrigens hat *referre* auch die Bedeutung *bezugnehmen*. Eine Referenzspannung ist daher eine Bezugsspannung, eine Spannung, auf die man sich als Normalwert bezieht. Das steht eigentlich im Gegensatz zu der Bedeutung Referenzträger in der Phasenvergleichsschaltung, denn dort ist der Normalwert oder Sollwert vom Sender kommende Burstschwingungsfrequenz, aber der Volksmund sagt: Fremdworte sind Glückssache!)

Der Farbhilfsträger in Bild 15.51 steuert die beiden Synchrondemodulatoren für $F_{(R-Y)}$ und $F_{(B-Y)}$. Dabei muß in die Steuerleitung für $R-Y$ ein 90°-Phasenschieber eingefügt werden, um diesen Demodulator jeweils eine Viertelperiode später zu schalten, wie dies für die im Kapitel 2 besprochene Quadratur-Amplitudenmodulation (QUAM) notwendig ist. Dieser Phasenschieber ist meist so eng mit dem FHT-Oszillator kombiniert, daß er in der Gesamtschaltung eines Fernsehempfängers kaum in Erscheinung tritt.

In der Blockschaltung Bild 15.51 sind die für das Pal-System erforderlichen Zusatzstufen noch nicht enthalten. Das Schema gilt gewissermaßen für den Vorläufertyp, also für einen Farbempfänger nach der amerikanischen NTSC-Norm. Diese schrittweise Einführung erleichtert das Verständnis der Gesamtfunktionen. Vorerst wird dazu die Wiederherstellung des Farbträgers besprochen.

Bild 15.52 Blockschaltung für aktive Farbträger-Regenerierung

Zum Erzeugen des Farbhilfsträgers gibt es zwei Methoden:

1. Die aktive Rückgewinnung. Hierbei wird ein selbständig schwingender Oszillator mit Hilfe eines Regelkreises über eine Phasenvergleichsschaltung von den Burstschwingungen synchronisiert.

2. Die passive Farbträger-Regenerierung. Dabei stoßen die Burstschwingungen direkt einen sehr hochwertigen Quarzschwingkreis an, der dann langsam mit der vom Burst aufgeprägten Frequenz ausschwingt und beim nächsten Synchronimpuls erneut angestoßen wird.

Zunächst wird das erste dieser Verfahren beschrieben.

Regelkreise zum Synchronisieren eines Oszillators wurden bereits mehrfach behandelt. In Bild 8.51 wurde das Grundprinzip am Beispiel des Zeilenfrequenzoszillators gezeigt. Ausführlicher besprochen wurde die Funktion bei Bild 10.35. Genau das gleiche Verfahren wird auch beim Synchronisieren des Farbhilfsträgers angewendet. Neuerdings wird diese Schaltungsanordnung auch mit dem Ausdruck PLL = *Phase Locked Loop* = phasengerasteter Regelkreis bezeichnet[1]).

Wegen der notwendigen Frequenz- und Phasenstarrheit wird die Farbhilfsträgerfrequenz durch einen Quarzoszillator erzeugt. Aber selbst ein Quarz ist nicht so konstant, daß er von sich aus ständig auf 0,75 Hz genau schwingt, wie es bei der Farbträgerfrequenz

$$4{,}43361875 \text{ MHz} = 4\,433\,618{,}75 \text{ Hz}$$

erforderlich ist. Deswegen wird der Quarzoszillator laufend von der genauen und zu den übrigen Signalen einer Farbsendung passenden Burstfrequenz mit Hilfe der Regelschaltung auf den exakten Sollwert nachgestimmt.

Nach Bild 15.52 dienen die von der Burst-Austaststufe kommenden Burstfrequenzschwingungen als Sollwert einer Phasenvergleichsstufe. Die Quarzschwingungen werden als Istwert in diese Vergleichsstufe zurückgeführt. Sie bildet aus der Differenz zwischen Sollwert und Istwert eine Regelgleichspannung. Ein Tiefpaß-Siebglied glättet diese Spannung. Sie steuert dann eine Kapazitätsdiode als Nachstimmglied. Diese veränder-

1 Funktechnik ohne Ballast, 14. und 15. Aufl., Bild 9.23.

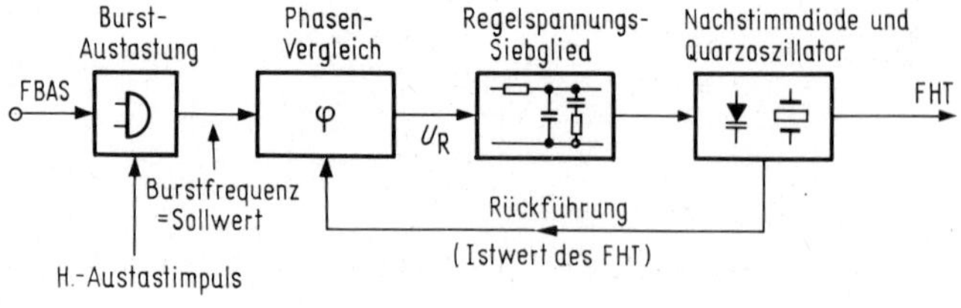

Bild 15.52 Aktive Farbträger-Regenerierung über eine Phasenvergleichsschaltung

liche Kapazität „zieht" den Quarzoszillator genau auf die Trägerfrequenz hin. Selbst die Phasenlage des Oszillators stellt sich infolge der Siebwirkung des Tiefpasses auf den Mittelwert der beim Pal-System von $-45°$ auf $+45°$ umspringenden Burstphase ein[1]). Der in dieser Weise auf die richtige Frequenz hingezogene Quarzoszillator liefert dann den Farbhilfsträger.

Bild 15.53 Phasenvergleichsschaltung

Die Schaltung Bild 15.53 wird vielfach auch als Phasendiskriminator bezeichnet, doch sollte man diesen Begriff besser für FM-Demodulatoren in Rundfunkempfängern und im Tonteil von Fernsehempfängern reservieren. Die Wirkung einer Phasenvergleichsschaltung wurde bereits für Bild 10.32 erläutert. In der hier in Bild 15.53 dargestellten Anordnung laden die Halbwellen der Burstschwingungen die beiden 1-nF-Kondensatoren auf die gleiche Spitzenspannung, aber mit entgegengesetzter Polarität auf. Am Verbindungspunkt M der beiden 500-kΩ-Widerstände herrscht dann der Spannungswert Null.

Die gleiche Wirkung hat aber auch die dem zweiten Eingang zugeführte Vergleichsfrequenz. Sie ergibt ebenfalls den Spannungswert Null am Verbindungspunkt M, aber nur dann, wenn sie in Frequenz und Phase mit der Burstfrequenz übereinstimmt. Sind Phasenunterschiede vorhanden, dann bildet sich am Punkt M eine Differenzspannung. Beim einfacheren amerikanischen NTSC-System folgen die Burstschwingungszüge ständig mit der gleichen Phasenlage aufeinander. Im eingeregelten Zustand, wenn also der neu erzeugte Farbhilfsträger in Phase und Frequenz genau mit den Burstschwingungszügen übereinstimmt, herrscht tatsächlich am Punkt M die Spannung Null.

Beim Pal-System springt jedoch die Burstphase in den aufeinanderfolgenden Zeilen jeweils von $-45°$ auf $+45°$ um. Das ergibt also am Punkt M ebenfalls in der Polarität umspringende kleine Differenzspannungen. Sie sind jedoch unter sich gleich, und das anschließende Tiefpaßsiebglied bildet den Mittelwert daraus. Weicht jedoch die Frequenz des Farbhilfsträgers, also die des Quarzoszillators, in einer Richtung aus, dann ergibt sich eine echte Nachstimmspannung. Sie zieht den Oszillator wieder auf den richtigen Wert hin, bis der Mittelwert der Nachstimmspannung zu Null wird und der Quarzoszillator auf die Burstfrequenz einrastet.

Bild 15.54 Phasenvergleichsschaltung mit Transistoren

Ähnlich wie man die Dioden eines Ringmodulators durch Transistorschaltungen ersetzen kann, wenn man ihn z. B. als integrierte Schaltung aufbauen will, so ist dies auch bei den Phasenvergleichsschaltungen möglich. Im dargestellten Beispiel (nach Unterlagen von SEL) wird eine Phasenvergleichs-Brückenschaltung mit zwei Transistoren verwendet. Die Burstfrequenz f_B gelangt wie im vorigen Bild über einen Übertrager an die Basisanschlüsse der Transistoren. Die Vergleichsfrequenz f_{FHT} bzw. der Farbhilfsträger liegt an der Mittelanzapfung des Übertragers, also an der Brückendiagonale. Insgesamt erhält man auch hier bei Frequenz- und Phasengleichheit am Punkt M bzw. hinter dem Siebglied die Spannung Null und bei Abweichungen eine entsprechende Nachstimmspannung.

Diese Schaltung weist einige Feinheiten auf, die man sich nicht unbedingt zu merken braucht, zumal sie beim Übertragen der Anordnung in einen integrierten Mikrobaustein für den Servicetechniker ohnehin kaum mehr Bedeutung haben dürften. So wird die Summenspannung von f_B und f_{FHT} am unteren Ende der Übertragerwicklung über die in Reihe liegenden Koppelkondensatoren 470 pF und 220 pF der Basis des unteren Transistors zugeführt. Der mittlere Basisstrom erzeugt an dem 2,2-MΩ-Widerstand die erforderliche Vorspannung. Die Zeitkonstante dieses Gliedes (2,2 MΩ – 0,1 μF) ist so groß, daß die Vorspannung auch bei langsamen Schwebungen infolge geringer Frequenzdifferenzen zwischen

1 Vgl. Bild 2.43 und 2.44.

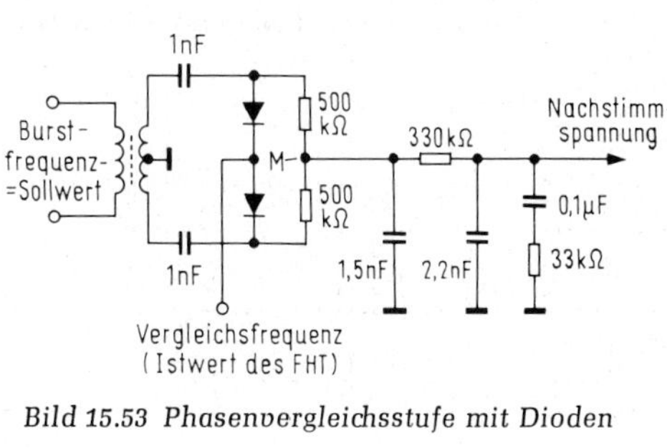

Bild 15.53 Phasenvergleichsstufe mit Dioden

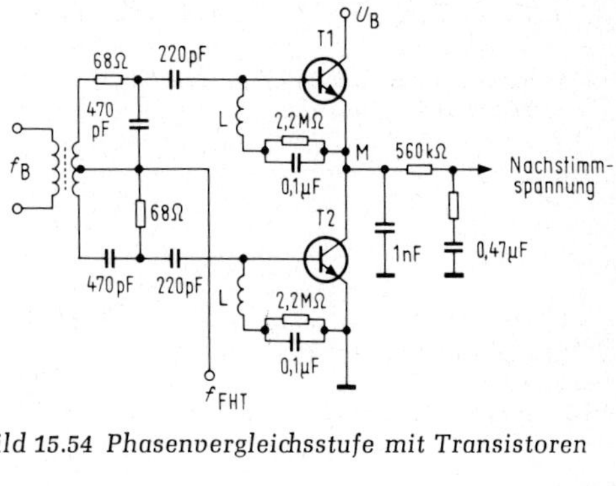

Bild 15.54 Phasenvergleichsstufe mit Transistoren

Burstschwingung und Farbhilfsträger konstant bleibt. Das Emitterpotential des oberen Transistors bzw. die Spannung am Punkt M schwankt dagegen im Takt der Differenzfrequenz. – Die 220-pF-Koppelkondensatoren bilden mit den Spulen L je einen Hochpaß, damit vorwiegend die trägerfrequenten Schwingungen die Basis steuern und die Transistoren nicht durch niedrige Differenzschwebungen übersteuert werden.

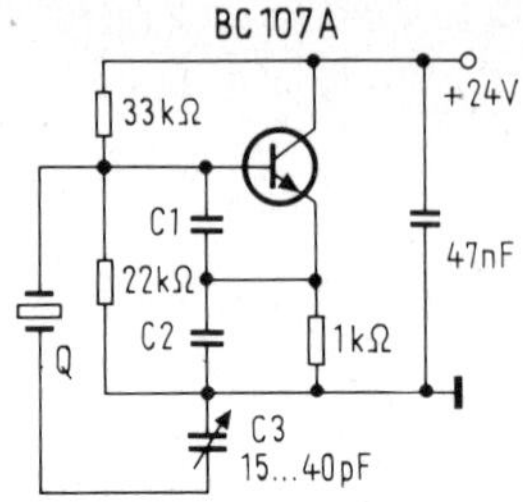

Bild 15.55 Schaltung eines Quarzoszillators mit „Ziehkondensator" C 3

Bild 15.55 Quarzoszillator

Ein Schwingquarz stellt einen sehr hochohmigen Resonanzkreis dar, dessen Eigenfrequenz sich durch einen in Reihe geschalteten Trimmerkondensator um geringe Beträge verstimmen oder „ziehen" läßt[1]). Man kann damit z. B. bei quarzgesteuerten Normalfrequenzanlagen oder bei Quarzuhren restliche Toleranzen ausgleichen, die beim Schleifen des Quarzes oder bei großen Temperaturänderungen unvermeidlich sind.

Als Schwingschaltung dient vorzugsweise eine mit *Clapp-Oszillator* bezeichnete Anordnung. Der Quarz wirkt dabei als induktiver Blindwiderstand in einer kapazitiven Dreipunktschaltung. Die Teilspannung an der Kapazität C 1 dient zur Rückkopplung. C 3 ist der Ziehkondensator. Die Kapazitätswerte von C 1 und C 2 wählt man groß gegenüber C 3 (100...1000 pF). Damit ist dann der Einfluß der temperatur- und spannungsabhängigen inneren Kapazitäten des Transistors auf die Schwingfrequenz zu vernachlässigen. Der Kondensator C 3 wird in den endgültigen Schaltungen durch eine steuerbare Kapazitätsdiode ersetzt.

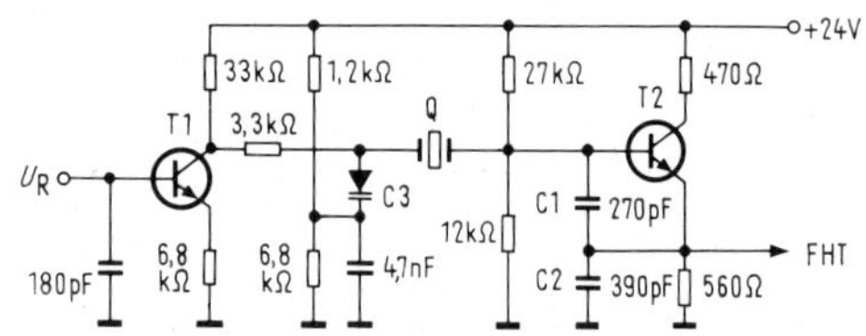

Bild 15.56 Quarzoszillator mit Regelspannungsverstärker und Nachstimmdiode C 3

Bild 15.56 und 15.57 Quarzoszillator für 4,43 MHz

In Bild 15.56 bildet der Transistor T 2 mit dem Quarz Q und den Kapazitäten C 1, C 2 und C 3 die gleiche Grundschaltung wie im vorigen Bild. Kondensator C 3 ist als Kapazitätsdiode ausgebildet und wird über ein Widerstandsnetzwerk im Sperrgebiet vorgespannt. Die Nachstimm- bzw. Regelspannung U_R wird einem Regelspannungsverstärker mit dem Transistor T 1 zugeführt. Seine sich beim Regeln ändernde Kollektorspannung steuert den Kapazitätswert der Diode so nach, daß der Quarzoszillator auf die richtige Frequenz hingezogen wird. Bild 15.57 zeigt das Nachstimmverhalten dieser Schaltung. Sie reagiert bereits auf Phasenwinkelabweichungen von weniger als 10°. Fangbereich FB und Haltebereich HB betragen etwa ± 600 Hz. Das ist wichtig, um auch kleine durch Temperatureinflüsse verursachte Quarzfrequenzänderungen auszuregeln.

Der Farbhilfsträger wird in Bild 15.56 niederohmig am Emitter von T 2 ausgekoppelt.

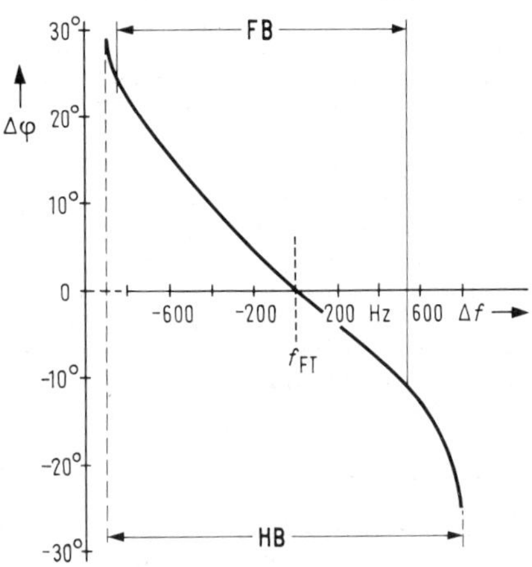

Bild 15.57 Nachstimmverhalten eines Quarzoszillators für 4,43 MHz; FB = Fangbereich; HB = Haltebereich

In den Firmenschaltbildern findet man das Nachstimmelement jeweils zwischen der Phasenvergleichsstufe und dem 4,43-MHz-Quarz des FHT-Oszillators.

Bild 15.58 Passive Farbträger-Regenerierung

Stößt man ein schwingfähiges Gebilde impulsartig an, dann schwingt es in seiner Eigenfrequenz weiter, und die Schwingungen klingen um so langsamer ab, je geringer die Dämpfung ist. Bekanntestes mechanisches Beispiel hierfür ist die Stimmgabel.

---

1 Funktechnik o. B., 14. und 15. Aufl., Bild 4.27 und 4.28.

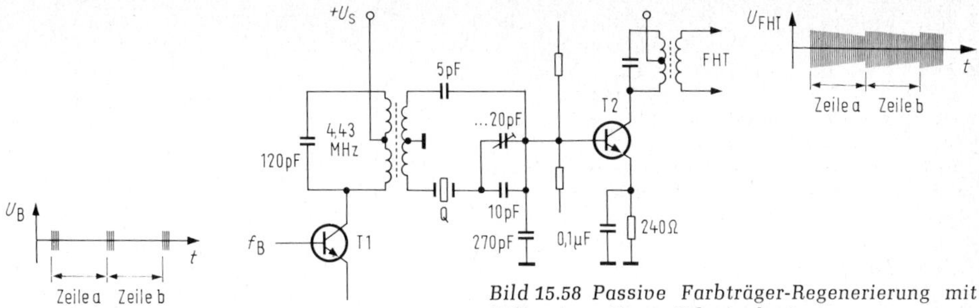

Bild 15.58 Passive Farbträger-Regenerierung mit Hilfe eines Quarz-Schwingkreises

Stößt man einen Schwingkreis mit einem kurzen elektrischen Schwingungszug von seiner eigenen Resonanzfrequenz an, dann schwingt der Kreis mit dieser Frequenz weiter, und die Amplituden klingen um so langsamer ab, je geringer die Kreisdämpfung, also je höher seine Güte ist. Einen solchen Kreis mit sehr hoher Güte stellt ein Schwingquarz dar. Daher ist es möglich, einen 4,43-MHz-Quarz direkt mit den Burstschwingungszügen anzustoßen und ihn dadurch zum kontinuierlichen Schwingen zu bringen, denn jeweils im Zeilenabstand, also nach 64 µs, facht der nächste Burst die Schwingungen erneut an.

In Bild 15.58 wird dieser Quarz in Serienresonanz als Quarzfilter betrachtet. Transistor T 1 stellt eine Burstverstärkerstufe mit einem auf 4,43 MHz abgeglichenen LC-Resonanzkreis dar. Die Burstsignale werden niederohmig mit relativ großer Leistung über den unteren Teil der Sekundärwicklung ausgekoppelt und auf den als Filter arbeitenden Quarz Q gegeben. Er schwingt an, und seine Schwingungen klingen sehr langsam ab, wie in dem rechts unten gezeichneten Diagramm dargestellt.

Dieser Schwingungszug wird im Transistor T 2 mit dem auf 4,43 MHz abgeglichenen Kollektorkreis nachverstärkt. Der geringe Amplitudenabfall innerhalb einer Zeilenperiode kann in Kauf genommen werden, wenn die Sinuskuppen jeweils noch entsprechend Bild 15.45 die Schaltschwelle der Synchrondemodulatoren durchstoßen. In amerikanischen Empfängern, die nach der NTSC-Norm arbeiten und mit solchen Schaltungen ausgerüstet sind, ergibt sich damit eine durchlaufende phasenstarre Farbhilfsträgerschwingung. Bei Empfängern für das Pal-System tritt von Zeile zu Zeile eine kleine Phasendrehung infolge der umspringenden Burstphase auf. Allerdings ist der Quarz bestrebt, stetig durchzuschwingen und eine mittlere Phasenlage einzunehmen. Der Phasenfehler bleibt gering und stört die praktische Funktion nicht.

Der 5-pF-Kondensator im oberen Zweig des Filters ist ein Neutralisationskondensator, um die Kapazität der Quarzhalterung zu kompensieren. Der Trimmerkondensator hinter dem Quarz dient ähnlich wie in Bild 15.55 dazu, die Quarzfrequenz auf den genauen Sollwert zu ziehen. Dies erfolgt durch Abgleichen auf Amplitudenmaximum der Ausgangsschwingung mit Hilfe eines Oszillografen. Die Schaltung liefert dann an den Ausgangsklemmen den direkt aus den Burstsignalen gewonnenen Farbhilfsträger.

Die passive Farbträger-Regenerierung wurde in Veröffentlichungen der Firmen Telefunken und Valvo sehr gründlich beschrieben und durchgerechnet. Sie hat sich jedoch nicht recht durchgesetzt, aber man sollte auch ihre gegenüber der aktiven Oszillatorschaltung relativ einfache Funktion kennen. In der Literatur wird die Anordnung als passiver Farbträger-Regenerator, aber auch als *Quarzfilter* bezeichnet.

Bild 15.59 Gesamtschaltung eines aktiven FHT-Oszillators

Aus den bisher besprochenen Teilschaltungen ergibt sich diese Gesamtschaltung eines Oszillators mit aktiver Farbträger-Regenerierung. FBAS-Signal und Horizontal-Austastimpulse werden der Burst-Austaststufe zugeführt. Die herausgetasteten Burstschwingungen gelangen als Sollwert zur Phasenvergleichsstufe. Außerdem wird daraus im Transistor T 2 die Regelspannung für die Kontrastautomatik des Farbsignalverstärkers gewonnen.

Die Dioden D 2 und D 3 der Phasenvergleichsstufe erhalten als Istwert eine Teilspannung aus dem Kollektorkreis des FHT-Oszillators. In der Phasenvergleichsstufe ergibt sich zwischen den beiden 470-kΩ-Widerständen am Punkt B die Nachstimmspannung für die Kapazitätsdiode D 4 des Quarzoszillators. Diese Nachstimmspannung wird zuvor über den Tiefpaß geschickt, um die stoßweise bei jedem Burstschwingungszug entstehende Spannung zu glätten und bei Pal-Empfängern den Mittelwert aus den von $-45°$ auf $+45°$ umspringenden Burstphasen zu bilden[1]).

1 Vgl. Text zu Bild 15.52.

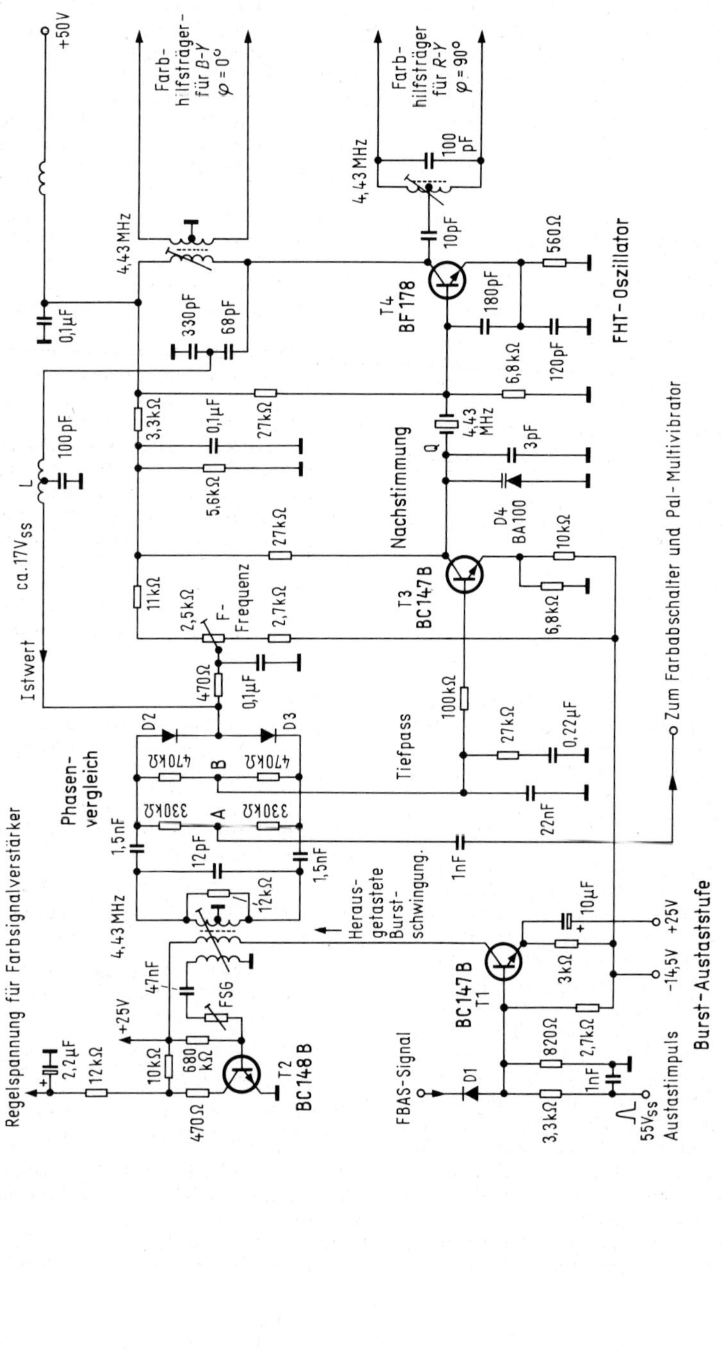

Bild 15.59 Burstaststufe, Phasenvergleich, Nachstimmstufe und Quarzoszillator zum Erzeugen des Farbhilfsträgers

In die Schaltung ist noch ein zweiter Brückenspannungsteiler aus den beiden 330-kΩ-Widerständen mit dem Mittelpunkt A, jedoch ohne nachfolgenden Tiefpaß eingefügt. Hiermit sei eine Funktion vorweg angedeutet, die erst später bei den speziellen Pal-Stufen erläutert wird. Die umspringende Burstphase bewirkt nämlich, wie eben erwähnt, eigentlich auch eine periodisch umspringende Regelspannung. Am Punkt B wird durch den 22-nF-Speicherkondensator ein Mittelwert daraus gebildet. Am Punkt A liegt keine Speicherkapazität. Dort springt deshalb bei jedem neuen Burstsignal die Spannung um, und es entsteht eine rechteckförmige Wechselspannung. Sie wird zum Betätigen des Farbabschalters oder vielmehr des Farbeinschalters benutzt, und sie dient außerdem als Steuerspannung für eine weitere beim Pal-System notwendige Schaltstufe, für den Pal-Multivibrator – doch davon später.

Die regenerierte Farbträgerfrequenz bzw. der Farbhilfsträger steht nun am Kollektorschwingkreis des Oszillatortransistors T 4 zur Verfügung. An dem als kapazitiven Spannungsteiler ausgebildeten Schwingkreiskondensator wird der Istwert für die Phasenvergleichsstufe abgenommen. In dieser Leitung liegt ein Phasenschieber mit der angezapften Spule L. Er paßt die Phasenlage des Farbhilfsträgers an die Burstphasenlage an, da in den Signalwegen

FBAS-Eingang – Farbartverstärker – Synchrondemodulator
und
FBAS-Eingang – FHT-Oszillator – Synchrondemodulator

in Bild 15.51 kleine Phasenunterschiede auftreten. Dieser Phasenschieber hat also einen ähnlichen Zweck wie das Laufzeitglied im Leuchtdichteverstärker, ist aber weniger kritisch. Die Induktivität L ist fest eingestellt. Sie braucht nicht abgeglichen zu werden und bringt keine Komplikationen.

Wichtig ist aber das mit F-Frequ. = Farbträgerfrequenz bezeichnete 2,5-kΩ-Trimmpotentiometer. Es erteilt der Phasenvergleichsstufe eine einstellbare Vorspannung. Sie beeinflußt über die Nachstimmstufe die Grundkapazität der Abstimmdiode und damit die Mittenfrequenz des Quarzoszillators im unsynchronisierten Zustand. Hierfür werden meist genaue Abgleichvorschriften gegeben. Beim absichtlichen Außertrittsetzen des FHT-Oszillators läuft nämlich ein auf dem Bildschirm erzeugtes Farbsignal nach rechts oder links durch, ähnlich wie bei einem außer Tritt gefallenen Bildkipposzillator das Bild nach oben oder unten durchläuft. Man muß daher dieses FHT-Einstellpotentiometer so justieren, daß es in der Mitte des Fangbereiches steht.

Der Trimmwiderstand FSG = Farbsättigung im Basiskreis des Transistors T 2 beeinflußt die Höhe der Regelspannung für die Kontrastautomatik des Farbsignalverstärkers. Hierfür geben die Firmen Abgleichanweisungen in den Serviceschriften.

Nochmals zurück zum Kollektorkreis des Quarzoszillators. Der Farbhilfsträger für den (B – Y)-Synchrondemodulator wird über eine symmetrische Auskoppelwicklung entnommen. Die trägerfrequente Schaltspannung zum Demodulieren des Signals $R - Y$ (vgl. Bild 15.51) wird am Kollektor über eine Kapazität von 10 pF abgegriffen und nochmals auf einen auf 4,43 MHz abgeglichenen Schwingkreis gegeben. Die beiden über 10 pF gekoppelten und auf den Farbhilfsträger abgestimmten Kreise bilden dann ein unterkritisch gekoppeltes Bandfilter. Ein solches Filter bewirkt eine Phasendrehung von 90° zwischen Eingangs- und Ausgangsspannung[1]). Dadurch erhält man die Wirkung des in Bild 15.51 eingezeichneten Phasenschiebers, der notwendig ist, um die Doppelmodulation richtig aus dem Farbartsignal herauszutasten. Dieser Phasenschieber ist demnach in den Gesamtschaltungen kaum als bestimmtes Bauteil zu erkennen.

Mit den beiden um 90° gegeneinander phasenverschobenen Spannungen am Ausgang von Bild 15.59 kann man zwei Synchrondemodulatoren nach Bild 15.51 steuern und die Signale $B - Y$ und $R - Y$ aus dem trägerfrequenten Farbartsignal heraustasten.

Deswegen müssen auch wir einen weiteren großen Schritt machen, um die für das vollständige Pal-System notwendigen Zusatzstufen zu erläutern.

Literatur

Deubert und *Reiber*: Farbhilfsträgersynchronisation mit Phasenvergleich. SEL-Applikationslabor, Esslingen, 1967.

Geprägs: Farbhilfsträgersynchronisation mit Phasen- und Frequenzvergleich. SEL-Applikationslabor, Esslingen, 1967.

Kröner und *Weitzsch*: Verwendung eines Quarzfilters im Pal-Dekoder für Farbfernsehempfänger. Valvo-Berichte 1967, H. 3, S. 82.

Bucksch: Farbsynchronsignalverstärker und Farbträgeraufbereitung. Funk-Technik 1967, H. 12, S. 434.

Kröner: Pal-Decoder mit Quarzfilter für Farbfernsehempfänger. Funkschau 1967, H. 21, S. 667.

Söllner: Ein passiver Farbträger-Regenerator. Funk-Technik 1968, H. 21, S. 815.

John: Der Farbteil im PAL-Fernsehempfänger. Techn. Mitt. AEG-Telefunken 1970, H. 5, S. 328.

---

1 Funktechnik ohne Ballast, 14. und 15. Auflage, Kapitel 4, Phasengang eines Bandfilters.

Telefunken: Farbträger-Regeneratoren. Laborbuch Band 4, S. 76.

–,–: Farbträger-Regenerierung. Funktechnische Arbeitsblätter FS 62, Franzis-Verlag.

–,–: Quarzoszillatoren. Funktechnische Arbeitsblätter Os 81 bis Os 83, Franzis-Verlag.

Bild 15.60 Signaltrennung hinter dem Synchrondemodulator

(Empfehlenswerter Wiederholungsstoff: Bild 2.35 bis 2.37 sowie Bild 15.47.)

Nachdem jetzt der Farbhilfsträger zur Verfügung steht und sogar mit den für die Quadratur-Amplitudenmodulation notwendigen, um 90° gegeneinander phasenverschobenen Komponenten, können wir die Demodulation des Farbsignals und die Signaltrennung in $(B - Y)$ und $(R - Y)$ behandeln.

Ein vollständiger Synchrondemodulator für einen Farbempfänger besteht aus zwei gleichartigen Stufen. Sie sind hier etwas anders aufgebaut als in Bild 15.47, erzielen jedoch dieselbe Wirkung. Das doppeltmodulierte Farbartsignal wird über Kapazitäten C_L den Schaltdioden zugeführt. Die Schalt- bzw. Farbhilftsträgerfrequenz gelangt mit der richtigen Phasenlage über zwei Übertrager zu den Demodulatoren. Dabei stellt sich die Vorspannung über die Widerstände R_1 und R_2 automatisch so ein, daß die beiden Dioden von den Sinuskuppen der Schaltfrequenz jeweils nur kurzzeitig geöffnet werden. Die leitende Diode legt das über die Kapazität C_L eintreffende doppeltmodulierte trägerfrequente Signal auf Nullpotential. Dieser Kondensator C_L dient als Ladekapazität, an der man das demodulierte Signal abnimmt. Ein Filter, bestehend aus der Drossel Dr und einem Kondensator von 6 pF, dient als Sieb- und Glättungsglied, und an dem 10-kΩ-Potentiometer kann das Teilsignal $R - Y$ abgegriffen werden. Das gleiche gilt für den unteren Zweig und das Teilsignal $B - Y$.

Die in Bild 15.60 dargestellten Diagramme entsprechen einem Zeilenverlauf, der mit einem Farbbalkensignal moduliert ist. Links am Eingang liegt das mit 4,43 MHz geträgerte, also hochfrequente Farbartsignal F. Die Demodulatoren tasten daraus die rechts dargestellten Farbdifferenzsignale $(B - Y)$ und $(R - Y)$ heraus. Aus diesen Differenzsignalen und dem vom Leuchtdichteverstärker kommenden Y-Signal lassen sich in einer Matrixschaltung die ursprünglichen Farbsignale R, G und B zurückgewinnen.

Die Schaltung Bild 15.60, bei der das doppeltmodulierte Farbartsignal direkt den Synchrondemodulatoren zugeführt wird, gilt für einen einfachen Empfänger ohne Pal-Zusatz, also z. B. für einen amerikanischen NTSC-Empfänger. Das selbsttätig die Farbwiedergabe korrigierende **Pal-System erfordert mehrere Zusatzstufen, deren Funktion im Kapitel 16 erläutert wird.**

Literatur

Harlos: Farbartdemodulation. Techn. Mitt. AEG-Telefunken 1970, H. 5, S. 333.

Heumann: Synchrondemodulator und PAL-Synchronisierung im Farbempfänger „PALcolor 708“. Funk-Technik 1968, H. 5, S. 155.

Zieglmeier: Synchrondemodulation. Radio-TV-Electronic (Schweiz) 1972, H. 6, S. 483.

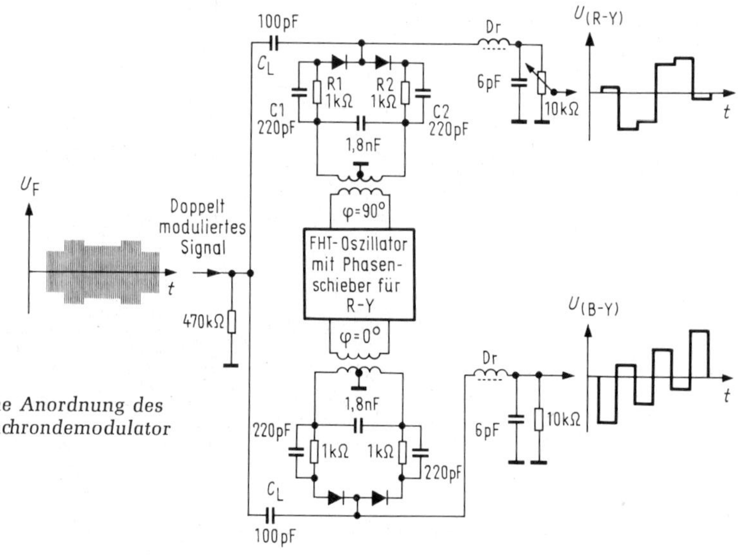

Bild 15.60 Grundsätzliche Anordnung des FHT-Oszillators im Synchrondemodulator

Integrierte Schaltungen für den Farbteil

Wie bereits im Anschluß an Bild 15.26 erwähnt, sind die Funktionen der Einzelstufen vielfach in integrierten Schaltungen zusammengefaßt. Innerhalb des Bausteins können dabei gänzlich andere Schaltungskonfigurationen enthalten sein, z. B. Operationsverstärker anstelle von Einzeltransistoren oder Ringmodulatoren aus Transistorsystemen anstelle von Dioden. Dies ist jedoch für den Anwender und für den Servicetechniker nicht von Bedeutung. Sie müssen die Wirkung und das Zusammenspiel der Stufen kennen. Dazu sei nochmals auf die Blockschaltung Bild 15.51 verwiesen. Sie stellt die Verbindung zu den nun zu besprechenden integrierten Schaltungen her.

Bild 15.61 und 15.62 Leuchtdichtekombination TBA 500

Der Baustein TBA 500 stellt einen Verstärker für das Leuchtdichtesignal von Farbfernsehempfängern dar und erfüllt eine Reihe damit zusammenhängender Funktionen. Das vom Videodemodulator kommende FBAS-Signal wird vorverstärkt, über eine weitere, im Verstärkungsgrad regelbare Kontrasteinstellstufe und über die extern anzuschließende Verzögerungsleitung VL geschickt und in der Ausgangsstufe nochmals verstärkt.

Aus dem Vorverstärker wird ein Signalanteil für den Chrominanzverstärker und für die Impulsabtrennstufe ausgekoppelt.

Ein weiterer Signalanteil geht zur Taststufe. Dort wird mit Hilfe von Zeilenrückschlagimpulsen Z der Schwarzpegel herausgetastet, und daraus werden zur automatischen Verstärkungsregelung die Regelspannungen U_{RT} für den Tuner und U_{RZf} für den Bild-Zf-Verstärker erzeugt.

Dem an der Oberseite von Bild 15.61 befindlichen linken Anschluß wird die Steuerspannung des Kontrasteinstellers K zugeführt. Gesteuert wird mit Gleichspannungen ein „elektronisches Potentiometer" innerhalb der Kontrasteinstellstufe. Das Luminanzsignal braucht also dazu nicht aus dem Baustein heraus und an das Potentiometer gelegt zu werden.

Am rechten Anschluß im Bild oben liegt eine aus dem Bildröhrenteil abgeleitete Regelspannung U_R. Sie bewirkt die Strahlstrombegrenzung bei Übersteuerung der Bildröhre. Dazu werden über die interne Stufe *Strahlstrombegrenzung*, Helligkeit und Kontrast des Luminanzverstärkers herabgeregelt.

Am rechten Rand befindet sich die Luminanzausgangsklemme. Dann folgt die Eingangsklemme für die ebenfalls elektronische Helligkeitssteuerung. An den beiden weiteren Klemmen liegen horizontalfrequente und vertikalfrequente Rückschlagimpulse. Sie sperren über die Strahlstrombegrenzerstufe die Verstärkung und tasten damit Zeilen- und Bildrücklauf im Bild aus.

Bild 15.62 zeigt die Außenbeschaltung des TBA 500 mit Angaben für die zugeführten und herauskommenden Signale und Spannungen. Wie im vorigen Bild bedeuten kleine Kreise an den Leitungsenden, daß hier Spannungen zugeführt

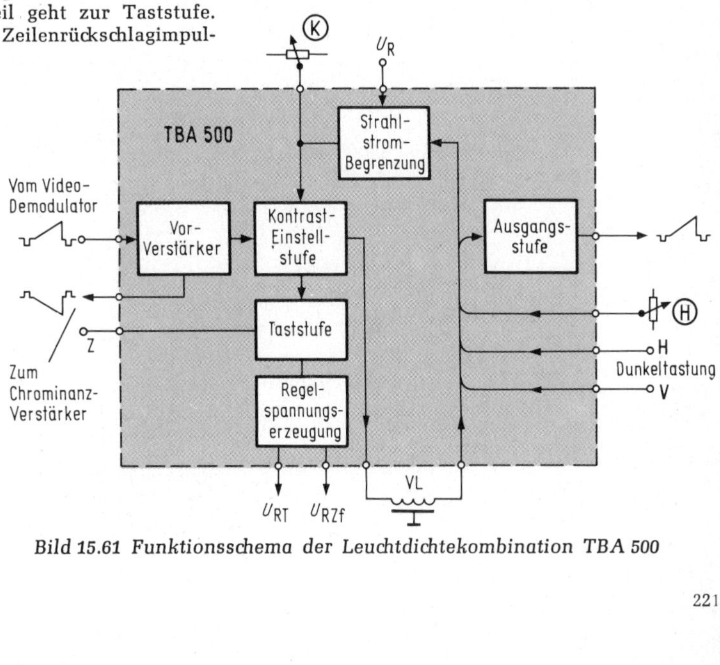

Bild 15.61 Funktionsschema der Leuchtdichtekombination TBA 500

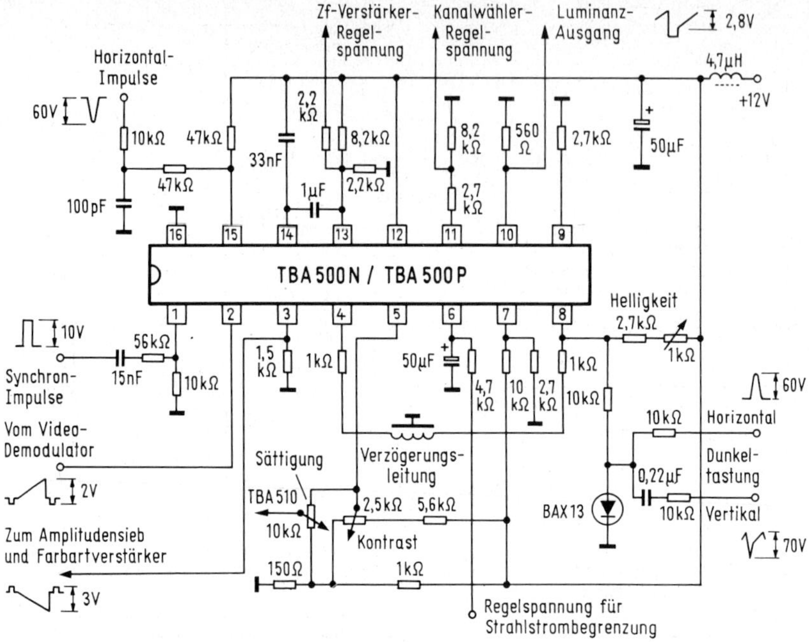

Bild 15.62 Anschlußschaltung des Bausteins TBA 500

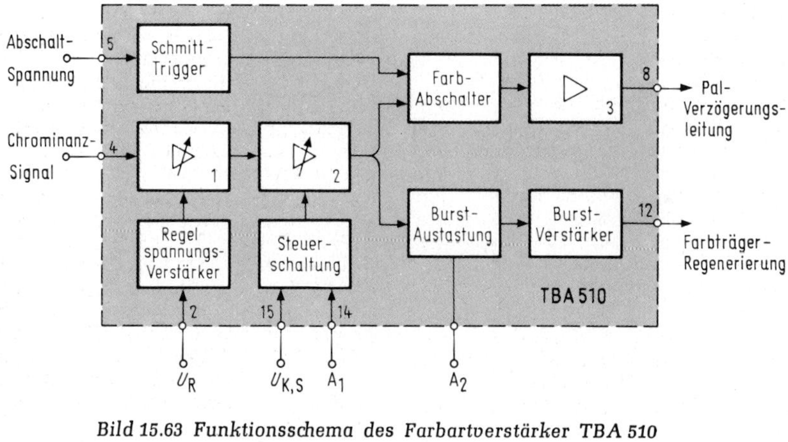

Bild 15.63 Funktionsschema des Farbartverstärker TBA 510

werden, Pfeilspitzen dagegen kennzeichnen Ausgangssignale und Ausgangsspannungen.

Bild 15.63 und 15.64 Farbartverstärker TBA 510

Die integrierte Schaltung TBA 510 dient als Chrominanzverstärker für Empfänger, die mit RGB-Steuerung der Bildröhre arbeiten. Dazu müssen sehr konstante Amplituden an die RGB-Matrix geliefert werden. Deshalb ist eine wirksame Verstärkungsregelung vorgesehen, denn nach Bild 15.12 bis 15.14 und Bild 15.32 wird die Farbinformation auf der Flanke der Bild-Zf-Durchlaßkurve ziemlich beschnitten und muß daher wieder angehoben und auf konstanten Pegel gebracht werden.

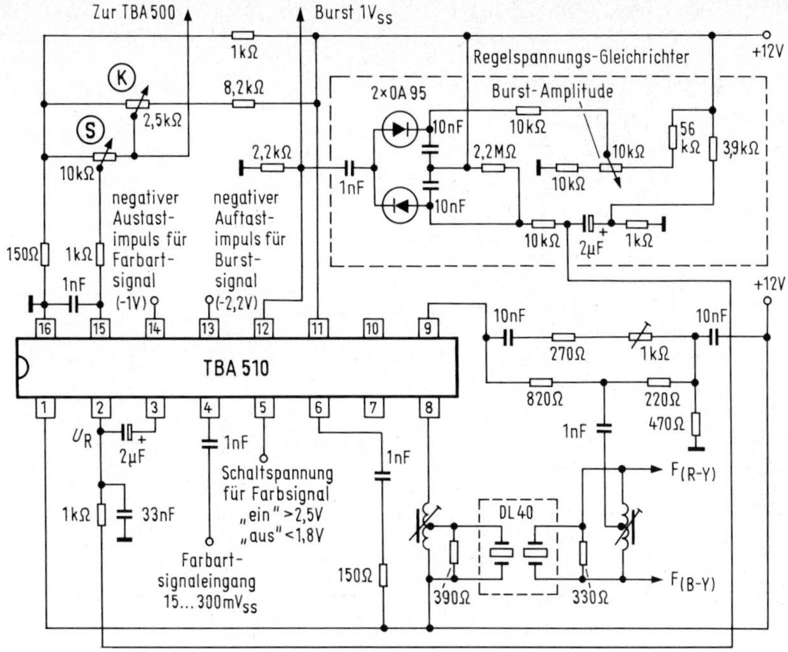

Bild 15.64 Anschlußschaltung des Bausteins TBA 510

Die regelbare Eingangsstufe 1 in Bild 15.63 wird deshalb über einen Regelspannungsverstärker von der Regelspannung U_R gesteuert. In der zweiten, ebenfalls elektrisch steuerbaren Verstärkerstufe 2 werden Kontrast und Farbsättigung durch die Einstellspannung $U_{K,S}$ beeinflußt. Während der Synchronsignale wird diese Regelspannung durch die Austastsignale A_1 unwirksam gemacht, so daß während dieser Zeit ein konstantes Signal an die Burstabtrennstufe gelangt. Dort tastet dann eine weitere Impulsreihe A_2 die Burstschwingungen aus dem Gesamtsignal heraus und gibt sie zur Farbträger-Regenerierung ab.

Das in der zweiten Stufe verstärkte Farbartsignal gelangt über den Farbabschalter zur Ausgangsverstärkerstufe 3. Der Farbabschalter wird durch einen Schmitt-Trigger betätigt, wenn Schwarzweißsendungen laufen oder das Antennensignal zu gering für einwandfreie Farbwiedergabe ist.

Die Außenschaltung Bild 15.64 enthalt zahlenmäßige Angaben für die Funktion. Der Baustein ist speziell für das Zusammenarbeiten mit dem vorher besprochenen TBA 500 ausgelegt. Am Ausgang (Anschluß 8) wird die Pal-Verzögerungsleitung DL 40 angeschlossen. Sie liefert dann die trägerfrequenten Farbdifferenzspannungen $F_{(R-Y)}$ und $F_{(B-Y)}$.

Das zur Farbträgeraufbereitung bestimmte Burstsignal wird über einen Regelspannungsverstärker von Bild 15.63 auf 1 V konstant gehalten. Diese Regelung hält auch die Grundverstärkung des Farbartsignals konstant.

Kontrast und Farbsättigung werden über die Potentiometer K und S eingestellt.

Die Bildpaare 15.61 und 15.62 sowie 15.63 und 15.64 zeigen wie man die inneren Funktionen einer integrierten Schaltung und das äußere Anschlußschema getrennt darstellen kann. In großen Gesamtschaltplänen bevorzugen die Firmen die Darstellung nach Bild 15.61 und 15.63. Dies vermittelt einen guten Überblick über die Gesamtfunktionen des Gerätes. Die Darstellung nach Bild 15.62 und 15.64 erleichtert dagegen besser die reihenweise Zuordnung der Anschlüsse („Beinchen") beim Aufsuchen bestimmter Spannungspunkte.

Bild 15.65 Leuchtdichte- und Farbartkombination TBA 560

Dieser Baustein mit einer äußerst komplizierten Innenschaltung, bestehend aus 67 Transistorsystemen und 94 Widerständen, enthält den Verstärker für das Leuchtdichtesignal mit Helligkeits- und Kontrasteinstellung, Dunkeltastung und

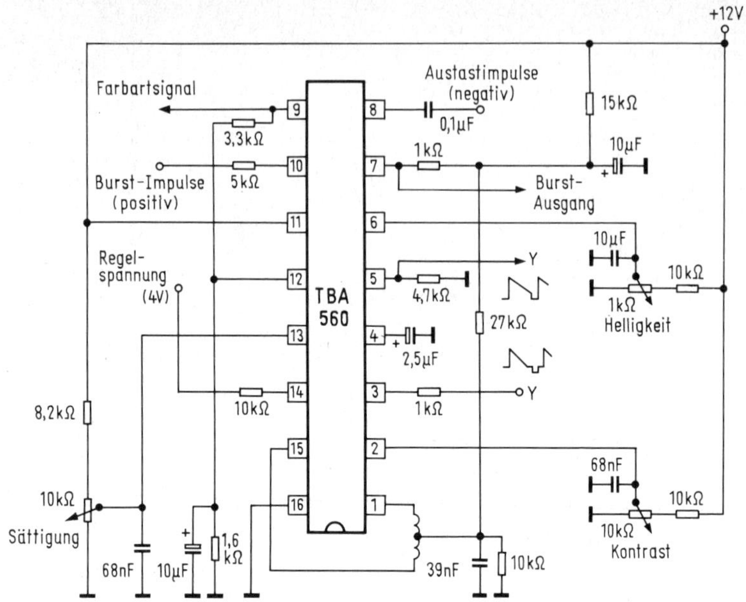

Bild 15.65
Anschlußschema der Leuchtdichte- und Farbartkombination TBA 560

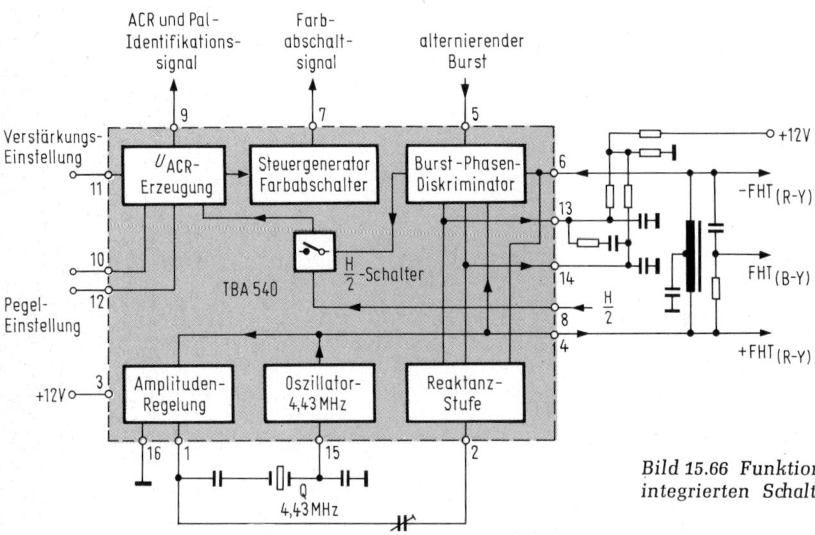

Bild 15.66 Funktionsschema der integrierten Schaltung TBA 540

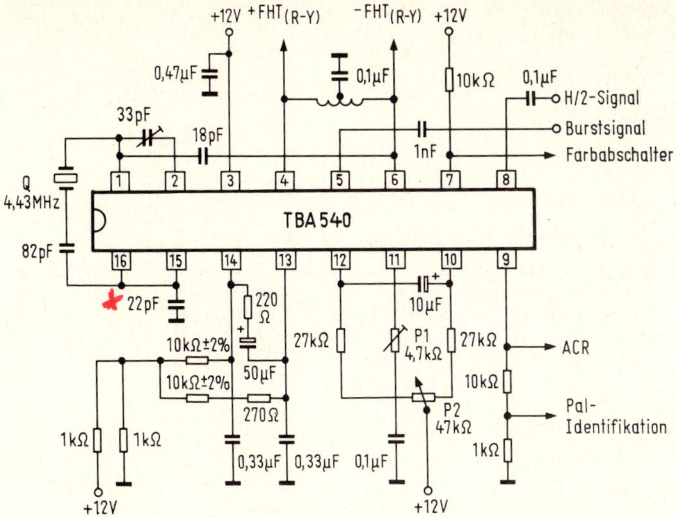

Bild 15.67 Anschlußschaltung des Bausteins TBA 540

Strahlstrombegrenzung sowie zur regelbaren Verstärkung des Farbartsignals mit Farbsättigungseinstellung, Farbabschalter, Treiberstufe für die Pal-Verzögerungsleitung und eine Burst-Auftastschaltung. Dabei ergibt sich eine recht einfache Gesamtschaltung nach Bild 15.65. Auch hierbei erfolgt die Einstellung für Helligkeit, Kontrast und Farbsättigung mit Hilfe von Gleichspannungen über elektronisch steuerbare Stufen im Innern der integrierten Schaltung, so daß diese Potentiometerleitungen unbedenklich an der Frontplatte des Empfängers angeordnet werden können.

Bild 15.66 und 15.67 Farbträger-Regenerierung mit TBA 540

(Empfehlenswerter Wiederholungsstoff: Bild 15.51 bis 15.59, Erzeugung des Farbhilfsträgers.)

Wenn man sich dieses Thema ins Gedächtnis zurückruft, ist Bild 15.66 gut zu übersehen. Der unten dargestellte Teil der integrierten Schaltung TBA 540 umfaßt den 4,43-MHz-Oszillator mit der Reaktanzstufe, d. h. der Nachstimmstufe zum Erzeugen des Farbhilfsträgers. Der zugehörige Quarz ist außen anzuschließen. Der Burst wird dem Phasendiskriminator zugeführt und in der Frequenz mit der vom Oszillator herkommenden Schwingung verglichen. Die daraus gebildete Regelspannung steuert die Reaktanzstufe.

Der Oszillator liefert über Anschluß 4 den Farbhilfsträger für das Signal $(R-Y)$ und über Leitung 6 ein invertiertes Farbhilfsträgersignal $-FHT_{(R-Y)}$. Über ein außen angeschlossenes RC-Phasenschieberglied kann der um 90° gedrehte Träger zum Steuern des Synchrondemodulators für $B-Y$ gewonnen werden.

Außerdem werden von dem Baustein TBA 540 geliefert:

Am Anschluß 7 ein Farbabschaltsignal, z. B. für den Farbabschalter von Bild 15.63.

Am Anschluß 9 ein Pal-Kennimpuls (Pal-Identifikation) und eine Regelspannung für den Farbartverstärker: ACR = Automatische Chrominanz-Regelung.

Das Anschlußschema Bild 15.67 enthält die äußere Beschaltung. Die Trimmkapazität zwischen den Anschlüssen 1 und 2 dient zum Abgleichen der Grundfrequenz des Oszillators. Die Farbhilfsträgerausgänge an den Klemmen 4 und 6 wurden bereits beim vorigen Bild erwähnt. Die Potentiometer P 1 und P 2 dienen zum Abgleichen der an Klemme 9 entnommenen Regelspannung für den Farbartverstärker. Der Farbabschalter liefert bei Farbempfang 12 V Steuerspannung. Sie sinkt bei ausbleibender Farbe unter 0,25 V. Die gesamte Stromaufnahme der integrierten Schaltung beträgt 41 mA.

Literatur

Integrierter Video- und Zf-Verstärker (TDA 440 von SGS-Ates). Funk-Technik 1976, H. 10, S. 300.

Ein Konzept für Farbfernsehgeräte der kommenden Jahre. Funkschau 1976, H. 25, S. 1105.

Integration im Fernsehempfänger schreitet voran. Funkschau 1977, H. 9, S. 394.

16 Pal-Demodulation

Phasenwinkel und Phasenschalter

Bild 16.01 bis 16.04 Zeigerdiagramme — eine trockene, aber notwendige Einleitung

(Empfehlenswerter Wiederholungsstoff: Bild 2.31 bis 2.45 und Bild 14.36 bis 14.49.)

Rufen wir uns die in Kapitel 2 kurz behandelten Grundlagen der Farbartdemodulation ins Gedächtnis zurück. Dazu verwenden wir anstelle der dort benutzten Kurzzeichen U und V die markanteren Ausdrücke für die Farbdifferenzsignale, d. h.:

$$U = B - Y \text{ und } V = R - Y$$

Das gesamte Farbartsignal F_{U+V} nennen wir kurz F und die trägerfrequenten Farbdifferenzsignale dementsprechend $F_{(B-Y)}$ und $F_{(R-Y)}$. Als Nullage bei allen Phasenbeziehungen gilt stets das Signal $B-Y$ bzw. $F_{(B-Y)}$, vgl. Bild 16.01.

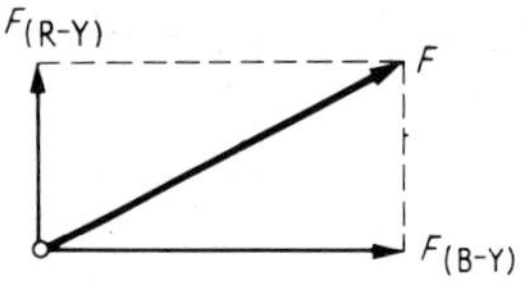

Bild 16.01 Durch Quadraturmodulation entstandenes resultierendes Farbartsignal F

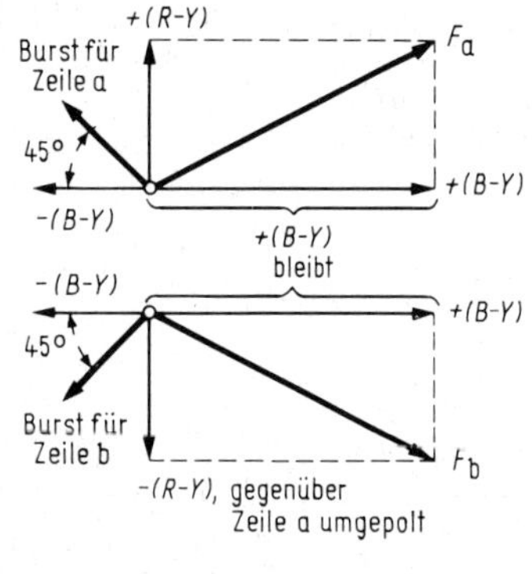

Bild 16.02 Farbartsignal F_a und Burst für Zeile a
Bild 16.03 Farbartsignal F_b und Burst für Zeile b

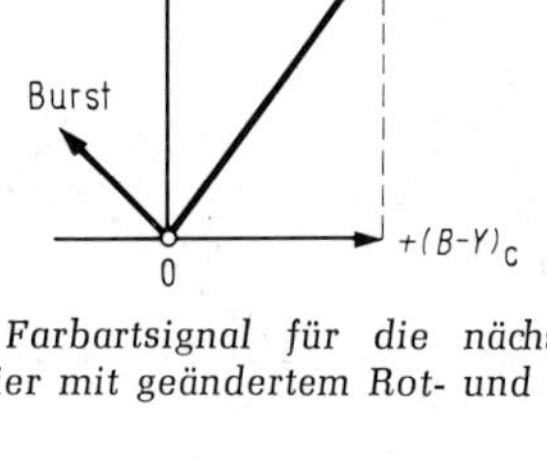

Bild 16.04 Farbartsignal für die nächstfolgende Zeile c, hier mit geändertem Rot- und Blauanteil

Bei der Quadratur-Amplitudenmodulation wird die Information $R-Y$ einem zweiten um 90° phasenverschobenen Träger aufmoduliert. Die beiden trägerfrequenten Schwingungen werden geometrisch addiert und ergeben das Farbartsignal F im Zeigerdiagramm Bild 16.01.

Beim Pal-System gilt dies für die erste Zeile eines Bildes. Geben wir ihr das Kennzeichen a und nennen nun in Bild 16.02 das geträgerte Farbartsignal für diese Zeile F_a. Damit im Empfänger eindeutig die richtige Phasenlage für diese Zeile identifiziert werden kann, bekommt im Sender der zu dieser Zeile gehörende Burstschwingungszug eine Phasenlage von 45° gegen die Bezugsachse oder, genauer gesagt, von −45° gegenüber dem negativ gerichteten Achsenteil $-(B-Y)$. Zur Vereinfachung sei nun angenommen, daß bei einer Farbübertragung der Bildinhalt und damit die Anteile $(B-Y)$ und $(R-Y)$ von zwei zeitlich aufeinanderfolgenden Zeilen gleich geblieben wären. Für die nächste ausgestrahlte Zeile b wird beim Pal-System im Sender das Signal $R-Y$ um 180° umgepolt. Das resultierende Farbartsignal F_b liegt nun nach Bild 16.03 spiegelbildlich zu F_a von der vorhergehenden Zeile. Dazu wird auch die Burstphase für diese Zeile b umgeschaltet, und zwar um 45° nach unten liegend, d. h. im Winkel von −45° zur Richtung $-(B-Y)$.

Diese Umkehrung wiederholt sich von Zeile zu Zeile. Zeile a läuft mit normaler Phasenlage, Zeile b mit künstlicher Phasenumkehr, Zeile c wieder mit Normallage usw., und jedesmal springt auch die Burstphasenlage zur besseren Orientierung mit um.

Bild 16.04 stellt ein solches Zeigerdiagramm für die dritte Zeile, also für F_c, dar. Absichtlich sind hier andere Längen für $B - Y$ und $R - Y$ gewählt worden, denn in Wirklichkeit wechselt die Farbart ständig, wenn eine bunte Bildzeile abgetastet wird. Damit ändern sich nämlich die Werte R und B und somit auch die Amplituden F.

Mathematisch betrachtet, rotiert dieser trägerfrequente Farbzeiger sogar mit einer Frequenz von 4,43 MHz, also 4,43 Millionen mal in der Sekunde, um den Nullpunkt herum. Tritt plötzlich an einer Bildstelle ein steiler Sprung auf, z. B. von Blau auf Rot, dann muß der Zeiger sogar kurzzeitig noch etwas schneller drehen, um von der $(B - Y)$-Achse zur $(R - Y)$-Achse herumzuschwenken. Schneller drehen heißt: höhere Frequenz. Das ist eine Deutung für die infolge der Modulation mit verschiedenen Farbsignalen auftretenden Seitenbänder 4,43 ± 1,3 MHz. Aber überlassen wir die mathematischen Zusammenhänge mit ihren Kosinusfunktionen und ihren griechischen Buchstaben dem wissenschaftlich orientierten Entwicklungsingenieur und wenden wir uns nun der Schaltungstechnik zu. Einige weitere Zeigerdiagramme können wir uns allerdings nicht ersparen.

Bild 16.05 bis 16.08 Zeigerdiagramme für den Empfangsteil

Will man den Zweck des Pal-Verfahrens, nämlich die selbsttätige genaue Farbwiedergabe, richtig ausnutzen, dann muß die Phasenlagenumschaltung jeder zweiten Zeile wieder rückgängig gemacht werden. Die wechselnde Phasenlage des Burst gilt dabei im Empfänger als Kennung, ob eine Zeile mit richtig liegendem oder umgepoltem $(R - Y)$-Anteil vorhanden ist.

Die vom Sender ausgestrahlten Zeilensignale F_a und F_b mögen unterwegs durch Reflexionen in bergigem Gelände einen voreilenden Phasenfehler β erleiden. Das Farbartsignal für Zeile a weicht dann, wie in Bild 16.05 dargestellt, um den Winkel β_1 in Richtung auf die $(R - Y)$-Achse vom Sollwert ab. Der unliebsam aufgetretene Phasenfehler würde also eine Rottönung im Bild ergeben. Für die folgende Zeile b ergibt sich beim gleichen Phasenfehler β_2 der Istwert F_b im Diagramm Bild 16.06. F_b hat sich also der $(B - Y)$-Achse genähert, grob gesagt, das Bild wird bläulich.

Im Empfänger werden nun die beiden Istwerte der Signale F_a und F_b entsprechend Bild 16.07 zusammengebracht, das heißt, das Signal F_b wird zurückgepolt und zeitlich mit dem Signal F_a in Übereinstimmung gebracht. Nach den Regeln der Vektorrechnung (und der *Wechselstromrechnung*) ergibt sich dann eine resultierende mittlere Spannung, die nun wieder genau in die Richtung des Sollwertes von Bild 16.05 fällt. Die unterwegs aufgetretenen Phasenfehler β_1 und β_2 und somit auch die entgegengesetzten Farbenfehler heben sich auf.

Zwei Schaltungsfunktionen müssen also im echten Pal-Empfänger durchgeführt werden:

1. Zurückpolen, d. h. umkehren der Phasenlage jeder zweiten Zeile um 180°.

2. Einen Mittelwert aus den Signalen von zwei aufeinanderfolgenden Zeilen bilden, und das heißt, die vorhergehende Zeile muß jeweils um eine Zeilendauer, also rund 64 μs verzögert bzw. gespeichert werden, damit man sie mit der nachfolgenden Zeile zusammenbringen kann.

Bild 16.05 Auf dem Übertragungsweg eingetretener Phasenfehler $+ \beta_1$ für eine Zeile a

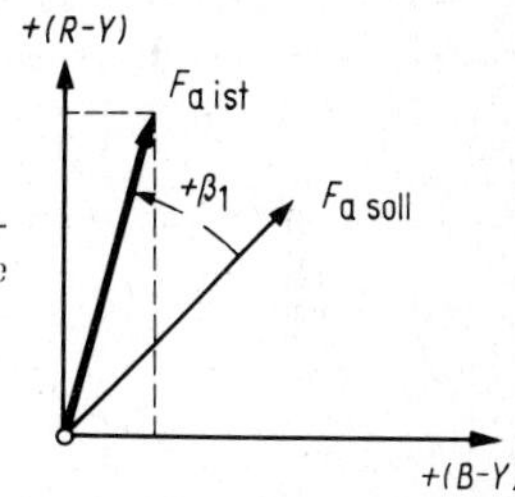

Bild 16.06 Der gleiche Phasenfehler für die nach dem Pal-Verfahren folgende Zeile b

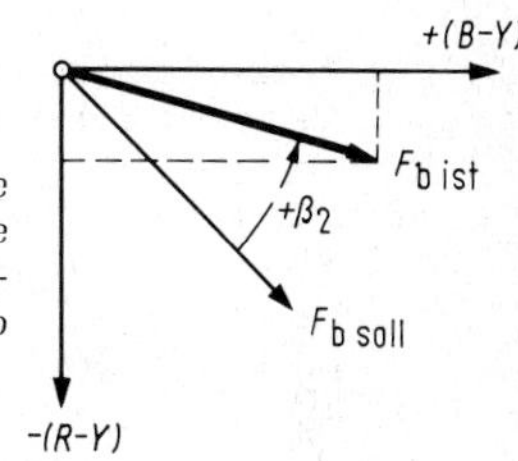

Bild 16.07 Im Pal-Empfänger wird aus den beiden aufeinanderfolgenden, mit Fehlwinkeln behafteten Zeilensignalen ein neues mittleres Zeilensignal gebildet, dessen Richtung dem ursprünglichen Wert oder Sollwert entspricht

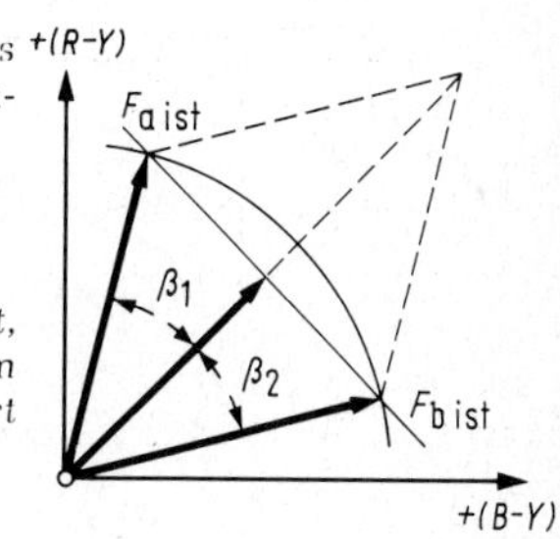

Bild 16.08 Bei kleinen Phasen-Fehlwinkeln kann man auf die elektrische Mittelwertbildung verzichten, denn das menschliche Auge bildet selbst einen optischen Mittelwert O_m

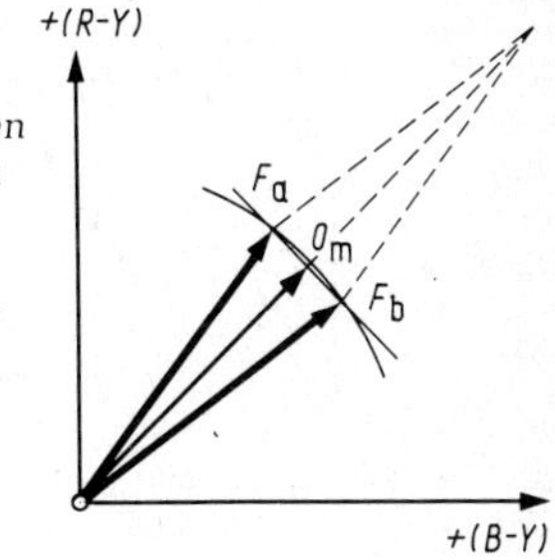

Im Empfänger geht man allerdings meistens in umgekehrter Reihenfolge vor: Erst wird verzögert, dann wird umgepolt. Aber zuvor noch eine Betrachtung zur Farbkompensation. Wie in Bild 16.07 angedeutet, fällt das aus den beiden Zeilen a und b gewonnene neue Signal genau in die Richtung des ursprünglichen Sollwertes, dabei entspricht die Signalamplitude der halben Diagonale des dargestellten Parallelogramms. Diese Amplitude ist etwas geringer als die des ursprünglichen Sollwertes. Das bedeutet nach Bild 2.07 aus dem Einführungskapitel[1]), daß das Bild etwas blasser wird. Die Farben sind „entsättigt", und zwar um so mehr, je größer der Phasenfehler β war. Dieses Blasserwerden wird aber vom Zuschauer kaum bemerkt. Es ist überhaupt nicht kritisch, wenn beispielsweise rote Lippen etwas blasser aussehen. Viel schlimmer wäre es, wenn sie ohne Pal-Kompensation bläulich anstatt rot erscheinen.

Halten wir nochmals fest: In Bild 16.07 wurde das Signal der Zeile a elektrisch verzögert, so daß es gleichzeitig mit dem der Zeile b zusammenfällt und ein neues mittleres elektrisches Signal aus beiden Zeileninformationen bildet.

Man kann nun aber auch, um diese Verzögerungsstufe einzusparen und den Preis des Empfängers niedriger zu halten, auf die Verzögerungsleitung verzichten. Man polt nur die Zeile b um, das muß bei Pal-Sendungen immer geschehen, läßt sie aber wie bei Schwarzweißempfängern nach der Zeile a in die Bildröhre einlaufen. Untereinander erscheinen dann eine etwas bläulich verfärbte Zeile und eine etwas rötlich verfärbte. Das menschliche Auge mittelt dann bei nicht allzu großen Phasenfehlern β einen optischen Mittelwert O_m, so wie es schließlich auch aus den rot und gelb aufleuchtenden Punkten der Bildröhre die Farbe Orange mittelt. Dieses vereinfachte Pal-Verfahren ohne Verzögerungsleitung, Simpel-Pal genannt, funktioniert aber befriedigend nur bis zu Fehlphasenwinkeln von $\pm$ 12°. Darüber hinaus sieht man die farbigen Streifen und spricht von Jalousie-Effekt. Spaßvögel nennen ihn auch „Palousie-Effekt". Für kleine tragbare, aus Übersee exportierte Empfänger werden derartige Vereinfachungen aus Preisgründen gern angewendet, zum Teil aber auch, um die Pal-Patente zu umgehen.

Der große Vorteil des Standard-Pal besteht aber gerade darin, daß aus je zwei aufeinanderfolgenden Zeilen, die einen Phasenfehler aufweisen, wieder die ursprüngliche, im Sender vorhanden gewesene Richtung des Farbartzeigers F rekonstruiert wird. Man erhält also im Empfänger tatsächlich wieder die Sollrichtung des Farbartzeigers in Bild 16.07. Das funktioniert bis zu Phasendifferenzen von $\pm$ 40°. Theoretisch tritt dabei lediglich nach Bild 16.07 eine gewisse Entsättigung auf, d. h. das Bild wird blasser. Das kann jedoch durch Erhöhen der Farbsättigung, also mit dem von Hand zu bedienenden Farbsättigungseinsteller ausgeglichen werden.

[1]) Neben Seite 48

Die Pal-Zusatzstufen

Bild 16.11 Blockschaltung mit Pal-Zusätzen

In diesem Schaltbild sind die noch nicht besprochenen Zusatzstufen für einen kompletten Pal-Empfänger durch Schattierung hervorgehoben. Dies sind:

1. Der Pal-Decoder oder Pal-Demodulator mit dem 64-µs-Laufzeitglied und der Addierstufe. Die Laufzeitleitung verzögert jeweils ein Zeilensignal um 64 µs. In der Addierstufe läuft es dann mit dem folgenden Zeilensignal zum gleichen Zeitpunkt ein. Das Summensignal wird gebildet. Als erwünschte Zusatzwirkung ergibt sich beim Pal-Decoder, daß er bereits die Doppelmodulation voneinander trennt. Er liefert an den Ausgängen zwei zwar immer noch trägerfrequente Signale, aber das eine enthält nur die Komponnte $R-Y$, das andere nur $B-Y$. Diese Informationen werden den bereits bekannten Synchrondemodulatoren zugeführt.

2. Nun muß aber noch das $(R-Y)$-Signal bei jeder zweiten Zeile umgepolt werden. Das geschieht in Bild 16.11 dadurch, daß man den Farbhilfsträger für diesen Demodulator bei jeder zweiten Zeile um 180° umpolt. Er tastet dann um 180° versetzte Kurvenstücke aus dem trägerfrequenten Farbartsignal heraus – und der Zweck ist erfüllt.

Dieses Umpolen von 0° auf 180° erfolgt in dem Phasenschieber oberhalb des $(R-Y)$-Demodulators. Umschalten bei jeder zweiten Zeile bedeutet, daß mit der halben Zeilenfrequenz geschaltet werden muß. Neben der in jedem Empfänger vorhandenen Zeilen- oder Vertikalfrequenz von 15 625 Hz ist demnach noch eine Hilfsfrequenz 15 625 : 2 = 7812,5 Hz, abgerundet 7,8 kHz, notwendig.

Man könnte daran denken, sie mit Hilfe eines Frequenzteilers 2 : 1 aus der Zeilenfrequenz abzuleiten. Das würde aber zu Phasenfehlern nei-

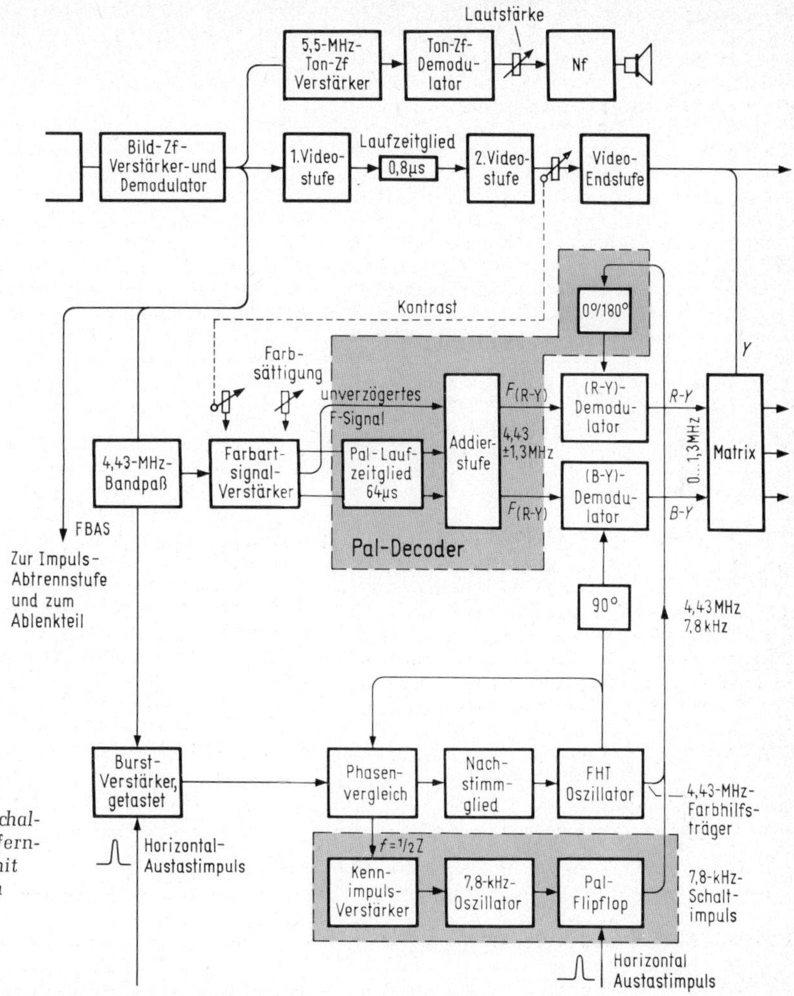

Bild 16.11 Blockschaltung eines Farbfernsehempfängers mit den Pal-Zusätzen

gen, und die sind nun einmal Gift für einen Farbempfänger. Außerdem muß dieses Umschalten auf 180° gerade immer für die Zeilen b, d, f usw. erfolgen, die tatsächlich im Sender umgepolt worden waren und die durch die Burstphasenlage von −45° nach Bild 16.03 gekennzeichnet sind. Deshalb leitet man diese Pal-Kennung aus der Phasenvergleichsstufe des Farbhilfsträgeroszillators ab. Dazu dient die dritte neue Schaltungsgruppe in Bild 16.11.

3. In der Phasenvergleichsstufe ist vom Burstverstärker her immer noch ein gewisser Drall zum Umspringen bei jeder zweiten Zeile vorhanden, wie dies für den Punkt M in Bild 15.53 und Punkt B in Bild 15.59 behandelt worden ist. Mit diesem *Kenn-Impuls* synchronisiert man einen 7,8-kHz-Oszillator. Da man aber mit einer Sinusspannung mit ihren sanft ansteigenden Flanken schlecht exakt schalten kann, steuert man damit eine Flipflop-Stufe. Sie macht aus der Sinusspannung eine Rechteckspannung, und daraus tastet man mit Horizontalrückschlagimpulsen nur jeweils die steilen Flankenanstiege als Umschaltimpulse für den 0°/180°-Phasenschieber heraus.

Außer diesem umschaltbaren Phasenschieber muß das System aber noch einen festen 90°-Phasenschieber enthalten, der stets zum Demodulieren der Quadraturmodulation notwendig ist. Er war bisher immer für den (R − Y)-Demodulator vorgesehen[1]). Man kann aber auch, statt

1 Vgl. Bild 15.51, 15.59 und 15.60.

$(R-Y)$ mit $\varphi = +90°$ zu schalten, $(B-Y)$ mit $\varphi = -90°$ schalten. Deshalb liegt hier in Bild 16.11 ein 90°-Phasenschieber in der Farbhilfsträgerzuleitung zum $(B-Y)$-Demodulator. Die notwendige Phasenlage läßt sich leicht durch entsprechende Polung einer Spulenwicklung erzielen. Es gibt auch noch andere Möglichkeiten, sowohl die 90°-Austastung für die Quadraturmodulation als auch die 0°/180°-Umschaltung für Pal durchzuführen. Man darf sich daher nicht wundern, wenn in Blockschaltungen der Firmen bisweilen recht unterschiedliche Anordnungen zu finden sind.

In den ausführlichen Gesamtschaltbildern ist der 90°-Phasenschieber ohnehin meist schlecht zu erkennen, weil er vielfach durch eine Bandfilterwirkung gegeben ist, vgl. Bild 15.59. Bei integrierten Schaltungen sind die inneren Verbindungen ebenfalls schwer zu durchschauen. Trotzdem muß man die Grundprinzipien kennen. Dazu einige Varianten dieser Schaltungsanordnungen.

Bild 16.12 und 16.13 Pal-Umschaltung

1. In Bild 16.11 wurde folgende Schaltungsart angewendet:

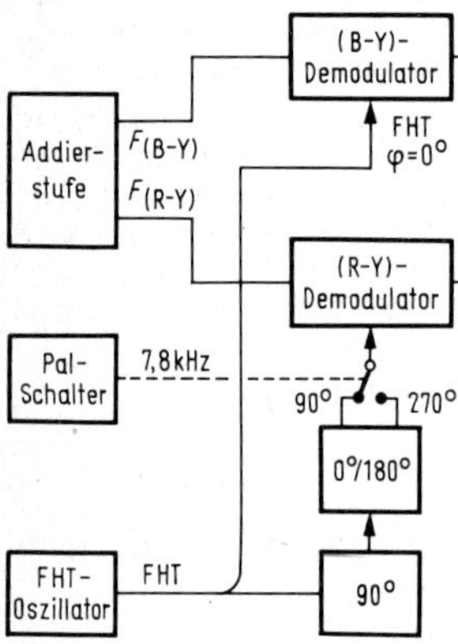

Bild 16.12 Pal-Umschaltung des Farbhilfsträgers

$B-Y$ wird mit $\varphi = 90°$ vom Farbhilfsträger geschaltet.

$R-Y$ wird mit 0°/180° vom Farbhilfsträger geschaltet.

Die in Bild 16.11 angedeutete Umpolschaltung 0°/180° für den Farbhilfsträger ist in der Praxis meist so eng verzahnt mit dem $(R-Y)$-Demodulator, daß sie in einer Gesamtschaltung kaum zu erkennen ist. Daneben gibt es noch eine weitere, und zwar recht sinnfällige Lösung, nämlich nicht den Farbhilfsträger, sondern das $(R-Y)$-Signal selbst von Zeile zu Zeile umzupolen, so wie es auch bei der Modulation im Sender erfolgt war. Dies ermöglicht folgende Lösungen:

2. Bild 16.12.

$B-Y$ wird mit $\varphi = 0°$ vom Farbhilfsträger geschaltet.

$R-Y$ wird mit $\varphi = 90°$ und zusätzlich mit 0°/180°, also insgesamt mit 90°/270° vom Farbhilfsträger geschaltet.

3. Bild 16.13.

$B-Y$ wird mit $\varphi = 0°$ vom Farbhilfsträger geschaltet.

$R-Y$ wird mit $\varphi = 90°$ vom Farbhilfsträger geschaltet.

$F_{(R-Y)}$, also das trägerfrequente Signal, wird mit $+90°/-90°$ geschaltet.

Das entspricht also noch sinnfälliger der Umpolung der $(R-Y)$-Information von Zeile zu Zeile. Dieses Verfahren funktioniert auch, wenn man auf die Addierstufe und die vorangehende Verzögerungsleitung verzichtet und das gesamte Farbartsignal F unmittelbar dem $(B-Y)$-Demodulator und zugleich dem $+90°/-90°$-Umschalter zuführt. Man erhält damit einen Einfach-Pal-Empfänger, bei dem kleine Phasenfehler optisch gemittelt werden.

4. Eine weitere, hier bildlich nicht dargestellte, aber ebenfalls angewendete Variante besteht darin, einen 90°-Phasenschieber in die Rückfüh-

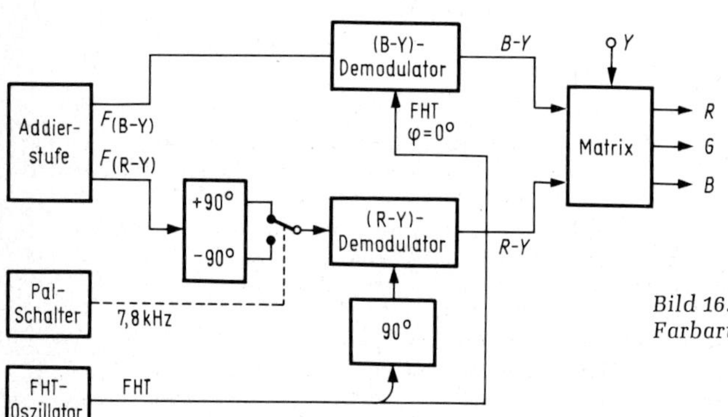

Bild 16.13 Pal-Umschaltung im Kanal eines Farbartsignals

rungsleitung vom Farbhilfsträgeroszillator zur Phasenvergleichsstufe einzufügen. Dadurch liefert dann der Oszillator bereits eine um 90° phasenverschobene Spannung. Sie wird zum Schalten von $B - Y$ verwendet, und $R - Y$ erhält den umschaltbaren 90°/270°-Schalter für den Farbhilfsträger. Das Verfahren ähnelt also dem unter Ziffer 1 genannten.

Bild 16.14 Funktion des Pal-Laufzeitdemodulators

(Empfohlener Wiederholungsstoff: Bild 14.36 bis 14.38.)

Das Zeilensignal F_a muß um eine Zeitdauer von 64 µs verzögert werden, damit es zum Signal F_b der nächsten Zeile elektrisch addiert werden kann. Das gilt auch für jedes der nächsten Zeilenpaare, also für $F_b : F_c$, $F_c : F_d$ usw. Dazu dient das Pal-Laufzeitglied in Bild 16.11. Die verzögerten und unverzögerten Signale treffen in der Addierstufe zusammen. Sie addiert nicht nur die Werte der nacheinander folgenden Zeilen, sondern trennt auch das doppeltmodulierte Farbartsignal F in die beiden immer noch trägerfrequenten Teilsignale $F_{(R-Y)}$ und $F_{(B-Y)}$. Diese gelangen an die zugehörigen Synchrondemodulatoren. Dort werden die Farbdifferenzsignale $R - Y$ und $B - Y$ herausgetastet. Die rechnerische Funktion dieses Laufzeitdecoders sei nun an Bild 16.14 erläutert. Die trägerfrequenten Farbartsignale der aufeinanderfolgenden Zeilen bestehen in vereinfachter Form aus folgenden Komponenten:

Zeile a $F_a = + F_{(B-Y)} + F_{(R-Y)}$

Zeile b $F_b = + F_{(B-Y)} - F_{(R-Y)}$

Zeile c $F_c = + F_{(B-Y)} + F_{(R-Y)}$

In der zweiten Zeile ist das $(R - Y)$-Signal entsprechend der Pal-Norm um 180° umgepolt, erhält also ein Minuszeichen. – Zur besseren Übersicht werden in den folgenden Rechnungen die trägerfrequenten Farbdifferenzsignale vorübergehend wieder durch große Buchstaben ersetzt, nämlich:

$$F_{(B-Y)} = U \quad \text{und} \quad F_{(R-Y)} = V$$

Dann lauten die Zeilensignale vereinfacht:

Zeile a $F_a = U + V$

Zeile b $F_b = U - V$

Zeile c $F_c = U + V$

Diese Signale gelangen nacheinander an die symmetrischen Sekundärwicklungen des Eingangsübertragers in Bild 16.14. Das Signal am oberen Wicklungsende speist die Ultraschall-Laufzeitleitung VL 1. Ihre Funktion wurde bereits bei Bild 14.36 und 14.38 besprochen. Der Glaskörper einer solchen Laufzeitleitung läßt sich aber nie ganz exakt so schleifen, daß sich

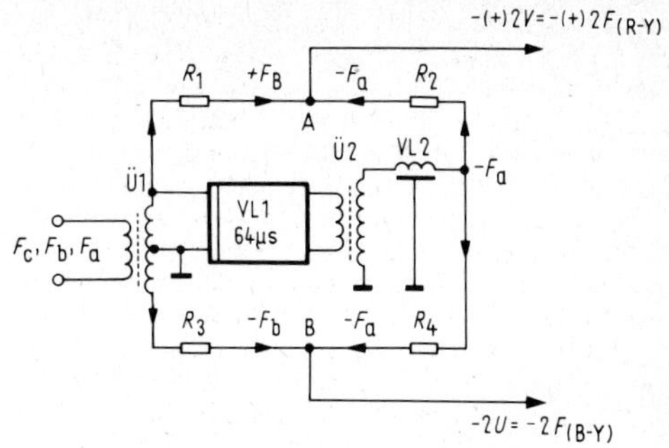

Bild 16.14 Prinzip eines Pal-Laufzeitdemodulators

genau die richtige Verzögerungszeit ergibt. Man schleift daher etwas mehr ab, so daß die Verzögerungszeit etwas geringer ist, und fügt eine zusätzlich einstellbare Verzögerungsleitung VL 2 in den Signalweg ein. Damit wird dann die Gesamtverzögerung auf die genaue Zeilendauer von 63,943 µs, also rund 64 µs abgeglichen.

Nachdem Zeile a die Verzögerungsleitung durchlaufen hat, liegt ihr Signal als $-F_a$ um genau 180° gegenüber dem Eingangssignal gedreht am Ausgang der Leitung und über die Widerstände R_2 und R_4 an den Punkten A und B.

Zum gleichen Zeitpunkt ist bereits das Signal F_b am Eingangsübertrager vorhanden. Es erscheint mit $+ F_b$ und $- F_b$ an den Enden der zur Phasenumkehr dienenden symmetrischen Sekundärwicklung. Diese Spannungen gelangen über die Widerstände R_1 und R_3 zu den Punkten A und B. Man erhält nun dort am

Punkt A:

$$-F_a + F_b = -(U + V) + (U - V)$$
$$= -U - V + U - V = -2V$$

Oder besser, damit die Gedankenverbindung zur Farbe nicht verlorengeht:

$$-2V = -2F_{(R-Y)}$$

Punkt B:

$$-F_a - F_b = -(U + V) - (U - V)$$
$$= -U - V - U + V = -2U$$

$$-2U = -2F_{(B-Y)}$$

Im Punkt A werden die Signale stets subtrahiert, im Punkt B addiert. Auf elegante Weise ist damit folgendes gelungen:

1. Die Informationen $F_{(R-Y)}$ und $F_{(B-Y)}$ stehen jetzt getrennt zur Verfügung. Sie sind allerdings noch geträgert, d. h. mit der Farbträgerfrequenz F behaftet.

2. Die Summen $2U$ und $2V$ bedeuten, daß die Spannungen von zwei zeitlich nacheinander eingelaufenen Signalen nunmehr addiert zum gleichen Zeitpunkt zur Verfügung stehen.

Beim Einlaufen der dritten Zeile mit dem Signal F_c ergibt sich nun sinngemäß bei

Punkt A:

$$-F_b + F_c = -(U - V) + (U + V)$$
$$= -U + V + U + V = +2V$$

Punkt B:

$$-F_b - F_c = -(U - V) - (U - V)$$
$$= -U + V - U + V = -2U$$

Am Punkt B ist demnach wieder ein Zeilensignal $-2V$, d. h. $-2F_{(B-Y)}$, also mit gleichem Vorzeichen entstanden. Am Punkt A dagegen, also im Kanal für $(R-Y)$, hat das Vorzeichen gewechselt. Diese Spannungen am Ausgang stellen bereits die Summen von jeweils zwei Zeilensignalen dar. Aber das Signal für $(R-Y)$ wechselt auch wieder von Zeile zu Zeile das Vorzeichen, wie dies beim Pal-Verfahren beabsichtigt ist. Deswegen stehen an diesem Decoderausgang die Vorzeichen $-(+)$, das soll andeuten, daß nacheinander das Vorzeichen wechselt. Die Form $\pm V$, die man oft der Kürze wegen anwendet, ist eigentlich nicht ganz so logisch, denn darunter versteht man im allgemeinen ein Gleichzeitiges, nicht aber ein Nacheinander.

Um das von Zeile zu Zeile wechselnde Vorzeichen rückgängig zu machen, muß hinter dem Laufzeitdemodulator ein zeilenfrequenter Schalter wie in Bild 16.12 angeordnet werden, damit der gewünschte Phasenfehlerausgleich stattfindet. Das Signal im Punkt B behält stets das gleiche Vorzeichen und braucht nicht von Zeile zu Zeile umgeschaltet zu werden. Das rechnerische Minuszeichen kann in der Empfängerschaltung leicht mit Hilfe eines Übertragers oder einer Inverterstufe beseitigt werden.

Nun muß noch auf die kleine zusätzliche Verzögerungsleitung VL 2 in Bild 16.14 eingegangen werden. Sie dient zum Abgleichen auf die genaue Zeilenlaufzeit und kann auch an anderer Stelle der Schaltung liegen. Bei manchen Geräten werden Laufzeittoleranzen auch durch Abgleichen der Induktivität des Ausgangsübertragers Ü 2 ausgeglichen. In dem hier immer noch sehr hochfrequenten Spektrum um 4.43 MHz bewirken geringe Induktivitätsänderungen bereits Phasendrehungen und können somit zum genauen Einstellen der Laufzeit dienen.

In jedem Pal-Decoder ist außerdem noch ein Trimmpotentiometer notwendig, um die Amplitude des direkten unverzögerten Signals vor der Addierstufe auf den Wert herabzusetzen, den das verzögerte Signal hat, denn die Pal-Laufzeitleitung bewirkt auch eine Dämpfung. Damit die Rechnungen stimmen, müssen aber beide Signale gleiche Amplitude haben. Für diesen Phasen- und Amplitudenabgleich eines Pal-Decoders bestehen mehrere Möglichkeiten. Die Abgleichvorgänge selbst sind in den Serviceschriften beschrieben. Kriterium für richtigen Abgleich ist, daß bei einem Farbbalkentestbild keine Streifenbildung, kein „Jalousie-Effekt", in den roten oder blauen Balken zu sehen sein darf. Ein solcher Fehler würde bedeuten, daß die am Ausgang des Decoders erscheinenden Signale $F_{(R-Y)}$ und $F_{(B-Y)}$ nicht mehr im richtigen Verhältnis zueinander stehen.

Bild 16.15 Phasenlagen hinter dem Pal-Decoder

Die Plus- und Minuszeichen allein geben vielleicht noch nicht die richtige Vorstellung von der Wirkung des Pal-Decoders. Deshalb sind in diesem Bild schematisch die Zeigerdiagramme der Ausgangsspannungen des Pal-Decoders dargestellt. Am Ausgang V erscheinen die Anteile für $F_{(R-Y)}$, und zwar abwechselnd in $+90°$ und $-90°$ zur Bezugsachse liegend. Zur Kennzeichnung und zur späteren richtigen Zuordnung ist außerdem jeweils die Burstphasenlage eingetragen.

Der Ausgang U führt die $F_{(B-Y)}$-Signale, stets in der gleichen Richtung der Bezugsachse liegend. Um bessere Vergleichsmöglichkeiten zum Rotdifferenzsignal zu haben, sind diese Zeiger in positiver Richtung aufgetragen. Das Signal wurde also gegenüber den Angaben in Bild 16.14 invertiert. Elektrisch bietet dies keinerlei Schwierigkeiten.

Nochmals erwähnt sei, daß diese neuen Zeilensignale aus der Addition von zwei aufeinanderfolgenden Zeile a + b, b + c usw. entstanden sind. Diese Bildung der neuen Zeilensignale aus der Summe von zwei *zeitlich* aufeinanderfolgen-

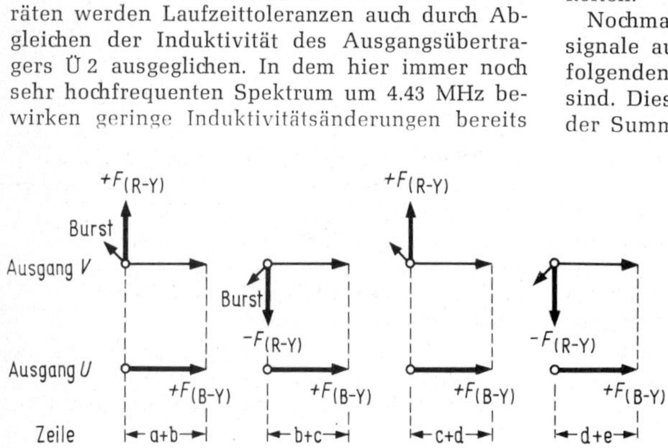

Bild 16.15 Zeigerdiagramme für die Ausgangsspannungen eines Pal-Decoders bei aufeinanderfolgenden Zeilensignalen

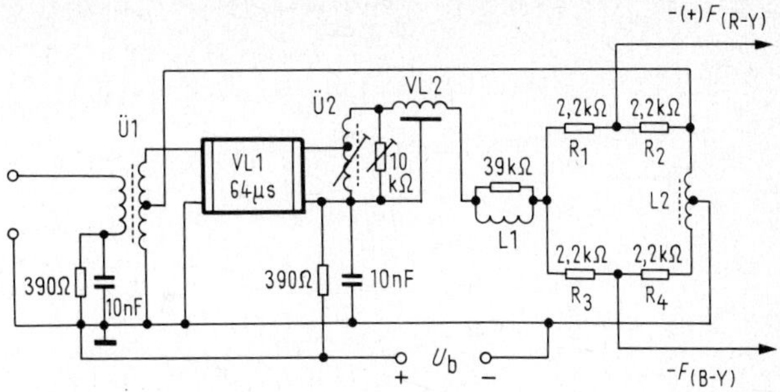

Bild 16.16 Erweiterte Schaltung eines Pal-Decoders

den Zeilen gehört mit zur Grundlage des Pal-Verfahrens.

Die neugebildeten Zeilen liegen infolge der Verzögerung um 64 µs auf dem Bildschirm jeweils um eine Zeile tiefer, als dies beim Schwarzweißempfang der Fall wäre. Das spielt aber für den Gesamteindruck des Bildes keine Rolle. Das gilt auch für die dazwischenliegenden Zeilen des anderen Halbbildes, die jeweils $^1/_{50}$ s später einlaufen. Geht man auf die elementare Darstellung des Zeilenrasters Bild 1.05 in Kapitel 1 zurück, dann bedeutet dies:

Zeile 1 und 3 ergeben eine neue Zeile 2
Zeile 3 und 5 ergeben eine neue Zeile 4
Zeile 5 und 7 ergeben eine neue Zeile 6 usw.

In ähnlicher Weise setzt sich dies Schema beim nächsten Teilbild fort.

Bild 16.16 Gesamtschaltung eines Pal-Decoders

Die Grundschaltung Bild 16.14 gestattet mehrere Abwandlungen. Wesentlich ist stets, daß die Verzögerungsleitung VL 1 niederohmig angepaßt werden muß, denn die Umwandlung von elektrischer Spannung in Ultraschall und zurück erfordert eine gewisse Leistung. Dazu dienen hier die Übertrager Ü 1 und Ü 2. Am zweiten Übertrager läßt sich durch Verstellen des Spulenkerns die Gesamtverzögerungszeit auf den genauen Sollwert abgleichen. VL 2 stellt ein weiteres festes Korrekturglied dar. Die Serieninduktivität L 1 parallel zu 39 kΩ dient zur Frequenzgangkorrektur.

Die Widerstandsbrücke zum Addieren der verzögerten und unverzögerten Signale, also die Addierstufe, ist hier anders angeordnet als in Bild 16.14, hat jedoch die gleiche Wirkung. Die Wicklung L 2 entspricht dabei in der Wirkung der Sekundärwicklung des Übertragers Ü 1 in Bild 16.14.

Eine solche Decodierschaltung wird natürlich über Transistoren betrieben, dafür ist hier die Betriebsspannungsquelle U_b angedeutet. Bild 14.39 brachte bereits ein Beispiel dafür[1]). Dort sind übrigens zwei Brückenwiderstände der Addierschaltung durch Transistoren ersetzt.

Bild 16.17 Pal-Decoder ohne Übertrager

Sieht man genügend leistungsfähige Verstärkerstufen vor, dann kann man auch Pal-Decoder ohne Übertrager aufbauen, wie hier im Prinzip dargestellt. Das bietet Vorteile bei integrierten Schaltungen und ermöglicht unter Umständen auch niedrigere Preise, denn Spulen wickeln ist teurer als integrieren.

Literatur

Harlos: Farbartdemodulation. Techn. Mitt. AEG-Telefunken 1970, H. 5, S. 333.

Telefunken: PAL-Laufzeit-Decoder. Laborbuch Band 5, S. 96. Franzis-Verlag, München.

–,–: Sende- und Empfangstechnik beim Pal-Farbfernseh-Verfahren. Funktechnische Arbeitsblätter FS 14, Franzis-Verlag, München.

1 Seite 188.

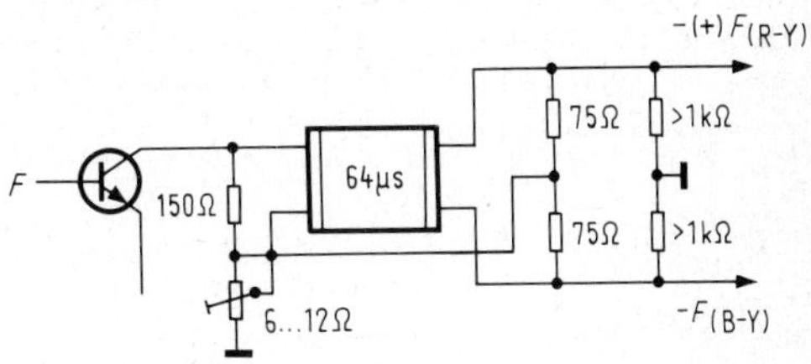

Bild 16.17 Pal-Decoder mit Leistungs-Vorstufe ohne Übertrager

Der Pal-Zeilenschalter

Bild 16.21 bis 16.24 Burstphase und Pal-Kennung

(Empfehlenswerter Wiederholungsstoff: Bilder 1.07, 2.43, 2.44, 15.48, 15.53.)

Die im Burst enthaltene 4,43-MHz-Schwingung springt von Zeile zu Zeile um ± 45° gegen die Achse − (B − Y) um. In Bild 16.21 ist dies nochmals für die beiden aufeinanderfolgenden Zeilensignale F_a und F_b dargestellt.

Der Phasenvergleichsstufe für die Farbhilfsträgersynchronisierung, Bild 16.22, werden die Burstschwingungspakete als Sollwert und die 4,43-MHz-Schwingungen aus dem Quarzoszillator als Istwert zugeführt. Die Phasenlage dieser (ausgeregelten) Farbhilfsträgerfrequenz entspricht der − (B − Y)-Achse in Bild 16.21. Dies rührt daher, weil die Steuerspannung für die Nachstimmdiode des Quarzoszillators durch eine sehr träge Kondensatorkombination, in diesem Fall 22 nF und 0,22 μF, so beruhigt und geglättet wird, daß sie auf das Umspringen der Burstphase um ± 45° gar nicht reagiert. Das Tiefpaßglied bildet eine Regelspannung U_R für die mittlere Burstphasenlage in Richtung − (B − Y), vgl. Bild 16.21, und mit diesem Istwert kommt die vom Quarzoszillator rückgeführte Schwingung an.

Wie der Name sagt, handelt es sich aber bei Bild 16.22 um eine *Phasenvergleichsschaltung*. Die umspringende Burstphase versucht trotzdem, über den Regelkreis sogar die Phase des Quarzoszillators bei jeder Zeile auf + 45° oder − 45° nachzuziehen. Sie bildet deshalb eine Regelspannung, die von Zeile zu Zeile umspringt. Sie richtet damit zwar im Punkt B von Bild 16.22 wegen der Trägheit der angeschalteten Kondensatoren nichts aus, am Punkt A kann man jedoch diese von Zeile zu Zeile wechselnde Spannung über den 1-nF-Koppelkondensator abnehmen. Da diese Spannung nur bei jeder zweiten Zeile wieder ihre Anfangslage einnimmt, schwingt sie halb so langsam, ihre Frequenz beträgt $^1/_2\ f_z$ oder abgerundet 7,8 kHz.

In manchen Empfängern findet man nach Bild 16.23 nur einen einzigen Abgriffspunkt A in der

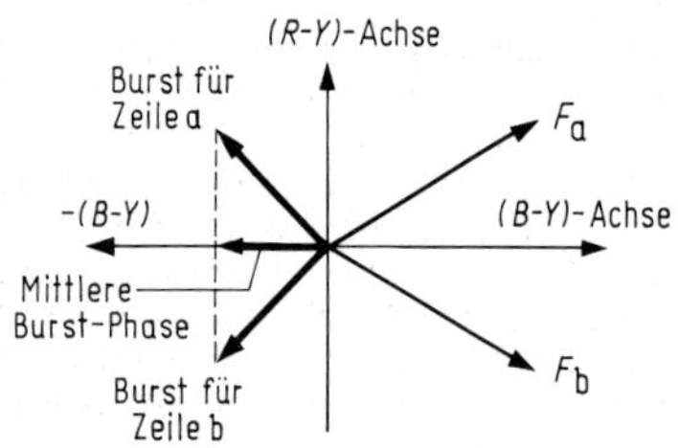

Bild 16.21 Phasenlagen von Farbartsignalen und Burstschwingungen für zwei aufeinanderfolgende Zeilen

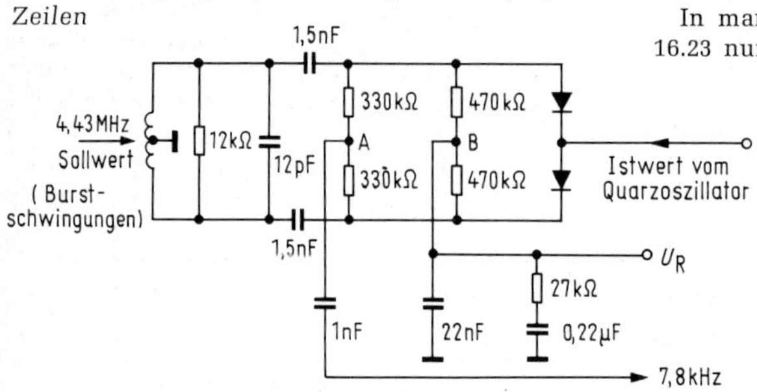

Bild 16.22 Phasenvergleichsstufe für die Farbhilfsträgersynchronisierung mit getrennten Brückengliedern für die Regelspannung und die 7,8-kHz-Kennimpulse

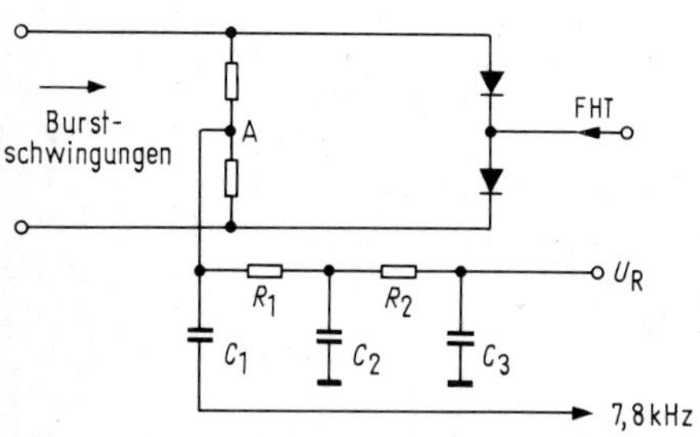

Bild 16.23 Regelspannung und Kennimpulse werden am gleichen Spannungsteiler abgegriffen

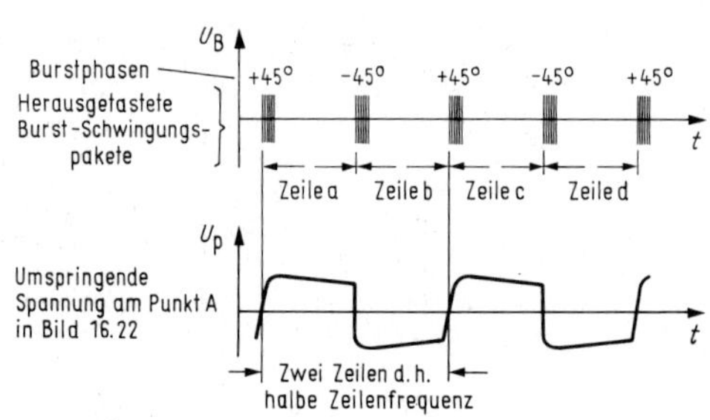

Bild 16.24 Zuordnung der 7,8-kHz-Schwingung zu den Burst-Paketen

Phasenvergleichsstufe. Die dort abgehende Leitung verzweigt sich dann. Über einen hochohmigen Entkopplungswiderstand R_1 wird der Ladekondensator C_2 für die Regelspannung U_R des Farbhilfsträgeroszillators aufgeladen, während die 7,8-kHz-Wechselspannung wie in Bild 16.22 über den Koppelkondensator C_1 direkt am Punkt A entnommen wird.

Der Verlauf dieser Spannung und das Zustandekommen der Frequenz $^1/_2\ f_z$ ist im Diagramm Bild 16.24 erläutert. Der mit $+45°$ gerichtete Burst bewirkt eine positive, nach dem Aufhören des Burstpaketes langsam ein wenig abklingende Regelspannung. Das nächste Burstpaket mit $-45°$ Phasenlage ergibt eine negativ gerichtete Regelspannung. Insgesamt entsteht so für *zwei* Zeilen *eine* meist etwas verschliffene Rechteckschwingung. Das entspricht der halben Zeilenfrequenz, also rund 7,8 kHz. Diese Schwingung läßt sich leicht am Punkt A in Bild 16.22 oder 16.23 mit Hilfe eines Oszillografen nachweisen. Diese Spannung sei als *Pal-Kennimpuls* bezeichnet. Ihr Wert liegt im allgemeinen bei $U_{SS} = 1...2$ V.

Bild 16.25 Vom Kennimpuls zum Schaltimpuls

Die Pal-Kennimpulsspannung muß noch verstärkt und von Störungen befreit werden. Daraus wird dann eine leistungsfähige Schaltspannung abgeleitet, um den von 0° auf 180° umschaltbaren Phasenschieber für den $(R-Y)$-Demodulator zu steuern. Die dazu notwendigen Stufen wurden bereits als Blockschaltung in Bild 16.11 unten dargestellt. Bild 16.25 zeigt nun ein ausführliches Schaltungsbeispiel.

Man sollte annehmen, daß der aus der umspringenden Burstphase gewonnene 7,8-kHz-Kennimpuls mit dem Verlauf von Bild 16.24 direkt eine äußerst exakte Schaltspannung für die 180°-Umpolung jeder zweiten Zeile ergeben müßte, denn schließlich stammt doch diese 7,8-kHz-Frequenz von der Zeilenumschaltung im Sender her. Sie sollte demnach auch die Zeilensignalumpolung im Empfänger wieder richtig steuern. Bei einer derartigen Direktsynchronisierung besteht jedoch immer die Gefahr, daß von außen kommende Störimpulse, z. B. von funkenden Lichtschaltern oder schlecht entstörten Kfz-Zündanlagen, zusätzliche falsche Impulse erzeugen und die Pal-Umschaltung außer Tritt bringen. Wenn aber das Rückpolen der Rotkomponente $-(R-Y)$ auf $+(R-Y)$ nicht funktioniert, dann würden die Zeilen abwechselnd in verschiedenen Farben flimmern.

Wie bereits seit den Anfangszeiten des Schwarzweiß-Fernsehempfängers von der Zeilensynchronisierung bekannt, fügt man deshalb einen Sinusoszillator für die gewünschte Kipp- oder Schaltfrequenz ein. Er schwingt von sich aus auf halber Zeilenfrequenz und wird von den Pal-Kennimpulsen synchronisiert. Enthält diese Synchronisierspannung Störimpulse oder treten während der breiten Bildwechselimpulse Pausen in diesem Schwingungszug auf, dann läuft der Sinusoszillator trotzdem in seiner Frequenz weiter, bis die Störung oder Unterbrechung abgeklungen ist und die richtige Synchronisierung wieder einsetzt. Er wirkt also wie das Schwungrad einer mechanischen Antriebsmaschine, das ebenfalls ruckartige Stöße oder kurzzeitige Pausen ausgleicht.

In Bild 16.25 bildet die Stufe mit dem Transistor T 1 den Kennimpulsverstärker. Der 7,8-kHz-Sinusoszillator mit dem Transistor T 2 arbeitet in kapazitiver Dreipunktschaltung. Seine Frequenz

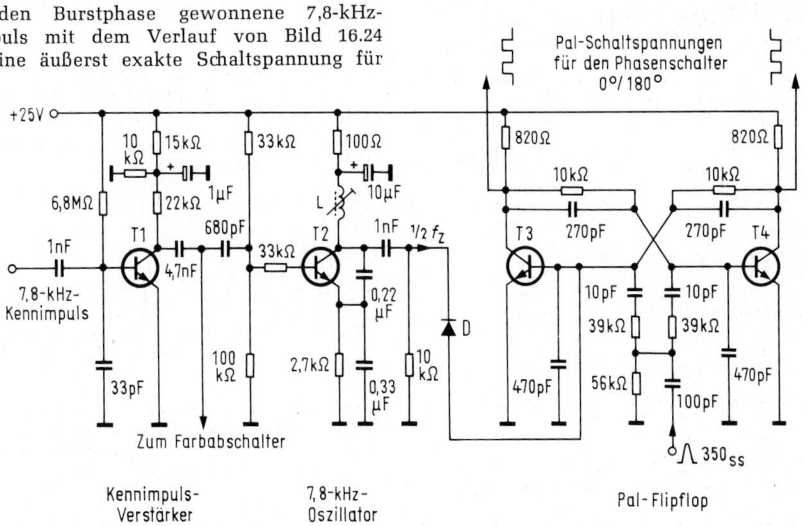

Bild 16.25 Stabilisierung der Kennimpulsspannung durch einen 7,8-kHz-Oszillator und ein Flipflop

wird mit dem Ferritkern der Spule L abgeglichen. Das Rezept hierfür lautet in den Serviceunterlagen meistens so, daß bei kurzgeschlossenem Kennimpuls (z. B. Basis des Transistors T 1 mit Masse verbinden) die Oszillatorspule L so abzugleichen ist, daß sich keine waagerechten scharfkantigen Farbstreifen im Bild ergeben. Das würde nämlich bedeuten, daß die 0°/180°-Umpolung nicht im Tritt ist. Schwingt der Oszillator infolge dieses Abgleichvorganges von sich aus bereits mit der richtigen Frequenz, dann läßt er sich auch gut von den Kennimpulsen synchronisieren.

Die eigentlichen Pal-Schaltimpulse liefert die Flipflop-Schaltung mit den beiden Transistoren T 3 und T 4. Die Umschaltspannung muß nämlich sehr steilflankig sein und von einem Generator mit niedrigem Innenwiderstand geliefert werden, um die Schaltdioden in dem in den nächsten Bildern besprochenen Umpoler zu betätigen. Dafür eignet sich am besten eine bistabile Kippschaltung, kurz als *Flipflop* bezeichnet. Der ebenfalls dafür verwendete Ausdruck bistabiler Multivibrator oder Pal-Multivibrator sei vermieden. Die Bezeichnung Multivibrator bleibe besser den selbständig schwingenden Oszillatoren („Vibratoren") vorbehalten. Das Pal-Flipflop schwingt aber nicht selbständig, sondern kippt jeweils nur von der einen in die andere Ruhelage, wenn es von außen her mit Impulsen gesteuert wird. Bleiben die Steuerimpulse aus, dann bleibt es in der zuletzt eingenommenen Stellung – ein Transistor durchgeschaltet, der andere gesperrt – stehen. Dann multivibriert also nichts mehr!

Bild 16.26 Die Doppelsteuerung des Pal-Flipflops

Der Basis des Transistors T 3 des Pal-Flipflops im vorigen Bild wird über eine Trenndiode D die Sinusspannung mit der Frequenz $^1/_2 f_Z$ des vorhergehenden Oszillators zugeführt. Nun kommt etwas seltsam Anmutendes: Das Flipflop wird eigentlich gar nicht von der mühselig gewonnenen hochkonstanten 7,8-kHz-Schwingung Bild 16.26a synchronisiert, sondern mit den frequenzmäßig allerdings ebenso konstanten Zeilenrückschlagimpulsen, die über 100 pF und je 39 kΩ den Basisanschlüssen beider Transistoren T 3 und T 4 im vorhergehenden Bild zugeführt wurden. Jeder Rückschlagimpuls, Bild 16.26b, läßt das Flipflop hinkippen oder herkippen. Im Zeitpunkt t_1 unterstützen sich der positiv gerichtete Zeilenrückschlagimpuls *und* die positiv ansteigende Flanke der Sinusspannung an der Basis des Transistors T 3. Der Transistor wirkt zugleich als UND-Gatter, schaltet durch und ergibt die ansteigende Flanke der Rechteckschwingung Bild 16.26c.

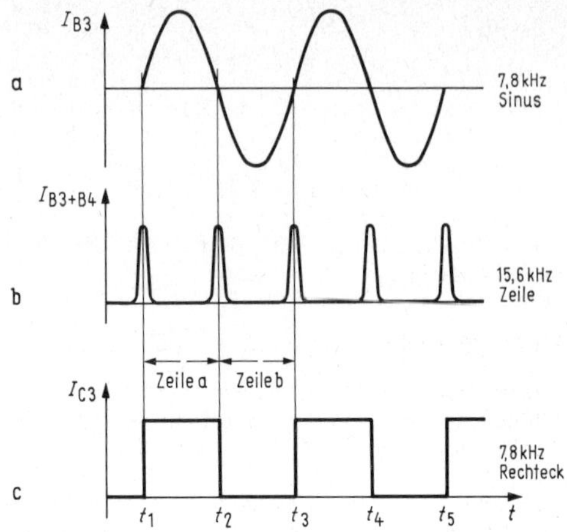

Bild 16.26 Verlauf der Spannungen an einem Pal-Flipflop

Der nächste im Zeitpunkt t_2 an der Basis des Transistors 3 eintreffende positive Zeilenrückschlagimpuls wird aber durch das Zusammentreffen mit der jetzt negativ verlaufenden Sinuswelle so weit abgesenkt, daß er unwirksam bleibt. (Die Amplituden der Zeilenrückschlagimpulse werden durch die Spannungsteilung über 39 kΩ – 10 pF – 270 pF – 820 Ω an der Basis so herabgesetzt, daß sie in die Größenordnung der Sinusspannung zu liegen kommen.) Jetzt wirkt sich aber an der Basis des Transistors 4 der positive Zeilenrückschlagimpuls aus. Transistor 4 zieht Strom, das Flipflop kippt, und der Kollektorstrom I_{C3} des Transistors 3 springt auf Null.

Damit ist sichergestellt, daß die Pal-Schaltspannung 16.26c stets mit der richtigen Zeilenkennung erzeugt wird. Andernfalls könnte sich das Flipflop bei zufälligen Störungen „verschlukken". Die Rechteckspannung bekäme die entgegengesetzte Phasenlage und würde im Farbartteil die falschen Zeilen umpolen. Mit dieser Doppelsteuerung fällt bei Störungen höchstens eine Zeile aus. Dann fängt sich die Synchronisierung, und die richtige Zuordnung stellt sich wieder ein[1]).

In vielen Fällen wird die Stufe zum Rückpolen der $(R-Y)$-Information symmetrisch geschaltet. Dazu entnimmt man dann gegenphasige Pal-Schaltspannungen an den Kollektoren der beiden Transistoren T 3 und T 4 in Bild 16.25.

---

1 Die beschriebene Funktion beruht auf einer Anordnung mit Einzeltransistoren. Die Frage liegt nahe, ob man nicht die Pal-Schaltspannung Bild 16.26c auch einfach durch Übersteuern und Begrenzen der Sinusspannung Bild 16.26a erzeugen könnte. Vielleicht bringt eine integrierte Schaltung diese Lösung.

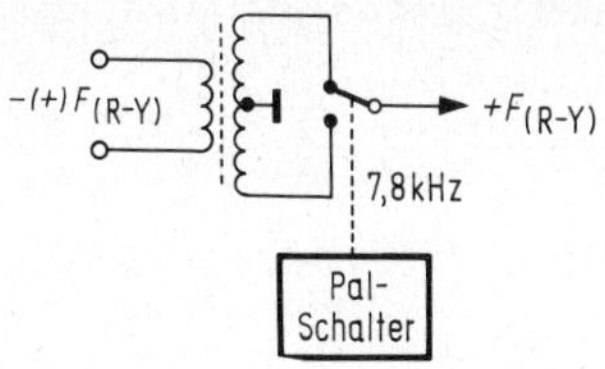

Bild 16.27 Prinzip eines Pal-Schalters im Farbartsignal für $F_{(R-Y)}$

Bild 16.27 und 16.28 Der 180°-Phasenschalter

Man könnte einen 180°-Phasenschalter so ausbilden, daß man das Signal der ersten Zeile direkt weiterleitet und das der zweiten über einen 180°-Phasenschieber schickt. Das gäbe jedoch eine gewisse Unsymmetrie, denn ein solcher Phasenschieber bringt meist auch eine Dämpfung gegenüber einem direkten Signal. Deshalb wählt man eine Anordnung nach dem Prinzip von Bild 16.27. Man führt die aufeinanderfolgenden Signale $+F_{(R-Y)}$ und $-F_{(R-Y)}$ einen symmetrischen Übertrager zu. An den Enden der Sekundärwicklung entstehen dann zeilenweise abwechselnd oben oder unten die Polungen $-F$ oder $+F$ gegen Masse. Man schaltet nun mit der richtigen Kennung vom Pal-Schalter aus die Ausgangsleitung immer stets an dasjenige Ende des Übertragers, das dann gerade die Polung $+F_{(R-Y)}$ hat.

Ein so schnelles Umschalten funktioniert natürlich nur mit elektronisch gesteuerten Schaltdioden. Bild 16.28 zeigt die erweiterte Anordnung. Die beiden Dioden werden wechselweise durch gegenpolige rechteckförmige Steuerspannungen aus dem Pal-Flipflop geöffnet und gesperrt. Am Ausgang erscheinen dann die nun bei jeder Zeile richtig liegenden Spannungen $F_{(R-Y)}$ und können dem Synchrondemodulator für $R-Y$ zugeführt werden, vgl. Bild 16.12. Meistens ist aber diese Umschaltstufe Bild 16.28 bereits so mit dem Synchrondemodulator kombiniert, daß sie in der Gesamtschaltung eines Fernsehempfängers kaum auffällt. Man erkennt ihre Funktion allerdings daran, daß eine 7,8-kHz-Pal-Schaltspannung in diesen Demodulator hineinführt.

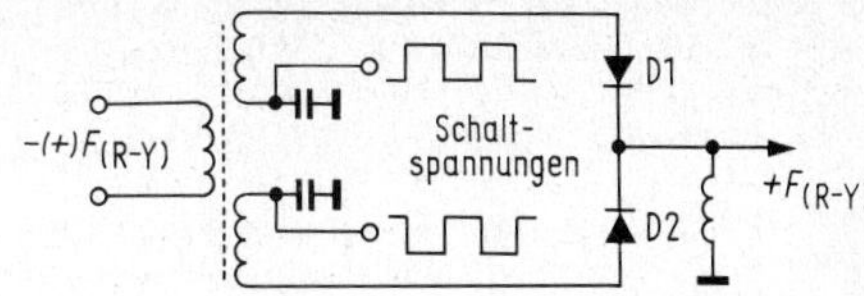

Bild 16.28 Elektronischer Pal-Schalter

Bild 16.29 und 16.30 Phasenumschaltung des Farbhilfsträgers

Wie bereits bei Bild 16.13 ausgeführt, erzielt man die gleiche Wirkung, wenn man nicht das Signal $F_{(R-Y)}$ von Zeile zu Zeile umpolt, sondern den Farbhilfsträger. Viele Entwicklungsingenieure ziehen dieses Verfahren sogar vor, weil es weniger kritisch ist, die Phasenlage einer sauber durchlaufenden Sinusschwingung umzupolen als die komplizierten, ständig sich ändernden Signale $F_{(R-Y)}$. Bild 16.29 stellt ein Schaltungsbeispiel für diese 180°-Umschaltung des Farbhilfsträgers dar, kombiniert mit der eigentlichen Synchrondemodulatorstufe. Der Phasenschalter entspricht genau dem Prinzip von Bild 16.28, aber ihm wird nicht das Farbsignal, sondern der Farbhilfsträger zugeführt. Die vom Pal-Flipflop stammenden Rechteckspannungen schal-

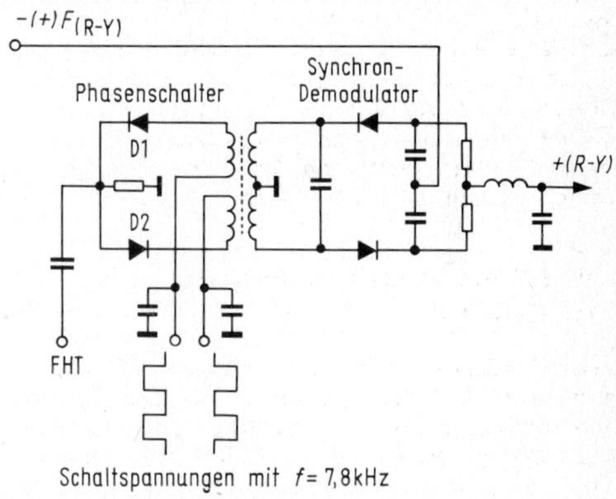

Bild 16.29 Elektronischer Pal-Schalter in der Zuführung des Farbhilfsträgers

Bild 16.30 Pal-Schalter mit gemeinsamer Zuführung von Farbhilfsträger und Pal-Schaltspannung

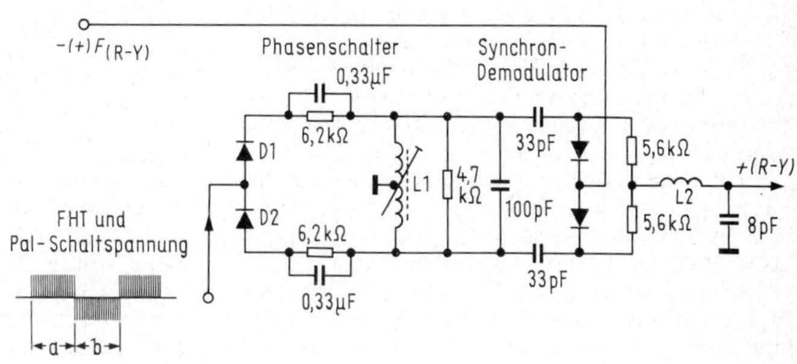

ten abwechselnd eine der Dioden D 1 oder D 2 durch. Die beiden Wicklungen des Übertragers sind so gepolt, daß dann der Farbhilfsträger einmal mit $\varphi = 0°$ und bei der nächsten Zeile mit $\varphi = 180°$ auf den Synchrondemodulator einwirkt. An dessen Ausgang erscheinen dann die demodulierten Signale $+ (R - Y)$.

Bei einer anderen Ausführungsform, Bild 16.30, werden Farbhilfsträger und eine phasenrichtige Pal-Schaltspannung zuvor addiert und gemeinsam dem Mittelpunkt des Phasenschalters zugeführt. Diese Anordnung entspricht dem in der großen Blockschaltung Bild 16.11 dargestellten Verfahren. Eine solche kombinierte Farbhilfsträger/Pal-Schaltspannung sieht am Oszillatorausgang so aus, wie unten links in Bild 16.30 gezeigt. Der 7,8-kHz-Rechteckspannung sind die 4,43-MHz-Schwingungen überlagert. Die Halbwellen des Farbhilfsträgers stoßen sich damit selbst die jeweils richtige Schaltdiode D 1 oder D 2 auf. Die letzten Feinheiten der Phasenlage werden mit der Induktivität L abgeglichen. Dazu wird ein Farbbalkenmuster auf den Empfänger gegeben und auf dem Bildschirm auf geringste Streifenbildung im Blaubalken abgeglichen.

Literatur

Harlos: Farbartdemodulation. Techn. Mitt. AEG-Telefunken 1970, H. 5, S. 333.

John: Der Farbteil im PAL-Farbfernsehempfänger. Techn. Mitt. AEG-Telefunken 1970, H. 5, S. 326.

Mayer: Möglichkeiten für vereinfachte Pal-Signalauftrennung. Funkschau 1972, H. 5, S. 141.

Schulz: Simple-Pal aus Japan. Funkschau 1972, H. 15, S. 541.

Telefunken: Laborbuch Band 5. Franzis-Verlag, München. Seite 96: PAL-Laufzeit-Decoder. Seite 101: Das Synchronisieren des PAL-Umschalters im Farb-Fernsehempfänger mit Hilfe des alternierenden Bursts.

Welland: Farbfernsehen. Franzis-Verlag, München.

–,–: Sende- und Empfangstechnik beim Pal-Farb-Fernseh-Verfahren. Funktechnische Arbeitsblätter FS 14, Franzis-Verlag.

Farbabschalter und Farbsättigungsregelung

(Empfehlenswerter Wiederholungsstoff: Bild 15.21, 15.22, 15.25, 15.31 bis 15.35.)

Bild 16.31 Wenn die Farbe ausbleibt . . .

Farbempfänger geben auch Schwarzweißsendungen wieder. Dazu genügt der Schwarzweißteil mit dem Leuchtdichte- oder Y-Verstärker. Der Farbteil mit Farbartverstärker, Pal-Decoder und den Synchrondemodulatoren ist hierzu nicht erforderlich. Es ist sogar schädlich, ihn gewissermaßen blind mitlaufen zu lassen. Man muß es sich stets wiederholen: Nicht Farben, sondern elektrische Signale werden übertragen. Wenn aber beim Schwarzweißempfang der Farbartverstärker mitläuft, dann würde er mit höchster Verstärkung arbeiten. Beim eigentlichen Farbempfang regelt nämlich die Farbkontrastautomatik oder Farbsättigungsregelung die Verstärkung in Abhängigkeit von der Burstamplitude zurück, vgl. Bild 15.35. Beim Schwarzweißempfänger entfällt aber das Burstsignal, und die Verstärkung im Farbartkanal würde hochlaufen. Die vom Y-Verstärker über den 4,43-MHz-Bandpaß in den Farbartkanal gelangenden Schwarzweißsignale des Frequenzgebietes um 3,5...5 MHz würden dann im Farbartsignalverstärker extrem hoch verstärkt werden. Das ergäbe zwei Störungsmöglichkeiten:

1. Infolge der hohen Verstärkung treten Übersteuerungen und somit Harmonische auf, die speziell im Bereich I (Kanäle K 2, K 3, K 4 usw.) den Empfang stören können.

2. Diese hochgetriebenen Y-Signale erzeugen im Farbkanal, wo sie gar nicht hingehören, gänzlich unregelmäßige Farberscheinungen. Dem Schwarzweißbild ist dann ein *Farbfeuer* überlagert, es regnet Konfetti.

Der Farbartverstärker muß also beim Schwarzweißempfang abgeschaltet werden! Zum Betätigen dieses Farbabschalters oder Farbkillers benutzt man wieder eine der so nützlichen Phasenvergleichsschaltungen. Sie ist in Bild 16.31 mit *Phasenvergleich 2* bezeichnet, zum Unterschied vom Phasenvergleich Nr. 1 für die Farbträgerregenerierung. Im Phasenvergleich 2 für den Farbabschalter werden ebenfalls zwei Spannungen oder Signale verglichen, die nur bei Farbsendungen vorhanden sind. Im vorliegenden Fall sind dies das Burstsignal und die Farbhilfsträgerfrequenz.

Man könnte nun einwenden, daß doch allein das Ausbleiben des Burst genüge, um eine Schaltspannung für den Farbabschalter zu gewinnen. Das gäbe jedoch Schwierigkeiten bei sehr schwachen Antennensignalen und somit stark verrauschtem Burst. Der Farbabschalter könnte da-

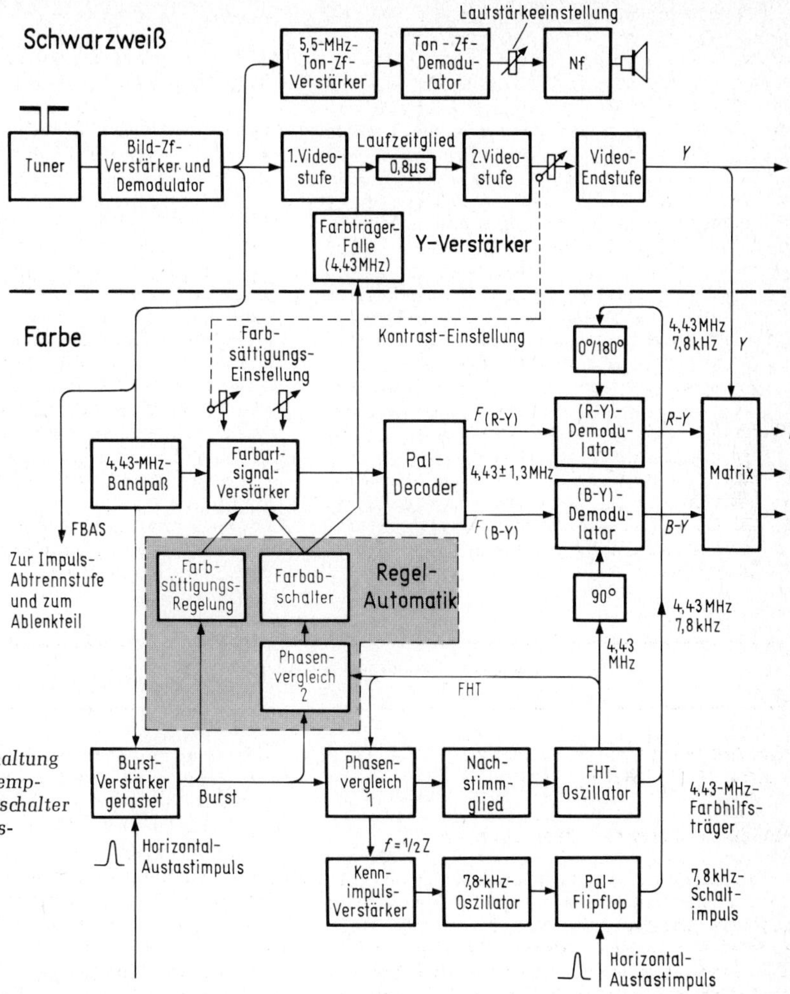

Bild 16.31 Blockschaltung eines Farbfernsehempfängers mit Farbabschalter und Farbsättigungsregelung

durch hin- und herschalten, und das Bild würde zwischen Farbe und Schwarzweiß pendeln. Die Phasenvergleichsschaltung liefert dagegen eine eindeutige exakte Abschaltspannung, wenn die Burstamplitude zu schwach ist, um den Farbhilfsträger zu synchronisieren, aber auch, wenn aus irgendeinem Grunde kein Farbhilfsträger zu stande kommt. Die Stufe stellt gewissermaßen eine UND-Schaltung dar – Farbe gibt es nur, wenn Burst *und* Farbhilfsträger in ausreichender Amplitude vorhanden sind. Bei zu geringer Eingangsspannung wird auf Schwarzweiß umgeschaltet, denn ein verrauschtes Schwarzweißbild ist immer noch angenehmer als ein Farbbild mit Konfettiregen.

Dies entspricht der automatischen Rückschaltung von Stereo auf Mono beim Rundfunkempfänger, wenn das Stereo-Antennensignal zu schwach ist. Übrigens ist dies eine Eigenart aller Doppelmodulationen, ob Stereo oder Farbe, daß zu ihrem Empfang größere Antennenspannungen benötigt werden als bei Mono oder Schwarzweiß. Bürdet man dem Hochfrequenzträger zuviel an verschiedenartigen Modulationen auf, dann wird seine Reichweite verringert. Durch Umschalten auf Mono oder Schwarzweiß erhält man aber auch in größerem Senderabstand noch eine ausreichende Empfangsqualität.

Der Abschalter im Farbempfänger schaltet auch dann auf Schwarzweiß um, wenn im Empfänger selbst ein Defekt in der Burstverarbeitung oder Farbträgerregenerierung auftritt. Der Zuschauer kann dann wenigstens das Programm in Schwarzweiß weitergenießen. (Vielleicht ruft er inzwischen wütend beim Sender an, wo die Farbe geblieben ist.)

Der Farbabschalter liefert außerdem direkt oder über eine Hilfsstufe noch ein weiteres Abschaltsignal für die 4,43-MHz-Farbträgerfalle im Y-Verstärker des Schwarzweißteiles. Diese Falle ist beim Farbempfang notwendig, um die Farbinformation im Leuchtdichtekanal abzusenken, damit sie dort keine Störungen verursacht[1]). Bei Schwarzweißsendungen sollen aber auch die Frequenzen dieses Gebietes in voller Höhe übertragen werden, um anstelle der fehlenden Farbe nun ein gutes Schwarzweißbild mit möglichst feinen Einzelheiten zu erhalten. Die Farbträgerfalle ist also bei Schwarzweißempfang abzuschalten oder kurzzuschließen.

Die Bedeutung der außerdem in Bild 16.31 neu hinzugekommenen Stufe *Farbsättigungsregelung* wurde bereits kurz erwähnt. Die Ausgangsspannung des Farbsignalverstärkers muß auch dann konstant gehalten werden, wenn man den Empfänger durchstimmt oder wenn die Oszillatorfrequenz im Tuner infolge Toleranzen der automatischen Frequenzregelung etwas auswandert. Wegen der steilflankigen Durchlaßkurven des Farbartverstärkers[2]) würden sich ohne eine solche automatische Verstärkungsregelung die Farbsignalamplituden beim Verstimmen stark ändern, und das bedeutet Änderungen in der Farbsättigung, also blasser werdende Farben dicht neben der richtigen Abstimmung. Doch nun zu den Schaltungseinzelheiten.

Bild 16.32 Farbabschalter mit zweistufigem Schaltverstärker

Die Eingangsstufe besteht aus der Phasenvergleichsbrücke mit den beiden Dioden D 1 und D 2. Über den Eingangsübertrager werden Burstschwingungszüge vom Burstverstärker zugeführt, am Verbindungspunkt der Dioden liegt der Farbhilfsträger. Die Schaltung arbeitet also fast genauso wie eine Phasenvergleichsstufe für die Farbträger-Regenerierung oder zum Erzeugen der Pal-Kennimpulse. Allerdings ist der Ladekondensator am Brückenmittelpunkt mit 5 μF Kapazität sehr träge, so daß er entstehende Regelspannungen lange speichert und nicht ins Pendeln kommt.

Diese Phasenbrücke erhält außerdem aus einem Gleichspannungsteiler mit dem 5-kΩ-Trimmwiderstand P eine einstellbare Vorspannung, die an die Basis des Transistors T 1 weitergeleitet wird. Für den normalen Betriebsfall wird die Basisspannung mit etwa 20 V so bemessen, daß dieser pnp-Transistor sperrt. Die Spannung an seinem Kollektor wird dann über den 22-kΩ-Widerstand gegen das Massepotential gezogen und ist kleiner als 1 V (< 1 V). Damit wird Transistor 2 ebenfalls gesperrt. Am Abzweigpunkt des Spannungsteilers aus 18 kΩ und 10 kΩ stellt sich eine Gleichspannung von + 7 V ein. Sie steuert den eigentlichen Farbkanalverstärker auf. Das Chrominanzsignal wird verstärkt, und alle übrigen Stufen des Farbteiles arbeiten ebenfalls.

Eine in der Vergleichsstufe auftretende Phasenverschiebung oder das Ausbleiben des Burst oder des Farbhilfsträgers bewirken eine negativ gerichtete Regelspannung. Sie setzt das Basispotential des Transistors T 1 herab, z. B. auf 19,5 V. Der Transistor zieht Strom, und sein Kollektorpotential steigt auf über 2 V an (> 2 V) und schaltet den Transistor T 2 ebenfalls durch. Sein Kollektorpotential wird auf 0,2 V heruntergezogen, und diese Spannung sperrt den Farbkanal.

Mit dem Trimmpotentiometer P, bezeichnet mit *Farbabschalter-Einsatz*, kann die Grundvorspannung des Transistors T 1 und damit die Schaltschwelle so justiert werden, daß bei Schwarzweißsendungen der Farbkanal gerade eben abschaltet. Dazu wird der Empfänger mit einem Schwarzweiß-Testbild betrieben und das Potentiometer langsam durchgedreht. In einer bestimmten Stellung öffnet der Farbkanal. Dadurch gelangen die hohen Frequenzen des Y-Signals in

1 Vgl. Abschnitt Farbträgerfalle im Text zu Bild 15.21.

2 Vgl. Bild 15.32 bis 15.34.

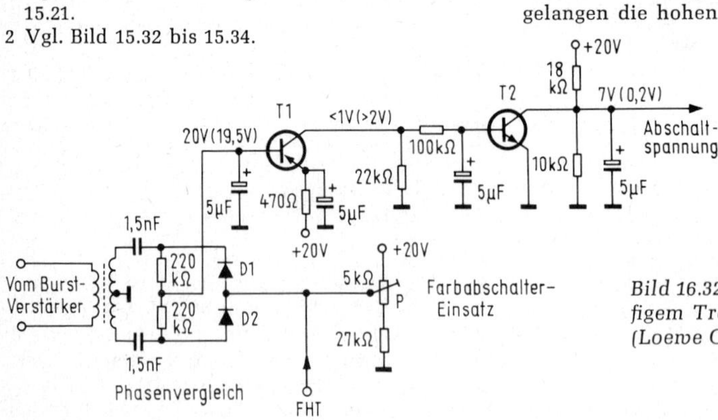

Bild 16.32 Farbabschalter mit zweistufigem Transistorverstärker (Loewe Opta)

den Farbkanal und verursachen in dem schwarzweißen Testbild ein Farbfeuer[1]) oder farbiges Rauschen. Man dreht dann den Einsteller ein wenig zurück, so daß wieder ein klares Schwarzweißbild entsteht. Die Schaltschwelle ist dann günstig eingestellt. Bei Farbsendungen wird sie überwunden, und der Farbteil kommt in Gang.

Fällt bei einem Gerät die Farbe aus, arbeitet es also nur als Schwarzweißempfänger, dann drehe man als Servicetechniker dieses Potentiometer versuchsweise bis zu den Endanschlägen, um zu prüfen, ob vielleicht nur ein Fehler in den Abschaltstufen vorliegt.

Festgehalten sei, daß bei dieser Schaltung Bild 16.32 die Phasenvergleichsstufe mit Burstschwingungen und mit dem Farbhilfsträger FHT gespeist wird. In der Originalschaltung dient der Eingangsübertrager sogar gleichzeitig als Eingangsübertrager für die Phasenvergleichsstufe des Farbträger-Regenerators.

(Nach Unterlagen der Firma Loewe Opta.)

Bild 16.33 Farbabschalter mit einstufigem Schaltverstärker

Im Gegensatz zur vorigen Schaltung wird diese Phasenvergleichsstufe mit Rechteckschaltspannungen vom Pal-Flipflop sowie mit Pal-Kennimpulsen gespeist. Liegen beide Spannungen in der richtigen Phasenlage vor, dann ist der pnp-Transistor durchgeschaltet. Sein Kollektor liegt annähernd auf Emitterpotential, und über den Teiler 8,2 kΩ – 12 kΩ gelangen + 12,2 V als Basisvorspannung des ersten Verstärkertransistors im Farbartkanal. Er wird geöffnet und arbeitet.

Wenn der Burst bzw. der Kennimpuls fehlt (beim Schwarzweißbild) oder mangelhaft ist (bei stark verrauschtem Bild), dann wird die Basisspannung des Transistors positiver und sperrt ihn. Sein Emitterpotential wird gegen Masse gezogen. Dies ergibt die Abschaltspannung von 0,3 V für den Farbteil. Der Einsatzpunkt des Farbabschalters wird auch hier mit einem Trimmpotentiometer P auf einen optimalen Wert eingestellt.

Vom Farbkanal führt eine vom Schaltzustand abhängige Spannung über 68 kΩ zurück zur Phasenvergleichsstufe. Diese Spannung springt beim Abschalten des Farbkanals von + 23 V auf + 25 V und erhöht somit die positive Sperrspannung an der Basis des Transistors. Diese Mitkopplung bzw. Schaltverstärkung sichert einen stabilen Schaltzustand. Um die Abschaltschwelle pendelnde Antennenspannungen führen nicht zum Pendeln zwischen Schwarzweiß und Farbe im Bild.

(Nach Unterlagen der Firma Metz.)

Bei anderen Empfängern wird als Schaltverstärker ein Schmitt-Trigger verwendet. Er bewirkt von sich aus eine sogenannte Schalthysterese, d. h. er schaltet z. B. bei 3,0 V ab und erst bei 2,7 V wieder ein. Das verhindert ebenfalls ein Pendeln zwischen Schwarzweiß und Farbe, wenn das Gerät hart an der Grenze der minimal notwendigen Farbsignalspannungen arbeitet.

Die Unterschiede in den beiden Bildern 16.32 und 16.33 zeigen, daß, wie in manchen anderen Stufen eines Farbempfängers, mehrere Lösungen möglich sind. Ein Gesamtkatalog hierfür würde umfangreich und verwirrend sein. Wenn man jedoch den grundsätzlichen Zweck erfaßt hat, nämlich:

1. Sperren des Farbkanals bei Schwarzweiß-Sendungen (kein Burst, kein Kennimpuls vorhanden),

2. Sperren des Farbkanals und Umschalten auf Schwarzweiß bei Fehlern im Farbteil (kein Farbhilfsträger, keine Pal-Schaltspannung gebildet),

dann findet man sich auch in zunächst neuartigen Schaltungen zurecht.

In den Serviceschriften studiere man dazu auch die Anweisungen zum Einstellen des Potentiometers für die Einsatzschwelle des Farbabschalters.

Bild 16.34 Farbartverstärkerstufe mit Abschaltautomatik

Die Schaltung stellt einen zweistufigen Farbartverstärker dar. Die erste Stufe mit dem Transistor T 1 arbeitet als Emitterfolger, die Signalspannung wird am Emitterwiderstand abgegriffen. An den Kollektorkreis des zweiten Transistors ist einer der zum Formen des Durchlaßbereiches notwendigen Resonanzkreise angekoppelt. Von

1 Im Englischen Cross-Color = Kreuzfeuer.

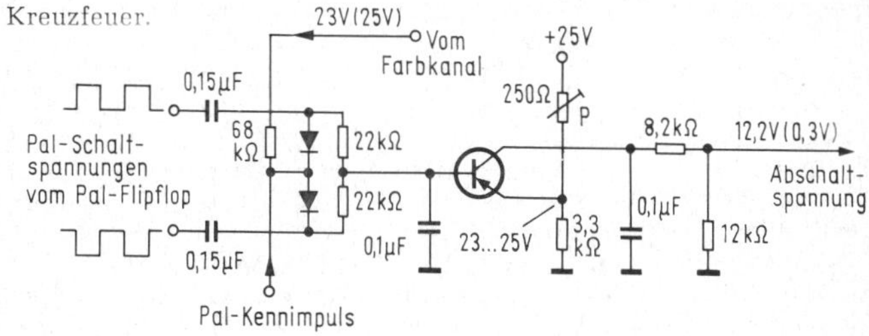

Bild 16.33 Mit Pal-Schaltspannungen gesteuerter Farbabschalter (Metz)

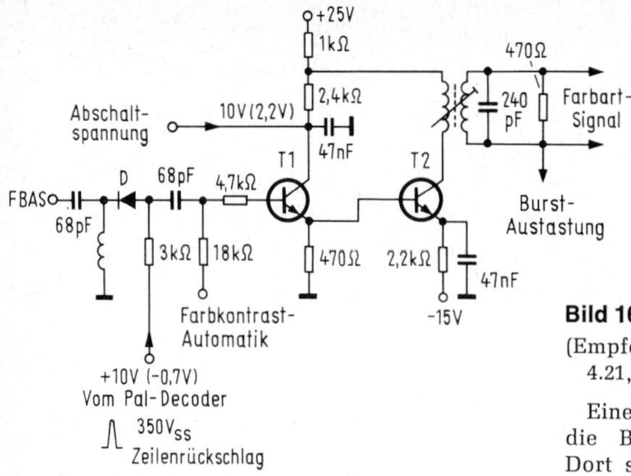

Bild 16.34 Abschaltautomatik in einer Farbartverstärkerstufe; die Abschaltspannung beträgt bei Farbsendungen + 10 V, bei Schwarzweißsendungen + 2,2 V

diesem Kreis führt eine Leitung zur Burst-Austaststufe.

Die Abschaltspannung wird an den hochfrequenzfreien Kollektoranschluß des ersten Transistors geführt. Bei Farbsendungen beträgt diese Spannung im vorliegenden Fall + 10 V. Der Transistor arbeitet damit normal und verstärkt das der Basis zugeführte FBAS-Signal. Bei Schwarzweiß-Sendungen ergibt sich eine Abschaltspannung von + 2,2 V. Damit werden Verstärkung und Emitterstrom des Transistors 1 und somit auch der Gleichspannungsabfall am Emitterwiderstand rigoros herabgesetzt. Infolgedessen wird auch das Basispotential des Transistors 2 gegen Masse gezogen, und dieser Transistor wird ebenfalls gesperrt.

In der Schaltung ist noch eine weitere Verriegelung unmittelbar am Eingang vorgesehen. Dazu dient die Schaltdiode D. Bei Farbsendungen wird sie mit einer Spannung von + 10 V aus dem Pal-Decoder durchgeschaltet. Bei Schwarzweiß-Sendungen, wenn also der Farbartkanal bereits verriegelt ist, sinkt diese Spannung auf – 0,7 V, und die Diode sperrt.

Man tastet sie aber durch positiv gerichtete Zeilenrückschlagimpulse in jeder Zeile kurz auf, um einen mit Farbsendungen wieder einsetzenden Burst hindurchzulassen, damit auf Farbe zurückgeschaltet werden kann. Andernfalls besteht die Gefahr, daß der bei Schwarzweiß-Sendungen gesperrte Farbkanal ausgeklinkt bleibt, weil der Farbabschalter keine Gegeninformation bekommen kann.

In der Schaltung ist außerdem die Zuführung der Regelspannung für die Farbkontrastautomatik angegeben. Die Regelspannung wird aus der Burstamplitude gewonnen (vgl. Bild 16.31) und steuert den Verstärkungsgrad des Transistors T 1, so daß die Farbsignalamplitude und damit die Farbsättigung auch bei Empfangsschwankungen konstant bleibt.

Bild 16.35 Abschaltbare Farbträgerfalle

(Empfehlenswerter Wiederholungsstoff: Bild 4.03, 4.21, 15.22 und 15.25)

Eine weitere Aufgabe des Farbabschalters ist die Bandbreitenumschaltung im Y-Verstärker. Dort sieht man nicht nur bei Schwarzweißempfängern, sondern erst recht bei Farbempfängern eine Farbträgerfalle vor, damit beim Farbempfang das Frequenzgebiet um 4,43 MHz ausgeblendet wird, um Störmuster zu vermeiden. Bei Schwarzweiß-Sendungen soll diese Falle ausgeschaltet werden, um die Bandbreite zu vergrößern und ein Bild mit möglichst vielen Schwarzweiß-Feinheiten zu erhalten. Die Farbträgerfallen lassen sich bei „Nichtgebrauch" leicht durch eine Schaltdiode kurzschließen.

Bild 16.35 zeigt dies oben rechts. Die Gesamtschaltung stellt außerdem eine interessante Variante zum Thema Farbabschalter dar. Transistor T 1 gehört zur Eingangsstufe des Pal-Decoders, und dieser Transistor, nicht die erste Farbartverstärkerstufe, wird bei Schwarzweiß abgeschaltet. Dazu dient der Farbabschalter mit dem Transistor T 2. Er wird an der Basis von einer Abschaltspannung aus dem Phasenvergleich gesteuert[1]). Dieser Transistor T 2 erhält eine feste Emitterspannung aus dem Spannungsteiler $R_4 - R_5 - R_6$. Bei Farbe liegt an der Basis des Transistors eine Spannung von 0 V, und der Transistor ist stromlos, also hochohmig. Die Diode D 1 wird in diesem Fall über den Widerstand R_3 von der Speisespannung + 25 V leitend gehalten, und die am Spannungsteiler $R_1 - R_2$ liegende Teilspannung gelangt über die durchgeschaltete Diode als Basisspannung zum Transistor T 1. Sie gibt ihm seinen richtigen Arbeitspunkt; er verstärkt das zugeführte Farbartsignal F und speist den Pal-Decoder. Bemerkenswert sind der Amplitudenabgleich A für das unverzögerte Farbsignal und der Phasenabgleich Ph am Übertrager L 2.

Die Diode D 2 an der Farbträgerfalle im Leuchtdichteverstärker ist an ihrer Katode über 150 Ω positiv vorgespannt. Sie sperrt, die Koppelspule zur Farbträgerfalle ist einseitig offen und hat keine Wirkung.

1 Siehe Bild 16.32 und 16.33.

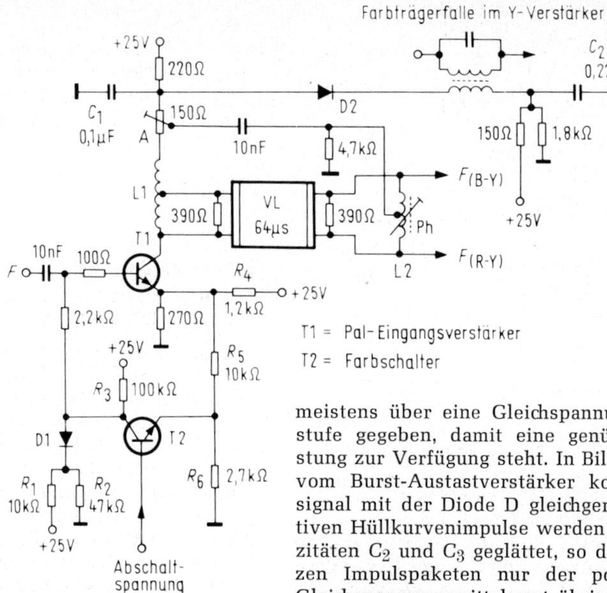

Bild 16.35 Farbabschalter vor dem Pal-Decoder und Bandbreitenumschaltung im Y-Verstärker (Blaupunkt)

Bei Schwarzweiß-Sendungen wird die Abschaltspannung an der Basis des Transistors T 2 positiv. Der Transistor schaltet durch und legt nun eine niedrigere Basisspannung, nämlich aus dem Spannungsteiler $R_5 - R_6$, an den Transistor T 1. Gleichzeitig wird dadurch die Diode D 1 gesperrt und die ursprüngliche Vorspannung abgetrennt. Infolge der niedrigeren Basisspannung des Transistors T 1 sinkt auch seine Emitterspannung stark ab. Dabei ergibt sich eine Mitkopplung über R_5 auf den Emitter des Transistors T 2. Dies unterstützt noch den Abschaltvorgang.

Da der Transistor 1 gesperrt ist, steigt seine Kollektorspannung und damit die Spannung an der Anode der Diode D 2 auf den vollen Wert der Betriebsspannung von + 25 V. Die Diode schaltet durch und bedämpft die Farbträgerfalle über die Koppelwicklung und die Kapazitäten C_1 und C_2. Die gesamte Bandbreite des Y-Signals wird nun übertragen.

(Nach Unterlagen der Firma Blaupunkt.)

Bild 16.36 Farbsättigungs-Regelstufe

Die Regelspannung für die Kontrastautomatik bzw. zum Konstanthalten der Farbsättigung wird meistens über eine Gleichspannungs-Verstärkerstufe gegeben, damit eine genügende Regelleistung zur Verfügung steht. In Bild 16.36 wird das vom Burst-Austastverstärker kommende Burstsignal mit der Diode D gleichgerichtet. Die positiven Hüllkurvenimpulse werden durch die Kapazitäten C_2 und C_3 geglättet, so daß von den kurzen Impulspaketen nur der positiv gerichtete Gleichspannungsmittelwert übrig bleibt. Er wirkt der über R_4 an die Basis des Transistors gelangenden negativen Vorspannung von der Speisespannungsquelle her entgegen. Der Kollektorstrom nimmt ab, und die Regelspannung am Kondensator C_4 wird negativ. Sie wird der geregelten Stufe im Farbartverstärker zugeführt. Mit C_4 = 10 µF ergibt sich eine weitere Beruhigung der Regelgleichspannung. Die Grundsättigung wird dem Trimmwiderstand R_3 in der Basisleitung abgegriffen.

Bei zunehmender Temperatur im Gerät würde auch der Kollektorstrom des Verstärkertransistors ansteigen und die Regelspannung ändern. Um dies zu verhindern, ist ein NTC-Widerstand in die Steuerleitung eingefügt worden. Er verringert bei ansteigender Temperatur seinen Widerstandswert und damit die negative Basis-Emitterspannung, so daß der Emitterstromanstieg kompensiert wird. Der NTC-Widerstand allein würde einen zu großen Einfluß haben, deswegen wird sein Regelbereich durch den Nebenschlußwiderstand R_2 eingeengt.

(Nach Unterlagen der Firma Saba.)

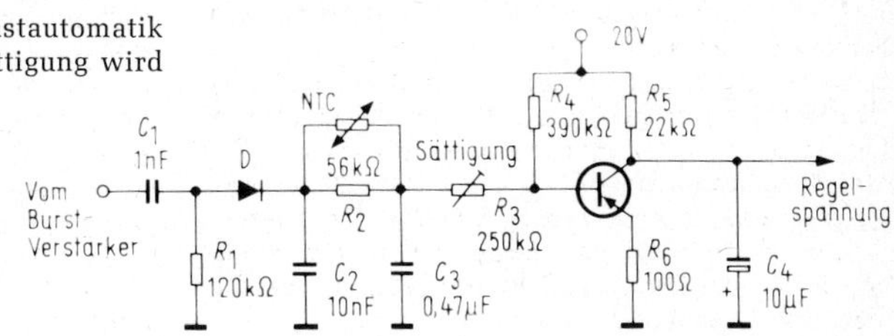

Bild 16.36 Regelspannungserzeugung und Regelspannungsverstärker für eine Kontrastautomatik (Saba)

Bild 16.37 Farbsättigungsregelung mit Impedanzwandler

Die Phasenvergleichsstufe für den Farbträger liefert drei Steuerspannungen:

1. Die Nachstimmspannung für den Farbhilfsträgeroszillator.

2. Die Pal-Kennimpulse.

3. Die Regelspannung für die Farbsättigungsautomatik.

Die Spannungen 2 und 3 werden über eine Impedanzwandlerstufe mit dem Transistor T 2 geschickt.

Die Burstschwingungen aus der Burst-Austaststufe gelangen an den Eingangsübertrager der Phasenvergleichsstufe, werden dort mit der Phase des zurückgeführten Farbhilfsträgers verglichen und geben eine der Phasenabweichung proportionale Spannung am Punkt M. Sie wird über einen hochohmigen Entkopplungswiderstand von 330 kΩ als Nachstimmspannung für den Quarzoszillator verwendet.

Am Punkt M selbst springt die Phase noch bei jedem Burst-Phasenwechsel um. Dieser Pal-Kennimpuls gelangt über 1 nF an die Basis des Transistors T 2, wird dort verstärkt und am Kollektor für die Pal-Identifikationsschaltung abgenommen. Transistor 2 dient also zur Entkopplung, und man kann die dahinter folgenden Siebglieder speziell für den Pal-Kennimpuls bemessen.

Am unteren Ende der Sekundärwicklung des Eingangsübertragers der Phasenvergleichsstufe entnimmt man die Burstschwingungen und richtet ihre positiven Halbwellen mit der Diode D 3 gleich. Dies ergibt die Regelspannung für den Farbartverstärker bzw. für die Farbsättigungsautomatik. Diese Spannung wird ebenfalls im Transistor 2 verstärkt, aber am Emitter abgenommen und anschließend mit 2 µF geglättet. Transistor 2 arbeitet also für diese Steuerspannung als Emitterverstärker bzw. Impedanzwandler. Die Spannung wird dann mit 2 µF nochmals geglättet und dient als Regelspannung für die Basis des Transistors T 3 in der ersten Stufe des Farbartverstärkers.

Der Gleichspannungsteiler R_1 bis R_4 mit dem Trimmpotentiometer FS = Farbsättigung bestimmt den Ruhearbeitspunkt der Transistoren 2 und 3. Damit wird also die richtige Farbsättigung abgeglichen. Über den Widerstand R_5 gelangt stets eine gewisse Grundvorspannung an die Basis des Transistors 3. Sie stellt sicher, daß die Regelung in jedem Fall wieder „anspringt", auch wenn zwischendurch schwarzweiß gesendet wurde und der Burst ausbleibt.

(Nach Unterlagen der Firma Blaupunkt.)

Derartige Schaltungsfeinheiten, wie Doppelsteuerung des Transistors 2 und die Bedeutung des Widerstandes R_5, lassen sich aus den Gesamtschaltungen eines Fernsehempfängers kaum klar erkennen. Für eine gute Serviceschrift sind deshalb Schaltungsauszüge mit Funktionsbeschreibungen, Spannungs- und Oszillogrammangaben zwingend notwendig, wenn die Herstellerfirma eine sachgemäße Betreuung ihrer Geräte wünscht und den Servicetechniker nicht zum simplen Modulaustauscher degradieren will.

Und das schreibt ein Servicetechniker dazu:

Kundendienstunterlagen sind unzureichend

Aus der ständig fortschreitenden Entwicklung mit den vielfältigsten und verschiedensten Neuerungen in der Schaltungstechnik und den Bestrebungen der Hersteller zu grundlegenden Veränderungen in der Konzeption von modernen Schwarzweiß- und Farbfernsehempfängern ist vor

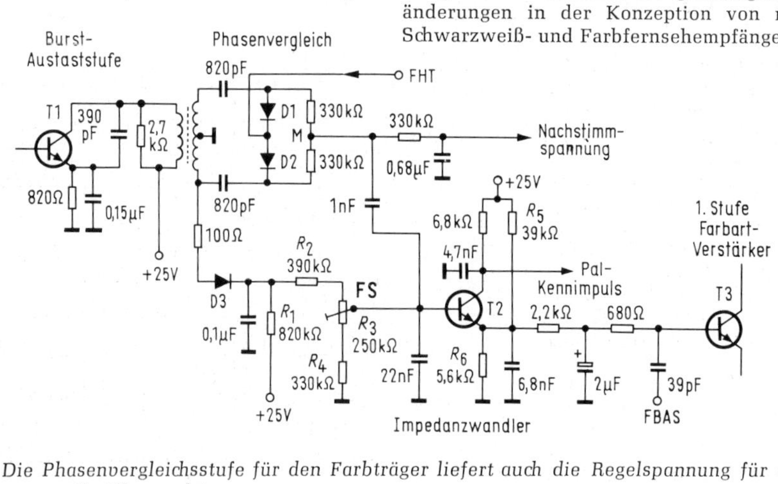

Bild 16.37 Die Phasenvergleichsstufe für den Farbträger liefert auch die Regelspannung für die Farbsättigungsautomatik (Blaupunkt)

allem für den im Handel tätigen Kundendiensttechniker, der die Wartungs- und Reparaturarbeiten an den unterschiedlichsten Fabrikaten übernehmen soll, inzwischen eine Situation entstanden, die es als angezeigt erscheinen läßt, eine rechtzeitige und ausgiebige Information von den Herstellerwerken zu verlangen, und zwar nicht erst dann, wenn die teilweise völlig neuentwickelten Geräte bereits schon mehrere Monate auf dem Markt sind – wie es bis heute der Fall ist –, und der Servicetechniker mit Geräten konfrontiert wird, von denen er zuvor niemals eine Funktionsbeschreibung erhalten hat. Oder will man von der Industrie dem Techniker zumuten, die Wirkungsweise der Geräte bis ins Detail lediglich aus den den Geräten beigefügten Schaltbildern zu entnehmen? Hier ergibt sich für die Industrie und die Fachpresse gleichermaßen die Aufgabe, Lösungswege auszuarbeiten, die es dem nicht in der Entwicklung und Produktion tätigen Techniker ermöglicht, eine Einführung in eine neue Schaltungstechnik gleichzeitig mit dem Erscheinen der Geräte zu erhalten.

Nicht wenige Reparaturarbeiten machen es erforderlich, die Gedankengänge des Konstrukteurs nachzuvollziehen, um die verschiedentlich komplizierten Zusammenhänge in der Wirkungsweise der Schaltungen erkennen zu können. Das ist aber nur dann in einem vertretbaren Aufwand an Arbeitszeit möglich, wenn eine Erläuterung der Schaltungstechnik für das jeweilige Gerät vorliegt. Aus dieser Tatsache heraus möchte ich einerseits die Bitte an die Industrie richten, Schaltungsbeschreibungen rechtzeitig an die Kundendienstwerkstätten des Handels auszuliefern und andererseits die Redaktion der FUNKSCHAU darum bitten, Anstrengungen dahingehend zu unternehmen, daß Entwicklungsingenieure der einzelnen Herstellerfirmen in vermehrtem Ausmaß den Raum und damit die Möglichkeit dafür erhalten, ihre neuentwickelten Fernsehgeräte mit den dazugehörigen Erläuterungen aller Schaltungseinzelheiten vorzustellen.

Helmut Schafheitle, Singen

(Nach: Funkschau 1972, Heft 21, Seite 2292.)

Literatur

Heinrichs: Farbfernseh-Servicetechnik; 7.2 Einstellen des Farbabschalters. Franzis-Verlag, München.

Limann: Farbfernsehgeräte – Technik und Service, 1967/68. Druckschrift der Metz-Apparatewerke, S. 55.

Pal-Stufen in integrierten Schaltungen

Bild 16.41 und 16.42 Synchrondemodulator TBA 520 mit Pal-Schalter

Nach Bild 16.41 besteht diese integrierte Schaltung aus einem Synchrondemodulator und der darauffolgenden Matrix zur Wiederherstellung des Grün-Signals. Dem Synchrondemodulator werden die geträgerten Farbsignale $F_{(B-Y)}$ und $\pm F_{(R-Y)}$ zugeführt. Er wird zusätzlich über Begrenzerstufen vom Farbhilfsträger gesteuert. Die untere Begrenzerstufe enthält außerdem den vom Pal-Flipflop mit der Frequenz $f = {}^1/_2 Z \approx 7{,}8$ kHz Spannungen für die interne Stromversorgung sogesteuerten Pal-Schalter.

Die Stabilisierungsschaltung liefert konstante Spannungen für die interne Stromversorgung sowie Vorspannungen für die Farbdifferenz-Ausgangsspannungen. Sie sind notwendig, weil die dort anzuschließende RGB-Matrix galvanisch angekoppelt wird.

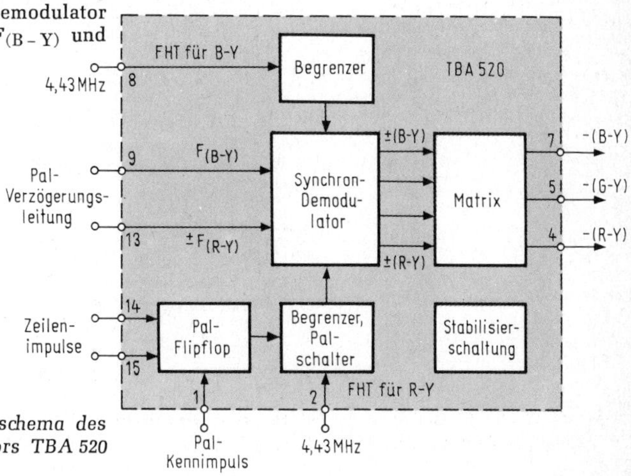

Bild 16.41 Funktionsschema des Synchrondemodulators TBA 520

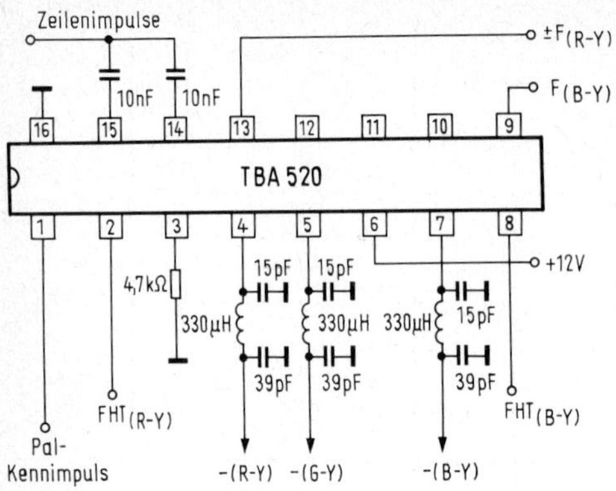

Bild 16.42 Anschlußschema des Bausteins TBA 520

Synchrondemodulator, Matrix, Pal-Schalter und Farbträgersteuerung schrumpfen in der Gesamtschaltung eines Farbfernsehempfängers dann zu der Blockschaltung Bild 16.42 zusammen, an die außen nur drei Tiefpaßfilter anzuschließen sind. um die Reste der Farbträgerfrequenzen von den Farbdifferenzsignalen abzufiltern. Das stellt eine enorme Vereinfachung beispielsweise gegenüber den entsprechenden Schaltungseinzelheiten der Bilder 16.11 bis 16.30 dar. Trotzdem ist aber das Wissen um die Funktionen der genannten Schaltungen auch für integrierte Schaltungsbausteine unerläßlich.

Bild 16.43 und 16.44 Synchrondemodulator TAA 630 S

Zum Steuern von Farbdifferenz-Endstufen dient die integrierte Schaltung TAA 630 S. Bild 16.43 zeigt den inneren Aufbau. Die trägerfrequenten Signale $F_{(B-Y)}$ und $F_{(R-Y)}$ werden vorverstärkt den durch Diodensymbolen gekennzeichneten Synchrondemodulatoren zugeführt. Als Schaltspannungen dienen zwei um 90° phasenverschobene Farbhilfsträgerspannungen. Die Farbmatrix liefert dann über Verstärkerstufen die drei Farbdifferenzsignale. Über außen anzuschließende Filter zum Unterdrücken der Trägerfrequenzreste um 4,43 MHz stehen die Differenzsignale zur Weiterverarbeitung zur Verfügung.

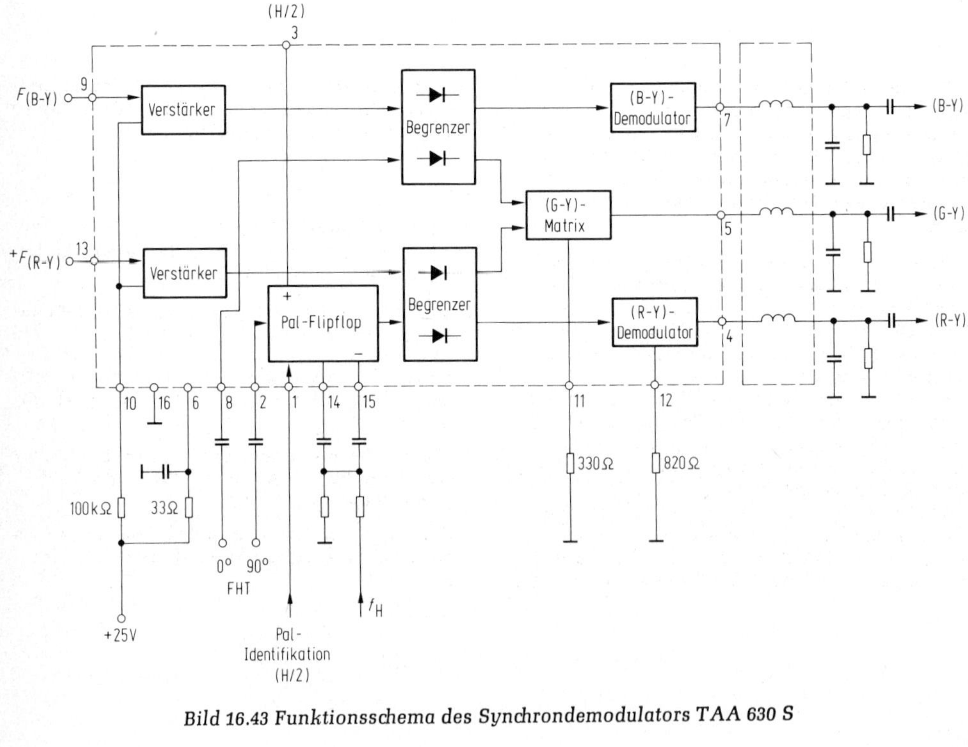

Bild 16.43 Funktionsschema des Synchrondemodulators TAA 630 S

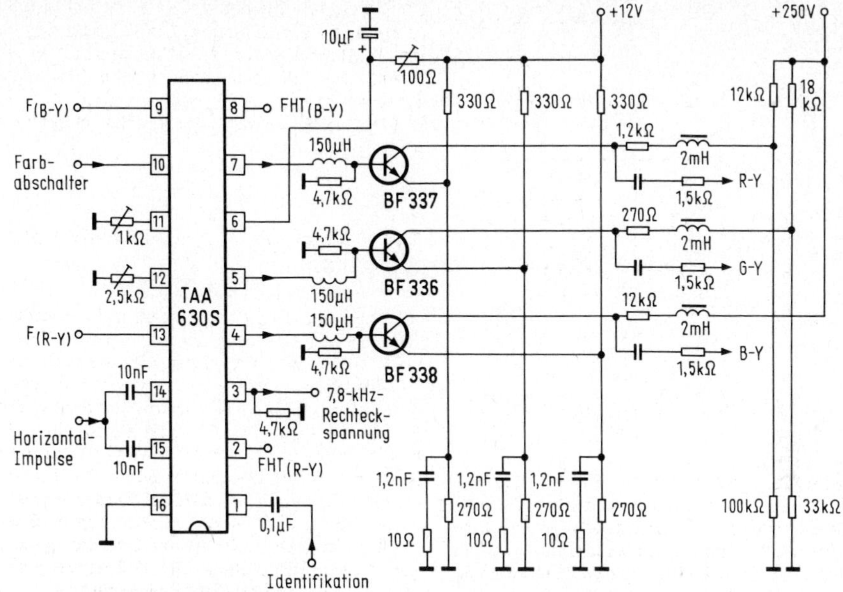

***Bild 16.44** Steuerschaltung für eine Farbdifferenz-Endstufe unter Verwendung der integrierten Schaltung TAA 630 S*

Der Baustein enthält außerdem den Pal-Schalter mit Flipflop, eine Stabilisierschaltung für die Stromversorgung sowie einen Farbabschalter. Diese Einzelheiten wurden zur besseren Übersicht nicht besonders dargestellt. Die Funktion der Farbmatrix wird im folgenden Kapitel behandelt.

Bild 16.44 zeigt die vollständige Außenschaltung mit drei Leistungstransistoren zum Steuern der Bildröhre. – Die integrierte Schaltung TAA 630 hat sich in großem Umfang eingeführt. Sie wird seit Jahren zur Bestückung von Farbfernsehempfängern verwendet.

Eine Weiterentwicklung stellen die integrierten Schaltungen der „Zweiten Generation" dar. Bei ihnen sind noch mehr Bauelemente integriert, so daß weniger äußere Schaltungsteile erforderlich sind. Außerdem verringern sich die Einstell- und Abgleicharbeiten. Für einen kompletten Pal-Decoder sind drei integrierte Schaltungen vorgesehen: TDA 2140, 2150 und 2160. Sie wurden in Zusammenarbeit von AEG-Telefunken und SGS-Ates entwickelt. Einzelheiten enthält der im Literaturverzeichnis genannte Aufsatz „Pal-Decoder mit IS der zweiten Generation".

Literatur

König: Farbfernseh-Empfänger mit integrierter Schaltung im Farbteil. Grundig Technische Informationen 1970, H. 1, S. 708.

König: Farbteil mit integrierter Schaltung. Funkschau 1970, H. 6, S. 181.

Gublass: Integrierte Schaltungen lassen sich einfacher darstellen. Funk-Technik 1970, H. 22, S. 889.

Ratheiser: Farbfernsehempfänger mit integrierter Schaltung TAA 630 im Farbteil. Radioschau (Wien) 1970, H. 9, S. 492.

Hofmann, Topp und *Zearo:* Pal-Decoder mit IS der zweiten Generation. Funkschau 1977, H. 8, S. 319.

17 Steuer- und Betriebsspannungen der Farbbildröhre

Steuersignale

Bild 17.01 G – Y wird zurückgewonnen

(Empfehlenswerter Wiederholungsstoff: Bild 2.12, 2.13, 14.03, 15.02, 15.03.)

In den bisherigen Blockschaltungen des Farbteiles befand sich am rechten Rand eine mit *Matrix* bezeichnete Stufe. Ihr wurden die Signale Y, (R – Y) und (B – Y) zugeführt, und die Primärfarbensignale R, G und B erschienen am Ausgang. Diese Matrix oder Rechenschaltung ist nun zu untersuchen. Ihre erste Aufgabe besteht darin, das für die Farbe Grün zuständige und bisher fehlende Signal (G – Y) zu erzeugen. Erinnern wir uns dazu an die im Text von Bild 15.03 vereinfachte Gleichung für Y:

$$3\,Y = R + G + B$$

Durch Umstellen ergibt sich:

$$3\,Y - G = R + B$$

Nun zur Schaltung Bild 17.01. Die im Synchrondemodulator gewonnenen Farbdifferenzsignale + (R – Y) und + (B – Y) werden den beiden Eingängen der Matrixschaltung zugeführt und erscheinen unverändert auch an den entsprechenden Ausgängen. Diese Eingangsspannungen liegen aber auch an den Spannungsteilern R_1/R_3 und R_2/R_3, d. h. am Widerstand R_3 werden Teilspannungen der Farbdifferenzsignale zusammengeführt und addieren sich. Ohne Rücksicht auf die Spannungsamplituden erhält man dann am Punkt A ein Summensignal S_{R3}:

$$S_{R3} = (R - Y) + (B - Y) = R + B - 2\,Y$$

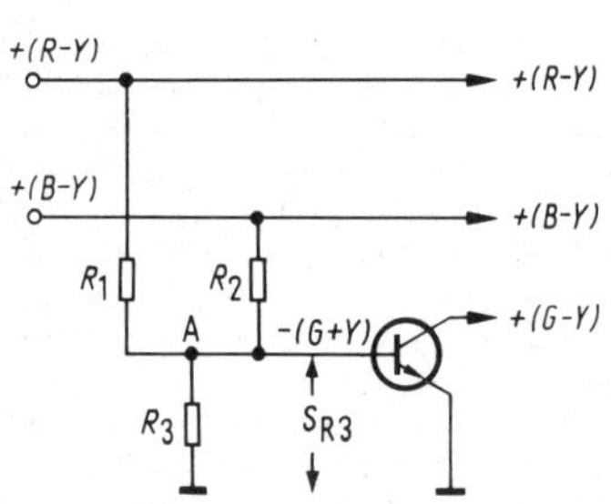

Bild 17.01 Einfachste Form einer Farbmatrix

Wie vorhin überlegt, kann man für R + B auch sagen 3 Y – G und in die vorige Gleichung einsetzen, d. h.:

$$S_{R3} = 3\,Y - G - 2\,Y$$

$$S_{R3} = +\,Y - G \quad \text{oder} \quad -G + Y$$

Diesen Spannungswert – G + Y gibt man auf eine Phasenumkehrstufe, nämlich auf den in **Emitterschaltung betriebenen Transistor. An seinem Kollektor kann man dann das invertierte Differenzsignal + G – Y abnehmen.**

Am Ausgang dieser Matrix stehen nun alle drei Farbdifferenzsignale mit gleichen Vorzeichen zur Verfügung. Der Verstärkungsgrad des Transistors wird so bemessen, daß die infolge der Spannungsteilung am Widerstand R_3 aufgetretene Dämpfung ausgeglichen ist, so daß die drei Signale das richtige Amplitudenverhältnis für Weiß ergeben.

Bild 17.02 und 17.03 Blockschaltungen für (G–Y)

Die eben erläuterte Addierschaltung mit Phasenumkehr ist in Bild 17.02 als Blockschaltung

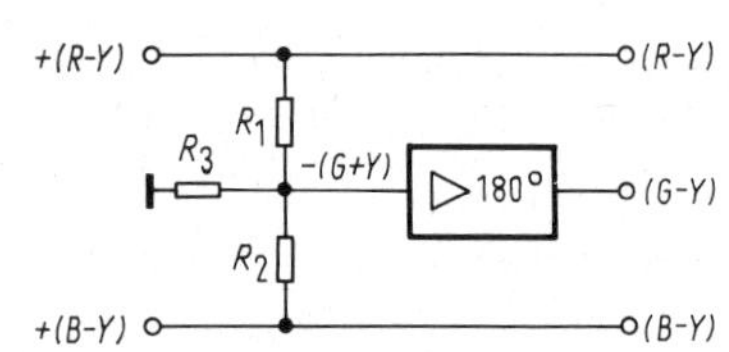

Bild 17.02 Farbmatrix mit Inverterstufe im Kanal für (G – Y)

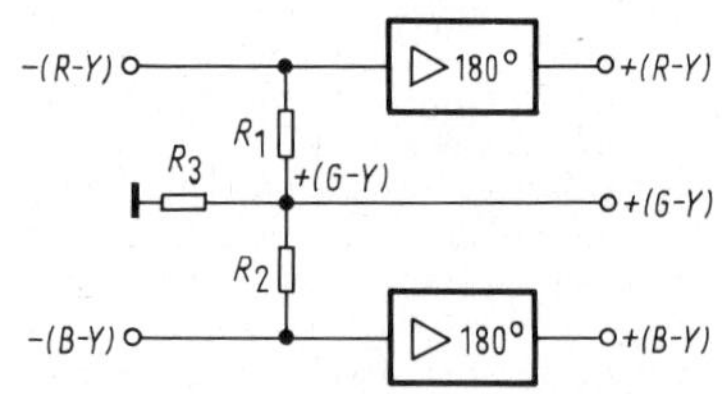

Bild 17.03 Farbmatrix mit Inverterstufen in den Kanälen für (R – Y) und (B – Y)

gezeichnet. Die Differenzsignale + (R – Y) und + (B – Y) laufen zum Ausgang durch. Am Widerstand R_3 des Doppelspannungsteilers ergibt sich das Differenzsignal – (G + Y), also mit negativem Vorzeichen, und erscheint hinter der Phasenumkehrstufe mit + (G – Y).

Bei den Schaltungen der Synchrondemodulatoren wurde bereits ausgeführt, daß Vorzeichenwechsel und Phasenumkehrungen innerhalb eines Signalweges durchaus nichts Ungewöhnliches sind. Der Rundfunktechniker stieß bisher nur bei Phasenumkehrstufen für Gegentaktverstärker darauf. Im Grunde ergibt aber jede Emitter- oder Basisverstärkerstufe auch eine Phasenumkehrung des Signals. Nur spielt das innerhalb eines einzigen Signalkanals und bei reinen Musikmodulationen keine Rolle. Bei Fernsehempfängern laufen dagegen zwei bis vier Signale parallel zueinander und müssen dann phasenrichtig wieder zusammengeführt werden. Dabei kann es vorkommen, daß bei der vom Entwicklungsingenieur ausgearbeiteten Schaltung die Differenzsignale mit negativen Vorzeichen auftreten. Sie müssen dann über eine Phasenumkehrstufe geschickt werden, wenn sie mit positivem Vorzeichen benötigt werden. Das geschieht in Bild 17.03. Um das Grünsignal zurückzugewinnen, benutzt man wieder das Addiernetzwerk mit den Widerständen R_1 bis R_3. Wie in Bild 17.01 und 17.02 ergibt dieses Netzwerk das entgegengesetzte Vorzeichen für (G – Y), also in diesem Falle + (G – Y). Damit steht dieses Signal gleich mit der richtigen Polung am Ausgang zur Verfügung.

Bild 17.04 Die Farbsignale für R, G und B entstehen

Bei vielen Empfängern wird die Bildröhre direkt mit den Farbdifferenzsignalen gesteuert, bei anderen benötigt man die Primärfarbsignale für Rot (R), Grün (G) und Blau (B). Sie können in einer weiteren Matrixschaltung aus den Farbdifferenzsignalen gewonnen werden, indem man gewissermaßen zu jedem Differenzsignal den Wert + Y hinzufügt. Er hebt sich dann gegen – Y auf, und das reine Farbsignal bleibt übrig, z. B.

$$(R - Y) + Y = R$$

In Bild 17.04 ist das Prinzip einer solchen Addierschaltung dargestellt. Das Differenzsignal G – Y sei bereits in einer vorhergehenden Stufe gewonnen worden. Die drei Differenzsignale steuern die drei Transistoren T 1 bis T 3 jeweils an der Basis. Diese Transistoren arbeiten über die Emitterwiderstände R_1 bis R_3 als Emitterfolger. An diesen Widerständen entstehen also wiederum die Farbdifferenzsignale, und zwar bei einem Emitterfolger mit gleichem Vorzeichen. Ihnen wird über die gemeinsame Leitung das Signal + Y aus dem Leuchtdichteverstärker hin-

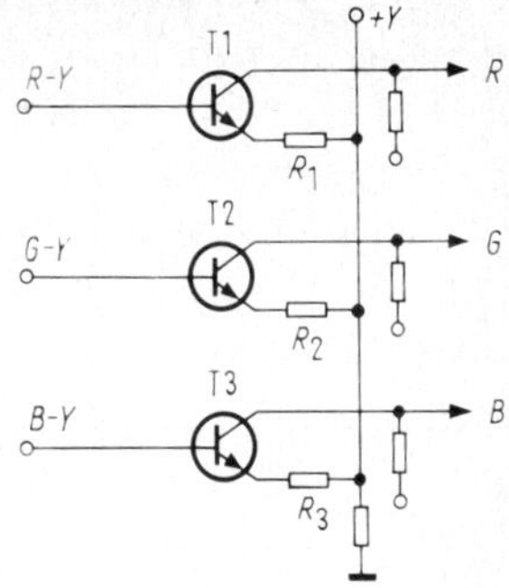

Bild 17.04 Prinzip einer RGB-Matrix

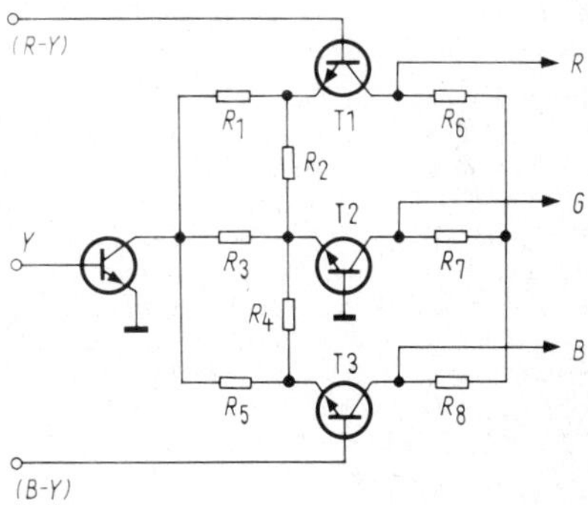

Bild 17.05 RGB-Matrix mit Inverterstufe für Y

zugefügt. Dadurch hebt sich in allen drei Kanälen – Y gegen + Y auf, und die Kollektorströme werden allein durch die Restsignale R, G und B gesteuert. Diese Farbsignale können dann verstärkt abgenommen werden.

In manchen Schaltungen übernimmt der Transistor T 2 auch gleichzeitig die Rolle des Inverters aus Bild 17.01. Er wird dann in geeigneter Weise mit den Differenzsignalen (R – Y) und (B – Y) gesteuert, erzeugt das (G – Y)-Signal, dem dann sofort das Y-Signal hinzugefügt wird.

Bild 17.05 RGB-Matrix

Die rechnerische Funktion der RGB-Matrix wurde bereits in Bild 15.02 dargestellt. Zu den Differenzsignalen für Rot und Blau kann nun das Y-Signal addiert werden. Aus der Summe der beiden Differenzsignale entsteht unter Hinzufügung von + Y bei geeigneter Wahl der Vorzeichen das Signal für Grün. Bild 17.05 stellt eine solche Schaltung dar, die diese verschiedenen Funktionen vereinigt.

Der Transistor T 2 ist hier so geschaltet, daß er gleichzeitig die Rolle des Inverters aus Bild 17.01 übernimmt. Die Transistoren T 1 und T 3

Sagt der Techniker, von einem Farbfernsehlehrgang kommend:

„Das mit der Farbe ist an sich ganz einfach. Auch bei Farbe kommt nur ein einziges Signal vom Sender, genau wie bei Schwarzweiß. Man nimmt jetzt lediglich eine Zeile und addiert sie mit der folgenden Zeile . . . und man hat Blau.

Man nimmt dieselbe Zeile und subtrahiert die zweite Zeile hiervon . . . und man hat Rot. Jetzt nimmt man wieder eine Zeile, zieht Rot und Blau hiervon ab, und man hat Grün.

Mischt man das ein bißchen, bekommt man Gelb, Braun und Violett.

Läßt man alles wie es ist, hat man Schwarzweiß. So einfach ist das Farbfernsehen!“

Sagt der Chef:

„Und dafür haben die eine ganze Woche gebraucht, um euch das beizubringen?“

(Aus „funkschau-elektronik-express“, Franzis-Verlag, München.)

werden an der Basis mit den Differenzsignalen $(R - Y)$ und $(B - Y)$ gesteuert. Sie arbeiten über die Widerstände R_2 und R_4 als Emitterfolger und bilden am Emitter des Transistors T 2 das Differenzsignal für $G - Y$. Allen drei Emittern wird über die Widerstände R_1, R_3, R_5 das Leuchtdichtesignal Y zugeführt, und an den Kollektorwiderständen können dann die Signale R, G und B abgenommen werden. Die Werte der Widerstände sind so zu bemessen, daß sich das richtige Verhältnis der Ausgangsspannungen für Weißwiedergabe einstellt.

Man merke sich also die Grundfunktion der Wiederherstellung der Primärfarbsignale: Aus den Differenzsignalen für Rot und Blau wird das Grünsignal abgeleitet; durch Hinzufügen des Luminanz- oder Helligkeitssignals entstehen dann die Primärfarbsignale für Rot, Grün und Blau.

Bildröhrensteuerung, allgemein

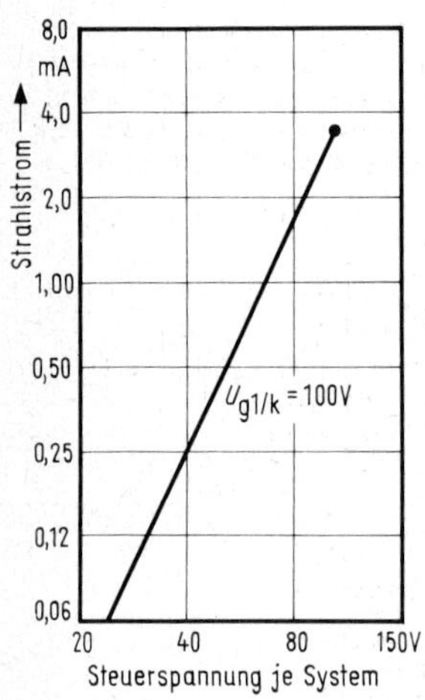

Bild 17.11 Steuerkennlinie eines Strahlsystems; man benötigt rund 100 V Spannungsänderung zwischen Gitter 1 und Katode, um von Schwarz bis zum Spitzenweiß bei etwa 4 mA Strahlstrom durchzusteuern

Bild 17.11 Steuerkennlinie eines Strahlsystems

Wie bei einer Schwarzweißbildröhre, so können auch die Strahlsysteme einer Farbbildröhre entweder an der Katode oder am Gitter g_1 gesteuert werden. Beim Farbempfänger werden vielfach beide Möglichkeiten kombiniert, und man steuert sowohl an der Katode als auch am Gitter. Der Aussteuerbereich kann, ähnlich wie bei einer Röhrenpentode, durch die Schirmgitterspannung beeinflußt werden. In Bild 17.11 ist in logarithmischem Maßstab eine Steuerkennlinie der Bildröhre A 67-150 X dargestellt. Sie gilt für eine Schirmgitterspannung, bei welcher mit 100 V Steuerspannung der Leuchtpunkt verschwindet. Bei der Steuerspannung $U_{g1}/K = 0$ V ergibt sich der größtmögliche Strahlstrom von knapp 4 mA und damit die größte Helligkeit des Leuchtfleckes. Mit höheren Schirmgitterspannungen kann man die Helligkeit steigern. Dann benötigt man aber auch größere Signalspannungen, um vom Spitzenweiß bis zum Schwarz durchzusteuern, wenn man von einer Schwarzweißwiedergabe ausgeht. Das liegt ganz im Ermessen des Entwicklungsingenieurs. Wichtig ist dabei auch eine wirksame Strahlstrombegrenzung, denn bei der Farbröhre schießen ständig drei Elektronenkanonen mit 20...25 kV Anodenspannung auf Lochmaske und Bildschirm. Bei einem Langzeit-Mittelwert von 1 mA je System ergibt das eine Strahlleistung von

$$P = 20 \cdot 10^3 \cdot 3 \cdot 10^{-3} = 60 \text{ W}$$

Würde sie laufend überschritten, dann kann sich die Stahlmaske aufheizen und deformieren.

Bild 17.11 soll auch eine Vorstellung von der Höhe der notwendigen Steuerspannungen vermitteln. Sie beträgt je nach vorgesehenem Arbeitspunkt bis zu 200 V. Diese Spannungen ließen sich lange Zeit nur mit Röhren beherrschen. Deswegen sind in den Farbendstufen vieler Empfänger immer noch Röhren zu finden. Für die Endstufen im Y-Verstärker wurden die Leistungsröhren PL 802 und für die Farbdifferenzendstufen die Röhren EF 184 geschaffen.

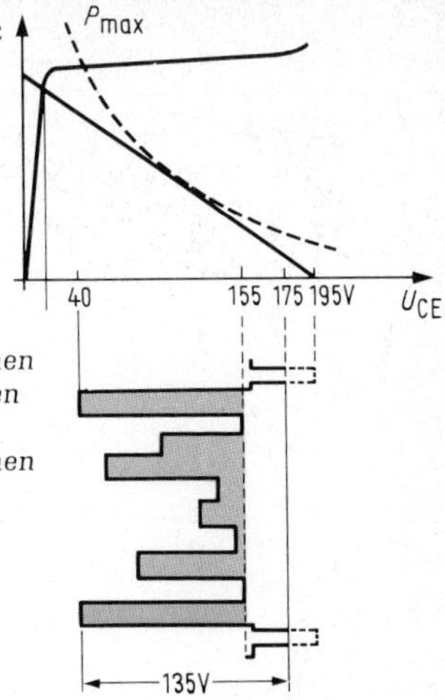

Bild 17.12 Videotransistoren müssen die hohen Steuerspannungen für die Bildröhre verarbeiten können

Bild 17.12 Hochsperrende Videotransistoren

Gerade bei den Leistungsendstufen versprach der Übergang zu Transistoren große Vorteile, nämlich geringere Wärmeentwicklung, besseren Wirkungsgrad und einfacheren Aufbau. Aber hier waren zwei Grenzwerte sehr weit hinauszuschieben, nämlich die zulässige maximale Sperrspannung und die Grenzfrequenz, die bei den Videosignalen mindestens bis zu 5 MHz reichen sollte. Dies machte bei Hochleistungstransistoren mit ihren großen Abmessungen besondere Schwierigkeiten. Aber es gelang, diese Grenzen zu überwinden, und mit den Transistortypen BF 177 bis BF 179 stehen geeignete Bauelemente zur Verfügung. Das Bild soll eine Vorstellung geben, welche Spannungsänderungen diese Transistoren liefern können. Als Ausgangsspannung ist der Verlauf eines Zeilensignals dargestellt, das mit einem Farbbalkenmuster moduliert ist. Ein unverzerrter Spitzenwert von 135 V ist aufzubringen, um vom Schwarzwert bis zur größten Helligkeit durchzusteuern. Das sind Werte, die in der Größenordnung von Endröhren liegen. Dabei beträgt jedoch die zulässige Gesamtverlustleistung nur 1,7 W, und die Kollektor-Emittersperrspannung darf 160...250 V nicht übersteigen. Diese Angaben sollen hauptsächlich darauf hinweisen, daß solche Endtransistoren mit allergrößter Sorgfalt zu behandeln sind. Noch höhere Spannungen führen zu Durchschlägen. Entfernte oder schlecht befestigte Kühlkörper gefährden den Transistor durch Überhitzung.

Bild 17.13 und 17.14 RGB- und Farbdifferenzsteuerung

Bereits bei Bild 14.03 wurden kurz die beiden Möglichkeiten erwähnt, eine Farbbildröhre zu steuern. Entweder man steuert mit den wiederhergestellten Primärfarbsignalen Rot, Grün und Blau die drei Katoden der Bildröhre (RGB-Steue-

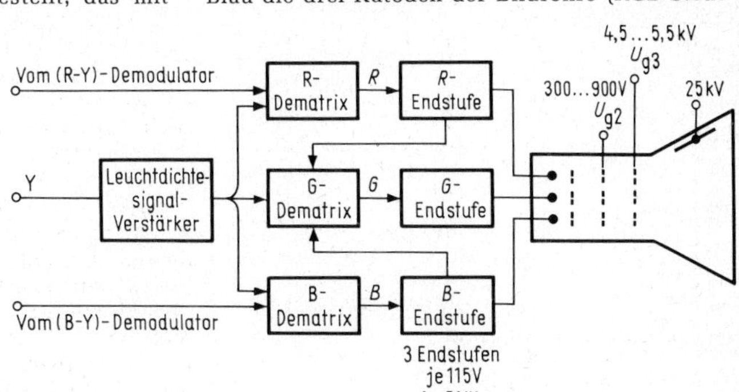

Bild 17.13 Steuerspannungswerte und Bandbreiten bei der RGB-Steuerung

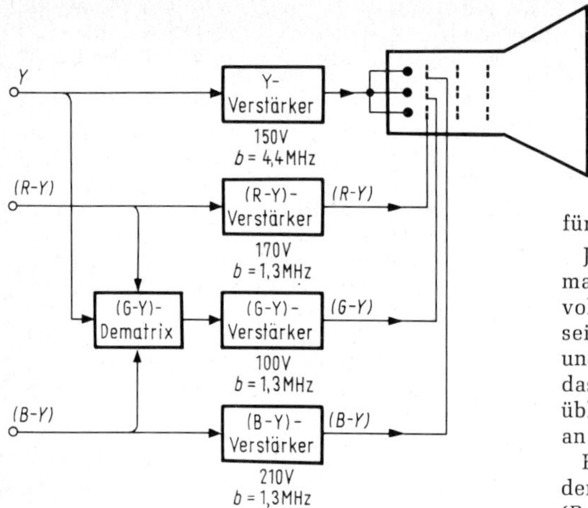

Bild 17.14. Steuerspannungen und Bandbreiten bei der Farbdifferenzsteuerung

rung), oder man steuert die drei Gitter mit den Farbdifferenzsignalen und die Katoden mit dem Leuchtdichtesignal Y.

Bild 17.13 zeigt schematisch die zuerst genannte Lösung. Die Matrix erzeugt aus Y und den beiden Farbdifferenzsignalen die RGB-Signale und gibt sie an drei gleiche Endstufen weiter. Diese steuern die drei Katoden der Bildröhre, um ein farbiges Bild zu erzeugen. Bei Schwarzweißsendungen wird der Farbteil abgeschaltet, dann gelangt nur das Y-Signal in die Matrix und steuert anteilmäßig die drei Strahlsysteme so, daß die Bedingung

$$Y = 0{,}3\,R + 0{,}59\,G + 0{,}11\,B$$

für Weiß erfüllt wird.

Jede Endstufe muß im vorliegenden Fall maximal 115 V_{ss} Steuerspannung liefern und für die volle Videobandbreite b = 0...5 MHz bemessen sein. Die drei Steuergitter der Bildröhre sind frei und können zur Rücklaufaustastung dienen. In das Bild sind auch die Größen der bei Farbröhren üblichen Spannungen an den Gittern g_2, g_3 und an der Anode a eingetragen.

Bei der Farbdifferenzschaltung Bild 17.14 werden die Differenzsignale $(R-Y)$, $(G-Y)$ und $(B-Y)$ auf die drei Steuergitter der Bildröhre gegeben. Die drei miteinander verbundenen Katoden erhalten das Luminanzsignal Y. Damit dient die Röhre selbst als RGB-Matrix. Innerhalb eines jeden Strahlsystems heben sich die Wirkungen der Werte $+Y$ und $-Y$ auf, und die Strahlstärke wird von den Farbsignalwerten R, G und B bestimmt. Die Schaltung erfordert insgesamt vier Leistungsendstufen. Für das Y-Signal benötigt man aus den mehrfach erwähnten Gründen eine Bandbreite von 4...5 MHz, für die Farbdifferenzstufen von je 1,3 MHz. Recht unterschiedlich sind die Größen der notwendigen maximalen Steuerspannungen. Dies geht auf

	RGB-Steuerung			Farbdifferenz-Steuerung			
	R	G	*B*	Y	$(R-Y)$	$(G-Y)$	$(B-Y)$
Signale	100 V_{ss} (120 V_{ss})	100 V_{ss} (120 V_{ss})	100 V_{ss} (120 V_{ss})	100 V_{ss}	160 V_{ss}	100 V_{ss}	200 V_{ss}
Bandbreite	4 MHz	4 MHz	4 MHz	4 MHz	1 MHz	1 MHz	1 MHz
Stabilität der Grauskala	Gleichlauf der 3 Stufen und konstante statische Bildröhren-Einstellung			konstante statische Bildröhren-Einstellung			
Matrizierung	in einem Matrixverstärker			in der Bildröhre			
Synchronisation und Regelung	besondere Synchronisier- und Regelstufe			teilweise mit Hilfe der demodulierten Farbsynchronimpulse am Ausgang der Farbdifferenzstufen			
Dunkeltastung	an den Wehneltzylindern (oder an den Katoden)			an den Schirmgittern der Farbbildröhre			
Strahlstrombegrenzung	nur im Hochspannungsteil möglich oder bei Gittersteuerung in der Katodenleitung der Farbbildröhre			in der Katodenleitung der Farbbildröhre			
Schwarzwerthaltung	bei Katodensteuerung mit Klemmregelung, bei Gittersteuerung mit Klemmschaltung			in der Luminanzstufe nicht erforderlich, in den Farbdifferenzstufen mit Klemmung auf das Niveau vor dem Farbsynchronimpuls			

andersartige Signalformen der Steuerspannungen zurück. Bei Schwarzweißsendungen werden auch hier die drei Farbdifferenzstufen abgeschaltet.

In der *Tabelle* sind die hauptsächlichsten Unterschiede zwischen RGB- und Farbdifferenzsteuerung dargestellt (nach Diplom-Physiker Robert Suhrmann, Valvo).

Die Frage, welche der beiden Grundschaltungen günstiger sei, führte zu vielen Diskussionen. Da sie in der Praxis beide vorkommen, sollte man auch ihre Funktionen kennen.

(Übrigens wäre es auch denkbar, nicht die Katoden, sondern die Gitter einer Farbbildröhre mit RGB-Signalen geeigneter Polung zu steuern oder die Katode mit Farbdifferenzsignalen und die Gitter mit dem Y-Signal. In der Praxis werden diese Lösungen derzeit jedoch nicht verwendet.)

Bild 17.15 und 17.16 Farbbalkensignale

Bild 17.12 brachte schematisch den Verlauf eines Zeilensignals, das mit einem Farbbalken moduliert war. Derartige Kurven, beruhend auf dem sogenannten Normbalkensignal, sind in Fachaufsätzen und Serviceunterlagen ständig zu finden. Sie gehen zunächst einmal auf die Grundgleichung für das Weißsignal zurück:

$$Y = 0{,}3\,R + 0{,}59\,G + 0{,}11\,B$$

Auf Farbdifferenzsignale umgeformt, ergibt sich daraus:

$$R - Y = \quad 0{,}7\,R - 0{,}59\,G - 0{,}11\,B$$
$$B - Y = -\,0{,}3\,R - 0{,}59\,G + 0{,}89\,B$$
$$G - Y = -\,0{,}3\,R + 0{,}41\,G - 0{,}11\,B$$

Wohlgemerkt, das sind die Anteile der drei Farbdifferenzsignale, die dann zusammen ein Weißsignal ergeben sollen. Für andere Farben gelten gänzlich andere Zahlenfaktoren, die man in Tabellen zusammengestellt finden kann. Solche Tabellen sind aber wenig anschaulich, deshalb werden die Verläufe hier an zwei Fällen aus der Praxis dargestellt. Es ergeben sich nämlich Unterschiede, je nachdem, ob RGB- oder Farbdifferenzsignale vorliegen[1]). Da diese Kurvenformen oft in den Serviceunterlagen enthalten sind, sollte man vertraut damit sein.

Bild 17.15 zeigt die Signale an den Katoden eines RGB-Empfängers. Um den Weißpegel zu erhalten, sind alle Signale zu 100 % von der Schwarzschulter aus moduliert. Die Beziehung

$$Y = 0{,}3\,R + 0{,}50\,G + 0{,}11\,B$$

für Weiß wird durch den sogenannten Weißabgleich im Empfänger hergestellt. Allerdings spielt dabei der Wirkungsgrad der Leuchtpunkte noch eine Rolle, wie im nächsten Abschnitt erläutert werden wird.

Für Schwarz liegen die Pegel auf 0 %, alle drei Strahlströme sind unterdrückt, der Bildschirm bleibt dunkel.

1 Man beachte hierzu auch die Spannungsangaben in der Tabelle auf der vorigen Seite.

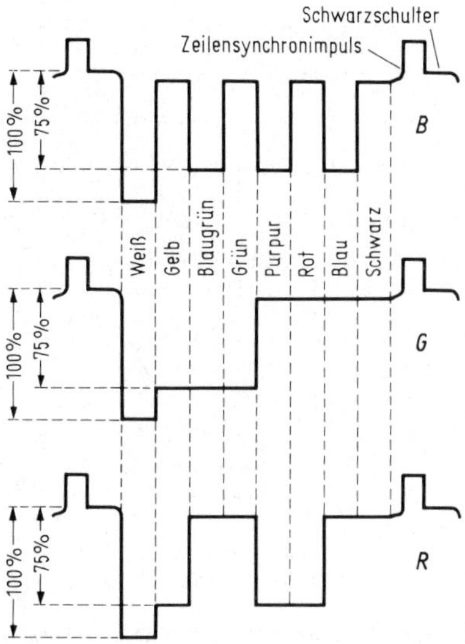

Bild 17.15 Signale an den Katoden der Farbbildröhre eines RGB-Empfängers beim Normbalkentestbild

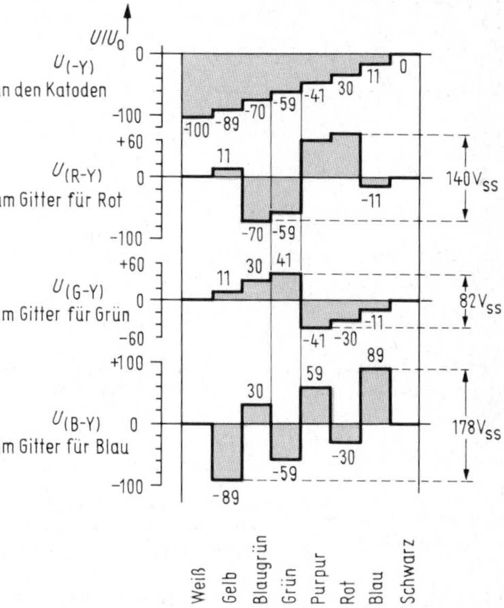

Bild 17.16 Leuchtdichtesignal und Farbdifferenzsignale an den Katoden und Gittern der Farbbildröhre

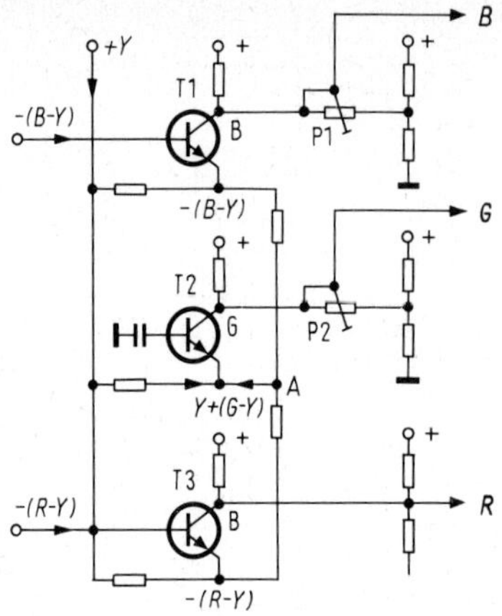

Bild 17.17 Farbmatrix und Weißtonabgleich bei einem RGB-Empfänger (Nordmende)

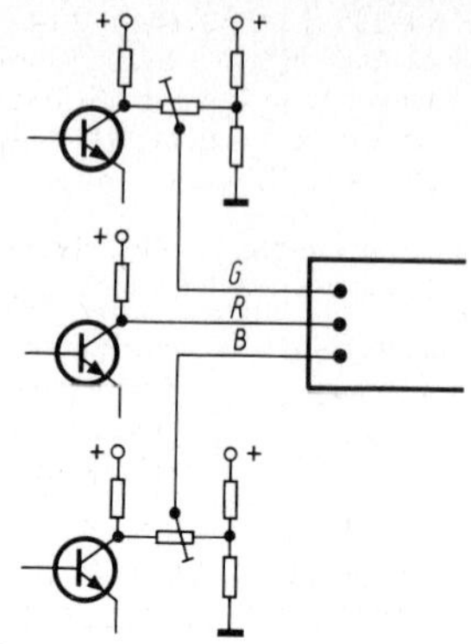

Bild 17.18 Weißtonabgleich über Brückenschaltungen in den Endstufen

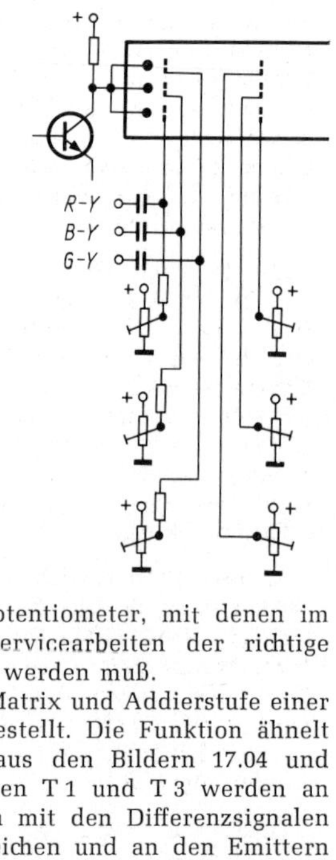

Bild 17.19 Weißtonabgleich bei Farbdifferenzsteuerung

Bei den Primärfarben Grün, Rot und Blau des Farbbalkentestbildes ergibt sich jeweils 100 % Pegel für das gleichlautende Signal, während die beiden anderen auf 0 % liegen. Gelb besteht aus 75 % Grün und 75 % Rot usw.

Bei der Farbdifferenzsteuerung Bild 17.16 verläuft das Y-Signal treppenförmig vom Pegel 100 für Weiß bis zum Pegel 0 für Schwarz. Die Farbdifferenzsignale für diese beiden Pegel liegen bei Null. Beachtenswert sind die starken Amplitudenunterschiede, z. B. 82 V_{SS} für (G – Y) und 178 V_{SS} für (B – Y). Dies kam auch bereits in Bild 17.14 zum Ausdruck. Die Endstufe für (B – Y) wird also am weitesten ausgesteuert.

Insgesamt ergibt sich, daß die RGB-Steuerung geringere und gleichmäßigere Steuerspannungen benötigt. Man vergleiche dazu auch die Tabelle **zu den Bildern 17.13 und 17.14 auf Seite 250. Die RGB-Schaltung ist daher besser für Transistor**bestückung geeignet, deswegen tritt sie in neueren Geräten, die mit integrierten Schaltungen arbeiten, stark in den Vordergrund.

Bild 17.17 bis 17.21 Grau- und Weißkorrekturen

Um auf dem Schirm der Bildröhre „Weiß" zu erhalten, müssen die Strahlströme anders eingestellt werden als nach unserer Standardformel

$$Y = 0{,}3\,R + 0{,}50\,G + 0{,}11\,B$$

Dies kommt daher, weil die drei Leuchtsubstanzen leider recht unterschiedliche Wirkungsgrade haben. Besonders der rote Leuchtstoff ist etwas müde. Man benötigt daher einen höheren Strahlstrom bzw. eine höhere Steuerspannung, damit das Auge ein sattes Rot sieht. Demgegenüber muß man für Blau und Grün die Steuerspannung drosseln. Irgendwo in den Farbsteuerstufen befinden sich daher Potentiometer, mit denen im Prüffeld und bei Servicearbeiten der richtige Weißton abgeglichen werden muß.

In Bild 17.17 sind Matrix und Addierstufe einer RGB-Steuerung dargestellt. Die Funktion ähnelt einer Kombination aus den Bildern 17.04 und 17.05. Die Transistoren T 1 und T 3 werden an den Basisanschlüssen mit den Differenzsignalen mit negativem Vorzeichen und an den Emittern mit dem Y-Signal gesteuert. Sie liefern an die Kollektoren die Signale für B und R. Außerdem bilden sie über ihre Emitterwiderstände am Punkt A das Signal + (G – Y). Dazu wird sofort das Y-Signal addiert, und am Kollektor des Transistors T 2 erscheint das Signal G.

Die Ausgangsspannung des Rotkanals, also am Kollektor des Transistors T 3, wird in voller Höhe an die Endstufe weitergeleitet. In den Zuleitungen für Blau und Grün liegen die Potentiometer P 1 und P 2. Mit ihnen werden die Strahlströme so abgeglichen, daß sich ein reines Weiß ergibt. Die Serviceanleitungen der Firmen enthalten hierfür ausführliche Anweisungen. Das Gerät ist mit einem Schwarzweiß-Testbild (Grautreppe) aus einem Testbildgenerator zu betreiben. Als Richtlinie kann man sich merken:

Gelbtönung	wird durch mehr Blau beseitigt.
Purpurtönung	wird durch mehr Grün beseitigt.
Blaugrüne Tönung	wird durch Zurückdrehen von Blau und Grün beseitigt. (Sollte auch ein Roteinsteller vorhanden sein, dann ist mehr Rot hinzuzufügen.)

Man kann diesen Weißtonabgleich auch nach Bild 17.18 in die Endstufen verlegen. Das Rotsignal wird wieder in voller Höhe übertragen. Die Steuerspannungen für *G* und *B* werden durch Potentiometer eingestellt und abgeglichen. Damit der Schwarzpegel erhalten bleibt, sind hierfür Brückenschaltungen vorgesehen. Einer der Brükkenzweige wird von der Emitter-Kollektorstrecke des Transistors gebildet. Das Trimmpotentiometer liegt in der Brückendiagonale und führt keinen Gleichstrom. Mit dem Schleifer werden lediglich unterschiedlich große Farbsignalspannungen abgegriffen

Die folgenden Bilder zeigen die Möglichkeiten zum Weißabgleich bei Farbdifferenzsteuerung. In Bild 17.19 werden, wie bekannt, die drei Katoden der Bildröhre mit dem Y-Signal gesteuert. Die Größe der Strahlströme wird durch die Potentiometer an den Steuergittern und Schirmgittern eingestellt. Auf diese Weise läßt sich nicht nur der Weißton, sondern auch ein mittleres Grau abgleichen. Das Verfahren ist etwas umständlich und erfordert Übung.

In Bild 17.20 werden die Strahlströme durch Widerstände in den Katodenleitungen auf die richtigen Werte gebracht. Durch Verwendung von VDR-Widerständen ergibt sich eine willkommene Regelwirkung und eine Art Strahlstrombegrenzung. Infolge Temperatureinfluß oder Netzspannungsänderungen auftretende Stromerhöhungen werden abgemildert.

In Bild 17.21 werden die Y-Steuerspannungen für die Systeme *B* und *G* durch Potentiometer abgeglichen, während auf die Katode für Rot das volle Ausgangssignal der Y-Endstufe gegeben wird. Auch hier liegen wie in Bild 17.18 die Potentiometer in einer Brückenschaltung, damit der Schwarzwert erhalten bleibt.

(Nach Unterlagen der Firma Nordmende.)

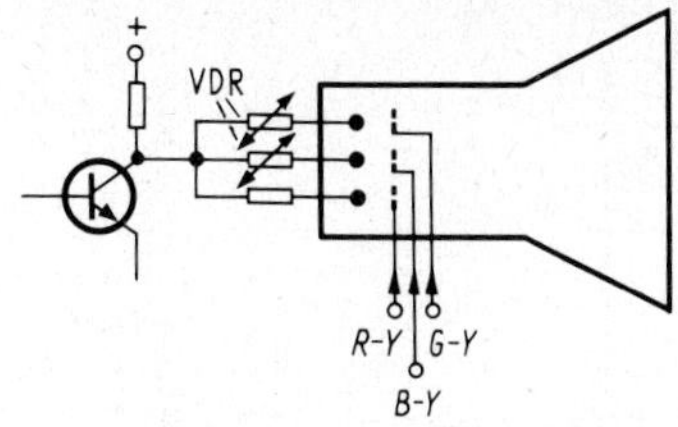

Bild 17.20 Stabilisierung des Weißtonabgleichs durch VDR-Widerstände

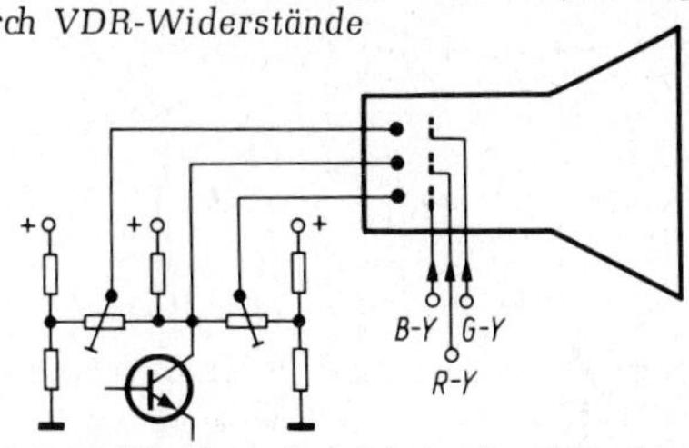

Bild 17.21 Weißtonabgleich in der Y-Endstufe bei Farbdifferenzsteuerung

Literatur

Suhrmann: Steuer- und Betriebsspannungen der Farbbildröhre. Funkschau 1966, H. 1, S. 17.

Dangschat: Farbfernsehempfänger – Betrachtungen über ein wirtschaftliches Konzept. Siemens-Bauteile-Informationen 1967, H. 1, S. 8.

Altmann: Die Ansteuerung der Farbbildröhre und die Decodierung der Farbsignale. Funk-Technik 1967, H. 17, S. 629.

Montanus: Integrierte Matrixschaltung für Farbfernsehempfänger mit RGB-Konzept. Funk-Technik 1967, H. 17, S. 642.

Montanus: Über Ansteuerprobleme der Farbbildröhre. Funkschau 1969, H. 21, S. 755.

Dathe und *Schrenk:* Hochsperrende Videotransistoren. Siemens-Zeitschrift 1970, H. 11, S. 691.

Schwarz: Neue Transistoren für Video-Endstufen. Funk-Technik 1970, H. 12, S. 445.

Meyer: Videoendstufen mit geringer Verlustleistung. Funkschau 1976, H. 22, S. 947.

Der aufmerksame Leser wird bemerken, daß hier vorwiegend ältere Aufsätze genannt werden. Aber sie behandelten damals die heute noch gültigen Grundlagen der Bildröhrensteuerung und sind daher immer noch aktuell.

Farbtoneinstellung

Bild 17.31 Weißton

(Empfehlenswerter Wiederholungsstoff: Bild 2.05 bis 2.07.)

Obgleich das Pal-System für gleichbleibende Farbtöne sorgt, besteht der Wunsch nach einem Farbtoneinsteller am Empfänger, um die Bildtönung dem persönlichen Geschmack anzupassen. Außerdem bestehen gewisse Unterschiede im Weißwert zwischen Farbsendungen und Schwarzweißsendungen. Bei Schwarzweißsendungen wird ein Bild mit einem etwas nach Blau tendierenden Weißwert als schärfer empfunden als eines mit gelblichem Farbton. Bei Farbe bevorzugt man dagegen einen leicht rötlichen Weißton, das Gesamtbild wirkt dann irgendwie sympathischer.

Diese geringfügigen Unterschiede kann man exakt definieren durch die Angabe der *Farbtemperatur* in Kelvin-Graden (0 °K = – 273 °C). Eine Farbtemperatur von 10 000 °K ergibt ein sehr helles, im Farbdreieck etwas zum Eckpunkt Blau liegendes weißes Licht. Dieser Farbton, in Bild 17.31 mit SW gekennzeichnet, eignet sich gut für Schwarzweißbilder.

Für Farbbilder ist der etwas gegen Rot verschobene Weißton F mit 6000 °K Farbtemperatur willkommener. Zu berücksichtigen ist auch, daß bereits im Sender gewisse Farbtönungsunterschiede auftreten können, z. B. bei älteren Farbfilmaufnahmen oder andersartiger Ausleuchtung außerhalb der Studios. Auch dann möchte der Zuschauer die Möglichkeit haben, den Farbton neutraler einzustellen.

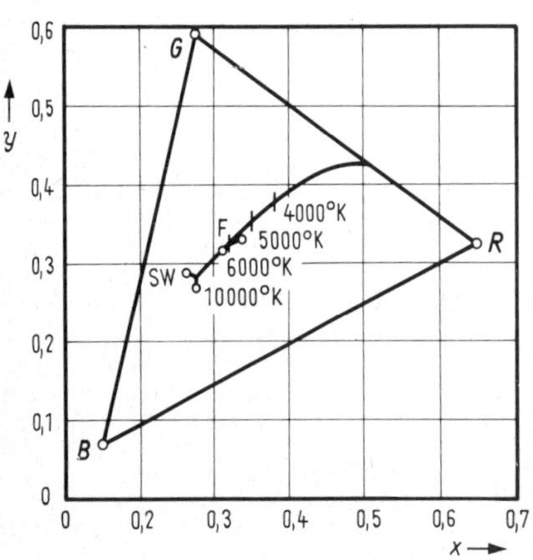

Bild 17.31 Farbdreieck einer Bildröhre mit Kennzeichnung der günstigen Farbtemperatur für Schwarzweißempfang und Farbempfang

Bild 17.32 Weißtoneinstellung

Gut zu übersehen ist die Wirkung eines Weißtoneinstellers bei einer RGB-Steuerung. In der vorliegenden Schaltung wird beim Durchdrehen des Farbtoneinstellers der Gegenkopplungsgrad der Emitterwiderstände für die Treibertransistoren der Endstufen für Rot und Blau gegenläufig verändert. Das bedeutet auch eine gegenläufige Änderung des Verstärkungsgrades. Die Schaltung ist so bemessen, daß sich der Weißwert in der Weise verschiebt, daß er über einen weiten Bereich annähernd auf der Linie der Farbtemperaturstrahlung von Bild 17.31 verläuft. Diese Änderung beim Durchdrehen des Knopfes wird vom Auge als natürlicher milder Übergang empfunden.

Bei neuen Geräten läßt man diese Möglichkeit, den Weißton manuell und stetig zu verändern, meistens weg. Ein Farbempfänger hat ohnehin genügend Bedienungsknöpfe. Man schaltet dann, wie in Bild 17.34 besprochen werden wird, den Weißton automatisch um.

Bild 17.33 Hautfarbe und Weißton

Bei dieser Schaltung für FD-Steuerung (FD = Farbdifferenz) liegen zwei Einsteller in einer Brückenschaltung, die zugleich als Addierschaltung für das Signal (G – Y) dient. Der Weißton wird vorzugsweise mit dem Stellwiderstand R_G

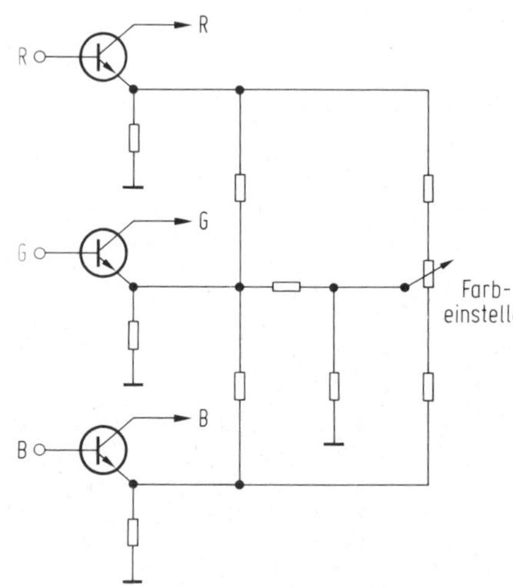

Bild 17.32 Prinzip des Farbtoneinstellers bei einer RGB-Schaltung

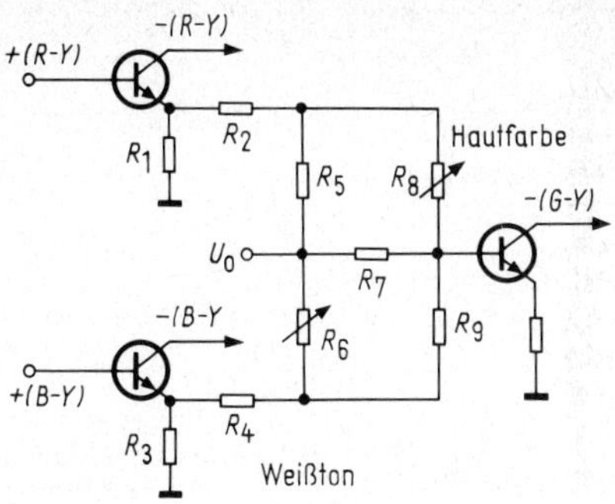

Bild 17.33 Getrennte Farbeinsteller für Weißton und Hautfarbe (Rot)

beeinflußt. Er bringt mehr oder weniger Blauanteil in die Farbmischung hinein.

Der zweite verstellbare Widerstand R_8 verändert den Rotanteil des Bildes. Er ist hier mit „Hautfarbe" bezeichnet. Viel markanter als der Weißton ist nämlich die menschliche Hautfarbe bei der Beurteilung eines Farbbildes. Erscheinen die Darsteller als „Bleichgesichter", dann kann man sie mit diesem Knopf etwas rosiger aufhellen. Sind die Gesichter zu sonnenbraun, dann lassen sie sich damit blasser tönen. Diese Einstellungen werden von jedem Laien meist gefühlsmäßig recht gut getroffen. Leider kommen in den Bedienungsanweisungen und Beschriftungen auf der Frontplatte diese Funktionen zuwenig zum Ausdruck. An dem betreffenden Knopf sind meist nur farbige Markierungen angegeben. Die Bezeichnung *Hautfarbe* wäre sinnvoller und eindringlicher.

Bild 17.34 Weißtonumschaltung

Die Umschaltung des Weißtons von der Farbtemperatur 6000 °K bei Farbempfang auf 10 000 °K für Schwarzweiß läßt sich auch selbsttätig vom Farbschalter steuern. In der vorliegenden Schaltung legt bei Farbsendungen ein von der Farbsperrautomatik gesteuerter elektronischer Schalter einen Widerstand parallel zum Emitterwiderstand der Endstufe für den Rotkanal. Dadurch verringert sich deren Gegenkopplung, die Verstärkung steigt an, es kommt etwas mehr „Rot" in den Weißton hinein, wie es für Farbsendungen als angenehm empfunden wird.

Hier wird der Transistor T 2 vom Farbabschalter so gesteuert, daß er bei Schwarzweißempfang durchschaltet und bei Farbempfang sperrt. Der Schalttransistor T 1 verhält sich infolge der Gleichspannungskopplung über die Kollektorwiderstände R 3–R 5 umgekehrt. Er ist also bei Schwarzweißempfang gesperrt und bei Farbempfang durchgeschaltet und legt dann die Widerstände R 1 und R 2 parallel zum Emitterwiderstand der Endstufe. Damit sich dabei ihr Gleichstromarbeitspunkt nicht verschiebt, wird außerdem über den Widerstand R 2 eine zusätzliche Gleichspannung aus der Spannungsquelle U_5 zugeführt.

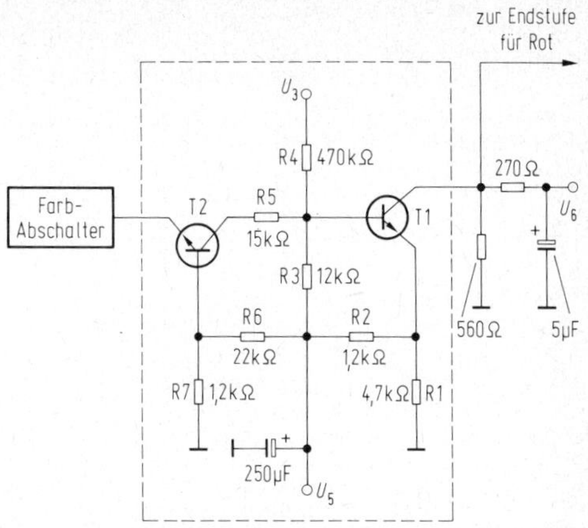

Bild 17.34 Vom Farbabschalter automatisch gesteuerte Weißtonumschaltung

In der Grundjustierung des Empfängers wird für Schwarzweißempfang eine leichte Blaubetonung eingestellt. Der Umschalter bewirkt dann die Rottönung beim Farbempfang. Von Telefunken wird diese Automatik als *Aureomat* bezeichnet (Aurora, lateinisch = Morgenröte).

Bei anderen Geräten wird nicht im Rotkanal, sondern im Blaukanal auf einen höheren Blauanteil bei Schwarzweißsendungen umgeschaltet.

Literatur

Weitzsch: Automatische Farbton-Umschaltung im Farbfernsehempfänger bei Empfang von Schwarz-Weiß-Sendungen oder von Farbsendungen. Funk-Technik 1968, H. 8, S. 272.

–,–: Die Farbtoneinstellung am Farbfernsehempfänger. Funkschau 1968, H. 9, S. 250.

–,–: Zur Frage der Farbkorrekturen bei Farbfernseh-Empfängern. Valvo-Berichte 1969, H. 1, S. 1.

Franz: Richtige Einstellung von Farbfernsehempfängern und kritische Beurteilung des Farbbildes. Radioschau (Wien) 1970, H. 6, S. 341.

Schuster: Der Weißumschalter im Farbfernsehempfänger. Funkschau 1971, H. 7, S. 191.

Schwarzwertklemmung

(Empfehlenswerter Wiederholungsstoff: Bild 6.17, 6.18 und 17.16.)

Bild 17.41 Mittlerer Schwarzwert

Im Videosignal eines Schwarzweißempfängers stellt die Schwarzschulter einen gleichbleibenden maximalen Spannungswert dar. Diesen in jeder Austastlücke auftretenden Schwarzwert konnte man mit Hilfe einer Klemmdiode auf einem konstanten Pegel festhalten. Von dort aus ergibt sich dann eine stetig bis zum Spitzenweiß ansteigende Grautreppe.

Bei den Videosignalen eines Farbempfängers ist nicht der Schwarzwert der Maximalwert, sondern bei der FD-Steuerung liegen z. B. die Steuerspannungen für den Anteil (B – Y) eines Farbbalkensignals in der hier gezeichneten Weise zu beiden Seiten eines mittleren Gleichspannungspegels. Würde sich dieser Nullpegel oder Bezugspegel B verschieben, dann gäbe es Farbstiche. Man muß deshalb diesen Nullpegel des Farbsignals exakt bis zum Steuergitter der Bildröhre beibehalten. Er soll dort mit dem Arbeitspunkt bzw. der Gittervorspannung des betreffenden Strahlsystems übereinstimmen, damit die Kennlinie vom Arbeitspunkt aus gleichmäßig nach beiden Seiten ausgesteuert wird.

Die Steuergitter der Strahlsysteme sind aber stark negativ vorgespannt, denn dort müssen Signalspannungen bis zu 200 V_{ss} verarbeitet werden. Wegen dieser hohen negativen Vorspannung

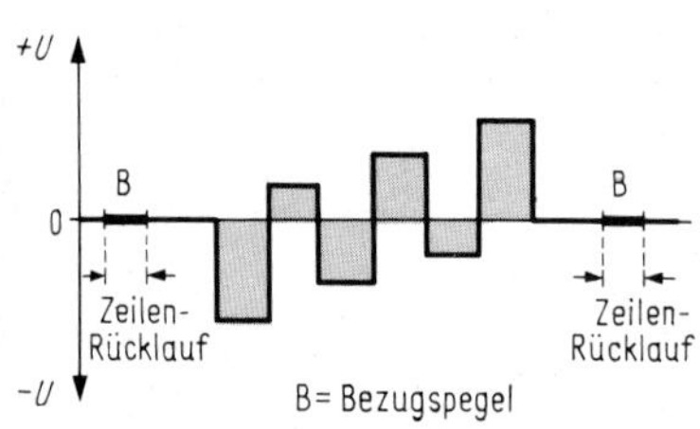

Bild 17.41 Bezugspegel für ein Farbbalkensignal

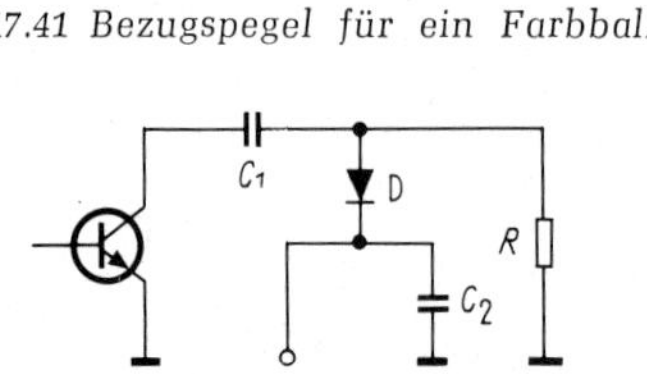

Bild 17.42 Einfache getastete Klemmschaltung für den Bezugspegel der Farbsignale

ist keine direkte Kopplung möglich, sondern man muß die Gitter durch Kondensatoren gegen die FD-Endstufen abriegeln. Diese Kondensatoren übertragen aber nicht den Gleichspannungsmittelwert bzw. den Bezugspegel des FD-Signals. Er muß daher durch eine spezielle Klemmdiodenschaltung wieder hergestellt werden.

Der Bezugspegel B kehrt periodisch in jeder Austastlücke zwischen zwei Zeilensignalen wieder. Damit der normalerweise in der Austastlücke liegende Synchronimpuls nicht den Bezugspegel verfälscht, tastet man ihn bereits in einer vorhergehenden Empfängerstufe heraus.

Bild 17.42 Prinzip der getasteten Klemmschaltung

Da sich die Amplitude des eigentlichen Farbsignals längs des Zeilenverlaufes ständig ändert, tastet man mit Hilfe von Zeilenrückschlagimpulsen nur während der Rücklaufzeit den Bezugspegel aus dem Signal heraus und benutzt ihn als Klemmspannung. Um dies zu erreichen, führt man der Klemmdiode D negative Rückschlagimpulse zu, so daß sie während der Dauer der Austastlücke geöffnet wird. Diese Impulse erzeugen dann einen konstanten Bezugspegel hinter dem Koppelkondensator C_1, und die danach eintreffenden Zeilensignale werden an diesen Pegel geklemmt. Allerdings würde sich dieser Pegel bei sehr starken Amplitudenänderungen des Zeilensignals etwas mitändern und von dem gewünschten Bezugswert abweichen. Dieser Nachteil wird durch die anschließend besprochene getastete *Gegentakt-Klemmschaltung* beseitigt.

Bild 17.43 Gegentakt-Klemmschaltung

Sie besteht aus einer symmetrischen Brücke mit zwei Dioden und zwei Widerständen. Die Brückeneckpunkte sind mit A – B und C – D bezeichnet. Über den Kondensatoren C_1 und C_2 führt man den Dioden D 1 und D 2 gegenphasig und symmetrisch gegen Masse liegende Austastimpulse aus dem Horizontal-Ablenkteil zu. Diese Impulse schalten die Dioden kurzzeitig durch. Während dieser Zeit nimmt der Punkt A der Brückenschaltung über die Widerstände R_1 und R_2 das Potential des Punktes B an, d. h. das Gitter der Bildröhre erhält seine richtige Vorspannung $-U_{g1}$.

Gleichzeitig liegt an der Eingangsklemme das Bezugspotential des Zeilensignals. Der Koppelkondensator C_k lädt sich dann auf diese Spannungsdifferenz zwischen Bezugspotential und

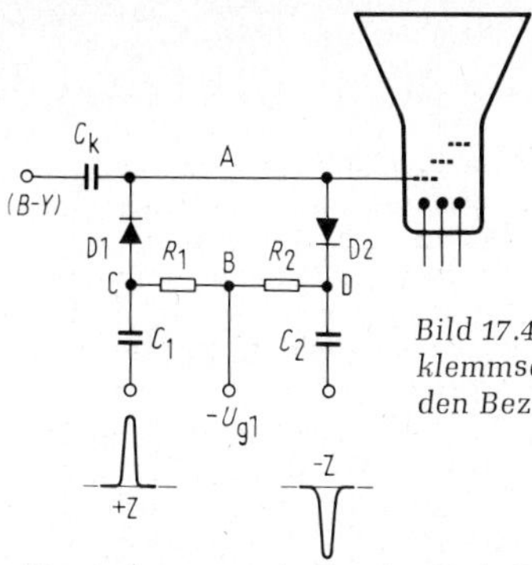

Bild 17.43 Gegentaktklemmschaltung für den Bezugspegel

Vorspannung auf. Damit wird der Bezugspegel während der Austastlücke mit der Vorspannung des Bildröhrengitters geklemmt. Während des nun folgenden Zeilensignals werden die Dioden in Sperrichtung geschaltet. Auch der übrige Gitterkreis ist hochohmig ausgelegt, so daß der Kondensator C_k sich nur langsam entladen kann und das Klemmpotential erhalten bleibt. Das Zeilensignal steuert das Strahlsystem richtig vom Arbeitspunkt nach beiden Seiten aus.

Bild 17.44 Klemmwirkung

Während der beiden gegenläufigen Zeilenaustastimpulse wird der Bezugspegel des Zeilensignals an die Nullspannung bzw. die Arbeits-

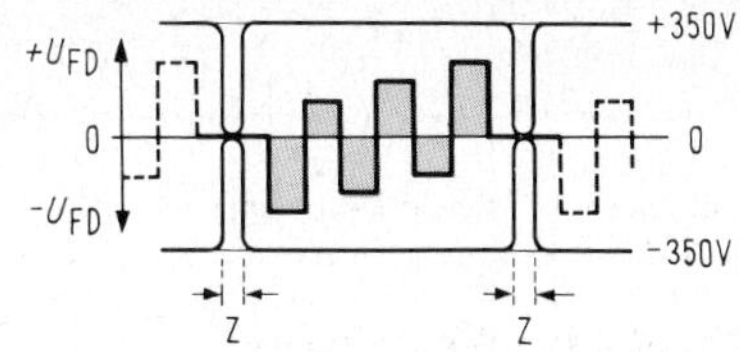

Bild 17.44 Die Klemmschaltung hält den Nullpegel der Farbdifferenzsignale fest

punktspannung des Gitters geklemmt. Wegen der hohen Spannungswerte der eigentlichen Farbdifferenzsignale müssen die Impulsspannungen noch größer sein. Sie betragen in diesem Fall ± 350 V. Damit ist sichergestellt, daß keine zu großen Signalamplituden von den Dioden gleichgerichtet werden und die Spannungsverteilung stören.

Die Gegentaktschaltung gleicht während der Schaltzeit bzw. Austastzeit die etwa inzwischen aufgetretenen positiven oder negativen Potentialverschiebungen weitgehend wieder aus, indem sie entweder über die Diode D 1 oder über die Diode D 2 den Kondensator C_k in Bild 17.43 umladet.

Bild 17.45 Klemmschaltung in den Farbdifferenzstufen

Der Farbdifferenzverstärker besteht aus einer Matrixstufe mit drei Transistoren BC 148 und

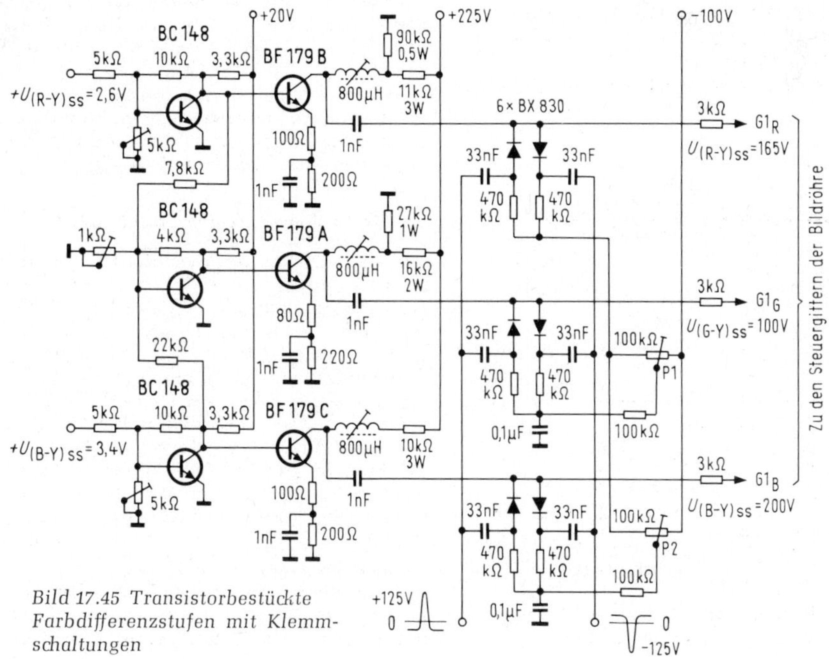

Bild 17.45 Transistorbestückte Farbdifferenzstufen mit Klemmschaltungen

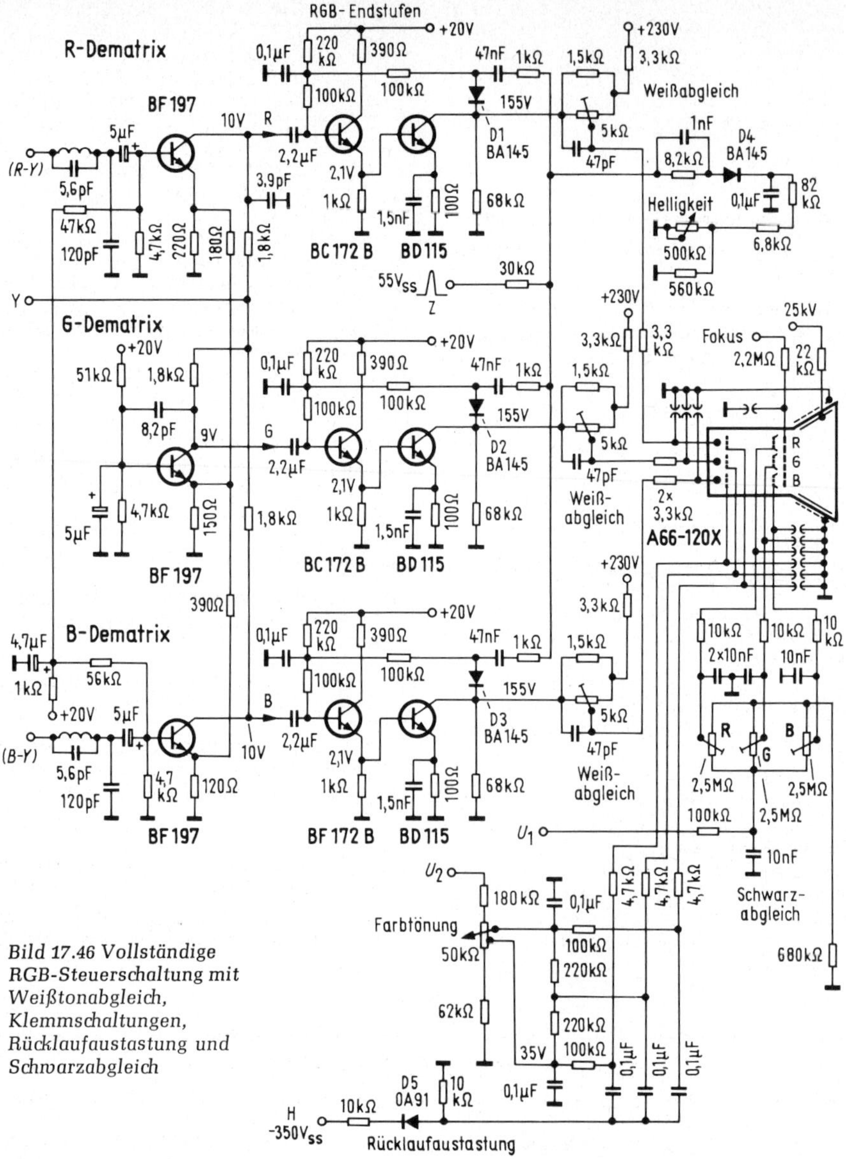

Bild 17.46 Vollständige RGB-Steuerschaltung mit Weißtonabgleich, Klemmschaltungen, Rücklaufaustastung und Schwarzabgleich

drei mit den hochsperrenden Videotransistoren BF 179 bestückten Endstufen. In dieser Schaltung sind die am Eingang notwendigen Spannungspegel sowie die Ausgangsspannungen angegeben, um ein Gefühl für die Größenordnungen dieser Werte zu bekommen. Die Koppelkondensatoren von den Ausgängen der Endstufe zu den Gittern der Strahlsysteme sind mit 1 nF so bemessen, daß eine der Speisespannung der Endstufen überlagerte Brummspannung von den Steuerelektroden der Bildröhre ferngehalten wird. Ferner werden etwa auftretende Arbeitspunktverschiebungen in den drei Kanälen durch die Klemmschaltung voneinander entkoppelt, so daß Änderungen in einem Kanal die anderen beiden Kanäle nicht beeinflussen.

Die Klemmstufen werden mit Austastimpulsen von ± 125 V_{ss} getastet. Die Arbeitspunkte für die

Kanäle $(G - Y)$ und $(B - Y)$ lassen sich mit Hilfe der Einstellpotentiometer P 1 und P 2 so abgleichen, daß sich ein günstiger Weißtonwert ergibt. – Die Induktivitäten in den Kollektorkreisen der Endtransistoren dienen zur Höhenanhebung.

(Nach Unterlagen der Firma Siemens.)

Bild 17.46 Klemmschaltung für RGB-Endstufen

(Empfehlenswerter Wiederholungsstoff: Bild 6.16 bis 6.18.)

In RGB-Steuerungen werden nach Bild 17.15 die Farbsignale einseitig auf den Schwarzpegel bezogen wie beim Videosignal eines Schwarzweißempfängers. Hierfür genügen Klemmschaltungen mit nur einer Diode. Auch ihr führt man Austastimpulse zu, um den Pegelwert während der Dauer der Schwarzschulter zu klemmen. In Bild 17.46 liegen die Klemmdioden D 1 bis D 3 über RC-Glieder mit 47 nF und 1 kΩ an der gemeinsamen Impulsleitung. Sie erhält Zeilenrückschlagimpulse mit einer Amplitude von 55 V_{SS}. Die Endstufentransistoren Typ BD 115 werden mit + 230 V Gleichspannung betrieben. Ein Teil des jeweiligen Arbeitswiderstandes bzw. Kollektorwiderstandes ist mit einem 5-kΩ-Einstellpotentiometer überbrückt. An diesen Potentiometern werden die eigentlichen Steuerspannungen für die Bildröhrenkatoden abgegriffen und so abgeglichen, daß sich ein günstiger Weißton ergibt.

Die handbediente Farbtoneinstellung für den Benutzer des Gerätes erfolgt über die Gittervorspannungen des blauen und roten Strahlsystems mit Hilfe des Potentiometers „Farbtönung" rechts unten im Schaltbild. Ein Widerstandsnetzwerk entkoppelt die drei Gitterleitungen voneinander. Die stabilisierte negative Gittervorspannung U_2 wird an anderer Stelle des Empfängers erzeugt und mit einem VDR-Widerstand stabilisiert.

Diesen drei Gitterleitungen werden außerdem über die Diode D 5 negative Zeilenrückschlagimpulse mit 350 V_{SS} zur Rücklaufaustastung zugeführt, die auch beim Farbempfang notwendig ist.

Die Schirmgitter der Bildröhre werden mit der Spannung U_1 von etwa + 840 V gespeist. In jeder Schirmgitterleitung liegt ein 2,5-MΩ-Einstellpotentiometer. Damit werden die Schirmgitterspannungen der einzelnen Systeme und damit auch ihre Sperrspannungen verändert, das bedeutet das Abgleichen der Schwarzwerte.

Sämtliche Elektroden der Bildröhre sind mit Sicherheitsfunkenstrecken gegen Masse versehen, um etwa auftretende Überspannungen abzuleiten und empfindliche Bauelemente gegen Überlastungen zu schützen.

Im Verstärkerteil der Schaltung erkennt man die Matrixstufen, mit denen aus den Farbdifferenzsignalen die Primärfarbsignale für Rot, Grün und Blau erzeugt werden. Das dazu notwendige Y-Signal wird den Kollektoren der Transistoren BF 197 zugeführt. Die RGB-Endstufen sind als Darlington-Verstärker aufgebaut.

Literatur

Killian: Klemmschaltung mit der diffundierten Siliziumdiode BA 173. Funk-Technik 1968, H. 10, S. 381.

Osmers: Klemmschaltung für RGB-Endstufen. Funk-Technik 1967, H. 21, S. 812.

Pichler: Hochsperrende Videotransistoren in Farbfernsehempfängern nach dem Farbdifferenzkonzept. Siemens-Bauteile-Informationen 1967, H. 3, S. 74.

Die Klemmschaltung. Funktechnische Arbeitsblätter Fs 66; Franzis-Verlag, München.

Farbendstufen mit aktivem Lastwiderstand und Schwarzwertklemmung. Siemens-Schaltbeispiele 1976/77, S. 61.

Integrierte Schaltungen mit RGB-Stufen

Die im Kapitel 16 behandelten integrierten Schaltungen TBA 520 und TAA 630 enthielten bereits Matrixstufen zum Wiederherstellen der eigentlichen RGB-Signale. Im folgenden werden hauptsächlich die zugehörigen Leistungsstufen sowie das Zusammenwirken mehrerer integrierter Bausteine besprochen.

Bild 17.51 bis 17.54 RGB-Matrix TBA 530

(Empfehlenswerter Wiederholungsstoff: Bild 17.04 und 17.05, RGB-Matrix.)

Die integrierte Schaltung TBA 530 bildet die Ergänzung zu den bereits besprochenen Bauelementen TBA 500, 510 und 520. Alle vier zusammen dienen zum Aufbau einer kompletten RGB-Steuerung. Wie in der Überschlagsrechnung zu Bild 15.02 gezeigt worden ist, muß man den drei Farbdifferenzsignalen das Y-Signal mit geeignetem Vorzeichen zusetzen, um die Farbsignale für Rot, Grün und Blau zu erhalten. Dies ist in Bild 17.51 an den Anschlußklemmen 2 bis 5 der integrierten Schaltung TBA 530 zu erkennen. Sie stellen die Eingangsklemmen für die vier Signale

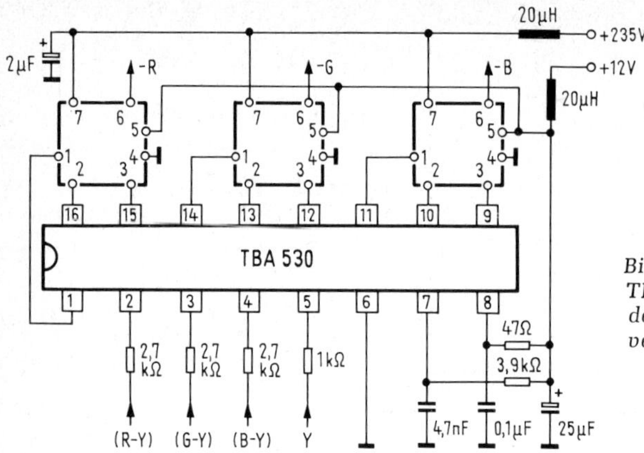

Bild 17.51 Anschlußschema der RGB-Matrix TBA 530. Die drei Blöcke an der Oberseite der Schaltung stellen externe Leistungsverstärkerstufen dar

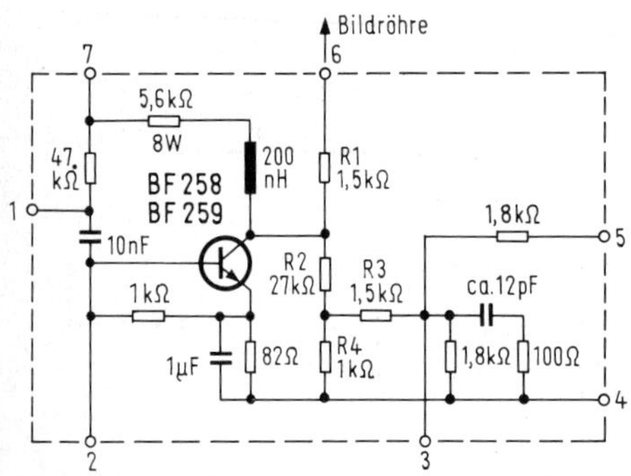

Bild 17.52 Leistungsverstärkerstufe für die Strahlstromsteuerung

dar. Innerhalb des Bausteins wird das Y-Signal den Farbdifferenzsignalen hinzuaddiert, und außerdem sind Vorverstärkerstufen für R, B und G darin enthalten. Die drei Blöcke an der Oberseite der Schaltung stellen externe Leistungsverstärkerstufen für die Strahlstromsteuerung dar. In Bild 17.52 ist eine solche Stufe einzeln gezeichnet. Jeweils am Anschluß 6 wird das verstärkte Steuersignal für die Bildröhre entnommen. Am Anschluß 3 liegt eine Gegenkopplungsspannung, die in die integrierte Schaltung zurückgeführt wird.

Infolge der hochgelegten Bildröhrenkatode muß in Bild 17.51 den Anschlüssen 7 der Leistungsstufen eine gut gesiebte Betriebsspannung von + 235 V zugeführt werden.

Da die Innenschaltung des Bausteins TBA 530 einigermaßen gut zu übersehen ist, wird sie hier in Bild 17.53 wiedergegeben. Man erkennt, wie z. B. die beiden in Reihe liegenden Transistor-

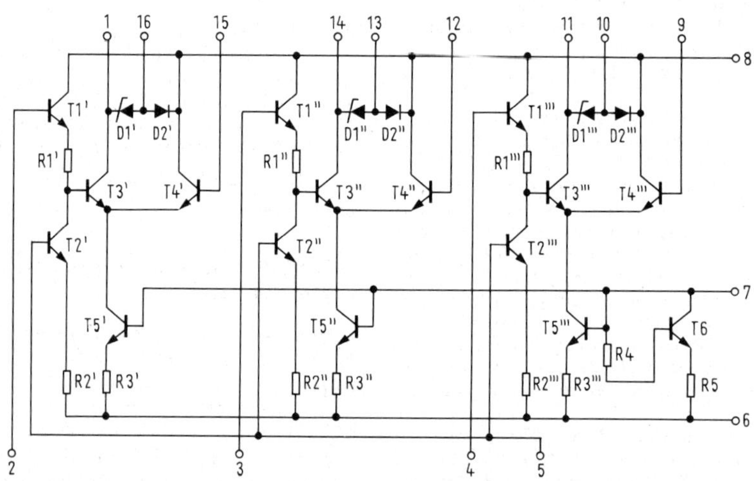

Bild 17.53 Innenschaltung des Bausteins TBA 530

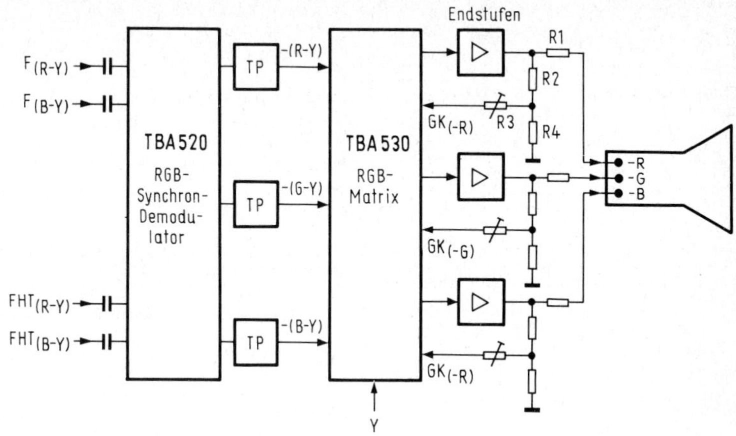

Bild 17.54 RGB-Steuerung mit den integrierten Schaltungen TBA 520 und TBA 530

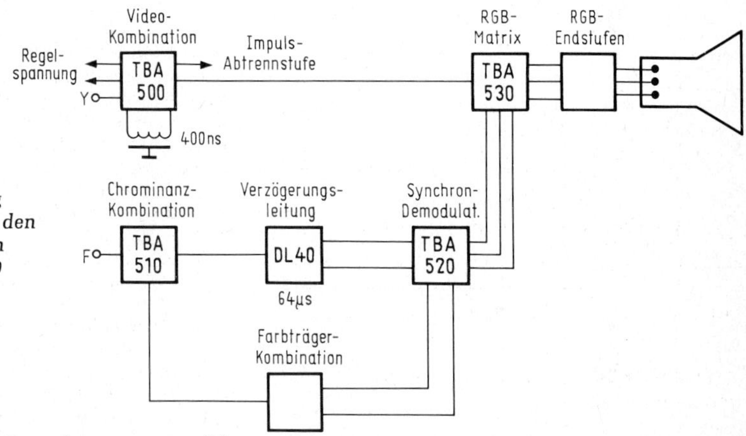

Bild 17.55 Blockschaltung eines Pal-Decoders mit den integrierten Schaltungen TBA 500, 510, 520 und 530

system T1′ und T2′ ein Doppelsteuersystem bilden. Dem oberen Transistor wird, vgl. Bild 17.51, über den Anschluß 2 das Differenzsignal zugeführt, der untere erhält über die Leitung 5 das Y-Signal.

Der infolge der Additionswirkung entstehende Summenstrom steuert den Differenzverstärker mit den Transistoren T3′ und T4′. Das System T5′ bewirkt die Emitterstromstabilisierung und legt die Arbeitspunkte fest. Das Nutzsignal gelangt über die Z-Diode nach außen. Der Basis des Transistors T4′ wird über den Anschluß 15 die vorher erwähnte Gegenkopplungsspannung zugeführt. Emitterstromstabilisierung, Gegenkopplung und die Stabilisierung der Stromversorgung mit Hilfe des Transistorsystems T6 ergeben so konstante Verhältnisse, daß auf eine Klemmschaltung für den Schwarzwert verzichtet werden kann.

Bild 17.54 zeigt die Verbindung der beiden integrierten Schaltungen TBA 520 und TBA 530 zu einer kompletten RGB-Steuerung. Darin sind die zur Stabilisierung dienenden Gegenkopplungen der Leistungsendstufen nochmals dargestellt. Das Widerstandsnetzwerk R 1 bis R 4 entspricht dem von Bild 17.52. Mit R 3 kann der Grad der Gegenkopplung eingestellt werden. Durch Betätigen aller drei Potentiometer läßt sich der Weißwert der Bildröhre entsprechend der Formel

$$\text{Weiß} = 0{,}30\,R + 0{,}59\,G + 0{,}11\,B$$

abgleichen.

Bild 17.55 RGB-Steuerung mit TBA 500, 510, 520, 530

Diese vier integrierten Schaltungen wurden an folgenden Stellen besprochen:

Typ	Bild	Seite
TBA 500	15.61 und 15.62	219
TBA 510	15.63 und 15.64	220
TBA 520	16.41 und 16.42	243
TBA 530	17.51 bis 17.54	259

Diese Bausteine übernehmen die gesamte Farbsignalverarbeitung mit Ausnahme der Farbträger-Regenerierung. Bild 17.55 zeigt das Blockschema eines Pal-Decoders unter Verwendung dieser Bauelemente. Die Anordnung auf steckbaren Leiterplatten ergibt eine servicefreundliche Konstruktion. Sämtliche von außen vorzunehmenden Einstellungen können mit Gleichströmen erfolgen. Signalführende Potentiometer werden vermieden.

Bild 17.56 TBA 530 mit Farbendstufen

Zur Ergänzung der vorhergehenden Blockschaltungen wird nun auf der folgenden Seite die Gesamtschaltung einer RGB-Endstufe gegeben. Sie arbeitet mit Schwarzwertklemmung und mit Steuerung durch einen Baustein TBA 530.

Die Farbdifferenzsignale (B–Y), (G–Y) und R–Y) führen zu den Anschlüssen 4, 3 und 2 der integrierten Schaltung. Das Y-Signal gelangt an den Punkt 5. Wie in den Bildern zuvor erläutert, werden in der TBA 530 die Farbdifferenzsignale zu den Farbsignalen R, G und B umgeformt. Sie gelangen von den Punkten 10, 13 und 16 zu den Basisanschlüssen der Endtransistoren T 11, T 21 und T 31.

Diese Transistoren haben jeweils parallel zum Kollektorwiderstand von 18 kΩ einen Transistor und eine Diode in Serie zu liegen. Dieser Transistor stellt den eigentlichen Arbeits- oder Lastwiderstand der Verstärkerstufe dar. Siemens bezeichnet ihn als aktiven Lastwiderstand und führt aus, daß dadurch die Stromaufnahme der Endstufen erheblich herabgesetzt werden kann. Bei schwarzem Bildinhalt fließen nur etwa 3,8 mA je Stufe, und somit ergibt sich im Mittel auch eine weit geringere Verlustwärme. Man kann dadurch auf die sonst üblichen Kühlkörper der Endtransistoren verzichten. Die Schaltungsfunktion sei an der oben liegenden Blaustufe erläutert. Die anderen Stufen arbeiten genauso.

Während der Synchronimpulse, also während des gleichmäßigen Schwarzwertpegels, ist der Endtransistor T 11 gesperrt. Der Transistor T 12 bekommt über den Widerstand R 11 seinen Basisruhestrom. Er leitet, und über ihn gelangt die Versorgungsspannung von + 200 V an die Bildröhrenkatode.

Verändert sich der vom TBA 530 kommende Bildinhalt in Richtung des Weißpegels, dann wird der Transistor T 11 aufgesteuert und führt Kolektorstrom. Der dadurch entstehende größere Spannungsabfall am Widerstand R 11 sperrt den Lasttransistor T 12. Die Bildröhrenkatode wird entsprechend dem Bildsignal gesteuert. Zwischen den Widerständen R 14 und R 15 wird eine Gegenkopplungsspannung abgenommen und über C 11 dem Anschluß 9 des TBA 530 zugeführt.

Die Diode D 12 arbeitet als Schwarzwertklemmdiode. Während des Zeilenrücklaufes, bei dem bekanntlich stets der definierte Pegel im Fernsehsignal vorhanden ist, wird durch den über den Widerstand R 41 von rechts her kommenden Zeilenimpuls (H-Impuls) der Kondensator C 12 aufgeladen. Ist der Zeilenimpuls beendet, so liegt an der rechten Seite des Kondensators die Spannung Null, und an der linken Seite liegt eine negative Spannung, die zusätzlich als Regelgröße über die Widerstände R 18 und R 17 dem Anschluß 9 des TBA 530 zugeführt wird. Diese Regelgröße bewirkt in Verbindung mit der vorher erwähnten Gegenkopplung den richtigen Schwarzwertpegel. Die Schaltung hat den Vorteil, daß beim Ausfallen der H-Impulse die Zeilenendstufen nicht auf Helligkeit laufen und viel Strom verbrauchen, sondern das Bild wird dunkel. Mit dem Einsteller P 12 wird dieser Dunkelwert justiert und mit P 11 der normale Schwarzwert.

Literatur: Farbendstufen mit aktivem Lastwiderstand und Schwarzwertklemmung. Siemens-Schaltbeispiele 1976/77, Seite 61.

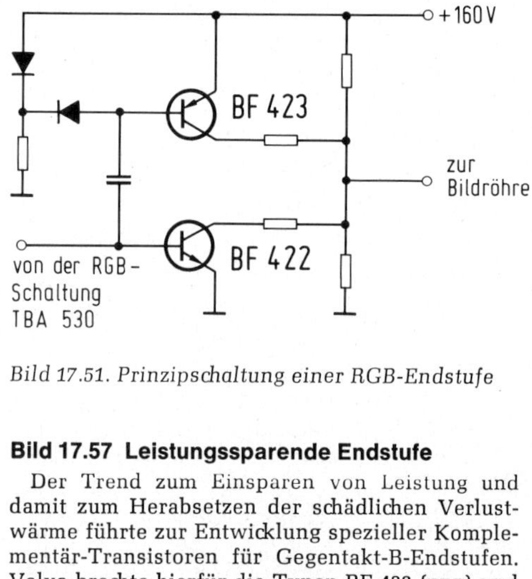

Bild 17.51. Prinzipschaltung einer RGB-Endstufe

Bild 17.57 Leistungssparende Endstufe

Der Trend zum Einsparen von Leistung und damit zum Herabsetzen der schädlichen Verlustwärme führte zur Entwicklung spezieller Komplementär-Transistoren für Gegentakt-B-Endstufen. Valvo brachte hierfür die Typen BF 422 (npn) und BF 423 (pnp) heraus. Farbfernsehempfänger mit drei derartigen Endstufen nehmen bis zu 25 W weniger Leistung auf als ältere Modelle. Die Verlustleistung der Transistoren ist so gering, daß keine zusätzlichen Kühlelemente erforderlich sind. Außerdem kann der Stromversorgungsteil der damit ausgerüsteten Geräte günstiger ausgelegt werden. Die gleichen Vorteile bieten Endstufen mit den Komplementär-Transistoren BF 418 und BF 417.

Literatur: Farbfernsehgeräte mit energiesparenden Endstufen. Deutsches Elektrohandwerk 1976, H. 11, S. 704.

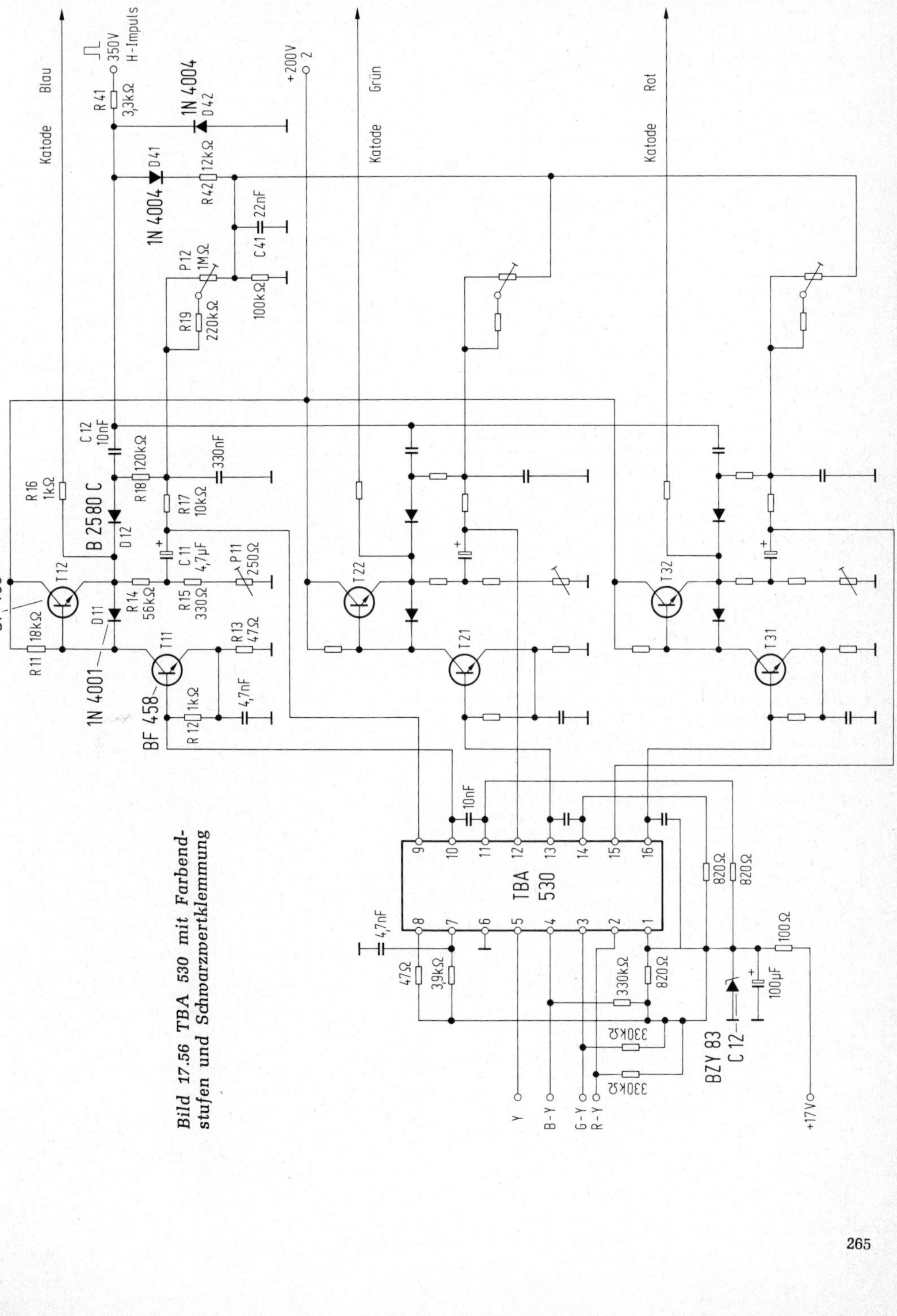

Bild 17.56 TBA 530 mit Farbendstufen und Schwarzwertklemmung

18 Ablenkteil

Der Ablenkteil eines Farbempfängers arbeitet wie bei einem Schwarzweißempfänger. Dies ergibt sich aus der Forderung, daß das Farbfernsehsystem kompatibel sein soll, daß es sich mit der Schwarzweißnorm vertragen sollte. Deswegen müssen Zeilen- und Bildwechselfrequenzen aus den Synchronisierimpulsen gewonnen werden, und Linearität sowie Bildlage sind einzutrimmen.

Farbbildröhren, besonders die Dünnhalsröhre mit 110°-Ablenkung, erfordern jedoch höhere Ablenkleistungen als Schwarzweißröhren. Für Farbe müssen deshalb stärkere Endstufen in den Ablenkteilen vorgesehen werden.

Die Hochspannung ist mit 25 kV bedeutend größer als beim Schwarzweißempfänger. Sie muß deshalb besonders erzeugt und weitgehend stabilisiert werden, denn nunmehr sind drei Strahlsysteme damit zu speisen. Voll aufgetastet ergibt sich der dreifache Stromverbrauch und infolge der höheren Spannung eine noch weit mehr als dreifache Leistung gegenüber einem Schwarzweißempfänger. Würde infolge dieser Spitzenbelastung die Hochspannung zusammenbrechen, dann kämen Bildlinearität und Konvergenz in Unordnung, und das Bild würde in allen Farben flimmern, nur nicht in den richtigen.

Hohe Ablenkleistung und höhere Hochspannungsleistung ergeben auch eine größere Erwärmung. Deswegen war man beim Farbfernsehempfänger besonders bemüht, die stark heizenden Röhren in den Ablenkteilen durch Halbleiter zu ersetzen, obgleich dies gerade wegen der hohen Spannungen große Schwierigkeiten machte.

Verkäufer und Servicetechniker sollten deswegen immer wieder nachdrücklich darauf hinweisen, daß ein großer Farbfernsehempfänger wegen der besseren Kühlung möglichst freistehend betrieben werden sollte. Beim Einbau in Regalwände muß für gute Luftzirkulation gesorgt werden.

Impulsabtrennung

(Empfehlenswerter Wiederholungsstoff: Bild 9.01 bis 9.07.)

Bild 18.01 Zweistufiges Amplitudensieb

Die Farbfernsehtechnik brachte auch einige neue Lösungen für Amplitudensieb, Impulstrennung und Störaustastung. Das Amplitudensieb Bild 18.01 arbeitet mit umschaltbarer Koppelkapazität für Zeilen- und Bildimpulse. Dem Transistor T 1 wird das aus dem Y-Verstärker entnommene FBAS-Signal zugeführt. Der Tiefpaß vor der Basis des Transistors hat eine Grenzfrequenz

$$f_g = \frac{0{,}159}{R \cdot C} = \frac{0{,}159 \cdot 10^{12}}{470 \cdot 330} \approx 10^6 \text{ Hz} = 1 \text{ MHz}$$

Er unterdrückt damit die im FBAS-Signal noch enthaltene Burstfrequenz von 4,43 MHz und die übrigen über 1 MHz liegenden Videofrequenzen. Der Transistor verstärkt und begrenzt dann das FBAS-Signal, so daß an seinem Kollektor negativ gerichtete Synchronimpulse entstehen.

Für die schmalen Zeilensynchronisierimpulse wirkt die Kapazität C 1 als normaler Koppelkondensator zum Transistor T 2. Die breiten Bild-

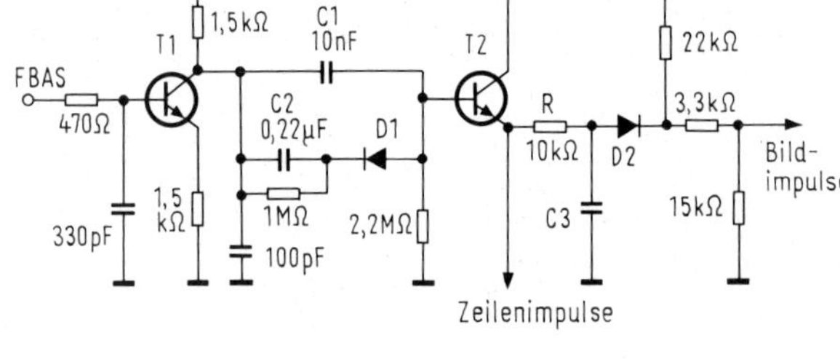

Bild 18.01 Amplitudensieb mit zwei Transistorstufen

synchronimpulse laden den Kondensator C 1 mehr auf, so daß die Diode D 1 durchschaltet und den Kondensator C 2 parallel zu C 1 legt. Der Basiskreis arbeitet daher für die Bildsynchronimpulse mit größerer Zeitkonstante. Dies bewirkt eine „Vorsortierung" der Zeilen- und Bildimpulse und trägt außerdem zur Störbefreiung bei.

Transistor T 2 beschneidet die andere Seite der Impulsreihe. Die Zeilensynchronisierimpulse werden unmittelbar am Emitter abgenommen. Das nachfolgende Integrierglied arbeitet, wie in Bild 9.24 beschrieben. Die Diode D 2 ist so vorgespannt, daß sie nur von der höheren Spannung der integrierten Bildsynchronimpulse durchgeschaltet wird. Nur diese werden zum Vertikalablenkteil weitergeleitet.

(Nach Unterlagen der Firma Kuba-Imperial.)

Bild 18.02 Amplitudensieb mit Störaustastung

(Empfehlenswerter Wiederholungsstoff: Bild 8.20 und 9.05.)

Diese Schaltung ist ein Beispiel dafür, wie man durch sinnreiches Kombinieren von Funktionen und durch Mischen von Impulsen eine hohe Funktionssicherheit erzielen kann. Andererseits ist die Wirkungsweise solcher Schaltungen sehr schwierig zu durchschauen, wenn keine ausreichenden Erläuterungen in der Serviceschrift gegeben werden. Das gilt auch für integrierte Schaltungen und für die Modultechnik!

Transistor T 1 arbeitet als Impulsabtrennstufe, und Transistor 2 dient zur Störaustastung. Beide Systeme zusammen stellen eine Antikoinzidenzschaltung für Störimpulse dar. An einem Transistor in der ersten Stufe des Y-Verstärkers werden FBAS-Signale mit positiv und negativ gerichteten Synchronimpulsen abgenommen. Das positiv gerichtete Signal gelangt über ein RC-Netzwerk zur Basis des Transistors T 1. Während des normalen ungestörten Betriebes beträgt die mittlere Basisspannung + 0,6 V, so daß der Arbeitspunkt des Transistors im Kennlinienknick liegt. Der während der positiven Synchronimpulse fließende Basisstrom lädt den Koppelkondensator C 1 so auf, daß sich der Arbeitspunkt in den Sperrbereich verschiebt und die Videosignal-Information unterdrückt wird. Nur die Synchronimpulsspitzen bewirken entsprechende Kollektorstromimpulse. Das RC-Glied mit dem Kondensator C 2 hat eine geringere Zeitkonstante und dient zum Abschwächen von Störimpulsen.

Im Kollektorkreis des Transistors 1 werden die zum Synchronisieren der Ablenkteile dienenden Zeilenimpulse und Bildimpulse durch ein Integrierglied (8,2 kΩ/8,2 nF) voneinander getrennt und den Ablenkstufen zugeführt.

Der Transistor 2 ist so vorgespannt, daß er im Normalbetrieb leitet und somit die Steuerwirkung des Transistors 1 nicht beeinträchtigt. Die negativen Synchronimpulse haben keinen Einfluß. Größere Störimpulse gelangen aber über die Diode D an die Basis, sperren den Transistor 2 und damit auch den in Reihe liegenden Transistor 1. Die dort gleichzeitig eintreffenden positiv gerichteten Störimpulse werden also nicht durchgelassen, sondern ausgetastet. Sie können daher nicht zu den Ablenksystemen gelangen und sie aus dem Tritt bringen.

Bei einem sehr dichten Störspektrum würde sich der Kondensator C 3 durch Spitzengleichrichtung auf einen so hohen Wert aufladen, daß die Sperrwirkung aufhört. Um das zu verhindern, gibt man außerdem negativ gerichtete Impulse von dem am Ausgang des Bild-Zf-Verstärkers liegenden Ton-Demodulator auf die Basis des Transistors T 2. Dadurch bleiben T 2 und die Gesamtschaltung auch bei langanhaltenden Störungen gesperrt. Die Ablenkoszillatoren schwingen frei weiter und werden nach dem Aufhören der Störungen wieder exakt synchronisiert.

Die Basis des Transistors 2 erhält ferner eine Regelspannung, um den Arbeitspunkt an den Pegel der FBAS-Signale anzupassen.

(Nach Unterlagen der Firma Blaupunkt.)

Bild 18.03 Impulsabtrennstufe mit symmetrischem Ausgang

Das Prinzip entspricht dem der vorhergehenden Schaltung, doch seien nun die Funktionen noch ausführlicher erläutert.

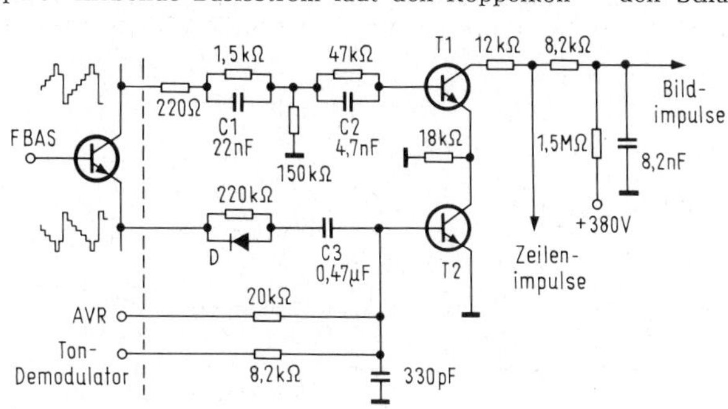

Bild 18.02 Amplitudensieb mit Störaustastung über den Transistor T 2

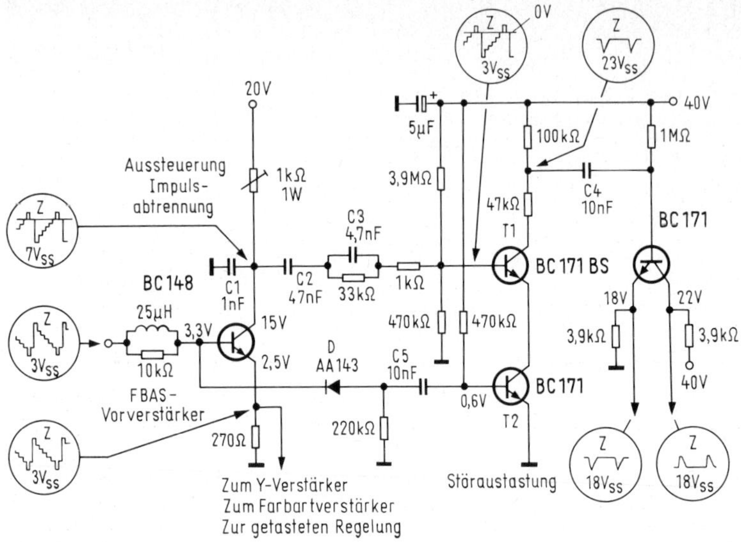

Bild 18.03 Vollständige Impulsabtrennstufe

Der erste Transistor dient als Vorverstärker für das von der Videodiode kommende FBAS-Signal. An seinem Emitterwiderstand werden die Eingangssignale für den Y-Verstärker, für den Farbartverstärker und für die Regelspannungserzeugung niederohmig ausgekoppelt.

Am Kollektor dieser Vorstufe wird das Eingangssignal für den Transistor T 1 der Impulsabtrennstufe abgenommen. Um die 4,43-MHz-Burstschwingung zu beseitigen und saubere Synchronisierimpulse zu erhalten, liegt vom Kollektor ein 1-nF-Kondensator C 1 gegen Masse und setzt die Grenzfrequenz auf etwa 150 kHz herab. Mit dem 1-kΩ-Trimmpotentiometer im Kollektorkreis wird die Verstärkung und damit die Aussteuerung der darauffolgenden Impulsabtrennstufe günstig eingestellt.

Für die Aussteuerung dieser Stufe mit dem Transistor T 1 sei zunächst angenommen, daß der Kondensator C 3 kurzgeschlossen ist. (C 3 entspricht dem Kondensator C 2 in der vorhergehenden Schaltung.) Die Basis des Transistors T 1 ist über den Basisspannungsteiler 3,9 MΩ/470 kΩ ziemlich bis in den Kennlinienknick vorgespannt, so daß gerade noch ein kleiner Kollektorstrom fließt. Gelangt nun über C 2 ein BAS-Signal an die Basis, dann steuert es den Transistor T 1 auf. Der dadurch fließende Basis-Emitterstrom lädt die rechte Belegung des Kondensators C 2 negativ auf und verschiebt die Basisvorspannung so weit, daß im eingeschwungenen Zustand nur noch die Synchronimpulse entsprechende Kollektorstromimpulse verursachen. Die dadurch vom Videosignal abgetrennten Synchronimpulse gelangen über den 10-nF-Koppelkondensator C 4 an die Basis des Transistors T 3. Er besitzt gleich große Arbeitswiderstände (2 × 3,9 kΩ) im Emitter- und Kollektorkreis. Daran entstehen zwei in der Phase entgegengesetzte Impulsreihen mit gleichen Spannungswerten. Diese gegenphasigen Impulsspannungen werden den Ablenkteilen zugeführt und dort weiterverarbeitet. Die Angabe „Z" in den Oszillogrammen bedeutet, daß diese Signale am Oszillografen mit zeilenfrequenter Ablenkspannung sichtbar gemacht wurden. Die Bildimpulsfrequenz ist noch nicht durch Integrieren herausgehoben und gesondert vorhanden.

Nun zur Störaustastung. Gegen langdauernde Störfolgen großer Amplitude ist eine Störaustastung mit dem Transistor T 2 vorgesehen. Kurzzeitige Störfolgen, z. B. durch Lichtschalterknakken oder von einem vorbeifahrenden Auto, können den Zeilenoszillator durch einen „Zustopfeffekt" im Basiskreis des Transistors T 1 außer Tritt bringen. Störungen, die größer als die Amplitude des BAS-Signals sind, laden nämlich den Kondensator C 2 auf den Spitzenwert der Störungen auf. Der Kollektorstrom wird nicht mehr durch die Synchronimpulse, sondern durch die Störspitzen aufgetastet. Trotzdem schwingt der Zeilenfrequenzoszillator infolge seiner Schwungradwirkung weiter. Nach dem Abklingen der Störungen würde aber bei kurzgeschlossenem Kondensator C 3 der Transistor 1 so lange gesperrt bleiben, bis sich C 2 über den hochohmigen Basisspannungsteiler so weit entladen hat, daß die Synchronimpulse im BAS-Signal wieder wirksam werden können. Inzwischen bestände aber die Gefahr, daß die lange Zeit nicht mehr synchronisierte Zeilenfrequenz auswandert.

Zur Abhilfe dient das in Reihe geschaltete RC-Glied mit dem Kondensator C 3. Seine Zeitkonstante ist wesentlich geringer und beträgt nur 150 µs. Dieses Glied wird bei Störungen bereits in wenigen Mikrosekunden auf die Störspitzenspannung aufgeladen. Es gibt dann in den Störpausen seine Ladung an den Kondensator C 2 weiter, nur geschieht dessen Aufladung jetzt viel langsamer. Sind die Störfolgen kurz, dann lädt sich C 2 gar nicht mehr auf den Spitzenwert auf, und entsprechend kürzer ist die Entladezeit, also der Zustopfeffekt.

Bei langanhaltenden Störfolgen tritt der Transistor T 2 in Funktion. Seine Basis ist über den 470-kΩ-Widerstand positiv vorgespannt. Der Transistor leitet und schließt damit im Normalbetrieb den Emitterstromkreis des Transistors T 2.

Die Basis liegt außerdem über den Kondensator C 5 und die Diode D an der Basis der FBAS-Vorstufe. Das dort vorhandene, zum Kollektorsignal gegenphasige FBAS-Signal mit 3 V_{SS} Spitzenwert kann die Sperrspannung der Diode nicht überwinden. Störspitzen, die negativer als 3,3 V sind, schalten aber die Diode durch, sperren den Transistor T 2 und machen auch die Abtrennstufe stromlos. Die in der Steuerspannung des Transistors T 1 gleichzeitig enthaltenen Störimpulse werden ausgetastet.

(Nach Unterlagen der Firma Saba.)

Vertikalablenkung bei Farbempfängern

(Empfehlenswerter Wiederholungsstoff: Bilder 9.21, 9.22, 10.01, 10.02, 10.21 bis 10.23, 11.01 bis 11.04, 11.07, 11.13, 14.05, 14.08.)

Bild 18.11 Impulsformer

Bei Farbempfängern sind Vertikal- und Horizontalablenkung über die Konvergenzeinheit stark miteinander verkoppelt. Dadurch können ziemlich hohe zeilenfrequente Spannungen in die Vertikalendstufen gelangen und von dort über Gegenkopplungsleitungen in den Vertikaloszillator eindringen. Dies würde seine Synchronisierung während des Teilbildwechsels stören. Die Zeilen der Teilbilder werden „paarig", das Bild wird unscharf. Deshalb muß man für eine exakte Zwangssynchronisierung des Vertikaloszillators sorgen. Das bei Schwarzweißempfängern übliche Bildsynchronisierzeichen nach Bild 9.22 eignet sich nicht gut dafür, weil die synchronisierende Vorderflanke schräg ansteigt. Deshalb ist es zweckmäßig, sie in einer Impulsformerstufe steiler zu machen.

Bild 18.11 stellt einen solchen Impulsformer dar. R 1 und C 1 bilden das übliche Integrierglied zum Herausheben der Bildsynchronisierimpulse hinter dem Amplitudensieb. Darüber ist der Spannungsverlauf am Kondensator C 1 dargestellt. Über den Vorwiderstand R 2 und den Koppelkondensator C 2 gelangt dieses Signal an die Basis des Transistors BC 107. Infolge der starken Herunterteilung über R 2 und R 3 und durch eine gewisse Begrenzerwirkung der Basis-Emitterdiode ergibt sich der darüber dargestellte Kurvenverlauf mit abgekappten Einzelspitzen.

Der Transistor erhält über einen Spannungsteiler eine Betriebsspannung von 32 V und wird vom Basissignal so übersteuert, daß sich am Kollektorwiderstand die im dritten Diagramm dargestellte Impulsform ergibt. Die Vorderflanke hat eine Steilheit von 2,5 V/µs, die Reste der Zeilensynchronisierimpulse sind vollständig unterdrückt worden. Diese steilflankigen Bildsynchronisierimpulse mit über 30 V_{SS} synchronisieren den nachfolgenden Vertikaloszillator so starr, daß er durch eingestreute Störimpulse nicht aus dem Tritt fällt.

(Nach Unterlagen der Valvo GmbH)

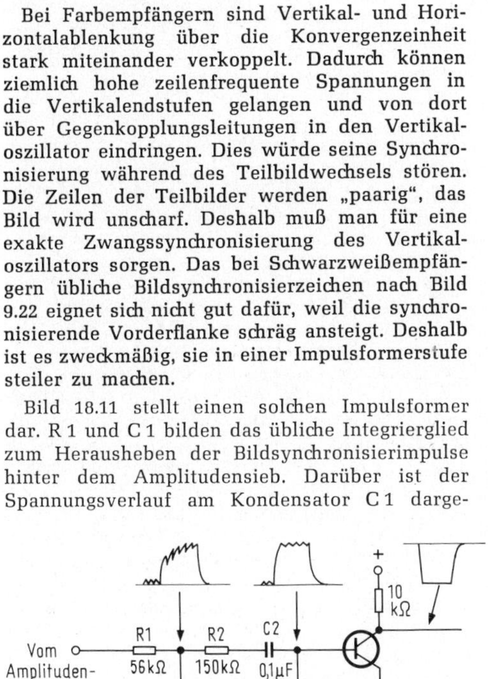

Bild 18.11 Impulsformerschaltung für das Bildsynchronsignal

Bild 18.12 Vertikalablenkteil mit Transistoren

Diese mit Einzeltransistoren aufgebaute Vorstufenschaltung arbeitet mit einem Multivibrator als Vertikaloszillator. Dies erspart den wegen der Wickelarbeit teuren Sperrschwingertransformator. Außerdem benötigt ein Multivibrator eine geringere Synchronisierspannung als ein Sperrschwinger.

Dem Transistor T 1 werden positiv gerichtete Impulse aus dem Amplitudensieb zugeführt. Sie werden verstärkt und erscheinen negativ gerichtet am Kollektor des Transistors. Die Integrierglieder C 1 – R 1 und C 2 – R 2 heben die Bildsynchronisierimpulse heraus, die dann an der Basis des Transistors T 2 den Vertikaloszillator synchronisieren. Die Funktion dieses Multivibrators[1]) ist aus der Schaltung nicht auf Anhieb zu

1 Vgl. Bild 10.21 bis 10.23.

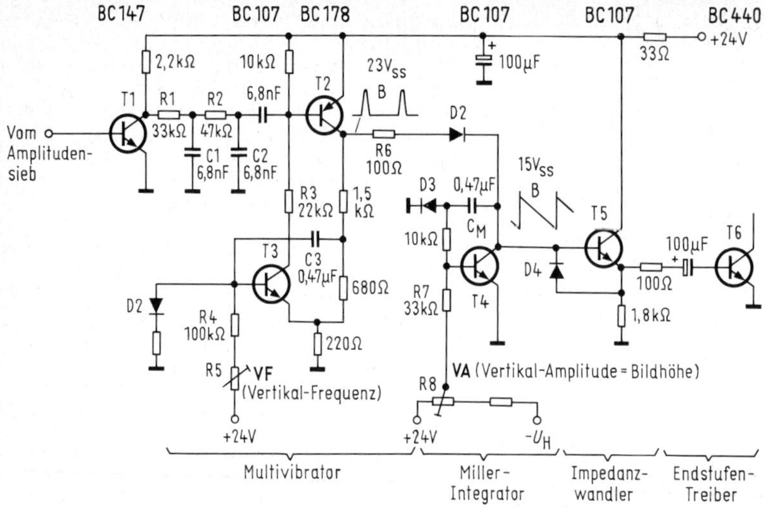

Bild 18.12 Vorstufen eines mit Transistoren bestückten Vertikalablenkteils

erkennen, sondern man muß sich dazu erinnern, daß ein Multivibrator ein „überkreuz" gekoppelter Verstärker ist. So liegt hier der Kollektor des Transistor T 2 über den Kondensator C 3 an der Basis des Transistors T 3, und dessen Kollektor ist über den Widerstand R 3 direkt mit der Basis des Transistor T 2 gekoppelt.

Der Kondensator C 3 ist das frequenzbestimmende Element der Schaltung. Er wird über die Widerstände R 4 und R 5 von der Betriebsspannung + 24 V her aufgeladen und über den pnp-Transistor T 2 entladen, sobald an dessen Basis ein negativer Synchronimpuls die Emitter-Kollektorstrecke durchschaltet. Die Grundfrequenz wird durch die Höhe der Aufladespannung bestimmt und mit dem Trimmwiderstand R 5 eingestellt.

Am Kollektor des Transistors T 2 werden vertikalfrequente Impulse mit einer Amplitude von 23 V_{ss} abgenommen und über R 6 und die Diode D 2 auf den Kollektor des Transistors T 4 gegeben. Diese Impulse bewirken dort den Schaltvorgang. Der Transistor arbeitet in Verbindung mit der Kapazität C_M als Miller-Integrator[1]). Die Kapazität C_M kann man sich daher multipliziert mit dem Verstärkungsgrad des Transistors parallel zur Basis-Emitterstrecke liegend denken. Diese Kapazität wird über den Widerstand R 7 aus dem Spannungsteiler R 8 aufgeladen. Infolge des großen scheinbaren Kapazitätswertes findet der Ladevorgang im linearen Teil der Aufladekurve statt[2]). Die Spannung an der Basis und somit der Kollektorstrom steigen linear an, und die Kollektorspannung sinkt linear ab.

Der einlaufende positiv gerichtete Synchronimpuls schaltet die beiden Dioden D 2 und D 3 durch und entlädt dabei den Kondensator C_M über den Widerstand R 6 sowie über die während des Synchronisierimpulses ebenfalls durchgeschaltete Emitter-Kollektorstrecke des Transistors T 2.

Nach dem Abklingen des Synchronisierimpulses beginnt das Spiel von neuem, und so entsteht die Sägezahnspannung mit 15 V Scheitelwert. Diese Amplitude hängt von der Aufladespannung an der Basis des Transistors T 4 ab. Mit dem Widerstand R 8 läßt sich daher die Bildhöhe einstellen.

Zur Bildhöhenstabilisierung wird dem einen Fußpunkt des Spannungsteilers R 8 eine negative Spannung aus dem Hochspannungsteil des Gerätes zugeführt. Bei steigendem Strahlstrom sinkt die Hochspannung infolge der größeren Belastung etwas ab. Geringere Strahlspannung bedeutet aber, daß der Strahl „weicher" ist und sich leichter ablenken läßt. Die Bildhöhe würde also größer werden.

Die gleichfalls ansteigende negative Spannung $-U_H$ arbeitet dem entgegen. Sie verringert die Aufladespannung des Miller-Kondensators, und die Bildhöhe bleibt stabil.

Vom Kollektor des Miller-Integrators wird die vertikalfrequente Sägezahnspannung dem als Impedanzwandler dienenden Transistor T 5 zugeführt und von dessen Emitter an den Treibertransistor T 6 gebracht. Er steuert eine Komplementär-Endstufe mit den Vertikalablenkspulen. Dazu sind noch verschiedene Korrekturspannungen notwendig, deren Funktion später im Kapitel Konvergenz behandelt werden soll.

(Nach Unterlagen der Firma Körting.)

---

1 Vgl. Bild 11.13.

2 Vgl. Bild 10.02.

Bild 18.13 Vertikal-Ablenkschaltung mit TCA 880

Die Ablenkschaltung arbeitet mit dem integrierten Schaltungsbaustein TCA 880 und einer „eisenlosen“ Endstufe mit zwei Komplementärtransistoren BD 437 und BD 438. Die integrierte Schaltung enthält einen Oszillator für die Vertikalfrequenz, eine extern einstellbare Tangenskorrektur[1]), eine symmetrische Amplitudeneinstellung sowie die Treiberstufen für die externen Endtransistoren. Ein wahlweise positiv oder negativ gerichteter, in seiner Länge einstellbarer Austastimpuls kann am Anschluß 4 entnommen werden.

Die Vertikalsynchronimpulse werden dem Anschluß 9 zugeführt. Sie synchronisieren den internen Vertikaloszillator. Als frequenzbestimmendes Glied wird an den Anschluß 10 ein Kondensator C 1 angeschaltet. Die Feinkorrektur der Frequenz erfolgt durch Beeinflussen der Lade- und Entladestromquellen. Dazu dient das am Anschluß 7 angeschaltete Einstellpotentiometer R 3. Die beiden komplementären Endtransistoren werden mit den Anschlüssen 15 und 16 verbunden und liefern dann die Leistung für die Ablenkspulen.

Der Strom der Ablenkspulen fließt über den Widerstand R 7 und erzeugt daran einen Spannungsabfall, der als Gegenkopplungsspannung auf den Anschluß 12 führt. Zusätzlich gelangt auf diesen Anschluß eine am Einsteller R 6 justierbare Gleichspannung. Sie ergibt den symmetrischen Arbeitspunkt der Endstufen. Die Bildamplitude wird intern mit einem elektronischen Potentiometer gesteuert. Dazu wird an den Anschluß 11 eine mit R 1 einstellbare Gleichspannung angelegt.

Die integrierte Schaltung arbeitet intern mit 10 V Versorgungsspannung am Anschluß 13. Sie wird aus der Gesamtspeisespannung $U_S = +32$ V über einen Vorwiderstand R 5 gewonnen. Das Glied C 4 – R 4 am Anschluß 5 bestimmt die Dauer der Austastzeit der am Anschluß 4 zu entnehmenden Austastimpulse. Die Tangensentzerrung läßt sich mit dem Einstellpotentiometer R 2 zwischen den Anschlüssen 6 und 8 vornehmen.

Die mit Bild 18.13 sich ergebende Anordnung benötigt beträchtlich weniger Einzelteile als Bild 18.12 und hat den Vorteil, daß das Gleichstrompotentiometer R 1 für die Amplitudeneinstellung mit unkritischen Leitungen an einer gut zugänglichen Stelle auf dem Chassis untergebracht werden kann.

(Nach: Siemens-Schaltbeispiele 1975/76, Seite 92.)

Bei neueren integrierten Schaltungen für die Vertikalablenkung gelang es, auch die Endstufen im gleichen Bauelement zu integrieren. Dies ist bei den Typen TDA 2650, 2651 und 2652 von Valvo der Fall. Die Firma SGS-Ates brachte hierfür die Ausführung TDA 1270 heraus. Neben der Schaltungsvereinfachung wurde dabei auch eine Leistungseinsparung erzielt. Man beachte hierzu auch die Ausführungen über die SSVD-Schaltung auf Seite 149.

1 Siehe Bild 11.07.

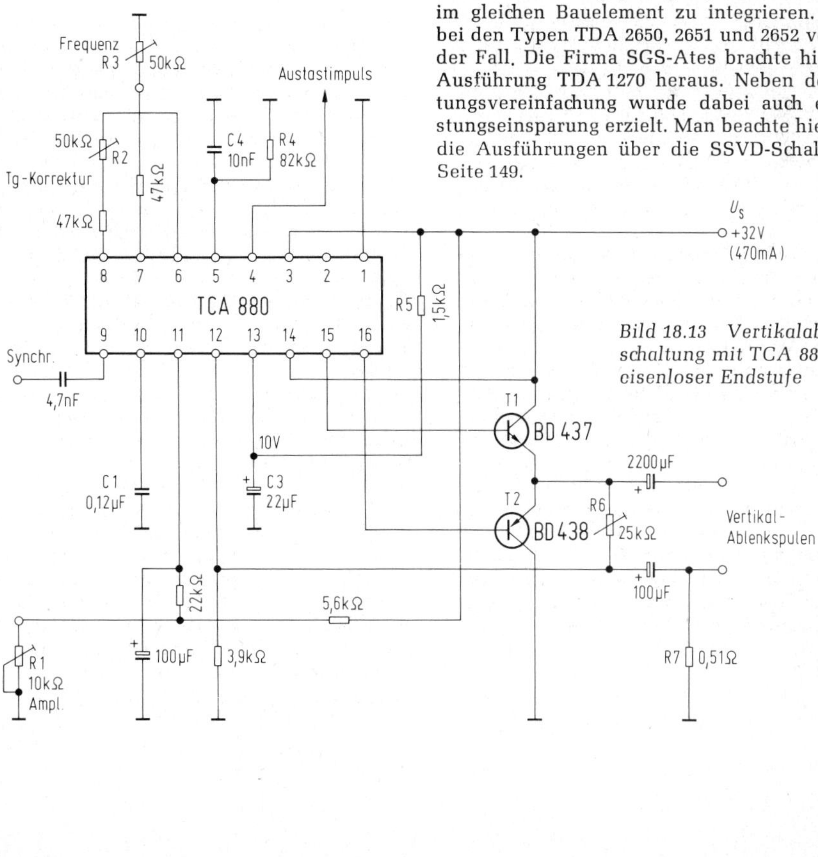

Bild 18.13 Vertikalablenkschaltung mit TCA 880 und eisenloser Endstufe

Literatur

Daute und *Schulz*: Quasi – stromkontrollierte, eisenlose Vertikalablenkschaltungen für 110°-Farb-Fernseh-Geräte. Telefunken-Applikationsbericht B 2/V. 7. 35/1973.

Wessoly: Vertikalablenkteil in Brückenschaltung. Funkschau 1976, H. 14, S. 601.

Hugo: Intelligente Vertikal-Ablenkschaltung spart 70 % Leistung. Radio Mentor Electronic 1977, H. 3, S. 113.

Graffenberger: Integrierte Schaltungen für die V-Ablenkung in Fernsehempfängern. Funkschau 1977, H. 8, S. 314.

Zapf: Eine leistungssparende Vertikalablenkschaltung. Funkschau 1977, H. 14, S. 657.

Ricken und *Kanarski*: Neue Vertikalablenkschaltung für Hoch- und Niederimpedanz-Ablenkkonzepte. Funk-Technik 1977, H. 23, S. 413.

Dobbert und *Reh*: Leistungssparende Vertikalablenkschaltung für Farbfernsehempfänger. Funkschau 1978, H. 8, S. 327, und H. 9, S. 393.

Horizontalablenkung und Hochspannungserzeugung bei Farbempfängern

Für die Vorstufen der Zeilen- oder Horizontalablenkteile werden im allgemeinen die gleichen Schaltungen wie für Schwarzweißempfänger verwendet, d. h. man taktet mit vom Amplitudensieb kommenden Zeilensynchronimpulsen den auf der Zeilenfrequenz schwingenden Oszillator. Er wird dadurch frequenz- und phasenmäßig mit den vom Sender ausgestrahlten Zeichen in Tritt gebracht, und es können keine unregelmäßigen Störimpulse in die Endstufe gelangen.

Diese Zeilenkipp-Endstufe wird so gesteuert, daß sie während des Zeilenhinlaufes eine konstante Spannung an die Ablenkspulen liefert. Der Strom durch die Wicklung steigt infolge ihres induktiven Widerstandes sägezahnförmig an und bewirkt die Horizontalablenkung der drei Elektronenstrahlen in der Farbbildröhre. Am Schluß des Zeilensignals wird die Endröhre gesperrt, die treibende Spannung abgeschaltet, und die Strahlen werden für den Rücklauf dunkelgetastet.

Durch das Abschalten entstehen hohe Induktionsspannungen im Zeilenausgangsübertrager. Sie dienen dazu, folgende Spannungen zu erzeugen, sofern nicht mit Schaltnetzteilen nach Kapitel 12 gearbeitet wird:

1. Die Hochspannung für die Bildröhre.

2. Die Fokussierspannungen für die drei Strahlsysteme.

3. Eine Reihe von Austastimpulsen, z. B. zum Dunkeltasten des Strahlrücklaufes und zum Austasten der Synchronisierimpulse des FBAS-Signals für die getastete Regelung und für das Amplitudensieb.

Die Wirkungsweise eines Zeilenablenkteils wurden bereits in den Kapiteln 10 und 11 ausführlich behandelt. Auf die Vorstufen, also auf die Synchronisierung und auf die Oszillator- und Impulsformerstufen, braucht deshalb nicht nochmals eingegangen zu werden.

Beim Farbempfänger ergeben sich aber wichtige Neuerungen in den Endstufen und in der Hochspannungserzeugung. Hauptgrund hierfür ist die wesentlich höhere Leistung, die zum Betrieb der Farbbildröhre notwendig ist. Der Hochspannungsteil muß bei 25 000 V Anodenspannung die Anodenströme für drei Strahlsysteme liefern. Der Stromverbrauch schwankt dabei zwischen dunklen Bildstellen und hellen Spitzlichtern von 0 bis 1,5 mA. Infolgedessen können Belastungsunterschiede von 0 W bis

$$P = U \cdot I = 25 \cdot 10^3 \cdot 1{,}5 \cdot 10^{-3} = 37{,}5\ \mathrm{W}$$

auftreten. Bei so großen Belastungsschwankungen ändern sich auch alle vorher aufgeführten und von der Endstufe bezogenen Spannungen. Dies gilt besonders für die Hochspannung und für die Ablenkspannungen. Dadurch würde sich zwischen hellen und dunklen Bildern die Bildgröße ändern, das Bild würde „atmen". Man muß deshalb sehr leistungsfähige Endstufen vorsehen und außerdem die Hochspannung stabilisieren.

Diese Anforderungen wechselten auch noch im Laufe der Farbbildröhrenentwicklung. So ergaben sich nacheinander vier Gruppen von Farbbildröhren, nämlich:

1. 90° Ablenkung, 36,5 mm Halsdurchmesser;

2. 110° Ablenkung, 36,5 mm Halsdurchmesser (Normhalsröhre);

3. 110° Ablenkung, 29 mm Halsdurchmesser (Dünnhalsröhre).

4. Schlitzmaskenfarbbildröhren.

Jede Gruppe erforderte andere Ablenkstufen und andere Konvergenzschaltungen.

Parallel dazu verlief eine weitere Entwicklung, nämlich der Übergang von röhrenbestückten Endstufen zu solchen mit Transistoren und Thyristoren. Daher bestehen sehr viele Variationen für die Zeilenablenk-Endstufe mit der Hochspannungserzeugung. Im folgenden können davon nur die markantesten Beispiele aufgezeigt werden.

Für die Betrachtung der Ablenkschaltungen eines Farbfernsehempfängers empfiehlt es sich, auf die Unterschiede der Horizontal*endstufen* zu schauen, nämlich, ob sie mit Transistoren oder Thyristoren bestückt sind. Zu beachten ist auch die Art der Stromversorgung aus dem Lichtnetz.

Bild 18.21 und 18.22 Die Hochspannungskaskade

Bereits in den Kapiteln 11 und 12 wurde auf die Erzeugung der Bildröhrenhochspannung aus den Rückschlagimpulsen des Zeilenausgangsübertragers hingewiesen. Für den dazu erforderlichen Hochspannungsgleichrichter wurden bei Schwarzweiß-Fernsehgeräten zunächst Stabgleichrichter aus vielen in Reihe geschalteten Selendioden verwendet. Für Farbfernsehempfänger (und nun auch für Schwarzweißempfänger) führte man sogenannte Hochspannungskaskaden ein. Derartige Vervielfacherschaltungen wurden schon früher zur Hochspanungserzeugung für Oszillografenröhren verwendet[1]). Wirkungsweise: Kondensator C 1 wird über die Gleichrichterstrecke G 1 auf den Spitzenwert U_{sp} der Rücklaufspannung aufgeladen. An der Gleichrichterstrecke G 1 addieren sich dann in jedem Augenblick die Impulsspannung des Übertragers und die am Kondensator C 1 herrschende Gleichspannung. Man erhält an der Gleichrichterstrecke eine zwischen 0 V im Durchschaltzeitpunkt und 2 U_{sp} während der Sperrphase pulsierende Gleichspannung. Sie ladet dann über die Gleichrichterstrecke G 2 den Kondensator C 2 auf 2 U_{sp} auf. Diese Vorgänge wiederholen sich an den folgenden Kaskadenstufen. Jedesmal wird zu der Summenspannung der vorhergehenden Stufe der Wert U_{sp} aufgestockt. Die Gesamtschaltung ist so bemessen, daß sich dann am Ausgang, nämlich an der Anoden-Erdkapazität C 6 der Bildröhre, eine Gleichspannung von 25 kV gegen Masse ergibt.

Am ersten Ladekondensator C 1 dieser Kaskade wird nun gleichzeitig die Fokussierspannung für die Bildröhre abgegriffen und an einem Potentiometer R 1 auf den benötigten Wert von z. B. 4,8 kV eingestellt. An dem Potentiometer R 2 des gleichen Spannungsteilers wird außerdem eine Steuerspannung zur Amplitudenregelung der Zeilenablenkstufe entnommen. Dieser Regelkreis stabilisiert die Hochspannung und hält damit die Ablenkströme und die Bildbreite konstant.

Gleichrichterkaskaden dieser Art haben die Hochspannungsgleichrichterröhren fast vollständig verdrängt. Diese Vervielfacherbaugruppen werden nach dem Schema von Bild 18.22 als kompakt geschaltete und vergossene Bauelemente geliefert, um der hohen Spannungsbelastung von 25 000 Volt gewachsen zu sein.

1 Elektronik ohne Ballast, Bild 10.08, Kaskadenschaltung.

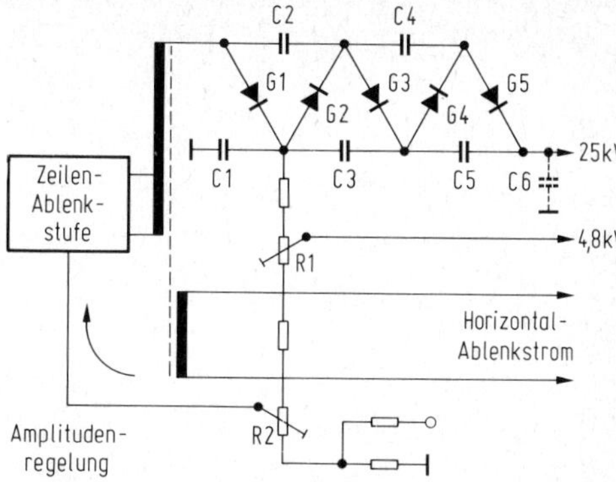

Bild 18.21 Die Hochspannung wird durch Gleichrichten der Impulsspannungen von vier hintereinandergeschalteten Wicklungen und Dioden gewonnen; C_L = Lagen- bzw. Ladekapazitäten

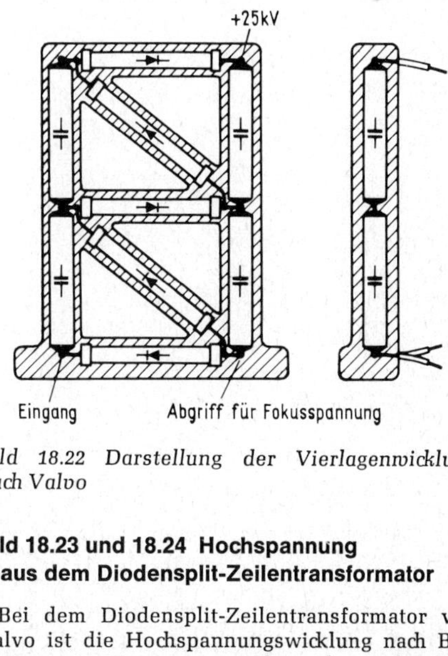

Bild 18.22 Darstellung der Vierlagenwicklung nach Valvo

Bild 18.23 und 18.24 Hochspannung aus dem Diodensplit-Zeilentransformator

Bei dem Diodensplit-Zeilentransformator von Valvo ist die Hochspannungswicklung nach Bild 18.23 in vier Lagen unterteilt, und zwischen den Wicklungen sind drei Gleichrichterdioden angeordnet[1]). Die Lagenkapazitäten C_L, die zwischen den einzelnen Wicklungslagen vorhanden sind, dienen dabei gleichzeitig als Ladekapazitäten für den jeweiligen Gleichrichterkreis. Jede Wicklung liefert 6,25 kV Gleichspannung, und durch das viermalige Aufstocken erhält man die benötigte Hochspannung von 25 kV.

1 Daher die Bezeichnung Diodensplit: die Dioden spalten (spliten) die Wicklung in vier Teile auf.

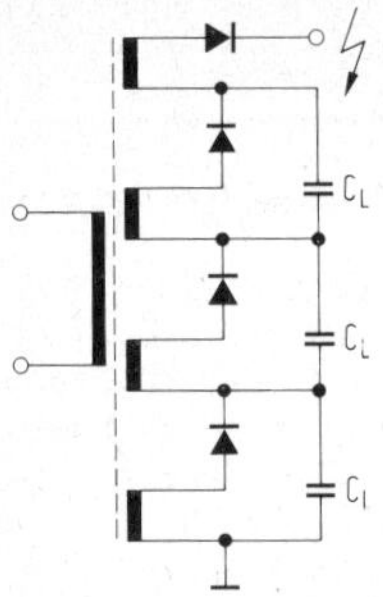

Bild 18.23 *Hochspannungsgewinnung über vier Teilwicklungen*

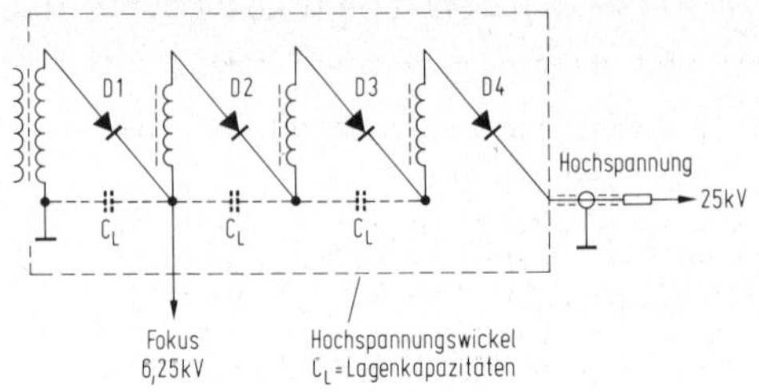

Bild 18.24 Andere Darstellung der Diodensplit-Schaltung

Bild 18.24 zeigt diese Art der Gleichrichterkaskade in anderer Darstellung. Dabei wird an der ersten Stufe die Fokussierspannung von 6,25 kV für die Bildröhre abgegriffen. – Zeilentransformator und Hochspannungsgleichrichter sind bei dieser Ausführung zu einem in Kunststoff gekapselten Hochspannungsmodul vereinigt.

Bild 18.25 und 18.26 5-H-Abstimmung

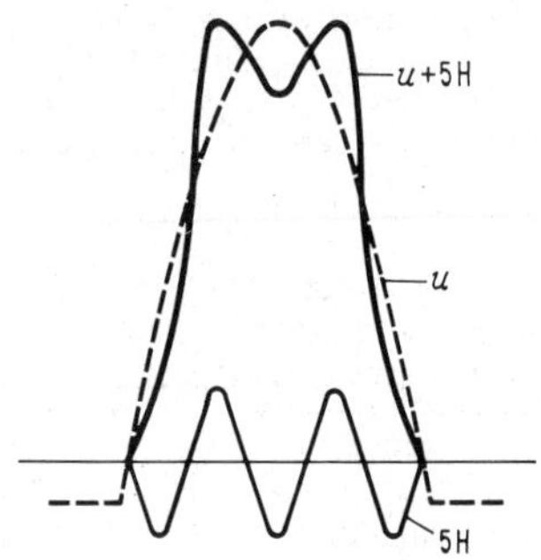

Bild 18.25 Addition des auf die Sekundärseite transformierten Rücklaufimpulses und seiner 5. Harmonischen

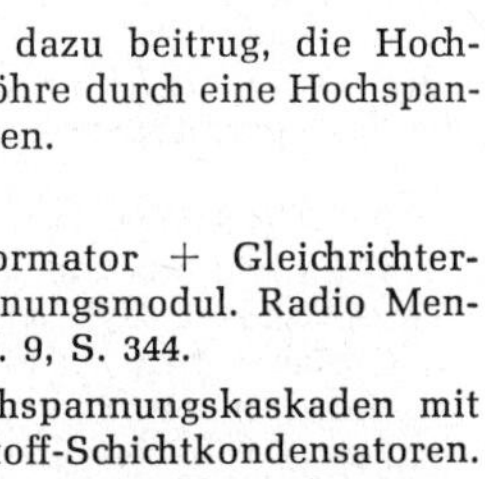

Bild 18.26 Abgleichelement für die 5. Harmonische

In Bild 11.52 wurden bereits die Vorteile behandelt, die sich ergeben, wenn man die Sekundärseite des Zeilenausgangsübertragers auf die dritte Harmonische der Rücklauffrequenz abstimmt (3-H-Abstimmung). Bei Farbempfängern mit ihrer hohen aus der Ablenkstufe entnommenen Leistung ist es noch günstiger, die Sekundärseite des Übertragers auf die fünfte Harmonische abzustimmen. Dies ergibt den in Bild 18.25 dick gezeichneten Verlauf der Zeilenrückschlagspannung. Der Kurvenkopf ist gegenüber Bild 11.52 verbreitert und eingeebnet worden. Dadurch verringert sich etwas die ohnehin schon hart an der Grenze liegende Spannungsbeanspruchung der Stufe. Außerdem führt der Hochspannungsgleichrichter während einer etwas längeren Zeit Strom, so daß er den Speicherkondensator für die Anodengleichspannung voll aufladen kann.

Zum Einstellen der 5-H-Abstimmung wird meist eine Zusatzinduktivität *L* nach Bild 18.26 am Horizontal-Ablenktransformator angeordnet und fest vom Hersteller des Transformators abgeglichen. Falls in der Serviceanleitung ein Nachstimmen vorgesehen sein sollte, dann gleicht man einfach am Oszillografen auf gleiche Höhe der beiden Höcker der Kurve Bild 18.25 ab.

In Bild 18.26 ist außerdem die Heizung einer Hochspannungsgleichrichterröhre angedeutet. Sie besteht aus einer einzigen Spulenwindung auf dem Übertrager. Da sie die volle Hochspannung gegenüber sämtlichen anderen Bauteilen führt, muß sie sehr sorgfältig isoliert sein – eine weitere Komplikation, die dazu beitrug, die Hochspannungsgleichrichterröhre durch eine Hochspannungskaskade zu ersetzen.

Literatur

–,–: Horizontal-Transformator + Gleichrichter-Kaskade = Hochspannungsmodul. Radio Mentor Electronic 1975, H. 9, S. 344.

Behn und *Hoyler:* Hochspannungskaskaden mit integrierten Kunststoff-Schichtkondensatoren. Radio Mentor Electronic 1975, H. 12, S. 486.

Gottlob und *Winkler:* Farbfernseh-Kaskaden mit Schichtkondensatoren. Funkschau 1976, H. 3, S. 103.

Moggré: Diodensplit – neuartiger Zeilentransformator für Fernsehgeräte. Funkschau 1976, H. 24, S. 1051.

Zeilenendstufen mit Transistorbestückung

Empfehlenswerter Wiederholungsstoff: Bild 11.25 bis 11.27, 12.04 und 12.16.

Die Transistorisierung von Zeilen-Ablenkendstufen wurde erst möglich, nachdem man Transistoren entwickelt hatte, die der hohen Rücklaufspannung beim Abschalten des Ablenkstromes gewachsen waren. Man muß sich dazu vor Augen halten, daß diese hohe Spannung dabei nicht mehr an der mehrere Millimeter dicken Isolierstrecke im Vakuum einer Röhre liegt, sondern an der hauchdünnen Sperrschicht eines Siliziumplättchens. Welche beachtlichen Werte bei der Entwicklung solcher Transistoren erreicht werden konnten, zeigt die nachstehende Tabelle der Grenzwerte von Hochvolttransistoren für Horizontal-Ablenkschaltungen von Fernsehempfängern.

	BU 204	BU 205	BU 206	BU 207	BU 208	BU 209
U_{CES}	1300 V	1500 V	1700 V	1300 V	1500 V	1700 V
U_{CEO}	600 V	700 V	800 V	600 V	700 V	800 V
I_C		2,5 A			5,0 A	
I_{CM}		3,0 A			7,5 A	
P_{tot}		10,0 W			12,5 W	
t_j		115° C			115° C	
R_{thG}		2,5 grd/W			1,6 grd/W	

U_{CES} = Kollektor-Emittersperrspannung bei kurzgeschlossener Basis-Emitterstrecke
U_{CEO} = Kollektor-Emittersperrspannung bei offener Basis
I_C = Maximaler Kollektorgleichstrom
I_{CM} = Maximaler Kollektor-Spitzengleichstrom
P_{tot} = Gesamtverlustleistung
t_j = Maximal zulässige Sperrschichttemperatur
R_{thG} = Wärmewiderstand zwischen Sperrschicht und Gehäuse

Die Sättigungsspannung, also die Spannung zwischen Emitter und Kollektor im durchgeschalteten Zustand, liegt bei diesen Transistoren unter 5 V. Dabei darf der maximal zulässige Spitzengleichstrom von mehreren Ampere fließen. Das ergibt die in der Tabelle aufgeführten Verlustleistungen von 10...12,5 W. Für eine transistorbestückte Horizontal-Ablenkendstufe muß die gesamte Versorgung auf diese hohen Ströme zugeschnitten sein. Die auch als Spannungswandler dienende Endstufe formt einen Teil der großen zugeführten Gesamtleistung (bis zu 100 W!) für die Stromversorgung anderer Stufen um.

Bild 18.31 Niedervolt-Horizontalablenkstufe

Diese von Siemens vorgeschlagene Horizontal-Ablenkschaltung arbeitet mit nur 60 V Betriebsspannung und dem Transistor T 1, Typ TV 127. Die über den Transistor BC 141 und den Übertrager Ü 1 zugeführte zeilenfrequente Steuerspannung ist so geformt, daß der Transistor T 2 in der ersten Zeilenhälfte Strom führt und über die Wicklungen w 1, w 2/w 5, w 6 die Ablenkspulen speist. Dann wird er gesperrt, und der aufgeladene Kondensator C liefert über die Diode die Energie für die zweite Hälfte der Zeilenablenkung.

Der Kollektorstrom des Transistors T 2 erreicht ein Maximum von 12 A, der Spitzenstrom durch die Sperrdiode beträgt 8...9 A. Um für diese hohen Stromspitzen den Wicklungswiderstand niedrig zu halten, sind auf dem Zeilenausgangsübertrager zwei parallele Primärwicklungen w 1 und w 2 vorgesehen. Dagegen liegt in der Stromzuführung ein ohmscher Widerstand von 6,8 Ω, um den Transistor vor Überlastung bei Hochspannungsüberschlägen zu schützen.

Um die Ablenkspulen an die Endstufe anzupassen, sind sie ebenfalls parallelgeschaltet. Im Ablenkkreis wurden die Schaltelemente zur Linearitätseinstellung und zur Rasterkorrektur angedeutet.

Die Abschaltzeit beträgt etwa 0,5 µs. Sie ergibt eine Rücklaufspannung von rund 550 V am Transformator. Die Wicklung w 4 und die Hochspannungs-Gleichrichterkaskade machen daraus die Anoden- und die Fokussierspannung für die Bildröhre, also 25 kV bzw. 5 kV.

Die Funktion der oben links am Zeilenablenktransformator befindlichen Wicklung mit der Bezeichnung *Pulsspeisung* wird im folgenden Bild erläutert.
erläutert. Es handelt sich hierbei um das Prinzip der Pumpstufe, wie sie in ähnlicher Form bereits bei den Bildern 11.26, 11.27, 12.04 und 12.16 gebracht wurde.

Bild 18.32 Horizontal-Ablenkendstufe mit pulsmodulierter Stromversorgung

Die Funktion der Transistoren T 1 und T 2 sowie des Zeilenausgangsübertragers mit den Wicklungen w 1 bis w 8 entsprechen der vorhergehenden Schaltung. Hinzugekommen sind die Transistoren T 3 und T 4 an der vorher mit „Pulsspeisung" bezeichneten Wicklung w 3. Über diese

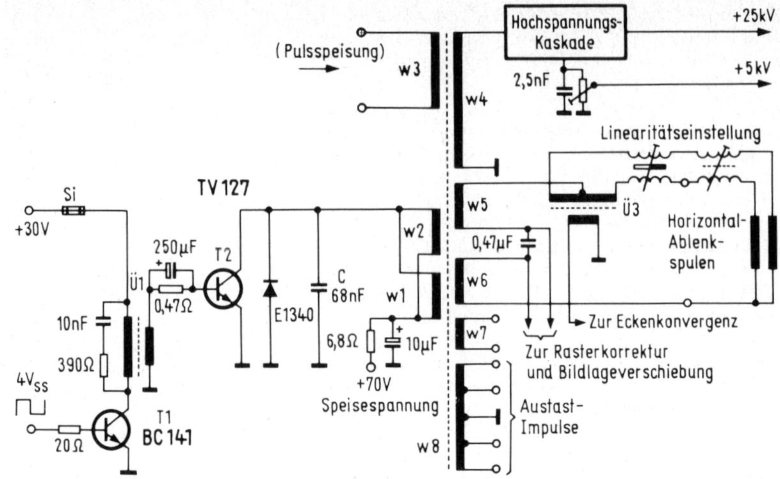

Bild 18.31 Horizontalablenkstufe mit Niedervolt-Spannungsversorgung

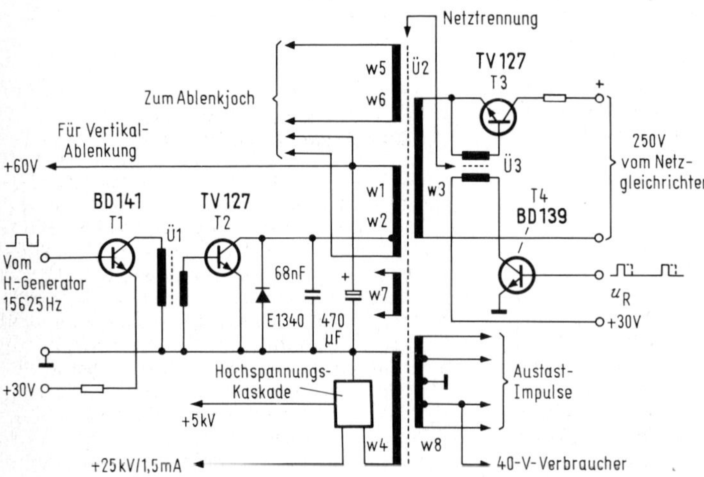

Bild 18.32 Horizontalablenkstufe mit geschaltetem Netzteil

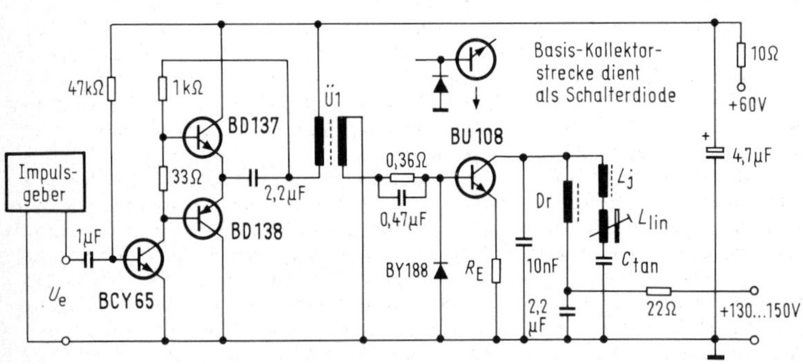

Bild 18.33 Horizontalablenkstufe ohne Übertrager für den Ablenkspulensatz

Wicklung wird jetzt die Ablenkstufe mit Betriebsstrom versorgt. Als Spannungsquelle dient ein am Lichtnetz liegender Einweggleichrichter. Er liefert 250 V über den steuerbaren Schalttransistor T 3 an die Wicklung w 3. Diese Spannung wird von einer zeilenfrequenten Impulsspannung u_R über den Transistor T 4 und den Übertrager Ü 3 so getastet, daß in der Wicklung w 1, w 2 der Ablenkendstufe gerade die richtige Betriebsspannung von + 60 V entsteht. Sie wird mit dem 470-µF-Kondensator geglättet und dient gleichzeitig zur Versorgung der Vertikal-Ablenkstufe.

Der Zweck und der Vorteil dieser Anordnung bestehen darin, daß nun die Horizontalendstufe sowohl die Hochspannung als auch diese Betriebsspannung von + 60 V selbst erzeugt, ohne daß ein besonderes 60-V-Gleichspannungsnetzteil für hohe Strombelastbarkeit notwendig wäre. Außerdem werden auf diese Weise die Ablenkteile galvanisch vom Lichtnetz getrennt.

Die zeilenfrequente Steuerspannung u_R für diese pulsmodulierte Stromversorgung wird dem Horizontaloszillator entnommen. Eine besondere, hier nicht dargestellte Regelstufe beeinflußt die Pulsbreite in Abhängigkeit von der Hochspannung. Dadurch werden die Lastschwankungen und sonstige Einflüsse ausgeregelt, indem bei breiten Impulsen dem Übertrager Ü 2 mehr Energie zugeführt wird, um die Spannungen zu stabilisieren.

Bild 18.33 Horizontal-Ablenkstufe ohne Übertrager

Eine weitere ebenfalls von Siemens vorgeschlagene Schaltungsvariante besteht darin, auf den Übertrager für die Ablenkspulen gänzlich zu verzichten und die Spulen ähnlich wie die Lautsprecherschwingspule bei eisenlosen Nf-Endstufen direkt aus einem Leistungstransistor zu speisen.

Diese Ablenkstufe mit dem Hochvolt-Leistungstransistor BU 108 wird mit einer Betriebsspannung von + 130...150 V versorgt. Die Drossel Dr tritt anstelle der Wicklung w 3 des Zeilenausgangsübertragers in den vorigen Bildern. Der Transistor BU 108 wird aus einer Komplementär-Treiberstufe über den Übertrager Ü 1 mit zeilenfrequenten Steuerimpulsen in der üblichen Weise gesteuert.

Bemerkenswert ist dabei, daß anstelle einer besonderen Energierückgewinnungsdiode, wie in den beiden vorigen Bildern, die Basis-Kollektorstrecke des Transistors BU 108 als Schaltdiode dient. Um den Kreis nach Masse zu schließen, ist außerdem die Diode BY 188 zwischen Basis und Bezugsleitung geschaltet.

Die Hochspannung muß bei dieser Art von Horizontal-Ablenkendstufe mit Hilfe eines getrennten, geschalteten Netzteils erzeugt werden.

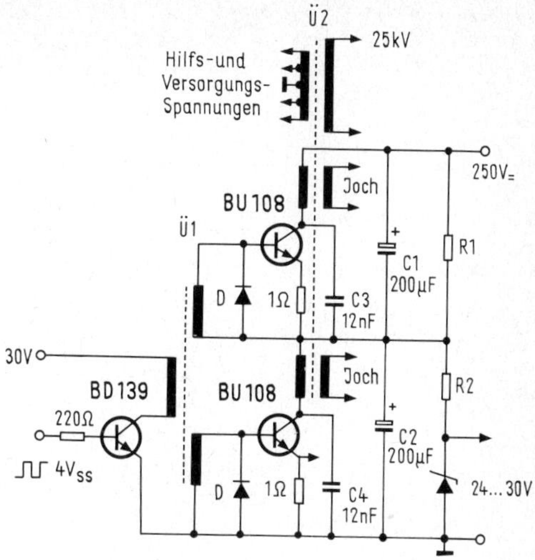

Bild 18.34 Horizontalablenkstufe mit zwei Leistungstransistoren

Bild 18.34 Horizontal-Ablenkstufe mit zwei Transistoren BU 108

Die bisherigen Schaltungen erforderten Betriebsgleichspannungen von 60 V oder 150 V, die durch besondere Wandlerstufen aus der im allgemeinen aus einem Netzgleichrichter zur Verfügung stehenden Gleichspannung von 250 V erzeugt werden müssen. In der vorliegenden Schaltung (nach Siemens-Unterlagen) werden zwei Transistoren BU 108 in Serie unmittelbar an dieser Gleichspannung von + 250 V betrieben. Die Speisespannung wird über die Widerstände R 1, R 2 und die Kondensatoren C 1 und C 2 aufgeteilt und gut symmetriert, damit beide Transistoren gleichmäßig arbeiten und sich nicht einer von ihnen durch Überlastung aufheizen kann. Jeder Transistor besitzt eine eigene Arbeitswicklung auf dem Zeilenausgangsübertrager Ü 2.

Die Kapazitäten C 3 und C 4 stellen die Rückschlagkondensatoren dar. Als Schaltdioden dienen, ähnlich wie in Bild 18.33, die Basis-Kollektorstrecken der Transistoren BU 108 in Verbindung mit den Dioden im Basiskreis. Die zeilenfrequente Schaltspannung wird über den Übertrager Ü 1 zugeführt.

Auf dem Zeilenausgangsübertrager sind hier wieder Wicklungen für die Hochspannung sowie für die verschiedenen im Empfänger benötigten Zeilenrücklaufimpulse vorgesehen. Der Spannungsteiler R 1/R 2 enthält am Fußpunkt eine Z-Diode, an der eine stabilisierte Versorgungsspannung von 24...30 V für normale Transistorstufen abgenommen werden kann.

Ähnliche Zeilen-Ablenkendstufen, jedoch mit zwei Transistoren vom Typ DTS-804 wurden von der Firma Ditratherm vorgeschlagen.

Bild 18.35 und 18.36 Horizontal-Ablenkendstufe mit Brückenschaltung

Ebenfalls mit zwei Transistoren in der Horizontal-Ablenkendstufe arbeitet eine von SEL entwickelte Schaltung. Ihr Prinzip ist in Bild 18.35 dargestellt. Der Transistor T 1 erzeugt über den Zeilenausgangsübertrager die Hochspannung und etwa 85 % der Ablenkleistung. Transistor T 2 liefert die restliche Ablenkleistung und die verschiedenen Korrekturspannungen für die Raster- bzw. Konvergenzentzerrung.

Die beiden Transistoren sind durch die Brückenschaltung voneinander entkoppelt. Transistor 2 liegt in Serie mit der Ablenkspule L_H und dem Hauptgenerator. Er schickt einen zusätzlichen Ablenkstrom in die Spule L_H und einen weiteren Strom über L' und die Wicklung w 2. Der Strom durch w 2 verläuft gegensinnig zum Hauptstrom des Zeilenausgangsübertragers. Dadurch wird

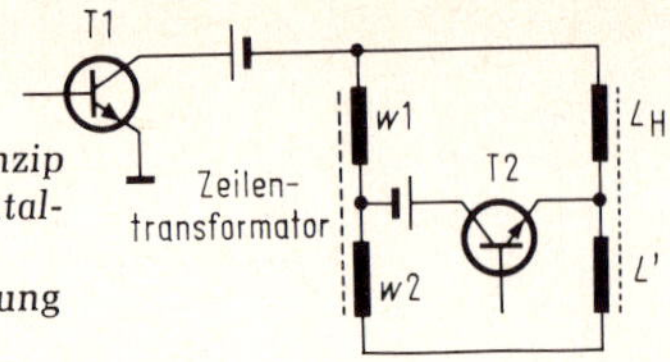

Bild 18.35 Prinzip einer Horizontalendstufe mit Brückenschaltung

Transistor 2 vom Transistor 1 entkoppelt. Dies ergibt Vorteile für die Rasterkorrektur.

In Bild 18.36 ist die Gesamtschaltung dargestellt, wie sie in Farbfernsehgeräten ab Jahrgang 1972 von Graetz und von Schaub-Lorenz verwendet worden ist. Für den Transistor T 1 wird der Hochvolttyp BU 108 verwendet. Ähnlich wie in den Bildern 18.33 und 18.34 dient die Basis-Emitterstrecke als Schalterdiode. Der Transistor wird mit einer zeilenfrequenten Spannung gesteuert und mit + 150 V Betriebsspannung gespeist. Da die am Zeilenübertrager zur Verfügung stehende Spannung etwas niedriger als bei einer Röhrenstufe ist, wird eine fünfstufige Hochspannungskaskade verwendet.

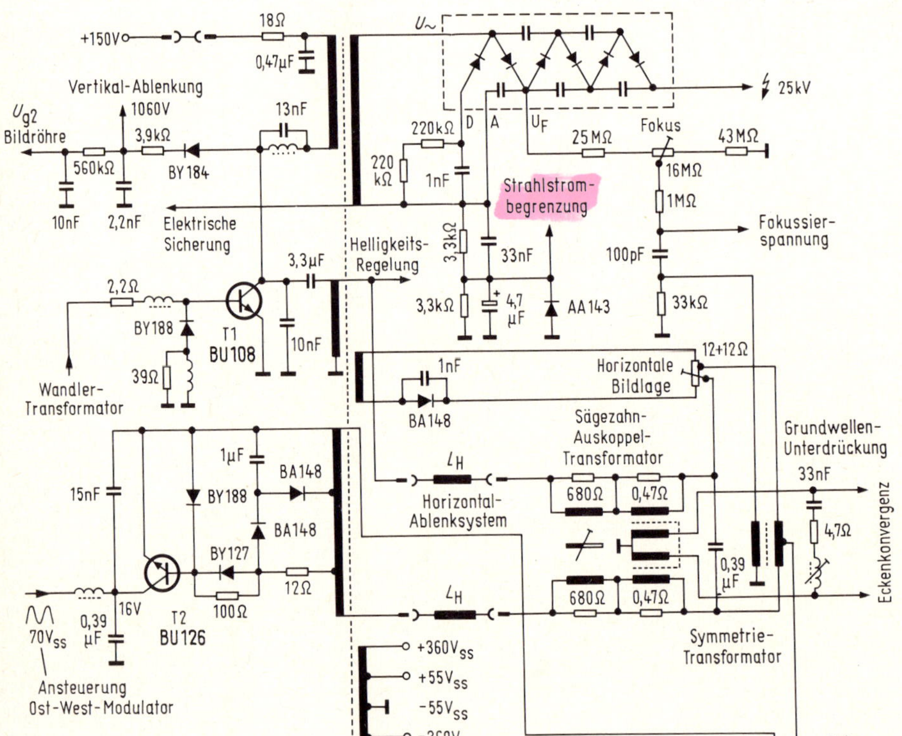

Bild 18.36 Vollständige Horizontal-Ablenkendstufe

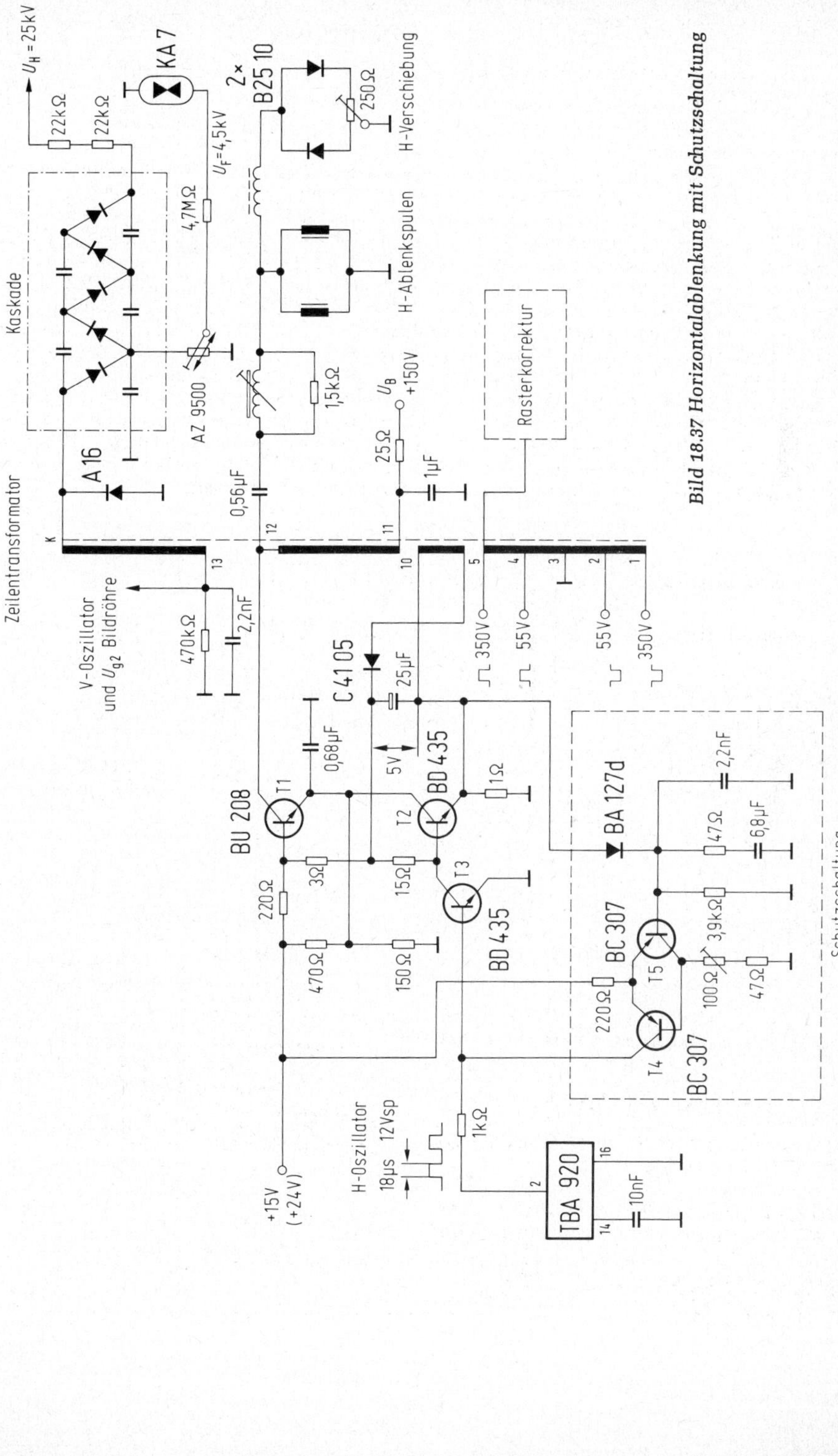

Bild 18.37 Horizontalablenkung mit Schutzschaltung

Der Transistor T 2 erhält eine besonders aufbereitete bildfrequente Steuerspannung zur Ost-West-Rasterkorrektur. Er dient als aktiver Energielieferant für diese Korrekturspannung im Gegensatz zu anderen Schaltungen, bei denen Energie entzogen wird.

Einzelheiten über Rasterkorrekturschaltungen werden im nächsten Kapitel besprochen.

Bild 18.37 Horizontalablenkung mit Hochvolttransistor BU 208

Diese mit dem Hochvolttransistor BU 208 bestückte Ablenkschaltung wurde 1973 von Siemens herausgebracht. Sie ist inzwischen zur Standardschaltung für die verschiedensten Bildröhrentypen geworden. Lediglich die Rasterkorrektur muß der jeweiligen Bildröhrenausführung angepaßt werden.

Der Zeilenablenktransistor BU 208 wird in Basisschaltung betrieben und direkt am Emitter über die Impulsverstärkerstufen T 3 und T 2 gesteuert. Während des eigentlichen Zeilenablaufes ist der Transistor T 3 gesperrt. Transistor T 2 leitet, da er von der Hilfsspannung +5 V an seiner Basis aufgesteuert wird. Der positive Zeilensynchronimpuls aus der integrierten Schaltung TBA 920 schaltet dann den Transistor T 3 durch. Dieser sperrt den Transistor T 2 und schaltet dadurch exakt und in sehr kurzer Zeit den eigentlichen zum Erzeugen der Ablenkspannung dienenden Transistor BU 208 ab. Ebenso erfolgt das Durchschalten zu Beginn des neuen Zeilenhinlaufes äußerst präzise.

Die Anordnung ist außerdem mit einer Schutzschaltung mit den beiden Transistoren T 4 und T 5 versehen. Sie verhindert bei Kurzschlüssen und Bildröhrenblitzen eine Beschädigung des Zeilenendtransistors. Steigt in der Serienschaltung von T 1 und T 2 die am Emitterwiderstand von 1 Ω abfallende Spannung, die dem Kollektorstrom des BU 208 proportional ist, an, so wird der Transistor T 5 stromlos. Der dann stromführende Transistor T 4 schaltet den Treibertransistor T 3 durch, und über T 2 wird damit T 1 ebenfalls stromlos gemacht.

Das Wiedereinschalten erfolgt automatisch nach einigen Millisekunden, sobald der 6,8-µF-Kondensator über den 3,9-kΩ-Widerstand entladen ist. Die Höhe des „Schutzpegels" wird mit dem 100-Ω-Stellpotentiometer im Fußpunkt der Schutzschaltung einjustiert.

Um den Endtransistor auch bei kurzzeitigen Stromspitzen hinreichend zu schützen, liegt außerdem an der Basis des Transistor T 5 ein Zweizeitkonstantenglied aus 2,2 nF, 47 Ω und 6,8 µF.

Literatur

Koubek: Schaltungsvorgänge für 110°-Farbfernsehempfänger. Funkschau 1971, H. 8, S. 239.

Macek: Ablenkschaltungen mit Halbleiter-Bauelementen für Farbfernsehgeräte. Radio Mentor Electronic 1971, H. 1, S. 30.

Dangschat und *Haas:* Transistor-H-Ablenkschaltung und Sperrwandlernetzteil für 110°-Farbfernsehempfänger. Funk-Technik 1971, H. 20, S. 779.

Benner: 110°-Horizontal-Endstufe mit einem Transistor für Farbfernsehempfänger. Funk-Technik 1972, H. 8, S. 269.

Siemens: Halbleiterschaltbeispiele, Ausgabe 1972/73 und 1975/76. Herausgeben vom Bereich Halbleiter der Siemens Aktiengesellschaft.

Daute: Die Ansteuerung von Hochvoltzeilenendtransistoren. Telefunken-Applikationsbericht 1976.

Thyristorgesteuerte Horizontalablenkung

Bild 18.41 Verlauf des Ablenkstromes

Um den Ablauf einer Thyristorsteuerung zu verfolgen, sei hier das Prinzip der elektromagnetischen Strahlablenkung kurz wiederholt. Um den Elektronenstrahl waagerecht über den Bildschirm zu bewegen, wird ein Sägezahnstrom durch die Ablenkspulen geschickt. Er steigt vom negativen Maximalwert am linken Bildrand an. In der Bildmitte geht der Strom durch Null und steigt dann weiter bis zum positiven Maximalwert am rechten Bildrand. Dieser Hinlauf dauert rund 52 µs. Dann läuft der Ablenkstrom schnell zum negativen Maximalwert zurück, d. h. daß auch der Strahl zum linken Bildrand zurückspringt. Er wird jedoch während der Rücklaufzeit dunkelgetastet, ergibt also keine Lichtspur auf dem Bildschirm. Der gesamte Vorgang dauert 64 µs. Im Bild sind einige wichtige Zeitpunkte markiert:

t_0 = Beginn des Hinlaufs $i = -i_{max}$
t_2 = Bildmitte $i = 0$
t_5 = Beginn des Rücklaufs $i = +i_{max}$
t_6 = Mitte des Rücklaufs $i = 0$
$t_7 = t_0$

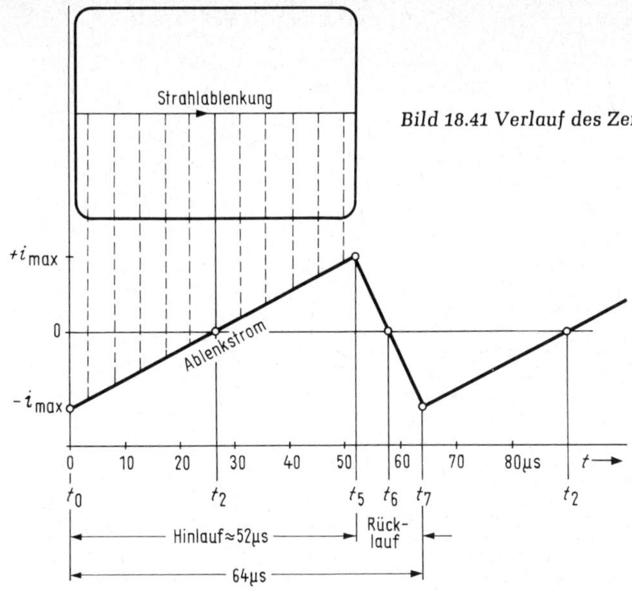

Bild 18.41 Verlauf des Zeilenablenkstromes

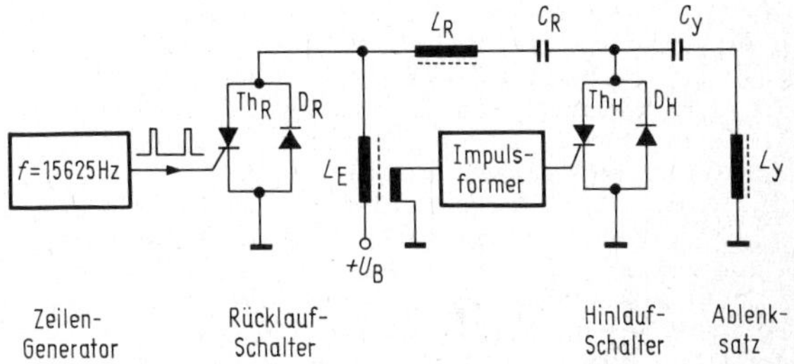

Bild 18.42 Blockschaltung einer Horizontalablenkstufe mit Thyristoren

Bild 18.42 und 18.43 Blockschaltung und Funktionsdiagramm

Thyristoren wurden als steuerbare elektronische Schalter für die Leistungselektronik entwickelt. Sie sind weit unempfindlicher gegen Spannungsspitzen als Transistoren und verbrauchen sehr wenig Leistung, so daß die Eigenerwärmung gering bleibt. Thyristoren eignen sich deshalb auch sehr gut als Hochleistungsschalter in der Zeilen-Ablenkendstufe. Allerdings haben diese Bauelemente eine Eigenschaft, die bei Zeilenendstufen einen etwas höheren Aufwand und eine andere Schaltungstechnik bedingt, als es mit Röhren bzw. Hochspannungstransistoren und Boosterdioden der Fall ist. Durchgeschaltete Thyristoren lassen sich nämlich nicht einfach abschalten, indem man die Steuerspannung am Toreingang wegnimmt, sondern man muß die Anodenspannung abschalten oder umpolen. In Bild 11.28 wurde bereits eine Schaltung für Schwarzweiß-Empfänger besprochen, bei welcher der Katodenstrom des Thyristors durch einen in Serie liegenden Schalttransistor unterbrochen wurde. Die in Reihe liegende Transistorstrecke erhöht aber den Innenwiderstand der Anordnung. Es ist günstiger, nur den Thyristor selbst als Schalter zu verwenden. Dazu sind in der Zeilenendstufe mindestens vier Halbleiterbauelemente erforderlich, nämlich zwei Thyristoren und zwei Leistungsdioden, die in Verbindung mit Induktivitäten und Kapazitäten den sägezahnförmigen Horizontalablenkstrom erzeugen. Bild 18.42 zeigt die Blockschaltung hierfür.

Die Betriebsspannung U_B wird über eine Ladedrossel L_E an die Schaltung gelegt. Aus einer Koppelwicklung dieser Spule wird außerdem eine Spannung für die Zündelektrode bzw. Torelektrode des Thyristors Th_H entnommen. Die Gesamtschaltung besteht aus drei Stufen, dem Rücklaufschalter, dem Hinlaufschalter und dem Ablenksatz.

Der *Rücklaufschalter* wirkt hauptsächlich im Zeitabschnitt t_5 bis t_7 von Bild 18.41. Er besteht aus dem Rücklaufthyristor Th_R und einer antiparallel geschalteten Rücklaufdiode D_R. Der Thyristor wird mit Impulsen aus dem Zeilen-

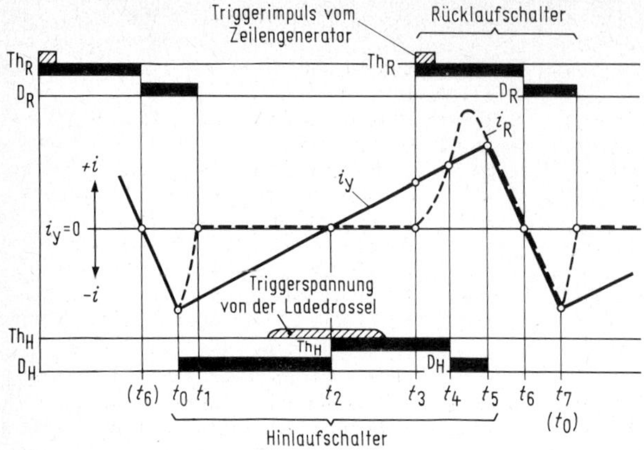

Bild 18.43 Funktionsdiagramm; schwarze Balken kennzeichnen, daß die Dioden und Transistoren während dieser Zeitabschnitte durchgeschaltet sind

frequenzgenerator, also mit $f = 15\,625$ Hz, gesteuert. – In der Zuleitung zur nächsten Stufe liegt ein Serienschwingkreis $L_R - C_R$. Er ist auf eine Resonanzfrequenz eingestellt, deren Periode etwa dem Zeilenrücklauf entspricht.

Der *Hinlaufschalter* besteht ebenfalls aus einem Thyristor Th_H und einer antiparallel liegenden Diode D_H. Dieser Thyristor wird über ein Impulsformernetzwerk aus der bereits erwähnten Koppelwicklung getriggert.

Der *Ablenksatz*, bestehend aus Zeilenausgangsübertrager und den angeschlossenen Ablenkspulen, ist hier vereinfacht durch eine Induktivität L_Y dargestellt. Sie ist über eine Kapazität C_Y an die Thyristorsteuerung angeschlossen. Die Kapazität dient aber gleichzeitg zum Abnehmen einer Korrekturspannung für die Tangensentzerrung des Bildrasters. Diese Funktion sei jedoch hier außer acht gelassen. L_Y und C_Y bilden ebenfalls einen Serienschwingkreis, der die Form der Hinlaufschwingung beeinflußt.

Dieses ganze System Bild 18.42 funktioniert durch sich abwechselnde Lade- und Entladevorgänge der Spulen und Kondensatoren über die Thyristoren und Dioden. Um die Wirkungsweise dieser elektronischen Schaltung zu überblicken, muß man sich stets vor Augen halten, daß eine Diode durchschaltet, wenn positives Potential an der Anode liegt und daß sie sperrt, wenn die Spannung entfällt oder umgepolt wird.

Bei einem Thyristor muß zum Durchschalten positives Potential an der Torelektrode *und* an der Anode liegen. Er schaltet aber nicht ab, wenn die Torspannung oder Triggerspannung weggenommen wird, sondern man muß dazu die Anodenspannung wegnehmen oder umpolen. Bei Verwendung als Leistungsschalter, z. B. in Phasenanschnittsteuerungen, ist dies bei jedem Nulldurchgang der Wechselspannung von selbst der Fall.

Die Antiparallelschaltung von Thyristor und Diode in Bild 18.42 findet man auch oft in Schaltungen der Industrie-Elektronik, wenn eine induktive Last über einen Thyristor abgeschaltet werden soll. Die beim Abschalten entstehende, entgegengesetzt gerichtete Induktionsspannung würde nämlich den Thyristor in Sperrichtung stark beanspruchen. Die Diode ist aber so gepolt, daß sie bei dieser Induktionsspannung leitend wird, durchschaltet und daher die hohe Spannungsspitze kurzschließt und ungefährlich macht. Man bezeichnet deshalb ein solches Bauelement als *Funkenlöschdiode* oder auch als *Freilaufdiode*, wenn sie die negative Halbwelle einer Wechselspannung durchlassen soll. Die gleiche Funktion übernehmen auch die Dioden D_R und D_H in Bild 18.42. Sowie die Thyristoren sperren, werden die Dioden leitend und führen Strom in ihrer Flußrichtung.

Nach diesen Voraussetzungen nun zu Bild 18.43. Man erkennt den sägezahnförmigen Ablenkstrom aus Bild 18.41 wieder. Er ist hier mit i_Y bezeichnet, weil es der Strom ist, der durch die Ablenkspule L_Y in Bild 18.42 fließt. Außerdem ist gestrichelt ein Strom i_R eingezeichnet. Man kann ihn Rücklaufstrom oder Resonanzstrom nennen; Rücklaufstrom, weil er der abfallenden Rücklaufflanke des Ablenkstromes folgt, Resonanzstrom, weil er zwischen den Zeitpunkten t_3 und t_6 eine Schwingungshalbwelle bildet. Die Eigenfrequenz dieser Schwingung geht im wesentlichen auf den beim Rücklaufschalter erwähnten Serienschwingkreis $L_R - C_R$ zurück.

Oberhalb und unterhalb dieses Diagramms sind nun die Schließzeiten, d. h. die Durchschaltzeiten[1]) der Thyristoren und Dioden, in Form von Balken eingetragen. So schaltet beispielsweise die Hinlaufdiode D_H für den Zeitablauf von t_0 bis t_2 durch.

Die Schaltzeiten der anderen Bauelemente werden anschließend behandelt. Hingewiesen sei zuvor noch auf den vom Zeilenfrequenzgenerator kommenden Triggerimpuls für den Thyristor Th_R im Zeitpunkt t_3 und auf die bereits zwischen t_0 und t_2 einsetzende Triggerspannung des Thyristors Th_R. Ein Blick zurück zur Schaltung Bild 18.42 läßt erkennen, daß der Thyristor Th_R im Rücklaufschalter über die Induktivität L_E ständig an der Betriebsspannung liegt, also jederzeit durch einen Triggerimpuls an der Torelektrode durchgeschaltet werden kann. Die Anode des Thyristors Th_H im Hinlaufschalter ist dagegen zwischen zwei Kapazitäten angeschlossen. Der Thyristor wird zwar durch die Triggerspannung an der Torelektrode „zündwillig" gemacht, er kann aber nur durchschalten, wenn ihm von den Kapazitäten eine positive Ladespannung zur Verfügung gestellt wird. Dies ist nach dem Balkendiagramm in Bild 18.43 zum Zeitpunkt t_2 der Fall. Doch nun zu den Funktionsabläufen selbst. Wir setzen den bereits eingeschwungenen Zustand voraus und beginnen die Betrachtung zweckmäßig im Zeitpunkt t_2, also bei der zweiten Hälfte des Hinlaufs.

Hinlaufzeitraum $t_2 - t_3 - t_4 - t_5$

Im Zeitpunkt t_2 befindet sich der Elektronenstrahl in der Mitte des Bildschirms. Der Ablenkstrom geht gerade durch Null und will zu positiven Werten ansteigen. Die gesamte vorher in der Induktivität L_Y der Ablenkeinheit gespeicherte Energie ist in die Kapazität C_Y gewandert und hat die linke Belegung von C_Y in Bild 18.42 positiv aufgeladen. Thyristor Th_H schaltet durch. Die vollaufgeladene Kapazität C_Y entlädt sich auf der einen Seite über den Thyristor gegen Masse, auf der anderen über die Induktivität L_Y; dies ergibt den Ablenkstrom i_Y von t_2 bis t_5.

Parallel dazu läuft folgender Vorgang ab: Im Zeitpunkt t_3 schaltet der vom Zeilengenerator kommende Triggerimpuls den Thyristor Th_R durch, dessen Anode bereits über die Induktivität L_E am positiven Pol der Betriebsspannung lag. Der vorher ebenfalls auf die Betriebsspannung aufgeladene Kondensator C_R entlädt sich nun auf der einen Seite über L_R und den eben gezündeten Thyristor Th_R gegen Masse, denn die andere Seite lag schon über den vom Zeitpunkt t_2 ab durchgeschalteten Thyristor Th_H an Masse. In diesem zum Zeitpunkt t_3 über Th_R geschlossenen Stromkreis fließt der Strom von der positiv aufgeladenen linken Belegung des Kondensators C_R über L_R in *Flußrichtung* durch den Thyristor Th_R nach Masse und dann vom Masseanschluß im Hinlaufschalter über den Thyristor Th_H aber entgegengesetzt zu dessen Flußrichtung, nämlich von der Katode zur Anode und weiter zur rechten Belegung des Kondensators C_R. Dieser Stromfluß ist nur möglich, weil der Hinlaufthyristor Th_H zum Zeitpunkt t_3 bereits durchgeschaltet ist und den Ablenkstrom i_Y führt.

Infolge der Schwingkreiswirkung des Gliedes $L_R - C_R$ verläuft der Entladestrom in Form einer von der Nullinie aus im Zeitpunkt t_3 nach t_4 und weiter ansteigenden Halbwelle. Dieser Entladestrom i_R bereitet das Abschalten des Hinlaufschalters im späteren Zeitpunkt t_5 vor.

Durch den Thyristor Th_H fließen die Ströme i_Y und i_R in entgegengesetzter Richtung, wie vorher erläutert worden ist. Im Zeitpunkt t_4 sind beide Ströme gleich groß und heben sich auf, sie kompensieren sich! Damit wird der Strom durch den Thyristor Th_H zu Null, also auch die Spannung zwischen Anode und Katode, der Thyristor schaltet ab. Im Bild wird dies durch seinen bei t_4 endenden Balken gekennzeichnet.

Beim Abschalten der Thyristorstrecke wird die antiparallel liegende Diode D_H leitend. Sie übernimmt nun die Aufgabe des eben gesperrten Thyristors Th_H, und Ablenkstrom i_Y und Resonanzstrom i_R fließen weiter bis zum Zeitpunkt t_5. Der Resonanzstrom bildet während dieser Zeit seinen Kurvenscheitel aus. Die Funktion der durchgeschalteten Diode D_H ist durch den kurzen Balken unten in Bild 18.43 markiert.

Rücklaufzeitraum $t_5 - t_6 - t_7$

Im Zeitpunkt t_5, wenn sich die Kurve von i_R nach unten gewendet hat, ist wieder $i_R = i_Y$, und diese Ströme fließen immer noch in entgegengesetzer Richtung, nun allerdings durch die Diode D_H so wie vorher durch den Thyristor Th_H. Im Punkt t_5 heben sich die Ströme wieder auf, und damit schaltet auch die Diode D_H ab, so wie dies vorher bei dem Thyristor Th_H bei Stromgleichheit der Fall war.

Der Hinlaufschalter ist nun gänzlich unterbrochen, und der Entladestrom i_R muß nun über die Induktivität L_Y abfließen, die Rücklaufphase beginnt.

Noch ist aber der Thyristor Th_R durchgeschaltet. Dadurch liegen L_R, C_R, C_Y und L_Y in Serie und sind über Th_R und Masse verbunden. Die Resonanzfrequenz dieses Kreises bestimmt die Rücklaufzeit. Während der Zeit t_5 bis t_6 bleibt der Stromfluß über den Thyristor Th_R bestehen. Dann geht der Rückschlagstrom bei t_6 durch Null

1 Bei der Bezeichnung der Schaltphasen von Dioden können leider Mißverständnisse auftreten. Ein mechanischer Schalter ist *geschlossen*, wenn Strom hindurchfließen kann. Manche Autoren schreiben aber: Eine Diode ist *offen*, wenn Strom hindurchfließen kann, obgleich sie dann einen geschlossenen Schalter darstellt. Deshalb ist es zweckmäßiger, bei Dioden zu sagen, daß sie *durchgeschaltet* sind. Die sperrende oder gesperrte Diode entspricht dann einem offenen Schalter.

und kehrt seine Richtung um. Nun geschieht das gleiche wie beim Hinlauf im Zeitpunkt t_2. Infolge der Stromumkehr wird jetzt der Thyristor stromlos, schaltet ab, und die Diode D_R wird leitend, und der Rücklaufstrom kann weiterfließen bis zum Zeitpunkt t_7.

Aufladezeitraum $t_0 - t_1 - t_2$

Der Zeitpunkt t_7 am Ende des Rücklaufs ist identisch mit dem Zeitpunkt t_0. Von hier ab beginnt nun der aktive Aufladevorgang, der die Energie für die Gesamtfunktion zuführt und die Ablenkstufe für den ersten Teil des Hinlaufs vorbereitet. Dazu ist die Ladedrossel L_E wichtig. Während der gesamten Rückschlagzeit ist, wie eben erläutert, der Rücklaufschalter in Bild 18.42 leitend, und zwar von t_5 bis t_6 der Thyristor und von t_3 bis t_7 die Diode, wie auch das Balkendiagramm in Bild 18.43 oben zeigt.

Infolge dieses geschlossenen Rücklaufschalters fließt Strom aus der Betriebsspannung $+U_B$ durch die Ladedrossel L_E nach Masse. Die Drossel speichert Energie im dadurch bewirkten Magnetfeld.

Bis zum Zeitpunkt t_7 bzw. t_0 fließt der Rücklaufstrom, wie im vorigen Abschnitt ausgeführt, über die Diode D_R. Durch diesen Strom wird aber der Kondensator C_R so aufgeladen, daß an seiner rechten Belegung eine erst kleine, aber stetig ansteigende Spannung entsteht, die in Flußrichtung für die Diode D_H gepolt ist. Dadurch wird diese Diode im Zeitpunkt t_0 durchgeschaltet. Infolgedessen fließt jetzt ein stetig ansteigender Strom i_Y durch diese Diode. Der Strom durch die Rücklaufdiode nimmt schnell ab – gestricheltes Kurvenstück bis zum Zeitpunkt t_1 in Bild 18.43 – Diode D_R schaltet dann gänzlich ab.

Dadurch entfällt die Masseverbindung hinter der Ladedrossel L_E. Die positive Betriebsspannung ladet nun über die Induktivität L_R den Kondensator C_R auf, um die Vorgänge weiter in Gang zu halten und die Verluste zu decken. Durch das Öffnen des Rücklaufschalters steigt auch die Spannung an der Ladedrossel L_E. Diese Spannungsänderung wird auf die Koppelwicklung übertragen und ergibt über die Impulsformerstufe die vorbereitende Triggerspannung für die Torelektrode des Hinlaufthyristors Th_H, so daß er im Zeitpunkt t_2 wieder durchschalten kann. Der Ablauf wiederholt sich dann.

Der Rücklaufschalter bleibt während des Zeitraums t_1 bis t_3 offen, wie das freie Stück im oberen Balkendiagramm erkennen läßt. Die positive Betriebsspannung lädt daher über L_E und L_R und den während dieser Zeit ständig geschlossenen Hinlaufschalter (unteres Balkendiagramm) den Kondensator C_R auf. Er liefert dann die Energie für den folgenden Ablauf und um die Verluste zu decken.

Die Ströme und Spannungen an den einzelnen Bauelementen haben einen recht verschiedenartigen Verlauf. Für die Betrachtung der Gesamtfunktion genügen jedoch die klaren Aussagen, ob die einzelnen Schalter offen oder geschlossen sind. Man kann dies auch nach Art der Digitaltechnik durch ein Schalterdiagramm darstellen. Darin bedeuten: L = Schalter leitend, O = Schalter offen.

Zeitraum	Th_H	D_H	Th_R	D_R
$t_0...t_1$	O	L	O	L
$t_1...t_2$	O	L	O	O
$t_2...t_3$	L	O	O	O
$t_3...t_4$	L	O	L	O
$t_4...t_5$	O	L	L	O
$t_5...t_6$	O	O	L	O
$t_6...t_7$	O	O	O	L

Bild 18.44 bis 18.46 Horizontal-Ablenkendstufe für die 110°-Dünnhalsröhre

Bild 18.44 zeigt eine praktische Ausführung des Prinzips von Bild 18.42, und zwar für Blaupunkt-Farbfernseher mit der 110°-Dünnhalsröhre A 67-150 X. Für die Hinlauf- und Rücklaufschalter werden Thyristoren und Dioden der Firma RCA entsprechend folgender Typenaufstellung verwendet:

Th_H	D_H	Th_R	D_R
16 121	16 123	16 157	16 159

Die Bauelemente sind paarweise für die günstigste Wirkungsweise zusammengestellt. Die Betriebsspannung beträgt 240 V aus einem thyristorstabilisierten Netzteil, damit Bildbreite und Hochspannung konstant bleiben. Die Ladedrossel L_E und die Spule L_R entsprechen dem Bild 18.42. Die Induktivität von L_R ist einstellbar, um den damit gebildeten Schwingkreis auf die Rücklaufzeit abzugleichen. Der Rücklaufkondensator C_R ist in zwei in Serie liegende Teilkapazitäten C_{R1} und C_{R2} unterteilt. Das hat den Vorteil, daß die Spannungsbeanspruchung der Teilkapazitäten geringer ist. Außerdem führt vom Verbindungspunkt ein durch den Widerstand R 3 stark gedämpfter Serienschwingkreis C 6 – L 1 nach Masse. Dieser Zweig verhindert Entladestromspitzen und Einschwingvorgänge beim Beginn des Hinlaufs. Die Kapazität des Kondensators C 6 kann durch Zuschalten von C 4 und C 5 in drei Stufen verändert werden. Dadurch wird die Amplitude des Ablenkstroms beeinflußt, und man erzielt Bildbreitenänderungen um ± 15 mm, damit das Raster an die Bildschirmgröße angepaßt werden kann.

Der Rücklaufschalter ist mit einem RC-Glied C 3 – R 2 – C 2 bedämpft, um die Spannungsan-

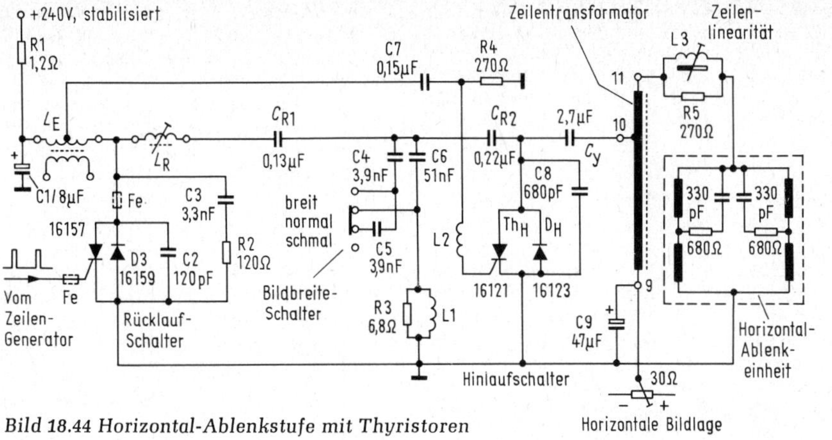

Bild 18.44 Horizontal-Ablenkstufe mit Thyristoren

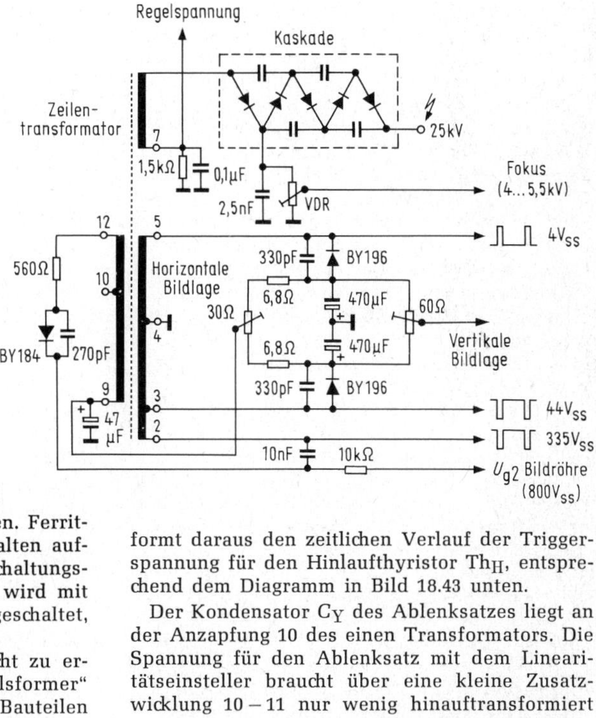

Bild 18.45 Zeilentransformator mit der Sekundärbeschaltung

stiegsgeschwindigkeit du/dt zu begrenzen. Ferritperlen Fe verhindern, daß beim Abschalten auftretende Störschwingungen in andere Schaltungsstufen abwandern. Der Thyristor Th_R wird mit Triggerimpulsen vom Zeilengenerator geschaltet, vgl. Bild 18.42 und 18.43.

Der Hinlaufschalter ist ebenfalls leicht zu erkennen. Das in Bild 18.42 mit „Impulsformer" bezeichnete Netzwerk besteht aus den Bauteilen C 7 – R 4 – L 2. Es ist hier nicht über eine getrennte Koppelwicklung, sondern an eine Anzapfung der Ladedrossel L_E angeschlossen. Die Funktion der Koppelwicklung bei L_E wird später besprochen. Infolge des periodischen Öffnens und Schließens des Rücklaufschalters (Balkendiagramm in Bild 18.43 oben) entsteht an der Ladedrossel eine etwa rechteckförmige zeilenfrequente Impulsspannung. Der Hochpaß C 7 – L 2 formt daraus den zeitlichen Verlauf der Triggerspannung für den Hinlaufthyristor Th_H, entsprechend dem Diagramm in Bild 18.43 unten.

Der Kondensator C_Y des Ablenksatzes liegt an der Anzapfung 10 des einen Transformators. Die Spannung für den Ablenksatz mit dem Linearitätseinsteller braucht über eine kleine Zusatzwicklung 10 – 11 nur wenig hinauftransformiert zu werden. Dadurch ergibt sich ein günstiger Wirkungsgrad. Die Ablenkeinheit ist praktisch direkt an die Thyristorstufe angekoppelt.

Die eigentlichen Sekundärwicklungen des Zeilenausgangsübertragers mit den angeschlossenen Kreisen sind in Bild 18.45 dargestellt. Am oberen Ende der Hochspannungswicklung liegt die Vervielfacherkaskade mit der Anzapfung für die Fokussierspannung. Der Fußpunkt der Wicklung

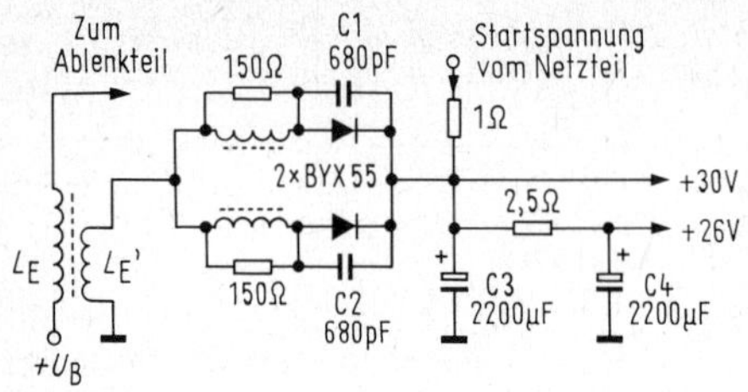

Bild 18.46 Niedervoltstromversorgung aus dem Zeilenablenkteil

ist über ein RC-Glied mit Masse verbunden. Die daran abfallende Teilspannung ist dem Bildröhrenstrom proportional. Sie dient als Regelspannung zur Strahlstrombegrenzung, zur Bildhöhenregelung, zur Ost-West-Rasterentzerrung und außerdem, um bei Hochspannungsüberschlägen eine Abschaltautomatik im Netzteil auszulösen.

An der unteren Sekundärwicklung werden Austastimpulse für verschiedene andere Stufen entnommen. Die beiden Einweggleichrichter mit den Dioden BY 196 erzeugen eine Gleichspannung von ± 4 V. Mit den beiden damit gespeisten Trimmpotentiometern wird die vertikale und horizontale Mittenlage des Bildes eingestellt.

Am Punkt 12 der Primärwicklung ist die Diode BY 184 angeschlossen, um die Rückschlagspannung gleichzurichten. Die am 10-nF-Ladekondensator entstehende Gleichspannung wird auf die negativ gerichtete 335-V-Impulsspannung am Anschluß 2 aufgestockt. Daraus ergibt sich die Schirmgitterspannung von 800 V_{ss} für die Bildröhre.

Wie mehrfach erwähnt, können durch Umformen der magnetischen Energie einer Zeilenendstufe weitere Versorgungsspannungen gewonnen werden, die den Vorteil haben, daß sie gleichzeitig mit der Endstufe stabilisiert sind. Nach Bild 18.44 arbeitet der Empfänger mit einer geregelten Gleichrichterschaltung, die eine stabilisierte Spannung von 240 V liefert. Aus dem damit betriebenen Zeilenablenkteil wird nun, ähnlich wie in Bild 18.37, eine Niedervoltspannung für die Versorgung der Transistorstufen des Empfängers gewonnen. Dazu dient die Koppelwicklung auf der Ladedrossel L_E, die in Bild 18.46 nochmals herausgezeichnet worden ist. Der durch die Ladedrossel fließende zeilenfrequent geschaltete Strom erzeugt eine Spannung an dieser Koppelwicklung. Sie wird durch die beiden im Prinzip parallelliegenden Dioden BYX 55 gleichgerichtet und ergibt 30 V Gleichspannung am Ladekondensator. Hinter einem Entkopplungsglied stehen + 26 V für andere Stufen zur Verfügung. Die den Dioden vorgeschalteten Drosseln teilen die Belastung gleichmäßig auf, auch wenn die Dioden etwas unterschiedliche Eigenschaften haben sollten.

Die Drosseln flachen außerdem die infolge der steilflankigen Wechselspannung auftretenden hohen Ladestromstöße ab. Das ist besonders wichtig beim Einschalten des Gerätes, also bei leerem Ladekondensator C 3. Dabei würden so hohe Ladestromstöße auftreten und die Spannungsverhältnisse an der Drossel L_E so belasten, daß die Zeilenablenkung unsicher arbeitet. Um dies zu vermeiden, wurde hier ein besonderer Schaltungstrick vorgesehen. Der Ladekondensator C 3 erhält nämlich sofort beim Einschalten aus dem Netzteil eine „Startspannung" von 10 V, so daß der etwa 150 ms später anschwingende Zeilenablenkteil keine extrem hohen Ladestromstöße mehr zu liefern braucht.

Infolge der günstigen Auslegung und Bemessung der Gesamtschaltung wurde es damit möglich, bis zu 70 W Leistung zu entnehmen. Dabei ändert sich die Spannung zwischen Leerlauf und Vollast nur von 32 V auf 30 V.

(Nach Unterlagen der Firma Blaupunkt.)

Bild 18.47 und 18.48 Bildbreiten- und Hochspannungsstabilisierung

Einen anderen Weg, um Bildbreite und Hochspannung konstant zu halten, besteht darin, innerhalb der Zeilen-Ablenkendstufe einen Regelkreis vorzusehen. Man regelt dazu den Speisestrom der Ladedrossel L_E so nach, daß die Ausgangsspannungen des Ablenkteils konstant bleiben. Als Stellglied dient die Arbeitswicklung eines Transduktors. Sie wirkt, wie bei Bild 14.09 und 14.10 erläutert, als steuerbare Induktivität. Diese Induktivität schaltet man nach Bild 18.47 parallel zur Ladedrossel L_E. Der Steuerwicklung führt man einen Strom I_{St} zu, der von der Amplitude der Zeilenablenkspannung abhängt, und damit ist der Regelkreis bereits hergestellt.

Von den verschiedenen Möglichkeiten, diese Steuerspannung zu gewinnen, ist in Bild 18.48 ein Beispiel angeführt. Dem Zeilenausgangsübertrager wird eine dem Ablenkstrom proportionale Rückschlagspannung von 55 V_{ss} entnommen und

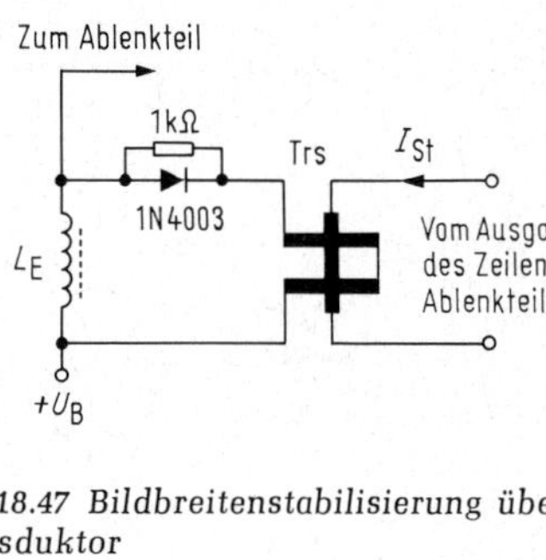

Bild 18.47 Bildbreitenstabilisierung über einen Transduktor

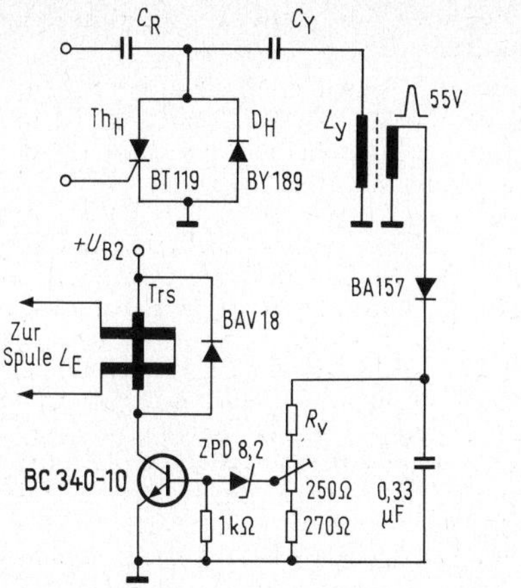

Bild 18.48 Steuerstromkreis des Transduktors

gleichgerichtet. Die am 250-Ω-Trimmpotentiometer eingestellte Teilspannung wird mit der konstanten Spannung der Z-Diode Typ ZPD 8.2 verglichen. Die Differenzspannung steuert den Regeltransistor BC 340 und damit den Strom durch die Steuerwicklung des Transduktors.

Bild 18.49 Horizontal-Ablenkschaltung mit Transduktor-Regelung

Die Schaltung ist mit den Thyristoren BT 119 und BT 120 von Intermetall bestückt. Sie besteht im wesentlichen aus den bisher besprochenen Funktionsstufen:

- Ladedrossel L_E mit parallelgeschaltetem Transduktor zur Bildbreiten- und Hochspannungsstabilisierung;
- Rücklaufschalter mit dem Thyristor BT 120 und der Diode BY 189;
- Hinlaufschalter mit dem Thyristor BT 119 und einer Diode BY 189;
- Ausgangsübertrager mit den Ablenkspulen L_Y und dem hier am Fußpunkt liegenden Kondensator C_Y;
- Hochspannungskaskade und Einweggleichrichter für die Bildröhrenspannungen.

Zum Abgleichen der Rückschlagzeit liegt eine Einstellspule L_1 in Serie mit der Rücklaufspule L_R.

Der Thyristor Th_H im Hinlaufschalter erhält aus der Koppelwicklung der Spule L_E seine Torspannung. Die Spule L_3 dient zum Abgleichen des Triggersignals. Die Regelstufe zum Steuern des Transduktors ist nur als Blockschaltung angedeu-

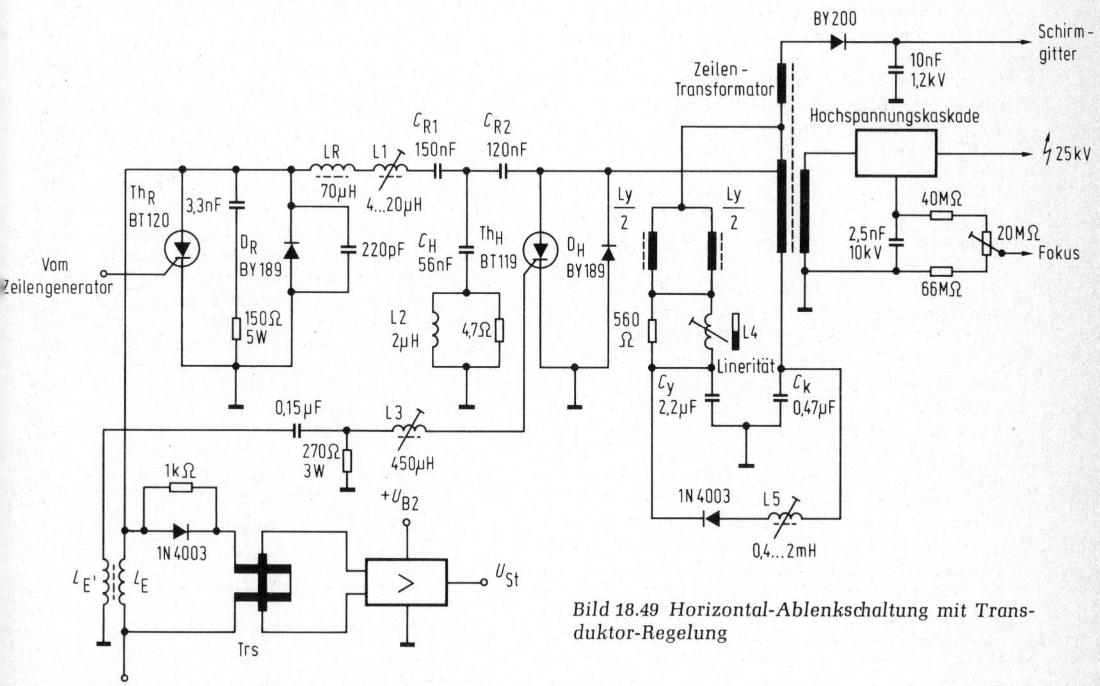

Bild 18.49 Horizontal-Ablenkschaltung mit Transduktor-Regelung

tet. Ihre Steuerspannung kann nach Bild 18.48 bezogen werden. Für die Regelwirkung wird angegeben, daß ± 10 % Netzspannungsschwankungen sowie Strahlstromänderungen zwischen 0,1 mA und 1,5 mA die Bildbreite höchstens um 1 % ändern.

Die Thyristorsteuerung für Horizontal-Ablenkendstufen wurde hauptsächlich mit dem Aufkommen der Dünnhalsbildröhren aktuell. Geeignete Thyristoren werden von verschiedenen Firmen hergestellt. Die folgende Tabelle bringt eine Auswahl socher Bauelemente. Besonders bemerkenswert sind die Typen der Firmen AEG-Telefunken und Siemens, bei denen die zum Thyristor passende Diode im gleichen Siliziumplättchen integriert ist.

Bild 18.50 Integrierte Steuerstufe für die Zeilenablenkung

In den Bildern 11.31 bis 11.33 wurden bereits integrierte Schaltungen zum Steuern von Zeilenendstufen behandelt. Der nun zu besprechende Baustein TBA 920 wird vorzugsweise für Thyristor-Horizontalendstufen verwendet. Empfehlenswerter Wiederholungsstoff: Phasenvergleichsschaltungen Bild 10.32 bis 10.35.

Der Integrationsgrad der hier im Blockschema dargestellten integrierten Schaltung TBA 920 ist sehr hoch und umfaßt folgende Einheiten:

Störsignal-Austasteingang für ein Störsignal gleicher Polarität wie die des Nutzsignals.

Zeilenoszillator nach dem Schwellwertschalter-Prinzip.

Thyristoren für Horizontal-Ablenkendstufen

Firma	Th_H	D_H	TH_R	D_R	
AEG-Telefunken	TD 3 FH	integriert	TD 3 FR	integriert	1972
Intermetall	BT 119	BY 189	BT 120	BY 189	1971
RCA	40 640	40 642	40 641	40 643	1968
RCA	40 888	40 890	40 889	40 891	1972
Siemens	BSt CC 0146 H	integriert	BSt CC 0146 R	integriert	1972

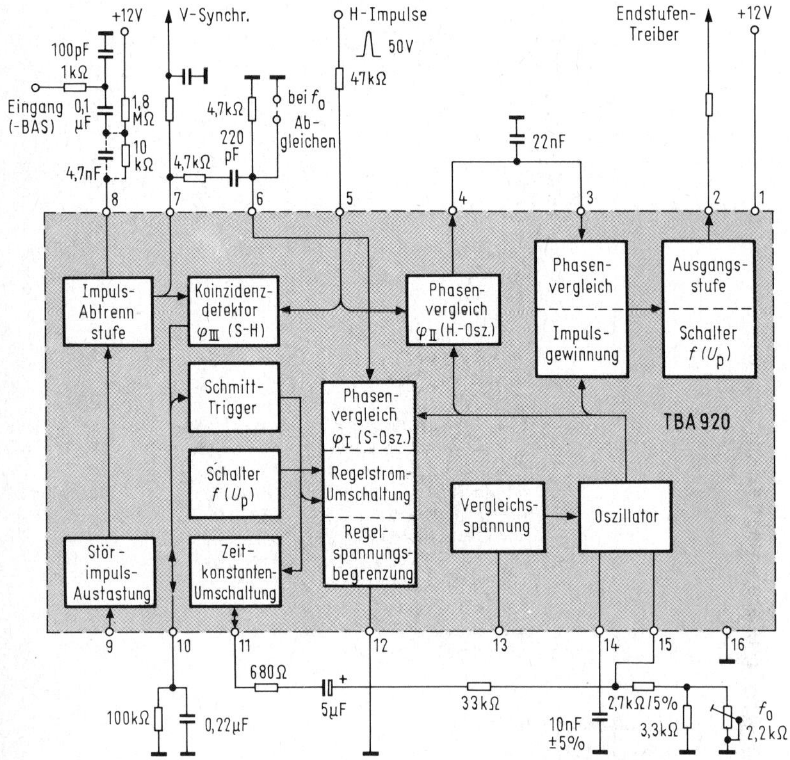

Bild 18.50 Funktionsschema und Anschlußschaltung der Horizontalkombination TBA 920

Phasenvergleich I zwischen Synchronimpuls und Oszillator.

Zeitkonstanten- und Steilheitsumschaltung.

Phasenvergleich II zwischen Zeilenrücklauf und Horizontal-Austastlücke.

Ausgangsstufe zum Steuern von Halbleiter-Endstufen.

Möglichkeit für den Anschluß eines Videorecorders.

Mit einer Eingangsspannung (BAS) von 0,5 V_{ss} an Klemme 8 liefert die Schaltung Steuerimpulse von 10 V an den Endstufentreiber. Ferner können an Klemme 7 positive Vertikal-Synchronimpulse mit 10 V_{ss} für den Bildablenkteil entnommen werden. Die Grundfrequenz f_0 des internen Horizontaloszillators wird gleichstrommäßig mit dem Widerstandsnetzwerk an Klemme 15 abgeglichen. Für die Phasenvergleichsschaltung dieses Oszillators sind Horizontalimpulse mit 50 V Amplitude aus der Zeilenablenk-Endstufe zuzuführen.

Auch diese umfangreiche und viele Einzelelemente ersetzende integrierte Schaltung wird in einem einzigen Siliziumplättchen mit nur 1,5 mm Kantenlänge erzeugt und in einem kleinen Plastikgehäuse mit 16 Anschlüssen untergebracht.

Bei allen neuzeitlichen Horizontal-Ablenkendstufen ist die Verzahnung mit der Vertikalendstufe zu beachten. Wie auf Seite 149 behandelt, wird über die MMVD- bzw. SMVD-Schaltung Energie aus dem Zeilentransformator zum Betrieb der Vertikalendstufe entnommen. Hierfür sei nochmals auf die Arbeit „Leistungssparende Vertikalablenkschaltung“ von *Dobbert* und *Reh* hingewiesen, erschienen in Funkschau 1978, H. 8, S. 327, und H. 9, S. 393.

Literatur

Oloff: Das erste ausschließlich mit Halbleitern bestückte 66-cm-110°-Farbfernsehgerät. Funkschau 1970, H. 16, S. 519.

Oloff: Wirkungsweise der Thyristorablenkung für 110°-Farbfernsehempfänger. Funk-Technik 1970, H. 23, S. 923.

Vosseler: Horizontalablenkschaltungen für 110°-Farbbildröhren mit den Thyristoren BT 119 und BT 120. Radio Mentor Electronic 1971, H. 11, S. 656; H. 12, S. 710; 1972, H. 1, S. 20.

Mosel und *Schulz:* Das Farbbildröhrenkonzept mit der 26"/110"-Dünnhalsröhre. Radio Mentor Electronic 1972, H. 4, S. 152.

Riechmann: Ein neuer 110°-Farbfernsehempfänger mit Halbleiterbestückung. Horizontalablenkung: Funkschau 1972, H. 12, S. 419.

– –: Die Horizontalablenkung in Fernsehempfängern mit Thyristoren. Funktechnische Arbeitsblätter Fs 60. Franzis-Verlag, München, 1972.

Macek: Einige Anwendungen schneller Thyristoren. Siemens-Bauteile-Informationen, November 1972, H. 5, S. 122.

Blaupunkt: Horizontalablenkung. Informationen für den Fachhandel, Nr. 17/1972, S. 8.

Schulz: Neue Regeltechnik für die Thyristor-Horizontalablenkung in Fernsehempfängern. Funk-Technik 1973, H. 2, S. 51.

Bösterling: Thyristor und Diode in der Horizontalablenkung. Radio Mentor Electronic 1973, H. 3, S. 99.

Limann: Thyristoren im Horizontalablenkteil von Fernsehempfängern. Funkschau 1973, H. 18, S. 662.

20 AX Horizontal-Ablenkschaltung mit Thyristoren. Valvo-Entwicklungsmitteilungen Juli 1974. Horizontalablenkschaltungen mit Transistoren, ihre Speisung und Stabilisierung. Funktechnische Arbeitsblätter Fs 58. Funkschau 1975, H. 1, S. 43.

Mosel und *Schulz:* Neues Thyristor-Schaltungskonzept mit Toroid-Ablenkeinheit. Funkschau 1976, H. 6, S. 209.

Kaspar: Aufbau einer FS-Zeilenendstufe mit Thyristoren. Radio Eelektronik Schau (Wien), 1976, H. 8, S. 20.

Kraus: Thyristor-Horizontal-Ablenkstufe mit Netztrennung im Zeilentransformator. Funkschau 1976, H. 21, S. 897.

Schulz und *Reh:* Hochvoltthyristor-Ablenkschaltungskonzept „step 7“ für Farbfernsehempfänger. Funkschau 1978, H. 13, S. 599.

19 Konvergenzteil

(Empfehlenswerter Widerholungsstoff: Bild 7.27 bis 7.29 Ablenkströme; Bild 11.07 Tangensentzerrung und Parabelspannung; Bild 11.21 und 11.22 Einschaltstrom einer Spule; Bild 11.53 bis 11.55 Linearitätseinsteller; Bild 14.04 bis 14.08 Farbreinheit und Konvergenz; Bild 14.09 und 14.10 Transduktoren.)

Die Konvergenzeinstellung beim Farbfernsehempfänger ist notwendig, um auf dem Bildschirm ein geometrisch genaues, rechteckiges Zeilenraster zu schreiben und um die drei Elektronenstrahlen stets durch dasselbe Maskenloch auf die zu diesem Loch gehörenden drei Farbpunkte zu richten. Dies sind eigentlich zwei verschiedene Vorgänge, nämlich:

1. Die Rasterkorrektur oder Kissenentzerrung mit Hilfe von Korrekturströmen in der *Ablenkeinheit.*

2. Die Konvergenzeinstellung der Farbdeckung, d. h. das Zurdeckungbringen von Blau, Grün und Rot, damit an allen Stellen des Rasters Weiß erzeugt werden kann. Dazu dienen Korrekturströme, die der *Konvergenzeinheit* zugeführt werden.

Im Sprachgebrauch des Fernsehtechnikers hat sich allerdings eingeführt, beide Funktionen unter dem Sammelbegriff „Konvergenz" zusammenzufassen. Dazu mag auch beitragen, daß die Farbdeckung nicht nur über die Konvergenzeinheit erfolgt, sondern auch durch Zusatzströme in der Ablenkeinheit korrigiert wird.

Die Schaltungen dieses Konvergenzteils sind eigentlich das Schwierigste am Farbfernsehempfänger, nicht der Chrominanzteil. In den Entwicklungslaboratorien der Empfängerfirmen arbeitet jeweils ein ganzer Stab von Spezialisten ausschließlich am Entwurf der Konvergenzschaltungen. Man kann dies bisweilen an den Verfasserangaben von Fachaufsätzen über dieses Gebiet erkennen. Manchmal werden drei bis vier Autoren für einen einzigen Aufsatz über Konvergenzschaltungen genannt.

Weil aber das Gebiet so verwickelt ist, gibt man sich ganz besondere Mühe, die Arbeit des Prüffeld- und Servicetechniker möglichst zu vereinfachen. Die Bedienungsorgane, um auf dem Bildschirm das Raster und die Farbdeckung sauber einzustellen, werden mit sinusfälligen Symbolen versehen, damit man ohne schriftliche Anweisungen die richtigen Handgriffe in der richtigen Reihenfolge ausführt.

In diesem Kapitel wird nur die Delta-Farbbildröhre behandelt, weil sie noch in Millionen von Empfängern in Gebrauch ist, und weil diese Geräte auf Jahre hinaus noch betreut werden müssen. Außerdem läßt sich aus diesen Betrachtungen erst so richtig ermessen, ein wie diffiziles mechanisches und elektronisches Erzeugnis die Farbbildröhre an sich ist, und welche Ingenieurleistungen aufgewendet worden sind, um mit der Schlitzmaskenröhre den Empfängerbau und den Service zu vereinfachen. Diese Vereinfachung wurde bereits auf den Seiten 181 bis 183 behandelt.

Rasterkorrektur oder Kissenentzerrung

Bild 19.01 Ablenkwinkel und Bildschirmebene

Wie in Bild 14.01 bis 14.04 behandelt, befindet sich im Inneren der Delta-Bildröhre die aus dünnem Stahlblech bestehende Lochmaske, und zwar in etwa 15 mm Abstand vom Leuchtschirm. Diese Lochmaske enthält fast eine halbe Million winziger, zeilenweise angeordneter Löcher, wie folgende Überschlagsrechnung beweist: Der Bildschirm hat ein Seitenverhältnis von 3 : 4. Das Bild ist rund 600 Zeilen hoch (25 Zeilen werden für den Bildrücklauf benötigt). Man braucht also 600 Lochreihen in der Höhe, d. h. bei einem Seitenverhältnis von 3 : 4

$$\frac{x}{600} = \frac{4}{3} \qquad x = 800 \text{ Löcher pro Zeile}$$

Dies ergibt eine Gesamtzahl von

$$n = 600 \cdot 800 = 480\,000 \text{ Löcher je Maske}$$

Die Bildröhrenhersteller nennen im allgemeinen eine Zahl von 440 000 Löchern, d. h. die Bildränder werden etwas beschnitten. Das fällt jedoch dem Zuschauer kaum auf, denn es handelt sich rechnerisch nur um einen Randstreifen von etwa 1,5 % in der Höhe und Breite des Bildes und gibt Sicherheit, daß keine schwarzen Bildränder auftreten.

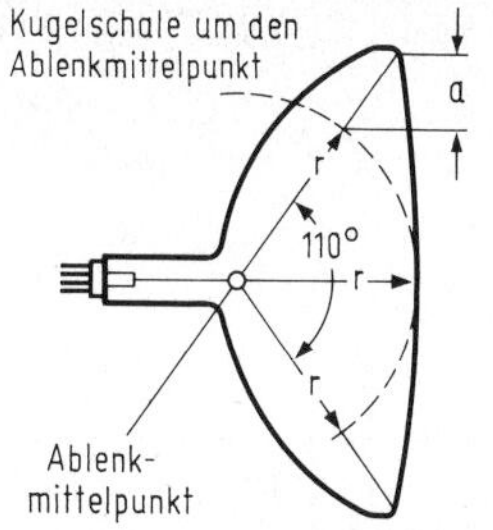

Bild 19.01 Ablenkwinkel und Auslenkung auf dem Bildschirm sind nicht proportional zueinander

Bild 19.02 Entstehen der Kissenverzerrung auf dem Bildschirm

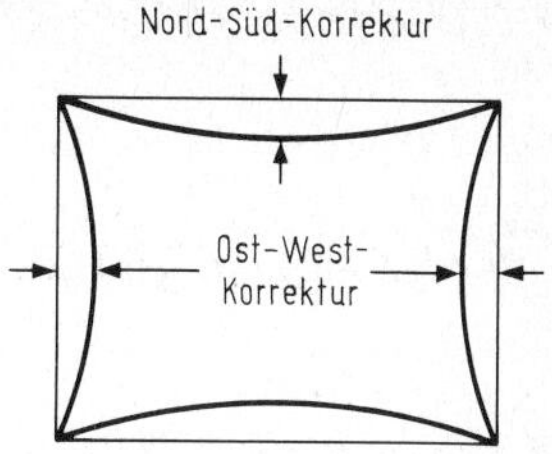

Die drei Strahlsysteme innerhalb der Bildröhre sind in Form eines gleichschenkligen Dreiecks angeordnet und um etwa 1,5° gegen die Mittelachse der Röhre geneigt. Die drei Elektronenstrahlen sollen stets im gleichen Maskenloch zusammenlaufen oder *konvergieren* [1]. Dahinter streben sie wieder etwas auseinander. Jeder Strahl trifft dann auf seinen eigenen Farbpunkt mit rotem, grünem oder blauem Leuchtstoff. Die drei Leuchtpunkte bilden ebenfalls ein gleichseitiges Dreieck. Zu jedem Loch in der Maske gehört eine Gruppe von drei Punkten, so daß der Bildschirm aus rund 1,3 Millionen Leuchtpunkten besteht.

Das Bündel der drei Elektronenstrahlen wird mit Hilfe der Ablenkströme in den Ablenkspulen zeilenweise über den Bildschirm geführt. Die ganz große Schwierigkeit besteht nun darin, daß auch wirklich immer die drei Strahlen sauber Loch für Loch auf einer waagerechten Löcherreihe entlangwandern und stets richtig auf den gerade zu diesem Loch gehörenden drei Leuchtpunkten landen. 1,3 Millionen Leuchtpunkte in je einer 50stel Sekunde richtig zu treffen, das ist wirklich eine harte Forderung, und es hat sehr viel Entwicklungsarbeit gekostet, um diese Technik zu beherrschen.

Die Konvergenz, das Vereinen der drei Elektronenstrahlen, muß also an allen Punkten der Lochmaske erzwungen werden, damit ein regelmäßiges Zeilenraster mit den richtigen Farben auf dem Bildschirm entsteht. Bereits bei der Schwarzweißröhre erforderte dies besondere Entzerrungsmaßnahmen, um die Zeilen in genau gleichmäßigen Abständen zu schreiben [2]. Tritt dort eine Abweichung auf, dann gibt dies allenfalls an den Rändern ein leicht gestauchtes oder gedehntes Bild. Drastisch gesprochen, wachsen also z. B. bei einem Sprecher die Haare länger aus dem Kopf heraus.

Beim Farbempfänger geraten dann aber noch die Farben durcheinander, besonders wenn die Zeilen nicht geradlinig verlaufen, sondern kurvenförmig „verbogen“ sind. Die zu lang geratenen Haare färben sich dann vielleicht außerdem noch grün.

Das ist aber nur eine der vielen Fehlerquellen der Bildschirmgeometrie. Das Raster wird nämlich *kissenförmig* verzeichnet. Nach Bild 19.01 kann man sich die Strahlen von einem Ablenkmittelpunkt innerhalb der Ablenkeinheit ausgehend denken. Der linear ansteigende Ablenkstrom bewirkt proportional dazu sich ändernde Ablenkwinkel. Die zugehörigen Bildsignale müßten daher eigentlich auf einen kugelförmigen Bildschirm mit dem Radius *r* projiziert werden. Ein auf den Rand des wirklichen Bildschirms gerichteter Strahl hat einen weiteren Weg zurückzulegen als auf der Mittelachse, weil der Bildschirm flacher gewölbt ist als die Kugelschale, die gleichen Wegen oder Radien *r* entspricht. Infolge des weiteren Weges zum Bildschirmrand gelangt der Strahl um das Maß *a* weiter nach außen als eigentlich beabsichtigt. In den Bildecken sind die Ablenkwinkel zur Mittelachse und damit diese Fehler am größten. Die Darstellung gilt für die Diagonale einer 110°-Bildröhre. Man kann aus der Zeichnung erkennen, daß die Abweichungen *a* in den äußersten Ecken sehr groß sein müssen.

Bild 19.02 Kissenentzerrung

Soll also auf dem Bildschirm ein Rechteck wiedergegeben werden, so wird es zu einer Kissenform verzeichnet. An den am weitesten vom Mittelpunkt entfernten Ecken bilden sich die Kissenzipfel aus. Die bogenförmigen Kissenkanten müssen nun wieder geradlinig gemacht werden. Man spricht dabei sehr sinnfällig von der Nordsüdkorrektur und der Ostwestkorrektur. Diese Korrektur erfolgt durch Zusatzströme in den Ablenkspulen. Die Ströme verlaufen dann nicht mehr genau sägezahnförmig mit linearer Anstiegsflanke, sondern gegenläufig gekrümmt, um den Durchgang der Kissenkanten auszugleichen. Diese Beeinflussung der Anstiegsflanken ist verwandt mit der Linearitätseinstellung oder Tangensentzerrung bei Schwarzweißbildröhren.

---

1 convergere (lateinisch) = sich zusammenneigen.

2 Bild 7.29, 11.07 und 11.53 bis 11.55.

Bild 19.03 Ost-West-Korrektur

Das Bild zeigt oben nochmals eine gleichmäßige Kissenverzerrung infolge des flachen Bildschirms. Kissenverzeichnung bedeutet, daß die Zeilen oben und unten verbogen und in der Mitte zu kurz sind. Diese gekrümmten Linien werden mathematisch als Parabeln bezeichnet. Dies sind Kurven, die sich ergeben, wenn man einen Kegel schräg durchschneidet. Und in der Tat beschreibt der Strahl auch beim Schreiben einer Zeile eine Kegelfläche, die von der Schirmfläche geschnitten wird. Betrachten wir vorerst nur die notwendige Ostwestkorrektur. Wir nehmen zur Vereinfachung an, daß das Raster aus 601 Zeilen besteht und die übrigen 24 Zeilen auf den Rücklauf entfallen. Zeile 1 ist dann zu lang und hängt nach unten durch. Die mittlere Zeile 301 ist zwar geradlinig, aber zu kurz. Zeile 601 ist wieder zu lang und nach oben durchgebogen.

Interessieren wir uns zunächst nur für die Zeilenlänge. Macht man elektrisch die Zeilenamplituden in der Mitte größer als oben und unten, dann kann man den Ostwestfehler kompensieren oder korrigieren. Dazu müssen wir nach Bild 19.03 unten während einer Bildperiode die Amplituden des Zeilenablenkstroms so modulieren, daß die 301. Zeile gerade um diese Ostwestkorrektur länger ist, als es die Zeilen am oberen und unteren Bildrand sind. Die Modulationshüllkurve muß die Form einer entgegengesetzt zur Kissenverzeichnung liegenden Parabel haben. Aus der optischen Verzerrung auf dem Bildschirm und der elektrischen Vorverzerrung der Zeilenablenkung ergeben sich dann als Mittelwerte lineare, senkrechte Begrenzungskanten des Bildrasters.

Die parabelförmigen Zusatz- oder Korrekturströme müssen für jeden Bildwechsel wiederholt werden. Ihre Frequenz entspricht also der Bildkippfrequenz, die Ströme werden deshalb aus dem Vertikalablenkteil gewonnen. Für die Ostwestkorrektur muß demnach der Horizontalablenkstrom, der auf so kunstvolle Weise in der Zeilenendstufe erzeugt worden ist, mit der Bildfrequenz amplitudenmoduliert werden. Diese zum Modulieren erforderlichen Parabelspannungen gewinnt man, ähnlich wie bei Bild 11.07 erwähnt, durch Integrieren von Bildkippimpulsen.

Bild 19.04 Trapezkorrektur

Ein Rechteckmuster wird aber nicht nur kissenförmig verzeichnet, sondern es tritt auch eine trapezförmige Verzerrung auf. Sie rührt z. B. beim Strahlsystem für Blau daher, daß dieses System etwas oberhalb der Mittelachse der Röhre sitzt. Der Strahl muß bis zum unteren Rand einen etwas weiteren Weg zurücklegen, d. h. er kommt weiter nach außen, die Zeile 601 ist län-

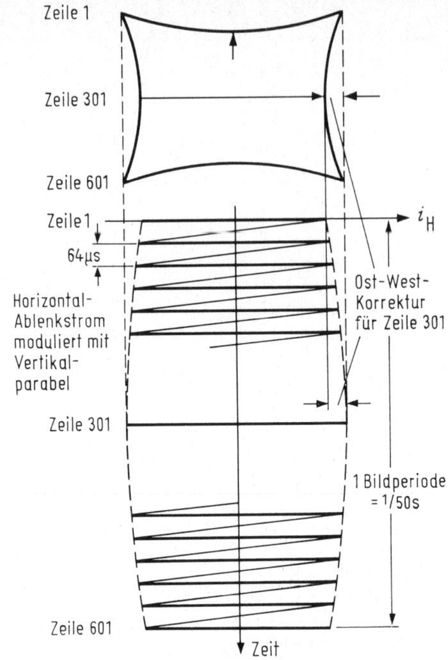

Bild 19.03 Ostwestkorrektur durch größere Ablenkamplituden in Bildschirmmitte

ger als die Zeile 1. Im Bild ist dies übertrieben dargestellt.

Wie kann nun eine solche Trapezverzerrung ausgebügelt werden? Das ist leicht zu übersehen. Bei einem unten breiten Trapez auf dem Bildschirm (Zeile 601) muß der Zeilenablenkstrom während einer Bildperiode mit einem entgegengesetzt verlaufenden Sägezahn moduliert werden, wie im Unterteil des Bildes angedeutet. Die elektrisch verkürzte Zeilenamplitude, bzw. der kleinere Ablenkstrom ergibt dann auch eine optisch verkürzte Zeile auf dem Bildschirm – die Trapezseite wird kürzer.

Ist das Trapez außerdem an den Seiten kissenförmig verzeichnet dann muß man gleichzeitig mit Parabel- und Sägezahnströmen modulieren. Das alles haben die Entwicklungsingenieure der Farbbildröhren und Farbfernsehempfänger xmal durchdacht, durchgerechnet und durchprobiert, um Korrekturschaltungen zu finden, mit denen Parabel- und Sägezahnströme so erzeugt werden, daß sie der Servicetechniker dann routinemäßig hintrimmen kann. Er braucht sich normalerweise gar nicht um die Form der Korrekturströme zu kümmern, sondern nur den Bildschirm zu beobachten, ob beim Betätigen der Abgleichelemente ein Gittermuster richtig geradlinig und parallel wird.

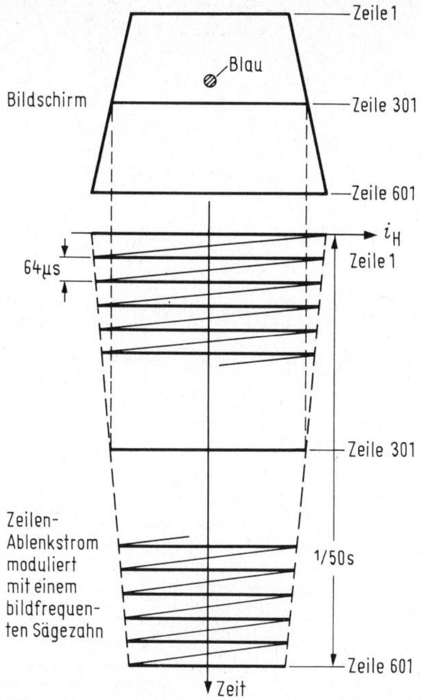

Bild 19.04 Trapezverzerrung und ihre Korrekturmöglichkeit

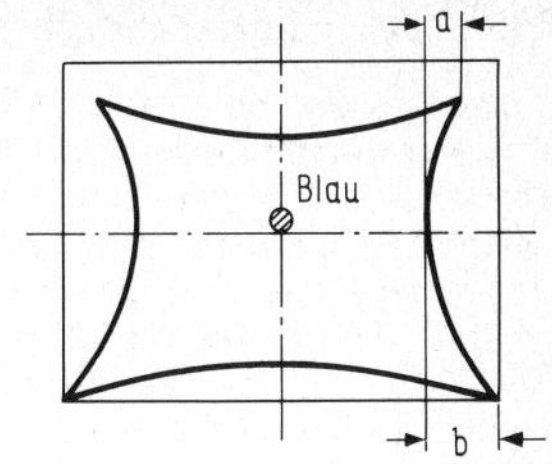

Bild 19.05 Kombinierte Kissen- und Trapezverzerrung

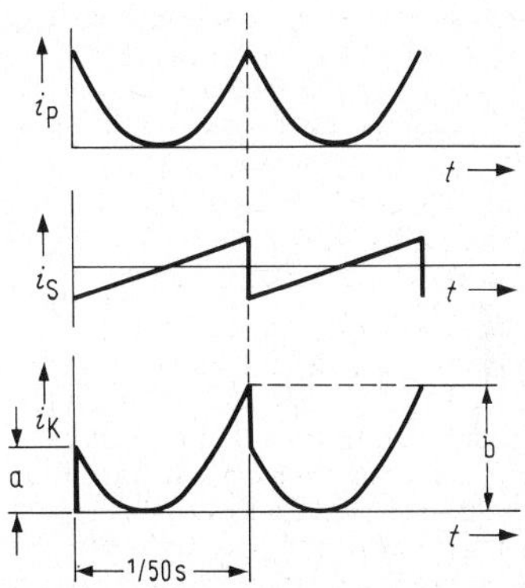

Bild 19.06 Zusammensetzung des Konvergenzstromes aus Parabelströmen und Sägezahnströmen

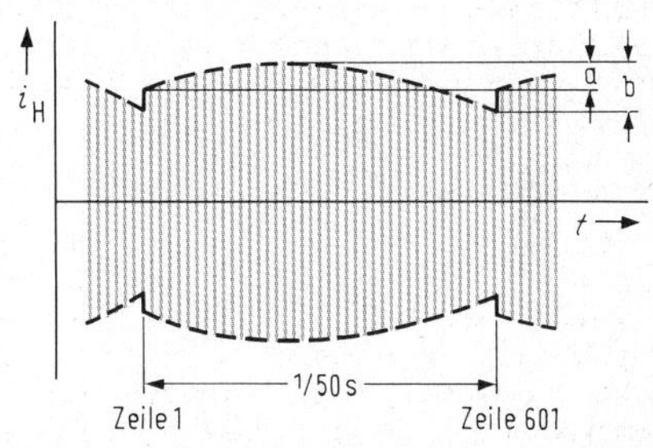

Bild 19.07 Modulation des Horizontalablenkstromes mit vertikalfrequenten Korrekturströmen

Bild 19.05 bis 19.07 Parabeln und Sägezähne

In Bild 19.05 sind die beiden Verzerrungen für ein blaues Rechteck kombiniert gezeichnet, nämlich die Kissenverzeichnung und die überlagerte Trapezverzerrung, die entsteht, weil das Strahlsystem für Blau etwas oberhalb der Mittellinie des Bildschirms liegt. Die obere Rechteckkante verlängert sich infolgedessen um das Maß *a* gegenüber der waagerechten Mittellinie. Die untere Bildkante ist um das Maß *b* weiter hinausgerückt. (Um die Verhältnisse deutlicher zu machen, wurden die Verzeichnungen übertrieben groß dargestellt.)

Um diese verschieden langen Zeilen über die Bildhöhe hinweg wieder auf gleiches Maß zu bringen, muß man einen Parabelstrom und einen Sägezahnstrom überlagern und mit diesem Summensignal den Zeilenablenkstrom modulieren. Das Entstehen des Summensignals ist in Bild 19.06 schematisch dargestellt. Der Parabelstrom (Bild 19.06a) wird durch Integrieren von Bildkippimpulsen gewonnen [1]). Der Sägezahnstrom Bild 19.06b kann aus dem Vertikalablenkteil entnommen werden. Durch Addieren ergibt sich die Kurvenform 19.06c. Zum Zeitpunkt 0, also am oberen Bildrand, besitzt sie die Anhebung *a* gegenüber der Grundlinie. Nach Ablauf eines Bildes, d. h. am unteren Bildrand, hat der Abstand den Wert *b*, ist also größer als *a*, wie dies nach Bild 19.05 erforderlich ist.

Nach dem Modulieren des Zeilenablenkstroms mit diesem Korrekturstrom ergibt sich ein Verlauf nach Bild 19.07. Gegenüber den Bildern 19.03 und 19.04 wurde die Zeitachse jetzt waagerecht angeordnet, so, wie man ein solches Diagramm auf einem Elektronenstrahloszillografen sehen würde.

1 Vgl. Bild 11.07

Bild 19.08 Nord-Süd-Korrektur

Bei der Nordsüdkorrektur Bild 19.08a und b sieht die Sache ziemlich verzwickt aus. Normalerweise steuert man den Elektronenstrahl oder das Strahlenbündel bei der Farbröhre während einer Vertikalablenkung mit einem stetig verlaufenden Sägezahnstrom von oben nach unten. Die Zeile 1 hängt aber auf dem Bildschirm in der Mitte durch. Während der Dauer der Zeile 1 muß man deshalb diesem 64 µs dauernden Sägezahnabschnitt einen Stoß nach oben geben, und zwar wieder in Form einer gegenläufigen Parabel. Diese Nordsüdkorrektur in der Mitte der Zeile 1 muß elektrisch gerade den optischen Durchhang auf dem Bildschirm kompensieren. Bei den nächsten Zeilen wird diese Parabelkorrektur immer kleiner, und bei Zeile 301 braucht nichts kompensiert zu werden, sie verläuft ohnehin geradlinig. Zum unteren Bildrand wiederholt sich das Spiel in umgekehrter Richtung, also: Der Vertikalablenkstrom muß mit horizontalfrequenten Parabeln moduliert werden, um die Nordsüdverzeichnungen zu entzerren.

In Bild 19.08c ist der Verlauf dieses Parabelstroms für sich allein dargestellt. Wie man daraus entnehmen kann, wechselt beim Nulldurchgang der sägezahnähnlichen Hüllkurve das Vorzeichen der Parabelspannungen. (Der Zeitmaßstab für die zeilenfrequente Parabelspannung mußte in diesen Bildern vergröbert werden, damit man die Zusammenhänge besser erkennen kann. In Wirklichkeit entfallen natürlich rund 600 Zeilenparabeln auf eine Bildperiode.)

Aus der relativ hohen Zeilenfrequenz von 15 625 Hz ist es etwas schwierig, Parabelströme durch Integrieren zu gewinnen. Glücklicherweise genügt es aber, wenn man diese Parabelfolge von Bild 19.08c durch einen Schwingungszug nach Bild 19.08d annähert. Er muß allerdings auch nach dem Nulldurchgang die richtige Phasenlage haben.

Diesen Schwingungszug braucht man nicht durch Integrieren der Zeilenimpulse zu gewinnen, sondern man erzeugt ihn durch einen Hilfsschwingkreis. Man stimmt z. B. die Ausgangswicklung des Bildkipp-Ausgangsübertragers durch eine Kapazität auf diese Frequenz ab und stößt den Kreis mit Zeilenimpulsen an. Die Schwingungen überlagern sich dann in gewünschter Weise dem Bildablenkstrom ähnlich Bild 19.08b.

Zusammenfassung

Um Nordsüd-Kissenverzeichnungen, also horizontale Linien zu korrigieren, muß man horizontalfrequente Korrekturströme in die Vertikalablenkung hineingeben. Um Ostwestverzeichnungen, also vertikale Linien zu korrigieren, muß man vertikalfrequente Korrekturströme in die Horizontalablenkung einbringen.

Bild 19.09 und 19.10 Rasterkorrektur mit einem Transduktor

Man unterscheidet passive und aktive Kissenentzerrungen. Bei der passiven Entzerrung entnimmt man die Korrekturströme direkt aus der einen Ablenkstufe und überlagert sie dem Ablenkstrom der anderen Endstufe. Bei der aktiven Entzerrung beeinflußt man über Verstärkerstufen die Steuerspannung der Endstufen in der gewünschten Weise. Diese aktive Entzerrung ist notwendig bei 110°-Bildröhren, weil sie sehr hohe Korrekturströme benötigen, die man nicht

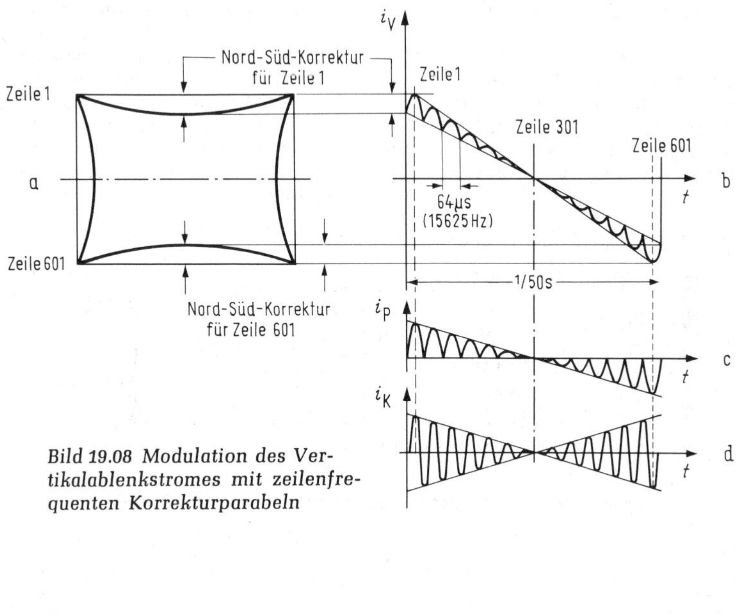

Bild 19.08 Modulation des Vertikalablenkstromes mit zeilenfrequenten Korrekturparabeln

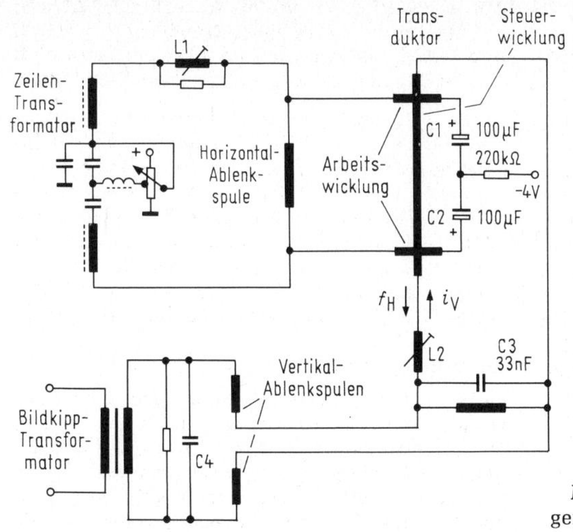

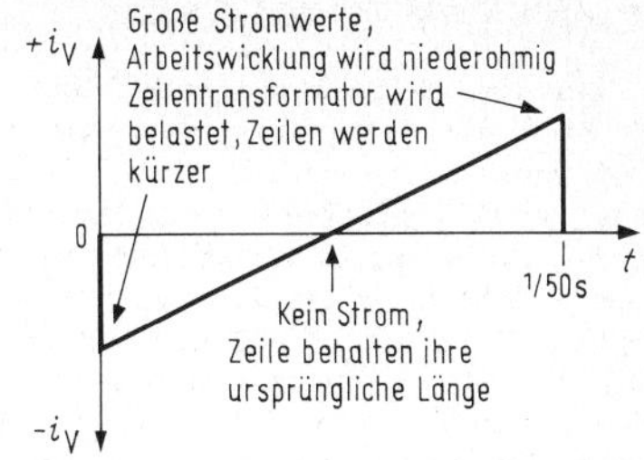

Bild 19.10 Steuerstrom für den Transduktor

Bild 19.09 Gesamtschaltung einer transduktorgesteuerten Korrektureinrichtung

einfach aus den Ablenkteilen selbst entnehmen kann. Für 90°-Bildröhren kommt man mit passiver Entzerrung aus. Viel verwendet wurde die hier schematisch dargestellte Korrekturschaltung Bild 19.09 mit einem Transduktor.

Betrachten wir zunächst die *Ostwestkorrektur*. Über die Steuerwicklung des Transduktors fließt der sägezahnförmige Vertikalablenkstrom i_V. Die Arbeitswicklung liegt über große Kapazitäten parallel zur Horizontalablenkspule. Bei den Spitzenwerten $+i_V$ und $-i_V$ des Vertikalablenkstromes Bild 19.10 wird die Arbeitswicklung in die Sättigung gesteuert. Sie nimmt einen größeren Strom auf, belastet dadurch den Zeilentransformator, die Zeilenablenkspannung bricht entsprechend zusammen, und die Zeilen werden kürzer, wie dies nach Bild 19.03 und 19.07 notwendig ist.

Geht der Vertikalablenkstrom durch Null, dann tritt auch kein Strom in der Steuerwicklung des Transduktors auf. Die Arbeitswicklung behält ihren hohen Induktivitätswert, dämpft den Zeilenausgangsübertrager nicht mehr, und die Zeilenablenkströme behalten ihre ursprünglichen Amplituden.

Nordsüdkorrektur. Über den Transistor gelangen aber auch in umgekehrter Richtung zeilenfrequente Impulse der Frequenz f_H aus der Arbeitswicklung in die Steuerwicklung und von dort zu den Vertikalablenkspulen. Sie überlagern sich dem Bildablenkstrom, und man erhält den „schartigen" Sägezahnverlauf nach Bild 19.08b. Das ergibt dann die Nordsüdkorrektur. Der parallel zum Bildkipp-Ausgangsübertrager liegende Kondensator stimmt auf die erforderliche Schwingungsform entsprechend Bild 19.08d ab. Mit den Einstellspulen L 1 und L 2 werden Nordsüdkorrektur und Ostwestkorrektur abgeglichen.

Bild 19.11 und 19.12 Rasterkorrektur mit zwei Transduktoren

Die gegenseitige Beeinflussung von Bildkippendstufe und Zeilenkippendstufe über einen einzigen Transduktor bringt gewisse Schwierigkeiten, die aber für 90°-Bildröhren beseitigt werden konnten. Für die 110°-Technik mit ihren höheren Korrekturströmen mußte man aber die Funktionen auftrennen und zwei Transduktoren vorsehen. Bild 19.11 zeigt eine Anordnung zur Nordsüdkorrektur. Eine Hilfswicklung auf dem Zeilen-

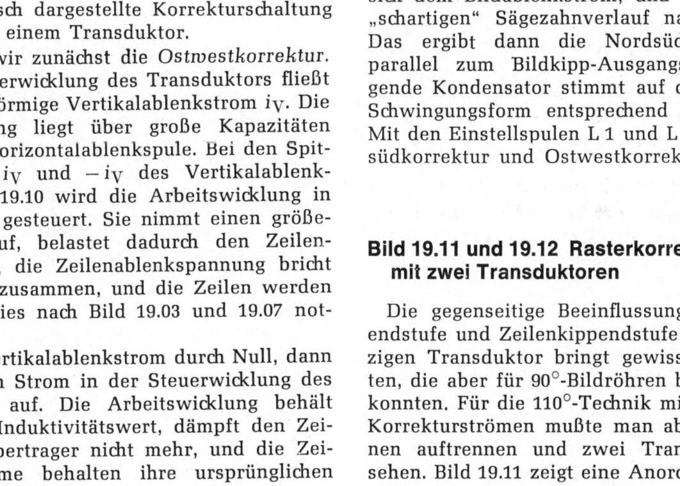

Bild 19.11 Transduktorschaltung für die Nordsüdkorrektur

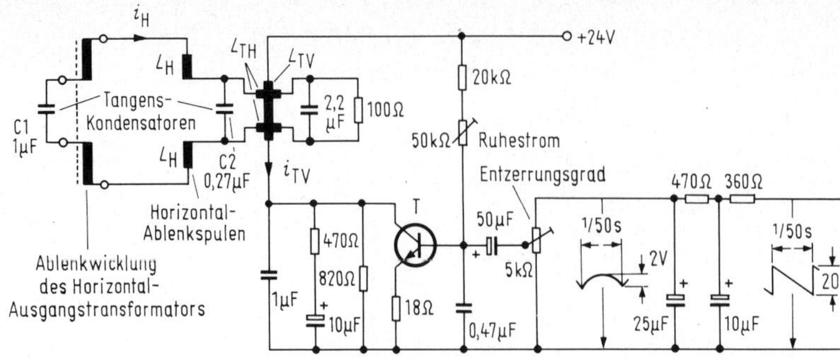

Bild 19.12 Transduktorschaltung für die Ostwestkorrektur

ausgangsübertrager steuert den Transduktor Typ TD 703 mit Horizontalimpulsen. Der Transduktor wird mit einem Gleichstrom vormagnetisiert, um den Arbeitspunkt günstig zu legen.

Die vom Transduktor gelieferte Korrekturspannung $U_{K\,1}$ wird durch den Resonanzkreis aus L_{Ph} und C 1 auf 250...300 V erhöht und als Korrekturspannung $U_{K\,2}$ in den Vertikalablenkkreis eingeführt. Er ist durch den Kondensator C 2 zu einem Schwingkreis ergänzt, um die Schwingung entsprechend Bild 19.08d zu formen.

Für die Ostwestkorrektur ist die Schaltung Bild 19.12 mit dem Transduktor TD 702 vorgesehen. Der Steuerfluß in dieser Schaltung geht von rechts nach links. Eine bildfrequente Sägezahnspannung mit u_{ss} = 20 V wird durch ein doppeltes RC-Glied integriert und ergibt eine Parabelspannung mit u_{ss} = 2 V. Diese wird in einer Transistorstufe verstärkt. Ihr Ausgangsstrom steuert den Transistor, und dieser moduliert den Ablenkstrom für den Zeilenablenkkreis. Verschiedene RC-Glieder beeinflussen zusätzlich die Form des Korrekturstroms und verhindern unerwünschte Rückwirkungen der Zeilenablenkspannung auf den Vertikalablenkteil.

(Nach Telefunken-Unterlagen.)

Literatur

–: Konvergenz und Farbreinheit bei der Farbbildröhre. Funktechnische Arbeitsblätter Rö 63, Franzis-Verlag (1967).

Pollak: und *Reichow:* Aktive Kissenentzerrungs-Schaltungen für die 110°-Farbbildröhre. Technische Mitteilungen AEG-Telefunken 1970, H. 5, S. 307.

Baumgartner: Ablenk- und Konvergenzschaltungen in Grundig-110°-Farbfernsehgeräten. Funk-Technik 1970, H. 21,1 S. 833.

Dangschat: Passive Eckenkonvergenz und Rasterkorrekturschaltung für 110°-Farbfernsehgeräte. Siemens-Bauteile-Informationen 1971, H. 1, S. 35.

Telefunken: Kissenentzerrung im Farbfernsehempfänger mit 110°-Ablenkung. Taschenbuch Röhren-Halbleiter-Bauteile 1971, S. 10.

Koubek: Schaltungsvorschläge für 110°-Farbfernsehempfänger. Funkschau 1971, H. 8, S. 239.

Birr: Schaltungstechnische Besonderheiten des Farbfernsehempfängers „studio 2602 color". Funk-Technik 1972, H. 12, S. 432.

Blaupunkt: Aktive Kissenentzerrung. Der blaue Punkt – Informationen für den Fachhandel, H. 16/72, S. 2.

Blaupunkt Integrationskette zur S-Korrektur. Der blaue Punkt – Informationen für den Fachhandel, H. 17/72, S. 29.

Köhler, Schubert, Seifert und *Stephan:* Neue Technik für 110°-Farbfernsehempfänger. Technische Mitteilungen AEG-Telefunken 1972, H. 3, S. 107.

Siemens: Nord-Süd-Korrekturschaltung. Halbleiter-Schaltbeispiele, Band 1972/73, S. 58.

John und *Wolter:* Die 110°-Strangwickelspule und ihre Konvergenz-Korrekturschaltungen. Funkschau 1973, H. 4, S. 111 und H. 5, S. 159.

Blaupunkt: 110°-Ablenktechnik. Der blaue Punkt – Informationen für den Fachhandel, H. 18/73, S. 2.

Baumgartner: Erweiterte Konvergenzschaltung bei den neuen 26-Zoll-Super-Color-Geräten. Grundig Technische Informationen, H. 4/1973, S. 207.

Hartmann: Kombinierte Nord-Süd-Korrektur und Vertikal-Ablenkschaltung. Radio Mentor Elektronik 1974, H. 2, S. 68.

Konvergenzeinstellung bei der Deltaröhre

(Empfohlener Wiederholungsstoff: Bild 14.01 bis 14.13 Die Farbbildröhre. Nochmals sei betont, daß diese Abschnitte für die Deltaröhre mit ihren Dreieck angeordneten Leuchtflecken gilt. Bei der neueren Schlitzmaskenröhre vereinfachen sich die Dinge wesentlich.

Bild 19.21 und 19.22 „Divergenz" der Auftreffpunkte

Das Gegenteil von konvergieren = zusammenlaufen ist divergieren = auseinanderlaufen. Und dazu haben die drei Strahlen in der Farbbildröhre eine sehr große Neigung. Die Strahlsysteme sind, in der Bildröhrenachse gesehen, nach Bild 19.21 angeordnet. Beim Blausystem muß der Strahl, wie bereits behandelt, zum unteren Rand und in die unteren Ecken einen weiteren Weg zurücklegen als zum oberen Rand. Das bedeutet, daß das Kissen für Blau zusätzlich trapezförmig verzeichnet ist (im Bild übertrieben dargestellt).

Bei den beiden anderen Systemen ergeben sich aus den gleichen Gründen schiefe trapezförmige Verzeichnungen mit einem weiter ausladenden Zipfel nach rechts oben für Rot und nach links oben für Blau. Dadurch ziehen sich auch die zugehörigen senkrechten und waagerechten Mittellinien an den Rändern gabelförmig auseinander. Die Bildröhrenhersteller, die zugleich auch die Ablenksysteme für ihre Bildröhren bauen, streben an, dieses unvermeidliche Auseinanderlaufen an den Ecken und Rändern so zu beeinflussen, daß die Auftreffpunkte der drei Strahlen an diesen charakteristischen Stellen etwa nach Bild 19.22

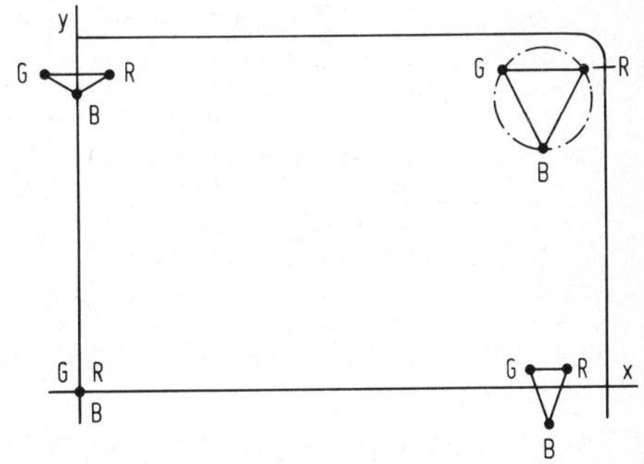

Bild 19.22 Auftreffpunkte der Einzelstrahlen auf dem Bildschirm einer 110°-Röhre

liegen, d. h. Dreiecke bilden, bei denen Rot und Grün nebeneinander zu liegen kommen und Blau darunter.

Diese Divergenzen müssen dann durch elektrische Korrekturschaltungen beseitigt werden, damit sich ein einwandfreies Bild ergibt. Dabei geht man ähnlich vor, wie früher in Bild 14.07 und 14.08 kurz behandelt, daß man zunächst die roten und grünen Linien waagerecht aufeinander zuschiebt und in einem weiteren Abgleichvorgang Blau damit zur Deckung bringt.

Aus Bild 19.22 lassen sich folgende Gruppen von Konvergenzeinstellungen ableiten:

1. Statische Konvergenz in Bildmitte
2. Vertikalkonvergenz in einer mittleren senkrechten Zone des Bildschirms
3. Horizontalkonvergenz in einer mittleren waagerechten Zone
4. Eckenkonvergenz an den Bildschirmecken

Für alle diese Einstellungen wird die Konvergenzschaltung so ausgebildet, daß jeweils die obere und die untere Bildhälfte bzw. die linke und die rechte Bildhälfte unabhängig voneinander abgeglichen werden können. Bei den Konvergenzgruppen 2 bis 4 mit getrennten Einstellungen für oben und unten oder links und rechts sind dies bereits sechs Abgleichmöglichkeiten. Dabei müssen aber jeweils Rot/Grün und Blau getrennt eingestellt werden. Zusammen mit der statischen Konvergenzeinstellung und einigen weiteren Justierungen kommt man dann leicht auf 20 bis 22 Einstellknöpfe auf der Konvergenzplatte.

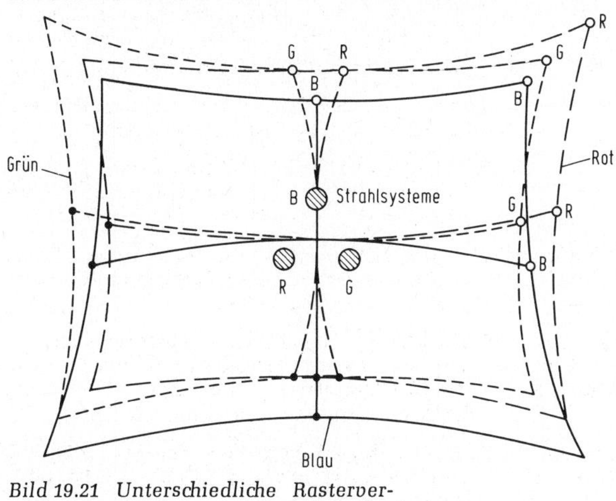

Bild 19.21 Unterschiedliche Rasterverzeichnungen bei einer Deltaröhre

Bild 19.23 Farbreinheit

Elektronenstrahl ist Elektronenstrahl, ganz gleich, aus welcher Katode er kommt. Nicht Farben, sondern *elektrische* Signale werden übertragen. Trifft ein Strahl auf einen falschen Leuchtpunkt, dann erscheint beispielsweise Rot, obgleich das elektrische Signal für Grün bestimmt war. Aber selbst wenn nur der Rand des benachbarten Leuchtpunktes gestreift wird, gibt es einen andersartigen Schimmer, die gewünschte Farbe ist nicht rein. Die Elektronenstrahlen müssen also richtig auf dem zugehörigen Leuchtpunkt landen. Dabei besteht bei gut fokussiertem Strahl nur eine ringförmige Toleranzzone von 0,03 mm Breite. Die Leuchtstoffpunkte sind also nur wenig größer als der Strahldurchmesser.

Bei der Bildröhrenfertigung wird das Strahlsystem mit größter Sorgfalt zur Lochmaske passend justiert. Winzige Fertigungstoleranzen lassen sich jedoch nicht vermeiden. Um sie auszugleichen und die Elektronenstrahlen genau auf die Leuchtpunkte zu richten, hat man die Farbreinheitseinstellung vorgesehen, denn nur bei richtigem Auftreffen gilt grob vereinfacht:

$$0{,}3\ \text{Rot} + 0{,}6\ \text{Grün} + 0{,}1\ \text{Blau} = \text{Weiß}$$

Das Einstellen der Farbreinheit ist also eigentlich ein Ausgleichen mechanischer Fertigungstoleranzen. Dieser Abgleichvorgang erfolgt mit großer Sorgfalt im Prüffeld der Gerätefirma nach der Rasterkorrektur und der Konvergenzeinstellung, denn zunächst muß die Bildschirmgeometrie stimmen, ehe man die Farbreinheit beurteilen kann. Diese Justierungen zum Ausgleichen mechanischer Toleranzen unterliegen keiner Alterung. Wenn also beim ersten Überprüfen eines Gerätes ein klares Weiß in der Mittelzone des Bildschirms vorhanden ist, sollte man an der Farbreinheitseinstellung nichts ändern. Eine Neueinstellung ist allerdings dann notwendig, wenn die Bildröhre ausgewechselt wurde.

Zum Einstellen der Farbreinheit in der Mitte des Bildschirms dienen die auf dem Röhrenhals befindlichen Farbreinheitsmagnete[1]). Man verdreht sie vorsichtig gegeneinander und beobachtet mit einem der dazu erhältlichen Spezialmikroskope, ob die Leuchtpunkte richtig kreisförmig in ihrer jeweiligen Farbe aufleuchten.

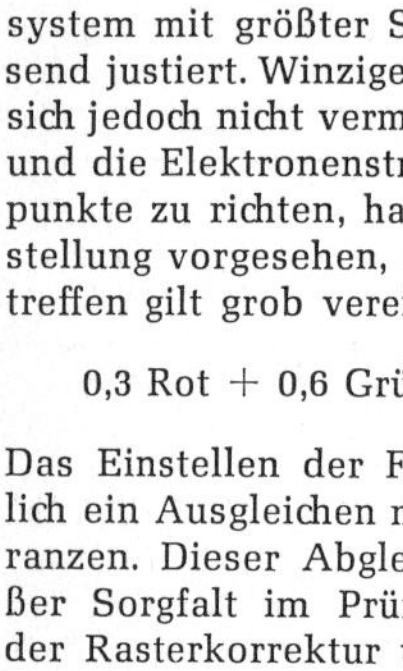

Bild 19.23
R, G, B = Leuchtstoffpunkte für Rot, Grün und Blau; schraffiert: richtig gelandete Elektronenstrahlen

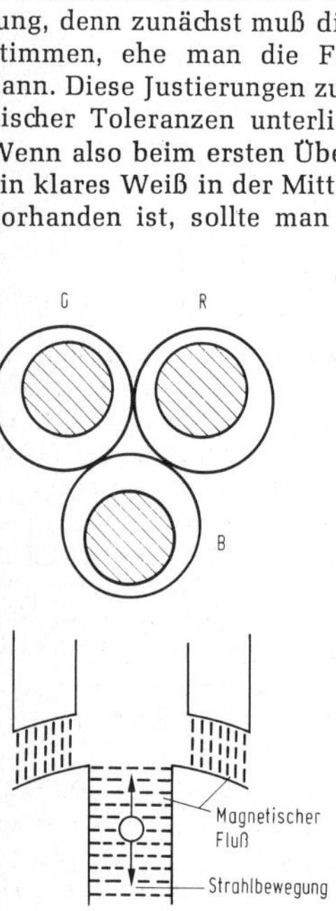

Bild 19.24 und 19.25 Statische Konvergenzeinstellung

Die statische Konvergenzeinstellung ist im Grunde genommen ebenfalls eine Farbreinheitseinstellung in Bildmitte, dabei wird aber nicht das Strahlenbündel als Ganzes geschwenkt, sondern die Einzelstrahlen werden mit Hilfe von Permanentmagneten an den Ferritkernen der Konvergenzeinheit oder mit Hilfe von Gleichströmen in den Konvergenzspulen beeinflußt. Das Verstellen von Magneten, wie bei Bild 14.05 besprochen, ist beim Service unbequem. Deswegen sieht man meistens auch für die statische Konvergenz elektrische Einsteller auf der Konvergenzplatte vor.

Die Ferritkerne der Konvergenzeinheit Bild 19.24 besitzen jeweils zwei Wicklungen. Zum Justieren der statischen Konvergenz werden einstellbare Gleichströme durch die Vertikalkonvergenzspulen geschickt. Diese Ströme gewinnt man durch Gleichrichten von Zeilenrückschlagimpulsen.

Um das Abgleichen zu vereinfachen, werden die Einstellungen für Rot und Grün *matriziert,* d. h. die zugehörigen Elektronenstrahlen werden gemeinsam von einem Einstellpotentiometer gleichsinnig oder gegensinnig so gesteuert, daß sich die roten und grünen Linien eines Gitternetzes nähern, zur Deckung kommen und eine einzige gelbliche Linie ergeben. Dann braucht man nur noch Blau nachzustellen, um endgültig Weiß zu erzielen.

Bild 19.25 zeigt das Schaltungsprinzip einer solchen matrizierten Einstellung für die statische Konvergenz. Die Gleichspannungen + 5 V und − 5 V werden, wie eben erwähnt, durch Gleichrichten von Zeilenimpulsen gewonnen und speisen eine Brückenschaltung. Beim Verstellen des Potentiometers P 1 werden die Spulenströme für Grün und Rot gleichsinnig verändert. Dadurch kann der horizontale Abstand dieser Linien ausgeglichen werden, sie rücken aufeinander zu und ergeben Gelb.

Mit dem Doppelpotentiometer P 2 werden die Ströme für Grün und Rot gleichzeitig und gegensinnig geändert. Dadurch lassen sich die entspre-

1 Vgl. Bild 14.23.

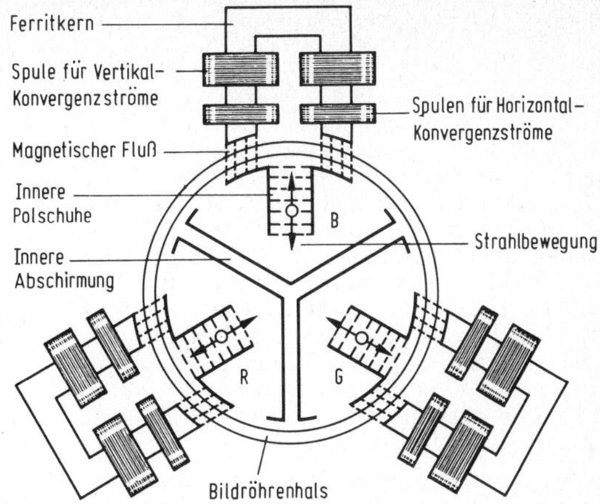

Bild 19.24 Die Korrekturströme der Konvergenzeinheit wirken über magnetische Leitbleche auf die drei Elektronenstrahlen jeweils in radialer Richtung

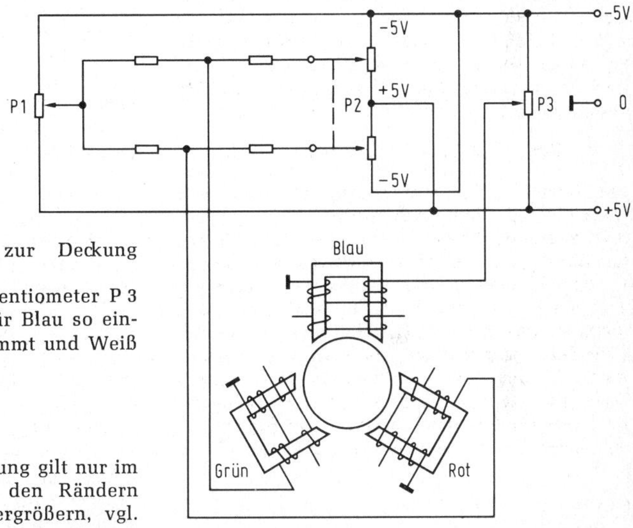

Bild 19.25 Schaltung zum Einstellen der statischen Konvergenz

chenden vertikalen Farblinien zur Deckung bringen.

Anschließend wird mit dem Potentiometer P 3 der Strom durch den Ferritkern für Blau so eingestellt, daß Blau zur Deckung kommt und Weiß im Bildmuster ergibt.

Bild 19.26 Vertikalkonvergenz

Die statische Konvergenzeinstellung gilt nur im Bereich der Bildschirmmitte. Zu den Rändern hin, wo sich die Felder stark vergrößern, vgl. Bild 19.22, muß man ähnlich wie bei der Rasterkorrektur mit parabelförmigen Korrekturströmen arbeiten, die aus den Ablenkstufen gewonnen werden. Die Korrekturströme ändern sich also dynamisch, und man spricht deshalb von dynamischer Konvergenzeinstellung. Dabei gilt auch hier wieder:

Ostwestfehler werden korrigiert mit Vertikalparabeln ($^1/_{50}$ s), Nordsüdfehler werden korrigiert mit Horizontalparabeln (64 μs).

Bei der Vertikalkonvergenz werden Deckungsfehler in einer senkrechten Mittelzone des Bildschirms korrigiert, also die oben und unten gabelförmig auseinanderstrebenden Mittellinien von Bild 19.26a. Man muß sie durch gegenläufige Parabelspannungen zusammenschieben, das bedeutet eine Ostwestkorrektur mit Vertikalparabeln. Bringt man die Mittellinien in dieser Weise zur Deckung, dann ziehen sich auch bereits die Außenzipfel des Kissens etwas ein. Man muß allerdings die Linien in der oberen und in der unteren Bildhälfte getrennt voneinander mit Hilfe von halben Parabelbögen korrigieren können.

Für die obere Bildhälfte wird demnach ein Korrekturstrom entsprechend Bild 19.26b benötigt, der nur während der ersten, also oberen Bildhälfte wirksam ist. Sein Größtwert i_H zieht dann am oberen Bildrand die auseinanderlaufenden Linien zusammen, ohne daß sich in der unteren Bildhälfte etwas ändert. Dort wird dann der Korrekturstrom Bild 19.26c wirksam.

Die Amplituden der beiden Halbparabeln müssen daher getrennt einzustellen sein. Das bedingt eine verwickelte Impulsmischerei. Wenn auch der praktisch tätige Fernsehtechniker keine solche

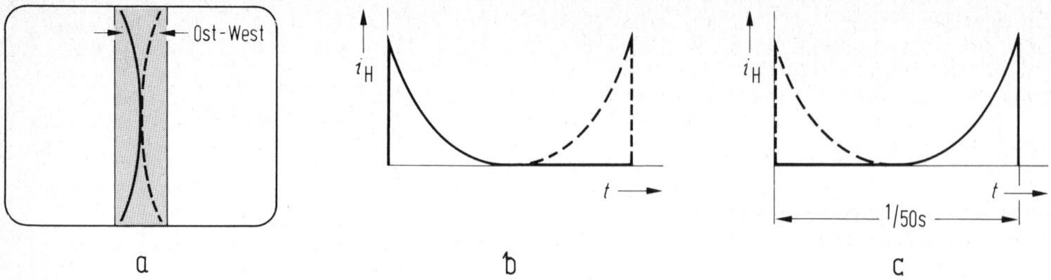

Bild 19.26 Prinzip der dynamischen Konvergenzeinstellung;

a = Bildschirmfehler,

b = Korrekturstrom für die obere Bildhälfte

c = Korrekturstrom für die untere Bildhälfte

Impulsschaltungen zu entwerfen hat, sollte er doch deren Grundlagen einmal durchdacht haben, um besser zu verstehen, wie die einzelnen Abgleichknöpfe auf der Konvergenzplatte funktionieren.

Bild 19.27 Parabelaufteilung

Um Halbparabeln zu erhalten, tastet man durch elektronische Schalter aus einer vollen Parabelschwingung nur den linken oder den rechten Ast heraus. Die volle Parabelschwingung erhält man, wie mehrfach erwähnt, durch Integrieren von Rechteck- oder Sägezahnschwingungen. Diese komplette Parabelschwingung liegt hier am Eingang 1 der Schaltung.

Dem Eingang 2 wird eine durch Null gehende Sägezahnschwingung der gleichen Frequenz zugeleitet. Dieser Eingang 2 führt zu einem Schmitt-Trigger, einem elektronischen Schalter mit zwei Ansprechschwellen. Er macht aus dem Sägezahnsignal zwei Rechtecksignale, wie sie oben und unten im Bild angedeutet sind. Der zu negativen Werten gerichtete Teil der Sägezahnschwingung schaltet den oberen Ausgang durch, der zu positiven Werten ansteigende Teil den unteren. Die gleiche Wirkung ließe sich auch mit einer monostabilen Kippstufe erzielen.

Diese gegeneinander versetzten Schaltspannungen werden auf die beiden elektronischen Schalter S 1 und S 2 gegeben. S 1 öffnet während der ersten Hälfte des Schwingungszuges und läßt den währenddessen am Eingang 1 liegenden Kurventeil hindurch. An seinem Ausgang erscheint also nur eine links ansteigende Halbparabel.

Schalter S 2 öffnet während der zweiten Hälfte der Periode und läßt nur die rechte Halbparabel hindurch.

Damit stehen zwei voneinander unabhängige Korrekturspannungen zur Verfügung, und mit Hilfe von Potentiometern können ihre Amplitu-

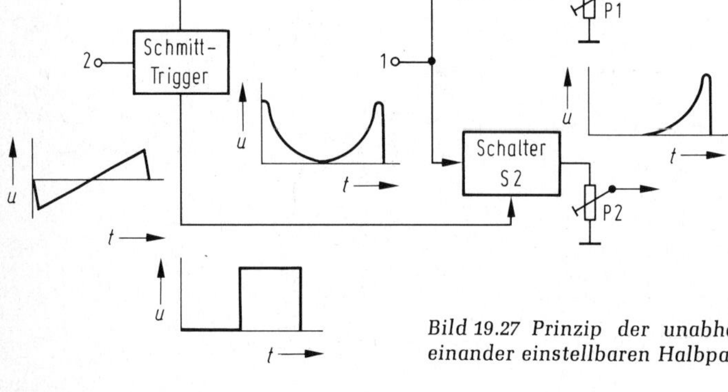

Bild 19.27 Prinzip der unabhängig voneinander einstellbaren Halbparabeln

den getrennt voneinander eingestellt werden. Diese Art der Parabelaufteilung gilt für Vertikal- und auch für Horizontalkorrekturspannungen. Im ersten Fall legt man bildfrequente Parabel- und Sägezahnspannungen an, im zweiten Fall zeilenfrequente Spannungen.

Bild 19.28 Parabelstromgenerator mit einem Transistor

Der Ausgang der vorhergehenden Schaltung liefert Halbparabel*spannungen*. Zur Konvergenzkorrektur werden aber *Ströme* benötigt. Man muß daher noch eine Leistungsstufe nachschalten. Das Bild zeigt eine solche mit einem Transistor arbeitende Endstufe. Die beiden Halbparabelspannungen werden über Entkopplungsdioden der Basis des Transistors zugeführt. Die Spannungen ergänzen sich zwar dort wieder zu einer vollen Parabelschwingung, aber die beiden Äste sind unabhängig voneinander durch die Trimmpotentiometer am Ausgang von Bild 19.27 zu beeinflussen.

Der im Kollektorkreis entstehende Parabelstrom fließt durch die Konvergenzspule des Ablenksystems. Je nachdem, ob man P 1 oder P 2 in Bild 19.27 verstellt, ändert sich nur der linke oder der rechte Parabelast. Auf diese Weise kann man die Konvergenz oben oder unten bzw. links und rechts getrennt einstellen. In vielen Konvergenzschaltungen sind solche Anordnungen mit zwei Dioden zu finden. Man trifft aber auch Schaltungen, bei denen die Korrekturspannungen über zwei Transistoren zugeführt werden.

Bild 19.29 und 19.30 Horizontalkonvergenz

Sie wird nach Bild 19.29 innerhalb eines horizontalen mittleren Streifens auf dem Bildschirm eingestellt, man bringt also damit die etwa in waagerechter Richtung verlaufenden mittleren Linien von Bild 19.21 zur Deckung. Da es sich hierbei um eine Art Nordsüdkorrektur handelt, sind horizontalfrequente, also zeilenfrequente Korrekturströme erforderlich, jeweils wieder getrennt in Form von Halbparabeln für die rechte und für die linke Bildseite. Die zugehörigen Einstellelemente auf der Konvergenzplatte werden durch Symbole nach Bild 19.30a und c gekennzeichnet.

Um diese Korrekturen durchzuführen, sind eigene Spulenpaare für die Horizontal-Korrekturströme auf der Konvergenzeinheit Bild 19.24 angeordnet, weil für die zeilenfrequenten Korrekturströme (15 625 Hz) der induktive Widerstand der Vertikalkonvergenzspulen zu hoch sein würde.

In der waagerechten Zone für die Horizontalkonvergenz können sich die roten und grünen Mittellinien kreuzen, wie dies im Symbol Bild 19.30b angedeutet ist. Dieser Fehler wird mit Hilfe der folgenden Schaltung beseitigt.

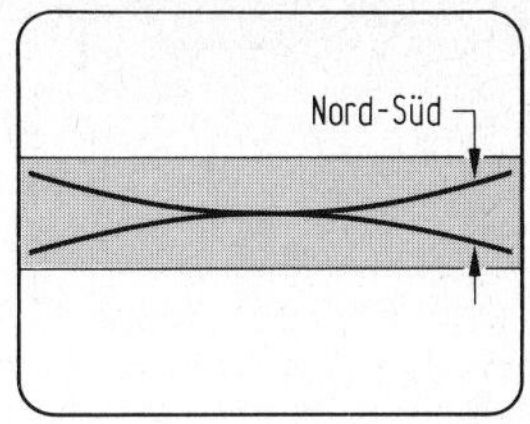

Bild 19.29 Die Horizontalkonvergenz

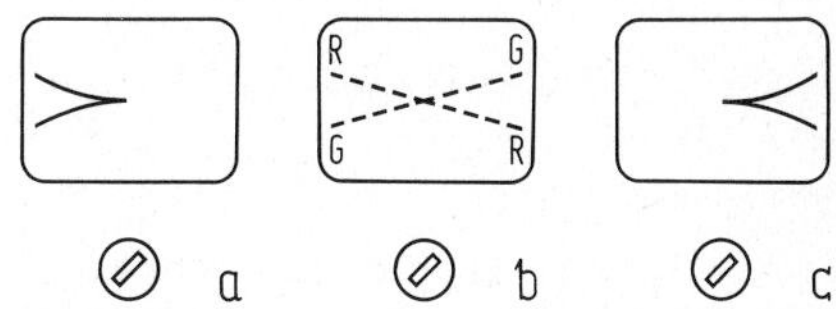

Bild 19.30 Korrekturmöglichkeiten

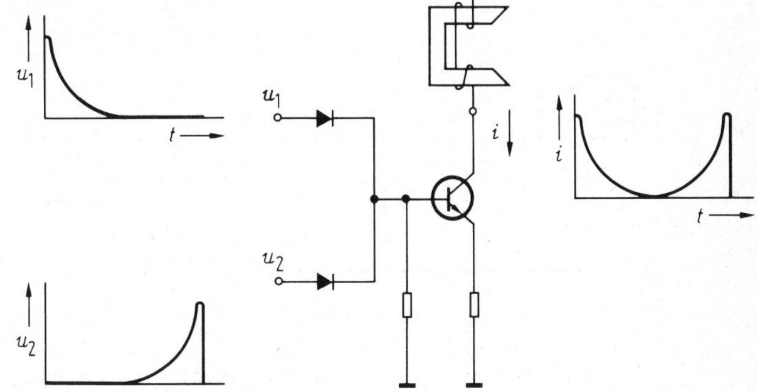

Bild 19.28 Addition der Parabelströme über ein Diodengatter

Bild 19.31 Bildsymmetrierung

Die Korrektur erfolgt nicht über die Konvergenzeinheit, sondern über die Horizontalablenkspulen. Durch Verstellen des Eisenkerns der Symmetrierspule vergrößert sich die Induktivität des einen Spulenzweiges, während die andere sich verringert. Dies beeinflußt das Ablenkfeld in der Weise, daß der Fehler von Bild 19.30c ausgeglichen wird. In der Schaltung ist außerdem ein normaler Linearitätseinsteller vorgesehen.

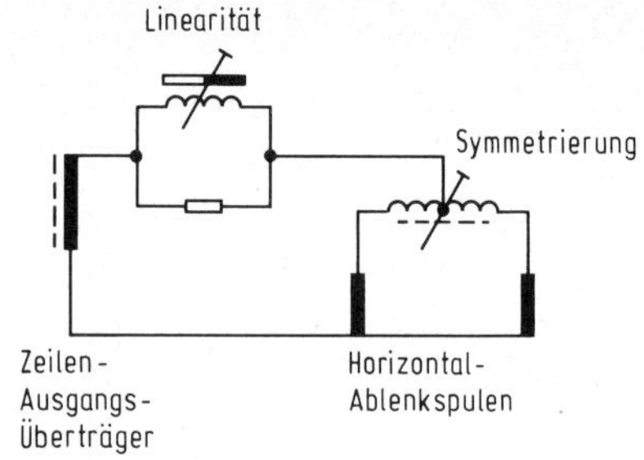

Bild 19.31 Schaltung zur Bildsymmetrierung

Bild 19.32 und 19.33 Dynamische Blaukonvergenz

Das Prinzip der Blauschiebemagneten wurde bereits bei Bild 14.06 besprochen. In Bild 19.32a ist ein Magnetsystem für diese Blaulateralkonvergenz dargestellt. Es besteht hier aus einem drehbaren Permanentmagneten mit mehreren Magnetpolpaaren. Der Magnetfluß schließt sich über die Innenschenkel 2–3 und lenkt den Blaustrahl seitlich ab.

Parallel dazu laufen weitere Magnetfelder vom Außenschenkel 1 zum Innenschenkel 2 und vom Innenschenkel 3 zum Außenschenkel 4. Diese Felder lenken die Strahlen für Rot und Grün nach der anderen Seite ab. Durch Verdrehen des Permanentmagneten lassen sich auf diese Weise senkrechte blaue Linien in Bildmitte mit den bereits vereinigten roten und grünen Linien zur Deckung bringen.

Bei der dynamischen Blaukonvergenz schickt man Sägezahnströme durch die Spulen L_1 und L_2 dieses Blausystems und kann dadurch nach Bild 19.32b und c die blauen Linien an den seitlichen Bildrändern mit dem Gesamtgittermuster zur Deckung bringen. Dazu benötigt man Korrekturströme, die nur am linken und rechten Zeilenende wirksam sind und sich getrennt einstellen lassen, ähnlich wie die Halbparabeln in Bild 19.27 bis 19.29.

Eine Prinzipschaltung hierfür ist in Bild 19.33 angegeben. Ein npn-Transistor T 1 ist mit der Teilspule L_1 und ein pnp-Transistor mit der Teilspule L_2 der Lateraleinheit in Reihe geschaltet. Beide Transistoren werden gemeinsam von einer horizontalfrequenten Sägezahnspannung gesteuert. Infolge der komplementären Transistortypen fleißt bei entsprechend eingestelltem Ruhepunkt durch den Transistor T 1 und die Spule L_1 ein Korrekturstrom nach Bild 19.33b, also nur am Zeilenanfang. Durch den zweiten Transistor und die Spule L_2 fließt der Korrekturstrom nach Bild 19.33c am Zeilenende. Durch Verstellen der Trimmerwiderstände R_1 und R_2 läßt sich damit die Blaukonvergenz am linken und rechten Bildrand getrennt einstellen. Während der Zeilenmitte bleiben beide Transistoren gesperrt, damit die statische Konvergenz nicht gestört wird.

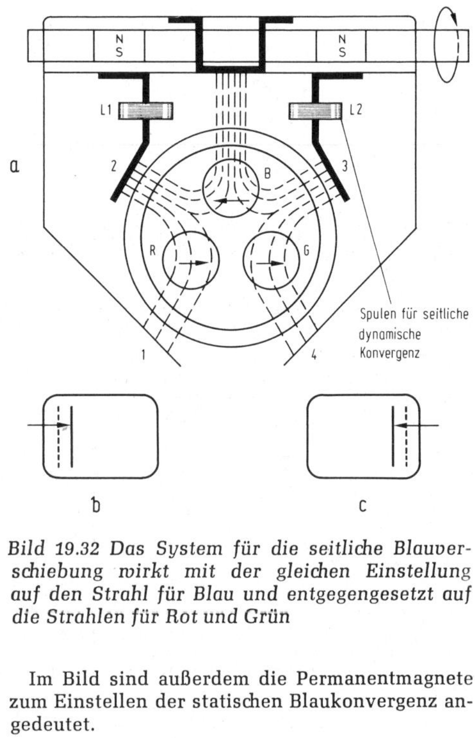

Bild 19.32 Das System für die seitliche Blauverschiebung wirkt mit der gleichen Einstellung auf den Strahl für Blau und entgegengesetzt auf die Strahlen für Rot und Grün

Im Bild sind außerdem die Permanentmagnete zum Einstellen der statischen Blaukonvergenz angedeutet.

Bild 19.34 Rot-Grün-Korrektur

Dieses Schaltungsbeispiel zeigt, wie umfangreich eine Mischschaltung für Korrekturströme werden kann. Es handelt sich hierbei um eine Anordnung zur Korrektur der roten und grünen vertikalen Linien auf der linken Bildseite. Die Transistoren T 1 und T 2 werden an den Eingängen 1 und 2 mit vertikalfrequenten Sägezahnspannungen von um 180° verschiedener Phasenlage gesteuert. Transistor 1 wird am oberen und Transistor 2 am unteren Bildrand niederohmig.

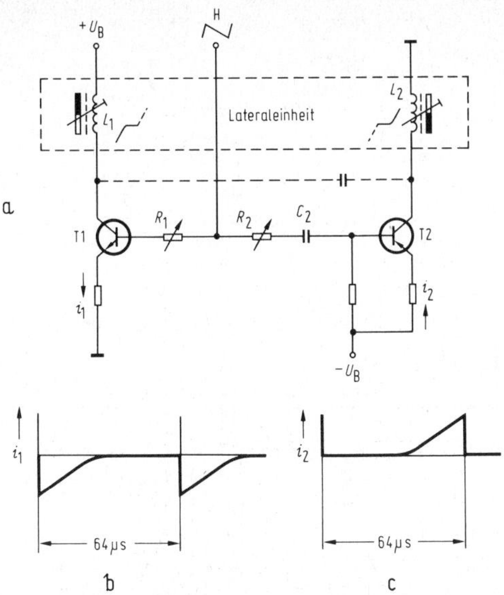

Bild 19.33 Prinzipschaltung für die dynamische Blaukonvergenz und Verlauf der Korrekturströme

Die Emitter-Kollektorstrecken liegen parallel zu dem Vorwiderstand R_1 in der Basisleitung des Transistors T 3.

Vom Eingang 3 wird über diese Zuleitung der Transistor T 3 mit horizontalfrequenten Impulsen gesteuert. R_1 und die parallelliegenden Transistorstrecken bilden mit dem Widerstand R_2 einen veränderlichen Spannungsteiler. Liegen keine Signale an den Eingängen 1 und 2, dann bleibt das zeilenfrequente Signal *unmoduliert*.

Im Betrieb werden jedoch die Transistorstrecken am oberen und unteren Bildrand niederohmig. Dadurch gelangen zu diesen Zeitpunkten höhere Horizontalspannungen zum Transistor T 3, die Signale werden bildfrequent moduliert.

Die am Emitterwiderstand R_3 abgegriffene Spannung steuert über das Trimmpotentiometer R_{12} die beiden Leistungstransistoren T 4 und T 5 der Horizontalkonvergenzspulen für Rot und Grün. Das Verstellen von R_{12} bewirkt eine gegenläufige Steuerung, also eine Matrizierung, um mit einer Drehbewegung die beiden Linien zueinander zu bewegen.

Gestrichelt angedeutet ist außerdem der Modulator M_h zur Korrektur von horizontalen Linien.

(Nach Siemens-Unterlagen.)

Bild 19.35 Gesamtschaltung eines Konvergenzteiles

Die Beschriftungen in dieser Schaltung sollen die Gedankenverbindungen zu den Anweisungen auf einer Konvergenzeinstellplatte herstellen. Um eine gute Übersicht zu bieten, wurde als Beispiel eine Schaltung gewählt, bei der Impulsreihen mit genügender Leistung angeliefert werden, so daß im Schaltbild selbst keine aktiven Elemente in Erscheinung treten.

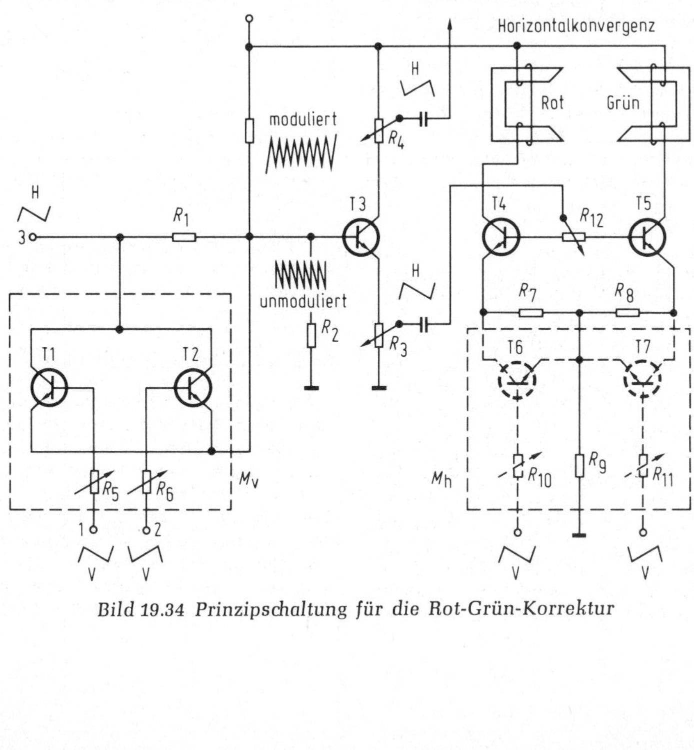

Bild 19.34 Prinzipschaltung für die Rot-Grün-Korrektur

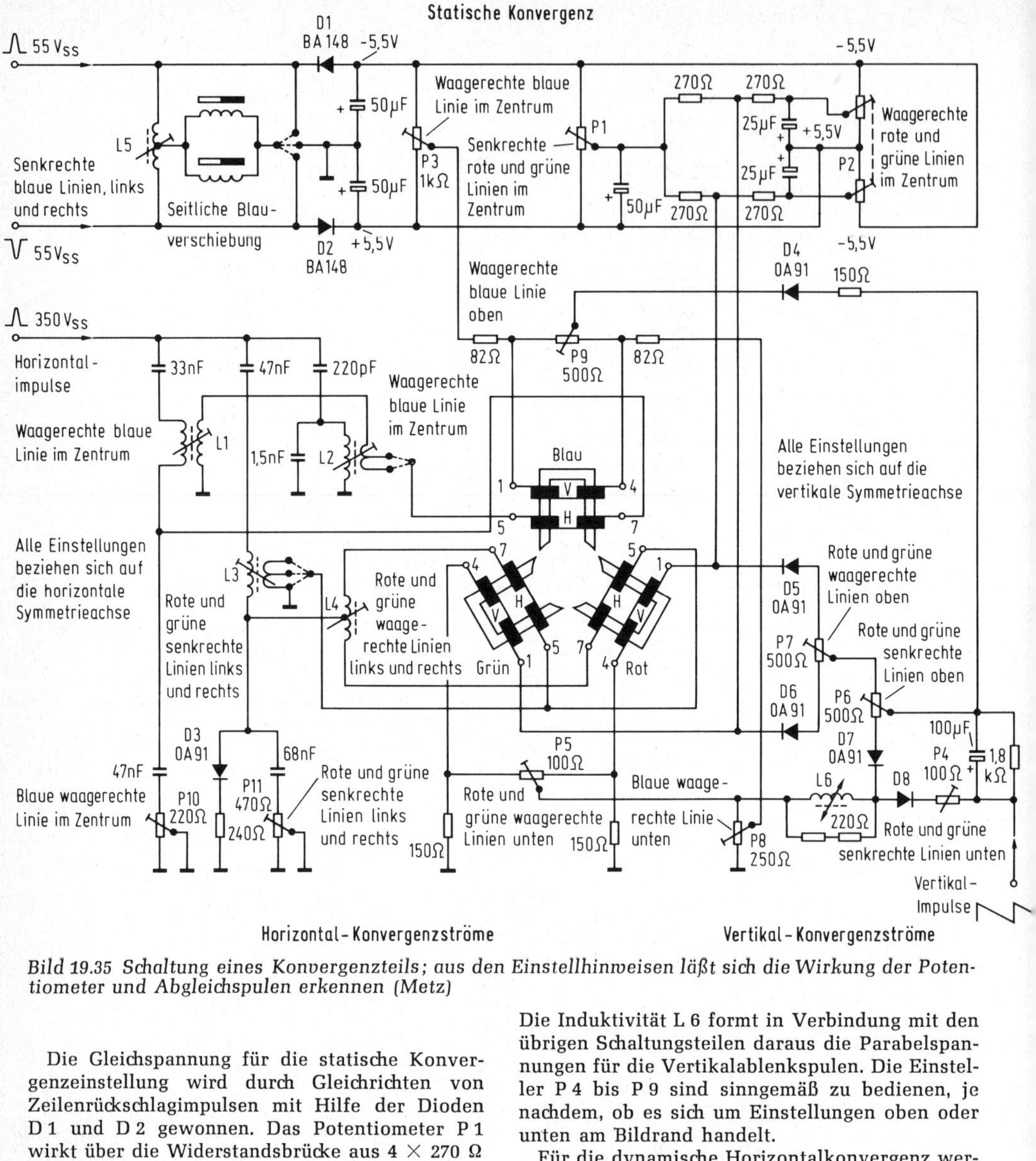

Bild 19.35 Schaltung eines Konvergenzteils; aus den Einstellhinweisen läßt sich die Wirkung der Potentiometer und Abgleichspulen erkennen (Metz)

Die Gleichspannung für die statische Konvergenzeinstellung wird durch Gleichrichten von Zeilenrückschlagimpulsen mit Hilfe der Dioden D 1 und D 2 gewonnen. Das Potentiometer P 1 wirkt über die Widerstandsbrücke aus 4 × 270 Ω *gleichsinnig* auf die Vertikalkonvergenz für Rot und Grün, dadurch wandern die senkrechten roten und grünen Linien. Potentiometer P 3 wirkt spannungsmäßig *gegensinnig* auf die Spulen, dadurch wandern die waagerechten Linien. Ähnliche Matrixschaltungen sind für die dynamischen Konvergenzeinstellungen vorgesehen.

Zum Ausrichten der vertikalen (senkrechten) Mittellinie wird eine vertikalfrequente Sägezahnspannung unten rechts im Schaltbild zugeführt. Die Induktivität L 6 formt in Verbindung mit den übrigen Schaltungsteilen daraus die Parabelspannungen für die Vertikalablenkspulen. Die Einsteller P 4 bis P 9 sind sinngemäß zu bedienen, je nachdem, ob es sich um Einstellungen oben oder unten am Bildrand handelt.

Für die dynamische Horizontalkonvergenz werden Zeilenimpulse von 350 V_{ss} am linken Bildrand der Schaltung zugeführt und zu sägezahnförmigen Steuerspannungen für die Konvergenzspulen verformt. Aus den Angaben bei den Einstellern läßt sich wiederum erkennen, wie damit unabhängig voneinander entweder die waagerechten oder senkrechten Linien beeinflußt werden.

(Nach Unterlagen der Firma Metz.)

Bild 19.40 und 19.41 Eckenkonvergenz

Die Konvergenzeinstellung wird erleichtert, wenn die drei Elektronenstrahlen so auf den Bildschirm treffen, daß sie gleichschenklige oder noch besser gleichseitige Dreiecke bilden, wie in Bild 19.22 skizziert worden ist. Rot und Grün lassen sich dann mit Hilfe der Matrixschaltung zur Deckung bringen, und auch für Blau ist nur eine einzige Korrekturbewegung notwendig.

Leider können diese regelmäßigen dreieckförmigen Auftreffpunkte an den Ecken von 110°-Bildröhren nicht durch die mechanische Konstruktion allein erzielt werden. Selbst wenn man nach Bild 19.40 mit Hilfe der Konvergenzeinheit in den Mittelachsen die drei Strahlen zum Weißeindruck vereinigt hat, bleiben in den Ecken unregelmäßige Fehlerfiguren bestehen, wie dies oben rechts vergrößert herausgezeichnet ist. Die dünnen Verbindungslinien auf dem Bildschirm deuten an, wie diese Fehler von den bereits zur Deckung gebrachten Weißpunkten aus zunehmen. Diese Eckenfehler werden aber dann mitkompensiert, wenn man erzwingt, daß anstelle der schiefwinkligen Dreiecke gleichseitige Dreiecke gebildet werden. Im Prinzip bedeutet dies eine Art Trapezentzerrung ähnlich Bild 19.05 bis 19.08, denn wie ein Blick auf Bild 19.40 zeigt, handelt es sich auch hier um trapezartige Rasterverzeichnungen. Man kann sie über die Horizontalablenkspulen entzerren. Dazu muß der die Spulen durchfließende Zeilenablenkstrom beim Schreiben der Zeilen laufend geändert werden. Am oberen Bildrand, also bei Zeile 1, ist die Änderung am größ-

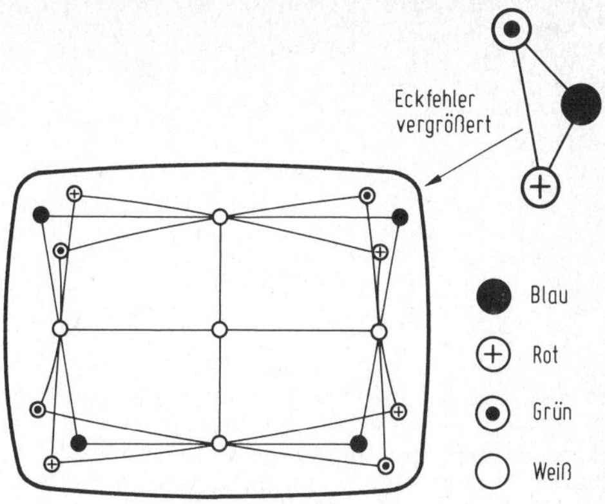

Bild 19.40 Eckenfehler bei einer Farbbildröhre

ten. In der Mitte bei Zeile 301 war bereits Konvergenz vorhanden, und zum unteren Bildrand hin müssen die Zeilen wieder stärker korrigiert werden. Man benötigt über die Bildablenkung hinweg einen Korrekturstrom nach Bild 19.41a und erkennt daran die Verwandtschaft zu dem Korrekturstrom von Bild 19.08d, wie er zur Rasterentzerrung vorgesehen ist.

Links im Diagramm liegen die Zeilenkorrekturspannungen für den oberen Bildrand. Die Zeile 1 muß links oben und links unten durch diesen Zusatzstrom korrigiert werden. Dann nehmen die Amplituden zur Bildmitte hin ab und mit entgegengesetzter Richtung zum unteren Bildrand hin wieder zu. Diesen sägezahnförmigen Zusatz-

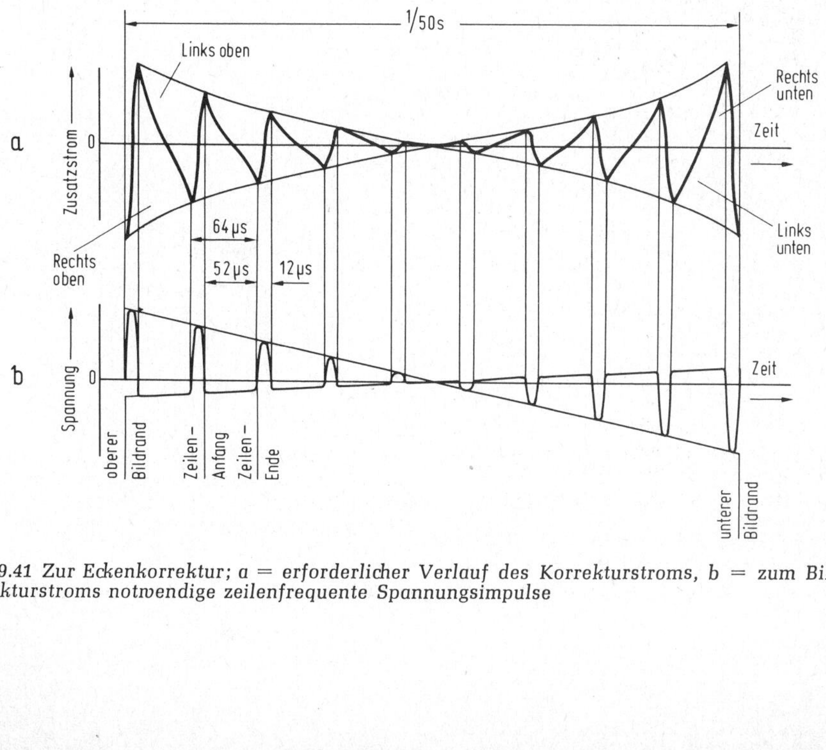

Bild 19.41 Zur Eckenkorrektur; a = erforderlicher Verlauf des Korrekturstroms, b = zum Bilden des Korrekturstroms notwendige zeilenfrequente Spannungsimpulse

strom gewinnt man genau wie die Horizontalablenkströme dadurch, daß man zeilenfrequente Spannungsimpulse auf die Ablenkinduktivitäten gibt. Bild 19.41b zeigt den notwendigen Impulsspannungsverlauf, bereits moduliert mit einem Vertikalsägezahn.

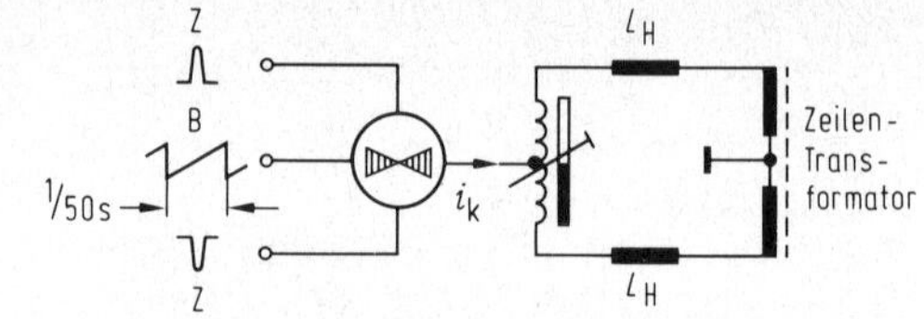

Bild 19.42 Blockschaltung eines Zusatzstromgenerators zur Eckenkonvergenz

Bild 19.42 Zusatzstromgenerator zur Eckenkonvergenz

Ein Zusatzgenerator, der den Kurvenverlauf von Bild 19.41b erzeugen soll, besteht aus einer Anordnung, in der gegenphasige Zeilenimpulse Z mit einer bildfrequenten Sägezahnspannung B gemischt werden. Außerdem ist durch eine Schaltanordnung ähnlich Bild 19.27 dafür zu sorgen, daß während der oberen Bildhälfte die nach oben gerichteten Zeilenimpulse wirksam werden und in der unteren Bildhälfte die nach unten gerichteten, daß also in Bildmitte ein Phasensprung von 180° eintritt. Diese Korrekturspannung wird verstärkt und über die Symmetriespule auf die Horizontalablenkspulen gegeben. Der sich bildende Korrekturstrom verläuft entsprechend Bild 19.41a. Denkt man sich den Kurvenverlauf dort seitlich zusammengedrängt und aus 601 eng benachbarten, zeilenfrequenten Impulsen bestehend, dann ergibt sich ein schmetterlingsartiges Bild. Macht man es mit einem Elektronenstrahloszillografen sichtbar, dann bezeichnet man es als „Modulationsschmetterling" zur Eckenkorrektur.

Bild 19.43 Eckenkonvergenzschaltung

Bei einem solchen Zusatzstromgenerator für die Eckenkonvergenz muß man die Korrektur für jede Ecke getrennt einstellen können. Dazu dient der linke Teil der Schaltung. Rechts erkennt man das Prinzip von Bild 19.42 wieder. Der Korrekturstrom i_K wird über die Symmetrier- bzw. Linearitätseinstellspule zugeführt. Zu den Teilwicklungen L 5 und L 6 des Zeilentransformators ist das gleichstromdurchflossene Potentiometer P 6 zum Einstellen der Bildmitte hinzugekommen. Als Stromgenerator dienen die beiden Transistoren. Sie arbeiten ähnlich der in Bild 19.33 besprochenen Schaltung. Der npn-Transistor T 1 liefert die negativen, der pnp-Transistor T 2 die positiven

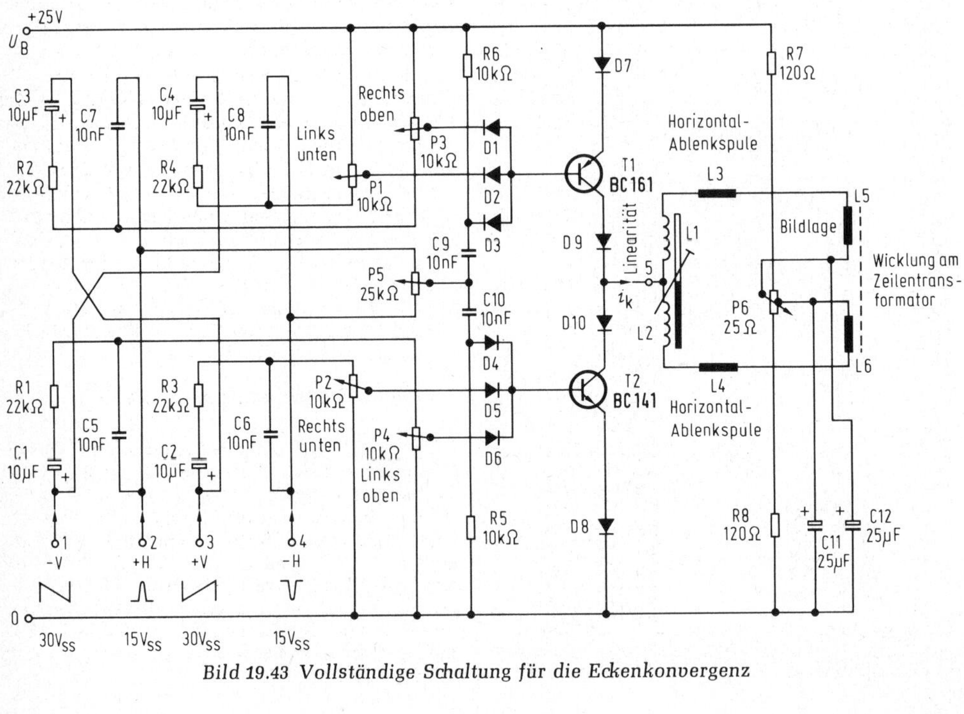

Bild 19.43 Vollständige Schaltung für die Eckenkonvergenz

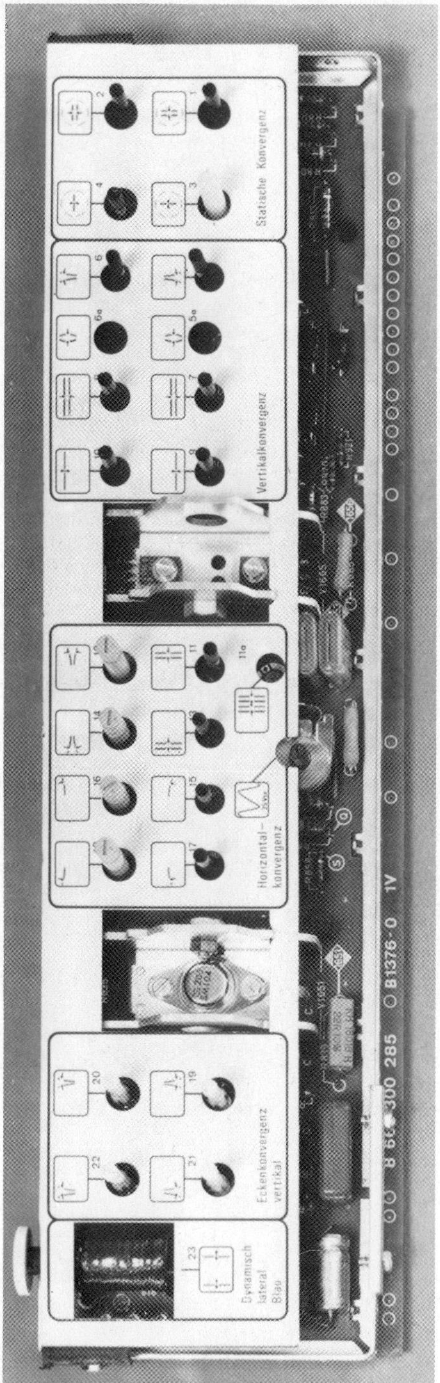

Bild 19.44 Beispiel einer Konvergenz-Einstellplatte (Blaupunkt)

Anteile des Korrekturstroms. Für die Impulsmischung und Korrekturstromformung werden zwei bildfrequente und zwei zeilenfrequente, jeweils gegenphasige Impulsspannungen an den Klemmen 1 bis 4 unten links im Bild zugeführt.

Die Wirkungsweise der Schaltung sei für den Teilstrom zum Korrigieren der linken oberen Ecke erläutert. Dazu werden dem Potentiometer P 4 von der Klemme 2 über den Kondensator C 5 positiv gerichtete Zeilenfrequenzimpulse zugeführt. Sie gelangen dann vom Schleifer über die Diode D 6 zum Transistor T 2.

Dem Potentiometer P 4 wird außerdem von der Klemme 1 eine abfallende vertikalfrequente Sägezahnspannung zugeleitet. Man kann sie als zusätzliche Basisvorspannung des Transistors T 2 auffassen. Wird sie negativer, weil die Sägezahnflanke abfällt, dann wird der Transistor stärker in Sperrichtung vorgespannt, d. h. die Zeilenimpulse werden vom oberen Rand bis zur Bildmitte ständig kleiner und für die zweite Bildhälfte vollständig unterdrückt. Damit erhält man den Spannungsverlauf nach Bild 19.41b links und kann am Potentiometer P 4 den Korrekturstrom für die linke obere Bildecke einstellen.

Für die rechte obere Ecke muß die positive Richtung der Zeilenimpulse erhalten bleiben. Dazu dient der Stromkreis von der Klemme 2 über den Kondensator C 7 zum Potentiometer P 3. Von der Klemme 3 gelangt aber über R 2 und C 3 eine ansteigende vertikalfrequente Sägezahnflanke zu diesem Potentiometer und ergibt damit die untere Begrenzungslinie in Bild 19.41b.

Mit dem Potentiometer P 5 werden über die Kapazitäten C 9 und C 10 sowie über die Dioden D 3 und D 4 den Transistoren zusätzliche zeilenfrequente Anteile zugeleitet. Durch Verstellen von P 5 läßt sich die Symmetrie abgleichen.

Die Diodengatter D 1 bis D 6 entkoppeln die einzelnen Spannungen voneinander und machen die Einstellglieder unabhängig.

Die beträchtliche Vereinfachung der Konvergenzeinstellung durch die Schlitzmaskenröhre wurde auf den Seiten 183 bis 185 behandelt. Man erkennt in Bild 14.17 auf Seite 185 die hier in Bild 19.44 gezeigte Einstellplatte wieder.

Bild 19.44 Konvergenz-Einstellplatte

Dieses Beispiel einer Konvergenzeinstellplatte läßt erkennen, wie man durch die von 1 bis 23 fortlaufend numerierten Regler automatisch die richtige Einstellreihenfolge einhält. Die Schaltung ist so aufgebaut, daß die Einstellungen unabhängig voneinander sind und sich jeweils nur auf die durch Symbole gekennzeichneten Bildteile beziehen. Trotzdem wird ein gewissenhafter Servicetechniker die Einstellungen nochmals kurz durchprüfen, nachdem er das Abgleichprogramm durchgeführt hat.

Bild 19.51 Entmagnetisierungsschaltung

Trotz sorgfältigster Konvergenzeinstellung können farbige Wolken auf dem Bildschirm entstehen, wenn die Lochmaske und die am Kolben angeordnete Eisenabschirmung durch Fremdfelder magnetisch werden. Dazu genügt u. U. das Magnetfeld der Erde. Ein noch so schwaches Magnetfeld an diesen Eisenteilen hat aber die Neigung, die Elektronenstrahlen in der Röhre abzulenken, also Farbfehler zu verursachen. Deshalb sieht man für Farbbildröhren eine automatische Entmagnetisierung bei jedem Einschalten des Empfängers vor. Zu diesem Zweck befindet sich am Kolbenrand der Bildröhre eine Entmagnetisierungswicklung L. Beim Einschalten des Gerätes fließt über den Kaltleiter PTC 1 und über die Entmagnetisierungsspule L ein ziemlich hoher Wechselstromstoß (bis zu 5 A). Der PTC 1 heizt sich durch Strom auf, sein Widerstandswert wird größer, und der Strom nimmt stetig ab, wie dies für eine wirksame Entmagnetisierung erforderlich ist. Das allein genügt jedoch auf die Dauer nicht, um dann den Strom durch die Entmagnetisierungsspule so klein zu halten, daß das Magnetfeld keine Bildstörungen verursacht. Deshalb ist „thermisch", also in engem Wärmekontakt mit dem PTC 1 ein zweiter Kaltleiter PTC 2 angeordnet. Er liegt ständig an Netzspannung, erwärmt sich beim Einschalten ebenfalls und heizt dadurch den PTC 1 so auf, daß nur noch ein extrem kleiner Strom ($\leq$ 2 mA) durch die Entmagnetisierungsspule L fließen kann.

Diese Kaltleiterkombination wurde 1977 von Siemens neu auf den Markt gebracht. Vorher bestanden Anordnungen, bei denen zusätzliche Widerstände oder Hilfsspannungen notwendig waren. Wesentliches Kennzeichen aller Entmagnetisierungsschaltungen ist jedoch stets ein Kaltleiterwiderstand in Reihe mit der Entmagnetisierungsspule.

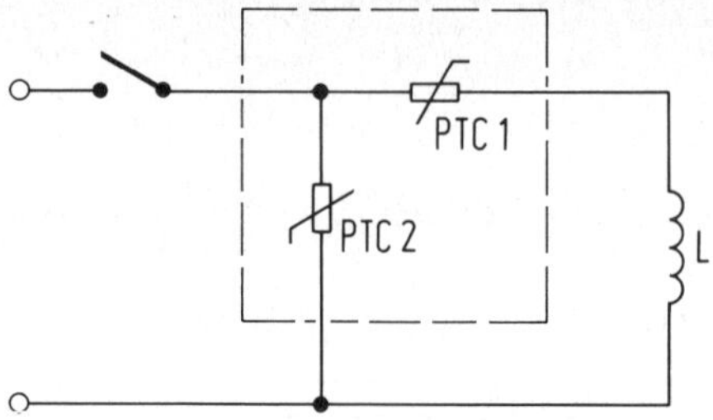

Bild 19.51 Entmagnetisierungsschaltung für eine Farbbildröhre unter Verwendung einer Kaltleiterkombination P 7350-T von Siemens

Literatur zum Abschnitt Konvergenzeinstellung

Bamgartner: Ablenk- und Konvergenzschaltungen in Grundig-110°-Farbfernsehgeräten. Funk-Technik 1970, H. 21, S. 833.

Bertsch: Aktive integrierbare Konvergenzschaltung für 110°-Farbfernsehempfänger. Funk-Technik 1970, H. 3, S. 87.

Blaupunkt: Konvergenz-Korrekturschaltungen. Der blaue Punkt, H. 15/71, S. 6.

Dangschat: Passive Eckenkonvergenz- und Rasterkorrekturschaltung für 110°-Farbfernsehgeräte. Siemens-Bauteile-Informationen 1971, H. 1, S. 35.

Dangschat: Eine kostensparende Schaltungstechnik für Eckenkonvergenz und Rasterkorrektur von 110°-Farbfernsehempfängern. Radio Mentor Electronic 1971, H. 4, S. 190.

Kavouropoulos: Konvergenzschaltung für 110°-Farbfernsehempfänger. Funk-Technik 1970, H. 17, S. 657.

Köhler, Schubert, Seifert und *Stephan:* Neue Technik für 110°-Farbfernsehempfänger. Technische Mitteilungen AEG-Telefunken 1972, H. 3, S. 107.

Koubek: Eckenkonvergenz bei 110°-Farbbildröhren. Funkschau 1970, H. 8, S. 223 und H. 10, S. 333.

Nordmende: Konvergenzschaltung für 110°-Farbfernsehempfänger. Am Mikrophon Nordmende 1971, H. 1, S. 14.

Pelka: Aktive Konvergenz- und Eckenkonvergenzschaltungen. Radio Mentor Electronic 1971, H. 3, S. 165.

Pollak und *Röbel:* Die Konvergenzschaltung für die 110°-Farbbildröhre. Technische Mitteilungen AEG-Telefunken 1970, H. 5, S. 317.

Riechmann: Ein neuer 110°-Farbfernsehempfänger mit Halbleiterbestückung. Funkschau 1972, H. 13, S. 460.

Wolter: Eine neue passive Vertikalkonvergenzschaltung für die 110°-Ablenktechnik. Telefunken-Sprecher, H. 56/1971, S. 23.

Literatur zum Thema Entmagnetisierung

Dirks: Automatische Entmagnetisierung der Farbbildröhre. Technische Mitteilungen AEG-Telefunken 1970, H. 5. S. 322.

Limann: Schlüssel zur Elektronik. 1. Auflage, 1976, Bild 116 und 117. Franzis-Verlag, München.

20 Bedienungskomfort und Zusatzeinrichtungen

Suchlauf und Programmwahl

Bild 20.01 und 20.02 Suchlaufautomatik mit stetiger Durchstimmung

Die Festeinstellung von Programmtasten bzw. Programmwählern hat ihre unbestreitbaren Vorteile, wenn der Empfänger stationär im Heim steht und auf die örtlich gut zu empfangenden Sender abgeglichen werden kann. Anders ist dies bei tragbaren Empfängern, die auf Reisen mitgenommen werden. Da ist es dann ziemlich mühselig, besonders für den Laien, mit den winzigen Einstellrädchen unter der Klappe des Programmwählers jedesmal die neue Station einstellen zu müssen. Hier wäre ein konventioneller Abstimmdrehknopf mit einem Drehkondensator dahinter fast zweckmäßiger. Aus diesen und anderen Gesichtspunkten brachte Blaupunkt 1973 den Schwarzweiß-Portable „Scout Royal" mit elektronischem Sendersuchlauf heraus.

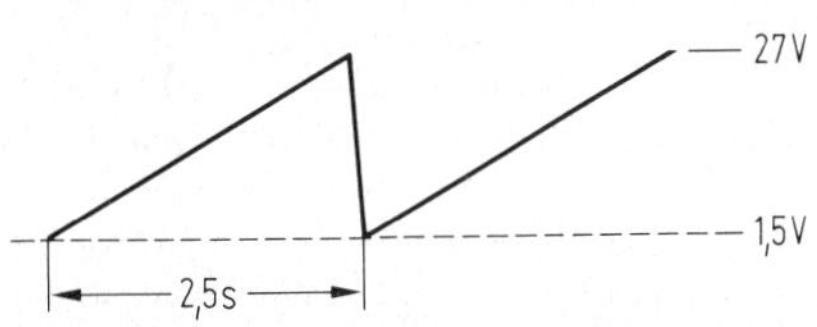

Bild 20.01 Verlauf der Tunerabstimmspannung beim automatischen Suchlauf

Der Tuner des Gerätes arbeitet mit Abstimmdioden. Bei Handabstimmung wird nach dem im Kapitel 3 behandelten Prinzip[1]) den Dioden eine stetig veränderliche Gleichspannung zugeführt. Schaltet man auf die Suchlaufautomatik um, dann wird im Gerät eine nach Bild 20.01 ansteigende Sägezahnspannung auf die Tunerdioden gegeben. Sie stimmt in etwa 2,5 s einen Bereich durch, stoppt dabei allerdings beim ersten emp-

1 Vgl. Bild 3.41 bis 3.45.

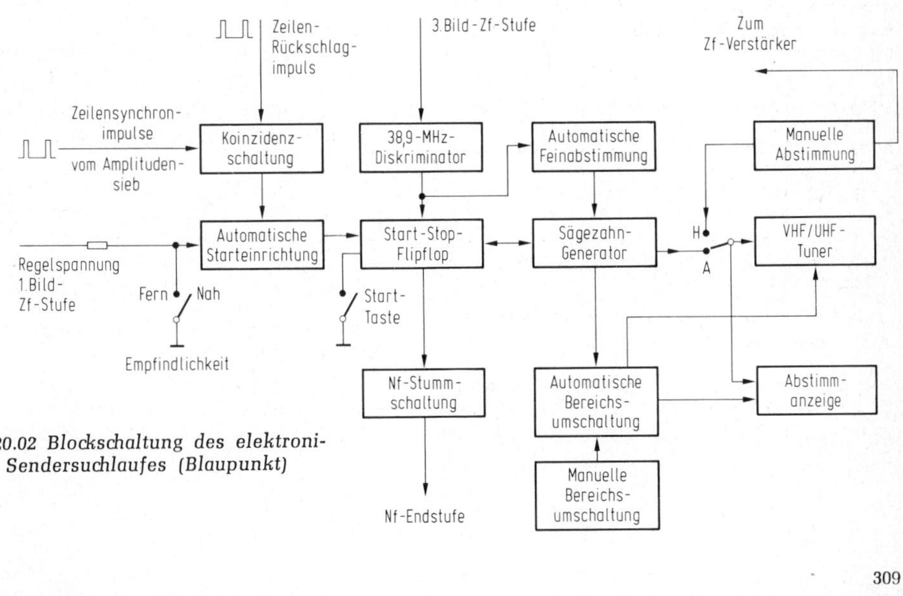

Bild 20.02 Blockschaltung des elektronischen Sendersuchlaufes (Blaupunkt)

fangswürdigen Sender. Das Prinzip dieser Automatik ist in der Blockschaltung Bild 20.02 dargestellt. Ist auf A = Automatik geschaltet (H = Handabstimmung) und wird die Starttaste gedrückt, dann lädt sich im Sägezahngenerator ein Speicherkondensator von 3,3 μF über eine Konstantstromquelle auf. Die Spannung daran steigt nach Bild 20.01 an. Diese Spannung stimmt den Tuner durch. Seine Ausgangssignale gelangen zum Zf-Verstärker. Jedesmal, wenn ein Trägersignal aus der dritten Bild-Zf-Stufe mit den 38,9-MHz-Diskriminator Koinzidenz ergibt, würde das Start-Stop-Flipflop den Sägezahnspannungsanstieg unterbrechen und die Abstimmung fixieren. Das wäre aber auch bei jeder Tonträgerfrequenz der Fall. Deswegen ist eine zweite Koinzidenzschaltung für die Zeilensynchronimpulse vorgesehen. Nur dann, wenn gleichzeitig auch bei dieser Abstimmlage der Zeilenoszillator synchronisiert wird, dann ist richtig auf den Bildträger 38,9 MHz abgestimmt. Der Suchlauf stoppt, die automatische Feineinstellung stimmt nochmals genau nach, die Nf-Stummschaltung wird aufgehoben, und Bild und Ton erscheinen. Die Feinabstimmstufe sorgt nun auch dafür, daß die Abstimmung des Speicherkondensators konstant gehalten wird.

Damit die Automatik wirklich nur auf gut empfangende Sender anspricht, ist die Möglichkeit gegeben, den Empfindlichkeitsschalter auf „Nah" zu stellen.

Die Anordnung enthält außerdem eine automatische Umschaltung für Bereich I, III und für UHF. Startet man erneut, weil einem das Programm nicht gefällt, dann läuft die Automatik bis zum Ende des Bereiches. Zwei bistabile Multivibratoren schalten dann die Bereichsschalterdioden um und starten erneut die Abstimmspannung.

Damit man weiß, in welcher Frequenzlage man sich überhaupt befindet, ist außerdem eine Art Abstimmanzeige mit drei Gruppen von Signallämpchen für die Bereiche I, III und UHF vorgesehen.

Die Gesamtschaltung enthält eine Fülle interessanter Stufen. Sie arbeitet mit rund 80 Transistorsystemen sowie mit sechs Flipflops, die sich innerhalb eines integrierten Bausteins befinden. Die Automatik hat für den speziellen Zweck des Reiseempfängers ihre Vorteile. Die stetige Durchstimmung eignet sich jedoch nicht so gut, um außerdem eine gezielte Programmwahl vorzusehen. Dafür ging man auf das Prinzip der Digitalabstimmung über.

Literatur

Baum: Fernseh-Portable mit Suchlauf-Automatik. Funkschau 1973, H. 13, S. 469.

Baum: Schwarzweiß-Portable „Scout Royal" mit elektronischem Sendersuchlauf. Funk-Technik 1974, H. 3, S. 81.

Bild 20.03 Sendersuchlauf mit Digitalspeicherung

Bei der Farbfernsehgeräteserie Super Color 77, die Grundig 1976 auf den Markt brachte, ist ein elektronischer Sendersuchlauf vorgesehen, der in Digitaltechnik mit hochintegrierten MOS-Schaltungen arbeitet. Der Suchlauf wird gestartet durch Drücken einer der drei Bereichstasten:

Bereich	VHF I	VHF III	UHF
Kanäle	2 bis 4	5 bis 12	21 bis 68

Der schnelle Suchlauf geht beim Erreichen eines Fernsehsignals in eine langsame Feinabstimmung über und endet im optimalen Abstimmpunkt für die beste Bildschärfe. Der Abstimmvorgang läßt sich auf dem Bildschirm durch einen eingeblendeten wandernden Leuchtbalken verfolgen. Diese Thermometerskala gibt auch Anhaltspunkte für die Kanalzahl. Durch Druck auf eine weitere Taste läßt sich Abstimmung elektronisch speichern. Sie ist dann über Sensortasten jederzeit wieder aufzufinden. 12 solcher Stationstasten sind vorgesehen.

Die elektronische Speicherung erfolgt in Binärwerten in einer computerähnlichen Speichereinrichtung. Damit diese elektronische Gedächtnis aufrecht erhalten bleibt, ist eine ständige Speisespannung erforderlich. Sie wird auch bei ausgeschaltetem Netzschalter aus dem Netz entnommen. Außerdem ist eine Trockenbatterie im Gerät vorgesehen, die sogar beim Herausziehen des Netzsteckers die Informationen für Wochen hinaus aufrecht erhält.

Die gesamte Suchlauf- und Speicherelektronik ist auf einem Steckmodul zusammengefaßt, das im Bild 20.03 im Vordergrund zu sehen ist. Bei Störungen wird das Modul ausgetauscht und an die nächste Werksvertretung zur Reparatur eingesandt. Der Baustein enthält so viel an spezieller Digitalelektronik, daß ein eigener Lehrgang notwendig wäre, um die Einzelheiten zu erfassen. Erwähnt sei noch, daß die 12 programmierten Kanäle dann auch durch eine Infrarot-Fernbedienung angewählt werden können.

Bild 20.04 bis 20.06 Prinzip eines Digital-Suchlaufes

Mit elektronischem Sendersuchlauf und elektronischem Programmspeicher arbeiten die 1976 herausgekommenen Farbfernsehempfänger der Serie Goya Royal electronic von Philips. Das gesamte System besteht aus zwei hochintegrierten Schaltungen:

Typ	Funktion	Integrierte Bauteile	Zahl der Anschlüsse
DD 7661	CMOS-Speicher	2470	40
DD 7662	pMOS-Kontrollogik	2040	16

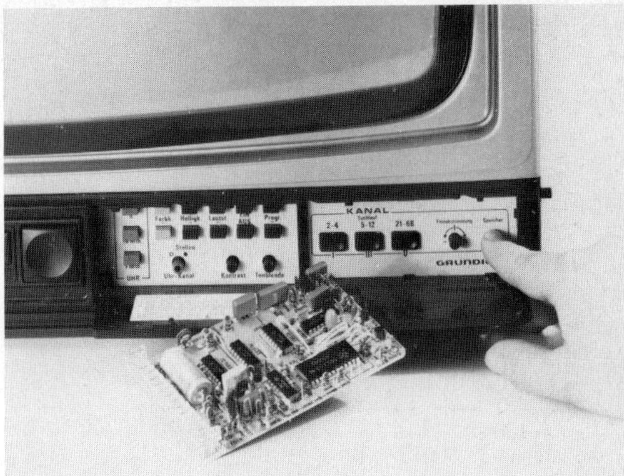

Bild 20.03 Bedienungsfeld der Suchlaufelektronik von Grundig; vorn das zugehörige Steckmodul aus dem Gerätechassis

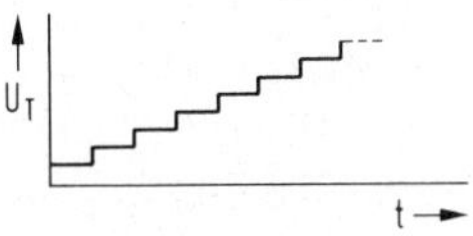

Bild 20.04 Verlauf der Abstimmspannung bei digitaler Sendereinstellung

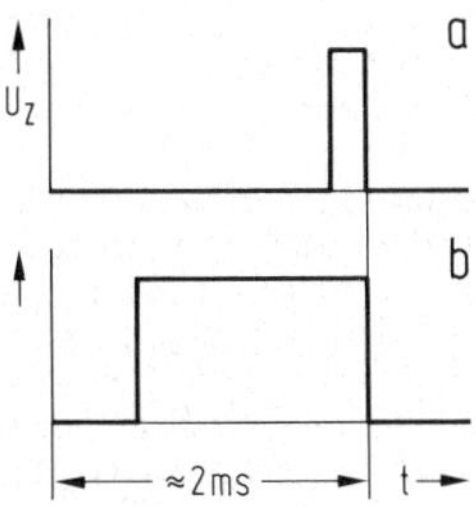

Bild 20.05 Form der Speise-Impulse für die Tunerabstimmspannung, a für kleine, b für größere Spannungswerte

Aus der Vielzahl der Funktionen, die sich an der großen Zahl der integrierten Bauteile abschätzen lassen, sei hier lediglich das Prinzip des Sendersuchlaufes kurz beschrieben. Anstelle einer stetigen Tunerabstimmspannung mit Sägezahnverlauf nach Bild 20.01 werden hier den Tunerdioden schrittweise ansteigende Spannungen nach Bild 20.04 zugeführt. Diese Treppenspannung wird mit Hilfe eines Taktgenerators und eines Digitalzählers erzeugt. Sie steigt in 2048 Stufen oder Schritten bis zum Maximalwert der Tunerspannung an. Im UHF-Bereich mit rund 400 MHz Bereichumfang ergibt sich damit eine Auflösung von etwa 200 kHz/Schritt. Das bedeutet einen maximalen Abstimmfehler von rund 100 kHz, der dann durch eine automatische Scharfabstimmung auf Null gebracht wird.

Wichtig ist die Abstimmgeschwindigkeit. Sie soll so bemessen sein, daß man die einzelnen Sender auf dem Bildschirm gut erfassen kann, ohne daß der Gesamtdurchlauf zu lange dauert. Man wählte für das Durchstimmen des VHF-Bereiches eine Zeit von 20 s. Das ergibt bei elf Kanälen rund 1,8 s/Kanal und für UHF mit 48 Kanälen 80 s, entsprechend etwa 1,7 s/Kanal.

Der Digitalzähler selbst liefert nur Zähl- bzw. Steuerimpulse. Über eine weitere Stufe werden daraus Ausgangsimpulse U_Z mit einer Zykluszeit von 2 ms gewonnen. Am Beginn der „Treppe“ ist der Verlauf eines solchen Spannungszyklus etwa wie in Bild 20.05a, bei weiterem Fortschreiten wird der Rechteckimpuls stetig breiter, etwas nach der Form Bild 20.05b.

Diese Ausgangsimpulse U_Z steuern einen Schalttransistor. Über seinen Kollektorwiderstand wird dann eine hochstabile Gleispannung von 30 V periodisch an ein Tiefpaßfilter geschaltet. An dessen Ausgang ergibt sich mit den Steuerimpulsen von Bild 20.05a eine niedrige Treppenstufe, und mit Bild 20.05b wird die Ausgangsspannung entsprechend höher. Insgesamt erhält man so eine exakt definiert ansteigende Tunerabstimmspannung.

Die Blockschaltung Bild 20.06 gibt einen Überblick über die Gesamtfunktion. Der schnelle Zähler Y wird von dem 1-MHz-Taktgenerator T gesteuert und zählt kontinuierlich. Das Ausgangssignal wird in Binärdaten geliefert. Für $2048 = 2^{11}$ Schritte sind 11 bit, also 11 Leitungen, erforderlich. Sie führen zu dem Komparator Z.

Zum Starten des Suchlaufes ist eine der Tasten „Auf“ oder „Ab“ zu drücken. Dadurch werden dem Zähler/Schieberegister X Impulse (25 Hz für UHF, 100 Hz für VHF) zugeführt. Sie bestimmen die vorher erwähnten Bereichdurchlaufzeiten von 80 s bzw. 20 s. Wird bei einem empfangswürdigen Sender die Automatik gestoppt, dann bleibt die jeweilige Binärinformation im Schieberegister X stehen.

Die Kanalwählertastatur besteht in diesem Fall aus den mechanischen Tastkontakten A bis D und 1 bis 4. Damit lassen sich 16 Programme speichern, indem jeweils zwei Tasten gedrückt werden, z. B. A 3, B 4, C 2 usw. Will man den eben abgestimmten Sender speichern, dann drückt man z. B. A 3 und außerdem die Taste S = Speichern. Über die Eingangslogik L wird dadurch die

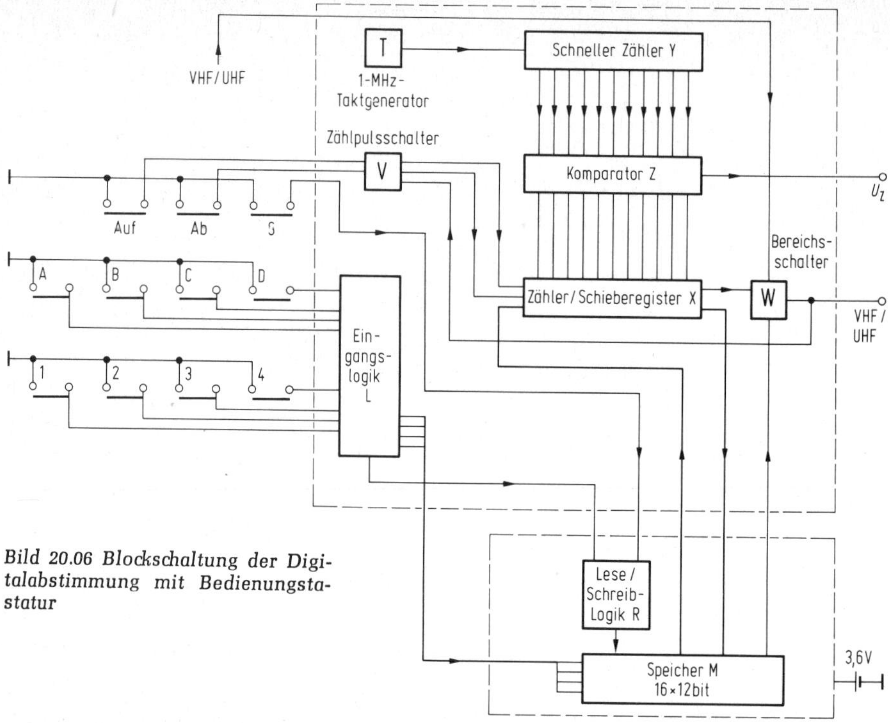

Bild 20.06 Blockschaltung der Digitalabstimmung mit Bedienungstastatur

Adresse des Speicherplatzes für A 3 im Speicher M gewählt, und aus dem Schieberegister X werden die zugehörigen Binärdaten unter Mitwirkung der Schreib-Leselogik L unter dieser Adresse gespeichert.

Zum normalen Empfang ist dann nur die Tastenkombination A 3 zu drücken. Die Eingangslogik L wählt nun die zugehörige Adresse im Speicher M. Dieser liefert die Binärdaten an die Stufe X, und über den Komparator Z entsteht die richtige Abstimmspannung für den Tuner.

Das System enthält noch eine Reihe weiterer digitaler Funktionen, z. B. Steuerung und Speicherung der Einstellungen von Lautstärke, Helligkeit und Farbsättigung in jeweils 64 Schritten. Außerdem wird beim eigentlichen Suchlauf nach dem Durchstimmen des VHF-Bereiches automatisch auf den UHF-Bereich umgeschaltet und dieser ebenfalls durchgestimmt.

Literatur

Kroll und *Ong:* Digitales Abstimmsystem für Fernsehempfänger. Funkschau 1976, H. 5, S. 171.

Bild 20.07 Frequenzvergleichsschaltung

Die automatische Digitalabstimmung beruht auf einem Regelprinzip, das der in den Bildern 8.51 und 15.52 besprochenen Phasenvergleichsschaltung ähnelt. Um Schwierigkeiten bei der direkten Verarbeitung der sehr hohen Oszillatorfrequenz f_O (Istwert) des Tuners zu verringern, wird diese Frequenz in acht aufeinanderfolgenden Flipflopstufen jeweils im Verhältnis 2 : 1 heruntergeteilt. $8^2 = 256$; man erhält damit einen neuen Istwert für die Frequenz, nämlich

$$f_{ist} = \frac{f_O}{256}$$

Eine Oszillatorfrequenz von 242,15 MHz für den Kanal 9 (vgl. Bild 3.33) wird auf diese Weise auf

$$242\,150 : 256 = 946 \text{ kHz}$$

heruntergeteilt, ein Wert, der sich weit besser verarbeiten läßt.

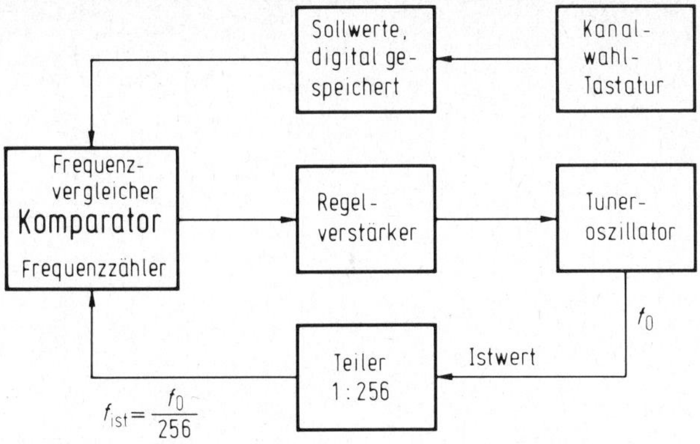

Bild 20.07 Eine digitale Frequenzvergleichsschaltung zeigt im Prinzip den gleichen Aufbau wie eine Phasensynchronisierungs- oder PLL-Schaltung

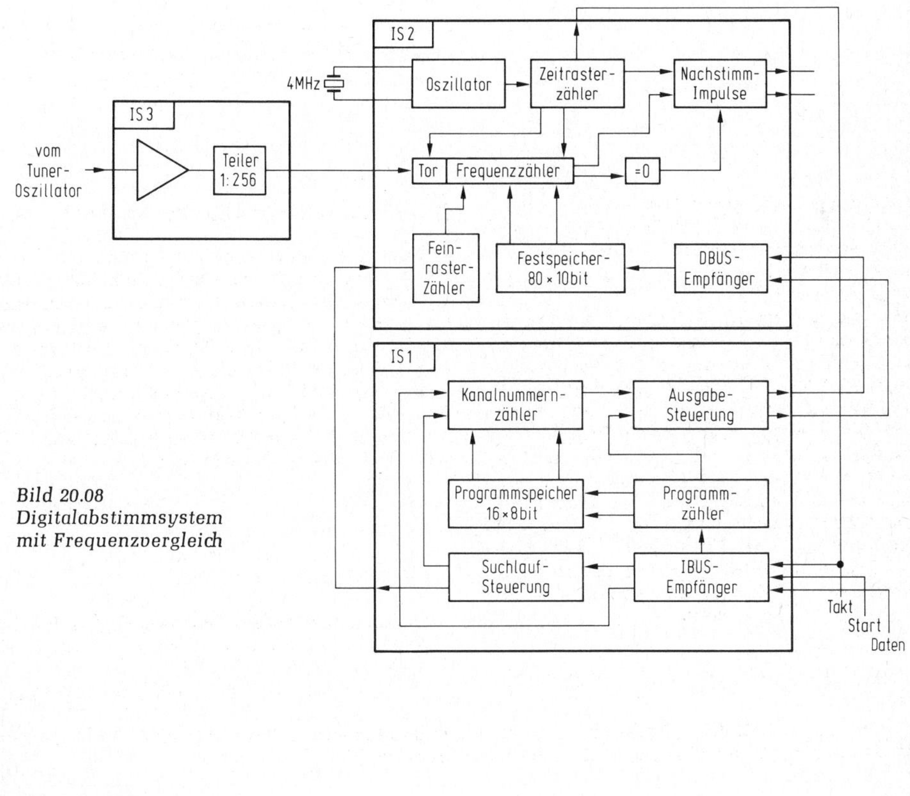

Bild 20.08 Digitalabstimmsystem mit Frequenzvergleich

Diese Frequenz wird nun der Komparatorstufe zugeführt. In dieser befindet sich ein digitaler Frequenzzähler. Er liefert für f_{ist} einen binär codierten Zahlenwert anstelle der einlaufenden stetigen Impulsserie.

Als Sollwert wird dem Komparator der für den betreffenden Kanal gültige ebenfalls binär codierte Zahlenwert eingegeben. Für alle in Frage kommenden Kanäle (bis zu 80) sind diese Zahlenwerte in einem Festwertspeicher enthalten und können über eine Tastatur einzeln abgerufen werden.

Der Komparator liefert über einen Regelverstärker eine zunächst gleitende Abstimmspannung für den Tuner. Ergibt sich dann im Komparator Gleichheit zwischen Istwert und Sollwert, dann ist das Gleichgewicht hergestellt – nicht Phasengleichheit wie bei der PLL-Schaltung Bild 15.52, sondern nur Frequenzgleichheit, aber das ist für die exakte Abstimmung vollständig ausreichend. Die Abstimmspannung verbleibt nun auf diesem Wert, und der Tuner ist automatisch richtig eingestellt.

Bild 20.08 Abstimmsystem mit Frequenzzähler

Ein derartiges, auch für Fernbedienung geeignetes Abstimmsystem wurde bei Valvo entwikkelt und unter der Bezeichnung TRD = Tuning Remote Digital[1]) eingeführt.

Ein auch für Fernbedienung geeignetes digitales Abstimmsystem wurde bei Valvo entwickelt. Die Blockschaltung zeigt den eigentlichen Abstimmteil. Valvo nennt das Verfahren Digital Channel Selection, d. h. digitale Kanalwahl. Dafür wurden die drei integrierten Schaltungen IS 1 bis IS 3 entwickelt.

Über eine Auskoppelschleife wird ein Teil der Oszillatorspannung am Tuner ausgekoppelt, in IS 3 verstärkt, und darauf wird die Oszillatorfrequenz im Verhältnis 1 : 256 heruntergeteilt. Eine etwa in der Mitte des VHF-Bereiches liegende Oszillatorfrequenz von rund 200 MHz wird dadurch zu einer Impulsspannung von etwa 700 kHz umgeformt, die sich besser digital verarbeiten läßt.

Diese Frequenz wird an die IS 2 weitergeleitet und gelangt durch eine Torschaltung an einen digitalen Frequenzzähler. Die Öffnungszeit für das Tor wird von einem 4-MHz-Quarzoszillator gesteuert.

Dieser Frequenzzähler ist eine Art Vorwahlzähler. In dem dazugehörigen Festwertspeicher sind die Daten für die bereits gespeicherten Kanäle in Binärform enthalten. Die Daten des gewünschten Kanals werden durch Drücken der entsprechenden Taste aus dem Speicher abgerufen und geben den Endwert für den Frequenzzähler. Auch hier wird über den Zeitrasterzähler eine ansteigende Abstimmspannung für die Tunerdioden erzeugt. Stimmen die Binärdaten für die Oszillatorfrequenz und die gespeicherte Information überein, dann fixiert sich die Abstimmspannung, und kleine Restabweichungen werden durch Nachstimmimpulse ausgeglichen.

Die Gesamtanlage umfaßt viele zusätzliche Funktionen. So wird die Nummer des gewählten Kanals in den Bildschirm eingeblendet. Außer dem elektronischen Suchlauf, der nach einem ähnlichen Prinzip wie in Bild 20.06 arbeitet, kann man direkt in einer Stellung „Kanalwahl" eine gewünschte Kanalnummer zweistellig eintasten. Die Automatik läuft dann auf diesen Kanal zu und stimmt ihn ab. Ferner sind hier ebenfalls Wählmöglichkeiten und Speicher für Analogfunktionen wie Lautstärke, Helligkeit, Farbsättigung und Kontrast vorgesehen. Das komplette System einschließlich Fernbedienung besteht aus zehn integrierten Schaltungsbausteinen. Um den Speicherinhalt auch bei Netzausfall zu erhalten, ist eine kleine Nickelkadmiumbatterie im Gerät vorgesehen.

Bild 20.09 Abstimmsystem SDA 100

Siemens entwickelte ebenfalls ein digitales Abstimmsystem und brachte fünf integrierte Schaltungen dafür heraus. Die wichtigsten Funktionen sind aus dem Blockschaltbild zu ersehen. Sehr schnelle Teilerstufen in ECL-Technik ermöglichen es, mit einem Vorteiler von nur 1 : 64 hinter dem Tuner zu arbeiten. In Verbindung mit einem programmierbaren Teiler kann die heruntergeteilte Oszillatorfrequenz digital und phasenstarr mit einer quarzstabilen Referenzfrequenz, also mit dem Sollwert, verglichen werden. Die Komparatorstufe liefert die Abstimmspannung für den Tuner.

Mit zwei Drucktasten „Zehner" und „Einer" oder mit einer Suchlaufanordnung sind die Kanalnummern 00 bis 99 einstellbar. Die gewählte Kanalzahl wird ziffernmäßig angezeigt. Die im Empfangsgebiet gut zu empfangenen Stationen lassen sich speichern. Bei der eigentlichen Benutzung über die Bedienungseinheit leuchten dann an einem weiteren Anzeigefeld die Zahlen 1 bis 16 je nach Belegung der Stationstasten auf. – Die Abstimmung bzw. Programmierung kann bereits erfolgen, ohne daß ein Sendersignal vorhanden ist.

Bei manchen Kabel-Fernsehnetzen kann es vorkommen, daß die abgegebenen Frequenzen etwas vom genormten Kanalraster abweichen. Dies läßt sich durch die Kanal-Fernverstimmung ausgleichen und mit abspeichern.

---

1 Entspricht etwa dem Ausdruck: Digitale Fernabstimmung.

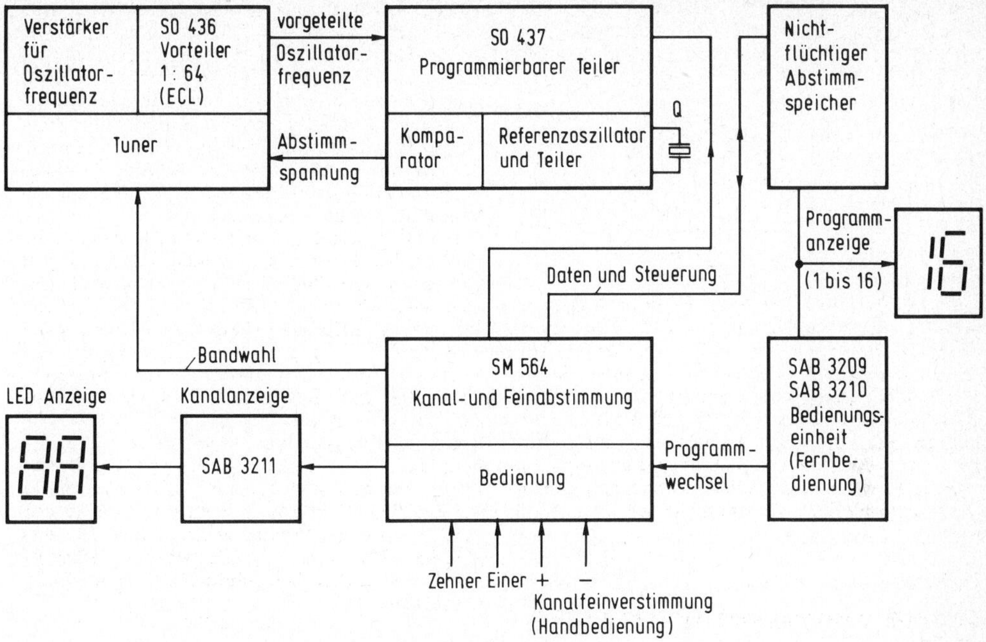

Bild 20.09 Siemens Digitales Abstimmsystem SDA 100. Es besteht aus fünf integrierten Schaltungen

Literatur

Limann: Integrierte Digitalspeicher – Definitionen und Anwendungen. Elektronik-Industrie 1975, H. 3, S. 33.

Seidler und *Vignau:* Digitales Abstimmsystem. Funkschau 1976, H. 5, S. 166.

C. R.: Vom Starkasten zur Digitalabstimmung. Radio Mentor Electronic 1976, H. 11, S. 452.

Keßler: S 187 – ein universell anwendbarer PLL-Baustein zur Frequenzsynthese. Siemens-Bauteile-Report 1977, H. 3, S. 87.

Veith: MOS-Schaltungen erhöhen Bedienungskomfort von Farbfernsehempfängern. Funkschau 1977, H. 8, S. 323.

Hegendörfer: Digitale Sender-Suchlaufautomatik.

Baum: Sendersuchlauf mit elektronischer Speicherung. Funkschau 1977, H. 12, S. 537.

TRD-System mit neuer Fernbedienung, Feinabstimmung und LED-Anzeige von Programm- und Kanalnummer. Druckschrift „Valvo-Brief" vom 24. Januar 1978.

Quarzgenauer Fernsehempfang. Siemens-Bauteile-Report 1978, H. 2, S. 57.

Fernsehton über Ultraschall oder Infrarot

Vielfach besteht der Wunsch, den Ton vom Fernsehempfänger über Kopfhörer abzuhören. Das kann entweder sein, um die Nachbarn nicht zu stören, beispielsweise beim Camping, oder aber bei beengten Wohnverhältnissen, wenn nicht alle im Zimmer weilenden Personen zugleich fernsehen (und fernhören) wollen. Von der einfachsten Lösung, den Kopfhörer über eine lange Leitung direkt an das Fernsehgerät anzuschließen, ist man sehr bald abgekommen, weil der „Stolperdraht" am Fußboden höchst lästig sein kann.

Man moduliert deshalb mit der Tonfrequenz entweder einen kleinen Ultraschallsender oder

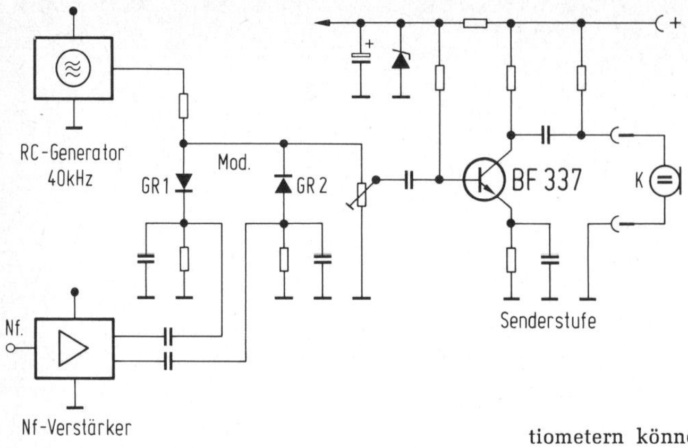

Bild 20.11 Schaltung eines Ultraschallsenders mit Amplitudenmodulation für den Fernsehton

eine Infrarotlichtquelle, nimmt den Schall oder die Lichtstrahlen am Sitzplatz oder am Kopfhörer wieder auf und wandelt sie in die Niederfrequenzschwingungen für den Hörer zurück. Ultraschall oder Infrarot als Übertragungsmittel hat sich deswegen eingeführt, weil diese Schall- oder Lichtquelle nicht über den Raum hinaus gelangen und deshalb keine Schwierigkeiten nach dem Fernmeldegesetz oder anderweitige Störungen ergeben.

Bild 20.11 Ultraschallsender

Philips bevorzugt seit langem das Prinzip der Tonübertragung mittels Ultraschall. Der Sender im Fernsehgerät arbeitet mit einem RC-Generator für 40 kHz[1]). Die Nf-Spannung wird am Nf-Verstärker des Fernsehempfängers vor dem Lautstärkeeinsteller ausgekoppelt und moduliert über einen Gegentaktmodulator GR 1/GR 2 die Amplitude der 40-kHz-Trägerfrequenz. Man kann somit den Lautstärkeeinsteller am Empfänger selbst auf Null stellen und erhält doch Spannung für den Infrarotsender.

Diese Spannung wird nochmals in einer Transistorstufe verstärkt und mit $U_{SS} = 140$ V auf eine Kondensatormikrofonkapsel K gegeben. Sie sitzt an der Frontseite des Fernsehempfängers und strahlt den Schall in Richtung auf die Zuschauer. Als Empfänger dient ein kleines Kästchen mit einem piezoelektrischen Mikrofon als Antenne. Darauf folgen ein Verstärker für die Ultraschallfrequenz, ein Demodulator und ein Nf-Verstärker. Eine automatische Verstärkungsregelung hält die Lautstärke konstant. Das ist wichtig, falls man den Kopf dreht, und mit zwei Schiebepotentiometern können Lautstärke und Klang individuell eingestellt werden. Ein leichter Ohrhörer dient zur Wiedergabe. Der Empfänger wird aus vier Mignonzellen gespeist. Er verbraucht etwa 10...15 mA. Eine Leuchtdiode zeigt an, daß das Bedienungsteil eingeschaltet ist.

Bild 20.12 Ultraschallempfänger für Fernsehton

Schaub-Lorenz propagiert ebenfalls ein Ultraschallsystem zur Tonübertragung. Der Sender arbeitet mit zwei integrierten Schaltungen, und zwar dem Typ TCA 440 als Nf-Vorstufe, Oszillator und Modulator und dem Typ TBA 820 als Senderendstufe. Als Strahler dient gleichfalls ein Kondensatormikrofon. Der Abstrahlwinkel beträgt rund 90°, so daß man sich bequem vor dem Sender placieren kann. Die Anlage hat eine Reichweite von 15 m.

Die Empfängerschaltung Bild 20.12 nimmt den Ultraschall mit einer Elektretmikrofonkapsel auf. Der Transistor BF 245 dient hauptsächlich zur Anpassung an die folgende Stufe. Die Anlage arbeitet mit 70 kHz Trägerfrequenz. Um Störungen durch andere Frequenzen zu unterdrücken, sind Selektionskreise mit den Spulen L 1, L 2 und L 3 vorgesehen. Von der integrierten Schaltung TCA 440 wird der geregelte Verstärker benutzt, um Lautstärkeschwankungen zu verhindern. Die Diode D 1 wirkt als Demodulator. Darauf folgen der Lautstärkeeinsteller L und ein Klangeinstellnetzwerk H und T für Höhen und Tiefen. Die integrierte Schaltung TAA 611 übernimmt die eigentliche Nf-Verstärkung. Die Dioden D 1 bis D 5 in Verbindung mit dem Widerstand R 17 dienen als Amplitudenbegrenzer bei zu hohen Schalldrücken.

Hinter der Demodulatordiode D 1 ist über den Widerstand R 6 eine Diodenbuchse zum Anschluß eines Cassetten-Recorders vorgesehen. Der Frequenzumfang des Nf-Teils wird mit 30...15 000 Hz angegeben. Gespeist wird der Empfänger aus vier Mignonzellen. Die Stromaufnahme liegt bei 10...12 mA.

---

1 Man will auf 62 kHz gehen, um Störungen durch die für Fernbedienungen übliche Ultraschallfrequenz um 40 kHz zu vermeiden.

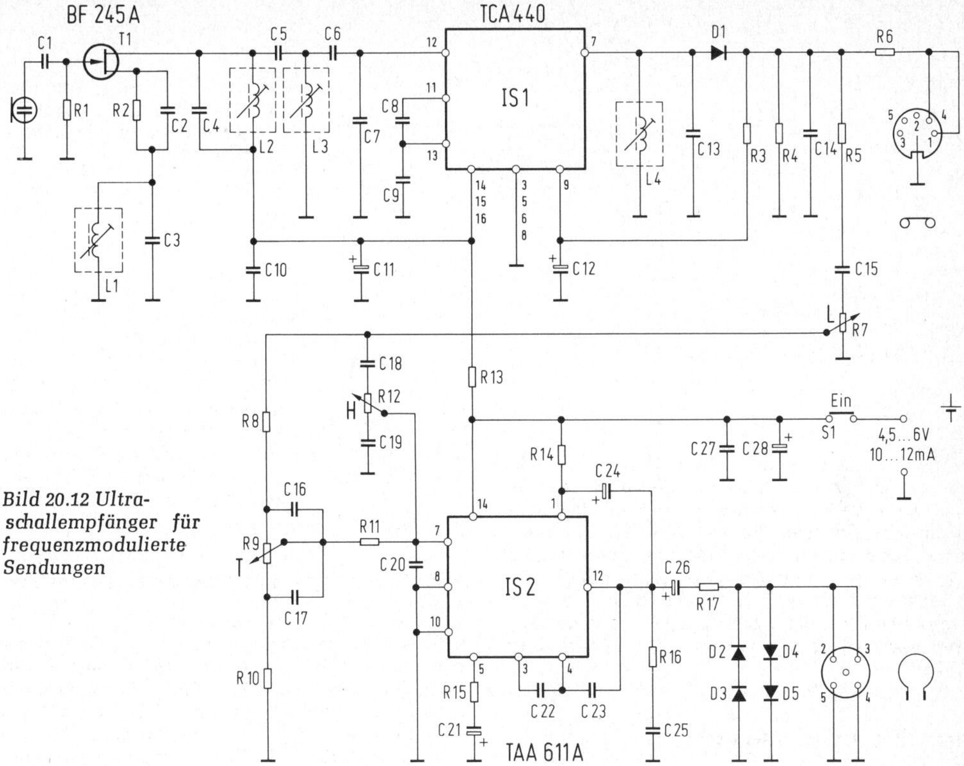

Bild 20.12 Ultraschallempfänger für frequenzmodulierte Sendungen

Dieser Empfangsteil wird in das für die Fernsehempfänger vorgesehene Fernbedienungskästchen mit eingebaut.

Literatur

Kroll: Ferngehört mit Ultraschall. Philips-Kontakte, H. 29/1973, S. 14.

Kroll: Fernseh-Kopfhörer – drahtlos. Funkschau 1974, H. 1, S. 15.

Becker: Fernsehton-Übertragung mit Ultraschall. Funkschau 1976, H. 12/13, S. 517.

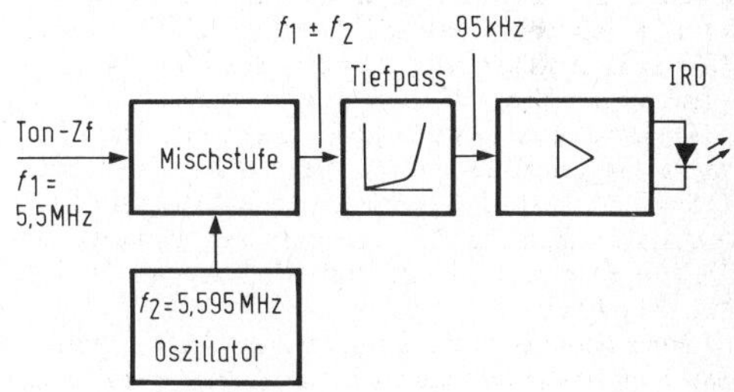

Bild 20.13 Blockschaltung des Infrarot-Senders zur Fernsehtonübertragung

Bild 20.13 bis 20.15 Infrarotsender für den Fernsehton

Infrarotwellen verhalten sich wie Lichtwellen und werden an den Raumwänden reflektiert, so daß man selbst mit dem Rücken zum Bildschirm den Ton gut hören kann. Infrarotübertragungstechnik ist ein Teilgebiet der Optoelektronik und konnte sich erst entwickeln, nachdem mit lichtemittierenden Dioden (LED) kleine und preisgünstige Bauelemente geschaffen worden sind, die sich mit hoher Frequenz in ihrer Helligkeit modulieren lassen. Als zweckmäßig hat es sich herausgestellt, eine Trägerfrequenz um 95 kHz zu benutzen. Bild 20.13 zeigt die Blockschaltung eines einfachen Infrarotsenders. Man geht von der frequenzmodulierten 5,5-MHz-Tonzwischenfrequenz aus und überlagert sie aus einem Hilfsoszillator mit 5,595 MHz. Aus dem entstehenden Frequenzgemisch wird die Differenzfrequenz 95 kHz durch einen Tiefpaß abgefiltert und ver-

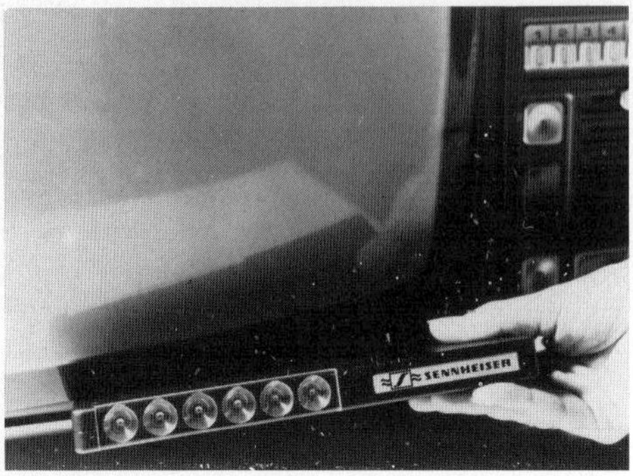

Bild 20.14 Infrarottonsender mit fünf Dioden (Sennheiser)

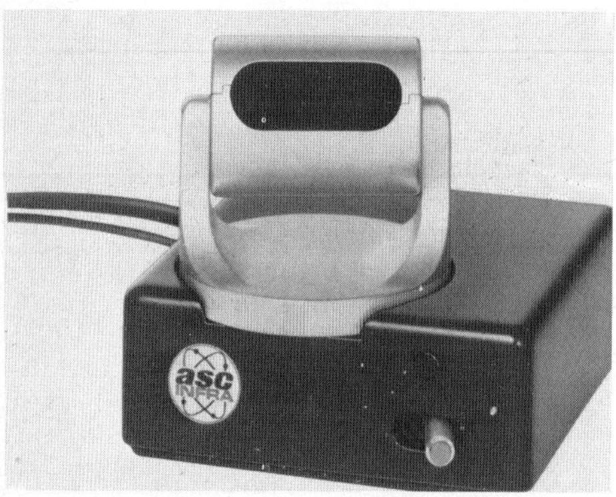

Bild 20.15 Infrarottonsender von Nordmende mit „Richtstrahler“

stärkt. Dieses „herabgemischte“ Zf-Signal enthält die Tonmodulation. Es wird verstärkt und steuert mit entsprechenden Rechtecksignalen von 95 kHz Trägerfrequenz die Helligkeit von mehreren an der Frontseite des Fernsehempfängers angebrachten Infrarot-Leuchtdioden. Der Empfangsraum ist dadurch gewissermaßen mit für das menschliche Auge unsichtbaren Infrarot-Lichtblitzen erfüllt. Da der 95-kHz-Träger das Tonsignal in Frequenzmodulation enthält, kann man durch Begrenzerstufen im Empfänger Amplitudenstörungen abschneiden. Der beim Fernsehton relativ große Modulationshub ergibt außerdem eine gute Übertragungsqualität. Allerdings ist der Aufwand für einen solchen Infrarotsender ziemgroß. Eine Ausführung von Grundig arbeitet z. B. mit zwei integrierten Schaltungen und drei Transistoren. Der Philips-Infrarottonsender enthält eine integrierte Schaltung und sieben Transistoren als aktive Elemente.

Als Lichtsender dienen in allen Fällen spezielle Infrarot-Leuchtdioden. Sennheiser benutzt eine Anordnung von fünf in einer Zeile nach Bild 20.14 angeordneten Dioden. Die flache Bauform dieser Einheit ermöglicht es, den vollständigen Tonsender auch nachträglich unterhalb eines Ferngerätes anzuordnen.

Nordmende bringt die Infrarotdiode nach Bild 20.15 in einem dreh- und schwenkbaren Strahler auf dem Senderteil unter, um eine optimale Abstrahlrichtung einstellen zu können.

Bild 20.16 bis 20.18 Kopfhörer für Infrarotempfang

Der Infrarotempfänger läßt sich ziemlich klein aufbauen. Bild 20.16 zeigt die Blockschaltung eines Gerätes der Firma Sennheiser. Eine Fotodiode nimmt das Infrarotlicht auf und wandelt es wieder in elektrische Schwingungen mit 95 kHz Trägerfrequenz um. Sie werden verstärkt, ein Begrenzer schneidet Störspitzen ab, ein Demodulator erzeugt das eigentliche Nf-Signal, und darauf folgt der Nf-Verstärker.

Mit einer integrierten Schaltung läßt sich die Anordnung so klein bauen, daß man sie auf Kopfhörerkapseln aufstecken kann, wie Bild 20.17 erkennen läßt. Die rechts und links an den Kapseln befindlichen nach vorne gerichteten Kalotten enthalten die Fotodioden.

Eine andere Empfangsanordnung zeigt Bild 2.18. Der Empfänger mit einer Fotodiode und dem Lautstärkeeinsteller befindet sich in dem Verbindungsstück zwischen den beiden leichten Ohrhörerbügeln. Das unten angesteckte geriffelte Teil enthält die zum Betrieb notwendige Batterie. Sie ist übrigens in der gleichen Ausführung in Bild 20.17 an der linken Hörerkapsel hinten zu erkennen.

Literatur

Peetz: Drahtloser Infrarot-Kopfhörer. Funkschau 1975, H. 17, S. 54.

Rohrbacher: Infrarot-Tonsender 485 und Infrarot-Tonempfänger 486 für die drahtlose Tonübertragung. Grundig Technische Informationen, H. 4/1975, S. 620.

– –: Infrarot-Ton. Philips-Kontakte, H. 36/1976, S. 4.

Griese: Fernsehton über Infrarotlicht. Funk-Technik 1976, H. 17, S. 541.

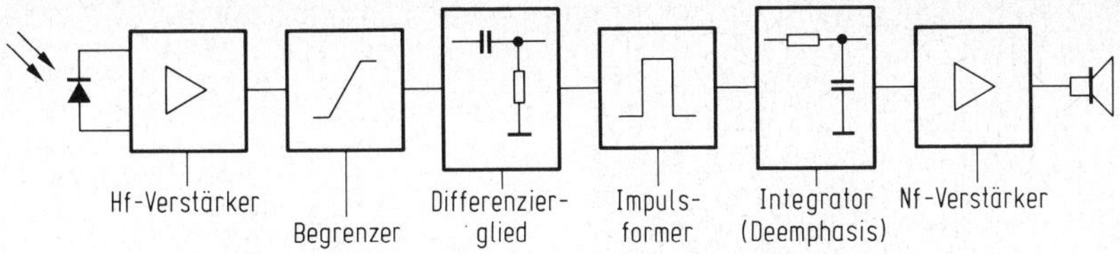

Bild 20.16 Blockschaltung eines Infrarotempfängers

Bild 20.17 Infrarot-Nachrüstung für Kopfhörer (Sennheiser)

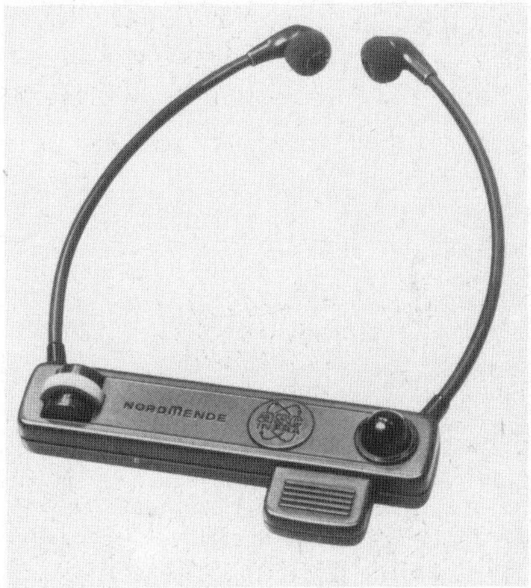

Bild 20.18 Sehr leichter Kopfhörer mit Infrarotempfänger für Geräte von Nordmende

Ultraschall-Fernbedienung

Bild 20.21 Das Frequenzspektrum

Für die Fernbedienung eines Empfängers ging die Entwicklung ebenfalls zur drahtlosen Übertragung. Dabei befindet sich der Signalgeber in einem kleinen Kästchen beim Zuschauer, und der Empfangsteil sitzt im Gerät. Überwiegend hat es sich eingeführt, diese Steuersignale durch Ultraschallfrequenzen zu übertragen. Neuerdings gehen aber die Empfängerfirmen dazu über, wie beim drahtlosen Fernsehton Infrarot als Träger für die Fernbedienungssignale zu verwenden. Die drahtlose Fernbedienung vermeidet ebenfalls lästige Drahtverbindungen zum Fernsehempfänger (wichtig, wenn man während des Fernsehens zum Schnapsschrank gehen will, um sich einen einzugießen).

Bild 20.21 zeigt das günstigste Spektrum für die zu verwendenden Ultraschallfrequenzen. Die schattiert gezeichneten Gebiete sind zu vermeiden, weil dort Störungen durch zweite und dritte Harmonische der Zeilenfrequenz (rund 31 kHz bzw. 47 kHz) auftreten können. Es steht somit ein Frequenzspektrum von etwa 34 MHz bis 44 MHz zur Verfügung. Diese Frequenzen lassen sich direkt mit LC-Oszillatoren erzeugen oder durch Frequenzteilung aus einem Quarzoszillator gewinnen. Als Ultraschallsender dienen Lautsprechersysteme, die nach dem Kondensatorprinzip oder als piezoelektrische Schallwandler arbeiten. Als Schallempfänger werden ebenfalls Kondensatormikrofone oder piezoelektrische Mikrofone verwendet.

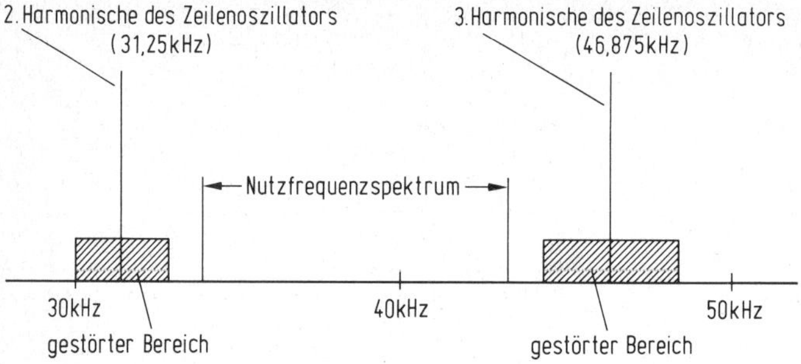

Bild 20.21 Das Ultraschall-Frequenzspektrum für Fernbedienung wird zweckmäßig zwischen die zweite und dritte Harmonische der Zeilenfrequenz gelegt

Bild 20.22 und 20.23 Ultraschallgeber mit LC-Oszillator

Bei der Fernbedienung wünscht man, mehrere Funktionen zu übertragen. Man will das Programm bzw. den Kanal wählen, und man möchte auch Lautstärke und Farbtönung vom Sitz aus steuern können. Bei dem Bedienungsteil der Ultraschallsteuerung „Omnitronic" von Blaupunkt dienen dazu acht verschiedene Steuerfrequenzen. Sie werden[1]) durch Zuschalten von Parallelkapazitäten zum Schwingkreis eines LC-Oszillators mit dem Transistor BC 338 gewonnen. Auf dem handgerecht geformten kleinen Bedienungsteil befinden sich vier „Wipptasten". Je nachdem, ob man sie auf die eine oder die andere Seite drückt, schließen sich die Doppelkontakte rechts oder links. Der untere Schaltarm schaltet jeweils die 1,5-V-Batterie ein, der obere legt einen Kondensator parallel zum Schwingkreis und stimmt ihn auf eine der Ultraschallfrequenzen ab. Am äußersten linken Schaltkontakt ist keine Zusatzkapazität vorgesehen, hier schwingt der Kreis auf seiner Grundfrequenz 44,5 MHz.

Die Frequenzen sind nach Bild 20.23 so geordnet, daß sich bei den Wipptasten für Lautstärke, Helligkeit und Farbstärke Frequenzabstände von rund 4,5 MHz ergeben. Drückt man eine dieser Tasten nach links oder rechts, dann nimmt zum Beispiel die Lautstärke zu oder ab. Läßt man die Taste los, dann wird die gerade herrschende Lautstärkeeinstellung gespeichert.

1 Bild 20.22 auf Seite 321

Mit der Taste „Programm" kann man durch wiederholtes kurzes Tippen der Reihe nach die am Fernsehgerät festeingestellten Kanäle in der Vorwärtsrichtung, also in der Reihenfolge 1 bis 8, abrufen, oder in der anderen Reihefolge rückwärts schalten. Die Funktion Ein/Aus sei im nächsten Bild erläutert.

Bild 20.24 Ultraschall-Steuerteil im Empfänger

Das Blockschaltbild auf Seite 322 zeigt die zugehörige Steuerschaltung im Fernsehempfänger. Die vom Bedienungsteil ausgestrahlten Ultraschallwellen werden von einem Kondensatormikrofon aufgenommen, in elektrische Schwingungen umgewandelt und in einem Breitbandverstärker verstärkt. Darauf folgen acht auf die einzelnen Ultraschallfrequenzen abgeglichene Schwingkreise mit Diodengleichrichtern. Die Dioden sind paarweise entsprechend der Funktion so gepolt, daß beim Ansprechen der eine Kreis jeweils eine negative, der andere eine positive Ausgangsspannung liefert. Die oberen drei Steuerkreise haben gleichartige Anschlußschaltungen, bestehend aus Begrenzer und Speicher. Die drei Speicher geben ihre Informationen an den Tonteil, den Y-Verstärker und den Farbartsignalverstärker weiter.

Im Programmwahlteil folgt eine Impulsformerstufe nach den beiden Schwingkreisen. Sie macht aus den kurz eingetippten Schaltstößen für die Programmwahl definierte Vor- oder Rückschaltimpulse für den Ringzähler. Dies ist eine Digital-

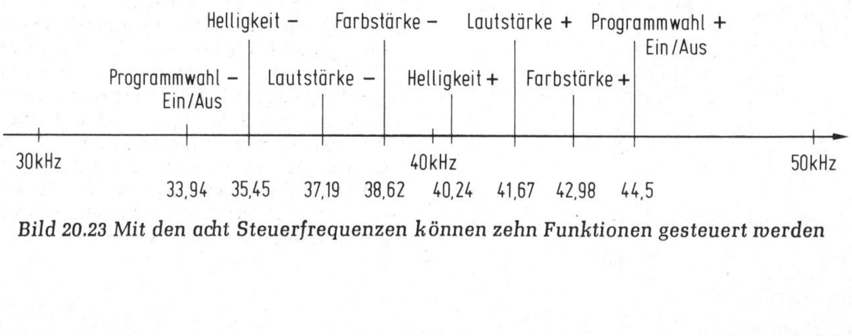

Bild 20.23 Mit den acht Steuerfrequenzen können zehn Funktionen gesteuert werden

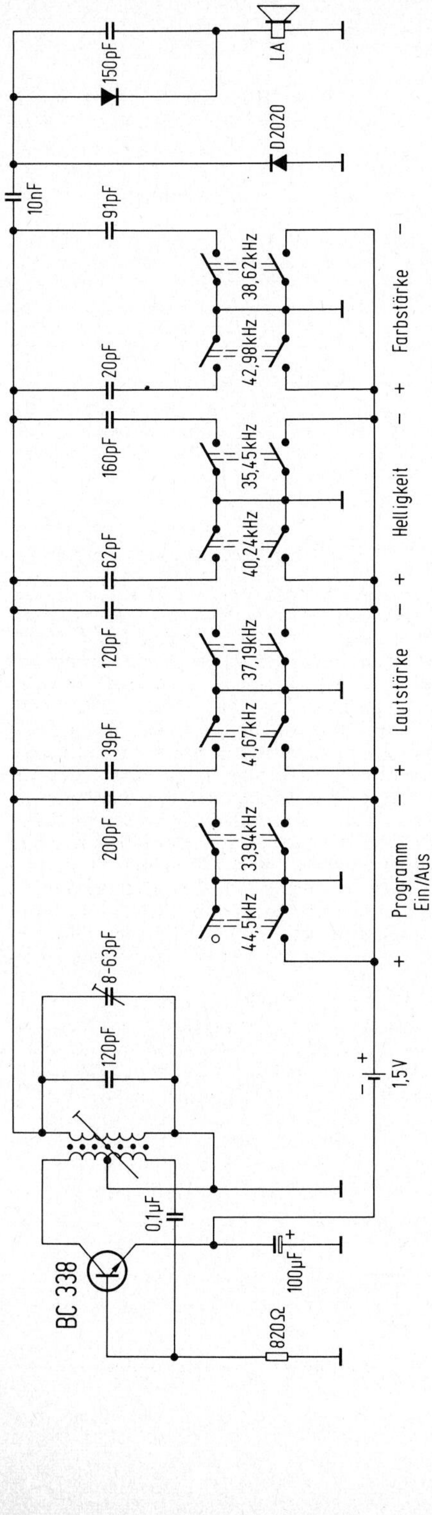

Bild 20.22 Ultraschallgeber für acht Frequenzen

schaltung, die bei jedem Impuls elektronisch einen folgenden Stromkreis schließt, etwa so, als ob man einen Drehschalter mit im Kreis angeordneten Kontakten durchdreht. Damit werden nacheinander die einzelnen Programmkanäle im Empfänger eingeschaltet, und gleichzeitig leuchtet im Bedienungsfeld die zugehörige Ziffer 1 bis 8 auf. Dieser Ringzähler besteht aus zwei integrierten Schaltungen SAS 560 und SAS 570. Ein ebenfalls aus der Impulsformerstufe kommender Löschimpuls trennt jeweils die vorangegangene Kanaldurchschaltung wieder auf.

Zum Ein- und Ausschalten des Empfängers wird die gleiche Taste benutzt. Man muß sie nur länger, nämlich mindestens drei Sekunden drükken. In diesem Fall spricht die mit „Zeitglied" bezeichnete Stufe an, und ein Flipflop schaltet den Thyristor im Netzteil über seine Zündelektrode ein oder aus. Vorgesehen ist also ein Thyristornetzteil nach dem Prinzip von Bild 12.02 oder 12.12.

Auf der Bedienungsplatte am Empfänger sind die gleichen Funktionswipptasten angeordnet wie auf dem Bedienungsteil des Ultraschallsenders. Der Fernsehempfänger besitzt also keine Drehknöpfe, sondern wird in jedem Fall mit solchen Wipptasten betätigt.

Der gesamte Steuerteil, dessen Blockschaltung hier dargestellt ist, umfaßt eine große Anzahl von Bauelementen und Schaltstufen. In der zugehörigen Beschreibung hat die immerhin ziemlich komprimierte Schaltbildzeichnung bereits die Größe eines DIN-A 3-Blattes.

Nach: Ultraschall-Fernbedienung „Omnitronic" für Farbfernsehempfänger. Blaupunkt-Informationen für den Fachhandel, Heft 19/73.

Bild 20.25 Ultraschallgeber mit Programmtasten

Bei der vorigen Ausführung mußte das gewünschte Programm durch mehrfaches Tasten gewählt werden. Bald ging man aber dazu über, bereits am Fernbedienungsteil für jedes Programm eine eigene Taste anzuordnen. Wird für die Kanalwahl nur eine Ultraschallfrequenz benutzt, dann moduliert man sie mit Hilfe eines zusätzlichen Impulsgenerators mit Digitalsignalen zur Kennzeichnung der verschiedenen Kanäle. Diese Impulse steuern dann über einen speziellen Programmwähler den Tuner. Das Bild auf Seite 319 zeigt die Blockschaltung einer solchen Ausführung Typ PALcolor 782 von AEG-Telefunken. Dabei lassen sich mit Einzeltasten sechs verschiedene Programme über die Leitung 7 und den Demodulator wählen. Auch dieser Ultraschallempfänger besitzt eine umfangreiche Schaltungsplatine. Der Service an solchen Bausteinen erfordert eine spezielle Ausbildung in der Digitalelektronik. Er wird jedoch bei neueren Anlagen durch die Modultechnik erleichtert.

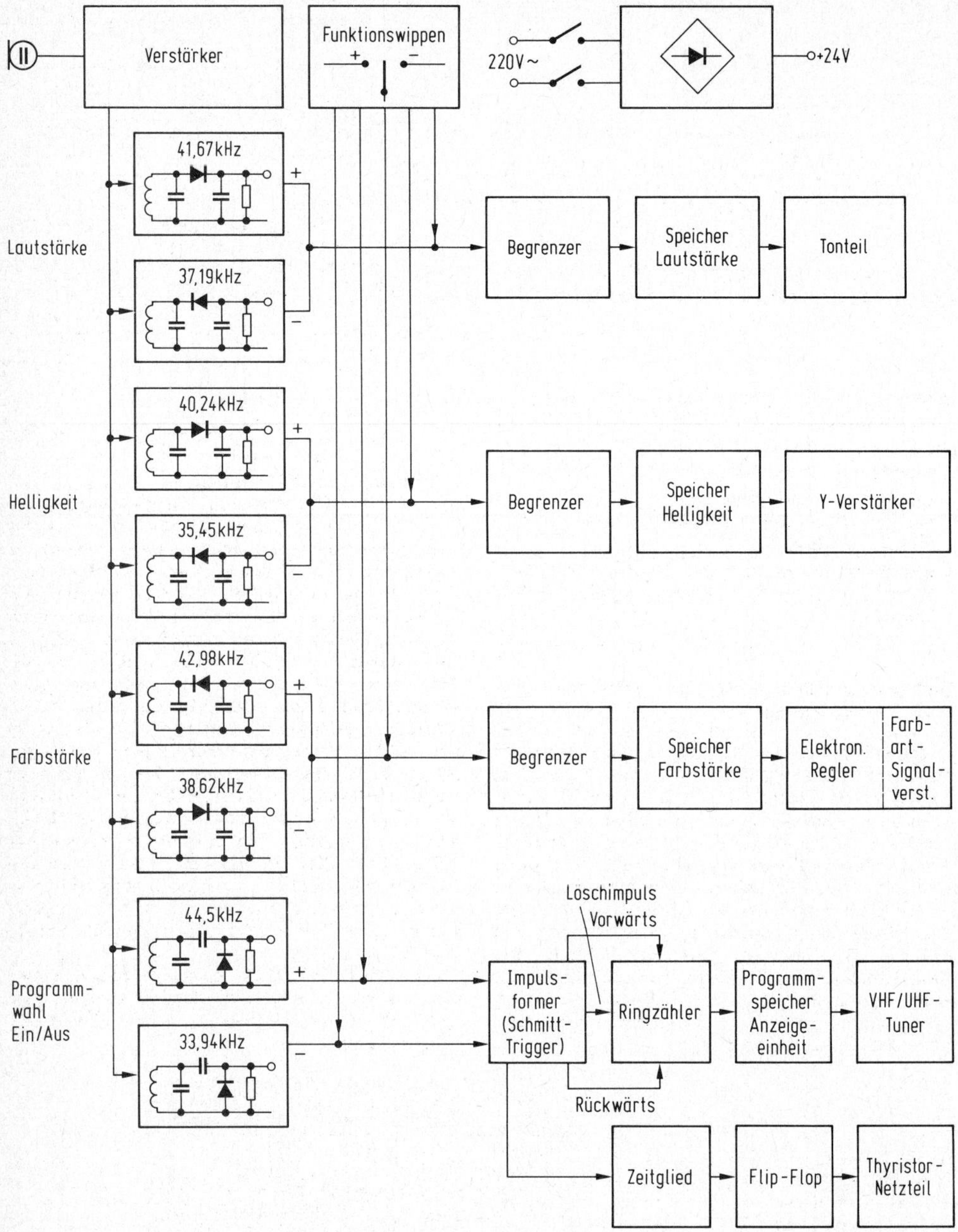

Bild 20.24 Blockschaltung des Ultraschall-Steuerteils

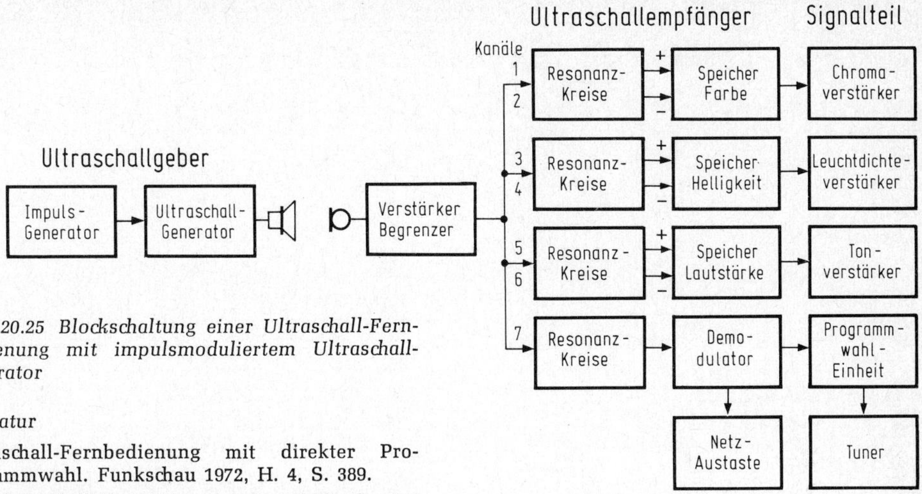

Bild 20.25 Blockschaltung einer Ultraschall-Fernbedienung mit impulsmoduliertem Ultraschallgenerator

Literatur

Ultraschall-Fernbedienung mit direkter Programmwahl. Funkschau 1972, H. 4, S. 389.

Die Ultraschall-Fernbedienung des „PALcolor 782 supersonic“. Funk-Technik 1972, H. 14, S. 505.

Telefunken-Ultraschall-Fernsteuerung „supersonic“ mit direkter Kanalwahl. Telefunken-Sprecher, H. 59/1972, S. 3.

Verfasser aller drei Arbeiten sind: *Kurt Knuth, Wilfried v. d. Ohe* und *Wulf-Christian Streckenbach.*

Bild 20.26 und 20.27 Integrierte Schaltungen für Ultraschallsender

Der Wunsch nach noch mehr Wahlmöglichkeiten bei einfacherem Aufbau führte zur Entwicklung spezieller integrierter Schaltungen für Ultraschallfernbedienungen. Dabei sollen vor allem auch die LC-Schwingkreise vermieden werden, die in diesem Frequenzgebiet recht aufwendig sind und Abgleicharbeit und Wartung erfordern.

Man kam zu einem Verfahren, bei dem die Steuerfrequenzen durch Frequenzteilung aus einem Quarzoszillator gewonnen werden. Sie sind dadurch viel konstanter, und man kann sie enger zusammenrücken, so daß man bis zu 30 Frequenzen in dem Ultraschallspektrum von Bild 20.21 unterbringen kann.

Im Empfangsteil benutzt man zum Identifizieren dieser Frequenzen ebenfalls keine LC-Schwingkreise, sondern elektronische Digitalzähler, die sehr wohl Frequenzen mit nur 100 Hz Abstand unterscheiden können.

Die Firma Intermetall entwickelte eine Serie von integrierten Schaltungen, mit der sich solche Ultraschallfernbedienungen einfach und rationell aufbauen lassen. Bild 20.26 zeigt die Blockschaltung eines mit dem Typ SAA 1000 aufgebauten Ultraschallsenders. Er arbeitet mit einem außen anzuschließenden Schwingquarz. Die Oszillatorstufe liefert dann eine Frequenz von 4,433 MHz. Aus dieser Frequenz wird in einer komplizierten Digitalelektronik mit Teilerstufen und Ausblendstufen ein Frequenzspektrum von 33 945 Hz bis 43 643 Hz erzeugt. Die Anordnung ist so ausgelegt, daß über die mit 15 Tasten versehene Diodenmatrix und die mit „Decodierer“ bezeichnete Stufe jeweils nur eine dieser 15 Frequenzen auf den Endverstärker und den Ultraschallstrahler gelangt.

Die *Tabelle* führt diese 15 Frequenzen sowie die Tastennummern und die Schaltbefehle auf. Darin bedeuten F = Farbton, H = Helligkeit, L = Lautstärke.

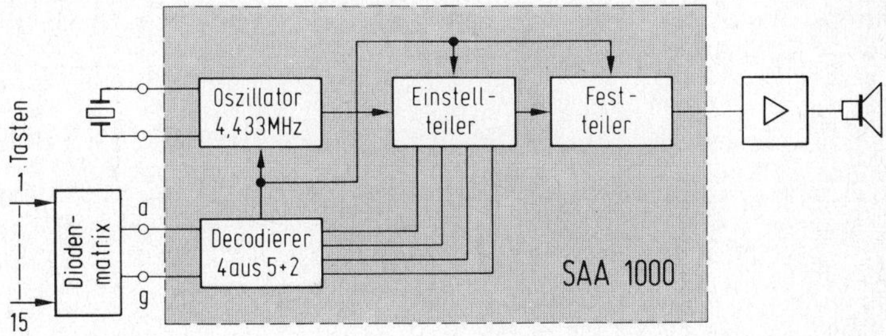

Bild 20.26 Blockschaltbild eines Ultraschallsenders mit der integrierten Schaltung SAA 1000

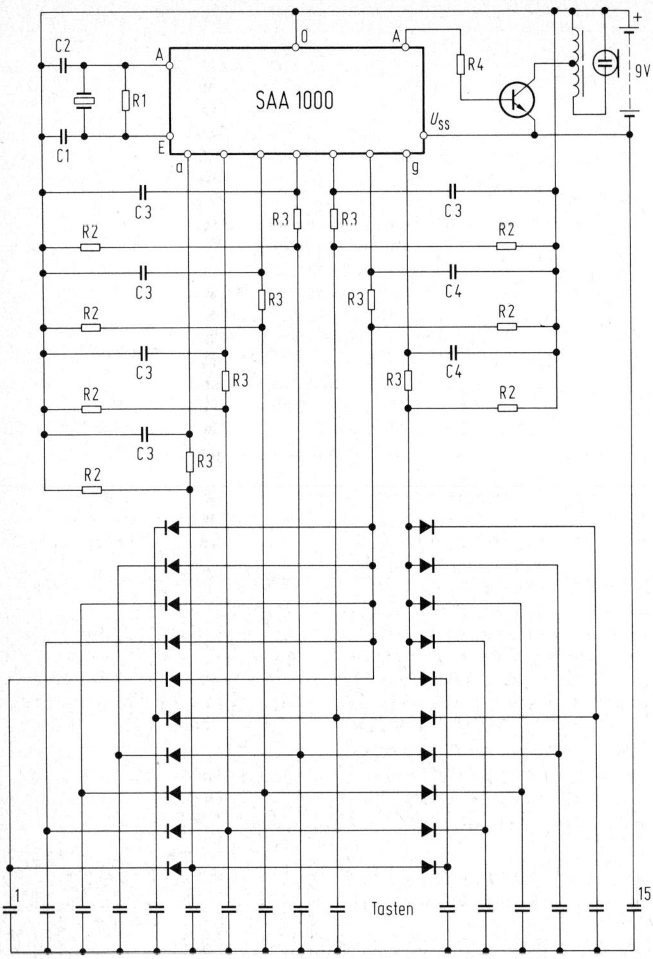

Bild 20.27 SAA 1000 mit Tastensatz

Frequenz	Taste	Befehl	Frequenz	Taste	Befehl
33 945 Hz	10	Netz	38 794 Hz	11	Kanal 1
34 638 Hz	15	F +	39 487 Hz	12	Kanal 2
35 330 Hz	5	F —	40 180 Hz	13	Kanal 3
36 023 Hz	1	H +	40 872 Hz	14	Kanal 4
36 716 Hz	2	H —	41 565 Hz	6	Kanal 5
37 409 Hz	3	L +	42 258 Hz	7	Kanal 6
38 104 Hz	4	L —	42 951 Hz	8	Kanal 7
			43 643 Hz	9	Kanal 8

Der Abstand zweier Ultraschallfrequenzen beträgt jeweils rund 693 Hz.

Bild 20.27 zeigt weitere Einzelheiten für die Beschaltung. Die Tasten sind als Sensortasten ausgebildet und brauchen nur mit der Fingerkuppe überbrückt zu werden. Eine Diodenmatrix ermöglicht, die 15 Steuerbefehle über nur sieben Leitungen a bis g in die integrierte Schaltung einzugeben und dort die benötigten Teilerstufen zu aktivieren. Die gewünschte Frequenz wird nach einem Ausblendverfahren erzeugt, indem jeweils aus der 4,433-MHz-Impulsreihe einige Impulsgruppen ausgeblendet werden. In der Bereitschaftsphase, solange keine der Tasten berührt wird, ist der Oszillator außer Betrieb, und der Frequenzteiler wird in einer definierten Stellung festgehalten. Die RC-Glieder an den Eingängen a bis g schützen vor Störeinstreuungen und vor Beschädigung der Innenstruktur der integrierten Schaltung durch statische Ladungen.

Bild 20.28 30-Kanal-Ultraschallempfänger

Außer der beschriebenen integrierten Schaltung SAA 1000 für 15 Ultraschallfrequenzen hat Inter-

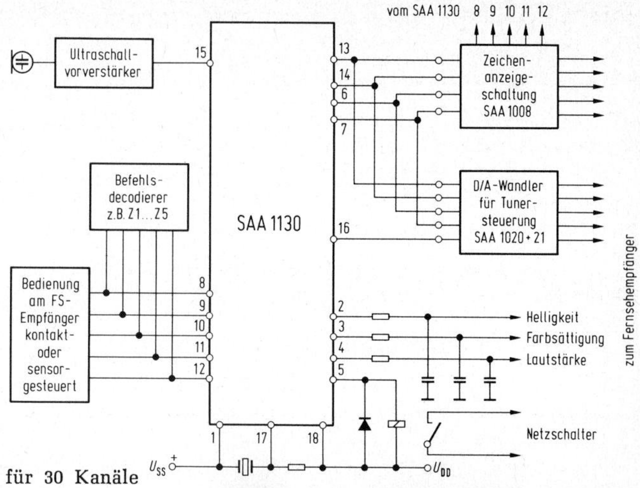

Bild 20.28 Blockschaltung eines Ultraschallempfangsteils für 30 Kanäle

metall noch einen Typ SAA 1024 für 30 Kanäle herausgebracht. Zu beiden Sendern gibt es auch passende Bausteine für den Ultraschallempfänger. Hier sei nur die sehr vereinfachte Blockschaltung einer Fernsteuerung für 30 Kanäle wiedergegeben. Das System arbeitet mit insgesamt vier integrierten Schaltungen:

SAA 1130	Ultraschallempfänger
SAA 1020	Abstimmspannungserzeugung
SAA 1021	für die Tunerdioden
SAA 1008	Programmanzeige

Der Baustein SAA 1130 mißt die empfangene Ultraschallfrequenz in einem Digitalfrequenzzähler. Die erforderliche Zeitbasis wird durch den außen angeschlossenen Quarz bestimmt. Sämtliche Befehle werden in ein digital codiertes Ausgangssignal umgesetzt. Es gelangt über die Anschlüsse 13 – 14 – 6 – 7 – 16 zur Tunersteuerung und zur Zeichenanzeige.

Die Signale für die Analogwerte Helligkeit, Farbsättigung und Lautstärke werden im SAA 1130 gespeichert und dauernd in Form von Rechteckspannungen ausgegeben. Das Puls-Pausen-Verhältnis dieser Rechteckspannung bestimmt die Größe der Analogwerte.

Der Netzschalter wird über ein Relais ein- und ausgeschaltet. Am Empfänger kann die gleiche Tastenanordnung wie am Ultraschallbedienungsteil vorgesehen werden. Insgesamt ergibt sich eine äußerst vielseitige und in sich geschlossene, digital arbeitende Abstimm- und Fernbedienungseinheit.

Bild 20.29 12-Kanal-Ultraschallfernbedienung (Nordmende)

Literatur

Intermetall: Integrierte Schaltungen für die Konsumelektronik. 1975/76, S. 18...40; 1976/77, S. 26 bis 62.

C. R.: Infrarot und Ultraschall für vieles. Radio Mentor electronic 1976, H. 8, S. 303.

Wermescher: Ultraschall-Fernbedienung mit Pulscodeübertragung. Funkschau 1975, H. 17, S. 503.

Wahl: Farbportable mit Ultraschall-Fernbedienung. Funkschau 1977, H. 6, S. 249.

Veith: MOS-Schaltungen erhöhen Bedienungskomfort von Farbfernsehempfängern. Funkschau 1977, H. 8, S. 323.

Bild 20.29 Bedienungsteil mit Sensortasten

Schließlich sei noch das Äußere einer hochkomfortablen Abstimm- und Fernbedienungsanordnung gezeigt. Bei diesem System telecontrol IV von Nordmende können bis zu 12 Kanäle mit Sensortasten auf dem Bedienungsteil gewählt werden. Der eingetastete Kanal wird durch Leuchtziffern an der Frontplatte des Gerätes signalisiert.

Außerdem lassen sich Farbtönung, Helligkeit und Lautstärke über drei Tipptastenpaare herab- und heraufsteuern. Zu diesen Einstellungen gehören drei Skalen an der Frontplatte des Gerätes. Dort wird durch drei verschiedenfarbige Leuchtdiodenreihen angezeigt, ob man kleine oder große Werte eingestellt hat. Eine weitere Taste schaltet den Ton ab, hält aber das Gerät betriebsbereit. Außerdem ist der normale Netzschalter über eine Taste zu betätigen, und mit einer Art Schaltuhr am Bedienungsteil ist es möglich, das Fernsehgerät bis zu zwei Stunden programmiert ein- und auszuschalten.

Literatur

Ultraschall-Fernbedienung „telecontrol II" mit teletimer. Technischer Teil der Zeitschrift Am Mikrofon: Nordmende, April 1974.

Infrarot-Fernbedienung

Von AEG-Telefunken wurde ebenfalls eine Familie von integrierten Schaltungen für Fernbedienungen herausgebracht. Sie besteht aus folgenden Einheiten:

SAB 2000 Ultraschall-Fernbedienung, Codierschaltung für den Ultraschalloszillator

SAB 2010 MOS-Decodierschaltung für den Ultraschallempfänger

SAB 2020 MOS-Speichereinheit und D/A-Wandler

Hiermit und mit einigen Zusatzbausteinen läßt sich eine komplette Abstimmsteuerung und Ultraschallfernbedienung aufbauen. Interessanterweise wird aber auch propagiert, Infrarot als Übertragungsmedium zu verwenden, weil damit die Anlage noch unempfindlicher gegenüber Störeinflüssen wird. Eine solche Störungsquelle soll das Geräusch sein, das sich beim Schütteln eines Schlüsselbundes ergibt, denn darin ist ein Anteil an Ultraschallfrequenzen enthalten. Dabei wird vorgeschlagen, Infrarot für die Übertragung zu verwenden, aber die eigentlichen Informationen mit Trägerfrequenzen um 35 kHz, also im Ultraschallgebiet, dem Infrarotlicht aufzumodulieren. Dazu können dann die oben aufgeführten Bausteine dienen.

Bild 20.31 Der Sender

Mit dem SAB 2000 können 32 Befehle übertragen werden. Dazu wird eine Tastatur mit Codiermatrix am Eingang angeschlossen. Am Ausgang tritt an die Stelle der Verstärkerstufe mit dem Ultraschallautsprecher eine Treiberstufe, mit der die drei in Reihe geschalteten Infrarotdioden vom Typ CQY 99 moduliert werden. Ein Schwingkreis für die Ultraschallträgerfrequenz um 35 kHz schützt gegen Störfrequenzen.

Bild 20.32 Der Empfänger

Die vom Sender ausgestrahlten Infrarotimpulse werden von der Fotodiode empfangen, stoßen den auf Resonanz abgeglichenen Schwingkreis an und werden in der integrierten Schaltung TDA 4180 verstärkt. Durch die Schwingkreisselektion werden Fehlfunktionen durch Fremdlicht vermieden und außerdem wird verhindert, daß die in Sperrichtung betriebene Fotodiode bei hohen Beleuchtungsstärken in Sättigung geht. Als weitere Entstörmaßnahme gegen Umweltlicht ist vor der Fotodiode ein Infrarotfilter angebracht, der das Licht unter 800 nm Wellenlänge abhält.

Ist das verstärkte Eingangssignal groß genug, dann schaltet der nachgeschaltete Schmitt-Trigger mit der Eingangsfrequenz und gibt diese an den

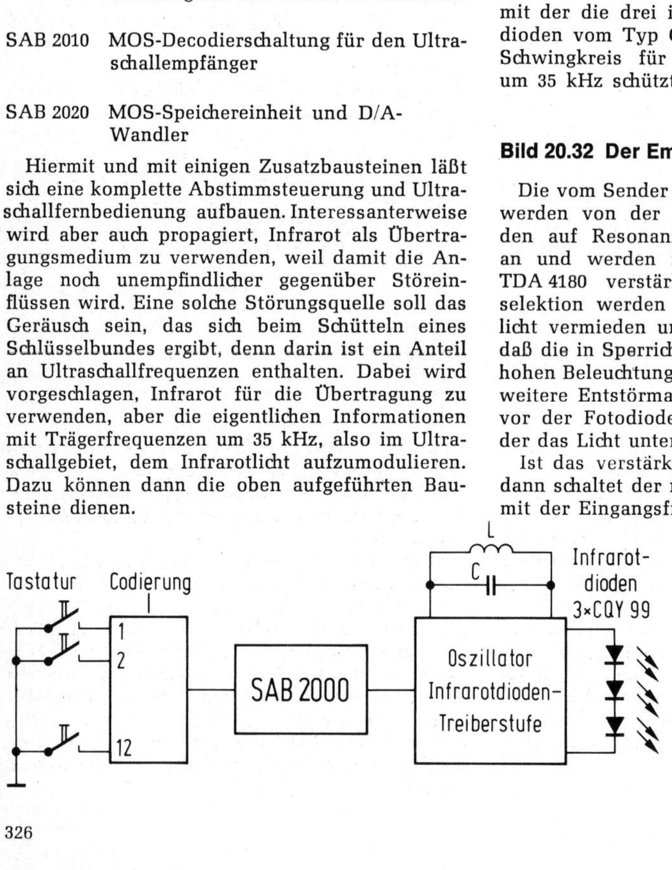

Bild 20.31 Der Ultraschallgeber SAB 2000, erweitert auf Infrarotübertragung

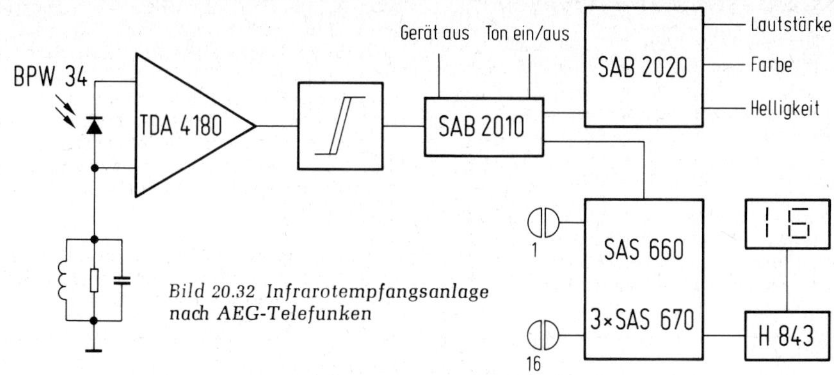

Bild 20.32 Infrarotempfangsanlage nach AEG-Telefunken

Baustein SAB 2010 weiter. Dieser Schaltkreis zählt nun die angekommenen Impulse und schaltet die eingezählten Informationen nach Ende des Übertragungssignals an seine Ausgänge. Die Baugruppe SAS 660/670 zur Kanalwahl und Kanalanzeige ist am Fernsehempfänger selbst mit Sensortasten ausgerüstet, über die ohne Fernbedienung die Kanäle gewählt werden können.

Valvo brachte zur electronica '76 zwei integrierte Schaltungen auf den Markt, die ebenfalls für Infrarotfernbedienungen besonders geeignet sind. Der Senderbaustein SAF 1031 P ist in der Lage, bis zu 32 verschiedene Steuerbefehle zu verarbeiten, die von einem einpoligen Druckknopftastenfeld eingegeben werden. Der Baustein SAF 1032 P kann als Empfänger/Decoder 16 verschiedene Programme selektieren. Ferner können drei analoge Funktionen übertragen werden, die mit 63 Stufen für den vollen Befehlswert fein genug reagieren. Sie dienen zum Einstellen der Farbsättigung, der Helligkeit und der Lautstärke.

Das System ist unempfindlich gegen Fehlcodierungen. Bevor irgendein Befehl vom Empfänger ausgeführt wird, müssen die ausgesendeten Daten in einer zweifachen Folge richtig empfangen werden.

Grundig stellte 1976 ein Infrarotfernbedienungssystem mit 22 Kanälen vor. Es arbeitet mit integrierten Schaltungen von Texas Instruments und wird ausführlich beschrieben von *Clas* und *Bekker* in den Grundig Technischen Informationen, H. 1/2-1976, S. 689...702.

Literatur

Ra.: Infrarot-Fernbedienung für Farbfernsehempfänger. Funkschau 1976, H. 24, S. 1058.

Muenzer: Das Infrarot-Fernbedienungssystem. Funk-Technik 1977, H. 9, S. 154.

Böhm: Infrarot-Fernbedienung Tele-Pilot 8. Grundig Technische Informationen 1977, H. 2, S. 78.

Böhm und *Reiner:* Infrarot-Fernbedienung 160. Grundig Technische Informationen 1978, H. 2, S. 88.

Bildschirmanzeige

In Farbfernsehgeräten der höheren Preisklassen werden vielfach zusätzliche Informationen in den Bildschirm eingeblendet. So ist es möglich, bei der Programmwahl die Kanalziffer in der oberen rechten Ecke aufleuchten zu lassen und beim Abstimmen des Tuners durch Leuchtbalken die Frequenzlage zu kennzeichnen. Auch beim Einstellen von Lautstärke, Helligkeit und Farbsättigung, besonders über Fernbedienungen, sind solche Leuchtbalken üblich geworden[1]).

Andere Geräte enthalten eine Digitaluhr, deren Anzeige sich am unteren Bildschirmrand einblenden läßt, damit man das Umschalten auf ein anderes Programm nicht verpaßt (oder damit man feststellen kann, wie lange man vor dem Fernseher geschlafen hat). Bei anderen Gerätemodellen dient diese Schaltuhr auch als Programmuhr, um zu einem bestimmten Zeitpunkt den Empfänger einzuschalten.

Bildschirmeinblendungen erfolgen über umfangreiche Digitalschaltungen. Meist wird dazu ein freilaufender Impulsgenerator im Frequenzgebiet um 1,5 MHz oder sogar 4 MHz durch Zeilenimpulse synchronisiert. Über Speicherstufen, Zähler und Gatterschaltungen können dann in die Zeilen einzelne Impulsgruppen dieses Generators eingetastet werden, um dort die Zeile aufleuchten zu lassen. Bei Farbempfängern ist es sogar möglich, grüne und rote Balken erscheinen zu lassen.

1 Vgl. Bild 20.29

Literatur

Meier: Kanal- und Zeitanzeiger auf dem Bildschirm. Funkschau 1975, H. 16, S. 455.

Hegendörfer: Quarzuhr-Steckmodul liefert chronometergenaue Zeit, Programmziffer und Abstimmskala. Funkschau 1975, H. 20, S. 651.

Clas und *Becker:* Der Uhr-Baustein (erklärt am Beispiel der RGB-Ansteuerung). Grundig Technische Informationen, H. 3/1976, S. 741.

Philips-Service-Dokumentation D 26 C 669 (für Geräte mit Bildschirmanzeige). 1976.

Von diesen Bildschirmanzeigen ergab sich der Schritt zu Bildschirmspielen, bei denen man über drahtgebundene Fernbedienungsteile willkürlich Leuchteffekte auf dem Bildschirm bewegen kann.

Bild 20.41 Tennis oder Fußball?

Blaupunkt brachte zum Beispiel ein solches Videospiel heraus. Die Blockschaltung mit dem integrierten Schaltungsbaustein AY-3-8500 sieht recht einfach aus, doch deuten die 28 Anschlüsse der integrierten Schaltung auf ein kompliziertes Innenleben hin. Angeschlossen wird das System an den Fernsehempfänger über eine sogenannte AV-Buchse, also *A*udio-*V*isionsbuchse. Sie dient eigentlich zum Anschluß von Videorecordern für Unterhaltungs- oder Lehrzwecke. Die Anschlüsse dieser Buchse führen direkt zum Videoteil des Empfängers. Man braucht also nicht über die Antennenbuchse zu gehen und die Spielkommandos erst einem hochfrequenten Oszillator aufzumodulieren.

Blaupunkt und auch andere Firmen, z. B. Grundig, geben mehrere Varianten für diese Telespiele an, nämlich:

Pelota	ein baskisches Nationalspiel, geeignet als Trainingsspiel für eine Person
Squash	eine moderne Tennisart, bei der man den Ball gegen die Wand schlägt
Tennis	hier muß der Ball über das „Netz“ in der Mitte des Spielfeldes
Fußball	jeder Spieler hat dabei einen Torwart und einen Stürmer

Literatur

Fernsehspiele, die Attraktion von 1976. Radio Mentor Electronic 1976, H. 8, S. 288.

Maderbacher: Video Games beleben TV-Szene. Radio Elektronik Schau (Wien) 1976, H. 8, S. 11.

Siegle: „Aktives Fernsehen“ mit Bildschirmspielen. Funkschau 1976, H. 21, S. 895.

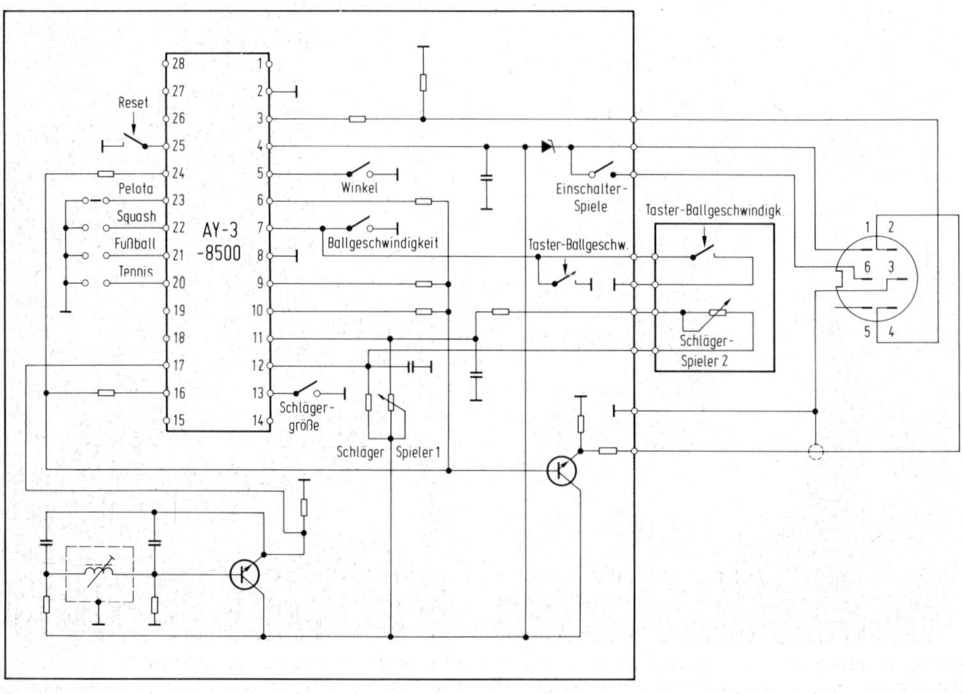

Bild 20.41 Blockschaltbild des Blaupunkt-Videospiels

Bild 20.42 bis 20.44 . . . aufeinanderfolgende Teilbilder

Und damit sind wir eigentlich wieder am Anfang dieses Buches, nämlich bei den Bildern 1.03 und 1.04, die schon seit der ersten Auflage in die Fernsehtechnik einführen. Man kann sich daran ohne Ballast sogar die Funktion der Telespiele etwa so deuten: In das Zeilenraster wird ein Leuchtfleck eingetastet, der bei jedem Bildwechsel seine Lage ändert. Beim Telespiel in Bild 20.44 pendelt dieser Ball in dem ebenfalls eingeblendeten Spielfeld hin und her. Die Spieler müssen abwechselnd durch Betätigen eines Schiebepotentiometers am Bedienungsteil diesen Ball mit

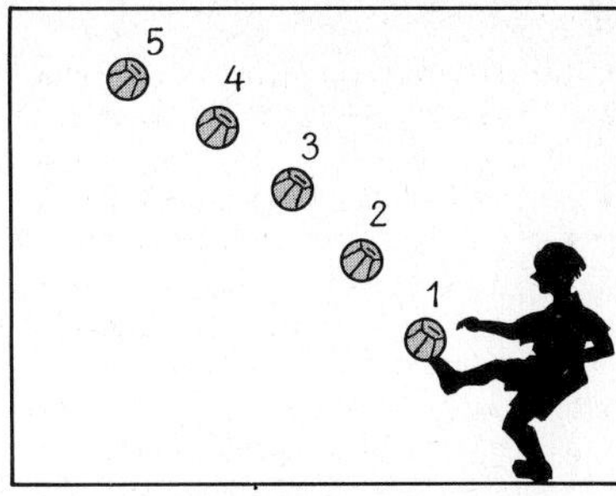

Bild 20.42 Darstellung einer Bewegung durch aufeinanderfolgende Teilbilder

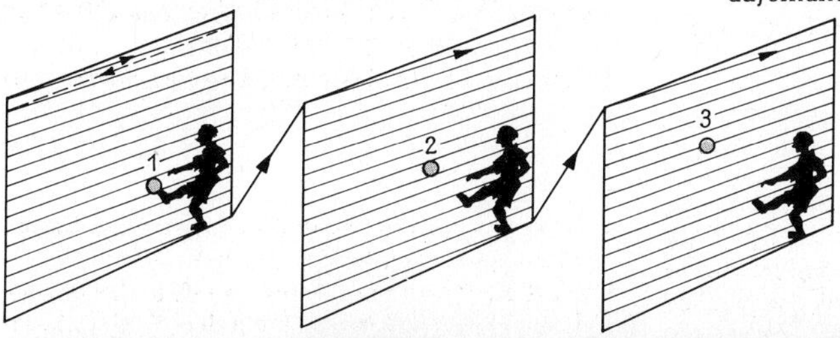

Bild 20.43 Elektrische Übertragung von aufeinanderfolgenden Teilbildern

Bild 20.44 Telespiele auf dem Bildschirm. Der auf dem Spielfeld hin und her pendelnde Ball muß durch Steuern des elektronischen Schlägers aufgehalten und ins gegnerische Feld zurückgeschlagen werden (Blaupunkt)

ihrem elektronischen Schläger, der ebenfalls durch einen Lichtbalken dargestellt ist, in das gegnerische Feld zurückschlagen. „Tore“ werden gezählt und oben am Bildschirm angezeigt. So wird das geruhsame „Dauerglotzen“ dann doch einmal durch persönliche Aktivitäten abgelöst.

Zwei weitere Spielarten „Treibjagd“ und „Tontaubenschießen“ erfordern eine Elektronik-Pistole des Bildschirmjägers. Man sollte es bei diesen beiden Schießübungen belassen und nicht noch Krimi- und Western-Schießspiele dazunehmen.

Bild 20.45 Bild im Bild

Doch auch für intensive Fernsehprogramm-Zuschauer hat die neuere Bildschirmanzeige-Elektronik eine willkommene Ergänzung geschaffen. Um rechtzeitig von einem laufenden Programm auf das ebenfalls interessierende später beginnende Programm eines anderen Kanals umschalten zu können, wird ein kleineres Bild oder ein Bildausschnitt dieses anderen Programms in das Hauptbild eingeblendet. Man kann somit laufend verfolgen, wann umgeschaltet werden muß.

Um dieses Monitorbild zu erzeugen, besitzt das Fernsehgerät einen zweiten Empfangsteil mit Tuner, Programmspeicher, Zf-Verstärker sowie Bild- und Ton-Demodulator. Dieses Empfangsteil liefert die Signale für ein Schwarzweißbild, das dann verkleinert in das Hauptraster eingetastet wird.

Bei dem Grundig-System „Vollbild im Bild“ werden je vier Zeileninformationen des SW-Bildes auf eine Zeile des Hauptbildes komprimiert. Das Monitorbild erscheint daher mit einem Viertel der Höhe (und auch der Breite) des Hauptbildes in der Mitte am unteren Bildrand.

Bei dem Bild-im-Bild-Verfahren von Saba wird ein Bildausschnitt in der Größe von etwa 16 x 18 cm in eine Bildschirmecke der 67-cm-Inlinie-Röhre eingeblendet. Bei dem so ausgerüsteten Gerät Ultracolor T 6794 besteht außerdem die Möglichkeit, eine eigene Fernsehkamera anzuschließen, die dann die Bildschirmeinblendung liefert. Damit kann man beispielsweise während des Fernsehens gleichzeitig kontrollieren, was gerade auf dem Kinderspielplatz passiert oder welcher Gast an der Gartenpforte läutet.

Ebenfalls einen SW-Bildausschnitt blendet Telefunken beim Gerät PALcolor 8650 in einer Ecke des laufenden Programms ein. Hierfür wird als zusätzlicher Nutzen angegeben, daß man während des Fernsehens mit Hilfe einer eigenen Fernsehkamera das Monitorbild zur Überwachung gefährdeter Räume verwenden kann. Ein echter Einbrecher würde dann wohl kaum mit einer Krimi-Sendung verwechselt werden.

Alle Bild-im-Bild-Systeme lassen sich über die bei diesen Komfort-Geräten ohnehin vorhandene drahtlose Fernbedienung betätigen und programmieren. Außerdem kann man mit Hilfe eines drahtlosen Kopfhörers zusätzlich den Ton des Parallelprogramms verfolgen, während das Hauptprogramm aus dem Gerätelautsprecher tönt.

Bild 20.45 In das Programm der laufenden Sendung wird der Bildausschnitt eines anderen Programms eingeblendet (Telefunken Farbfernsehgerät PALcolor 8650)

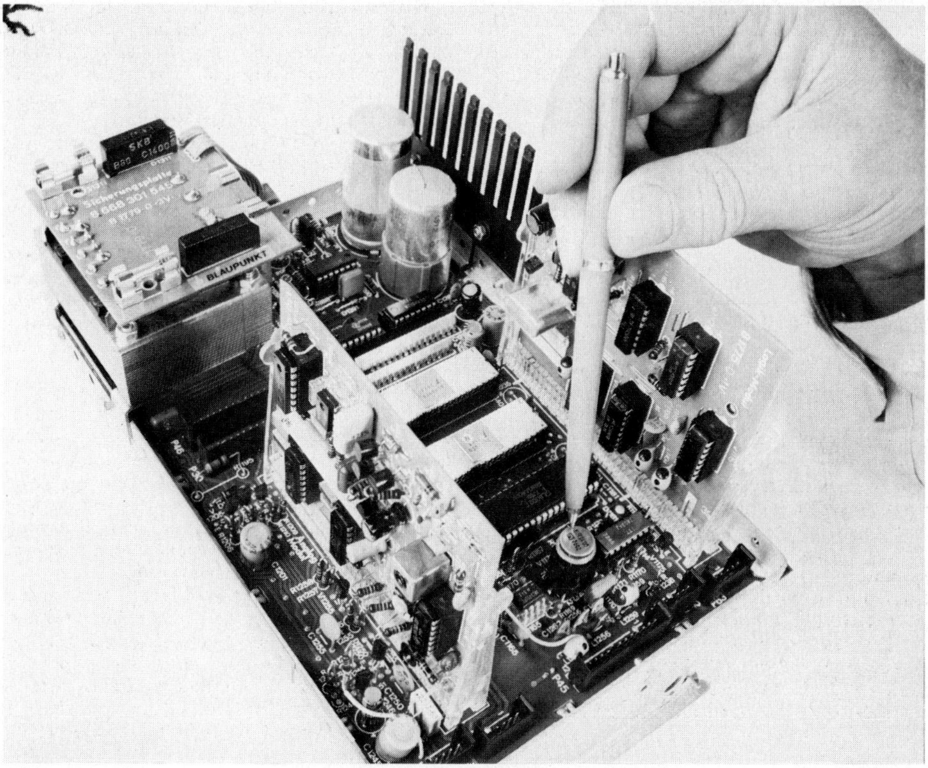

Bild 20.46 Mikrocomputer-Baustein der Blaupunkt-PS19-Color-Farbfernsehgeräte. Die Baugruppe enthält die Schaltungen zur Auswertung der Signale der Infrarot-Fernbedienung, für die digitale Programmspeicherung, für die Aufbereitung und Speicherung der Analogwerte (Lautstärke, Helligkeit usw.) und den Diskriminator für die automatische Feinabstimmung. Der Kugelschreiber zeigt auf das EAROM, einen elektrisch löschbaren Speicher. Dahinter ist der Mikroprozessor eingesteckt sowie, in hellen Gehäusen, zwei Festwertspeicher (ROM). Der Analogmodul (links) trägt den Diskriminator und weitere Schaltungsbausteine. Der Logik-Modul (rechts – für die Aufnahme verkehrt eingesetzt) enthält den laserabgeglichenen Quarzoszillator für den Mikrocomputer sowie die Auswerteschaltung für die Infrarot-Signale

Bild 20.46 Empfänger mit Mikroprozessor-Steuerung

Mikroprozessor ist das große Schlagwort der Elektronik. Es handelt sich hierbei um einen hochintegrierten Universalbaustein für digitale Anwendungen, mit dem je nach Bedarf die unterschiedlichsten Geräte und Anlagen erstellt werden können. Allerdings ist es mit dem Mikroprozessor allein nicht getan. Er entspricht im Prinzip der sogenannten Zentraleinheit einer großen Datenverarbeitungsanlage. Man muß ihn noch durch Speicher sowie Ein- und Ausgabestufen ergänzen. Dafür werden selbstverständlich ebenfalls integrierte Schaltungsbausteine, also mit geringen Abmessungen, verwendet. Das Gesamtsystem nennt man einen Mikrocomputer. Er wird mit Hilfe eines speziell entwickelten Programms für den bestimmten Anwendungsfall ausgelegt.

Blaupunkt stellte 1977 ein Farbfernsehgerät Typ PS 19 mit einer solchen zusätzlichen Mikrocomputersteuerung vor. Es ist verblüffend, welche Funktionen zusätzlich von dieser Einheit in Verbindung mit dem zugehörigen Infrarot-Fernbedienungsgeber übernommen werden, nämlich:

- **Rauschunterdrückung bei Senderausfall und** Sendeschluß.
- „Schlummerfunktion". Fünf Minuten nach Sendeschluß des eingeschalteten Senders wird das Gerät automatisch ausgeschaltet. Der eingeschlafene Fernsehteilnehmer kann also in Ruhe weiterschlummern.
- Fernbedienbare Kontrasteinstellung.
- Fernbedienbare Feinabstimmung.
- Über die Fernbedienung abrufbare Uhrzeit- und Kalenderangabe.

- O Einschaltprogrammierung zu einer bestimmten Uhrzeit.
- O Kindersicherung. Das Gerät läßt sich so programmieren, daß es sich automatisch für Kindersendungen einschaltet und am Ende wieder abschaltet. Die Erwachsenen betätigen für ihre Sendungen den Netzschalter mit Hilfe eines besonderen Schlüssels.

Diese kurze Aufzählung läßt erkennen, welche vielfältigen Möglichkeiten in eine Mikrocomputersteuerung hineingepackt werden können. Für den Kundendienst sind natürlich sehr ausführliche Serviceschriften sowie gründliche Kenntnisse der Digitaltechnik erforderlich.

Literatur

Baum: Farbfernsehgerät mit Mikroprozessor-Steuerung. Funkschau 1977, H. 17, S. 763.

Baier: Mikrocomputer für Farbfernsehen. Radio-TV-Electronic 1977, H. 8, S. 64.

Video-Recorder

Magnetband-Bildaufzeichnungsgeräte oder Video-Recorder stellen eine weitere interessante Ergänzung des Fernsehempfängers dar. So wie man mit einem Tonbandgerät Rundfunksendungen „mitschneiden" kann[1]), um sie später nochmals abzuhören, so kann man mit dem Video-Recorder Fernsehsendungen aufzeichnen und später wieder vorführen. Dabei muß auf dem Magnetband das gesamte Fernsehfrequenzband einschließlich der Austast- und Synchronsignale sowie das Tonsignal, d. h. ein Frequenzband bis 5,5 MHz, aufgebracht werden.

Die Video-Recordertechnik ist ein eigenes umfangreiches Fachgebiet, das hier nicht behandelt werden kann. Besprochen sei jedoch die Anschlußtechnik des Recorders an den Fernsehempfänger.

1 Der Ausdruck „mitschneiden" hat sich aus der Frühzeit der Schallplattenaufnahme erhalten. Damals wurde die Tonspur mit einem Stichel in die Wachsplatte oder Aluminiumfolie hineingeschnitten.

Bild 20.51 Aufnahmekanal

Video-Recorder arbeiten mit Magnetband-Cassetten, daher hat sich als Abkürzung dafür die

Bild 20.51 Fernsehempfänger mit VCR-Adapter in Stellung „Aufnahme" (Synchronisier- und Ablenkstufen zur Vereinfachung weggelassen)

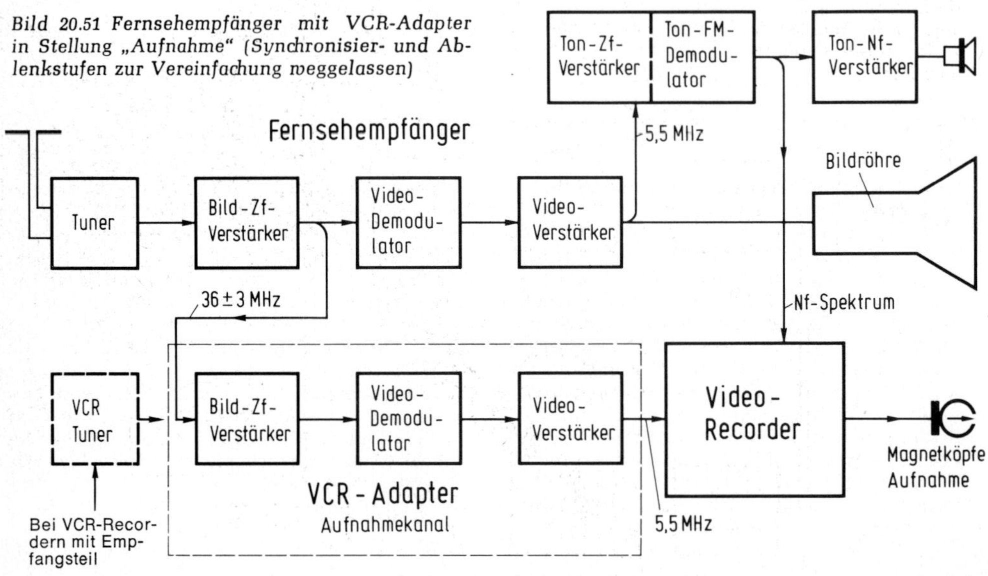

Bezeichnung für Video-Cassetten-Recorder, nämlich VCR-Gerät, eingeführt.

Die Grundschaltung eines solchen Gerätes besteht aus einem Videoverstärker, der also das Bildsignal mit Frequenzen bis rund 5 MHz aufnimmt, sowie einem Niederfrequenzverstärker für die Tonaufzeichnung. Dahinter folgt ein umfangreicher Synchronisierteil für den Bandantrieb und für die gesamte Mechanik sowie Verstärkerstufen für die Magnetköpfe.

Fernsehempfänger zum Betrieb solcher Video-Recorder enthalten einen sogenannten VCR-Adapter. Wie die Prinzipschaltung zeigt, wird bei der Aufnahme das Bild-Zf-Signal hinter dem Bild-Zf-Verstärker entnommen. Das Frequenzband wurde hier zur Vereinfachung mit 36 ± 3 MHz angegeben. Der Adapter enthält nochmals eine Bild-Zf-Verstärkerstufe, weniger um die Signalspannung noch weiter zu erhöhen, sondern um den Recorder vom eigentlichen Empfangskanal zu entkoppeln, denn der Fernsehempfänger soll normal weiterarbeiten. Im Adapter ist deshalb ein eigener Video-Demodulator mit nachfolgender Verstärkerstufe enthalten. Über eine Anschlußbuchse gelangt das 5,5-MHz-Bildsignal an den Video-Recorder.

Das Tonsignal wird hinter dem Ton-FM-Demodulator ausgekoppelt und ebenfalls zum Video-Recorder geführt. In Bild 5.06 wurde bereits ein solcher VCR-Nf-Anschluß kurz erwähnt. – Der Recorder besitzt eine komplizierte Anordnung von mehreren Magnetköpfen für Bild und Ton. Im Bild ist zur Vereinfachung nur ein Kopfsymbol dargestellt.

VCR-Geräte mit mehr Ausstattung besitzen einen eigenen Empfangsteil mit Tuner (im Bild schematisch angedeutet) und kompletten Bild- und Tonteil. Mit diesen Geräten läßt sich eine Sendung direkt aufnehmen und aufzeichnen. Während der Fernsehteilnehmer am eigentlichen Empfänger vielleicht ein Fußballspiel im ersten Programm anschaut, kann er einen gleichzeitig im zweiten Programm laufenden Krimi-Film für später aufnehmen. – Einige dieser Modelle sind so ausgebildet, daß die Wiedergabe hochfrequent über einen Fernsehkanal erfolgt. Man gibt das Wiedergabesignal unmittelbar auf die Antennenbuchse des eigentlichen Fernsehempfängers.

Ein VCR-Adapter ist in diesem Fall nicht erforderlich. Der Recorder wird über eine Weiche an die gleiche Antenne angeschlossen, die auch den Fernsehempfänger versorgt. Beide Geräte sind somit ständig betriebsbereit.

Bild 20.52 Wiedergabekanal

Die Magnetköpfe des Recorders liefern bei der Wiedergabe das 5,5-MHz-Frequenzband mit der Bildinformation und den Synchronisierzeichen. Es wird hier im VCR-Adapter einem Bild-Zf-Träger von 38,9 MHz aufmoduliert. Das so entstehende Bild-Zf-Spektrum (36 ± 3 MHz) wird verstärkt und dann auf normale Weise im eigentlichen Fernsehempfänger weiterverarbeitet – es entsteht das BAS-Signal und daraus das Schirmbild.

Bild 20.52 Prinzip der Video-Wiedergabe über einen VCR-Adapter. Im Empfänger sind nur Bild-Zf-Verstärker, Video- und Ton-Nf-Verstärker wirksam

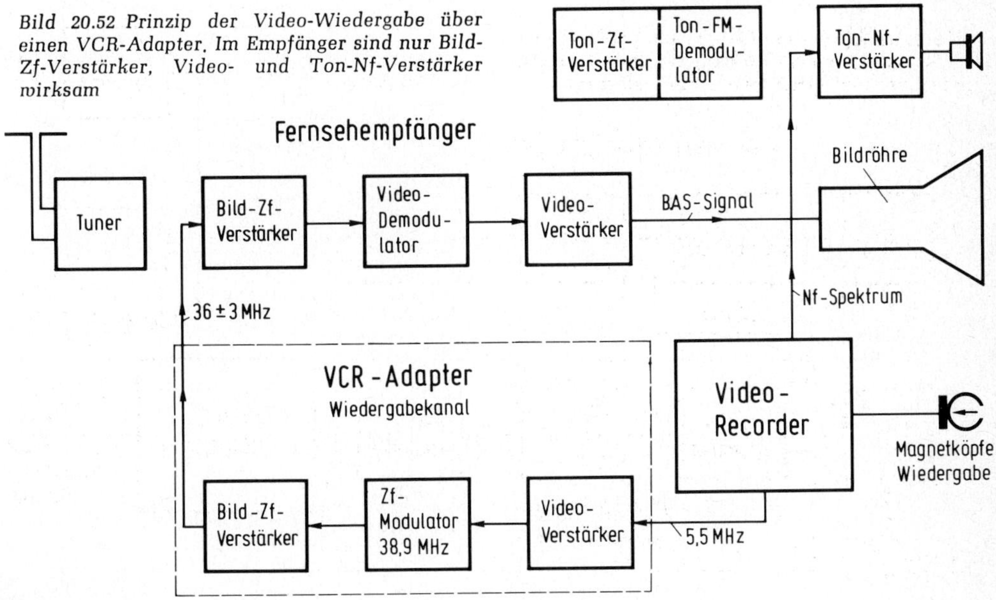

Der Ton wird am Tonkopf abgenommen und direkt dem Nf-Verstärker im Fernsehempfänger zugeführt. Zur besseren Übersicht wurden in der Zeichnung die bei dieser Art von Wiedergabe nicht benutzten Stufen des Empfängers zwar dargestellt, aber nicht über Leitungen verbunden.

Besonders wichtig beim Anschluß von Video-Recordern ist, daß die Fernsehempfängerschaltung durch Transformatoren vom Lichtnetz getrennt ist, Wo dies nicht der Fall ist, müssen VCR-Zusätze mit Trenntransformatoren verwendet werden. – VCR-Adapter stellten zunächst recht umfangreiche Anordnungen mit zahlreichen Einzelelementen dar. Siemens brachte deshalb einen speziellen integrierten Zf-Verstärkerbaustein TDA 5500 heraus. Er enthält einen normgerechten VCR-Anschluß, der direkt zum Video-Recorder geführt werden kann.

Literatur

Bücken: Video-Kassetten-Systeme im Kampf um den Markt. Funkschau 1977, H. 23, S. 1066.

Muenzer: Die Entwicklung der Video-Kassettenrecorder. Funkschau 1978, H. 11, S. 496, und H. 12, S. 566.

Weitere neue Videokassettenrecorder. Funkschau 1978, H. 12, S. 563.

Videotext – Bildschirmtext

Seit langem werden die Möglichkeiten diskutiert, auf dem Bildschirm eines Fernsehempfängers schriftliche Informationen wiederzugeben, also gewissermaßen eine Bildschirm-Zeitung erscheinen zu lassen.

Beim Videotext-Verfahren nutzt man die Schwarzlücke in der Zeilensignalfolge aus. Man blättere zurück auf Seite 27 dieses Buches. In Bild 1.08 sind dort die Zeilen, die Bildinformationen enthalten, grau getönt. Während der beiden Rasterwechsel-Impulsfolgen am Schluß des ersten und des zweiten Teilbildes sind je 12½ Zeilen ohne Bildinformation. Dies ist die „Schwarzlücke" während des Teilbildwechsels. In diese Austastlücke können beim Sender zusätzliche Zeichen für Textinformationen in digitaler Verschlüsselung eingegeben werden. Am Fernsehempfänger ist eine Zusatzeinrichtung und eine Bedienungstastatur erforderlich. Man wählt damit zunächst die Zahl 01. Das Fernsehbild verschwindet, und statt dessen erscheint eine Art Inhaltsverzeichnis auf dem Bildschirm. Darin sind zum Beispiel aufgeführt: Neueste Nachrichten, Wetterbericht, Sportbericht, Daten über den Autor der gerade laufenden Bildsendung und ähnliches. Für jede Position ist eine zweistellige Kennziffer angegeben. Tippt man diese ein, dann erscheint die gewünschte Information in Druckschrift auf dem Bildschirm. Diese kann gespeichert und in Ruhe gelassen werden. 24 Zeilen zu je 40 Anschlägen lassen sich maximal übertragen, und 99 solcher „Textseiten" sind abrufbar. Allerdings dauert es bisweilen zehn Sekunden, bis die gewünschte Nachricht erscheint, denn die 99 Seiten werden im

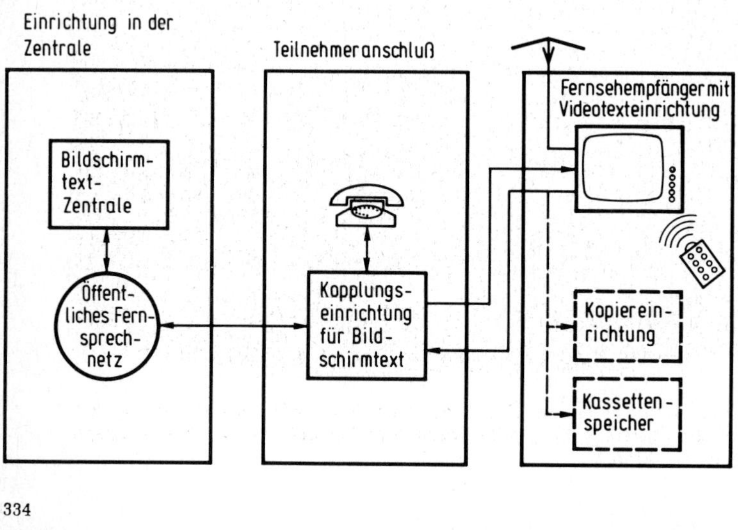

Bild 20.61 Prinzip der Bildschirmtext-Information über das öffentliche Fernsprechnetz. Kopiereinrichtung und Kassettenspeicher beim Teilnehmer sind zusätzliche Ergänzungen

Bild 20.62 Eine zukünftige Bildschirmtext-Anlage

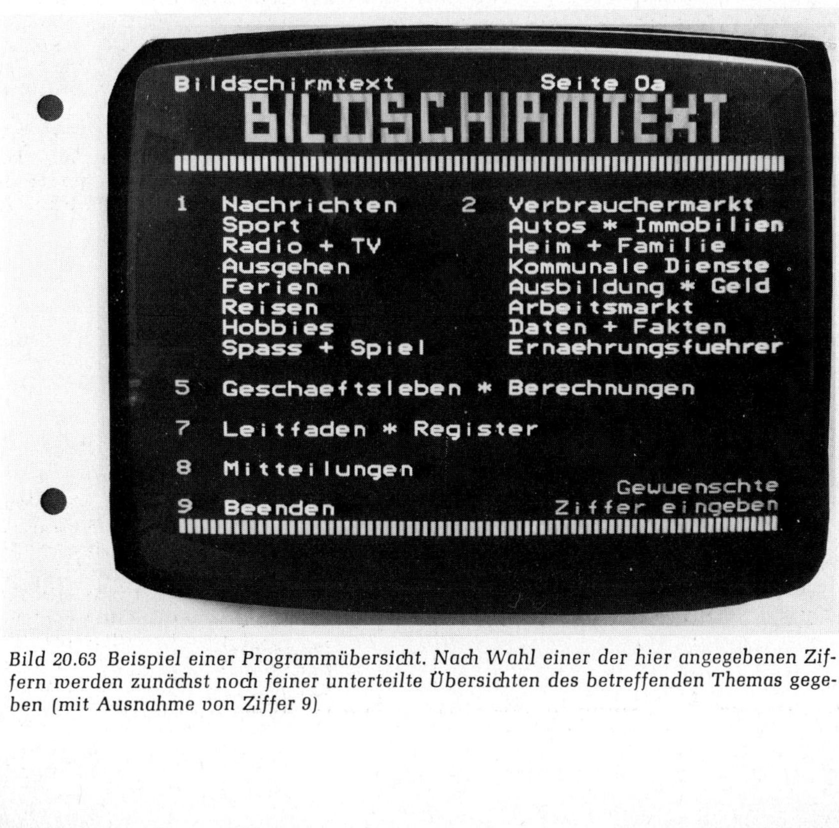

Bild 20.63 Beispiel einer Programmübersicht. Nach Wahl einer der hier angegebenen Ziffern werden zunächst noch feiner unterteilte Übersichten des betreffenden Themas gegeben (mit Ausnahme von Ziffer 9)

Sender jeweils nacheinander auf einer Art Endlosband abgespielt.

Das Verfahren wird in Großbritannien bereits im Großversuch erprobt.

Bild 20.61 Prinzip des Bildschirmtext-Verfahrens

Ein anderes Verfahren stellte die Deutsche Bundespost auf der Funkausstellung 1977 unter der Bezeichnung „Bildschirmtext" vor. Dies ist eine Erweiterung und Ergänzung zu Videotext. Der Fernsehempfänger muß mit einer Videotext-Einrichtung und der zugehörigen Fernbedienungstastatur versehen sein. Außerdem muß der Teilnehmer einen Fernsprechanschluß besitzen. Das Fernsehgerät wird über eine Kopplungseinrichtung mit dem Fernsprechnetz verbunden.

Um einen Bildschirmtext zu empfangen, wählt man telefonisch die Bildschirmtextzentrale im Fernsprechamt. Nachdem die Verbindung zustande gekommen ist, drückt man eine Taste am Bedienungskästchen und legt den Hörer auf. Auf dem Bildschirm erscheint dann ebenfalls eine Programmübersicht. Danach kann man durch Eintasten der Kennziffer der gewünschten Information den Text auf dem Bildschirm erscheinen lassen. Hierbei werden ebenfalls 24 Zeilen zu je 40 Zeichen geschrieben. Die Möglichkeiten sind aber umfassender als bei Videotext. Die Zentrale kann zu einem gewählten Thema auf Wunsch noch zusätzliche detaillierte Auskünfte liefern. Zum Beispiel kann man vorformulierte Mitteilungen aus einem Katalog an andere Teilnehmer übermitteln lassen. Außerdem lassen sich persönlich wichtige Bildschirmtexte mit einem zusätzlich angeschlossenen Drucker kopieren oder in einem Kassettengerät speichern.

Literatur

Bildschirmtext – Beschreibung und Anwendungsmöglichkeiten. Druckschrift der Deutschen Bundespost, 1977.

Kleinke: Gedanken zum Aufbau eines Bildschirmtextdienstes im Fernmeldenetz der Bundesrepublik Deutschland. Funkschau 1977, H. 17, S. 791, und H. 18, S. 845.

Eaton und *Montgommery*: Die Grundlagen von Teletext und Viewdata. Funkschau 1977, H. 18, S. 820, und H. 19, S. 882.

Bild 20.62 und 20.63 Die Post will 1980 starten

Das Bundespostministerium plant für 1980 einen Versuchsbetrieb mit etwa 2000 Teilnehmern. Bild 20.62 gibt ein Zukunftsbild, wie man den Bildschirmtext über Telefon und Bediengerät abruft. Es ist anzunehmen, daß sich die Post auch den Service für die Bildschirmtext-Einheiten vorbehält, so daß der Fernseh-Servicetechniker sich nicht allzusehr in dieses neue Fachgebiet einzuarbeiten braucht.

Bild 20.62 zeigt eine Programmseite „Bildschirmtext". Für uns bleibt hier am Schluß dieses Buches nur noch, die Ziffer 9 einzugeben.

Sachverzeichnis